力学基础与工程技术前沿丛书

高等流体力学

Advanced Fluid Mechanics

林建忠　潘定一　林昭武　编著

中国教育出版传媒集团

高等教育出版社·北京

内容提要

　　本书共分11章，内容包括流体及流体力学、典型的流体层流运动、流动稳定性、湍流基本理论、典型的流体湍流运动、流体中的波、气体动力学、涡动力学、微纳尺度通道流、流固两相流、非牛顿流体运动。本书的特点是涵盖较宽的专业范围、反映较新的研究成果、提供较多的相关信息、注重理论与应用的有机结合、呈现简明清晰的内容表述。

　　本书可作为力学、机械、动力能源、化工、航空航天、水利、海洋等学科和专业研究生的基础课教材或教学参考，也可供上述领域从事科学研究及工程技术的科技人员参考和使用。

图书在版编目（CIP）数据

　　高等流体力学 / 林建忠，潘定一，林昭武编著 . --
北京：高等教育出版社，2024.7
　　（力学基础与工程技术前沿丛书）
　　ISBN 978-7-04-061798-6

　　Ⅰ.①高…　Ⅱ.①林…　②潘…　③林…　Ⅲ.①流体力
学　Ⅳ.①O35

　　中国国家版本馆 CIP 数据核字（2024）第 044295 号

GAODENG LIUTI LIXUE

策划编辑　刘占伟	责任编辑　柴连静	封面设计　张雨微		版式设计　杜微言
责任绘图　黄云燕	责任校对　刘丽娴	责任印制　存　怡		

出版发行　高等教育出版社	网　　址	http://www.hep.edu.cn
社　　址　北京市西城区德外大街4号		http://www.hep.com.cn
邮政编码　100120	网上订购	http://www.hepmall.com.cn
印　　刷　中煤（北京）印务有限公司		http://www.hepmall.com
开　　本　787mm×1092mm 1/16		http://www.hepmall.cn
印　　张　35.25		
字　　数　510 千字	版　　次	2024 年 7 月第 1 版
购书热线　010-58581118	印　　次	2024 年 7 月第 1 次印刷
咨询电话　400-810-0598	定　　价	109.00 元

《力学基础与工程技术前沿丛书》

前言

自然界和实际工程应用中，流体介质无处不在，有流体就一定有作用在流体上的力，流体力学正是研究在各种力的作用下，流体的静止和运动状态以及流体和其他物体有相对运动时的相互作用规律。在流体力学领域，本科生的教材内容通常涉及静力学、理想流体的运动、黏性流体的层流运动等，简而言之，其内容与简单 (牛顿) 流体的简单运动有关；而研究生教材应当在本科生教材的基础上深入一步，即其内容须涉及简单流体的复杂运动，如湍流、多场作用下的流体运动、极端条件下的流体运动，以及复杂流体如非牛顿流、多相流的简单运动和复杂运动。

本书以发展的视角，从数学、物理学、工程科学和自然现象等方面对现代流体力学进行了溯源；以现实为依据，对流体力学在科学领域中的学术地位进行了分析；以循序渐进为原则，将常用的数学工具和简单流体的简单运动作为必要的铺垫；以与时俱进为要旨，将高等流体力学中 "高等" 的内涵通过简单流体的复杂运动和复杂流体的简单与复杂运动予以体现。

本书的特色可以从以下几个方面体现。一是内容较宽，为充分体现流体力学的 "高等" 之意，本书包括了湍流与流动稳定性、流动中的波、微纳尺度通道流等流体的复杂运动以及两相流、非牛顿流等复杂流体的运动。二是内容较新，书中包含了作者近年来的相关研究成果。三是素材丰富，作者给研究生讲授 "高等流体力学" 20 余年，积累了持续更新的授课内容并汇集在本书中。四是知用兼备，本书注重理论与工程应用的有机结合，既有详细的理论推导，又有实际例证。五是学思结合，基于 "高等" 的定位，每章后面附有一定量的思考题。六是脉络清晰，本书精心安排章节，形成了有机的逻辑链：流体的物理

性质 + 必备的数学知识 → 基本方程 → 简单流体的简单运动 → 简单流体的复杂运动 → 复杂流体的简单与复杂运动。

由于编著者水平所限，谬误和疏漏之处在所难免，恳请读者批评指正。

作者

于浙江大学，宁波大学

2023 年 12 月

主要符号及其物理含义

拉丁符号

a	声速
$\boldsymbol{a}$	加速度
A	面积
b	宽度
B	浮力
c	常数；声速
c_p, c_v	定压热容，定容热容
C_c	滑移因子
C_i	扰动发展或衰减因子
C_r	扰动传播速度
C_v	固粒体积浓度
d	直径
D	扩散系数；分形维数；阻力
$\boldsymbol{D}$	应变率张量
e	恢复系数；内能
$\boldsymbol{e}$	单位矢量
E	内能
$\boldsymbol{E}$	电场强度
f	力；频率；阻力系数修正因子
F	力

g, G	重力
$\boldsymbol{g}$	重力加速度
h	高度；比焓
H	形状因子；焓
$\boldsymbol{I}$	单位张量
k	导热系数；湍动能；动量
k_B	Boltzmann 常量
K	动力形状因子；体积模量
l	分子自由程；混合长度；长度
L	长度
m	质量
M	分布函数的矩
$\boldsymbol{M}$	力矩
n	幂律指数；分子数密度
N	总数
p	压力
P	压力；应力；概率密度函数
$\boldsymbol{P}$	应力张量
$q, \boldsymbol{q}$	热量
Q	热量；流量
(r, θ, z)	柱坐标
$(r, \theta, \phi(\varphi))$	球坐标
r	半径；距离
$\boldsymbol{r}$	位置径矢
R	半径
R_0	气体常量
s	应变率张量；熵
S	表面积；应变率张量；源项

t	时间
T	温度；时间；周期
U	速度
v	速度；体积
$\boldsymbol{v}$	速度
v_x, v_y, v_z	直角坐标速度分量
V_x, V_y, V_z	直角坐标平均速度分量
v_r, v_θ, v_z	柱坐标速度分量
v_r, v_θ, v_φ	球坐标速度分量
v_1, v_2, v_3	一般速度分量
v^*	壁摩擦速度
V	体积；比容；速度
W	功；尾迹函数
W_a	磨损率

希腊符号

α	波数
β	膨胀系数；载荷比；角度
γ	比热比；间隙因子；应变
$\dot{\gamma}$	应变率
Γ	环量
δ	边界层厚度
δ_e	边界层能量损失厚度
δ^*	边界层位移厚度
ε	湍流耗散率；介电常数
ε_m	涡黏性系数
ζ	球状系数
η	效率
θ	动量损失厚度；角度；温度；被动量

Θ	温度
κ	Kármán 常数
λ	阻力系数；波长；长径比；分子自由程
μ	动力黏性系数
ν	运动黏性系数
Π	Coles (科尔斯) 尾流参数
ρ	密度
σ	表面张力；标准偏差
τ	应力；时间；压缩系数
τ_{ij}	应力张量
φ	波幅；速度势
Φ	黏性耗散率；速度势；电势
ψ	流函数；球体积
$\boldsymbol{\omega}$	涡量
Ω	角速度；涡量

量纲为一的量

Bo	Bond(邦德) 数
Ca	毛细管准数
C_D	阻力系数
C_f	壁摩擦系数
Da	Damköhler (达姆科勒) 数
De	Deborah (德博拉) 数
Di	Dean (迪恩) 数
Ec	Eckert (埃克特) 数
Eu	Euler (欧拉) 数
Fr	Froude (弗劳德) 数
G	Görtler (戈特勒) 数
Gr	Grashof (格拉斯霍夫) 数

Kn	Knudsen (克努森) 数
Ma	Mach (马赫) 数
Nu	Nusselt (努塞特) 数
Pe	Peclet (佩克莱) 数
Pr	Prandtl (普朗特) 数
Ra	Rayleigh (瑞利) 数
Re	Reynolds (雷诺) 数
Ri	Richardson (理查森) 数
Sc	Schmidt (施密特) 数
Sr	Strouhal (施特鲁哈尔) 数
St	Stokes (斯托克斯) 数
Ta	Taylor (泰勒) 数
We	Weber (韦伯) 数
Wi	Weissenberg (魏森贝格) 数

下标符号

a	空气；吸引力
B	Boltzmann
c	临界值；圆柱
d	阻力
D	阻力
e	势流；能量；等效
f	流体；摩擦；自由流
g	气体；群
i	虚部
l	层流；升力
L	升力
m	平均；混合物；力矩
n	法向

p   颗粒；压力

r   排斥力；实部

s   壁面；圆球

t   湍流；总；切向

tr   转捩

v   黏性；体积

w   壁面

0   特征量；初值

∞   无穷远

上标符号

—   平均

′   微分；湍流脉动

0   量纲为一的量

+   壁面律变量

目录

第 1 章 流体及流体力学

本章主要介绍流体的基本概念和性质。具体包括两部分内容：一部分简要介绍流体的基本物理性质和作用力；另一部分介绍流体力学的基本方程以及研究方法，即理论研究方法、数值模拟方法和实验方法。

1.1 流体基本物理性质

本节主要介绍流体的基本物理性质。

1.1.1 流体的定义和特征

在自然界，物质的常见聚集状态是固态、液态和气态，简称物质的三态或三相，它们分别对应固体、液体和气体，其中液体和气体又合称流体。流体与固体的宏观特征差异明显，前者无固定形状，有一定流动性，易变形；后者则具有固定的形状和体积，不易变形和压缩。从力学特性而言，流体与固体的差异主要表现在抵抗外力的方式不同。流体一般不能抵抗拉力和剪切力，如果对流体施加剪切力，流体将会连续变形，直到剪切力停止才能达到新的平衡状态。固体能够抵抗一定程度的拉力与剪切力，只要剪切力不超过一定限度，固体通过形变产生内部应力与之平衡，从而达到新的平衡状态。

近现代物理学研究表明，物质宏观性质的差异由内部微观结构和分子间相互作用力所决定。分子间距离较远时，分子间的作用力很小，可以忽略。分子间距离达到 10^{-9} m 时，分子间具有吸引力；距离进一步缩小，排斥力开始出现，如图 1.1 所示，吸引力 F_a 与排斥力 F_r 的公式为：

$$F_a \propto \frac{1}{r^m} \tag{1.1}$$

$$F_{\mathrm{r}} \propto \frac{1}{r^n}, \quad n > m \tag{1.2}$$

式中，r 为分子间距离。流体的分子之间平均距离较大，作用力小，因而无固定形状，具有较好的流动性。而固体分子间平均距离比流体分子小，作用力较大，所以不易变形，具有相对固定的形状和体积。

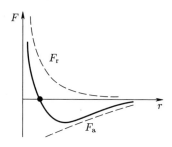

图 1.1　分子间作用力示意图

1.1.2　连续介质假设

就宏观而言，流体的结构和运动呈现连续性与确定性。而从微观角度看，流体由大量分子构成，分子间距远大于分子本身尺度且分子做随机热运动。由于分子间空隙的存在，流体分子离散地分布于所占据的空间，使得相关的物理量在空间上不是连续分布的。此外，分子的无规则随机运动导致空间任一点上物理量也呈现随机性。

在流体力学中，人们关注得更多以及实际应用中常见的是体现流体宏观特性的物理量，而不是个别或部分流体分子的运动。为了基于微观的特点给出宏观的结果，需要恰当、合理、适用的假设。为此，瑞士科学家 Euler (欧拉) 于 1753 年提出了作为连续介质力学基础的著名假设——连续介质假设。该假设认为，流体所占据的空间可以近似地看作无空隙地充满着流体质点 (或流体微团)，质点所具有的宏观物理量满足一切应该遵循的物理定律，如质量守恒定律、牛顿运动定律、能量守恒定律、热力学定律，以及具有扩散、黏性及热传导等性质。连续介质假设已成为建立流体力学守恒方程的必要条件。

在大多数流体力学问题中，流体宏观物理量的特征长度和特征时间尺度比分子间的距离和分子碰撞时间大很多，单个分子的行为对宏观物理量的影响可以忽略，这一事实成为连续介质假设成立的基础。在连续介质假设中，以微观充分大、宏观充分小的流体质点为基本单元，流体质点的尺度既远大于分子运动尺度，又远小于流场特征尺度，即：

$$l \ll a \ll L \tag{1.3}$$

式中，l 为分子运动尺度；a 为流体质点尺度；L 为流场特征尺度。满足式 (1.3) 使得流体质点既包含足够多的分子，又可近似为没有维度的一个点。

在连续介质假设下，流体质点连续地占满流场所在的空间，流体质点的物理量是时间与空间的连续函数，因此可以利用相关的数学分析工具进行研究。连续介质假设虽然在一般情况下是合理的，但在某些特殊情况下可能不成立，例如高空稀薄气体中的飞行问题，此时单位体积中包含的气体分子数不足够多，若干分子进出单元体会影响单元体的性质，系统未处于热平衡状态；又如在一些微纳系统中，流场的特征长度与流体分子的运动尺度量级相当，无法包含足够多的流体质点。

1.1.3 流体密度与压缩性

密度是流体的基本物理量之一，它表示流体在某空间点上单位体积的平均质量，即：

$$\rho = \frac{m}{V} \tag{1.4}$$

式中，ρ 是流体密度，单位为 kg/m^3；m 是流体质量，单位为 kg；V 是流体体积，单位为 m^3。表 1.1 给出了几种常见流体的密度。

表 1.1　常见流体的密度

流体	温度/K	密度/(kg/m³)	流体	温度/K	密度/(kg/m³)
空气	300	1.161 4	纯水	278	1 000.0
氧气	300	1.284 0	水银	300	13 529.0
氮气	300	1.123 3	甘油	300	1 259.9
氢气	300	0.080 8	乙二醇	300	1 111.4

需要指出的是，一般用质量来度量物体惯性，而在大多数流体力学问题中，往往用密度表征流体惯性。

流体在外力 (如压力) 作用下其密度发生变化的性质，称为流体的可压缩性。流体在温度改变时其密度发生改变的性质，称为流体的热膨胀性。气体和液体的可压缩性和热膨胀性明显不同。常见的气体服从完全气体状态方程：

$$p = R_0 \rho T \tag{1.5}$$

式中，p 为压力；T 为绝对温度；R_0 为气体常数。由式 (1.5) 可见，气体密度随压强的增加而增大，随温度的升高而减小，有明显的可压缩性。液体的密度几乎不随压强变化，当温度变化时其密度变化为：

$$\rho = \rho_0[1 - \beta(T - T_0)] \tag{1.6}$$

式中，β 为膨胀系数，表示单位温差下液体密度的相对变化率；ρ_0 为对应 T_0 温度的密度。通常膨胀系数 β 的量级为 10^{-3} K^{-1}，因此一般情况下可将液体视为不可压缩的。在处理流体流动问题时，一般按照流体运动时其密度变化率的大小，分为可压缩流和不可压缩流。表 1.2 给出了一些常见流体的热膨胀系数。

表 1.2 常见液体的热膨胀系数

液体	温度/K	热膨胀系数/K^{-1}
纯水	300	0.276×10^{-3}
水银	300	0.181×10^{-3}
甘油	300	0.48×10^{-3}
乙二醇	300	0.65×10^{-3}

1.1.4 流体黏性与导热性

流体运动时，流体质点间抵抗互相滑移运动的性质称为流体的黏性，这种抵抗力称为黏性应力。黏性依赖于流体性质且与温度密切相关。

Newton (牛顿) 于 1687 年给出了著名的平板剪切流动的实验结果。如图 1.2 所示，相距 h 的两平板间充满黏性流体，下平板固定，以恒定速度 V_x 拖动上平板。实验结果表明，维持上平板恒定速度的外力 F 与平板的面积 A 以及恒定速度 V_x 成正比，与间距 h 成反比：

$$F = \mu A \frac{V_x}{h} \tag{1.7}$$

式中，μ 为流体动力黏性系数。运用微积分的观点，定义相应的黏性应力为：

$$\tau = \frac{F}{A} = \mu \frac{\mathrm{d}v_x}{\mathrm{d}y} \tag{1.8}$$

这就是著名的牛顿黏性定律，其中应力的单位为 Pa，即 N/m^2，故动力黏性系数 μ 的单位为 N·s/m^2。流体力学中有时还使用运动黏性系数，其定义为动力黏性系数与流体密度之比：

$$\nu = \frac{\mu}{\rho} \tag{1.9}$$

式中，ν 为运动黏性系数，单位为 m^2/s。进一步考虑 $v_x = \mathrm{d}x/\mathrm{d}t$，式 (1.8) 可表示成：

$$\tau = \mu \frac{\mathrm{d}v_x}{\mathrm{d}y} = \mu \frac{\mathrm{d}}{\mathrm{d}t}\left(\frac{\mathrm{d}x}{\mathrm{d}y}\right) = \mu \frac{\mathrm{d}\gamma}{\mathrm{d}t} = \mu \dot{\gamma} \tag{1.10}$$

式中，$\gamma = \mathrm{d}x/\mathrm{d}y$ 为剪应变；$\dot{\gamma}$ 为剪应变率。式 (1.10) 表明剪应力与剪应变率成正比，黏性越大，流体越不容易发生变形。

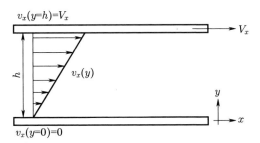

图 1.2 简单剪切流动实验示意图

气体与液体的黏性差异显著。气体的黏性系数与气体的密度以及气体分子的平均随机速度、平均自由程有关，温度升高，分子运动加剧，黏性增大。而液体的黏性通常比气体的黏性大得多，其黏性系数与分子在平衡位置附近的振动时间相关，温度升高，分子振动时间减少，黏性减小。表 1.3 给出了常见流体的动力黏性系数。

表 1.3　常见流体的动力黏性系数

流体	温度/K	动力黏性系数/(N·s/m²)
空气	300	1.846×10^{-5}
氧气	300	2.072×10^{-5}
氮气	300	1.782×10^{-5}
氢气	300	8.96×10^{-6}
润滑油	300	4.86×10^{-1}
水银	300	1.523×10^{-3}
甘油	300	7.99×10^{-1}
乙二醇	300	1.57×10^{-2}

当流体黏性系数很小且流动过程中速度梯度不大时,流动中的黏性力与其他力相比可以忽略,于是流体可近似为无黏性的理想流体。理想流体只是真实流体在特定条件下的一个近似模型。就黏性而言,流体可以分为理想流体和黏性流体,黏性流体并非都满足式 (1.8) 中剪应力与剪应变率呈线性关系的牛顿黏性定律。满足式 (1.8) 的称为牛顿流体,如一些分子结构简单的水、空气等;不满足的称为非牛顿流体,如奶油、沥青、绝大多数生物流体和高分子聚合物溶液等。本书主要涉及牛顿流体,至于非牛顿流体,第 11 章会专门介绍。

当流体中存在温差时,温度高的区域将向温度低的区域传输热量,这种现象称为热传导。Fourier (傅里叶) 于 1822 年进行了热传导实验,其原理如图 1.3 所示,实验结果表明,单位时间内传导的热量 Q 与面积 A 及温差 $\mathrm{d}T$ 成正比,与厚度 $\mathrm{d}x$ 成反比,这就是一维热传导 Fourier 定律:

$$Q = -kA\frac{\mathrm{d}T}{\mathrm{d}x} \tag{1.11}$$

式中,k 为流体导热系数,单位为 W/(m·K)。气体热传导是分子热运动能交换的结果,导热系数与气体密度、平均运动速度以及气体的定容热容相关。液体的导热系数则与液体分子在平衡位置附近的热振动相关。对导热系数而言,一般液体比气体大 1~2 个量级,表 1.4 给出了一些常见流体的导热系数。

当流体密度分布不均匀时,流体质量会从密度大的区域迁移到密度小的区域,这种性质称为扩散。扩散分两类,单组分流体中的扩散称为自扩散,不同组分间的扩散称为互扩散。扩散的机理与热传导类似，但扩散还依赖于压力、温度以及流体的组分。一般而言，液体的扩散比气体慢很多。

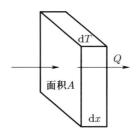

图 1.3 热传导实验示意图

表 1.4 常见流体的导热系数

流体	温度/K	导热系数/[W/(m·K)]
空气	300	2.63×10^{-2}
氧气	300	2.68×10^{-2}
氮气	300	2.59×10^{-2}
氢气	300	1.83×10^{-1}
润滑油	300	1.45×10^{-1}
水银	300	8.54
甘油	300	2.86×10^{-1}
乙二醇	300	2.52×10^{-1}

综上所述，黏性、热传导以及扩散是流体重要的输运性质。动量输运表现为黏性现象，热能输运表现为热传导现象，质量输运表现为扩散现象。后续章节将进行详细讨论。

1.2 基本物理量的运算

本节主要介绍标量、矢量和张量的基本概念以及运算法则。

1.2.1 标量与矢量

标量是具有数值大小而不具有方向性且满足一定代数法则的实体，其数值大小不依赖于坐标轴的选取。而矢量除了大小，还具有方向性。矢量一般用黑

斜体字母表示，如 u、v、w 等；对应的大小或者模可以用 $|u|$、$|v|$、$|w|$ 表示。两个矢量具有相同的模以及方向，则称两个矢量相等。同时，一个矢量平行于自身移动，这个矢量保持不变，即矢量具有平移不变性。两个矢量之和遵循平行四边形法则，如图 1.4 所示。

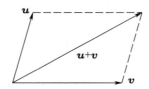

图 1.4 矢量和的平行四边形法则

矢量运算与标量运算类似，遵循一定的代数法则。矢量加法满足交换律和结合律，即：

$$u + v = v + u \tag{1.12}$$

$$(u + v) + w = u + (v + w) \tag{1.13}$$

矢量数乘满足分配律，即：

$$a(u + v) = au + av \tag{1.14}$$

式中，a 为实数。定义一组矢量 v_i $(i = 1, 2, \cdots, n)$ 的线性组合：

$$w = \sum_{i=1}^{n} a_i v_i \tag{1.15}$$

式中，a_i 为实数。若当且仅当 $a_i = 0 (i = 1, 2, \cdots, n)$ 时有 $w = 0$，则称这组矢量线性无关。否则，称为线性相关。二维和三维空间中最多有 2 个和 3 个线性无关的矢量，这样的矢量一般称为基矢量或者空间的基。三维空间笛卡儿 (Cartesian) 坐标系下，选择沿坐标轴 x、y、z 的单位矢量为 e_x、e_y、e_z，任一矢量 v 可以表示为这组标准化正交基的线性组合：

$$v = v_x e_x + v_y e_y + v_z e_z \tag{1.16}$$

矢量间的乘积一般有点积、叉积和混合积三种。定义两个矢量的点积为：

$$\boldsymbol{u} \cdot \boldsymbol{v} = |\boldsymbol{u}||\boldsymbol{v}| \cos \theta \tag{1.17}$$

式中，θ 为矢量 $\boldsymbol{u}$、$\boldsymbol{v}$ 的夹角。由式 (1.16)，矢量点积的分量表达式为：

$$\boldsymbol{u} \cdot \boldsymbol{v} = u_x v_x + u_y v_y + u_z v_z \tag{1.18}$$

矢量的点积满足交换律以及分配律，即：

$$\boldsymbol{u} \cdot \boldsymbol{v} = \boldsymbol{v} \cdot \boldsymbol{u} \tag{1.19}$$

$$\boldsymbol{u} \cdot (\boldsymbol{v} + \boldsymbol{w}) = \boldsymbol{u} \cdot \boldsymbol{v} + \boldsymbol{u} \cdot \boldsymbol{w} \tag{1.20}$$

由式 (1.17) 可以得到矢量点积的 Schwartz (施瓦茨) 不等式：

$$\boldsymbol{u} \cdot \boldsymbol{v} \leqslant |\boldsymbol{u}||\boldsymbol{v}| \tag{1.21}$$

定义两个矢量 $\boldsymbol{u}$、$\boldsymbol{v}$ 的叉积为：

$$\boldsymbol{w} = \boldsymbol{u} \times \boldsymbol{v} = \begin{vmatrix} \boldsymbol{e}_x & \boldsymbol{e}_y & \boldsymbol{e}_z \\ u_x & u_y & u_z \\ v_x & v_y & v_z \end{vmatrix} \tag{1.22}$$

式中，$\boldsymbol{w}$ 为垂直于 $\boldsymbol{u}$、$\boldsymbol{v}$ 所在平面的矢量，方向符合图 1.5 所示的右手法则，叉积的模为：

$$|\boldsymbol{u} \times \boldsymbol{v}| = |\boldsymbol{u}||\boldsymbol{v}| \sin \theta \tag{1.23}$$

式中，θ 为矢量 $\boldsymbol{u}$、$\boldsymbol{v}$ 的夹角，由式 (1.23) 可知，叉积的模等于两个矢量为边所构成的平行四边形的面积，矢量的叉积不满足交换律。由式 (1.22) 可知，叉积交换次序后可得：

$$\boldsymbol{u} \times \boldsymbol{v} = -\boldsymbol{v} \times \boldsymbol{u} \tag{1.24}$$

叉积也不满足结合律，即：

$$\boldsymbol{u} \times (\boldsymbol{v} \times \boldsymbol{w}) \neq (\boldsymbol{u} \times \boldsymbol{v}) \times \boldsymbol{w} \tag{1.25}$$

事实上，由式 (1.22) 可推导得以下恒等式：

$$\boldsymbol{u} \times (\boldsymbol{v} \times \boldsymbol{w}) = (\boldsymbol{u} \cdot \boldsymbol{w})\boldsymbol{v} - (\boldsymbol{u} \cdot \boldsymbol{v})\boldsymbol{w} \tag{1.26}$$

叉积满足分配律，即：

$$\boldsymbol{u} \times (\boldsymbol{v} + \boldsymbol{w}) = \boldsymbol{u} \times \boldsymbol{v} + \boldsymbol{u} \times \boldsymbol{w} \tag{1.27}$$

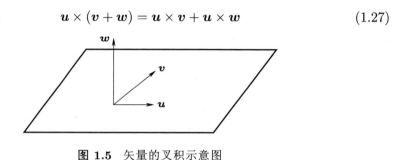

图 1.5　矢量的叉积示意图

定义三个矢量的混合积为：

$$[\boldsymbol{u}\ \boldsymbol{v}\ \boldsymbol{w}] = (\boldsymbol{u} \times \boldsymbol{v}) \cdot \boldsymbol{w} = \boldsymbol{u} \cdot (\boldsymbol{v} \times \boldsymbol{w}) = \begin{vmatrix} u_x & u_y & u_z \\ v_x & v_y & v_z \\ w_x & w_y & w_z \end{vmatrix} \tag{1.28}$$

由式 (1.17)、式 (1.23) 可知，混合积的物理意义是以 $\boldsymbol{u}$、$\boldsymbol{v}$、$\boldsymbol{w}$ 为边所构成的平行六面体的体积，更换混合积的次序，满足以下恒等式：

$$[\boldsymbol{u}\ \boldsymbol{v}\ \boldsymbol{w}] = [\boldsymbol{v}\ \boldsymbol{w}\ \boldsymbol{u}] = [\boldsymbol{w}\ \boldsymbol{u}\ \boldsymbol{v}] = -[\boldsymbol{v}\ \boldsymbol{u}\ \boldsymbol{w}] = -[\boldsymbol{u}\ \boldsymbol{w}\ \boldsymbol{v}] = -[\boldsymbol{w}\ \boldsymbol{v}\ \boldsymbol{u}] \tag{1.29}$$

1.2.2　梯度、散度与旋度

物理学中称定义在某个区域内的函数为场，标量函数称标量场，如温度场、密度场等；矢量函数则称为矢量场，如力场、速度场等。场内的函数值不随时间变化的称为定常场，反之称为不定常场。同一时刻场内函数值处处相等的称为均匀场，反之称为不均匀场。下面介绍梯度、散度和旋度的概念。

1.2.2.1　梯度

给定一个标量场 φ，定义其梯度为：

$$\nabla \varphi = \frac{\partial \varphi}{\partial x}\boldsymbol{e}_x + \frac{\partial \varphi}{\partial y}\boldsymbol{e}_y + \frac{\partial \varphi}{\partial z}\boldsymbol{e}_z \tag{1.30}$$

其中：

$$\nabla = \frac{\partial}{\partial x}\boldsymbol{e}_x + \frac{\partial}{\partial y}\boldsymbol{e}_y + \frac{\partial}{\partial z}\boldsymbol{e}_z \tag{1.31}$$

称为 nabla 算子。梯度是标量场不均匀性的度量，表征标量场的空间变化。梯度的方向与等位面的法向方向平行，也是标量变化最快的方向。

1.2.2.2　散度

给定一个矢量场 $\boldsymbol{F}$，定义其散度为：

$$\nabla \cdot \boldsymbol{F} = \frac{\partial F_x}{\partial x} + \frac{\partial F_y}{\partial y} + \frac{\partial F_z}{\partial z} \tag{1.32}$$

由 Остро Tragcний-Gauss (奥–高) 公式，对于体积元 V 及其界面 S 可以得到：

$$\iiint_V \nabla \cdot \boldsymbol{F}\mathrm{d}V = \oiint_S \boldsymbol{F} \cdot \boldsymbol{e}_\mathrm{n}\mathrm{d}S \tag{1.33}$$

式中，$\boldsymbol{e}_\mathrm{n}$ 为体积元的外法线方向。式 (1.33) 的右端项称为矢量 $\boldsymbol{F}$ 通过曲面 S 的通量。当 V 趋于 0 且极限存在时，可以得到散度的另一种定义：

$$\nabla \cdot \boldsymbol{F} = \lim_{V \to 0} \frac{\oiint_S \boldsymbol{F} \cdot \boldsymbol{e}_\mathrm{n}\mathrm{d}S}{V} \tag{1.34}$$

由定义可知，散度是矢量场的一种强度性质，表征矢量通过曲面的通量。当 $\nabla \cdot \boldsymbol{F} = 0$ 时，矢量场称为无源场或者管式场。

1.2.2.3　旋度

给定一个矢量场 $\boldsymbol{F}$，定义其旋度为：

$$\nabla \times \boldsymbol{F} = \begin{vmatrix} \boldsymbol{e}_x & \boldsymbol{e}_y & \boldsymbol{e}_z \\ \dfrac{\partial}{\partial x} & \dfrac{\partial}{\partial y} & \dfrac{\partial}{\partial z} \\ F_x & F_y & F_z \end{vmatrix} \tag{1.35}$$

由 Stokes (斯托克斯) 公式，对于曲面 S 及其周线 L 有：

$$\oiint_S \nabla \times \boldsymbol{F} \cdot \boldsymbol{e}_\mathrm{n}\mathrm{d}S = \int_L \boldsymbol{F} \cdot \mathrm{d}\boldsymbol{r} \tag{1.36}$$

式中，右端项称为矢量 F 沿曲线 L 的环量。当 S 趋于 0 且极限存在时，由上式可以得到：

$$\nabla \times F \cdot e_n = \lim_{S \to 0} \frac{\int_L F \cdot \mathrm{d}r}{S} \tag{1.37}$$

由式 (1.37) 可知，旋度表征矢量通过闭合曲线的环量。特别地，当 $\nabla \times F = 0$ 时，矢量场称为无旋场。

1.2.3 张量

流体力学中常采用张量来表示应力、应变等物理量以及基本方程。与矢量定义类似，满足一定坐标变化关系的有序数组成的集合称为张量，零阶张量为标量，一阶张量为矢量，二阶张量为矩阵。在 n 维空间中，m 阶张量应是 n^m 个数的集合。下面以三维空间的二阶张量为例介绍张量的代数运算。

设二阶张量 T、S 为：

$$T = t_{ij} e_i e_j, \quad S = s_{ij} e_i e_j, \quad i, j = 1, 2, 3$$

定义新二阶张量 $Q = T + S$，满足：

$$q_{ij} = t_{ij} + s_{ij} \tag{1.38}$$

则称 Q 为张量 T 与 S 之和。定义 T 与 S 之差 P 满足：

$$p_{ij} = t_{ij} - s_{ij} \tag{1.39}$$

同一坐标系下，若两个张量中的每一个分量都相等，则这两个张量相等，即 $T - S = 0$。

定义四阶张量 Q 满足：

$$q_{ijkl} = t_{ij} s_{kl} \tag{1.40}$$

则称张量 Q 为 T 和 S 的张量乘积，记为 $Q = TS$。推而广之，m 阶张量与 n 阶张量的乘积为 $m + n$ 阶张量。两个矢量的乘积为二阶张量，一般称为并矢。

定义零阶张量 $\boldsymbol{P}$ 满足：

$$\boldsymbol{P} = t_{ii} \tag{1.41}$$

则称张量 $\boldsymbol{P}$ 为张量 $\boldsymbol{T}$ 的缩并。m 阶张量的缩并为 $m-2$ 阶张量。并矢的缩并为两个矢量的内积。

张量乘积中，两个张量各取一个指标缩并，称为张量的内积，即：

$$q_{ij} = t_{ik}s_{kj} \tag{1.42}$$

记为二阶张量 $\boldsymbol{Q} = \boldsymbol{T} \cdot \boldsymbol{S}$。如果缩并两次，则有：

$$\boldsymbol{P} = t_{ik}s_{ik} \tag{1.43}$$

记为零阶张量 $\boldsymbol{P} = \boldsymbol{T} : \boldsymbol{S}$。$m$ 阶张量与 n 阶张量的内积为 $m+n-2$ 阶张量，如果缩并两次，则内积为 $m+n-4$ 阶张量。

设 $\boldsymbol{T} = t_{ij}$ 为二阶张量，称二阶张量 $\boldsymbol{T}_\mathrm{c} = t_{ji}$ 为张量 $\boldsymbol{T}$ 的共轭张量。如果分量间满足：

$$t_{ij} = t_{ji} \tag{1.44}$$

则称张量 $\boldsymbol{T}$ 为对称张量，此时张量与其共轭张量相等，即 $\boldsymbol{T}_\mathrm{c} = \boldsymbol{T}$。若分量满足：

$$t_{ij} = -t_{ji} \tag{1.45}$$

则称张量 $\boldsymbol{T}$ 为反对称张量，此时 $\boldsymbol{T}_\mathrm{c} = -\boldsymbol{T}$。张量的对称性与反对称性在坐标变换中保持不变。

1.2.4 流体运动的描述

流体力学中描述运动的方法有两种，即 Lagrange (拉格朗日) 法和 Euler (欧拉) 法。Lagrange 法关注流体中每一质点的运动情况，观察和分析质点的位置、速度和加速度等物理量的变化，综合所有质点的运动状况可以得到整个流场的运动规律，故称质点系法。Euler 法关注空间点，认为流体的运动情况随空间和时间变化，是 Euler 坐标和时间的函数，因而是一种对物理量采用场描述的方法。

Lagrange 法认为流体质点物理量是质点 Lagrange 坐标和时间的函数。设流体质点的 Lagrange 坐标为 (a, b, c)，在 t 时刻质点的某一个物理量 f 可以表示为：

$$f = f(a,b,c,t) \tag{1.46}$$

例如流体质点位置径矢 $\boldsymbol{r}$ 的 Lagrange 描述为：

$$\boldsymbol{r} = \boldsymbol{r}(a,b,c,t) \tag{1.47}$$

或者 Cartesian 坐标系下分量形式为：

$$x = x(a,b,c,t), \quad y = y(a,b,c,t), \quad z = z(a,b,c,t) \tag{1.48}$$

质点的速度以及加速度的 Lagrange 描述为：

$$\boldsymbol{v} = \boldsymbol{v}(a,b,c,t) = \frac{\partial \boldsymbol{r}}{\partial t}, \quad \boldsymbol{a} = \boldsymbol{a}(a,b,c,t) = \frac{\partial^2 \boldsymbol{r}}{\partial t^2} \tag{1.49}$$

或者分量形式为：

$$\begin{cases} v_x(a,b,c,t) = \dfrac{\partial x(a,b,c,t)}{\partial t} \\[2mm] v_y(a,b,c,t) = \dfrac{\partial y(a,b,c,t)}{\partial t} \\[2mm] v_z(a,b,c,t) = \dfrac{\partial z(a,b,c,t)}{\partial t} \\[2mm] a_x(a,b,c,t) = \dfrac{\partial^2 x(a,b,c,t)}{\partial t^2} \\[2mm] a_y(a,b,c,t) = \dfrac{\partial^2 y(a,b,c,t)}{\partial t^2} \\[2mm] a_z(a,b,c,t) = \dfrac{\partial^2 z(a,b,c,t)}{\partial t^2} \end{cases} \tag{1.50}$$

Lagrange 法物理概念清晰，理论上可以求出每一质点的轨迹，但实际情况下质点轨迹很复杂，不易求解。因此，通常情况下采用较为简便的 Euler 法。Euler 法考察固定点的物理量随时空的变化规律，从整个流场的角度把握流动的状况。假设空间一点的 Euler 坐标为 (x, y, z)，在 t 时刻的某一物理量 f 可以表示为：

$$f = F(x,y,z,t) \tag{1.51}$$

例如流体速度的 Euler 描述为：

$$\boldsymbol{v} = \boldsymbol{v}(x, y, z, t) \tag{1.52}$$

或者分量形式为：

$$\begin{cases} v_x(x, y, z, t) = \dfrac{\partial x(x, y, z, t)}{\partial t} \\[2mm] v_y(x, y, z, t) = \dfrac{\partial y(x, y, z, t)}{\partial t} \\[2mm] v_z(x, y, z, t) = \dfrac{\partial z(x, y, z, t)}{\partial t} \end{cases} \tag{1.53}$$

压力和密度的 Euler 描述为：

$$p = p(x, y, z, t), \quad \rho = \rho(x, y, z, t) \tag{1.54}$$

流体力学中常需要求解流体质点的物理量随时间的变化率, 即求流体质点物理量的随体导数或者物质导数。随体导数用符号 D/Dt 表示, 在 Lagrange 描述下, 随体导数为时间偏导数即 $\partial/\partial t$, 如式 (1.49) 所示。在 Euler 描述下, 随体导数为：

$$\begin{aligned} \frac{\mathrm{D}f}{\mathrm{D}t} &= \frac{\mathrm{D}F(x, y, z, t)}{\mathrm{D}t} = \frac{\mathrm{D}F(x(a,b,c,t), y(a,b,c,t), z(a,b,c,t), t)}{\mathrm{D}t} \\ &= \frac{\partial F}{\partial t} + \frac{\partial F}{\partial x}\frac{\partial x}{\partial t} + \frac{\partial F}{\partial y}\frac{\partial y}{\partial t} + \frac{\partial F}{\partial z}\frac{\partial z}{\partial t} = \frac{\partial F}{\partial t} + \frac{\partial F}{\partial x}v_x + \frac{\partial F}{\partial y}v_y + \frac{\partial F}{\partial z}v_z \\ &= \frac{\partial F}{\partial t} + (\boldsymbol{v}\cdot\nabla)F \end{aligned} \tag{1.55}$$

在 Euler 描述下, 随体导数由两部分组成, $\partial F/\partial t$ 表示该空间点上 F 随时间的变化率, 称为局部导数, 由 F 的不定常性导致；$(\boldsymbol{v}\cdot\nabla)F$ 称为位变导数或者对流导数, 由 F 在空间中的非均匀性导致。式 (1.55) 对于流体质点的任何物理量 (无论是标量还是矢量) 都成立, 因此有：

$$\frac{\mathrm{D}}{\mathrm{D}t} = \frac{\partial}{\partial t} + (\boldsymbol{v}\cdot\nabla) \tag{1.56}$$

1.3 作用在流体上的力

本节介绍作用于流体上的各种力 (包括体积力、表面力等) 及其性质。

1.3.1 体积力与表面力

作用于流体上的外力通常分为两种,一种作用在流体质点的整个体积,称为体积力,如重力、惯性力等;另一种作用在流体表面,称为表面力,如摩擦力、大气压力等。

考察体积为 ΔV 的流体,假设作用在流体上的体积力为 $\Delta \boldsymbol{F}$,此时单位体积上的体积力为 $\Delta \boldsymbol{F}/\Delta V$,称为体积力强度,其数学表达式为:

$$\boldsymbol{F}_{\mathrm{v}} = \lim_{\Delta V \to 0} \frac{\Delta \boldsymbol{F}}{\Delta V} \tag{1.57}$$

例如惯性力的体积力强度为 $\rho \boldsymbol{a}$,其中 $\boldsymbol{a}$ 为加速度。作用在流体上体积力的合力可以用积分的方法计算:

$$\boldsymbol{F} = \int_V \boldsymbol{F}_{\mathrm{v}} \mathrm{d}V \tag{1.58}$$

相应的体积力合力矩为:

$$\boldsymbol{M} = \int_V \boldsymbol{r} \times \boldsymbol{F}_{\mathrm{v}} \mathrm{d}V \tag{1.59}$$

式中,$\boldsymbol{r}$ 为相对于参考点的径矢。显然,体积力与流体体积成正比。

考察表面积为 ΔS 的流体,假设作用在流体上的表面力为 $\Delta \boldsymbol{P}$,此时单位面积上的表面力为 $\Delta \boldsymbol{P}/\Delta S$,称为表面力强度,也称应力,其数学表达式为:

$$\boldsymbol{P}_{\mathrm{n}} = \lim_{\Delta S \to 0} \frac{\Delta \boldsymbol{P}}{\Delta S} \tag{1.60}$$

式中,$\boldsymbol{P}_{\mathrm{n}}$ 的下标 n 表示流体面的法向,说明 $\boldsymbol{P}_{\mathrm{n}}$ 不仅是空间坐标以及时间的函数,还与作用面的法向相关。根据牛顿的作用力与反作用力定律有:

$$\boldsymbol{P}_{-\mathrm{n}} = -\boldsymbol{P}_{\mathrm{n}} \tag{1.61}$$

作用在流体整个表面的表面力可以由以下积分计算:

$$\boldsymbol{P} = \int_S \boldsymbol{P}_{\mathrm{n}} \mathrm{d}S \tag{1.62}$$

显然,表面力与流体表面积成正比。

1.3.2 表面张力

许多现象表明，液体表面有自动收缩的趋势，这说明液体表面存在张力。假设在液面内有一段截线，截线两边的液面存在相互作用的拉力，该力与截面垂直且与液面相切，那么该力称为表面张力。实验表明，表面张力的大小与液面的截线长度成正比，即：

$$\sigma = \gamma L \tag{1.63}$$

式中，L 为截线长度；γ 为表面张力系数，单位为 N/m，它受温度影响且与界面两侧的物质种类相关，温度越高，γ 越小。表 1.5 给出了常见液体的表面张力系数。

表 1.5　常见流体接触的表面张力系数

接触流体	温度/K	表面张力系数/(N/m)
水与空气	291	7.3×10^{-2}
水银与空气	291	4.9×10^{-1}
肥皂水与水	293	4.0×10^{-2}
水银与水	293	4.72×10^{-1}

1.3.3　应力与应力张量

1.3.1 节介绍了应力，本节介绍应力张量及其性质。在流体中考察如图 1.6 所示的微元四面体 $OABC$，侧面 OBC、OAC、OAB 分别垂直于 x、y、z 轴，底面 ABC 的法向为 $\boldsymbol{e}_\mathrm{n} = n_x \boldsymbol{e}_x + n_y \boldsymbol{e}_y + n_z \boldsymbol{e}_z$。考虑微元四面体 $OABC$ 的受力及力矩，作用力有外力、惯性力和表面力三种，根据 d'Alembert (达朗贝尔) 原理，这三种力的合力及合力矩为零。由于外力、惯性力都是体积力，当微元四面体的体积趋向于零时，这两种力及其力矩相对于表面力及其力矩是高阶小量，可以忽略，所以表面力的合力以及合力矩为零：

$$\boldsymbol{P}_\mathrm{n} \Delta S + \boldsymbol{P}_{-x} \Delta S_x + \boldsymbol{P}_{-y} \Delta S_y + \boldsymbol{P}_{-z} \Delta S_z = 0 \tag{1.64}$$

式中，ΔS、ΔS_x、ΔS_y、ΔS_z 分别为底面 ABC，侧面 OBC、OAC、OAB 的面积。根据式 (1.61) 以及

$$\Delta S_x = n_x \Delta S, \quad \Delta S_y = n_y \Delta S, \quad \Delta S_z = n_z \Delta S \tag{1.65}$$

式 (1.64) 可以改写成：

$$\boldsymbol{P}_{\mathrm{n}} = \boldsymbol{P}_x n_x + \boldsymbol{P}_y n_y + \boldsymbol{P}_z n_z \tag{1.66}$$

在 Cartesian 坐标系下，分量表达式为：

$$\begin{cases} P_{\mathrm{n}x} = P_{xx} n_x + P_{yx} n_y + P_{zx} n_z \\ P_{\mathrm{n}y} = P_{xy} n_x + P_{yy} n_y + P_{zy} n_z \\ P_{\mathrm{n}z} = P_{xz} n_x + P_{yz} n_y + P_{zz} n_z \end{cases} \tag{1.67}$$

记上式 9 个分量为：

$$\boldsymbol{P} = \begin{pmatrix} P_{xx} & P_{xy} & P_{xz} \\ P_{yx} & P_{yy} & P_{yz} \\ P_{zx} & P_{zy} & P_{zz} \end{pmatrix} \tag{1.68}$$

$\boldsymbol{P}$ 即为应力张量，于是式 (1.67) 可以表示为：

$$\boldsymbol{P}_{\mathrm{n}} = \boldsymbol{e}_{\mathrm{n}} \cdot \boldsymbol{P} \tag{1.69}$$

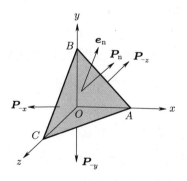

图 1.6 微元四面体应力示意图

下面证明应力张量具有对称性。考察流体内任一体积为 V、表面积为 S 的单元，在 V 内取一点 O 作为力矩参考点，根据式 (1.64) 以及力矩为零可以

得到:

$$0 = \int_S \boldsymbol{r} \times \boldsymbol{P}_\mathrm{n}\mathrm{d}S = \int_S \varepsilon_{ijk}x_j P_k \mathrm{d}S = \int_S \varepsilon_{ijk}x_j P_{kl}n_l \mathrm{d}S$$

$$= \int_V \varepsilon_{ijk}\left(P_{kj} + x_j \frac{\partial P_{kl}}{\partial x_l}\right)\mathrm{d}V \tag{1.70}$$

上式最右端括号内第二项相对第一项是高阶小量,所以有:

$$\int_V \varepsilon_{ijk}P_{kj}\mathrm{d}V = 0 \tag{1.71}$$

由 V 的任意性可以得到:

$$\varepsilon_{ijk}P_{kj} = 0 \tag{1.72}$$

式中, ε_{ijk} 为置换符号,所以有:

$$P_{kj} = P_{jk} \tag{1.73}$$

上式表明,应力张量具有对称性,只有 6 个独立分量,对角线分量称为法向应力,非对角线分量称为切向应力。

1.3.4　特殊情况下的应力张量

下面介绍理想流体以及静止流体的应力张量。

理想流体对切向变形没有抵抗能力,所以作用在任一流体单元表面上应力 $\boldsymbol{P}_\mathrm{n}$ 的法向分量不为零,切向分量等于零,即应力方向与表面的法向平行, $\boldsymbol{P}_\mathrm{n} = P_\mathrm{nn}\boldsymbol{e}_\mathrm{n}$。考虑理想流体中的任一点,记该点平行于 3 个坐标平面的应力为 $\boldsymbol{P}_x$、$\boldsymbol{P}_y$、$\boldsymbol{P}_z$,此时 3 个应力对应的法向分量 P_{xx}、P_{yy}、P_{zz} 不为零,切向分量 P_{xy}、P_{yz}、P_{zx} 为零。根据式 (1.67) 有:

$$P_\mathrm{nx} = P_{xx}n_x, \quad P_\mathrm{ny} = P_{yy}n_y, \quad P_\mathrm{nz} = P_{zz}n_z \tag{1.74}$$

考虑到应力 $\boldsymbol{P}_\mathrm{n}$ 的分量形式为:

$$P_\mathrm{nx} = P_\mathrm{nn}n_x, \quad P_\mathrm{ny} = P_\mathrm{nn}n_y, \quad P_\mathrm{nz} = P_\mathrm{nn}n_z \tag{1.75}$$

比较式 (1.74) 和式 (1.75) 可得:

$$P_{xx} = P_{yy} = P_{zz} = P_{nn} \tag{1.76}$$

由于 e_n 为任意选取，上式表明同一点上各个不同方向的法向应力相等。取 $P_{nn} = -P$，则 P 称为理想流体的压力，负号表示压力的方向与作用面的法向相反。于是，理想流体的压力张量为：

$$P_{ij} = -P\delta_{ij} \tag{1.77}$$

式中，δ_{ij} 为 Kronecker (克罗内克) 符号。

对于静止流体，其切向应力分量与理想流体一样为零，运用与上述同样的分析方法，可以得到静止流体的应力张量为式 (1.77)。此时 P 表示静压力，表征流体在静止状态下每一点的应力状态。

1.4　流体力学基本方程

本节基于物理学的基本定律以及流体的性质推导流体力学基本方程，并讨论相关的初始条件和边界条件。

1.4.1　流体系统及控制体

在流体力学中，流体系统指某一确定的流体质点集合的总体，系统以外的环境统称外界，分隔系统与外界的界面称为系统的边界。

流体系统有以下四个特点：一是系统内的质点始终包含在边界之内，系统与外界没有质量交换；二是系统跟随系统内质点一起运动，边界的形状以及空间大小随运动而变化；三是系统与外界可以有力的相互作用；四是系统与外界可以有能量交换。

以上系统的定义属于 Lagrange 描述的范畴，但在大多数问题中，将系统作为研究对象时所得到的基本方程使用不便，人们通常更关注流场物理量在空间的分布和随时间的变化，于是需要 Euler 描述。Euler 描述的对象是流场中的控制体单元以及整个流场空间，所以要引进控制体的概念。

控制体是指流场中固定不动、形状任意的空间体积，包围整个控制体空间体积的边界称为控制面。控制体属于 Euler 描述的范畴，具有以下三个特点：

一是控制体内的流体质点组成并非一成不变；二是控制体形状、大小不变，并相对于某一坐标系固定不动；三是控制体与外界可以有力的相互作用，也可以有质量和能量的交换。

1.4.2 连续性方程和运动方程

流体运动遵循质量守恒定律，即流体系统中的流体质量在运动过程中保持不变，或者在一固定的控制体内流体质量的减少率等于在此期间通过其表面的质量通量。

1.4.2.1 连续性方程

采用 Euler 描述方法推导流体运动的连续性方程。在流场空间任取一个体积为 V、表面积为 S 的控制体，e_n 为外法向的单位矢量。控制体内流体质量的变化由两方面构成，一是通过表面流体流进或者流出的量：

$$\int_S \rho \boldsymbol{v} \cdot \boldsymbol{e}_n \mathrm{d}S \tag{1.78}$$

二是密度场随时间变化而引起的控制体质量的变化：

$$-\int_V \frac{\partial \rho}{\partial t} \mathrm{d}V \tag{1.79}$$

式 (1.78) 为正，表示流体流出控制体的质量大于流入的质量；式 (1.79) 为负，表示控制体内的质量减少。根据质量守恒定律：

$$\int_S \rho \boldsymbol{v} \cdot \boldsymbol{e}_n \mathrm{d}S = -\int_V \frac{\partial \rho}{\partial t} \mathrm{d}V \tag{1.80}$$

由 Остро Традсний-Gauss 公式有：

$$\int_V \left[\frac{\partial \rho}{\partial t} + \nabla \cdot (\rho \boldsymbol{v}) \right] \mathrm{d}V = 0 \tag{1.81}$$

由于控制体为任意选取，所以有：

$$\frac{\partial \rho}{\partial t} + \nabla \cdot (\rho \boldsymbol{v}) = 0 \tag{1.82}$$

21

上式即为流体运动的连续性方程, 第一项表示单位体积内密度随时间的变化, 第二项表示流出单位体积表面的流体质量。由散度公式, 式 (1.82) 可以改写成:

$$\frac{\mathrm{D}\rho}{\mathrm{D}t} + \rho \nabla \cdot \boldsymbol{v} = 0 \tag{1.83}$$

对于不可压缩流体有 $\mathrm{D}\rho/\mathrm{D}t = 0$, 那么由式 (1.83) 可以得到不可压缩流体的连续性方程:

$$\nabla \cdot \boldsymbol{v} = 0, \quad \text{即} \quad \frac{\partial v_i}{\partial x_i} = 0 \tag{1.84}$$

在 Cartesian 坐标系下为:

$$\frac{\partial v_x}{\partial x} + \frac{\partial v_y}{\partial y} + \frac{\partial v_z}{\partial z} = 0 \tag{1.85}$$

这表明对于不可压缩流体, 体积不膨胀也不收缩。

对于定常运动有 $\partial\rho/\partial t = 0$, 则连续性方程为:

$$\nabla \cdot (\rho \boldsymbol{v}) = 0 \tag{1.86}$$

或

$$\frac{\partial(\rho v_x)}{\partial x} + \frac{\partial(\rho v_y)}{\partial y} + \frac{\partial(\rho v_z)}{\partial z} = 0 \tag{1.87}$$

这表明从单位体积内净流出的质量为零。

1.4.2.2　运动方程

下面从动量定理出发推导流体的运动方程。考察流场中任一体积为 V、表面积为 S 的控制体, 根据动量定理, 控制体内流体的动量变化率等于作用在控制体上的体积力和表面力之和。记单位质量上的体积力为 $\boldsymbol{F}$, 单位面积上的表面力分布为 $\boldsymbol{P}_\mathrm{n}$, 则有:

$$\int_V \rho \boldsymbol{F} \mathrm{d}V + \int_S \boldsymbol{P}_\mathrm{n} \mathrm{d}S = \frac{\mathrm{D}}{\mathrm{D}t} \int_V \rho \boldsymbol{v} \mathrm{d}V \tag{1.88}$$

根据 Ocmpo Tpaгcкий-Gauss 定理可以得到:

$$\int_V \rho \boldsymbol{F} \mathrm{d}V + \int_V \nabla \cdot \boldsymbol{P} \mathrm{d}V = \int_V \rho \frac{\mathrm{D}\boldsymbol{v}}{\mathrm{D}t} \mathrm{d}V \tag{1.89}$$

由 V 的任意性, 可以得到:

$$\rho \frac{\mathrm{D}\boldsymbol{v}}{\mathrm{D}t} = \rho \boldsymbol{F} + \nabla \cdot \boldsymbol{P} \tag{1.90}$$

式中, $\boldsymbol{P}$ 为应力张量。式 (1.90) 为流体的运动方程, 左端项表示单位体积内流体动量的变化率, 右端第一项表示单位体积的体积力, 第二项表示单位体积对应的单位表面积上的表面力。式 (1.90) 的分量形式为:

$$\begin{cases} \rho \left(\dfrac{\partial v_x}{\partial t} + v_x \dfrac{\partial v_x}{\partial x} + v_y \dfrac{\partial v_x}{\partial y} + v_z \dfrac{\partial v_x}{\partial z} \right) = \rho F_x + \dfrac{\partial p_{xx}}{\partial x} + \dfrac{\partial p_{xy}}{\partial y} + \dfrac{\partial p_{xz}}{\partial z} \\[2mm] \rho \left(\dfrac{\partial v_y}{\partial t} + v_x \dfrac{\partial v_y}{\partial x} + v_y \dfrac{\partial v_y}{\partial y} + v_z \dfrac{\partial v_y}{\partial z} \right) = \rho F_y + \dfrac{\partial p_{yx}}{\partial x} + \dfrac{\partial p_{yy}}{\partial y} + \dfrac{\partial p_{yz}}{\partial z} \\[2mm] \rho \left(\dfrac{\partial v_z}{\partial t} + v_x \dfrac{\partial v_z}{\partial x} + v_y \dfrac{\partial v_z}{\partial y} + v_z \dfrac{\partial v_z}{\partial z} \right) = \rho F_z + \dfrac{\partial p_{zx}}{\partial x} + \dfrac{\partial p_{zy}}{\partial y} + \dfrac{\partial p_{zz}}{\partial z} \end{cases} \tag{1.91}$$

基于 Stokes 假设, 牛顿流体的应力张量 $\boldsymbol{P}$ 为:

$$\boldsymbol{P} = -p\boldsymbol{I} + 2\mu \left(\boldsymbol{S} - \frac{1}{3}\boldsymbol{I}\nabla \cdot \boldsymbol{v} \right), \quad \text{即 } P_{ij} = -p\delta_{ij} + 2\mu \left(S_{ij} - \frac{1}{3}\delta_{ij}\frac{\partial v_i}{\partial x_i} \right) \tag{1.92}$$

式中, $\boldsymbol{S} = [(\nabla \boldsymbol{v}) + (\nabla \boldsymbol{v})^{\mathrm{T}}]/2$, $S_{ij} = (\partial v_i/\partial x_j + \partial v_j/\partial x_i)/2$ 为应变率张量。将上式代入式 (1.90) 得:

$$\rho \frac{\mathrm{D}\boldsymbol{v}}{\mathrm{D}t} = \rho \boldsymbol{F} - \nabla p + \nabla \cdot (2\mu \boldsymbol{S}) - \frac{2}{3}\nabla(\mu\nabla \cdot \boldsymbol{v}) \tag{1.93}$$

式中左端项表示单位体积内流体动量的变化率, 右端第一项表示体积力, 第二项表示压力梯度力, 第三项表示黏性应力, 第四项代表黏性体膨胀应力。

对于不可压缩流体, ρ 为常数, 则 $\nabla \cdot \boldsymbol{v} = 0$, 当黏性系数 μ 为常数时, 式 (1.93) 化为:

$$\frac{\mathrm{D}\boldsymbol{v}}{\mathrm{D}t} = \boldsymbol{F} - \frac{1}{\rho}\nabla p + \nu\nabla^2 \boldsymbol{v}, \quad \text{即 } \frac{\partial v_i}{\partial t} + v_j\frac{\partial v_i}{\partial x_j} = f_i - \frac{1}{\rho}\frac{\partial p}{\partial x_i} + \nu\frac{\partial^2 v_i}{\partial x_j^2} \tag{1.94}$$

该方程即为 Navier-Stokes (纳维–斯托克斯) 方程, 简称 N-S 方程。

对于理想流体即 $\mu = 0$, 式 (1.93) 化为:

$$\frac{\mathrm{D}\boldsymbol{v}}{\mathrm{D}t} = \boldsymbol{F} - \frac{1}{\rho}\nabla p, \quad \text{即 } \frac{\partial v_i}{\partial t} + v_j\frac{\partial v_i}{\partial x_j} = f_i - \frac{1}{\rho}\frac{\partial p}{\partial x_i} \tag{1.95}$$

该方程即为 Euler 方程。

1.4.3 能量方程和状态方程

能量方程和状态方程也是求解流体运动及相关特性的基本方程。

1.4.3.1 能量方程

可以从能量守恒定律出发推导流体运动的能量方程。在流场空间任取一个体积为 V、表面积为 S 的控制体，e_n 为外法向的单位矢量。根据能量守恒定律，控制体 V 内流体能量的变化率等于单位时间体积力和表面力对控制体所做的功加上单位时间内外界给予控制体的热量。将流体的能量视为内能以及动能之和，热量来源于辐射热和传导热，则内能和动能之和为：

$$\int_V \rho \left(E + \frac{v^2}{2} \right) \mathrm{d}V \tag{1.96}$$

式中，E 表示单位质量的内能。体积力与表面力所做的功为：

$$\int_V \rho \boldsymbol{F} \cdot \boldsymbol{v} \mathrm{d}V + \int_S \boldsymbol{P}_\mathrm{n} \cdot \boldsymbol{v} \mathrm{d}S \tag{1.97}$$

控制体从外界得到的热量为：

$$\int_V \rho q \mathrm{d}V + \int_S k(\nabla T \cdot \boldsymbol{e}_\mathrm{n}) \mathrm{d}S \tag{1.98}$$

式中，q 是单位时间内由辐射传入控制体的热量分布函数；$k\nabla T$ 是热流量。由能量守恒定律可得：

$$\frac{\mathrm{D}}{\mathrm{D}t} \int_V \rho \left(E + \frac{v^2}{2} \right) \mathrm{d}V = \int_V \rho \boldsymbol{F} \cdot \boldsymbol{v} \mathrm{d}V + \int_S \boldsymbol{P}_\mathrm{n} \cdot \boldsymbol{v} \mathrm{d}S + \int_V \rho q \mathrm{d}V + \int_S k(\nabla T \cdot \boldsymbol{e}_\mathrm{n}) \mathrm{d}S \tag{1.99}$$

根据 Остро Традский-Gauss 公式以及流体 V 的任意性，可得能量方程：

$$\rho \frac{\mathrm{D}E}{\mathrm{D}t} + \rho \frac{\mathrm{D}}{\mathrm{D}t} \left(\frac{v^2}{2} \right) = \rho \boldsymbol{F} \cdot \boldsymbol{v} + \nabla \cdot (\boldsymbol{P} \cdot \boldsymbol{v}) + \rho q + \nabla \cdot (k\nabla T) \tag{1.100}$$

上式左端两项分别表示流体的内能以及动能的变化率，右端第一、二项表示体积力和表面力所做的功，后两项表示辐射和热传导传入控制体的热量。

1.4.3.2 状态方程

考虑一个均匀的热力学系统,设流体处于平衡态,即在没有外界影响的条件下,流体各部分保持不变。那么,系统平衡态下的温度 T、体积 V 和压强 p 可以用状态方程描述:

$$p = f(T, V) \tag{1.101}$$

例如,对于完全气体,状态方程为:

$$pV = nR_0 T \tag{1.102}$$

式中,n 为气体物质的量,R_0=8.31 J/(K·mol) 为普适气体常数,对于单位质量气体有:

$$pV = \frac{R_0}{m} T = RT \tag{1.103}$$

式中,m 为摩尔质量。

对于正常条件下的液体,其密度不随温度、压力而变化,所以其状态方程为:

$$\rho = c \tag{1.104}$$

式中,c 为常数。

1.4.4 方程的封闭及定解条件

前面已给出流体的连续性方程 (1.83)、运动方程 (1.90)、能量方程 (1.100) 以及状态方程 (1.101) 共 6 个方程 (运动方程有 3 个分量)。在给定适当的初始条件和边界条件后,求解这些方程就可以获得速度场、压力场等信息。但是这 6 个方程含有 12 个未知量,方程组不封闭,需要补充方程。下面引入应力张量的本构方程来封闭上述方程组。

流体的应力张量与变形运动状态之间的物性关系式称为流体的本构方程,式 (1.92) 就是 Stokes 假设下牛顿流体的本构方程。对不可压缩流体,式 (1.92) 成为:

$$\boldsymbol{P} = -p\boldsymbol{I} + 2\mu\boldsymbol{S}, \quad 即 \ P_{ij} = -p\delta_{ij} + 2\mu S_{ij} \tag{1.105}$$

对理想流体，本构方程为：

$$\boldsymbol{P} = -p\boldsymbol{I} \tag{1.106}$$

对于非牛顿流体的本构方程，第 11 章有专门介绍。

流体运动的基本方程是非线性偏微分方程，需要给定初始条件和边界条件才能有确定的解，下面讨论常见的初始条件和边界条件。

初始条件是流场的初始状态，即在初始时刻 $t = t_0$，给定流场动力学参量如速度、压力、密度和热力学参量如温度的分布，如：

$$\boldsymbol{v} = \boldsymbol{v}_0(x, y, z), \quad p = p_0(x, y, z), \quad \rho = \rho_0(x, y, z), \quad T = T_0(x, y, z) \tag{1.107}$$

对于定常流动，各参量与时间无关，不需要初始条件，由基本方程和边界条件就能确定流场参量。

边界条件是指基本方程的解在边界上应该满足的条件，以下是常见的几种边界条件。

1. 无穷远处

流体力学中很多问题会涉及无穷远处的边界，例如飞行器在大气中飞行时就存在无穷远处的边界条件，此时可以表示为：

$$\boldsymbol{v} = \boldsymbol{v}_\infty, \quad p = p_\infty, \quad \rho = \rho_\infty, \quad T = T_\infty \quad \boldsymbol{r} \to \infty \tag{1.108}$$

2. 流–固分界面

流场中的流体与固体相接触，固体的壁面就是边界，壁面上的条件就是常见的边界条件，例如流体在管道中输运时的管壁，船舶在海洋中运动时的船体。一般情况下，壁面上的流体将黏附于壁面 S 上，壁面上为无滑移边界条件：

$$\boldsymbol{v}_{\mathrm{f}} = \boldsymbol{v}_{\mathrm{s}}, \quad \frac{\partial p}{\partial n} = 0, \quad T_{\mathrm{f}} = T_{\mathrm{s}} \quad \text{在壁面 } S \text{ 上} \tag{1.109}$$

当固壁静止时有 $\boldsymbol{v}_{\mathrm{f}} = 0$。如果是理想流体，壁面沿法向的速度与流体法向速度分量相等，切向速度没有限制，即滑移边界条件为：

$$(\boldsymbol{v}_{\mathrm{f}})_{\mathrm{n}} = (\boldsymbol{v}_{\mathrm{s}})_{\mathrm{n}}, \quad \frac{\partial p}{\partial n} = 0, \quad T_{\mathrm{f}} = T_{\mathrm{s}} \quad \text{在壁面 } S \text{ 上} \tag{1.110}$$

3. 液–液分界面

流场中当两种不同的液体存在接触时，接触界面上也需要边界条件。在忽略表面张力的情况下，边界条件为：

$$\boldsymbol{v}_1 = \boldsymbol{v}_2, \quad p_1 = p_2, \quad T_1 = T_2, \quad (p_{ij})_1 = (p_{ij})_2 \quad 在接触面上 \tag{1.111}$$

上式中最后一个等式是应力条件，表示在界面上应力张量连续。

1.5 流体力学研究方法

本节主要介绍流体力学中的理论研究、数值模拟和实验方法。

1.5.1 量纲为一的重要参数

N-S 方程 (1.94) 中，当体积力仅考虑重力时，方程的张量形式为：

$$\frac{\partial v_i}{\partial t} + v_j \frac{\partial v_i}{\partial x_j} = g - \frac{1}{\rho} \frac{\partial p}{\partial x_i} + \frac{\mu}{\rho} \frac{\partial^2 v_i}{\partial x_j^2} \tag{1.112}$$

引入特征速度 v_0、特征长度 L_0、特征时间 t_0 以及特征压力 p_0，定义量纲为一的量：

$$v_i^0 = \frac{v_i}{v_0}, \quad x_i^0 = \frac{x_i}{x_0}, \quad t^0 = \frac{t}{t_0}, \quad p^0 = \frac{p}{p_0} \tag{1.113}$$

将方程 (1.112) 量纲为一化后可得：

$$Sr \frac{\partial v_i^0}{\partial t^0} + v_j^0 \frac{\partial v_i^0}{\partial x_j^0} = \frac{1}{Fr^2} - Eu \frac{\partial p^0}{\partial x_i^0} + \frac{1}{Re} \frac{\partial^2 v_i^0}{\partial (x_j^0)^2} \tag{1.114}$$

上式出现了 4 个量纲为一的量：

$$Sr = \frac{L_0}{v_0 t_0}, \quad Fr = \sqrt{\frac{v_0^2}{g L_0}}, \quad Eu = \frac{p_0}{\rho v_0^2}, \quad Re = \frac{v_0 \rho L_0}{\mu} \tag{1.115}$$

式中，Sr 称为 Strouhal (施特鲁哈尔) 数，表征非定常项与惯性项之比；Fr 称为 Froude (弗劳德) 数，表征惯性力与重力之比；Eu 称为 Euler (欧拉) 数，表征压力与惯性力之比；Re 称为 Reynolds (雷诺) 数，表征惯性力与黏性力之比。

除了以上 4 个参数外, 流体力学中还涉及以下一些重要的量纲为一的参数。

Mach (马赫) 数 $Ma = v/a$, 表征局部流体速度 v 与当地声速 a 之比, 是流场可压缩程度的度量。a 无穷大对应不可压缩流动, $Ma > 0.3$ 一般需要考虑可压缩性的影响, $Ma < 1$ 为亚声速流动, $Ma \approx 1$ 为跨声速流动, $Ma > 1$ 为超声速流动。

Weber (韦伯) 数 $We = \rho v_0^2 L_0 / \sigma$ (v_0 和 L_0 是速度和长度尺度, σ 是表面张力), 表征惯性力与表面张力之比, We 在大液面曲率如毛细流动、空化等过程中很重要。

Bond (邦德) 数 $Bo = \rho L_0^2 g / \sigma$ (g 为重力加速度), 表征重力与表面张力之比, Bo 在研究液体晃动、航天工程等方面有广泛应用。

毛细管准数 $Ca = \mu v / \sigma$, 表征黏性力与表面张力之比, 在研究多孔介质流动、微管道流动等方面有应用。

Grashof (格拉斯霍夫) 数 $Gr = g \beta \rho^2 L_0^3 \Delta T / \mu^2$ (β 是热膨胀系数, ΔT 是温差), 表征浮力或自由对流效应, 若没有自由来流, 流体运动由温差引起, 则 Gr 是主要参数。

Prandtl (普朗特) 数 $Pr = \mu c_p / k$ (c_p 是定压热容, k 是导热系数), 表征动量交换与热交换之比, 在热力计算中具有重要作用。

1.5.2　理论研究

理论研究方法主要包括以下几个步骤。第一步是建模, 针对具体的流体流动问题, 通过观察和实验, 对流体的物理性质及运动特性进行分析, 厘清主要因素和次要因素, 在此基础上对流体力学基本方程进行简化, 提炼出尽可能逼近实际情形且便于后续处理的简化方程, 并给出合适的初始条件和边界条件。第二步是方程求解, 运用数学物理方法和各种数学工具求解以上的简化方程, 解析地给出流动问题的精确解或近似解, 确定相关物理量之间的变化关系。第三步是分析结果, 对所求得的解和确定的变化关系进行分析, 给出最终的结论, 尽可能地与实验或其他方法得到的结果进行比较, 以检验结论的正确性、适应性以及模型简化的合理性。

理论研究方法的优点是能明确地给出各种物理量以及流动状态之间的变化关系，表达方式简洁，普适性较好。缺点是对基本方程进行简化的难度较大，而且能获得解析解的实际情形数量有限。

1.5.3 数值模拟

得益于计算机的发展和计算流体力学水平的提高，源自 20 世纪中叶的流体力学方程数值模拟求解方法得到迅速发展。

1.5.3.1 基于连续介质假设的微分方程数值模拟方法

这类数值模拟方法主要包括以下几个步骤。第一步是简化模型，根据具体的流动问题，对描述流体运动的基本方程进行必要的简化，给出适当的初始条件和边界条件。第二步是对方程进行离散，选用合适的数值方法如有限差分法、有限元法、有限体积法以及光滑粒子法等，对以上的方程进行离散化处理，即对流场空间上连续的计算域进行划分后生成网格，将方程在网格上离散，把原本的微分方程转化为代数方程组。第三步是方程的求解，通过编写程序，对离散之后的代数方程组进行数值求解，得到流场中的相关物理量随时间和空间的变化，并将所得结果绘制成图表。第四步是分析结果，对得到的数值解进行分析，揭示其中的物理规律。

1.5.3.2 基于微观分子运动模型的数值模拟方法

这种方法可以分为两类，即确定性方法和统计方法。确定性方法主要是分子动力学 (molecular dynamics，MD) 方法。统计方法是对 Liouville (刘维尔) 方程进行求解，包括直接模拟蒙特卡罗 (direct simulation Monte Carlo，DSMC) 方法和基于 Boltzmann (玻尔兹曼) 方程的求解方法，后者又包括格子玻尔兹曼方法 (lattice Boltzmann method，LBM) 和离散速度法。

数值模拟方法是一种有效的近似计算方法，其优点在于可以求解各种复杂的流动问题，许多用理论研究无法解决的问题，通过数值模拟都可以得到其数值解，例如飞行器外形设计、气象预报以及水利工程建设等。随着计算机性能的提高和数值模拟方法的改进，数值模拟方法的用武之地在不断拓展。数值模拟方法的局限性在于其结果对于所提炼的模型和方程、选择的计算参数以及计算机性能的依赖性。

1.5.4 实验

实验是流体力学研究中的基本手段。实验既能直接解决工程技术中的复杂流动问题，又能发现流动中的新现象和新原理，如边界层、湍流结构、旋涡、分离流动、尾迹等，还能对理论研究和数值模拟的结果进行验证。

流体力学实验需要产生流场的必要装备和装置，如风洞、水洞、水槽、水池等，也需要测量流场的仪器和设备，如皮托 (Pitot) 管、热线风速仪 (hot wire anemometer，HWA)、激光多普勒测速计 (laser Doppler velocimeter, LDV)、粒子图像测速仪 (particle image velocimeter，PIV) 等。

流体力学实验主要包括以下几个步骤。第一步是分析问题，选择恰当的量纲为一的相似参数，并确定参数的取值范围。第二步是根据分析结果，选择实验设备和仪器，设计和制作实验模型，制订实验方案以及做好其他实验前的准备工作。第三步是进行实验和后续工作，获得所需要的信息和数据，并对其加以整理和分析，最终得出结论。

实验方法的优点在于能够发现流动中的新现象或新原理，且结果较可靠，可作为检验其他方法是否准确的依据。其局限性是普适性较欠缺，人力、物力消耗较大。

实验能检验理论研究和数值模拟结果的可靠性与正确性，并能提供建立模型的依据；理论研究能为数值模拟和实验提供指导，提高研究的有效性；数值模拟方法快速有效，可以弥补理论研究和实验的不足。理论研究、数值模拟和实验，三种方法各有优劣，只有相辅相成，才能相得益彰。

1.6 流体力学的发展与学术地位

20 世纪以前流体力学有两个重要的分支，即理论流体力学和水力学，前者依据数学工具并辅以一定的简化，形成相应的理论与方程，但根据这些理论和方程得到的结果与实际情形符合的程度参差不齐，甚至还会出现一些谬误，

d'Alembert(达朗贝尔) 佯谬便是一个典型的例子；后者则主要是在实验研究的基础上得到一些重要的参数，然后应用到实际工程中，管道流动损失系数就是典型的例子。进入 20 世纪后，以上两个分支融合，形成了当今的流体力学。

1.6.1　近代流体力学

从 20 世纪开始，流体力学与航空学密切相关，流体力学的研究以低速空气动力学为主，先是在忽略流体黏性假设下计算物体运动时的升力，然后是考虑流体黏性计算物体运动时受到的阻力。接着 Prandtl (普朗特) 提出了有限翼展理论，引出了诱导阻力，建立了边界层理论，确定了运动物体的表面摩擦阻力和流动分离导致的阻力。

在低速空气动力学范畴内，流体速度和温度都较低，因而可采用不可压缩流体的假设，通过求解流体的连续性方程和运动方程来确定气体的压力和速度，然后求解能量方程得到气体的温度分布。Reynolds (雷诺) 数 (Re) 是描述这一范畴流场的重要参数，且流场的 Re 一般都不大。尽管该阶段的研究出现在 20 世纪初且气体的低速运动问题相对简单，但目前仍有一些问题值得进一步探讨，例如飞行器失速时尾部流场的描述、弯管中的湍流模型以及二次流拟序结构的产生、两旋转圆柱间湍流场的描述等。

随着气体运动速度的增加，由低速空气动力学范畴进入空气热力学范畴，此时流场的速度由亚声速变到超声速，气体的温度也随之升高，不可压缩流体的假设将导致大的偏差，要耦合求解连续性方程、运动方程和能量方程，才能得到流场的压力、速度、密度和温度分布。当气体的温度小于 2 000 K 时，气体的定容热容可以视为常数，理想气体的分子结构对流场的影响很小，单原子气体和双原子气体流场的基本方程具有相同的形式。在空气热力学范畴，物体运动时的升力和阻力仍是主要的研究对象，但与低速空气动力学范畴不同的是，除了 Re 以外，区分亚声速、跨声速和超声速的 Mach (马赫) 数 (Ma) 以及反映流体物理性质对于对流传热过程影响的 Prandtl (普朗特) 数 (Pr) 也是这一范畴流场的重要参数。超声速湍流边界层、超声速射流的稳定性、边界层与激波的相互作用等仍是目前需要进一步研究的问题。

伴随着空间时代的出现，流体物理学成为人们关注的对象与研究热点。在流体物理学范畴，流场速度和温度都非常高，Ma 远大于 1，分子结构对流场有很大影响。此时，流体力学与物理学的离解态物质、电离态、热辐射等分支交叉产生出新的边缘学科。根据流场温度的不同，流体物理学范畴大致由空气热化学、等离子动力学和电磁流体力学、辐射气体力学、稀薄气体力学构成。

空气热化学由 von Kármán (冯·卡门) 提出，此时的温度约为 5 000 K，物质的离解很明显，双原子与单原子结构的气体呈现出完全不同的性质，需在考虑扩散和化学反应的情况下用流体力学和热力学的方法进行研究。这种流动现象在低速燃烧和爆炸过程中也同样出现，其重要参数有 Re、Ma、Pr、反映动量扩散与质量扩散之比的 Schmidt (施密特) 数 (Sc)、体现化学反应速率与传质速率之比的 Damköhler (达姆科勒) 数 (Da) 等。力学、热力学、离子动力学和电磁流体力学用于研究温度约为 10 000 K 时的流场，此时的气体部分或全部电离，磁压力数和磁 Mach 数是两个重要参数。当温度大于 15 000 K 时，热辐射在热输运中变得非常重要，由于热辐射是光子的运动，因此需采用力学、热力学和几何光学来研究这类流动现象，辐射压力是其重要参数。对于稀薄气体力学处理的对象，反映气体分子平均自由程与流场特征长度之比的 Knudsen (克努森) 数 (Kn) 成为重要的参数，该参数是判断采用微观的 Boltzmann (玻尔兹曼) 方程还是宏观的 Navier-Stokes (纳维–斯托克斯) 方程的依据。

1.6.2 现代流体力学

可以粗略地将 1960 年以后的阶段称为现代流体力学阶段。在这以前的流体力学理论中，一般都假设流体具有与固体完全不同的属性，至少在局部是均匀介质，因而可用相对简单的方法描述，流体的运动遵循经典物理的基本定律。随着科学技术的发展，人们所研究的流体流动现象逐渐超出了上述假设范围，从而形成了以下现代流体力学的五大方面。

第一个是研究应力–应变率关系以及与牛顿流体不同的非牛顿流体的运动，于是出现了流变学和非牛顿流体力学。非牛顿流体普遍存在于自然界和实际应用中，如胶体、塑料、高分子聚合物等，大致可分为黏–非弹性流体、黏性依赖于时间的流体、黏–弹性流体。流变学和非牛顿流体力学的主要研究内容就是寻找和建立非牛顿流体中的应力–应变率关系及其流动现象。

第二个是研究非单纯流体介质的运动,即多相流。多相流有多种形式,最常见的两相流包括:① 液–气流动,如气泡流、喷雾流、泡沫流等,这种流动存在相间的混合和界面的相互作用,包括两种不同物质的液–气流动、伴有凝结等现象的同种物质的液–气流动、气体中存在液体边界层的蒸发流动;② 液–固流动,如固粒在液体中的沉降、含沙水流、血液流动等;③ 气–固流动,如物料的气力输送、流化床燃烧、除尘器内的气流运动等;④ 等离子体–气体运动,如部分或完全电离气体的运动等。

第三个是研究诸如氦的液化这样的超流体运动,即量子流体力学。超流体不会气化、无黏性,常温下的导热系数比铜高 1000 倍。

第四个是研究含时间在内的四维空间的流体运动,即相对论流体力学,这与经典力学中描述流场使用的三维空间加时间以及流体质量不依赖于速度不同。在相对论流体力学范畴,质量不再是常数,而是随速度变化,用动量取代运动方程中的速度。

第五个是生物流体力学,生物科学研究已经从单纯的描述方法过渡到解析的方法。100 多年前的生物流体力学曾经很活跃,Euler、Poiseuille (泊肃叶)、Helmholtz (亥姆霍兹) 等科学家在生物力学方面做了许多很有价值的工作,例如 Poiseuille 研究了血液流动即圆管层流——Poiseuille 流,后来在血液流动方面的研究有了很大进展,研究对象也由简单的模型变成了不稳定、有脉冲的非牛顿流体在弹性管壁内的流动。

1.6.3 与流体力学发展相关的部分重要人物

古希腊数学家、力学家,静力学和流体静力学的奠基人 Archimedes(阿基米德, 前 287—前 212) 一生热衷于将其科学发现应用于实践,其中力学方面的成就最为突出,他提出了 Archimedes 原理,即物体在液体中减小的重量等于物体排去液体的重量,为流体静力学奠定了基础。da Vinci (达·芬奇, 1452—1519) 最早提出了涡的概念并分析了形成的原因,设计了第一个飞行器,发明了空气螺旋桨，总结了河水流速与河道宽度成反比的规律并用于解释血液的流动状态。1653 年，法国数学家和物理学家 Pascal (帕斯卡，1623—1662) 提出了 Pascal 定律或静压传递定律，即在不可压缩静止流体中，任一点受外力作用产生的压强增值会在瞬间传至流体中的各点。作为流体静力学最基本、最重要的 Pascal 定律，带来了水压机的问世。1686 年，英国著名物理学家 Newton(牛顿，1643—1727) 给出了表征流体内摩擦力的定律，该定律说明流体的内摩擦力正比于流层移动的相对速度、流层间的接触面积，随流体的物理性质而改变且与正压力无关，是黏性流体力学的基本定律。

1726 年，瑞士科学家 Bernoulli(伯努利，1700—1782) 根据理想流体的能量守恒，提出了 Bernoulli 定理，即流体的动能、重力势能、压力势能之和为常数，该定理建立了理想流体中几种能量的关系，是流体力学连续介质理论建立之前水力学采用的原理，也是理想流体力学的基本原理。1755 年，瑞士科学家 Euler (欧拉，1707—1783) 在《流体运动的一般原理》一书中，将 Newton 第二定律应用于忽略黏性的流体微团，建立了无黏性流体动力学中最重要的方程——Euler 方程，该方程说明流场中某点上单位质量流体的当地加速度与迁移加速度之和等于作用在该点上的重力与压力之和。法国科学家 Lagrange (拉格朗日，1735—1813) 着眼于流体质点的运动，从动力学普遍方程导出了流体运动方程，该方法被称为 Lagrange 法。他最先提出了速度势和流函数的概念，奠定了流体无旋运动理论的基础。1821 年，法国力学家 Navier (纳维，1785—1836) 基于无黏性流体运动的 Euler 方程，在考虑了流体分子间作用力基础上，建立了含一个黏性系数的黏性流体运动的基本方程。1851 年，英国数学家、力学家 Stokes (斯托克斯，1819—1903) 在 Navier 所建立的含一个黏性系数的黏性流体运动基本方程的基础上，建立了含两个黏性系数的运动方程，从而形成了完整描述黏性不可压缩流体动量守恒的运动方程——Navier-Stokes 方程。德国科学家 Helmholtz (亥姆霍兹，1821—1894) 建立了涡旋动力学的著名定理——亥姆霍兹定理，并与 Kelvins (开尔文) 给出了流场 Kelvins-Helmholtz 不稳定性原理。奥地利物理学家 Mach (马赫，1838—1916) 用纹影技术研究飞行抛射体，以其名字命名的 "Mach 数" 已成为表征流体运动状态的重要参数。

1883 年，英国力学家、物理学家 Reynolds (雷诺，1842—1912) 在《决定水流为直线或曲线运动的条件以及在平行水槽中的阻力定律的探讨》这篇经典论文中，引入了判别层流和湍流状态的重要的量纲为一的数——Re。此外，他还发现了流动相似律，给出了平面渠道中的流动阻力，建立了轴承的流体润滑理论，阐明了波动中群速度的机理，引入了湍流中的应力概念，为现代流体力学理论的形成与发展做出了重大的贡献。近代力学奠基人之一、德国物理学家 Prandtl (普朗特，1875—1953) 创立了流场边界层理论、空气动力学的薄翼理论和升力线理论，第一个提出了关于超声速激波流动的理论，与 Meillet (梅耶) 一起提出的膨胀波理论成为超声速风洞设计的理论基础。Prandtl 还提出了超声速喷管的设计方法，与 Glauert (格劳特) 一道提出了可压缩流场 Prandtl-Glauert 修正公式，建立了湍流中的混合长度理论。1911 年，匈牙利科学家 von Kármán (冯·卡门，1881—1963) 归纳出钝体阻力理论，即著名的 "Kármán 涡街" 理论，改变了当时公认的气动力原则。他还建立了边界层控制理论、机翼绕流的非定常流理论和升力面理论，进行了第一次超声速风洞试验，发明了喷气助推起飞，提出了超声速流中的激波阻力概念、跨声速相似律以及湍流相似定理。苏联科学家 Колмогóров (柯尔莫哥洛夫，1903—1987) 将统计理论用于湍流研究，引入局部各向同性湍流概念，提出了湍流级串理论，推导出能谱函数及 $-5/3$ 幂次律。我国科学家周培源 (1902—1993) 在国际上首次建立了湍流雷诺应力以及高阶脉动速度关联函数的方程，通过对方程的模化和求解，奠定了湍流模式理论的基础 [1]。

1.6.4 流体力学学科的学术地位

Science 是国际顶尖的学术期刊，在庆祝 *Science* 创刊 125 周年之际，该期刊公布了 125 个最具有挑战性的科学问题，其中有两个与流体力学直接相关。目前，我国自然科学方面的二级学科约有 282 个，那么平均每个学科面临约 0.44 个最具挑战性的科学问题，而流体力学学科就占两个，远大于平均数，可见流体力学的学术地位。

这两个与流体力学直接相关的挑战性科学问题，其中一个是排在第 43 位的"能否发展关于湍流动力学和颗粒材料运动学的综合理论"。自从 1883 年 Reynolds 在实验中观察到湍流以来,科学家们试图探求湍流背后的规律。但是,时至今日湍流动力学的理论体系仍未建立,湍流仍是流体力学领域公认的难题,正如美国著名物理学家 Feynman (费曼) 所言,湍流是经典物理学中最后一个未被解决的难题。颗粒材料运动学即颗粒流,是不同形状不同特性的固相颗粒组成的颗粒群以气相或液相为载体的运动,研究这种运动过程以及颗粒凝结后的材料特性已成为与流体力学、土壤力学、流变学、统计物理相关的前沿研究领域。颗粒流主要有三类,一是体积分数很大的准静态型,特征是流动变形慢,颗粒间由摩擦发生相互作用;二是体积分数很小的气相型,特征是流速快,颗粒间由碰撞发生相互作用;三是介于以上两者之间的液相型,特征是像流体一样流动,颗粒间同时存在摩擦和碰撞的相互作用。颗粒流的复杂性主要是缺乏普适的本构方程以及处理颗粒运动时无法将微观的颗粒尺度与宏观的流场尺度分开。掌握颗粒流的规律对于了解滑坡、岩石崩塌、火山碎屑岩流以及许多工业过程具有指导作用。

另一个与流体力学直接相关的挑战性科学问题是排在第 122 位的"数学家将会最终给出 Navier-Stokes(N-S) 方程的解吗"。这看似是一个数学问题,其实不然,因为 N-S 方程正是描述黏性不可压缩流体动量守恒的运动方程,它反映了黏性流体流动的基本力学规律,在流体力学中占有重要的地位。N-S 方程是一个二阶非线性偏微分方程,在求解该方程的思路或技术没有得到突破以前,只能在一些特殊的流动问题上求得精确解,在一些简单的问题上通过简化方程得到近似解。2000 年,千年数学会议在法兰西学院举行,会上公布和介绍了七个千年大奖的数学问题,美国 Clay 数学研究所还邀请有关研究领域的专家对每一个问题进行了较详细的阐述,这七个数学问题之一就是"N-S 方程解的存在性与光滑性"。

思考题与习题

1.1 流体连续介质假设成立的条件是什么?

1.2 什么是流体的黏性? 如何度量?

1.3 如图 T1.3 所示, 有一质量 1 kg、底部面积 30 mm×50 mm 的木板, 在重力 G 作用下沿 $30°$ 的斜面以 0.5 m/s 的速度匀速下滑, 流体厚度为 1 mm, 试求流体的动力黏性系数。

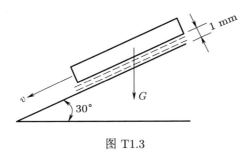

图 T1.3

1.4 假设 $\boldsymbol{v} \neq 0$, 表述以下等式的物理意义:

$$\frac{\mathrm{D}\boldsymbol{v}}{\mathrm{D}t} = 0, \quad \frac{\partial \boldsymbol{v}}{\partial t} = 0, \quad (\boldsymbol{v} \cdot \nabla)\boldsymbol{v} = 0$$

1.5 流体的运动用 Lagrange 法描述为:

$$x = a, \quad y = be^t, \quad z = ce^{-t},$$

求速度的 Lagrange 表达式和 Euler 表达式, 求出 Euler 描述下速度的散度、旋度和对应的应变率张量。

1.6 已知 Euler 法描述的速度场为 $v_x = Ax, v_y = B(1+y)$, A、B 为常数。在 $t = 0$、$(x, y) = (a, b)$ 条件下, 求该速度场的 Lagrange 表达式以及两种描述下的加速度表达式。

1.7 给定速度场 $v_x = x - t, v_y = y + t$, 求 $t = 0$ 时过点 $(1, 2)$ 的质点轨迹。

1.8 以下流场哪些是有旋运动, 哪些是无旋运动?

(1) $v_x = c, v_y = v_z = 0$;

(2) $v_x = cy/(x^2 + y^2), v_y = cx/(x^2 + y^2), v_z = 0$;

(3) $v_x = cx, v_y = -cy, v_z = cxy$。

1.9 若 φ 是径矢 $\boldsymbol{r}$ 的单值函数, 证明:

$$\int_L \nabla\varphi \cdot \mathrm{d}\boldsymbol{r} = 0$$

1.10 给出柱坐标系、球坐标系下梯度、散度和旋度的表达式。

1.11 证明下列三个等式：

$$\nabla \cdot (\varphi \boldsymbol{a}) = \varphi \nabla \cdot \boldsymbol{a} + \nabla \varphi \cdot \boldsymbol{a}, \quad \nabla \times (\varphi \boldsymbol{a}) = \varphi \nabla \times \boldsymbol{a} + (\nabla \varphi) \times \boldsymbol{a},$$

$$\int_V \nabla \times \boldsymbol{a} \mathrm{d}V = \int_S \boldsymbol{e}_\mathrm{n} \times \boldsymbol{a} \mathrm{d}S$$

式中，φ 为标量；$\boldsymbol{a}$ 为矢量；$\boldsymbol{e}_\mathrm{n}$ 为表面积 S 的法向单位向量。

1.12 证明：

(1) 若张量 $\boldsymbol{P}$ 为对称张量，$\boldsymbol{a}$ 和 $\boldsymbol{b}$ 为矢量，则有

$$\boldsymbol{b} \cdot (\boldsymbol{P} \cdot \boldsymbol{a}) = \boldsymbol{a} \cdot (\boldsymbol{P} \cdot \boldsymbol{b})$$

(2) 若张量 $\boldsymbol{P}$ 为反对称张量，$\boldsymbol{a}$ 和 $\boldsymbol{b}$ 为矢量，则有

$$\boldsymbol{b} \cdot (\boldsymbol{P} \cdot \boldsymbol{a}) + \boldsymbol{a} \cdot (\boldsymbol{P} \cdot \boldsymbol{b}) = 0$$

(3) $\boldsymbol{P}_\mathrm{c}$ 为张量 $\boldsymbol{P}$ 的共轭张量，则 $\boldsymbol{P}\boldsymbol{P}_\mathrm{c}$ 为对称张量。

1.13 证明二阶实对称张量的三个主值均为实数。

1.14 已知 M 点的应力张量 $\boldsymbol{P}$ 为：

$$\boldsymbol{P} = \begin{pmatrix} 6 & -2 & 0 \\ -2 & 3 & 0 \\ 0 & 0 & 1 \end{pmatrix}$$

求过 M 点平面的应力矢量 $\boldsymbol{P}_\mathrm{n}$，该平面的法向向量为：

$$\boldsymbol{e}_x = (1, 0, 0), \quad \boldsymbol{e}_y = (0, 1, 0), \quad \boldsymbol{e}_z = (0, 0, 1), \quad \boldsymbol{e}_\mathrm{n} = \left(\frac{1}{2}, -\frac{1}{2}, \frac{\sqrt{2}}{2} \right)$$

1.15 已知流场中的应力张量为：

$$\boldsymbol{P} = \begin{pmatrix} y^2 & yz & 0 \\ yz & z & xy \\ 0 & xy & 0 \end{pmatrix}$$

求平面 $x+y+z=0$ 上 M 点 $(3,-1,-2)$ 处的应力矢量 $\boldsymbol{P}_\mathrm{n}$ 及其在平面的法向和切向的投影值。

1.16 已知不可压缩流体运动速度 $\boldsymbol{v}$ 的 x, y 两个分量为 $v_x=y^2+x, v_y=z^2+y$，且在 $z=0$ 处有 $v_z=0$，求 z 方向的速度分量 v_z。

1.17 判断下述不可压缩流体的运动是否存在：

(1) $v_x=x, v_y=y, v_z=z$;

(2) $v_x=yt, v_y=zt, v_z=xt$。

1.18 对于二维不可压缩流动，如果 $\nabla \times \boldsymbol{v}=0$，证明 $\nabla^2 \boldsymbol{v}=0$。

1.19 对于无黏性完全气体的绝热运动，试证明：

$$\rho \frac{\mathrm{D}E}{\mathrm{D}t}=\frac{p}{\rho}\frac{\mathrm{D}\rho}{\mathrm{D}t}=-p\nabla \cdot \boldsymbol{v}$$

式中，E 为单位质量气体的内能。

1.20 已知无黏不可压缩流体作定常流动，体积力为重力，若在直角坐标系中流体的速度分布 $v_x=-4x$、$v_y=4y$，试求流体微分形式的运动方程及流场的压力分布。假设流体密度为 ρ，重力作用沿 z 轴负方向，且在原点处有 $v_z=0, p=p_0$。

参考文献

[1] CHOU P Y, CHOU R L. 50 years of turbulence research in China[J]. Annual Review of Fluid Mechanics, 1995, 27: 1-16.

第 2 章　典型的流体层流运动

尽管 Navier-Stokes(N-S) 方程解的存在性与光滑性仍旧是个问题，但在一些特殊情况下对方程进行简化后可以求得解析解，本章介绍其中的几种。自然界和实际应用中的流动现象千变万化，不可能对每种流动都完全精确地描述。因此，对一个具体的流动问题进行分析后给出合理的假设，然后将方程化繁为简成可求解析解的程度是必要的。

2.1　两壁面间的流动

这类流动在自然界、生活及实际应用中很常见，如图 2.1 所示，上下壁面固定，流体在两壁面间沿 x 方向运动。假设前后两个面不存在壁面或者壁面间的距离远大于图中两壁面的距离，则该流场可视为在 x-y 平面上的二维流场，从而使方程得以简化。

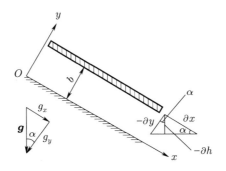

图 2.1　两壁面间的流动

2.1.1　基本方程

假设流场为定常、不可压缩，则对图 2.1 所示的二维问题有：

$$\frac{\partial}{\partial t} = 0, \quad v_y = v_z = 0, \quad \frac{\partial}{\partial z} = 0, \quad \frac{\partial v_x}{\partial x} + \frac{\partial v_y}{\partial y} + \frac{\partial v_z}{\partial z} = 0 \tag{2.1}$$

即：

$$\frac{\partial v_x}{\partial x} = 0 \quad \Rightarrow \quad v_x = v_x(y) \tag{2.2}$$

根据式 (2.1) 和式 (2.2)，可以将 N-S 方程 (1.94) 沿 x、y、z 三个方向的方程简化为：

$$g_x - \frac{1}{\rho}\frac{\partial p}{\partial x} + \frac{\mu}{\rho}\frac{\partial^2 v_x}{\partial y^2} = 0, \quad g_y - \frac{1}{\rho}\frac{\partial p}{\partial y} = 0, \quad 0 = 0 \tag{2.3}$$

如图 2.1 所示，其中

$$g_x = g\sin\alpha = -g\frac{\partial h}{\partial x}, \quad g_y = -g\cos\alpha = -g\frac{\partial h}{\partial y} \tag{2.4}$$

这样 x 和 y 分量的方程分别化为：

$$-g\frac{\partial h}{\partial x} - \frac{1}{\rho}\frac{\partial p}{\partial x} + \frac{\mu}{\rho}\frac{\partial^2 v_x}{\partial y^2} = 0 \quad \Rightarrow \quad \mu\frac{\partial^2 v_x}{\partial y^2} = \frac{\partial}{\partial x}(p + \rho g h) \tag{2.5}$$

$$-g\frac{\partial h}{\partial y} - \frac{1}{\rho}\frac{\partial p}{\partial y} = 0 \quad \Rightarrow \quad \frac{\partial}{\partial y}(p + \rho g h) = 0 \tag{2.6}$$

2.1.2 方程的求解

结合式 (2.2)、式 (2.5) 和式 (2.6) 可得：

$$\mu\frac{\partial^2 \boldsymbol{v}_x}{\partial y^2} = \frac{\partial}{\partial x}(p + \rho g h) \quad \Rightarrow \quad \mu\frac{\mathrm{d}^2 \boldsymbol{v}_x}{\mathrm{d}y^2} = \frac{\mathrm{d}}{\mathrm{d}x}(p + \rho g h)$$

对上式积分两次得：

$$v_x = \frac{1}{2\mu}\left[\frac{\mathrm{d}}{\mathrm{d}x}(p + \rho g h)\right]y^2 + c_1 y + c_2 \tag{2.7}$$

将壁面上的速度无滑移边界条件 $y = 0$ 和 $y = b$ 处 $v_x = 0$ 代入式 (2.7)，得到两个常数为：

$$c_1 = -\frac{b}{2\mu}\frac{\mathrm{d}}{\mathrm{d}x}(p + \rho g h), \quad c_2 = 0 \tag{2.8}$$

2.1.3 速度与流量

将式 (2.8) 代入式 (2.7)，得到流场的速度分布为：

$$v_x = -\frac{1}{2\mu}\frac{\mathrm{d}}{\mathrm{d}x}(p+\rho gh)(b-y)y \tag{2.9}$$

该式说明流场的速度是抛物线型分布，由该式可以得到流场中线上的最大速度值：

$$v_{x\,\max} = -\frac{1}{8\mu}\frac{\mathrm{d}}{\mathrm{d}x}(p+\rho gh)b^2 \tag{2.10}$$

流体流经两壁面间的流量为：

$$Q = \int_0^b v_x \mathrm{d}y = -\frac{1}{12\mu}\frac{\mathrm{d}}{\mathrm{d}x}(p+\rho gh)b^3 \tag{2.11}$$

流经两壁面间的平均速度为：

$$v_{x\text{ave}} = \frac{Q}{b} = -\frac{1}{12\mu}\frac{\mathrm{d}}{\mathrm{d}x}(p+\rho gh)b^2 = \frac{2}{3}v_{x\,\max} \tag{2.12}$$

若忽略质量力即 $g=0$，则以上各式分别为：

$$v_x = -\frac{1}{2\mu}\frac{\mathrm{d}p}{\mathrm{d}x}(b-y)y, \quad v_{x\,\max} = -\frac{1}{8\mu}\frac{\mathrm{d}p}{\mathrm{d}x}b^2,$$

$$Q = -\frac{1}{12\mu}\frac{\mathrm{d}p}{\mathrm{d}x}b^3, \quad v_{x\text{ave}} = -\frac{1}{12\mu}\frac{\mathrm{d}p}{\mathrm{d}x}b^2$$

2.1.4 剪应力与阻力系数

壁面上的最大剪应力为：

$$\tau_{\max} = \mu\frac{\mathrm{d}v_x}{\mathrm{d}y}\bigg|_{\max} = \frac{1}{2}\frac{\mathrm{d}}{\mathrm{d}x}(p+\rho gh)b \tag{2.13}$$

阻力系数为：

$$\lambda = \frac{|\tau_{\max}|}{\frac{1}{2}\rho v_{x\text{ave}}^2} = \frac{12}{Re} \tag{2.14}$$

2.2 流体动力润滑运动

如图 2.2(a) 所示，轴承中的润滑油能减轻轴承间的挤压和摩擦磨损，润滑油对润滑、减轻磨损的作用与以下的流场及相关的受力有关。图 2.2(b) 中，下壁面固定，上部倾斜壁面以速度 V_x 向右移动，流体在两壁面之间的楔形狭缝运动。假设前后两个面的距离远大于图中两壁面的距离，则该流场可视为在 x-y 平面上的二维流场，从而使方程得以简化。

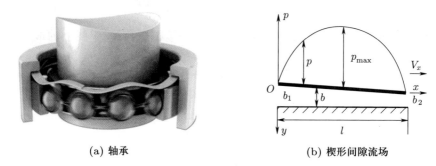

(a) 轴承   (b) 楔形间隙流场

图 2.2   滑动轴承楔形间隙流场

2.2.1 基本方程及简化

假设流场为定常、不可压缩、体积力可忽略，狭缝宽度远小于上壁面的长度，则对图 2.2(b) 所示的流场有：

$$b \ll l, \quad v_y \ll v_x, \quad \frac{\partial v_x}{\partial x} \ll \frac{\partial v_x}{\partial y}, \quad \frac{\partial^2 v_x}{\partial x^2} \ll \frac{\partial^2 v_x}{\partial y^2}, \quad g_x = g_y = 0, \quad \frac{\partial}{\partial t} = 0 \tag{2.15}$$

根据式 (2.15)，可以将沿三个方向的 N-S 方程以及连续性方程简化为：

$$-\frac{1}{\rho}\frac{\partial p}{\partial x} + \frac{\mu}{\rho}\frac{\partial^2 v_x}{\partial y^2} = 0, \quad \frac{1}{\rho}\frac{\partial p}{\partial y} = 0, \quad 0 = 0, \quad \frac{\partial v_x}{\partial x} = 0 \tag{2.16}$$

根据上式可知：

$$p = p(x), \quad v_x = v_x(y) \tag{2.17}$$

于是式 (2.16) 中的第一式成为：

$$\mu \frac{\mathrm{d}^2 v_x}{\mathrm{d}y^2} = \frac{\mathrm{d}p}{\mathrm{d}x} \tag{2.18}$$

2.2.2 方程的求解

求解式 (2.18) 得：

$$v_x = \frac{1}{2\mu}\frac{\mathrm{d}p}{\mathrm{d}x}y^2 + c_1 y + c_2 \tag{2.19}$$

将壁面上的速度边界条件 $y = 0$ 处 $v_x = V_x$ 和 $y = b$ 处 $v_x = 0$ 代入式 (2.19)，得到两个常数为：

$$c_1 = -\frac{V_x}{b}\frac{1}{2\mu}\frac{\mathrm{d}p}{\mathrm{d}x}b, \quad c_2 = V_x \tag{2.20}$$

2.2.3 速度和动力润滑方程

将式 (2.20) 代入式 (2.19) 得流场的速度分布：

$$v_x = V_x\left(1 - \frac{y}{b}\right) + \frac{1}{2\mu}\frac{\mathrm{d}p}{\mathrm{d}x}y(y - b) \tag{2.21}$$

流量为：

$$Q = \int_0^b v_x\mathrm{d}y = \frac{bV_x}{2} - \frac{b^3}{12\mu}\frac{\mathrm{d}p}{\mathrm{d}x} \tag{2.22}$$

将式 (2.22) 关于 x 求导后令其为零得：

$$\frac{\mathrm{d}}{\mathrm{d}x}\left(b^3\frac{\mathrm{d}p}{\mathrm{d}x}\right) = 6\mu V_x\frac{\mathrm{d}b}{\mathrm{d}x} \tag{2.23}$$

该式为一维 Reynolds 方程，也称动力润滑方程。

2.2.4 阻力与支承力

如图 2.2(b) 所示，令

$$\alpha = \frac{b_2 - b_1}{l} \quad \Rightarrow \quad b = b_1 - \alpha x$$

对式 (2.23) 积分一次并结合式 (2.22) 得：

$$\frac{\mathrm{d}p}{\mathrm{d}x} = \frac{6\mu V_x}{(b_1 - \alpha x)^2} - \frac{12\mu Q}{(b_1 - \alpha x)^3} \tag{2.24}$$

对上式积分得：

$$p = \frac{6\mu V_x}{\alpha(b_1 - x)} - \frac{6\mu Q}{\alpha(b_1 - \alpha x)^2} + c \tag{2.25}$$

将壁面上的压力边界条件 $x = 0$ 和 $x = l$ 处 $p = 0$ 代入式 (2.25)，可得两个常数为：

$$Q = \frac{V_x b_1 b_2}{b_1 + b_2}, \quad c = -\frac{6\mu V_x}{\alpha(b_1 - b_2)}$$

将其代入式 (2.25) 得:

$$p = \frac{6\mu V_x x(b - b_2)}{b^2(b_1 + b_2)} \tag{2.26}$$

可见压力 p 始终为正。

单位宽度油膜产生的总支承力:

$$F_\mathrm{p} = \int_0^l p \mathrm{d}x = \int_0^l \frac{6\mu V_x x(b - b_2)}{b^2(b_1 + b_2)}\mathrm{d}x = \frac{6\mu V_x l^2(b - b_2)}{(b_1 + b_2)^2}\left(\ln\frac{b_1}{b_2} - 2\frac{b_1 - b_2}{b_1 + b_2}\right) \tag{2.27}$$

根据式 (2.21),流体的剪应力为:

$$\tau_\mathrm{w} = -\mu\left(\frac{\mathrm{d}v_x}{\mathrm{d}y}\right)_{y=0} = \frac{\mu V_x}{b} + \frac{b}{2}\frac{\mathrm{d}p}{\mathrm{d}x} = \frac{4\mu V_x}{b_1 - \alpha x} - \frac{6\mu Q}{(b_1 - \alpha x)^2}$$
$$= \frac{4\mu V_x}{b_1 - \alpha x} - \frac{6\mu V_x}{(b_1 - \alpha x)^2}\frac{b_1 b_2}{b_1 + b_2} \tag{2.28}$$

总阻力为:

$$F_\mathrm{D} = \int_0^l \tau_\mathrm{w}\mathrm{d}x = \frac{2\mu V_x l}{b_1 - b_2}\left(2\ln\frac{b_1}{b_2} - 3\frac{b_1 - b_2}{b_1 + b_2}\right) \tag{2.29}$$

将支承力式 (2.27) 关于 b_1 求导并令其为零得:

$$\frac{\mathrm{d}F_\mathrm{p}}{\mathrm{d}b_1} = 0 \quad \Rightarrow \quad b_1 = 2.2b_2 \tag{2.30}$$

即当 $b_1 = 2.2b_2$ 时有最大支承力:

$$F_{\mathrm{p\,max}} = 0.16\frac{\mu V_x l^2}{b_2^2} \tag{2.31}$$

将阻力式 (2.29) 关于 b_1 求导并令其为零,同样可得最大阻力为:

$$F_{\mathrm{D\,max}} = 0.75\frac{\mu V_x l}{b_2} \tag{2.32}$$

最大支承力与最大阻力之比为:

$$\frac{F_{\mathrm{p\,max}}}{F_{\mathrm{D\,max}}} = 0.21\frac{l}{b_2} \tag{2.33}$$

2.3 圆形管道流动

圆形管道流动很常见，最典型的就是自来水管内的流动，也包括图 2.3 所示的变截面或者两个同心圆筒之间的流动。

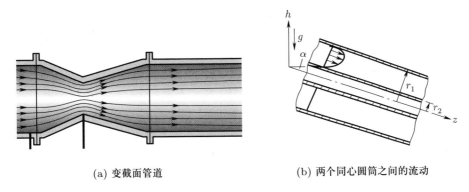

（a）变截面管道　　　　（b）两个同心圆筒之间的流动

图 2.3　圆形管道流动

2.3.1 基本方程

对于图 2.3(b) 所示斜置的两个同心圆筒之间的不可压缩流动，在柱坐标系下的连续性方程和三个方向的 N-S 方程为：

$$
\begin{cases}
\dfrac{\partial v_r}{\partial r} + \dfrac{1}{r}\dfrac{\partial v_\theta}{\partial \theta} + \dfrac{\partial v_z}{\partial z} + \dfrac{v_r}{r} = 0 \\[2mm]
\dfrac{\partial v_r}{\partial t} + v_r\dfrac{\partial v_r}{\partial r} + \dfrac{v_\theta}{r}\dfrac{\partial v_r}{\partial \theta} + v_z\dfrac{\partial v_z}{\partial r} - \dfrac{v_\theta^2}{r} \\[2mm]
\quad = g_r - \dfrac{1}{\rho}\dfrac{\partial p}{\partial r} + \dfrac{\mu}{\rho}\left(\dfrac{\partial^2 v_r}{\partial r^2} + \dfrac{1}{r}\dfrac{\partial v_r}{\partial r} - \dfrac{v_r}{r^2} + \dfrac{1}{r^2}\dfrac{\partial^2 v_r}{\partial \theta^2} - \dfrac{2}{r^2}\dfrac{\partial v_\theta}{\partial \theta} + \dfrac{\partial^2 v_r}{\partial z^2} \right) \\[2mm]
\dfrac{\partial v_\theta}{\partial t} + v_r\dfrac{\partial v_\theta}{\partial r} + \dfrac{v_\theta}{r}\dfrac{\partial v_\theta}{\partial \theta} - \dfrac{v_r v_\theta}{r} + v_z\dfrac{\partial v_\theta}{\partial z} \\[2mm]
\quad = g_\theta - \dfrac{1}{\rho r}\dfrac{\partial p}{\partial \theta} + \dfrac{\mu}{\rho}\left(\dfrac{\partial^2 v_\theta}{\partial r^2} + \dfrac{1}{r}\dfrac{\partial v_\theta}{\partial r} - \dfrac{v_\theta^2}{r} + \dfrac{1}{r^2}\dfrac{\partial^2 v_\theta}{\partial \theta^2} - \dfrac{2}{r^2}\dfrac{\partial v_r}{\partial \theta} + \dfrac{\partial^2 v_\theta}{\partial z^2} \right) \\[2mm]
\dfrac{\partial v_z}{\partial t} + v_r\dfrac{\partial v_z}{\partial r} + \dfrac{v_\theta}{r}\dfrac{\partial v_z}{\partial \theta} + v_z\dfrac{\partial v_z}{\partial z} \\[2mm]
\quad = g_z - \dfrac{1}{\rho}\dfrac{\partial p}{\partial z} + \dfrac{\mu}{\rho}\left(\dfrac{\partial^2 v_z}{\partial r^2} + \dfrac{1}{r}\dfrac{\partial v_z}{\partial r} + \dfrac{1}{r^2}\dfrac{\partial^2 v_z}{\partial \theta^2} + \dfrac{\partial^2 v_z}{\partial z^2} \right)
\end{cases}
\tag{2.34}
$$

2.3.2 方程的简化与求解

假设流场关于坐标 θ 对称 (轴对称), 流体沿 z 方向流动, 则存在:

$$v_r = 0, \quad v_\theta = 0, \quad \frac{\partial v_z}{\partial \theta} = 0 \tag{2.35}$$

于是式 (2.34) 的连续性方程可以简化为:

$$\frac{\partial v_z}{\partial z} = 0 \quad \Rightarrow \quad v_z = v_z(r)$$

假设流场为定常, 则式 (2.34) 三个方向的 N-S 方程简化为:

$$g_r - \frac{1}{\rho}\frac{\partial p}{\partial r} = 0, \quad g_\theta - \frac{1}{\rho r}\frac{\partial p}{\partial \theta} = 0, \quad g_z - \frac{1}{\rho}\frac{\partial p}{\partial z} + \frac{\mu}{\rho}\left(\frac{\partial^2 v_z}{\partial r^2} + \frac{1}{r}\frac{\partial v_z}{\partial r}\right) = 0 \tag{2.36}$$

根据图 2.4, 式 (2.36) 中的体积力分量为:

$$g_r = -g\cos\alpha\sin\theta = -g\frac{\partial h}{\partial r}, \quad g_\theta = -g\cos\alpha\cos\theta = -g\frac{1}{r}\frac{\partial h}{\partial \theta},$$

$$g_z = g\sin\alpha = -g\frac{\partial h}{\partial z} \tag{2.37}$$

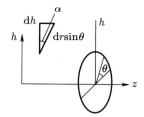

图 2.4 倾角与坐标

将式 (2.37) 代入式 (2.36) 得:

$$-g\frac{\partial h}{\partial r} - \frac{1}{\rho}\frac{\partial p}{\partial r} = 0, \quad -g\frac{1}{r}\frac{\partial h}{\partial \theta} - \frac{1}{\rho r}\frac{\partial p}{\partial \theta} = 0,$$

$$-g\frac{\partial h}{\partial z} - \frac{1}{\rho}\frac{\partial p}{\partial z} + \frac{\mu}{\rho}\left(\frac{\partial^2 v_z}{\partial r^2} + \frac{1}{r}\frac{\partial v_z}{\partial r}\right) = 0 \tag{2.38}$$

上式可化为:

$$\frac{\partial}{\partial r}(p + \rho g h) = 0, \quad \frac{\partial}{\partial \theta}(p + \rho g h) = 0, \quad \frac{1}{r}\frac{\partial}{\partial r}\left(r\frac{\partial v_z}{\partial r}\right) = \frac{1}{\mu}\frac{\partial}{\partial z}(p + \rho g h) \tag{2.39}$$

对上式中的第三式积分两次得：

$$v_z = \frac{1}{4\mu}\left[\frac{\mathrm{d}}{\mathrm{d}z}(p+\rho gh)\right]r^2 + c_1\ln r + c_2 \tag{2.40}$$

将边界条件 $r = r_1$ 和 $r = r_2$ 处 $v_z = 0$ 代入式 (2.40)，可得两个常数为：

$$c_1 = -\frac{1}{4\mu}\frac{\mathrm{d}}{\mathrm{d}z}(p+\rho gh)\frac{r_1^2-r_2^2}{\ln(r_1/r_2)}, \quad c_2 = -\frac{1}{4\mu}\frac{\mathrm{d}}{\mathrm{d}z}(p+\rho gh)\left[r_1^2 - \frac{r_1^2-r_2^2}{\ln(r_1/r_2)}\ln r_1\right] \tag{2.41}$$

2.3.3 速度与流量

将式 (2.41) 代入式 (2.40) 得到流场的速度分布：

$$v_z = -\frac{1}{4\mu}\frac{\mathrm{d}}{\mathrm{d}z}(p+\rho gh)\left[(r_1^2-r^2)+\frac{r_1^2-r_2^2}{\ln(r_1/r_2)}\ln\frac{r}{r_1}\right] \tag{2.42}$$

相应的流量为：

$$Q = 2\pi\int_{r_2}^{r_1}v_z r\mathrm{d}r = -\frac{\pi}{8\mu}\frac{\mathrm{d}}{\mathrm{d}z}(p+\rho gh)\left[(r_1^4-r_2^4)-\frac{(r_1^2-r_2^2)^2}{\ln(r_1/r_2)}\right] \tag{2.43}$$

2.3.4 内圆筒运动的情形

若图 2.3(b) 的内圆筒以 V_z 沿 z 方向运动，则边界条件为 $r = r_1$ 处 $v_z = 0$、$r = r_2$ 处 $v_z = V_z$，将其代入式 (2.40) 可得两个常数为：

$$\begin{cases} c_1 = -\dfrac{1}{4\mu}\dfrac{\mathrm{d}}{\mathrm{d}z}(p+\rho gh)\dfrac{r_1^2-r_2^2}{\ln(r_1/r_2)}-\dfrac{V_x}{\ln(r_1/r_2)} \\[2mm] c_2 = -\dfrac{1}{4\mu}\dfrac{\mathrm{d}}{\mathrm{d}z}(p+\rho gh)\left[r_1^2 - \dfrac{r_1^2-r_2^2}{\ln(r_1/r_2)}\ln r_1\right]+\dfrac{V_x}{\ln(r_1/r_2)}\ln r_1 \end{cases} \tag{2.44}$$

将式 (2.44) 代入式 (2.40) 可得流场的速度分布：

$$v_z = -\frac{1}{4\mu}\frac{\mathrm{d}}{\mathrm{d}z}(p+\rho gh)\left[(r_1^2-r^2)+\frac{r_1^2-r_2^2}{\ln(r_1/r_2)}\ln\frac{r}{r_1}\right]-\frac{V_x}{\ln(r_1/r_2)}\ln\frac{r}{r_1} \tag{2.45}$$

流量为：

$$\begin{aligned} Q &= 2\pi\int_{r_2}^{r_1}v_z r\mathrm{d}r \\ &= -\frac{\pi}{8\mu}\frac{\mathrm{d}}{\mathrm{d}z}(p+\rho gh)\left[(r_1^4-r_2^4)-\frac{(r_1^2-r_2^2)^2}{\ln(r_1/r_2)}\right]-\pi r_2^2 V_x + \frac{\pi(r_1^2-r_2^2)V_x}{2\ln(r_1/r_2)} \end{aligned} \tag{2.46}$$

2.4 边界层流动

1904 年，Prandtl 提出可把大 Reynolds 数流动中的流体黏性影响限制在靠近物面的薄层内，而薄层以外的流动可视为无黏的势流，该薄层即边界层。边界层在工程应用和自然现象中非常普遍，如飞机和轮船表面、涡轮机叶片附近的流场等。边界层与流动分离、旋涡的形成及发展、流动稳定性、传热传质等密切相关。

2.4.1 定义与特征

如图 2.5 所示，流体流过一个物体时形成边界层流场，绕物体流动的速度 U_e 称为自由流速度，边界层从壁面上的速度为 0 到外部自由流的速度为 U_e，层内速度变化较大。整个流场分成两个性质不同的流动区域，外区 $(y > \delta)$ 的几何尺度与 L 相当，速度尺度与 U_e 相当，可忽略黏性的作用。内区 $(y < \delta)$ 的几何尺度 x 方向与 L 相当、y 方向与 δ 相当，区域内速度梯度很大，必须考虑黏性的作用。边界层内惯性力与黏性力为同一量级，即：

$$\frac{v_x \dfrac{\partial v_x}{\partial x}}{\nu \dfrac{\partial^2 v_x}{\partial y^2}} \sim \frac{U_e^2/L}{\nu U_e/\delta^2} = \frac{U_e L}{\nu}\left(\frac{\delta}{L}\right)^2 = Re_L \left(\frac{\delta}{L}\right)^2 \sim 1 \tag{2.47}$$

2.4.1.1 边界层厚度

当边界层内某一点的速度达到自由流速度 U_e 的 99%，即 $v_x = 0.99U_e$ 时，则把从壁面到这一点的距离称为边界层厚度 $\delta(x)$。随着流动向下游发展，边界层的厚度增大，所以 δ 是 x 的函数。根据式 (2.47) 可知：

$$\frac{\delta}{L} \sim \frac{1}{\sqrt{Re_L}}, \quad \frac{\delta}{x} \sim \frac{1}{\sqrt{Re_x}} \quad \Rightarrow \quad \delta \sim \frac{x}{\sqrt{Re_x}} = \sqrt{\frac{\nu x}{U_e}}, \quad Re_x = \frac{U_e x}{\nu} \tag{2.48}$$

可见当 Re 很大时，边界层很薄。

2.4.1.2 边界层位移厚度

如图 2.6 所示，流体流过壁面时，若考虑边界层，则边界层中的流体速度由壁面上的 0 逐渐过渡到外部的来流速度 (虚线速度剖面)。若不考虑边界层，则流体速度从壁面到外部都是来流速度 (实线速度剖面)。边界层的存在使该区域的流体流量比不考虑边界层时减少 (减少量为阴影部分), 相当于通道变窄了 δ^*, 即:

$$\int_0^\delta v_x \mathrm{d}y = \int_0^{\delta - \delta^*} U_e \mathrm{d}y = \int_0^\delta U_e \mathrm{d}y - \delta^* U_e \tag{2.49}$$

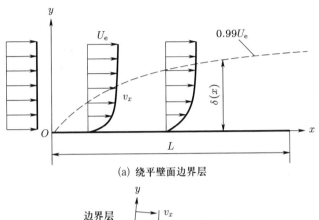

(a) 绕平壁面边界层

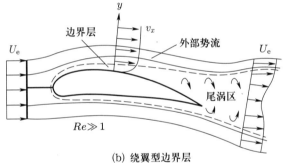

(b) 绕翼型边界层

图 2.5 边界层流场

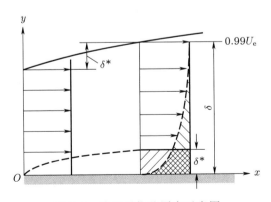

图 2.6 边界层位移厚度示意图

于是有：

$$\delta^* U_{\mathrm{e}} = \int_0^\delta (U_{\mathrm{e}} - v_x)\,\mathrm{d}y$$

厚度为 δ 的理想流体进入边界层时的流量损失相当于损失了厚度为 δ^* 的理想流体的流量 $\delta^* U_{\mathrm{e}}$。这部分流量被排向主流，使主流的流线较理想流体的流线外移了 δ^*，即理想流体中物体增加了 δ^* 厚度 (虚线所示)。因此，位移厚度定义为：

$$\delta^* = \int_0^\delta \left(1 - \frac{v_x}{U_{\mathrm{e}}}\right)\mathrm{d}y \tag{2.50}$$

2.4.1.3 边界层动量损失厚度

位移厚度是边界层中流量减少的量度，在流量减少的同时，流体的动量也相应减少，可采用与位移厚度相似的方法来定义动量损失厚度。边界层的存在使流体的动量比不考虑边界层时的动量减少了：

$$\rho \int_0^\delta v_x U_{\mathrm{e}}\mathrm{d}y - \rho \int_0^\delta v_x^2\mathrm{d}y = \rho \int_0^\delta v_x(U_{\mathrm{e}} - v_x)\mathrm{d}y \tag{2.51}$$

该减少量等于因边界层导致的流道变窄而带来的流体动量的减少，令流道变窄量为 θ，则：

$$\rho U_{\mathrm{e}}^2 \theta = \int_0^\delta \rho v_x (U_{\mathrm{e}} - v_x)\,\mathrm{d}y$$

于是定义动量损失厚度为：

$$\theta = \int_0^\delta \frac{v_x}{U_{\mathrm{e}}} \left(1 - \frac{v_x}{U_{\mathrm{e}}}\right)\mathrm{d}y \tag{2.52}$$

即边界层内减少的动量相当于厚度为 θ 的理想流体的动量。

2.4.1.4 边界层能量损失厚度

边界层中能量的减少可以用能量损失厚度表示：

$$\delta_{\mathrm{e}} = \int_0^\delta \frac{v_x}{U_{\mathrm{e}}} \left(1 - \frac{v_x}{U_{\mathrm{e}}^2}\right)\mathrm{d}y \tag{2.53}$$

对比边界层厚度、边界层位移厚度、边界层动量损失厚度，可知：$\theta < \delta^* < \delta$。

2.4.2 方程及简化

不失一般性,考虑忽略体积力的定常、二维流场,则可以将 N-S 方程 (1.94) 化为:

$$\frac{\partial v_x}{\partial x} + \frac{\partial v_y}{\partial y} = 0 \tag{2.54}$$

$$\begin{cases} v_x \dfrac{\partial v_x}{\partial x} + v_y \dfrac{\partial v_x}{\partial y} = -\dfrac{1}{\rho}\dfrac{\partial p}{\partial x} + \nu \left(\dfrac{\partial^2 v_x}{\partial x^2} + \dfrac{\partial^2 v_x}{\partial y^2} \right) \\[3mm] v_x \dfrac{\partial v_y}{\partial x} + v_y \dfrac{\partial v_y}{\partial y} = -\dfrac{1}{\rho}\dfrac{\partial p}{\partial y} + \nu \left(\dfrac{\partial^2 v_y}{\partial x^2} + \dfrac{\partial^2 v_y}{\partial y^2} \right) \end{cases} \tag{2.55}$$

如图 2.5(a) 所示,令 L 为平板特征长度,则 x 和 y 的量级分别为 L 和 δ,且 $\delta/L \ll 1$,积分式 (2.54) 得:

$$v_y = -\int_0^y \frac{\partial v_x}{\partial x}\mathrm{d}y$$

v_x 有 U_e 的量级,所以 v_y 的量级为 $U_e\delta/L$,则:

$$\frac{v_y}{v_x} \sim \frac{U_e\delta/L}{U_e} = \frac{\delta}{L} \ll 1$$

比较式 (2.55) 各项的量级,其中 v_y 的量级为 $v_x\delta/L$:

$$v_x \frac{\partial v_x}{\partial x} + v_y \frac{\partial v_x}{\partial y} = -\frac{1}{\rho}\frac{\partial p}{\partial x} + \nu \left(\frac{\partial^2 v_x}{\partial x^2} + \frac{\partial^2 v_x}{\partial y^2} \right)$$

$$\frac{v_x^2}{L} \qquad \frac{v_x^2}{L} \qquad\qquad\qquad \frac{\nu v_x}{L^2} \qquad \frac{\nu v_x}{\delta^2}$$

$$1 \qquad\quad 1 \qquad\qquad\qquad \frac{\nu}{v_x\delta}\frac{\delta}{L} \qquad \frac{\nu}{v_x\delta}\frac{L}{\delta}$$

$$v_x \frac{\partial v_y}{\partial x} + v_y \frac{\partial v_y}{\partial y} = -\frac{1}{\rho}\frac{\partial p}{\partial y} + \nu \left(\frac{\partial^2 v_y}{\partial x^2} + \frac{\partial^2 v_y}{\partial y^2} \right)$$

$$\frac{v_x^2}{L}\frac{\delta}{L} \qquad \frac{v_x^2}{L}\frac{\delta}{L} \qquad\qquad\qquad \frac{\nu v_x}{L^2}\frac{\delta}{L} \qquad \frac{\nu v_x}{\delta^2}\frac{\delta}{L}$$

$$\frac{\delta}{L} \qquad\quad \frac{\delta}{L} \qquad\qquad\qquad \frac{\nu}{v_x\delta}\left(\frac{\delta}{L}\right)^2 \qquad \frac{\nu}{v_x\delta}$$

可见除压力梯度项外,第二个方程比第一个方程的对应项小 1 个量级,故相比于第一个方程,第二个方程为:

$$\frac{\partial p}{\partial y} = 0 \tag{2.56}$$

在第一个方程的各项中，忽略小 1 个量级的项可得：

$$v_x \frac{\partial v_x}{\partial x} + v_y \frac{\partial v_x}{\partial y} = -\frac{1}{\rho}\frac{\partial p}{\partial x} + \nu \frac{\partial^2 v_x}{\partial y^2}$$

结合式 (2.56)，上式可以写成：

$$v_x \frac{\partial v_x}{\partial x} + v_y \frac{\partial v_x}{\partial y} = -\frac{1}{\rho}\frac{\mathrm{d}p}{\mathrm{d}x} + \nu \frac{\partial^2 v_x}{\partial y^2} \tag{2.57}$$

该方程称为 Prandtl 边界层方程，相应的边界条件为：

$$y = 0: \quad v_x = v_y = 0; \quad y = \delta: \quad v_x = U_e \tag{2.58}$$

根据式 (2.56)，压力沿壁面的法向不变，即在某个固定流向位置，边界层内的压力等于外部势流的压力，这样就可以由外部势流的 Bernoulli 方程来确定式 (2.57) 中的压力：

$$p + \frac{\rho v_x^2}{2} = c \quad \Rightarrow \quad -\frac{1}{\rho}\frac{\mathrm{d}p}{\mathrm{d}x} = v_x \frac{\mathrm{d}v_x}{\mathrm{d}x} \tag{2.59}$$

2.4.3 二维定常不可压缩平板边界层的相似性解

所谓相似性解是指求解出的流体速度剖面在不同的流向位置有同样的形状，即速度的值只取决于由 x 坐标和 y 坐标组合成的单一变量。对于二维定常不可压缩平板边界层，连续性方程和边界层方程 (2.57) 为：

$$\frac{\partial v_x}{\partial x} + \frac{\partial v_y}{\partial y} = 0, \quad v_x \frac{\partial v_x}{\partial x} + v_y \frac{\partial v_x}{\partial y} = \nu \frac{\partial^2 v_x}{\partial y^2} \tag{2.60}$$

边界条件为式 (2.58)。由式 (2.60) 的第一式，引进流函数 ψ：

$$v_x = \frac{\partial \psi}{\partial y}, \quad v_y = -\frac{\partial \psi}{\partial x}$$

将其代入式 (2.60) 得：

$$\frac{\partial \psi}{\partial y}\frac{\partial^2 \psi}{\partial x \partial y} - \frac{\partial \psi}{\partial x}\frac{\partial^2 \psi}{\partial y^2} = \nu \frac{\partial^3 \psi}{\partial y^3}, \tag{2.61}$$

边界条件为：

$$y = 0: \quad \psi = 0, \quad \frac{\partial \psi}{\partial y} = 0; \quad y = \delta: \quad \frac{\partial \psi}{\partial y} = U_e \tag{2.62}$$

当流函数为以下形式时，解具有相似性：

$$\psi = \sqrt{\nu U_{\mathrm{e}} x} f(\eta), \quad \eta = y\sqrt{\frac{U_{\mathrm{e}}}{\nu x}} \tag{2.63}$$

η 便是 x 坐标和 y 坐标的组合，于是

$$\begin{cases} v_x = \dfrac{\partial \psi}{\partial y} = U_{\mathrm{e}} f'(\eta), \quad v_y = -\dfrac{\partial \psi}{\partial x} = \dfrac{1}{2}\sqrt{\dfrac{\nu U_{\mathrm{e}}}{x}}(\eta f'(\eta) - f(\eta)) \\[4mm] \dfrac{\partial^2 \psi}{\partial y^2} = U_{\mathrm{e}}\sqrt{\dfrac{U_{\mathrm{e}}}{\nu x}} f''(\eta), \quad \dfrac{\partial^3 \psi}{\partial y^3} = \dfrac{U_{\mathrm{e}}^2}{\nu x} f'''(\eta), \quad \dfrac{\partial^2 \psi}{\partial x \partial y} = -\dfrac{1}{2}\dfrac{U_{\mathrm{e}}}{x}\eta f''(\eta) \end{cases} \tag{2.64}$$

将其代入式 (2.61) 和式 (2.62) 得：

$$2f''' + ff'' = 0 \tag{2.65}$$

$$\eta = 0: \quad f = 0, \quad f' = 0; \quad \eta = \delta: \quad f' = 1 \tag{2.66}$$

式 (2.65) 是三阶非线性常微分方程，只能求近似解，得到的解称为 Blasius (布拉休斯) 解，求近似解的方法包括 Blasius 级数衔接法、Howarth 数值积分法等。

求得 f 及其一阶导数的解后，根据以上定义便可求得相应的速度：

$$\begin{cases} v_x = U_{\mathrm{e}} f'(\eta) \\[3mm] v_y = \dfrac{1}{2}\sqrt{\dfrac{\nu U_{\mathrm{e}}}{x}}(\eta f'(\eta) - f(\eta)) \end{cases} \tag{2.67}$$

再根据式 (2.49) 和式 (2.52)，可以求得边界层的各种厚度：

$$\delta = \frac{5x}{\sqrt{Re_x}} \tag{2.68}$$

$$\delta^* = \int_0^\delta \left(1 - \frac{v_x}{U_{\mathrm{e}}}\right) \mathrm{d}y = \sqrt{\frac{\nu x}{U_{\mathrm{e}}}}\int_0^\delta [1 - f'(\eta)]\mathrm{d}\eta = 1.721\sqrt{\frac{\nu x}{U_{\mathrm{e}}}} = \frac{1.721x}{\sqrt{Re_x}} \tag{2.69}$$

$$\theta = \int_0^\delta \frac{v_x}{U_{\mathrm{e}}}\left(1 - \frac{v_x}{U_{\mathrm{e}}}\right)\mathrm{d}y = \sqrt{\frac{\nu x}{U_{\mathrm{e}}}}\int_0^\delta f'(\eta)[1 - f'(\eta)]\mathrm{d}\eta = 0.664\sqrt{\frac{\nu x}{U_{\mathrm{e}}}} = \frac{0.664x}{\sqrt{Re_x}} \tag{2.70}$$

以及壁面剪应力和壁摩擦系数：

$$\tau_{\mathrm{w}} = \mu \frac{\partial v_x}{\partial y}\bigg|_{y=0} = \frac{\mu U_{\mathrm{e}}}{\sqrt{\dfrac{\nu x}{U_{\mathrm{e}}}}} f'(0) = 0.332\rho U_{\mathrm{e}}^2 \frac{1}{\sqrt{Re_x}} \tag{2.71}$$

$$C_f = \frac{0.664}{\sqrt{Re_x}} \qquad (2.72)$$

若流场不存在相似性解，则要采取其他方法求近似解，如局部相似性解法、积分法、分段相似法以及加权–残值法等。

2.4.4　动量积分关系式

通过建立边界层壁面剪应力 τ_w 与边界层位移厚度 δ^*、动量损失厚度 θ 之间的关系，可以得到动量积分关系式。如图 2.7 所示，在边界层任一流向位置 x 处长度为 $\mathrm{d}x$ 的微元控制体上建立动量守恒关系式，即流体流出 CD 的动量减去流入 AB 和 AC 的动量等于作用在微元体 x 方向的合力。

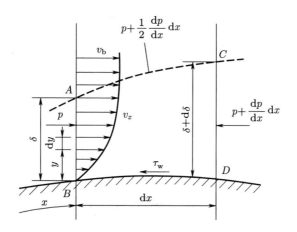

图 2.7　边界层内微元控制体示意图

经 AB 流入微元体的流体质量和动量为：

$$m_{AB} = \int_0^\delta \rho v_x \mathrm{d}y, \quad k_{AB} = \int_0^\delta \rho v_x^2 \mathrm{d}y \qquad (2.73)$$

经 CD 流出微元体的流体质量和动量为：

$$m_{CD} = \int_0^\delta \left[\rho v_x + \frac{\partial(\rho v_x)}{\partial x}\mathrm{d}x \right]\mathrm{d}y, \quad k_{CD} = \int_0^\delta \rho v_x^2 \mathrm{d}y + \frac{\partial}{\partial x}\left(\int_0^\delta \rho v_x^2 \mathrm{d}y \right)\mathrm{d}x$$

$$\qquad (2.74)$$

经 AC 流入微元体的流体质量为：

$$m_{CD} - m_{AB} = \frac{\partial}{\partial x} \left(\int_0^\delta \rho v_x \mathrm{d}y \right) \mathrm{d}x \tag{2.75}$$

导致的动量变化为：

$$k_{AC} = v_b \frac{\partial}{\partial x} \left(\int_0^\delta \rho v_x \mathrm{d}y \right) \mathrm{d}x \tag{2.76}$$

于是流过微元体流体的动量净通量为：

$$k_x = k_{CD} - k_{AB} - k_{AC} = \frac{\partial}{\partial x} \left(\int_0^\delta \rho v_x^2 \mathrm{d}y \right) \mathrm{d}x - v_b \frac{\partial}{\partial x} \left(\int_0^\delta \rho v_x \mathrm{d}y \right) \mathrm{d}x \tag{2.77}$$

作用在微元体上的力有壁面上的摩擦力 τ_w、AB 上的压力 p、CD 上的压力 $p + \dfrac{\mathrm{d}p}{\mathrm{d}x}\mathrm{d}x$、$AC$ 上的压力 $p + \dfrac{1}{2}\dfrac{\mathrm{d}p}{\mathrm{d}x}\mathrm{d}x$，则合力为：

$$F_x = p\delta + \left(p + \frac{1}{2}\frac{\mathrm{d}p}{\mathrm{d}x}\mathrm{d}x \right) \mathrm{d}s \sin\alpha - \left(p + \frac{\mathrm{d}p}{\mathrm{d}x}\mathrm{d}x \right)(\delta + \mathrm{d}\delta) - \tau_\mathrm{w}\mathrm{d}x \tag{2.78}$$

略去高阶小量得：

$$F_x = -\delta\frac{\mathrm{d}p}{\mathrm{d}x}\mathrm{d}x - \tau_\mathrm{w}\mathrm{d}x \tag{2.79}$$

根据动量守恒，流过微元体流体的动量净通量式 (2.77) 等于作用在微元体上的合力式 (2.79)：

$$-\delta\frac{\mathrm{d}p}{\mathrm{d}x} - \tau_\mathrm{w} = \frac{\mathrm{d}}{\mathrm{d}x}\int_0^\delta \rho v_x^2 \mathrm{d}y - v_b \frac{\mathrm{d}}{\mathrm{d}x}\int_0^\delta \rho v_x \mathrm{d}y \tag{2.80}$$

上式称为动量积分关系式或动量积分方程，该式对层流和湍流边界层都适用。一般情况下，式中的 ρ 和 v_b 是已知的，$\mathrm{d}p/\mathrm{d}x$ 可由外部势流的 Bernoulli 方程得到，所以方程中只有 3 个未知量，即 δ、τ_w、v_x。求解时还需补充 2 个量的信息，这 2 个量通常是 τ_w 和 v_x。

2.5 绕圆球的小雷诺数流动

在量纲为一的 N-S 方程中，Re 出现在黏性项的分母中，当 Re 很小时，意味着黏性项很大以至于在求解 N-S 方程时其他项可以忽略，这就形成了所谓的小 Re 流动问题。

2.5.1 应用背景

在实际应用中，小 Re 流动问题普遍存在，Re 定义为惯性力与黏性力之比，小 Re 意味着特征尺度或特征速度很小或者黏性很大，例如微小固粒、液滴或气泡在黏性流体中的缓慢运动等。小 Re 流动问题因其普遍性而已形成比较独立的一类问题受到人们的重视。这方面的研究最早可以追溯到 Stokes 的研究工作，他当时给出了圆球在无界黏性流体中缓慢运动的精确解，这一早期的研究成果迄今还在包括多相流在内的许多领域应用。由于黏性流体绕圆球的流动是最典型的绕物体小 Re 流动问题，所以本节主要叙述与此相关的内容。

2.5.2 Stokes 方程

如前所述，当 Re 很小时，N-S 方程中的黏性项相对于非定常项和惯性项要大得多，在忽略体积力的情况下，N-S 方程 (1.94) 可以简化为：

$$\frac{\partial p}{\partial x_i} = \nu \frac{\partial^2 v_i}{\partial x_j{}^2} \tag{2.81}$$

这就是 Stokes 方程，方程左边为压力梯度项。Stokes 方程看似简单，但也是一个二阶的偏微分方程。对于三维流场，该方程包含 3 个速度分量和 1 个压力共 4 个未知量，采用方程 (2.81) 的 3 个分量方程加上连续性方程，便可对方程进行封闭求解。一般可以采用两种方法对 Stokes 方程进行求解，一是对方程结合边界条件直接进行求解；二是根据 Stokes 方程的线性性质，先建立一些基本解，然后由基本解的叠加得到原问题的解。

2.5.3 绕圆球的 Stokes 解

绕圆球流动及坐标系如图 2.8 所示，由球对称性可知 $\partial/\partial\varphi = 0$、$v_\varphi = 0$，则定常、不可压缩、忽略体积力的流场连续性方程和 r、θ 分量的动量方程为：

$$\frac{\partial v_r}{\partial r} + \frac{1}{r}\frac{\partial v_\theta}{\partial \theta} + \frac{2v_r}{r} + \frac{v_\theta \cot\theta}{r} = 0 \tag{2.82}$$

$$\frac{\partial p}{\partial r} = \nu \left(\frac{\partial^2 v_r}{\partial r^2} + \frac{1}{r^2}\frac{\partial^2 v_r}{\partial \theta^2} + \frac{2}{r}\frac{\partial v_r}{\partial r} + \frac{\cot\theta}{r^2}\frac{\partial v_r}{\partial \theta} - \frac{2}{r^2}\frac{\partial v_\theta}{\partial \theta} - \frac{2v_r}{r^2} - \frac{2\cot\theta}{r^2}u_\theta \right) \tag{2.83}$$

$$\frac{1}{r}\frac{\partial p}{\partial \theta} = \nu \left(\frac{\partial^2 v_\theta}{\partial r^2} + \frac{1}{r^2}\frac{\partial^2 v_\theta}{\partial \theta^2} + \frac{2}{r}\frac{\partial v_\theta}{\partial r} + \frac{\cot\theta}{r^2}\frac{\partial v_\theta}{\partial \theta} + \frac{2}{r^2}\frac{\partial v_r}{\partial \theta} - \frac{v_\theta}{r^2\sin^2\theta} \right) \quad (2.84)$$

相应的边界条件为 $r = a$ 处有 $v_r = 0$, $v_\theta = 0$; 无穷远处有 $v_r = V_\infty\cos\theta$, $v_\theta = -V_\infty\sin\theta$。

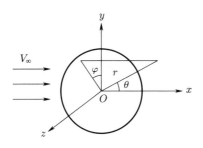

图 2.8 绕圆球流动

采用分离变量法对以上方程求解, 将 v_r、v_θ、p 表示为:

$$v_r = j(r)J(\theta), \quad v_\theta = k(r)K(\theta), \quad p = \mu l(r)L(\theta) + p_\infty \quad (2.85)$$

将其代入无穷远处的边界条件可得:

$$V_\infty\cos\theta = j(\infty)J(\theta), \quad -V_\infty\sin\theta = k(\infty)K(\theta) \quad (2.86)$$

由以上可知:

$$\cos\theta = J(\theta), \quad -\sin\theta = K(\theta), \quad V_\infty = j(\infty), \quad V_\infty = k(\infty) \quad (2.87)$$

这样, 式 (2.85) 的前两式可写成:

$$v_r = j(r)\cos\theta, \quad v_\theta = -k(r)\sin\theta \quad (2.88)$$

将式 (2.88) 及式 (2.85) 的第三式代入式 (2.82) $\sim$ (2.84) 及边界条件得:

$$\cos\theta\left(j' - \frac{k}{r} + \frac{2j}{r} - \frac{k}{r} \right) = 0 \quad (2.89)$$

$$L(\theta)l'(r) = \cos\theta\left(j'' - \frac{j}{r^2} + \frac{2j'}{r} - \frac{j}{r^2} + \frac{2k}{r^2} - \frac{2j}{r^2} + \frac{2k}{r^2} \right) \quad (2.90)$$

$$L'(\theta)\frac{l}{r} = \sin\theta\left(-k'' + \frac{k}{r^2} - \frac{2k'}{r} - \frac{k}{r^2}\cot^2\theta - \frac{2j}{r^2} + \frac{k}{r^2}\csc^2\theta\right) \tag{2.91}$$

$$j(a) = 0, \quad k(a) = 0, \quad j(\infty) = V_\infty, \quad k(\infty) = V_\infty \tag{2.92}$$

由式 (2.90) 和式 (2.91) 可知，等式成立的条件是 $L(\theta) = \cos(\theta)$，将其代入式 (2.85) 的第三式可得：

$$p = \mu l(r)\cos\theta + p_\infty \tag{2.93}$$

于是式 (2.89) $\sim$ (2.91) 可写成：

$$j' + \frac{2(j-k)}{r} = 0, \quad l'(r) = j'' + \frac{2j'}{r} - \frac{4(j-k)}{r^2}, \quad \frac{l}{r} = k'' + \frac{2k'}{r} + \frac{2(j-k)}{r^2} \tag{2.94}$$

在边界条件 (2.92) 下求解式 (2.94)，可得：

$$\begin{cases} v_r(r,\theta) = V_\infty\cos\theta\left(1 - \frac{3}{2}\frac{a}{r} + \frac{1}{2}\frac{a^3}{r^3}\right) \\[2mm] v_\theta(r,\theta) = -V_\infty\sin\theta\left(1 - \frac{3}{4}\frac{a}{r} - \frac{1}{4}\frac{a^3}{r^3}\right) \\[2mm] p(r,\theta) = -\frac{3}{2}\mu\frac{V_\infty a}{r^2}\cos\theta + p_\infty \end{cases} \tag{2.95}$$

流体作用在圆球上的力分别为一个正应力和一个剪应力：

$$p_{rr} = -p + 2\mu\frac{\partial v_r}{\partial r}, \quad p_{r\theta} = \mu\left(\frac{1}{r}\frac{\partial v_r}{\partial\theta} + \frac{\partial v_\theta}{\partial r} - \frac{v_\theta}{r}\right) \tag{2.96}$$

根据球面上的边界条件以及式 (2.95) 可得：

$$p_{rr} = -p = \frac{3}{2}\mu\frac{V_\infty}{a}\cos\theta - p_\infty, \quad p_{r\theta} = -\frac{3\mu V_\infty}{2a}\sin\theta \tag{2.97}$$

如图 2.8 所示，流体作用在圆球上的沿 x 方向的合力就是 Stokes 阻力：

$$F_\mathrm{d} = \int_S (p_{rr}\cos\theta - p_{r\theta}\sin\theta)\mathrm{d}S = \int_S (p_{rr}\cos\theta - p_{r\theta}\sin\theta)2\pi a^2\sin\theta\mathrm{d}\theta$$

$$= 2\pi a^2\int_0^\pi\left(\frac{3\mu V_\infty}{2a}\cos^2\theta + \frac{3\mu V_\infty}{2a}\sin^2\theta\right)\sin\theta\mathrm{d}\theta - \tag{2.98}$$

$$2\pi a^2 p_\infty\int_0^\pi\sin\theta\cos\theta\mathrm{d}\theta = 3\pi\mu V_\infty a\int_0^\pi\sin\theta\mathrm{d}\theta = 6\pi\mu V_\infty a$$

式中，S 是球的表面积，对应的 Stokes 阻力系数为：

$$C_\mathrm{D} = \frac{F_\mathrm{d}}{\frac{1}{2}\rho V_\infty^2\pi a^2} = \frac{12\nu}{aV_\infty} = \frac{24}{Re} \tag{2.99}$$

2.5.4 绕圆球的 Oseen 解

当流场 Re 很小、N-S 方程中的黏性项比非定常项和惯性项大很多时，在忽略体积力的情况下可以得到 Stokes 方程 (2.81)。若流场 Re 并非很小，惯性项不可忽略，则在定常和忽略体积力的情况下，N-S 方程 (1.94) 可简化为：

$$\rho v_j \frac{\partial v_i}{\partial x_j} = -\frac{\partial p}{\partial x_i} + \mu \frac{\partial^2 v_i}{\partial x_j{}^2} \tag{2.100}$$

该方程与 Stokes 方程 (2.81) 相比，多了惯性项，而该项是非线性项，处理比较困难。因此，Oseen (奥辛) 对方程 (2.100) 进行了线性化处理，将速度表示成无穷远处的速度和一个小量之和，即 $v_j = V_\infty + v_j'$，然后代入方程 (2.100) 左边的惯性项得：

$$\rho(V_\infty + v_j') \frac{\partial v_i}{\partial x_j} = \rho V_\infty \frac{\partial v_i}{\partial x_j} + \rho v_j' \frac{\partial v_i}{\partial x_j}$$

上式右边第二项与第一项相比是小量，可以忽略，于是方程 (2.100) 就成为：

$$V_\infty \frac{\partial v_i}{\partial x_j} = -\frac{1}{\rho}\frac{\partial p}{\partial x_i} + \nu \frac{\partial^2 v_i}{\partial x_j^2} \tag{2.101}$$

与方程 (2.100) 相比，方程 (2.101) 仍旧保留了惯性项，但方程已是线性方程，从而降低了方程的复杂程度。根据边界条件，采用与前面同样的方法，可以求解得到作用在圆球上的阻力：

$$F_\text{d} = 6\pi\mu V_\infty a \left(1 + \frac{3aV_\infty}{8\nu}\right) \tag{2.102}$$

阻力系数：

$$C_\text{D} = \frac{24}{Re}\left(1 + \frac{3}{16}Re\right) \tag{2.103}$$

图 2.9 是用式 (2.99) 和式 (2.103) 计算得到的结果与实验结果 (实心点) 的比较。

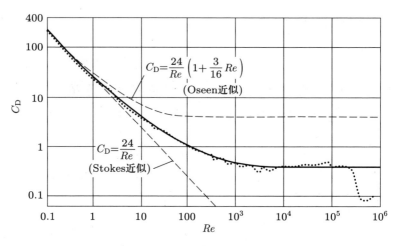

图 2.9　阻力系数与 Re 的关系

2.6　绕一般物体的流动及阻力

2.5 节介绍的绕流为小 Re 情形，而自然界和实际问题中，很多绕流场的 Re 很大，如风吹过大桥拉索、烟囱、高层建筑等，此时 2.5 节的方法和结论不适用。

2.6.1　圆柱绕流

在绕物体的流动中，有一大类是存在明显主轴的物体，其中以圆柱体最为典型。如图 2.10 所示，通常所说的圆柱绕流是指流体流动方向与圆柱体的主轴方向垂直的流动，随着 Re 的增大，圆柱体壁面附近的边界层将产生分离，涡从圆柱体表面脱落，并沿下游输运，在圆柱体后形成涡街，涡街的状态随 Re 的增大而变化。当 Re 为 40 时，旋涡以上下两排旋转方向相反的对称涡存在，当 Re 增大到 60 时，对称涡破裂，形成两列几乎稳定的非对称、交替脱落、旋转方向相反的旋涡即卡门涡街。当 Re 继续增大到约 300 时，流场变成湍流。

定义 Strouhal 数：

$$Sr = \frac{fd}{V_\infty} \tag{2.104}$$

式中，f 是旋涡从圆柱体脱落的频率；d 是圆柱直径；V_∞ 是来流速度。图 2.11 给出了 Sr、流体流过圆柱体的阻力系数 C_D 与 Re 的关系。可见当 Re 较小时，

Sr 的值随 Re 的增大而增大，当 Re 较大时 ($Re > 1\,000$)，Sr 的值保持为大约 0.21 的定值。

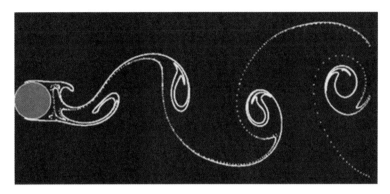

图 2.10　绕圆柱体流动与卡门涡街

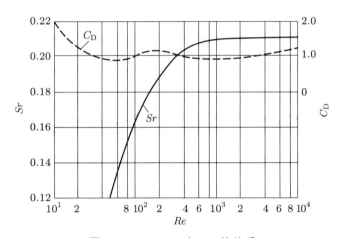

图 2.11　Sr、C_D 与 Re 的关系

2.6.2　绕圆柱流动及阻力

以上给出了流体流动方向与圆柱体主轴方向垂直的绕流特征及阻力系数，然而，在实际问题中流体流动方向并非与圆柱体主轴方向垂直，这时的绕流场和阻力系数变得更加复杂。解决这类问题的方法之一是对绕圆球流动的阻力系数进行修正，从而得到绕圆柱流动的阻力系数。由于长径比是描述圆柱体几何特征的主要参数，所以阻力系数的确定与长径比有关。

2.6.2.1 与长径比无关的阻力系数 [1]

当圆柱的长径比在 0.051 3~2 范围时，阻力系数与长径比无关且表示为：

$$C_{\mathrm{D}\infty} = \frac{17.5}{Re_\infty}(1 + 0.68Re_\infty^{0.43}) \tag{2.105}$$

式中，$C_{\mathrm{D}\infty}$ 和 Re_∞ 分别是圆柱在无界流场时的阻力系数和雷诺数。

2.6.2.2 以绕圆球流动为参考的阻力系数

定义球状系数 ζ 表示与圆柱相同体积的圆球表面积与实际圆柱的表面积之比：

$$\zeta = \frac{d_{\mathrm{e}}^2}{dl + \dfrac{d^2}{2}} \tag{2.106}$$

式中，d 是圆柱的直径；d_{e} 是与圆柱相同体积的圆球的直径。

圆柱迎着来流有一个迎流面积，即圆柱在与运动方向垂直面上的投影面积，用 d_{n} 表示与这一投影面积相同的圆面积的直径，则圆柱与直径为 d_{e} 的圆球的速度之比为：

$$K = a + b\frac{d_{\mathrm{e}}}{d_{\mathrm{n}}}\zeta^{0.5} + c\left(\frac{d_{\mathrm{e}}}{d_{\mathrm{n}}}\right)^2\zeta \tag{2.107}$$

式中，a、b、c 为待定常数，在 $0.68 \leqslant d_{\mathrm{e}}/d_{\mathrm{n}} \leqslant 1.44$ 的范围内，这些待定常数分别为：

$$a = 0.459 \pm 0.031, \quad b = 0.468 \pm 0.027, \quad c = 0.008\,4 \pm 0.000\,93$$

2.6.2.3 动力形状因子 [2]

定义动力形状因子 K，将形状因子乘上圆球的阻力系数，可以得到与圆球具有相同体积的圆柱的阻力系数：

$$K = \frac{v_{\mathrm{s}}}{v_{\mathrm{c}}} \tag{2.108}$$

式中，v_{s} 是与圆柱相同体积的圆球颗粒的稳态速度；v_{c} 是圆柱的稳态速度。

2.6.3 绕一般物体的阻力

当物体在流体中运动或流体流过一固定物体时会产生阻力，总阻力 F_t 由摩擦阻力 F_f 和压差阻力 F_p 构成。如图 2.12 所示，F_f、F_p 以及阻力系数 C_D 可以表示为：

$$F_f = \iint_S \tau_0 \sin \alpha \mathrm{d}S, \quad F_p = \iint_S p_n \cos \alpha \mathrm{d}S \tag{2.109}$$

$$C_D = \frac{2F_t}{\rho V_\infty^2 A} \tag{2.110}$$

式中，A 是特征面积，对于钝物体为迎流面积，对于流线型物体为湿表面积。

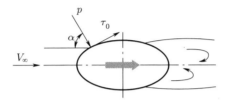

图 2.12 物体受力示意图

阻力系数 C_D 与若干因素有关，因此可以表示为：

$$C_D = f(形状因子, Re, Ma, Fr) \tag{2.111}$$

式中，Ma 是 Mach 数；Fr 是 Froude 数。

由于总阻力由摩擦阻力和压差阻力构成，所以减阻要从这两种阻力入手。为减小摩擦阻力，要尽可能使边界层处于层流状态，即层流向湍流的转捩点尽可能推后，如"层流型"翼型就是将转捩点向后移动并要求表面尽可能光滑。要减小压差阻力，就要使物体后面的"尾涡区"尽可能小，也就是使分离点尽可能向后移，办法之一就是物体表面采用流线型设计。图 2.13 为绕光滑圆柱、粗糙圆柱和光滑圆球的阻力系数与 Re 的关系。表 2.1 为不同形状物体的阻力系数。

流体绕翼型的流动在空气动力学课程中有专门的介绍。若机翼的攻角足够大，气流绕过上翼面时因黏性作用而减速乃至为零，而上游未减速气流不断地流过，减速气流成了阻碍，使得气流不能沿表面流动而被抬起，由此导致边界层分离。

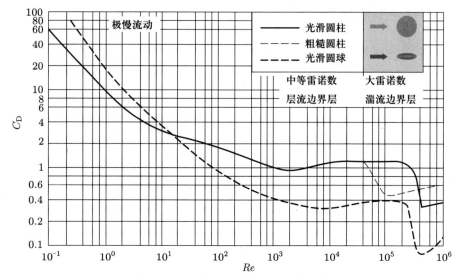

图 **2.13** 绕流阻力系数与 Re 的关系

表 **2.1** 不同形状物体的阻力系数

物体形状		示意图	$Re = V_\infty d/\nu$	C_D
二维物型	圆柱	→ ●	$10^4 \sim 10^5$	1.20
	半管	→ (	4×10^4	1.20
	半管	→)	4×10^4	2.30
	方柱	→ ■	3.5×10^4	2.00
	平板	→ ▌	$10^4 \sim 10^6$	1.98
	椭柱	→ ○ 2:1	10^5	0.46
	椭柱	→ ⬭ 8:1	2×10^5	0.20
三维物型	球	→ ●	$10^4 \sim 10^5$	0.47
	半球	→ ◀	$10^4 \sim 10^5$	0.42
	半球	→ ▶	$10^4 \sim 10^5$	1.17
	方块	→ ◼	$10^4 \sim 10^5$	1.05
	方块	→ ◆	$10^4 \sim 10^5$	0.80
	矩形板 (长/宽 =5)	→ ▯↕宽	$10^3 \sim 10^5$	1.20

2.6.4 物体自由沉降速度

一个直径为 d 的圆球从静止开始在静止流体中自由下落，圆球初始在重力作用下加速，速度不断增大，阻力也同时增大。经过一段时间后，圆球的重力与所受的浮力以及阻力达到平衡，圆球等速沉降，此时圆球的速度称为自由沉降速度 v_f。圆球沉降时所受到的阻力与流体绕圆球流动时的阻力相同，根据式 (2.110)，绕流总阻力为：

$$F_t = C_D \frac{\rho v_f^2 A}{2} = \frac{1}{8} C_D \rho v_f^2 \pi d^2 \tag{2.112}$$

圆球的重力 G 和受到的浮力 B 为：

$$G = \frac{1}{6} \pi d^3 \rho_c g, \quad B = \frac{1}{6} \pi d^3 \rho g \tag{2.113}$$

式中，ρ_c 和 ρ 分别为圆柱体和流体的密度。当圆球的重力与所受的浮力以及总阻力达到平衡时有：

$$G = B + F_t \quad \Rightarrow \quad \frac{1}{6} \pi d^3 \rho_c g = \frac{1}{6} \pi d^3 \rho g + \frac{1}{8} C_D \rho v_f^2 \pi d^2 \tag{2.114}$$

求解上式得：

$$v_f = \sqrt{\frac{4}{3C_D} \left(\frac{\rho_c - \rho}{\rho} \right) g d} \tag{2.115}$$

式中，C_D 与 Re 有关，而 Re 又与速度 v_f 有关，所以在求 v_f 时要多次试算。C_D 与 Re 的关系为 [3]：

$$\begin{cases} C_D = \dfrac{24}{\sqrt{Re}}, & Re < 1 \\[2mm] C_D = \dfrac{13}{\sqrt{Re}}, & 10 < Re < 10^3 \\[2mm] C_D = 0.45, & 10^3 < Re < 2 \times 10^5 \end{cases} \tag{2.116}$$

试算时，给出一个 Re 后根据式 (2.116) 得到 C_D，再代入式 (2.115) 计算 v_f，由算出的 v_f 得到新的 Re，如此反复直到 v_f 的值不变为止。

思考题与习题

2.1 为何要采用图 2.1 所示的坐标系?

2.2 如图 2.1 所示，如果下壁面固定，上壁面沿 x 方向以常速度 V 运动，求流场的速度分布和流量。

2.3 如图 2.3(b) 所示，如果外圆管以 V 沿 z 方向运动，求流场的速度分布和流量。

2.4 两固定平行平板间距为 8 cm，动力黏性系数 $\mu = 1.96$ Pa·s 的油在平板中做层流运动，最大速度 $v_{\max} = 1.5$ m/s，试求：

   (1) 单位宽度上的流量；

   (2) 平板上的剪应力和速度梯度；

   (3) 入口到流向距离 $l = 25$ m 处的压差以及距壁面 2 cm 处的流体速度。

2.5 在间距为 0.01 m 的平行平板内充满 $\mu = 0.08$ Pa·s 的油，下板固定，上板沿 x 方向以常速度 $V = 1$ m/s 运动，在距离入口 $x = 80$ m 处压力从入口的 17.65×10^4 Pa 降到 9.81×10^4 Pa，试求：

   (1) v_x 的速度分布；

   (2) 单位宽度上的流量；

   (3) 上板的剪应力。

2.6 要增加平板间或通道内的流体流量，应采取什么措施?

2.7 轴承润滑时，要取得最佳的润滑效果，应采取什么办法?

2.8 边界层内的速度分布为 $v_x/V_x = 1 - e^{-c(y/2\delta)}$，试求 c、δ^*、θ。

2.9 半无限长平板定常层流边界层内的速度分布为 $v_x = V_x \sin[\pi y/2\delta(x)]$，用动量积分关系式求边界层厚度 $\delta(x)$ 和局部摩擦阻力系数 C_f。

2.10 1.2 m×1.2 m 的薄平板以 3 m/s 的速度在气流中运动 ($v = 14.86 \times 10^{-6}$ m²/s，$\rho = 1.2$ kg/m³)，流动为层流，试求：

   (1) 平板的表面阻力；

   (2) 平板后缘处的边界层厚度；

   (3) 平板后缘处的剪应力。

2.11 在平板边界层中，如何确定流向压力梯度？

2.12 为何当流函数为式 (2.63) 时，方程的解具有相似性？

2.13 为什么式 (2.80) 对层流和湍流边界层都适用？

2.14 为什么多相流中通常采用式 (2.99) 和式 (2.103) 计算流体作用在颗粒上的力？

2.15 在图 2.9 中，为什么由 Oseen 近似得到的阻力系数 C_D 大于实际的阻力系数？

2.16 在相同的 Re 下，分析圆球绕流和圆柱绕流的阻力系数。

2.17 速度为 V 的风垂直吹在面积为 $L \times H(L = 3H)$ 的平板上，求风作用在平板上的力。

2.18 如何通过式 (2.104) 设计一个流量计？

2.19 证明直径为 d 的圆球在大黏性流体中下降时的最终速度为 $v = d^2(\rho_{球} - \rho)g/(18\mu)$。

2.20 雨滴在下落过程中受到哪些力？稳定下落时的雨滴是怎样的形状？

参考文献

[1] UNNIKRISHNANA A, CHHABRA R P. An experimental study of motion of cylinders in Newtonian fluids, wall effects and drag coefficient[J]. The Canadian Journal of Chemical Engineering, 1991, 69: 729-735.

[2] FUCHS N A. The Mechanics of Aerosols[M]. Oxford: Pergamon, 1964.

[3] KASPER G. Dynamics and measurements of smokes. I Size characterization of non-spherical particles[J]. Aerosol Science and Technology, 1982, 1(2): 187-199.

第 3 章　流动稳定性

早在 19 世纪，人们就已关注流场从层流向湍流过渡的流动稳定性问题，但研究进展比较缓慢，到 20 世纪 30 年代才有了明显进展。Prandtl 等先从理论上确定了层流向湍流过渡的临界 Re，后来 Dryden 等的实验研究取得了和理论计算较吻合的结果。20 世纪 50 年代，林家翘等对流动稳定性行了更深入的研究，形成了较为系统的理论体系。流动稳定性问题一直以来都是流体力学领域研究的热点。本章主要介绍各种不同的流动稳定性问题。

3.1　基本概念和方法

要弄清流动稳定性的机理，首先要了解相关的概念和方法。

3.1.1　Reynolds 实验

1883 年，Reynolds 在如图 3.1 所示的实验台上进行了关于流动稳定性问题的一个经典而又重要的实验。实验装置的实验段是如图 3.2 所示的直径为 D 的圆管，黏性系数为 ν 的水通过圆管以速度 V_0 由左向右流动。在圆管入口处注入染料以显示水在管中的流态。定义 $Re = V_0 d / \nu$，保持 d 和 ν 不变，改变 V_0 从而改变 Re。当 $Re < 2\,000$ 时，染色的流体在圆管中保持一条直线运动，速度呈抛物线型分布，水流在管内受到的阻力与平均速度成正比，此时流动为层流状态。当水的速度增加使得 $Re > 2\,600$ 时，染色的流体在下游某位置破碎，染色流体与周围流体混合呈现出旋涡状，这些高频率脉动的旋涡做三维运动，水流所受阻力与平均速度的平方成正比，此时流动为湍流状态。当 $Re = 2\,000 \sim 2\,600$ 时，流动称为介于层流与湍流之间的过渡状态。

图 **3.1** 流动稳定性实验台

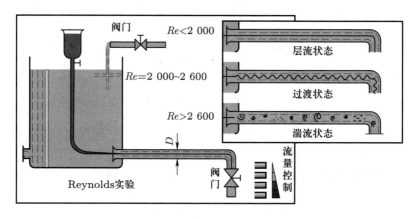

图 **3.2** 流态与 Re 的关系

在以上实验中,当 $Re < 2\,000$ 时,流体流入圆管中的层流场受到外来的扰动时,扰动将逐渐衰减,流场仍然保持原来的层流状态,于是流场是稳定的。当 Re 足够高以至超过临界 Re 时,外来的扰动会逐渐增长乃至使得原来流场的层流状态不再保持,于是流场失去稳定。流动稳定性研究关注的正是流场的失稳机理以及相关的临界参数。

3.1.2 流动稳定性定义

流体在流动中总会受到各种因素的影响,在流动稳定性问题中,这些影响因素可以视为对流场的扰动,所谓流动稳定性是指初始流场在经受扰动后引起变化的性质。若流场受扰动后,扰动在流场中逐渐衰减、消失,流场恢复到初始形态,这样的流动被称为是稳定的。若流场受扰动后,扰动逐渐增长、放大,流场恢复不到初始形态，则称这样的流动是不稳定的。

可用移动一个圆球后其最终所处的位置来类比说明流动稳定性问题。如图 3.3(a) 所示，给球施加一扰动，球经过扰动后最终都将回到初始位置，对球的位置而言，这种情形称为无条件稳定。对图 3.3(b) 所示的情形，只要对球施加一微小扰动使其产生微小位移，该球将离开初始位置且回不到初始位置，这种情形称为不稳定。对图 3.3(c) 所示的情形，对球施加一扰动使其产生位移，尽管球移动后不再处于初始位置，但新的位置与原来位置相似，这种情形称为中性稳定。对图 3.3(d) 所示的情形，对球施加一微小的扰动让其产生微小位移，球经过扰动后最终还能回到初始位置；但是，当给球施加一较大的扰动，使球的位移超过顶端，该球则回不到初始位置，这种情形称为有条件稳定。

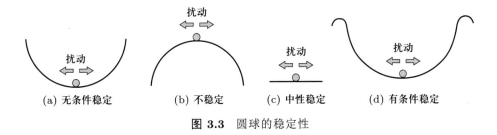

图 **3.3** 圆球的稳定性

在流动稳定性问题中，流场就相当于以上所述的圆球，外部因素施加于流场的作用相当于扰动，流场经扰动后所处的状态相当于圆球最终的状态。研究流动稳定性问题就是弄清具体流场在经受扰动后所呈现的状态，以此判断流动是稳定还是不稳定的，同时弄清不稳定流场在失稳后各个阶段的特征和不同阶段间的转变机理。

3.1.3 流动稳定性基本要素

在稳定性问题中一般会涉及以下基本要素。

3.1.3.1 初始流场

初始流场指的是扰动施加前的流场，是流场稳定性分析的基本流场。初始流场一般是已知的，无论初始流场定常与否，都必须满足流体力学的基本方程和相应的边界条件。

3.1.3.2 小扰动

小扰动是流动稳定性分析的基本要素，它由多种因素组成，因流场的不同而不同。例如，边界层流场的小扰动可以来源于壁面的粗糙度或者外部流场的不均匀性；管道流场的小扰动可以来源于流体进入管道时流体与入口的相互作用或者管壁的粗糙度。在进行流动稳定性分析时，从构成方程的物理量出发，流场的速度和压力视为初始流场的速度和压力与扰动速度和压力的叠加。以直角坐标系为例，初始流场的 3 个速度分量分别为 V_x、V_y 和 V_z，扰动速度的 3 个分量为 v'_x、v'_y 和 v'_z，初始流场的压力和扰动压力分别为 P 和 p'，则总速度和总压力为：

$$v_x = V_x + v'_x, \quad v_y = V_y + v'_y, \quad v_z = V_z + v'_z, \quad p = P + p' \tag{3.1}$$

且满足

$$|v'_x| \ll |V_x|, \quad |v'_y| \ll |V_y|, \quad |v'_z| \ll |V_z|, \quad |p'| \ll P \tag{3.2}$$

3.1.3.3 稳定性问题研究方法

稳定性问题的研究通常采用能量法和小扰动法。能量法分析扰动能量在流场中的衰减或增长，以此判断流动的稳定性。小扰动法将扰动视为由一些单独的振动组成，振动以波的形式体现并以流函数表示，将流函数代入流体运动的基本方程，通过波的发展系数来判断流动的稳定性。

3.1.4 稳定性的分类

3.1.4.1 稳定与不稳定

若一个扰动施加于一个初始流场后，该扰动在流场中逐渐衰减、消失，则称初始流场是稳定的。若一个扰动施加于一个初始流场后，该扰动既不放大也不衰减，则称初始流场是中性稳定的。若一个扰动施加于一个初始流场后，该扰动逐渐增长、放大以至使初始流场变成湍流场，则称初始流场是不稳定的。

3.1.4.2 对流不稳定与绝对不稳定

小扰动可视为不同波长和频率的波的叠加。当初始流场受扰动后，在流场中某一局部的扰动不仅会增长还会传播。若扰动传播到流场中的任一固定点时，该点虽产生扰动，但扰动幅度始终很小，则称这种不稳定为对流不稳定。若扰动传播到流场中的任一固定点时，该点的扰动逐渐增长，则称这种不稳定为绝对不稳定。

3.1.4.3 线性稳定性理论

对小扰动而言，将初始流场的速度和压力与扰动的速度和压力之和代入流体基本方程中，忽略方程中出现的扰动量相乘的高阶小项，使方程中剩余的各项关于扰动量是线性的，根据这一方法建立的理论称为流动线性稳定性理论。线性稳定性理论可用于判断流场在小扰动下失稳的条件以及确定影响流动稳定性的某些参数。

3.1.4.4 非线性稳定性理论

如果初始流场是不稳定的，扰动引入流场后其波幅将逐渐增长，此时扰动量相乘的项不再是高阶小项而不能忽略，那么方程中的扰动量是非线性的，基于方程中含非线性扰动项所建立的理论称为流动非线性稳定性理论。

3.2 动力不稳定性

以下介绍流场不稳定问题中最常见的动力不稳定性问题。

3.2.1 基本方程

以二维不可压缩流场为例，初始流场的连续性方程和动量方程为：

$$\begin{cases} \dfrac{\partial v_x}{\partial x} + \dfrac{\partial v_y}{\partial y} = 0 \\[2mm] \dfrac{\partial v_x}{\partial t} + v_x \dfrac{\partial v_x}{\partial x} + v_y \dfrac{\partial v_x}{\partial y} = -\dfrac{1}{\rho}\dfrac{\partial p}{\partial x} + \nu \left(\dfrac{\partial^2 v_x}{\partial x^2} + \dfrac{\partial^2 v_x}{\partial y^2} \right) \\[2mm] \dfrac{\partial v}{\partial t} + v_x \dfrac{\partial v_y}{\partial x} + v_y \dfrac{\partial v_y}{\partial y} = -\dfrac{1}{\rho}\dfrac{\partial p}{\partial y} + \nu \left(\dfrac{\partial^2 v_y}{\partial x^2} + \dfrac{\partial^2 v_y}{\partial y^2} \right) \end{cases} \tag{3.3}$$

Squire 曾分析对二维初始层流场引入二维和三维扰动后流场的失稳状况，发现三维扰动情况下流场失稳的临界 Re 比二维扰动情况下的临界 Re 高，即二维扰动更容易导致流场失稳，因此以下采用二维扰动的形式。

　　为方便说明问题，选取初始流场为二维层流中最简单的情形，即

$$V_x = V_x(y), \quad V_y = 0, \quad V_z = 0, \quad P = P(x, y) \tag{3.4}$$

这种流场虽然简单，但比较常见，如恒定横截面的槽道流动、远离入口的管道流动以及边界层流场等。二维扰动速度和压力为 $v_x' = v_x'(x, \ y, \ t)$，$v_y' = v_y'(x, \ y, \ t)$，$v_z' = 0$，$p' = p'(x, \ y, \ t)$。初始流场在受到扰动后其流场的速度和压力为 $v_x = V_x + v_x'$，$v_y = v_y'$，$p = P + p'$。初始流场和受到扰动后的流场都应该满足方程式 (3.3)，将初始流场式 (3.4) 代入式 (3.3) 得：

$$-\frac{1}{\rho}\frac{\partial P}{\partial x} + \nu\frac{\partial^2 V_x}{\partial y^2} = 0, \quad -\frac{1}{\rho}\frac{\partial P}{\partial y} = 0 \tag{3.5}$$

将扰动后的速度和压力代入式 (3.3) 再结合式 (3.4) 得：

$$\begin{cases} \dfrac{\partial v_x'}{\partial x} + \dfrac{\partial v_y'}{\partial y} = 0 \\[2mm] \dfrac{\partial v_x'}{\partial t} + (V_x + v_x')\dfrac{\partial v_x'}{\partial x} + v_y'\dfrac{\partial(V_x + v_x')}{\partial y} \\[2mm] \qquad = -\dfrac{1}{\rho}\dfrac{\partial(P + p')}{\partial x} + \nu\left(\dfrac{\partial^2 v_x'}{\partial x^2} + \dfrac{\partial^2(V_x + v_x')}{\partial y^2}\right) \\[2mm] \dfrac{\partial v_y'}{\partial t} + (V_x + v_x')\dfrac{\partial v_y'}{\partial x} + v'\dfrac{\partial v_y'}{\partial y} = -\dfrac{1}{\rho}\dfrac{\partial(P + p')}{\partial y} + \nu\left(\dfrac{\partial^2 v_y'}{\partial x^2} + \dfrac{\partial^2 v_y'}{\partial y^2}\right) \end{cases} \tag{3.6}$$

3.2.2　Orr-Sommerfeld 方程

　　将方程 (3.5) 代入方程 (3.6)，考虑到 v_x'、v_y' 和 p' 都为小量，在方程中忽略小量的乘积项后得：

$$\begin{cases} \dfrac{\partial v_x'}{\partial x} + \dfrac{\partial v_y'}{\partial y} = 0 \\[2mm] \dfrac{\partial v_x'}{\partial t} + V_x\dfrac{\partial v_x'}{\partial x} + v_y'\dfrac{\partial V_x}{\partial y} = -\dfrac{1}{\rho}\dfrac{\partial p'}{\partial x} + \nu\left(\dfrac{\partial^2 v_x'}{\partial x^2} + \dfrac{\partial^2 v_x'}{\partial y^2}\right) \\[2mm] \dfrac{\partial v_y'}{\partial t} + V_x\dfrac{\partial v_y'}{\partial x} = -\dfrac{1}{\rho}\dfrac{\partial p'}{\partial y} + \nu\left(\dfrac{\partial^2 v_y'}{\partial x^2} + \dfrac{\partial^2 v_y'}{\partial y^2}\right) \end{cases} \tag{3.7}$$

将式 (3.7) 的第二式对 y 求偏导数、第三式对 x 求偏导数后两式相减得：

$$\frac{\partial^2 v_x'}{\partial y\partial t} - \frac{\partial^2 v_y'}{\partial x\partial t} + \frac{\partial}{\partial y}\left(V_x\frac{\partial v_x'}{\partial x}\right) - \frac{\partial}{\partial x}\left(V_x\frac{\partial v_y'}{\partial x}\right) + \frac{\partial}{\partial y}\left(v_y'\frac{\partial V_x}{\partial y}\right)$$

$$= \nu \left(\frac{\partial^3 v'_x}{\partial y \partial x^2} + \frac{\partial^3 v'_x}{\partial y^3} - \frac{\partial^3 v'_y}{\partial x^3} + \frac{\partial^3 v'_y}{\partial x \partial y^2} \right) \tag{3.8}$$

设扰动由若干单独振动组成，每个振动为沿着 x 方向传播的波，于是扰动流函数为：

$$\psi(x, y, t) = \varphi(y) \mathrm{e}^{\mathrm{i}(\alpha x - \beta t)} \tag{3.9}$$

式中，φ 是波幅，$\varphi = \varphi_\mathrm{r} + \mathrm{i}\varphi_\mathrm{i}$；$\alpha$ 是波数，与波长 λ 的关系为 $\lambda = 2\pi/\alpha$；$\beta = \beta_\mathrm{r} + \mathrm{i}\beta_\mathrm{i}$，实部 β_r 是扰动频率，虚部 β_i 是发展系数，$\beta_\mathrm{i} > 0$ 说明扰动随时间增大，初始流场不稳定，$\beta_\mathrm{i} < 0$ 说明扰动随时间衰减，初始流场稳定，$\beta_\mathrm{i} = 0$ 为中性状态。通常将 β 与 α 组合成 $C = \beta/\alpha = C_\mathrm{r} + \mathrm{i}C_\mathrm{i}$，其中 $C_\mathrm{r} = \beta_\mathrm{r}/\alpha$ 是扰动沿 x 方向的传播速度，$C_\mathrm{i} = \beta_\mathrm{i}/\alpha$ 是扰动发展或衰减因子，$C_\mathrm{i} < 0$ 为扰动衰减，$C_\mathrm{i} > 0$ 为扰动发展，$C_\mathrm{i} = 0$ 为中性状态。

根据流函数的定义以及式 (3.9) 有：

$$\begin{cases} v'_x = \dfrac{\partial \psi}{\partial y} = \varphi' \mathrm{e}^{\mathrm{i}(\alpha x - \beta t)} \\[3mm] v'_y = -\dfrac{\partial \psi}{\partial x} = -\mathrm{i}\alpha \varphi \mathrm{e}^{\mathrm{i}(\alpha x - \beta t)} \end{cases} \tag{3.10}$$

将其代入式 (3.8) 得：

$$(\varphi'' - \alpha^2 \varphi)\left(V_x - \frac{\beta}{\alpha}\right) - \varphi \frac{\partial^2 V_x}{\partial y^2} = -\frac{\nu}{\mathrm{i}\alpha}(\varphi^{(4)} - 2\alpha^2 \varphi'' + \alpha^4 \varphi) \tag{3.11}$$

该扰动微分方程称作 Orr-Sommerfeld (奥尔–索末菲) 方程，是流场稳定性理论的基本方程，其量纲为一的形式为：

$$(\varphi'' - \alpha^2 \varphi)(V_x - C) - \varphi \frac{\partial^2 V_x}{\partial y^2} = -\frac{\mathrm{i}}{\alpha Re}(\varphi^{(4)} - 2\alpha^2 \varphi'' + \alpha^4 \varphi) \tag{3.12}$$

式中，Re 是雷诺数。

3.2.3 边界条件

求解方程 (3.12) 时，根据实际流场确定边界条件。例如，对于槽道流场，壁面上扰动速度为零，即 $v'_x = v'_y = 0$，由式 (3.10) 可得 $\varphi = 0$、$\varphi' = 0$。在槽道的中心线且若扰动对称于中心线，则有 $v'_y = 0$ 以及 v'_x 的一阶导数为零，即 $\varphi = 0$、$\varphi'' = 0$。若槽道中心线上的扰动反对称于中心线，则在中心线上有 $\varphi' = 0$、$\varphi''' = 0$。又如，对于边界层流场，壁面上的条件与槽道的情形相同，在边界层的外缘处扰动速度不为零，但在无穷远处扰动速度为零，而要利用无穷远处的条件很麻烦，现已可以在边界层外缘处设定边界条件，使得无穷远处的扰动速度为零。

3.2.4 稳定性判据

对于式 (3.12) 的齐次方程，若边界条件也是齐次的，则可以求方程的特征值问题。由方程 (3.12) 可知，相关的参数为 C_r、C_i、α 和 Re，所谓特征值问题就是寻求这些参数间的关系即 $F\left(\alpha,\ Re,\ C_r,\ C_i\right) = 0$。在 F 中，初始流场的 Re 和扰动波数 α 一般先给定，于是对于每一对 α 和 Re 值，方程 (3.12) 在确定的边界条件下能给出特征函数 φ 和 C_r、C_i。求方程 (3.12) 的解析解，可以得到 $C_i = 0$ 时 Re 和 α 值之间的关系，以 Re 和 α 为坐标的横轴和纵轴，可以得到 Re 和 α 的关系曲线如图 3.4 所示，该曲线是稳定区与不稳定区的分界线，也称中性曲线。在中性曲线上做一条与 α 轴平行的切线，则切点所对应的 Re 就是中性曲线上的最小 Re，亦称临界 Re，表示为 Re_c。当 $Re < Re_c$ 时，各种波长的扰动都将随时间的增长而衰减，此时初始流场稳定；对于 $Re > Re_c$ 的情形，至少有一种波长的扰动将随时间增长，此时初始流场不稳定。

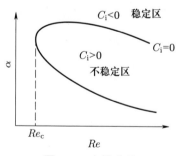

图 3.4 中性曲线

也可以直接对方程 (3.12) 在确定的边界条件下进行数值模拟来给出流场的稳定性特征，由于流场的失稳一般都在 Re 较大时出现，而大 Re 流场的相关参量变化比较剧烈，所以数值模拟时的网格要足够多才不至于导致大的计算误差。

根据以上流动稳定性理论得到的 Re_c 与从层流向湍流过渡实验中得到的临界 Re 不同。由流动稳定性理论给出的 Re_c 是指超过 Re_c 后将有一些扰动随时间增长，但只有经过一段时间后流场才会发展成湍流，所以实验中得到的临界 Re 大于 Re_c。为了不至于混淆，通常将 Re_c 称为失去稳定点，将实验中得到的临界 Re 称为过渡点。

3.3 重力不稳定性

重力不稳定性问题与流体的密度变化有关。

3.3.1 流体密度与稳定的关系

在不可压缩流场中，若有两层密度不同的流体重叠而不混合，那么在忽略流体表面张力的情况下，只有当密度大的流体处于下层时，流场才是稳定的。例如一个密度为 ρ_1 的流体微团位于高度为 H_1 的位置，当把它移到周围流体密度为 ρ_2、高度为 $H_2(H_2 < H_1)$ 的位置时，如果 $\rho_2 > \rho_1$，即作用在该微团上的浮力大于其自身的重力，两者的合力将导致微团返回到原来的位置，按照稳定性的概念，此时流场是稳定的。如果 $\rho_2 < \rho_1$，情况正好相反，流场不稳定。对于流体微团从低处移至高处的情形，也可做类似分析。

3.3.2 两层重叠流体的不稳定性

在图 3.5 中，上下两层重叠流体的密度分别为 ρ_1 和 ρ_2，两层流体的界面位于 x-z 平面，界面张力为 σ，在初始静止的流场中施加一波长为 λ、波数为 α 的小扰动。假设 $\sqrt{g\lambda}/\nu$(g 为重力；λ 为扰动波长；ν 为运动黏性系数) 很大，即重力效应远大于黏性效应，可把流场视为无黏流场。根据势流理论，初始静止的无黏流场，由扰动产生后的流场运动是无旋的，即存在速度势。建立上下两层流体的速度势函数，基于两层流体界面的运动学条件，根据平衡状态下界

面张力 σ 引起的界面法向应力等于两层流体扰动压力之差这一原理，最终可得结论：若下式成立，则流场是不稳定的

$$\alpha^2 < \frac{g(\rho_1 - \rho_2)}{\sigma} \tag{3.13}$$

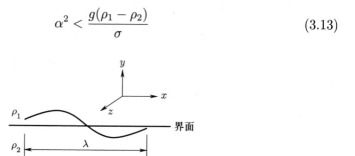

图 3.5 两层密度不同的流体的界面及扰动

3.3.3 Benard 问题的描述

如前所述，当忽略流体黏性和扩散时，流体密度上大下小的重叠流体层不稳定。但若考虑流体的黏性和扩散，密度上大下小的重叠流体层也有可能稳定，这里以 Benard (贝纳尔) 问题作为例子来说明稳定的条件。Benard 曾对如图 3.6 所示的液体薄层做实验，图中上界面为自由面，对液体从底部加热，靠近底部的液体加热后密度变小，整个流场液体的密度由下往上增加，然后观察流体的稳定性。该问题称为 Benard 问题。

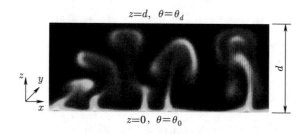

图 3.6 Benard 问题对应的流场

3.3.3.1 基本方程

描述 Benard 问题的连续性方程、动量方程和能量方程为：

$$\frac{\partial \rho}{\partial t} + \frac{\partial(\rho v_j)}{\partial x_j} = 0 \quad \text{或} \quad \frac{\mathrm{D}\rho}{\mathrm{D}t} + \rho \frac{\partial v_j}{\partial x_j} = 0 \tag{3.14}$$

$$\rho \left(\frac{\partial v_i}{\partial t} + v_j \frac{\partial v_i}{\partial x_j} \right)$$

$$= -g\rho\delta_{i3} + \frac{\partial}{\partial x_j} \left[-p\delta_{ij} + \mu \left(\frac{\partial v_i}{\partial x_j} + \frac{\partial v_j}{\partial x_i} - \frac{2}{3}\frac{\partial v_k}{\partial x_k}\delta_{ij} \right) + \lambda\frac{\partial v_k}{\partial x_k}\delta_{ij} \right] \quad (3.15)$$

$$\rho \left(\frac{\partial E}{\partial t} + v_j \frac{\partial E}{\partial x_j} \right) = \frac{\partial}{\partial x_j} \left(k\frac{\partial \theta}{\partial x_j} \right) - p\frac{\partial v_j}{\partial x_j} + \Phi \quad (3.16)$$

$$\Phi = \frac{1}{2}\mu \left(\frac{\partial v_i}{\partial x_j} + \frac{\partial v_j}{\partial x_i} \right)^2 + \left(\lambda - \frac{2}{3}\mu \right) \left(\frac{\partial v_k}{\partial x_k} \right)^2 \quad (3.17)$$

式中，E 是内能；k 是导热系数；λ 是第二黏性系数；δ_{i3} 的下标 3 表示沿重力方向。

3.3.3.2 Boussinesq 方程

在 Benard 问题中，流场的失稳由浮力所致，而浮力源自因底部加热的温差形成的流场密度差，若仅考虑由温差导致的密度差，则流场的密度可近似表示为：

$$\rho = \rho_0[1 - \beta(\theta - \theta_0)] \quad \text{或} \quad \frac{\rho - \rho_0}{\rho_0} = \beta(\theta - \theta_0) \quad (3.18)$$

式中，β 为流体膨胀系数，对一般的气体或液体，其量级为 $10^{-3} \sim 10^{-4}\,\mathrm{K}^{-1}$；$\rho_0$ 和 θ_0 是底部流体的密度和温度。由式 (3.18) 可见，当 $\theta_0 - \theta$ 的值不是很大时，$(\rho - \rho_0)/\rho_0$ 的值可以忽略。在 Benard 问题中，浮力 $g(\rho - \rho_0)$ 与方程 (3.15) 中的各项量级相当，方程 (3.15) 和方程 (3.16) 中的 μ、k 随温度的变化远小于 β，可视为常量，于是方程 (3.14) 和方程 (3.15) 可以化为：

$$\frac{\partial v_j}{\partial x_j} = 0 \quad (3.19)$$

$$\frac{\partial v_i}{\partial t} + v_j \frac{\partial v_i}{\partial x_j} = -\frac{\partial}{\partial x_i} \left(\frac{p}{\rho_0} + gz \right) - \beta g(\theta_0 - \theta)\delta_{i3} + \nu\frac{\partial^2 v_i}{\partial x_j^2} \quad (3.20)$$

对能量方程 (3.16) 而言，考虑由压缩产生的热，由方程 (3.14) 和方程 (3.18) 可得：

$$-p\frac{\partial v_j}{\partial x_j} = \frac{p}{\rho}\frac{\mathrm{D}\rho}{\mathrm{D}t} = -\beta p\frac{\mathrm{D}\theta}{\mathrm{D}t} \quad (3.21)$$

66

若由流场的特征速度 V_0、特征长度 L_0 和温差 $\theta_0 - \theta_d$(θ_d 是顶部温度) 构成的 $V_0/[(\theta_0-\theta_d)L_0]$ 不是很大，由流体内摩擦产生的热远小于导热系数，方程 (3.16) 中的 Φ 可忽略。对于完全气体有 $p = (c_p - c_v)\rho\theta$($c_p$ 和 c_v 分别为定压热容和定容热容)，$\beta = 1/\theta$，$E = c_v\theta$，则结合方程 (3.21) 有：

$$-\rho\frac{\mathrm{D}E}{\mathrm{D}t} + p\frac{\partial v_j}{\partial x_j} \cong c_p\rho\frac{\mathrm{D}\theta}{\mathrm{D}t} \tag{3.22}$$

将其代入方程 (3.16) 得：

$$\frac{\mathrm{D}\theta}{\mathrm{D}t} = \frac{k}{c_p\rho}\frac{\partial^2\theta}{\partial x_j^2} = K\frac{\partial^2\theta}{\partial x_j^2} \tag{3.23}$$

方程 (3.19)、方程 (3.20) 和方程 (3.23) 构成 Boussinesq (布西内斯克) 方程。

3.3.4　稳定性分析

Benard 问题的稳定性分析由以下几部分组成。

3.3.4.1　方程的线性化

如图 3.6 所示，在底部 $z=0$ 和顶部 $z=d$ 处的温度分别为 θ_0 和 θ_d，初始流场处于静止状态，底部加热后因密度变化导致的浮力促使流体运动，而黏性和热扩散则抑制流体的运动。令 $\varsigma = (\theta_0 - \theta_d)/d$，只有 $\varsigma > 0$ 才可能出现流场的不稳定。

将初始流场的速度、压力、温度用大写字母表示，则初始流场的速度 V_i 为 0、$\mathrm{D}\Theta/\mathrm{D}t = 0$，将其代入方程 (3.20) 和方程 (3.23) 得：

$$\begin{cases} 0 = -\dfrac{\partial}{\partial x_i}\left(\dfrac{P}{\rho_0} + gz\right) - \beta g(\theta_0 - \Theta)\delta_{i3} \\ 0 = \dfrac{\partial^2\Theta}{\partial x_j^2} \end{cases} \tag{3.24}$$

由方程 (3.24) 可以得到：

$$\begin{cases} P = P_0 - g\rho_0\left(z + \beta\varsigma\dfrac{z^2}{2}\right) \\ \Theta = \theta_0 - \varsigma z \end{cases} \tag{3.25}$$

82

采用小扰动法，令

$$v_i = v_i'(x_i, t), \quad p = P(z) + p'(x_i, t), \quad \theta = \Theta(z) + \theta'(x_i, t) \tag{3.26}$$

将其代入方程 (3.19)、方程 (3.20) 和方程 (3.23)，并减去方程 (3.25)，忽略二阶以上扰动小量，可得：

$$\begin{cases} \dfrac{\partial v_j'}{\partial x_j} = 0 \\[2mm] \dfrac{\partial v_i'}{\partial t} = -\dfrac{1}{\rho_0}\dfrac{\partial p'}{\partial x_i} + \beta g \theta' \delta_{iz} + \nu \dfrac{\partial^2 v_i'}{\partial x_j^2} \\[2mm] \dfrac{\partial \theta'}{\partial t} - \varsigma v_z' = K \dfrac{\partial^2 \theta'}{\partial x_j^2} \end{cases} \tag{3.27}$$

式中，下标 z 表示沿 z 方向。以 d 为流场特征长度、d^2/K 为特征时间尺度、$\varsigma d = \theta_0 - \theta_d$ 为温差尺度，定义如下量纲为一的量：

$$x_i^0 = \frac{x_i}{d}, \quad t^0 = \frac{Kt}{d^2}, \quad v_i'^0 = \frac{v_i' d}{K}, \quad \theta'^0 = \frac{\theta'}{\varsigma d}, \quad p'^0 = \frac{d^2 p'}{\rho_0 K^2} \tag{3.28}$$

将上式代入方程 (3.28) 可得到量纲为一的方程 (略去上标 0 号)：

$$\begin{cases} \dfrac{\partial v_j'}{\partial x_j} = 0 \\[2mm] \dfrac{\partial v_i'}{\partial t} = -\dfrac{\partial p'}{\partial x_i} + Ra Pr \theta' \delta_{iz} + Pr \dfrac{\partial^2 v_i'}{\partial x_j^2} \\[2mm] \dfrac{\partial \theta'}{\partial t} - v_z' = \dfrac{\partial^2 \theta'}{\partial x_j^2} \end{cases} \tag{3.29}$$

式中，$Ra = g\beta\varsigma d^4/K\nu$ 为 Rayleigh (瑞利) 数，表征浮力与黏性力之比；$Pr = \nu/K$ 为 Prandtl (普朗特) 数，表征动量交换与热交换之比，亦即分子动量扩散率与热扩散率之比。

对方程 (3.29) 的第二式取旋度得：

$$\frac{\partial \omega_i'}{\partial t} = Ra Pr \varepsilon_{ijz} \frac{\partial \theta'}{\partial x_j} + Pr \frac{\partial^2 \omega_i'}{\partial x_j^2} \tag{3.30}$$

式中，涡量 $\omega_i' = \varepsilon_{ijk} \partial v_j'/\partial x_k$，对上式再求旋度得：

$$\frac{\partial}{\partial t}\left(\frac{\partial^2 v_i'}{\partial x_j^2}\right) = Ra Pr \left(\frac{\partial^2 \theta'}{\partial x_j^2}\delta_{iz} - \frac{\partial^2 \theta'}{\partial x_i \partial z}\right) + Pr \frac{\partial^2}{\partial x_j^2}\left(\frac{\partial^2 v_i'}{\partial x_j^2}\right) \tag{3.31}$$

该式在 z 方向的分量为：

$$\frac{\partial}{\partial t}\left(\frac{\partial^2 v_z'}{\partial x_j^2}\right) = RaPr\left(\frac{\partial^2 \theta'}{\partial x^2} + \frac{\partial^2 \theta'}{\partial y^2}\right) + Pr\frac{\partial^2}{\partial x_j^2}\left(\frac{\partial^2 v_z'}{\partial x_j^2}\right) \tag{3.32}$$

由方程 (3.29) 的第三式和式 (3.32) 消去 θ' 得：

$$\left(\frac{\partial}{\partial t} - \frac{\partial^2}{\partial x_j^2}\right)\left(\frac{1}{Pr}\frac{\partial}{\partial t} - \frac{\partial^2}{\partial x_j^2}\right)\frac{\partial^2}{\partial x_j^2}v_z' = Ra\left(\frac{\partial^2 v_z'}{\partial x^2} + \frac{\partial^2 v_z'}{\partial y^2}\right) \tag{3.33}$$

由方程 (3.29) 的第一式可得：

$$\begin{cases} \dfrac{\partial^2 v_x'}{\partial x^2} + \dfrac{\partial^2 v_x'}{\partial y^2} = -\dfrac{\partial^2 v_z'}{\partial x \partial z} - \dfrac{\partial^2 v_y'}{\partial x \partial y} + \dfrac{\partial^2 v_x'}{\partial y^2} = -\dfrac{\partial^2 v_z'}{\partial x \partial z} - \dfrac{\partial \omega_z'}{\partial y} \\[3mm] \dfrac{\partial^2 v_y'}{\partial x^2} + \dfrac{\partial^2 v_y'}{\partial y^2} = -\dfrac{\partial^2 v_z'}{\partial y \partial z} + \dfrac{\partial^2 v_y'}{\partial x^2} - \dfrac{\partial^2 v_x'}{\partial x \partial y} = -\dfrac{\partial^2 v_z'}{\partial y \partial z} + \dfrac{\partial \omega_z'}{\partial x} \end{cases} \tag{3.34}$$

对方程 (3.30) 中的 i 取 z 方向得：

$$\frac{\partial \omega_z'}{\partial t} = Pr\frac{\partial^2 \omega_z'}{\partial x_j^2} \tag{3.35}$$

求解方程 (3.33) 和方程 (3.35) 得到 v_z' 和 ω_z'，再代入方程 (3.34) 中就可求解得到 v_x' 和 v_y'。

3.3.4.2　边界条件

图 3.6 的情形可以存在多种边界条件，对于上下都存在刚性固定边界的情形，Rayleigh 在采用 Boussinesq 近似的前提下，在上下边界提出了如下边界条件：

$$v_z' = \frac{\partial v_z'}{\partial z} = \theta' = 0 \tag{3.36}$$

3.3.4.3　简正模态分析

如图 3.6 所示，方程 (3.29) 的第三式、方程 (3.32) 以及边界条件 (3.36) 关于 x、y 对称，所以取扰动量为：

$$v_z' = V_z(z)f(x,y)\mathrm{e}^{(\sigma+\mathrm{i}\omega)t}, \quad \theta' = \Theta(z)f(x,y)\mathrm{e}^{(\sigma+\mathrm{i}\omega)t} \tag{3.37}$$

将上式代入方程 (3.29) 的第三式得：

$$\left[\frac{\mathrm{d}^2}{\mathrm{d}z^2} + \left(\frac{\partial^2}{\partial x^2} + \frac{\partial^2}{\partial y^2}\right) - (\sigma + \mathrm{i}\omega)\right] f\Theta = -fV_z \tag{3.38}$$

上式等价于:

$$\left[\frac{\mathrm{d}^2}{\mathrm{d}z^2} - \alpha^2 - (\sigma + \mathrm{i}\omega)\right]\Theta = -V_z \tag{3.39}$$

$$\left(\frac{\partial^2}{\partial x^2} + \frac{\partial^2}{\partial y^2}\right) f + \alpha^2 f = 0 \tag{3.40}$$

方程 (3.40) 是波动方程, α^2 是实的水平波数。将式 (3.37) 代入方程 (3.32) 和方程 (3.33) 得:

$$\left(\frac{\mathrm{d}^2}{\mathrm{d}z^2} - \alpha^2\right)\left(\frac{\mathrm{d}^2}{\mathrm{d}z^2} - \alpha^2 - \frac{\sigma + \mathrm{i}\omega}{Pr}\right) V_z = \alpha^2 Ra\Theta \tag{3.41}$$

$$\left(\frac{\mathrm{d}^2}{\mathrm{d}z^2} - \alpha^2\right)\left[\frac{\mathrm{d}^2}{\mathrm{d}z^2} - \alpha^2 - (\sigma + \mathrm{i}\omega)\right]\left(\frac{\mathrm{d}^2}{\mathrm{d}z^2} - \alpha^2 - \frac{\sigma + \mathrm{i}\omega}{Pr}\right) V_z = -\alpha^2 Ra V_z \tag{3.42}$$

相应的边界条件 (3.36) 变为:

$$V_z = \frac{\mathrm{d}V_z}{\mathrm{d}z} = \Theta = 0, \quad \text{在 } z = 0 \text{ 和 } z = d \tag{3.43}$$

方程 (3.42) 在边界条件 (3.43) 下可以决定特征值和相应的特征函数。如果 Ra 和 Pr 给定, 则对某一实数 α 有 $\sigma > 0$ 时, 流场不稳定; 对所有模态都有 $\sigma \leqslant 0$ 时, 流场稳定。因此, 可以定义临界 Ra 为 Ra_c, 当 $Ra > Ra_\mathrm{c}$ 时存在 α 使 $\sigma > 0$, 而当 $Ra \leqslant Ra_\mathrm{c}$ 时对所有 α 都有 $\sigma \leqslant 0$。表 3.1 为不同波数下前两个模态的 Ra。图 3.7 为前两个模态的 Ra 与波数 α 的关系以及特征函数 V_{z1} 和 V_{z2}, 可见, 当波数 $\alpha = 3.117$ 时, Ra 有最小值 $Ra_\mathrm{c} = 1\,708$, 即当且仅当 $Ra > 1\,708$ 时, 流场将出现不稳定。

表 3.1 不同波数下前两个模态的 Ra

α	0	1.0	2.0	3.0	4.0	5.0	5.365	6.0	7.0	∞
Ra_1	∞	5 854	2 177	1 711	1 879	2 439	—	3 418	4 919	∞
Ra_2	∞	163 128	47 006	26 147	19 685	17 731	17 610	17 933	19 576	∞

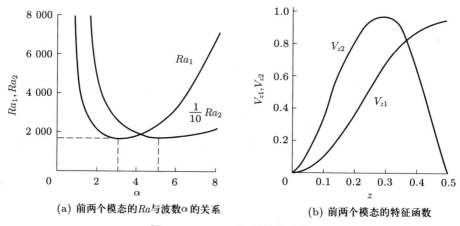

(a) 前两个模态的 Ra 与波数 α 的关系   (b) 前两个模态的特征函数

图 3.7　Benard 问题的稳定性

3.3.4.4　失稳后的流场特征

当流场 Ra 大于 Ra_c 时，流场将失去稳定，此时可以确定增长最快的模态的波数，增长最快的扰动模态是占优模态，它决定了流场失稳后所呈现出的流形。Benard 问题的流场失稳后经历两个阶段。第一阶段的流场通常形成四至七边形的半规则涡胞，持续大约几秒钟到几分钟时间，持续时间的长短取决于流体的黏性，黏性大的流体持续时间长一些。到了第二阶段，某种模态占优，涡胞的尺度趋于相等且形状更规则、排列更整齐，最终形成如图 3.8 所示的定常、有竖直边界的六边形涡胞，涡胞中心的流体由下往向上流到顶部后再向外流，流到与相邻涡胞间的边界后再向下流到底部。流场形成涡胞后，若再进一步增大底部和顶部的温差，流场有可能突发地成为湍流，或经历一个复杂的可识别其阶段特征的过程逐渐转变为湍流。

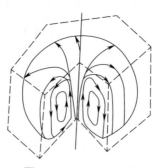

图 3.8　Benard 涡胞

在 Benard 问题中，流体的表面张力会影响流场的失稳，对涡胞的形成和对涡胞运动起决定性作用的是温度引起的表面张力的不均匀性。

3.4 离心不稳定性

离心不稳定性问题与流体的惯性等因素密切相关。

3.4.1 Rayleigh 准则与无黏流体的离心不稳定性

基于流体无黏假设之上的 Rayleigh 准则能够用于判断一类流场的稳定性。

3.4.1.1 Rayleigh 准则

当流体在做旋转运动或是流体流经一个曲面时，作用在流体上的离心力也有可能导致流场出现不稳定。Rayleigh 首先研究了流体做旋转运动时的稳定性问题，基于忽略流体黏性的假设，导出了由旋转轴对称扰动引起的流场不稳定条件，得到了所谓的 Rayleigh 准则，该准则可以表述为：如果环量的平方随半径的增加而增大，流场是稳定的。这一准则后来也被 von Kármán 用离心力与压力梯度的关系得以证实。

假设流场为无黏、不可压缩、轴对称流场，在柱坐标下周向分量的运动方程为：

$$\frac{\mathrm{D}v_\theta}{\mathrm{D}t} + \frac{v_\theta v_r}{r} = 0, \quad 即 \quad \frac{\mathrm{D}(rv_\theta)}{\mathrm{D}t} = 0 \tag{3.44}$$

该式表示流体微团的动量矩守恒。如图 3.9 所示，设流体的旋转速度 v_θ 是半径 r 的函数，导致流体微团做圆周运动所需的向心力为 $\rho v_\theta^2/r$，该力由压力梯度 $-\mathrm{d}p/\mathrm{d}r$ 提供。若某一流体微团初始在 r_1 处以 $v_{\theta 1}$ 的速度运动，后来被扰动迁移到了 r_2 处 $(r_2 > r_1)$。由于该流体微团迁移前后的动量矩守恒，根据式 (3.44)，则迁移到 r_2 处后其旋转速度为 $v_{\theta 1}r_1/r_2$，向心力为 $\rho(v_{\theta 1}r_1/r_2)^2/r_2 = \rho v_{\theta 1}^2 r_1^2/r_2^3$，而 r_2 处压力梯度所能提供的向心力是由 r_2 处原有的旋转速度 $v_{\theta 2}$ 决定的，即 $\rho v_{\theta 2}^2/r_2$，该向心力一般不等于迁移到此的微团的向心力。若 r_2 处流场所能提供的向心力大于微团在 r_2 处的向心力，即 $\rho v_{\theta 2}^2/r_2 > \rho v_{\theta 1}^2 r_1^2/r_2^3$ [或 $(r_2 v_{\theta 2})^2 > (r_1 v_{\theta 1})^2$]，则该微团将被合力推回到原来的位置，于是流场是稳定的。反之，若 $\rho v_{\theta 2}^2/r_2 < \rho v_{\theta 1}^2 r_1^2/r_2^3$ [或 $(r_2 v_{\theta 2})^2 < (r_1 v_{\theta 1})^2$]，则该微团将被抛到更外面，流场不稳定，这就是 Rayleigh 准则，即令

$$\Phi(r) = \frac{1}{r^3}\frac{\mathrm{d}}{\mathrm{d}r}(r^2\Omega)^2 \tag{3.45}$$

对轴对称扰动而言，旋转流场保持稳定的充要条件为流场有 $\Phi(r) \geqslant 0$。

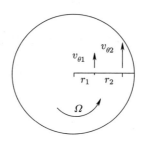

图 3.9 流体微团迁移示意图

3.4.1.2 无黏流体的离心不稳定性

无黏、不可压缩流场在柱坐标下的连续性方程和动量方程为：

$$\frac{\partial v_r}{\partial r} + \frac{v_r}{r} + \frac{1}{r}\frac{\partial v_\theta}{\partial \theta} + \frac{\partial v_z}{\partial z} = 0 \tag{3.46}$$

$$\frac{\partial v_r}{\partial t} + v_r\frac{\partial v_r}{\partial r} + \frac{v_\theta}{r}\frac{\partial v_r}{\partial \theta} + v_z\frac{\partial v_r}{\partial z} - \frac{v_\theta^2}{r} = -\frac{1}{\rho}\frac{\partial p}{\partial r} \tag{3.47}$$

$$\frac{\partial v_\theta}{\partial t} + v_r\frac{\partial v_\theta}{\partial r} + \frac{v_\theta}{r}\frac{\partial v_\theta}{\partial \theta} + v_z\frac{\partial v_\theta}{\partial z} + \frac{v_\theta v_r}{r} = -\frac{1}{\rho r}\frac{\partial p}{\partial \theta} \tag{3.48}$$

$$\frac{\partial v_z}{\partial t} + v_r\frac{\partial v_z}{\partial r} + \frac{v_\theta}{r}\frac{\partial v_z}{\partial \theta} + v_z\frac{\partial v_z}{\partial z} = -\frac{1}{\rho}\frac{\partial p}{\partial z} \tag{3.49}$$

设初始流动为：

$$V_r = V_z = 0, \quad V_\theta = r\Omega(r), \quad P = P(r) \tag{3.50}$$

由方程 (3.47)~(3.49) 可得：

$$\frac{1}{\rho}\frac{\mathrm{d}p}{\mathrm{d}r} = r\Omega^2(r) \tag{3.51}$$

由小扰动法有：

$$v_r = v_r', \quad v_\theta = r\Omega(r) + v_\theta', \quad v_z = v_z', \quad p = P + p' \tag{3.52}$$

将该式代入方程 (3.46)~(3.49) 并减去方程 (3.51) 后，略去二阶及二阶以上扰动量，可得：

$$\frac{\partial v'_r}{\partial r} + \frac{v'_r}{r} + \frac{1}{r}\frac{\partial v'_\theta}{\partial \theta} + \frac{\partial v'_z}{\partial z} = 0 \tag{3.53}$$

$$\frac{\partial v'_r}{\partial t} + \Omega \frac{\partial v'_r}{\partial \theta} - 2\Omega v'_\theta = -\frac{1}{\rho}\frac{\partial p'}{\partial r} \tag{3.54}$$

$$\frac{\partial v'_\theta}{\partial t} + \Omega \frac{\partial v'_\theta}{\partial \theta} + \left(r\frac{\mathrm{d}\Omega}{\mathrm{d}t} + 2\Omega\right)v'_r = -\frac{1}{\rho r}\frac{\partial p'}{\partial \theta} \tag{3.55}$$

$$\frac{\partial v'_z}{\partial t} + \Omega \frac{\partial v'_z}{\partial \theta} = -\frac{1}{\rho}\frac{\partial p'}{\partial z} \tag{3.56}$$

假设流动为轴对称，则方程 (3.53)~(3.56) 可化为：

$$\frac{\partial^2}{\partial t^2}\left(\frac{\partial^2}{\partial r^2} + \frac{1}{r}\frac{\partial}{\partial r} - \frac{1}{r^2} + \frac{\partial^2}{\partial z^2}\right)v'_r + \Phi\frac{\partial^2 v'_r}{\partial z^2} = 0 \tag{3.57}$$

令扰动 $v'_r = \varphi\exp(st + \mathrm{i}\alpha z)$，将其代入方程 (3.57) 得：

$$\left[\frac{\mathrm{d}}{\mathrm{d}r}\left(\frac{\mathrm{d}}{\mathrm{d}r} + \frac{1}{r} - \alpha^2\right)\right]\varphi - \frac{\alpha^2}{s^2}\Phi\varphi = 0 \tag{3.58}$$

考虑位于两个半径不同的同心圆筒之间的流体运动，且圆筒壁面上的初始流动速度和扰动速度为 0，则该壁面边界条件和方程 (3.58) 构成一个经典的 Sturm-Liouville 型特征值问题，该问题的结论是：对给定的初始流场，若在某处有 $\Phi < 0$，则流场不稳定；若处处有 $\Phi \geqslant 0$，则流场稳定。

以上是无黏流体的情形，若考虑流体黏性，则 Ω 不会是任意函数，例如对图 3.10 所示的两旋转同心圆筒间的流场，令 $m = \Omega_2/\Omega_1$、$n = R_1/R_2$，则有：

$$\Omega(r) = \Omega_1\frac{m - n^2}{1 - n^2} + \frac{\Omega_1 R_1^2}{r^2}\frac{1 - m}{1 - n^2} \tag{3.59}$$

取 $R_2 = 1$ 可得：

$$\Phi = 4\Omega_1^2\frac{(1 - m)(m - n^2)}{(1 - n^2)^2}\left(\frac{R_1^2}{r^2} + \frac{m - n^2}{1 - m}\right) \tag{3.60}$$

当两圆柱旋转方向相同时，对满足 $n \leqslant r < 1$ 的 r 有：

$$\left.\begin{array}{ll} m > n^2, & \text{则 } \Phi > 0 \\ 0 < m < n^2, & \text{则 } \Phi < 0 \end{array}\right\} \tag{3.61}$$

当两圆柱旋转方向相反时，则：

$$\left.\begin{array}{l} 在\ n_0 < r \leqslant 1\ 的\ r，\ 有\ \varPhi > 0 \\ 在\ n \leqslant r < n_0\ 的\ r，\ 有\ \varPhi < 0 \end{array}\right\}，\quad n_0 = n\left(\frac{1+|m|}{n^2+|m|}\right)^{\frac{1}{2}} \tag{3.62}$$

根据 $\varPhi$ 的符号，由 Rayleigh 准则便可判定流场的稳定性。

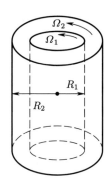

图 3.10 两旋转同心圆筒间的流场

3.4.2 Taylor 不稳定性问题

如图 3.10 所示，Taylor (泰勒) 不稳定性问题涉及两个无限长同轴旋转圆筒间的黏性流体运动，此时旋转效应和黏性效应可用 Taylor 数 (Ta) 来表征，即 $Ta = 4\Omega^2 L^4/\nu^2$，其中 Ω 和 L 分别与角速度和两圆筒的半径有关，ν 为黏性系数。由于 Rayleigh 准则是在忽略流体黏性的前提下给出的，所以由 Rayleigh 准则判定的流场若是稳定的，那么该流场在考虑流体黏性后仍稳定。但由 Rayleigh 准则判定的流场若是不稳定的，在考虑黏性后要视 Ta 的值来判断流场是否稳定，若 Ta 小于临界 Taylor 数 Ta_c，则流动仍可以是稳定的，可见确定 Ta_c 值是研究 Taylor 问题的关键参数。

3.4.2.1 基本方程

柱坐标下黏性不可压缩流体的连续性方程和动量方程为：

$$\frac{\partial v_r}{\partial r} + \frac{v_r}{r} + \frac{1}{r}\frac{\partial v_\theta}{\partial \theta} + \frac{\partial v_z}{\partial z} = 0 \tag{3.63}$$

$$\frac{\partial v_r}{\partial t} + v_r\frac{\partial v_r}{\partial r} + \frac{v_\theta}{r}\frac{\partial v_r}{\partial \theta} + v_z\frac{\partial v_r}{\partial z} - \frac{v_\theta^2}{r} = -\frac{1}{\rho}\frac{\partial p}{\partial r} + \nu\left(\Delta v_r - \frac{v_r}{r^2} - \frac{2}{r^2}\frac{\partial v_\theta}{\partial \theta}\right) \tag{3.64}$$

$$\frac{\partial v_\theta}{\partial t} + v_r \frac{\partial v_\theta}{\partial r} + \frac{v_\theta}{r} \frac{\partial v_\theta}{\partial \theta} + v_z \frac{\partial v_\theta}{\partial z} + \frac{v_\theta v_r}{r} = -\frac{1}{\rho r} \frac{\partial p}{\partial \theta} + \nu \left(\Delta v_\theta - \frac{v_\theta}{r^2} + \frac{2}{r^2} \frac{\partial v_r}{\partial \theta} \right) \quad (3.65)$$

$$\frac{\partial v_z}{\partial t} + v_r \frac{\partial v_z}{\partial r} + \frac{v_\theta}{r} \frac{\partial v_z}{\partial \theta} + v_z \frac{\partial v_z}{\partial z} = -\frac{1}{\rho} \frac{\partial p}{\partial z} + \nu \Delta v_z \quad (3.66)$$

柱坐标下的 Δ 算子为:

$$\Delta = \frac{\partial^2}{\partial r^2} + \frac{1}{r} \frac{\partial}{\partial r} + \frac{1}{r^2} \frac{\partial^2}{\partial \theta^2} + \frac{\partial^2}{\partial z^2} \quad (3.67)$$

假设初始流动为式 (3.50),代入方程 (3.64) 和方程 (3.65) 得:

$$\frac{1}{\rho} \frac{\mathrm{d}P}{\mathrm{d}r} = r\Omega^2(r) \quad (3.68)$$

$$\nu \frac{\mathrm{d}}{\mathrm{d}r} \left(\frac{\mathrm{d}}{\mathrm{d}r} + \frac{1}{r} \right) r\Omega(r) = 0 \quad (3.69)$$

将式 (3.52) 的小扰动代入方程 (3.63)~(3.66) 并减去方程 (3.68) 和方程 (3.69) 后,忽略二阶及以上扰动量,可得:

$$\frac{\partial v_r'}{\partial r} + \frac{v_r'}{r} + \frac{1}{r} \frac{\partial v_\theta'}{\partial \theta} + \frac{\partial v_z'}{\partial z} = 0 \quad (3.70)$$

$$\frac{\partial v_r'}{\partial t} + \Omega \frac{\partial v_r'}{\partial \theta} - 2\Omega v_\theta' = -\frac{1}{\rho} \frac{\partial p'}{\partial r} + \nu \left(\Delta v_r' - \frac{v_r'}{r^2} - \frac{2}{r^2} \frac{\partial v_\theta'}{\partial \theta} \right) \quad (3.71)$$

$$\frac{\partial v_\theta'}{\partial t} + \Omega \frac{\partial v_\theta'}{\partial \theta} + \left[\left(\frac{\mathrm{d}}{\mathrm{d}r} + \frac{1}{r} \right) r\Omega \right] v_r' = -\frac{1}{\rho r} \frac{\partial p'}{\partial \theta} + \nu \left(\Delta v_\theta' - \frac{v_\theta'}{r^2} + \frac{2}{r^2} \frac{\partial v_r'}{\partial \theta} \right) \quad (3.72)$$

$$\frac{\partial v_z'}{\partial t} + \Omega \frac{\partial v_z'}{\partial \theta} = -\frac{1}{\rho} \frac{\partial p'}{\partial z} + \nu \Delta v_z' \quad (3.73)$$

Taylor 在实验中发现,导致这种流动失稳的是一个环状旋涡形式的定常二次流,它沿轴向有规则的间隔,可见轴对称是一个重要而又实用的假定。根据这一假定,方程 (3.70)~(3.73) 可简化为一对耦合的方程:

$$\left[\frac{\partial}{\partial t} - \nu \left(\Delta - \frac{1}{r^2} \right) \right] \left(\Delta - \frac{1}{r^2} \right) v_r' = 2\Omega \frac{\partial^2 v_\theta'}{\partial z^2} \quad (3.74)$$

$$\left[\frac{\partial}{\partial t} - \nu \left(\Delta - \frac{1}{r^2} \right) \right] v_\theta' = -\left[\left(\frac{\mathrm{d}}{\mathrm{d}r} + \frac{1}{r} \right) r\Omega \right] v_r' \quad (3.75)$$

由于轴对称,上式中的 Δ 与式 (3.67) 相比少了关于 θ 的偏导数项。

假设扰动为:

$$(v'_r, v'_\theta) = (v^*_r, v^*_\theta)\mathrm{e}^{(st+\mathrm{i}\alpha z)} \tag{3.76}$$

式中, α 是轴向波数, 将其代入方程 (3.74) 和方程 (3.75) 得:

$$\left\{\nu\left[\frac{\mathrm{d}}{\mathrm{d}r}\left(\frac{\mathrm{d}}{\mathrm{d}r}+\frac{1}{r}\right)-\alpha^2\right]-s\right\}\left[\frac{\mathrm{d}}{\mathrm{d}r}\left(\frac{\mathrm{d}}{\mathrm{d}r}+\frac{1}{r}\right)-\alpha^2\right]v^*_r = 2\alpha^2\Omega v^*_\theta \tag{3.77}$$

$$\left\{\nu\left[\frac{\mathrm{d}}{\mathrm{d}r}\left(\frac{\mathrm{d}}{\mathrm{d}r}+\frac{1}{r}\right)-\alpha^2\right]-s\right\}v^*_\theta = \left[\left(\frac{\mathrm{d}}{\mathrm{d}r}+\frac{1}{r}\right)r\Omega\right]v^*_r \tag{3.78}$$

取 Ta 中的长度尺度为 $L = R_2 - R_1$, 令 $R_0 = (R_1 + R_2)/2$、$r^* = (r - R_0)/L$, 则流动区域为 $-1/2 \leqslant r^* \leqslant 1/2$, 旋转角速度可写成:

$$\Omega(r) = \Omega_1\left(\frac{m - n^2}{1 - n^2} + \frac{n^2\dfrac{1-m}{1-n^2}}{\eta^2}\right) \tag{3.79}$$

其中

$$\eta = \frac{r}{R_2} = n + (1 - n)\left(r^* + \frac{1}{2}\right) \tag{3.80}$$

式 (3.79) 和式 (3.80) 中的 $m = \Omega_2/\Omega_1$、$n = R_1/R_2$, 设 $\varsigma = \alpha L$、$\sigma = sL^2/\nu$、$v^{**}_r = \{2\Omega_1 L_2(m - n^2)/[(1 - n^2)\nu]\}v^*_r$, 则方程 (3.77) 和方程 (3.78) 可化为:

$$\left[\frac{\mathrm{d}}{\mathrm{d}r^*}\left(\frac{\mathrm{d}}{\mathrm{d}r^*}+\frac{1-n}{\eta}\right)-\varsigma^2-\sigma\right]\left[\frac{\mathrm{d}}{\mathrm{d}r^*}\left(\frac{\mathrm{d}}{\mathrm{d}r^*}+\frac{1-n}{\eta}\right)-\varsigma^2\right]v^{**}_r$$

$$= -\varsigma^2 Ta\left(\frac{m - n^2}{1 - n^2} + \frac{n^2\dfrac{1-m}{1-n^2}}{\eta^2}\right)v^*_\theta \tag{3.81}$$

$$\left[\frac{\mathrm{d}}{\mathrm{d}r^*}\left(\frac{\mathrm{d}}{\mathrm{d}r^*}+\frac{1-n}{\eta}\right)-\varsigma^2-\sigma\right]v^*_\theta = v^{**}_r \tag{3.82}$$

方程 (3.81) 中的 Ta 定义为:

$$Ta = \frac{4\Omega_1^2 L^4}{\nu^2}\frac{n^2 - m}{1 - n^2} \tag{3.83}$$

壁面上的边界条件为:

$$v^{**}_r = \frac{\mathrm{d}v^{**}_r}{\mathrm{d}r^*} = v^*_\theta = 0 \tag{3.84}$$

在 $L = R_2 - R_1$ 很小的情况下，将方程 (3.81) 和方程 (3.82) 精确到 $1 - n$ 的一阶项可得：

$$\left(\frac{\mathrm{d}^2}{\mathrm{d}r^{*2}} - \alpha^2 - \sigma\right)^2 \left(\frac{\mathrm{d}^2}{\mathrm{d}r^{*2}} - \varsigma^2\right) v_\theta^* = -\alpha^2 Ta \left[1 - (1 - m)\left(r^* + \frac{1}{2}\right)\right] v_\theta^* \quad (3.85)$$

相应的边界条件为：

$$v_\theta^* = \left(\frac{\mathrm{d}^2}{\mathrm{d}r^{*2}} - \varsigma^2 - \sigma\right) v_\theta^* = \frac{\mathrm{d}}{\mathrm{d}r^*}\left(\frac{\mathrm{d}^2}{\mathrm{d}r^{*2}} - \varsigma^2 - \sigma\right) v_\theta^* = 0 \quad (3.86)$$

3.4.2.2 稳定性分析

从方程 (3.85) 和边界条件 (3.86) 可以得到 $F(\varsigma, Ta, \sigma, m) = 0$ 形式的特征值关系，采用 Galerkin (伽辽金) 方法，在令方程 (3.85) 和方程 (3.86) 中 $\sigma = 0$ 的近似下，可得到以下临界值：

$$Ta_\mathrm{c} = \frac{1\,715}{\frac{1}{2}\left(1 + \frac{\Omega_2}{\Omega_1}\right)}, \quad \varsigma_\mathrm{c} = 3.12 \quad (3.87)$$

当 $Ta > Ta_\mathrm{c}$ 时，流场不稳定。由式 (3.87) 得到的结果与 Taylor 的实验结果很相近。图 3.11 给出了根据 Ta_c 值划分的稳定与不稳定区域。

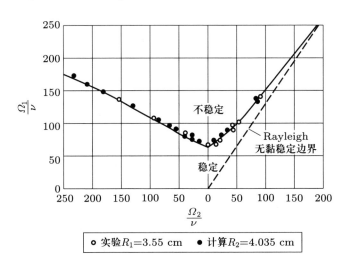

图 **3.11** 流场稳定区域的划分

实验结果表明，流场失稳后将产生一种如图 3.12 所示的新的定常涡，即 Taylor 涡，这些轴对称的圆形涡圈具有螺旋形流线，涡圈沿轴向周期性均匀分布，与轴线垂直的流体界面将相邻的具有相反方向的涡圈分开。流场在一定范围的 Ta 内呈现出 Taylor 涡的形态。若 Ta 继续增大，Taylor 涡会被一种非轴对称的规则涡代替。若再增加 Ta，规则涡消失，流场变成湍流。

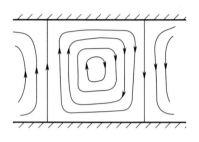

图 3.12 Taylor 涡

3.4.3　Dean 不稳定性问题

图 3.13 中黏性流体在弯曲通道中流动因离心力的作用出现的流场失稳问题称为 Dean (迪恩) 问题。

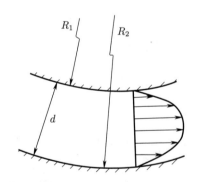

图 3.13 黏性流体在弯曲通道中的流动

3.4.3.1　基本方程

假定初始流场为：

$$V_r = V_z = 0, \quad V_\theta = V_\theta(r), \quad P = P(r, \theta) \tag{3.88}$$

将其代入方程 (3.64) 和方程 (3.65) 得：

$$\frac{1}{\rho}\frac{\partial P}{\partial r} = \frac{V_\theta^2}{r} \tag{3.89}$$

$$\nu\frac{\mathrm{d}}{\mathrm{d}r}\left(\frac{\mathrm{d}}{\mathrm{d}r} + \frac{1}{r}\right)V_\theta = \frac{1}{\rho r}\left(\frac{\partial P}{\partial \theta}\right)_0 \tag{3.90}$$

方程 (3.90) 中右边的压力梯度项为常数，所以由方程 (3.90) 有：

$$V_\theta(r) = \frac{1}{2\rho\nu}\left(\frac{\partial P}{\partial \theta}\right)_0\left(r\ln r + c_1 r + \frac{c_2}{r}\right) \tag{3.91}$$

式中，常数 c_1 和 c_2 由边界条件确定，若壁面静止，无滑移条件为 $r = R_1$ 和 R_2 处 $V_\theta = 0$，将其代入式 (3.91) 得：

$$c_1 = -\frac{R_2^2\ln R_2 - R_1^2\ln R_1}{R_2^2 - R_1^2}, \quad c_2 = \frac{R_2^2 R_1^2}{R_2^2 - R_1^2}\ln\frac{R_2}{R_1} \tag{3.92}$$

若图 3.13 中弯道宽度 d 较小，设 $r^* = \{r - [(R_1 + R_2)/2]\}/d$，则式 (3.91) 为：

$$V_\theta(r) \approx \frac{3}{2}V_{\theta\mathrm{m}}(1 - 4r^{*2}) \tag{3.93}$$

$$V_{\theta\mathrm{m}} = -\frac{d^2}{12\rho\nu R_1}\left(\frac{\partial P}{\partial \theta}\right)_0 \tag{3.94}$$

式中，$V_{\theta\mathrm{m}}$ 是通道内流体的平均速度。

3.4.3.2 稳定性分析

根据式 (3.93) 并结合图 3.13 可知，在 $-1/2 < r^* < 0$ 即通道中线以上的区域，V_θ 随 r 的增加而增大；而在 $0 < r^* < 1/2$ 即通道中线以下的区域，V_θ 随 r 的增加而减小。Rayleigh 准则 (3.45) 在 Dean 问题中为：

$$\Phi(r) = \frac{1}{r^3}\frac{\mathrm{d}}{\mathrm{d}r}(r^2\Omega)^2 = \frac{1}{r^3}\frac{\mathrm{d}}{\mathrm{d}r}(rV_\theta)^2 = \frac{2rV_\theta}{r^3}\frac{\mathrm{d}}{\mathrm{d}r}(rV_\theta) \tag{3.95}$$

可见，在 $-1/2 < r^* < 0$ 区域有 $\Phi(r) > 0$，即在该区域流场稳定。在 $0 < r^* < 1/2$ 区域有 $\Phi(r) < 0$，该区域流场不稳定。

对轴对称扰动，可用方程 (3.77) 和方程 (3.78) 求解，在窄缝近似下用 $v_r^{**} = [3V_{\theta\mathrm{m}}d^2/(R_1\nu)]\alpha^2 v_r^*$ 代替 v_r^*，得到对应于方程 (3.81) 和方程 (3.82) 的控制方程：

$$\left(\frac{\mathrm{d}^2}{\mathrm{d}r^{*2}} - \varsigma^2 - \sigma\right)\left(\frac{\mathrm{d}^2}{\mathrm{d}r^{*2}} - \varsigma^2\right)v_r^{**} = (1 - 4r^{*2})v_\theta^* \tag{3.96}$$

$$\left(\frac{\mathrm{d}^2}{\mathrm{d}r^{*2}} - \varsigma^2 - \sigma\right) v_\theta^* = \varsigma^2 Di\, r^* v_r^{**} \tag{3.97}$$

式中，Dean (迪恩) 数[①]$Di = 36V_{\theta m}^2 d^3/(R_1\nu^2)$，$Di$ 与 Ta 的作用相同，用以判断流场的稳定性。实际应用时常用等价的 $Di = (V_{\theta m}d/\nu)(d/R_1)^{1/2}$ 给出结果。假设 $\sigma = 0$ 且式 (3.96) 中的 $(1 - 4r^{*2})$ 用平均值 2/3 代替，则可以得到一个近似的临界波数 $\varsigma_c \approx 4$、临界 Dean 数 $Di_c \approx 56\,000$ 以及 $(V_{\theta m}d/\nu)(d/R_1)^{1/2} \approx 39.4$，而用 Chebyshev (切比雪夫) 配点法得到的值为 $\varsigma_c = 3.95$、$Di_c = 46\,458$、$(V_{\theta m}d/\nu)(d/R_1)^{1/2} = 35.92$。

对于二维且非轴对称扰动，窄缝近似下的 Dean 问题等价于平行流的稳定性问题，其结果是当 $V_{\theta m}d/\nu > 7\,696$ 时，有 $(3V_{\theta m}/2)(d/2)/\nu > 5\,772$，流场有可能失稳。与以上轴对称扰动情形相比，可知二维扰动导致的流场失稳仅当 $R_1/d > 4.59 \times 10^4$ 时才发生，而 R_1/d 的值越大，意味着两壁面的弯曲程度越小。

对于既有旋转又有弯曲壁面的流场，则要同时考虑 Taylor 问题和 Dean 问题。例如，对于流体机械中叶轮通道内的流场，要考虑旋转与曲率的综合效应。为此，可以定义表征曲率影响的特征参数 Richardson(理查森) 数 (Ri_c) 和旋转影响的 Richardson 数 Ri_Ω：

$$Ri_c = 2\frac{V}{r}\bigg/\frac{\partial V}{\partial r} \tag{3.98}$$

$$Ri_\Omega = -2\Omega\bigg/\frac{\partial V}{\partial r} \tag{3.99}$$

Ri_c 和 Ri_Ω 大于零则增加流场的稳定性；Ri_c 和 Ri_Ω 小于零则削弱流场稳定性。对于图 3.14 所示的叶轮通道流场，压力面上 Ri_c 和 Ri_Ω 都小于零，而吸力面上 Ri_c 和 Ri_Ω 都大于零，所以流场的失稳出现在压力面附近。研究结果表明，吸力面上的壁面摩擦应力下降幅度大于压力面上壁面摩擦应力的上升幅度。旋转效应随着旋转数的变化呈现非线性的特性，小旋转数情况下旋转的影响明显，随着旋转数增大，影响的增幅减慢。曲率效应与旋转效应类似。

---

① 为区别于 Deborah 数 (De)，本书用 Di 表示 Dean 数。

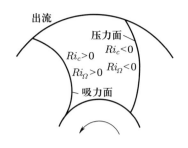

图 3.14 叶轮通道流场

3.4.4 Görtler 不稳定性问题

如图 3.15 所示,当流体流经一凹壁时,在边界层内流场会失稳而形成二次流,这种流场稳定性问题称为 Görtler (戈特勒) 不稳定性问题。

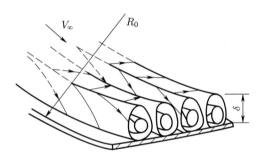

图 3.15 Görtler 不稳定性问题

对 Görtler 不稳定性问题的研究基于三个基本假定,一是凹壁的曲率半径远大于边界层的厚度,即 $R_0 \gg \delta$;二是初始流动与壁面几乎平行,可以忽略流动中的离心效应;三是局部稳定性分析,即流场的特性与流向坐标无关且在初始流中可忽略法向分量。

取边界层厚度 δ 和无穷远处流向速度 V_∞ 为特征长度和速度,令 $\eta = y/\delta$,y 是沿壁面法向的坐标。根据以上假设,初始流场速度为 $[V(\eta), 0, 0]$,且 $V(\eta) \to V_\infty (\eta \to \infty$ 时)。由式 (3.95) 可知,在本流场中从距壁面 δ 处的边界层外缘到壁面存在 $\Phi < 0$,即在边界层内流动不稳定。设引入初始流场的扰动为:

$$(v_x', v_y', v_z', p') = (v_x^*, v_y^*, v_z^*, p^*)\mathrm{e}^{(st+\mathrm{i}\alpha z)} \tag{3.100}$$

97

将式 (3.100) 代入运动方程后进行线性化, 可以得到关于 v_x^*、v_y^*、v_z^*、p^* 的一组耦合方程, 在方程中消去 v_z^* 和 p^* 并忽略 δ/R_0 的高阶小量, 便得到如下方程和相应的边界条件:

$$\left(\frac{\mathrm{d}^2}{\mathrm{d}\eta^2} - \varsigma^2\right)\left(\frac{\mathrm{d}^2}{\mathrm{d}\eta^2} - \varsigma^2 - \sigma\right)v_y^* = -\varsigma^2 N V v_x^* \tag{3.101}$$

$$\left(\frac{\mathrm{d}^2}{\mathrm{d}\eta^2} - \varsigma^2 - \sigma\right)v_x^* = \frac{\mathrm{d}V}{\mathrm{d}\eta} V v_y^* \tag{3.102}$$

$$v_x^* = v_y^* = \frac{\mathrm{D}v_y^*}{\mathrm{D}t} = 0, \quad \eta = 0 \ \text{及} \ \eta \to \infty \tag{3.103}$$

式中, $\varsigma = \alpha\delta$, $\sigma = s\delta^2/\nu$, N 与前面的 Ta 类似, $N = 2(V_\infty\delta/\nu)^2(\delta/R_0)$, 而实际常用的是如下定义的 Görtler (戈特勒) 数 (G):

$$G = \left(\frac{V_\infty\theta}{\nu}\right)\left(\frac{\theta}{R_0}\right)^2 \tag{3.104}$$

式中, θ 是边界层动量损失厚度。令式 (3.101) 和式 (3.102) 中的 $\sigma = 0$, 将其变换成一对等价的耦合积分方程后再用渐近方法求近似解, 给出 $G_c \approx 0.316\,6$, 超过该临界值, 流场将失稳而形成如图 3.15 所示的涡系。

当流体流过弯曲壁面时, 由于离心力的影响, 一般凹壁的边界层容易失稳, 凸壁则有抑制边界层失稳的作用。所以在弯曲通道的流动中, 通常凹壁下游流场的湍流度较高, 凸壁下游在流场不分离的情况下湍流度较低。

对一维的曲线流动情形, 由量纲分析可以引入相应的 Richardson 数:

$$Ri_c = \frac{\dfrac{1}{r^3}\dfrac{\partial(Vr)^2}{\partial r}}{\left(\dfrac{\partial V}{\partial r}\right)^2} = \frac{\dfrac{2V}{r^2}\dfrac{\partial(Vr)}{\partial r}}{\left(\dfrac{\partial V}{\partial r}\right)^2} \tag{3.105}$$

对于曲率半径较大的情形有:

$$Ri_c = \frac{\dfrac{2V}{r}}{\dfrac{\partial V}{\partial r}} \tag{3.106}$$

该 Ri_c 是研究曲率对湍流特性影响的重要参数。

3.5 Kelvin-Helmholtz 不稳定性

Kelvin-Helmholtz(K-H) 不稳定性通常是指存在速度差的两层流体界面之间发生的不稳定现象。

3.5.1 基本描述

图 3.16 的混合层流场就是 K-H 不稳定性的典型例子,速度为 V_1 和 V_2 $(V_2 > V_1)$ 的两股流体在楔形平板尾缘后汇合,两股流体因速度差将产生混合,从而形成混合层流场。反映流场相对剪切量的量纲为一的参数 $R = (V_2 - V_1)/(V_1 + V_2)$,基于动量损失厚度的 $Re_\theta = (V_1 + V_2)\theta/2\nu$。

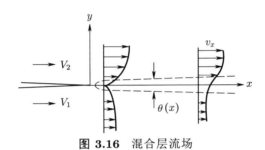

图 3.16 混合层流场

3.5.2 基本方程及简化

假设流场不可压缩且忽略黏性,将小扰动引入流场使上下层流体的界面有一小的起伏,设界面坐标为 $\zeta(x, y, z, t)$。由于初始流场和扰动无旋,根据涡旋定理,流场在发展过程中也无旋,无旋流场存在速度势 Φ 使得速度 $\boldsymbol{v} = \nabla\Phi$,假定流场的速度势为:

$$\Phi = \begin{cases} \Phi_2, & y > \zeta \\ \Phi_1, & y < \zeta \end{cases} \tag{3.107}$$

结合流场不可压缩条件可得:

$$\begin{cases} \Delta\Phi_2 = 0, & y > \zeta \\ \Delta\Phi_1 = 0, & y < \zeta \end{cases} \tag{3.108}$$

以上方程要在一定的边界条件下求解,这里对边界条件有如下要求:一是初始扰动限定在有限区域,在所有时刻流场满足,当 $y \to \pm\infty$ 时有 $\nabla\Phi \to \boldsymbol{v}$;

99

二是假设随着时间的发展，界面上的流体微团随着界面一起运动，界面上的法向速度即为界面高度 ζ 的随体导数。由于上下两层流体速度不同，基于无黏流体的假设，界面上的切向速度不连续，所以有：

$$\frac{\partial \Phi_i}{\partial y} = \frac{\mathrm{D}\zeta}{\mathrm{D}t} = \frac{\partial \zeta}{\partial t} + \frac{\partial \Phi_i}{\partial x}\frac{\partial \zeta}{\partial x} + \frac{\partial \Phi_i}{\partial z}\frac{\partial \zeta}{\partial z}, \quad y = \zeta, \quad i = 1, 2 \tag{3.109}$$

三是界面上流体的正压力连续。

在界面上，由 Bernoulli 定理可得：

$$\left[c_1 - \frac{(\nabla \Phi_1)^2}{2} - \frac{\partial \Phi_1}{\partial t} \right] = \left[c_2 - \frac{(\nabla \Phi_2)^2}{2} - \frac{\partial \Phi_2}{\partial t} \right], \quad y = \zeta \tag{3.110}$$

为使定常的初始流场满足以上方程，方程中的常数必须满足：

$$c_1 - \frac{V_1^2}{2} = c_2 - \frac{V_2^2}{2} \tag{3.111}$$

3.5.3　稳定性分析

采用线性稳定性分析，令上下两层流体的速度势为：

$$\begin{cases} \Phi_2 = V_2 x + \Phi_2', & y > \zeta \\ \Phi_1 = V_1 x + \Phi_1', & y < \zeta \end{cases} \tag{3.112}$$

在小扰动前提下，扰动后的界面位移以及界面斜率都很小，即：

$$\frac{\partial \zeta}{\partial x} \ll 1, \quad \frac{\partial \zeta}{\partial z} \ll 1 \tag{3.113}$$

将式 (3.112) 代入式 (3.108)~(3.110) 并略去 Φ_1'、Φ_2'、ζ 的乘积项后得：

$$\begin{cases} \Delta \Phi_2' = 0, & y > 0 \\ \Delta \Phi_1' = 0, & y < 0 \end{cases} \tag{3.114}$$

$$\frac{\partial \Phi_i'}{\partial y} = \frac{\partial \zeta}{\partial t} + V_i \frac{\partial \zeta}{\partial x}, \quad y = 0, \quad i = 1, 2 \tag{3.115}$$

$$V_1 \frac{\partial \Phi_1'}{\partial x} + \frac{\partial \Phi_1'}{\partial t} = V_2 \frac{\partial \Phi_2'}{\partial x} + \frac{\partial \Phi_2'}{\partial t}, \quad y = 0 \tag{3.116}$$

假设扰动可以表示为如下形式：

$$(\zeta, \Phi_1', \Phi_2') = (\zeta^*, \Phi_1^*, \Phi_2^*) e^{i(kx+lz)+st} \tag{3.117}$$

并代入式 (3.114) 得：

$$\Phi_1^* = A_1 e^{-k^* y} + B_1 e^{k^* y} \tag{3.118}$$

式中，A_1、B_1 是常数；$k^* = (k^2 + l^2)^{1/2}$ 是总波数。根据 $y \to \infty$ 时有 $\nabla \Phi_1' \to 0$，可得 $B_1 = 0$，故式 (3.118) 成为：

$$\Phi_1^* = A_1 e^{-k^* y} \tag{3.119}$$

同样可得：

$$\Phi_2^* = A_2 e^{k^* y} \tag{3.120}$$

将式 (3.117) 代入式 (3.115) 并结合式 (3.119) 和式 (3.120) 可得：

$$A_1 = \frac{(s + ikV_1)\zeta^*}{k^*}, \quad A_2 = -\frac{(s + ikV_2)\zeta^*}{k^*} \tag{3.121}$$

将式 (3.117) 代入式 (3.116) 可得：

$$-(s + ikV_2)^2 = (s + ikV_1)^2 \tag{3.122}$$

由式 (3.122) 的解可以给出以下模态：

$$s = -ik\frac{V_1 + V_2}{2} \pm k\frac{V_2 - V_1}{2} \tag{3.123}$$

由式 (3.117) 以及流动稳定性理论可知，当式 (3.123) 中的 ± 号取 + 时，引入流场的扰动将随时间的发展而增大，流场失去稳定，相应的扰动波以 $c = k(V_1 + V_2)/(2k^*)$ 的速度传播。

3.5.4　流场失稳后扰动的发展

失稳的混合层流场可视为扰动放大器，放大率随扰动频率的变化而变化。图 3.17 给出了扰动空间增长率与扰动频率 Strouhal(施特鲁哈尔) 数 $Sr = \beta_r \theta / \pi(V_1 + V_2)$ 的关系。图中横坐标的 β_r 是扰动频率，θ 是混合层动量损失厚度；纵坐标的 α_i 是扰动波数，$R = (V_2 - V_1)/(V_1 + V_2)$。可见扰动空间增长率的最大值对应的 Sr 为 0.032。此外，在相对剪切量 $R = 0 \sim 1$ 的范围内，扰动空间增长率最大值所对应的 Sr 只变化了 5%。

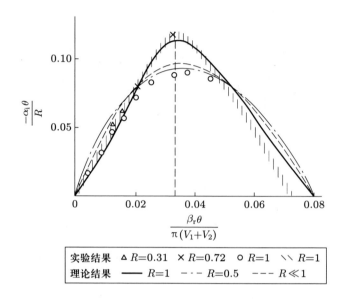

图 3.17 扰动空间增长率与 Sr 的关系

随着扰动波的波幅增长，方程中扰动的非线性项作用逐渐增强，扰动波逐渐演变成周期性排列的旋涡，亦称"猫眼"，这一过程称为混合层界面的卷起过程。周期性排列的涡以 $(V_1 + V_2)/2$ 的速度移动，涡距 $\lambda = \pi(V_1 + V_2)/\beta_{rn}$（$\beta_{rn}$ 是增长最快的扰动频率），这个阶段的涡结构通常以二维的形式出现，也有人发现存在三维的涡卷起过程，是二维还是三维涡结构主要取决于扰动形式。混合层界面卷起过程的结束以频率为 β_{rn} 的扰动波幅达到最大值为标志。在界面卷起过程中，扰动波非线性的作用使一个频率为 $\beta_{rn}/2$、能量比基波低 3 个量级的次谐波出现并在流场中增长。

次谐波出现后会迅速增长，导致的结果是涡之间发生相互作用，这种作用的表现形式之一是相邻的两个旋涡产生配对后形成一个大旋涡。旋涡的这种相继配对与作用，导致混合层沿横向的扩散与发展，同时使流场初始分布的涡量不断集中到大旋涡中。当两个配对的旋涡处于上下位置时，次谐波的波幅达到最大值。

旋涡的相互作用不仅有配对，也有可能出现涡的撕裂破碎，这一现象主要是流场中存在某种频率的扰动波所致。最典型的一种涡撕裂过程为：三个尺度相当、间距相同的旋涡位于混合层的中心线上，中间的旋涡逐渐被左右两个旋涡撕裂和吞噬，接着这两个旋涡再进一步配对。

次谐波在流场发展的同时，图 3.18 所示的三维涡结构也在逐渐形成，这种涡结构是在原有的二维展向大尺度涡上叠加交替排列、相邻两涡反向旋转的流向涡，流向涡的展向间距沿着下游增加且与混合层厚度的量级相同。流向涡的出现源自流场在三维扰动下出现的不稳定性。三维扰动的频率与原扰动的基波频率量级相同，三维涡结构的出现意味着流场从层流向湍流转捩的结束。混合层从线性不稳定开始到转变成湍流，其整个转捩过程大约需 5 个基波波长的距离。当流场中的小尺度涡出现时，气体混合层的 Re 在 $3 \times 10^3 \sim 5 \times 10^3$ 的范围，而液体混合层的 Re 在 $750 \sim 1\,700$ 的范围。

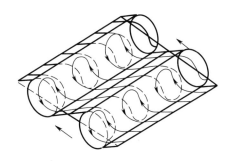

图 3.18 混合层的三维涡结构

3.6 纳米流体圆射流场的动力不稳定性

纳米流体是纳米颗粒在水、乙二醇、油或其他流体中的胶体悬浮液。纳米流体因其流动和传热方面的特性而在节能、传热、微电子、交通、制药等领域有着广泛的应用。纳米流体的流动和传热特性取决于流动状态，所以纳米流体从层流到湍流转捩的稳定性问题受到广泛的关注 [1]，本节讨论纳米流体圆射流场的动力不稳定性问题 [2]。

3.6.1 流场与基本方程

图 3.19 是圆射流场示意图, 采用柱坐标系, 其中 z 为流动方向, r 为径向, θ 为周向, r_0 为射流核心半径, R_∞ 为假设的无穷远边界。初始流场为层流, 纳米颗粒的体积浓度 $C_v < 5\%$, 因此纳米颗粒对液体黏度的影响可忽略不计。纳米颗粒的直径虽小于流动的特征尺度, 但处于纳米量级, 所以流体与颗粒相互作用的 Stokes 阻力系数表达式 (2.99) 需要进行 Cunningham 修正, 于是本问题的流体及颗粒的基本控制方程为:

$$\nabla \cdot \boldsymbol{v} = 0 \tag{3.124}$$

$$\frac{\partial \boldsymbol{v}}{\partial t} + \boldsymbol{v} \cdot \nabla \boldsymbol{v} = -\frac{1}{\rho_f}\nabla p + \frac{\mu}{\rho_f}\nabla^2 \boldsymbol{v} - \frac{3\pi\mu Nd}{\rho_f C_c}(\boldsymbol{v} - \boldsymbol{v}_p) \tag{3.125}$$

$$\frac{\partial \boldsymbol{v}_p}{\partial t} + \boldsymbol{v}_p \cdot \nabla \boldsymbol{v}_p = \frac{18\mu}{\rho_p d^2 C_c}(\boldsymbol{v} - \boldsymbol{v}_p) \tag{3.126}$$

$$\frac{\partial C_v}{\partial t} + \nabla \cdot (C_v \boldsymbol{v}_p) = 0 \tag{3.127}$$

式中, $\boldsymbol{v}$ 是速度矢量, 其中下标 p 表示颗粒; ρ 是密度, 下标 f 和 p 分别表示流体和颗粒; p 是压力; μ 是流体动力黏性系数; N 是颗粒数密度; d 是颗粒直径; C_c 是 Cunningham 滑移修正系数:

$$C_c = 1 + 1.591Kn \tag{3.128}$$

式中, Kn 为 Knudsen (克努森) 数 ($Kn = 2\lambda/d$, λ 为流体分子平均自由程), C_c 反映了纳米颗粒对流体动量交换的综合影响。

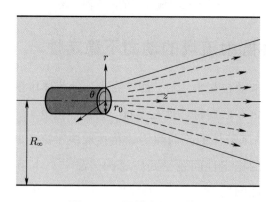

图 3.19 圆射流场示意图

选取射流中心线上的速度、颗粒平均体积浓度、流体密度、射流核心半径作为特征量，对方程 (3.124)∼(3.127) 进行量纲为一化后可得：

$$\nabla \cdot \boldsymbol{v} = 0 \tag{3.129}$$

$$\frac{\partial \boldsymbol{v}}{\partial t} + \boldsymbol{v} \cdot \nabla \boldsymbol{v} = -\nabla p + \frac{1}{Re} \nabla^2 \boldsymbol{v} - \frac{Z\Phi}{StC_{\text{c}}}(\boldsymbol{v} - \boldsymbol{v}_{\text{p}}) \tag{3.130}$$

$$\frac{\partial \boldsymbol{v}_{\text{p}}}{\partial t} + \boldsymbol{v}_{\text{p}} \cdot \nabla \boldsymbol{v}_{\text{p}} = \frac{1}{StC_{\text{c}}}(\boldsymbol{v}_{\text{p}} - \boldsymbol{v}) \tag{3.131}$$

$$\frac{\partial C_{\text{v}}}{\partial t} + \nabla \cdot (C_{\text{v}}\boldsymbol{v}_{\text{p}}) = 0 \tag{3.132}$$

式中，$Z = C_{\text{v0}}\rho_{\text{p}}/\rho_{\text{f}}$ 是颗粒质量比 (C_{v0} 是颗粒平均体积浓度)；$St = \rho_{\text{p}}d^2 v_{z0}/(18\nu\rho_{\text{f}}r_0)(v_{z0}$ 是射流中心线上的速度) 是 Stokes 数。

3.6.2 稳定性方程和边界条件

采用前面动力不稳定性问题的处理方法给出稳定性方程和相应的边界条件。

3.6.2.1 稳定性方程

基于线性稳定性理论，速度、压力、颗粒浓度由初始分量和扰动量组成：

$$\boldsymbol{v} = \boldsymbol{V} + \boldsymbol{v}', \quad \boldsymbol{v}_{\text{p}} = \boldsymbol{V}_{\text{p}} + \boldsymbol{v}_{\text{p}}', \quad p = P + p', \quad C_{\text{v}} = C_{\text{v0}} + C_{\text{v}}' \tag{3.133}$$

式中，P 是初始流场压力；$\boldsymbol{V}$、$\boldsymbol{V}_{\text{p}}$ 分别是初始流场中流体和颗粒的速度；C_{v0} 为 1。

流场中颗粒以与流体相同的速度运动，其沉降可以忽略，这样就有 $\boldsymbol{V} = \boldsymbol{V}_{\text{p}} = \{0, 0, V_z\}$。将式 (3.133) 代入式 (3.129)∼(3.132)，然后从方程中减去初始流场满足的方程并忽略扰动的高阶项可得：

$$\frac{\partial v_r'}{\partial r} + \frac{v_r'}{r} + \frac{1}{r}\frac{\partial v_\theta'}{\partial \theta} + \frac{\partial v_z'}{\partial z} = 0 \tag{3.134}$$

$$\frac{\partial v_r'}{\partial t} + V_z \frac{\partial v_r'}{\partial z} = -\frac{\partial p'}{\partial r} - \frac{Z}{StC_{\text{c}}}\left(v_r' - v_{\text{p}r}'\right) + $$
$$\frac{1}{Re}\left(\frac{1}{r}\frac{\partial v_r'}{\partial r} + \frac{\partial^2 v_r'}{\partial r^2} + \frac{1}{r^2}\frac{\partial^2 v_r'}{\partial \theta^2} + \frac{\partial^2 v_r'}{\partial z^2} - \frac{2}{r^2}\frac{\partial v_\theta'}{\partial \theta} - \frac{v_r'}{r^2}\right) \tag{3.135}$$

$$\frac{\partial v'_\theta}{\partial t} + V_z \frac{\partial v'_\theta}{\partial z} = -\frac{1}{r}\frac{\partial p'}{\partial \theta} - \frac{Z}{StC_c}\left(v'_\theta - v'_{p\theta}\right) +$$
$$\frac{1}{Re}\left(\frac{1}{r}\frac{\partial v'_\theta}{\partial r} + \frac{\partial^2 v'_\theta}{\partial r^2} + \frac{1}{r^2}\frac{\partial^2 v'_\theta}{\partial \theta^2} + \frac{\partial^2 v'_\theta}{\partial z^2} + \frac{2}{r^2}\frac{\partial v'_r}{\partial \theta} - \frac{v'_\theta}{r^2}\right) \tag{3.136}$$

$$\frac{\partial v'_z}{\partial t} + v'_r \frac{\mathrm{d}V_z}{\mathrm{d}r} + V_z \frac{\partial v'_z}{\partial z} = -\frac{\partial p'}{\partial z} - \frac{Z}{StC_c}\left(v'_z - v'_{pz}\right) +$$
$$\frac{1}{Re}\left(\frac{1}{r}\frac{\partial v'_z}{\partial r} + \frac{\partial^2 v'_z}{\partial r^2} + \frac{1}{r^2}\frac{\partial^2 v'_z}{\partial \theta^2} + \frac{\partial^2 v'_z}{\partial z^2}\right) \tag{3.137}$$

$$\frac{\partial v'_{pr}}{\partial t} + V_z \frac{\partial v'_{pr}}{\partial z} = \frac{1}{StC_c}\left(v'_r - v'_{pr}\right) \tag{3.138}$$

$$\frac{\partial v'_{p\theta}}{\partial t} + V_z \frac{\partial v'_{p\theta}}{\partial z} = \frac{1}{StC_c}\left(v'_\theta - v'_{p\theta}\right) \tag{3.139}$$

$$\frac{\partial v'_{pz}}{\partial t} + v'_{pr}\frac{\mathrm{d}V_z}{\mathrm{d}r} + V_z \frac{\partial v'_{pz}}{\partial z} = \frac{1}{StC_c}\left(v'_z - v'_{pz}\right) \tag{3.140}$$

$$\frac{\partial C'_v}{\partial t} + V_z \frac{\partial C'_v}{\partial z} + \left(\frac{\partial v'_{pr}}{\partial r} + \frac{v'_{pr}}{r} + \frac{1}{r}\frac{\partial v'_{p\theta}}{\partial \theta} + \frac{\partial v'_{pz}}{\partial z}\right) = 0 \tag{3.141}$$

将各扰动量以波的形式表示成:

$$\frac{v'_r}{iv_r(r)} = \frac{v'_\theta}{v_\theta(r)} = \frac{v'_z}{v_z(r)} = \frac{v'_{pr}}{iv_{pr}(r)} = \frac{v'_{p\theta}}{v_{p\theta}(r)}$$
$$= \frac{v'_{pz}}{v_{pz}(r)} = \frac{p'}{p(r)} = \frac{C'_v}{C_v} = e^{[in\theta + i\beta(z-ct)]} \tag{3.142}$$

式中, n 是扰动模式, $n = 0$ 和 1 分别表示轴对称与非轴对称扰动; $v_r(r)$, $v_\theta(r)$, $v_z(r)$, $v_{pr}(r)$, $v_{p\theta}(r)$, $v_{pz}(r)$ 和 $p(r)$ 是扰动幅值; β 是轴向波数; c 是扰动波发展系数; v'_r 与 $iv_r(r)$ 成正比, 因为 v'_r 的相位与 v'_θ 和 v'_z 的相位相差 $\pi/2$。不稳定模式有空间不稳定和时间不稳定两种, 这里考虑时间不稳定问题, 所以式 (3.142) 中 β 是实数, $c = C_r + iC_i$ 是复数 (C_r 是传播速度, C_i 是发展因子), $C_i > 0$ 表示扰动随时间增长, 流动不稳定; $C_i < 0$ 表示扰动随时间衰减, 流动稳定; $C_i = 0$ 为中性稳定。

将式 (3.142) 代入方程 (3.134)~(3.141) 经过整理后得:

$$\beta^3 (V_z - c) v_\theta + \frac{n}{r}\beta (V_z - c)\left(D_* v_r + \frac{n}{r} v_\theta\right) - \frac{n}{r}\beta v_r DV_z$$

$$= i\frac{Z}{StC_c}\left[\frac{n}{r}D_*v_r + \left(\beta^2 + \frac{n^2}{r^2}\right)v_\theta - \beta^2 v_{p\theta} + \frac{n}{r}\beta v_{pz}\right] -$$

$$\frac{i}{Re}\left[\beta^2\left(DD_* - \beta^2 - \frac{n^2}{r^2}\right)v_\theta - \frac{2n}{r^2}\beta^2 v_r + \right.$$

$$\left. \frac{n}{r}\left(D_*D - \beta^2 - \frac{n^2}{r^2}\right)\left(D_*v_r + \frac{n}{r}v_\theta\right)\right] \tag{3.143}$$

$$D\left[\left(D_*D - \beta^2 - \frac{n^2}{r^2}\right)\left(D_*v_r + \frac{n}{r}v_\theta\right)\right] - \left(DD_* - \beta^2 - \frac{n^2}{r^2}\right)\beta^2 v_r + \frac{2n}{r^2}\beta^2 v_\theta$$

$$= \left(DD_* - \beta^2 - \frac{n^2}{r^2}\right)(DD_* - \beta^2)v_r + \frac{2n^2}{r^3}D_*v_r + \frac{n}{r}D^3 v_\theta - \frac{2n}{r^2}D^2 v_\theta +$$

$$\left(\frac{3n}{r^3} - \frac{n^3}{r^3} - \frac{n}{r}\beta^2\right)Dv_\theta + \left(\frac{3n^3}{r^4} - \frac{3n}{r^4} + \frac{3n}{r^2}\beta^2\right)v_\theta \tag{3.144}$$

$$i\beta(V_z - c)v_{pr} = \frac{1}{StC_c}(v_r - v_{pr}) \tag{3.145}$$

$$i\beta(V_z - c)v_{p\theta} = \frac{1}{StC_c}(v_\theta - v_{p\theta}) \tag{3.146}$$

$$i\beta(V_z - c)v_{pz} + iv_{pr}DV_z = \frac{1}{StC_c}(v_z - v_{pz}) \tag{3.147}$$

$$\beta(V_z - c)C_v + \left(D_*v_{pr} + \frac{n}{r}v_{p\theta} + \beta v_{pz}\right) = 0 \tag{3.148}$$

其中

$$D(\ ) = \frac{d}{dr}(\ ); \quad D_*(\ ) = \frac{d}{dr}(\ ) + \frac{1}{r} \tag{3.149}$$

方程 (3.143)~(3.149) 为特征值问题，可以结合相应的边界条件进行数值求解。

3.6.2.2 边界条件

颗粒相扰动的边界条件与流体相的情形相同，对于不同扰动模式 n 的边界条件为：

$$n = 0 \rightarrow \begin{cases} v_r(0) = v_\theta(0) = Dv_z(0) = Dp(0) = 0 \\ v_r(\infty) = v_\theta(\infty) = v_z(\infty) = p(\infty) = 0 \end{cases} \tag{3.150}$$

$$n = 1 \rightarrow \begin{cases} v_r(0) + v_\theta(0) = v_z(0) = p(0) = 0 \\ v_r(\infty) = v_\theta(\infty) = v_z(\infty) = p(\infty) = 0 \end{cases} \tag{3.151}$$

3.6.3 数值模拟方法与基本参数

方程 (3.143)~(3.149) 构成形如 $\boldsymbol{M\varphi} = c\boldsymbol{L\varphi}$ 的线性齐次方程组,其中 $\boldsymbol{M}$ 和 $\boldsymbol{L}$ 是常系数矩阵,$\boldsymbol{\varphi} = (v_r, v_\theta, v_{pr}, v_{p\theta}, v_{pz})^T$ 是需要求解的向量矩阵。由于齐次线性方程组存在非零解,流动不稳定性问题可以转化为常微分方程组的广义特征值问题。为了数值求解以上方程组,需要对方程和边界条件进行离散,然后采用中心差分格式对离散后的方程组进行求解。采用由 Moler 和 Stewart 提出的 QZ 算法求解特征值问题,QZ 算法是解决非对称矩阵特征值问题的有效算法。

3.6.3.1 速度剖面形状因子

对流场动力不稳定性问题分析要事先给出初始流场的速度分布。对于本问题的圆射流而言,量纲为一的速度剖面为:

$$V_z = \frac{1}{2} \left\{ 1 - \tanh\left[\frac{B}{4} \left(r - \frac{1}{r} \right) \right] \right\} \tag{3.152}$$

式中,$B = R/\theta$ (R 和 θ 分别是射流剪切层的中线和边界层动量损失厚度) 是速度剖面的形状因子,表示不同轴向位置的速度剖面。B 值越小,表面轴向位置离射流出口越远。图 3.20 给出了不同形状因子的速度剖面。

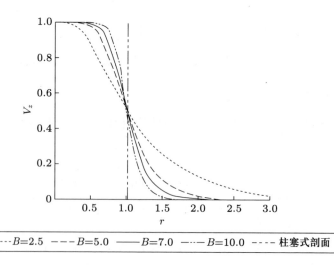

图 3.20 不同形状因子的速度剖面

3.6.3.2 外边界的定义

在图 3.19 中，沿径向 r 的外边界理论上为无穷大，但在数值模拟中需要定义一个边界，即定义外边界 $r = R_\infty$。取不同的 R_∞ 值，通过计算给出发展因子 C_i 与波数 β 的关系如图 3.21 所示，可见 $R_\infty = 6$ 与 $R_\infty = 10$ 的结果几乎相同，所以为了节省计算时间，取 $R_\infty = 6$。

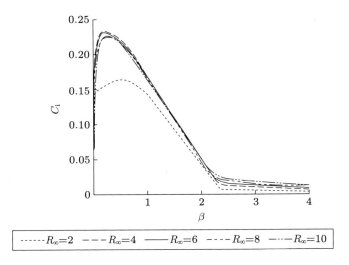

图 3.21 不同 R_∞ 下 C_i 与 β 的关系

3.6.4 数值模拟结果及讨论

以下给出各种因素对流场稳定性的影响。

3.6.4.1 速度剖面形状因子的影响

图 3.22 是不同形状因子 B 和扰动模式 n 时发展因子 C_i 与波数 β 的关系。可见 C_i 随 B 的增加而增加，即 B 越大流动越不稳定。如图 3.20 所示，B 越大，从中心线到边缘的流场速度梯度越大，从而使流场越不稳定。随着 β 的增加，C_i 先增大后减小；使流动不稳定的 β 范围随 B 的增大而增大。C_i 随 β 的变化存在最大值，即在某个 β 下流场最不稳定；随着 B 的增加，C_i 最大值对应的 β 也增大。图 3.23 是不同扰动模式下 C_i 与 B 的关系，由图 3.22 和图 3.23 可知，发展因子 C_i 在轴对称扰动 $n = 0$ 和非轴对称扰动 $n = 1$ 的情况下

有差异。对相同的 B 而言，$n=1$ 时的 C_i 值比 $n=0$ 时的大，这意味着非轴对称扰动比轴对称扰动更容易使流场不稳定。

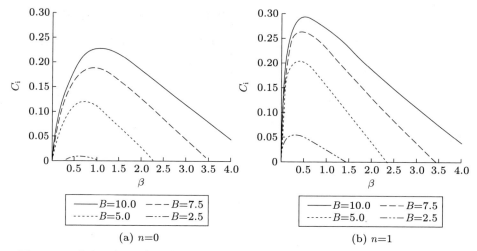

(a) $n=0$ (b) $n=1$

图 3.22 不同 B 和 n 时 C_i 与 β 的关系 ($Z=0.01$，$Re=1\,000$，$St=1$，$Kn=1$)

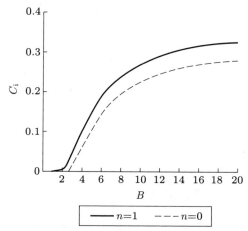

图 3.23 不同 n 时 C_i 与 B 的关系 ($Z=0.01$，$Re=1\,000$，$St=1$，$Kn=1$，$\beta=1$)

3.6.4.2 Re 的影响

图 3.24 是不同 Re 和扰动模式 n 时发展因子 C_i 与波数 β 的关系。随着 Re 的增加，C_i 增大以至接近无黏流体的情形，即 Re 越大流动越不稳定，这符合流场动力失稳的规律。使流动不稳定的 β 范围随 Re 的增加而增大；Re 越大，使流动不稳定的 β 值越小。图 3.25 是不同扰动模式下 C_i 与 Re 的关系，

随着 Re 的增大，C_i 先急剧增大再缓慢增加；当 $Re < 400$ 时，C_i 的变化对 Re 很敏感。由图 3.24 和图 3.25 可知，对相同的 Re，$n = 1$ 时的 C_i 值比 $n = 0$ 时的大，即非轴对称扰动比轴对称扰动更易使流场失稳。

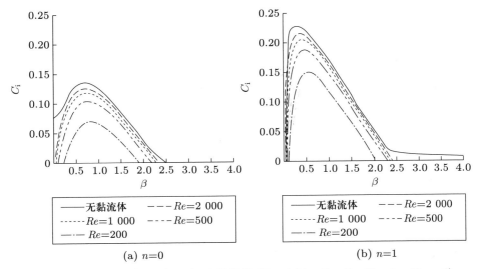

图 **3.24** 不同 Re 和 n 时 C_i 与 β 的关系 ($Z = 0.01$，$B = 5$，$St = 1$，$Kn = 1$)

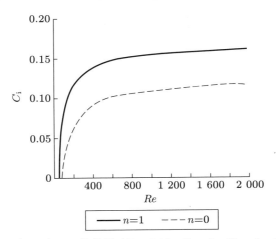

图 **3.25** 不同 n 时 C_i 与 Re 的关系 ($Z = 0.01$，$B = 5$，$St = 1$，$Kn = 1$，$\beta = 1$)

3.6.4.3 颗粒质量比的影响

不同颗粒质量比 Z 和扰动模式 n 时发展因子 C_i 与波数 β 的关系如图 3.26 所示。C_i 随着 Z 的增加而减小，即大的颗粒质量比使流场变得更稳定，颗粒起着抑制流场失稳的作用。由图 3.27 可知，当 Z 增加到 1.25 时，C_i 减小到零，即失稳不会发生，可见存在一个临界颗粒质量比 Z_c，当 $Z > Z_c$ 时流动是稳定的。使流动不稳定的 β 的范围随着 Z 的增大而减小；Z 越大，使流动不稳定的 β 越小。由图 3.26 和图 3.27 同样可知，非轴对称扰动比轴对称扰动更容易使流场不稳定。

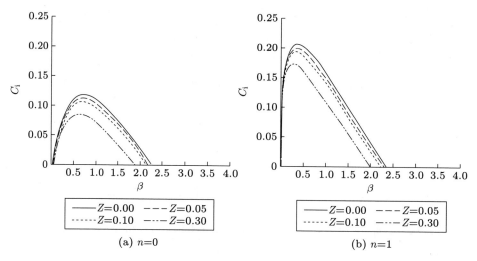

图 3.26 不同 Z 和 n 时 C_i 与 β 的关系 ($Re = 1\,000$，$B = 5$，$St = 1$，$Kn = 1$)

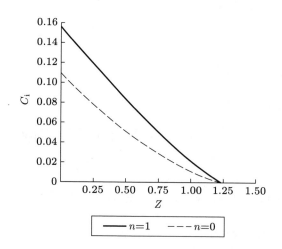

图 3.27 不同 n 时 C_i 与 Z 的关系 ($Re = 1\,000$，$B = 5$，$St = 1$，$Kn = 1$)

3.6.4.4 St 和 Kn 的影响

图 3.28 是不同扰动模式 n 时发展因子 C_i 与 St 的关系，可见 C_i 与 St 的关系依赖于 St。当 $St = 0.01 \sim 1$ 时，C_i 随 St 的增大而减小，当 $St = 1 \sim 100$ 时，C_i 随 St 的增大而增加，$St = 1$ 时，C_i 具有最小值即流场相对稳定，非轴对称扰动更易使流场失稳。

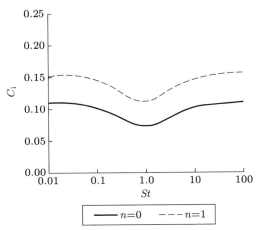

图 3.28 不同 n 时 C_i 与 St 的关系 ($Re = 1\,000$，$B = 5$，$Z = 0.3$，$Kn = 1$，$\beta = 1$)

如式 (3.128) 所示，Kn 可用于判定是否应修正 Stokes 阻力系数。图 3.29

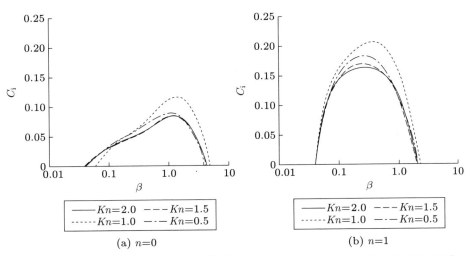

图 3.29 不同 Kn 和 n 时 C_i 与 β 的关系 ($Re = 1\,000$，$B = 5$，$St = 1$，$Z = 0.3$)

是不同 Kn 和扰动模式 n 时发展因子 C_i 与波数 β 的关系, 可见 C_i 随 Kn 的变化依赖于 Kn。当 $Kn = 0.5 \sim 1$ 时, C_i 随 Kn 增大而增加, 当 $Kn = 1 \sim 2$ 时, C_i 随 Kn 增大而减小, $Kn = 1$ 时, C_i 有最大值即流场最不稳定。由于 Kn 与流体分子平均自由程和颗粒直径有关, 而前者通常保持不变, 这就意味着存在一个使流动最不稳定的颗粒直径。图 3.30 是不同 n 时 C_i 与 Kn 的关系, 可见随着 Kn 增大, C_i 先减小后增大, 最小值出现在 $Kn \approx 1$ 时。由图 3.29 和图 3.30 可见, 非轴对称扰动更易失稳。

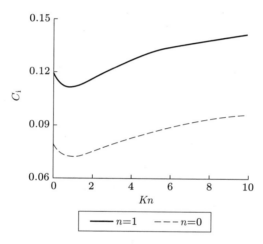

图 3.30 不同 n 时 C_i 与 Kn 的关系 ($Re = 1\,000$, $B = 5$, $St = 1$, $Kn = 1$, $\beta = 1$)

思考题与习题

3.1 某个层流场受到微小扰动后, 变成了另一种不同的层流场, 问原流场是否稳定?

3.2 线性稳定性分析为何一定对扰动有大小的限制?

3.3 在对二维不可压缩流场分析其动力不稳定性时, 为什么对初始层流场引入的是二维而不是三维扰动?

3.4 由式 (3.7) 推导出扰动压力 p' 所满足的方程。

3.5 式 (3.9) 中的 α 是否可以取复数? 若可以, 表示的是什么形式的扰动以及对应什么样的稳定性问题?

3.6 若假设流体无黏性，则 Orr-Sommerfeld 方程为几阶的微分方程?

3.7 在 Benard 问题中,若流体被常速率均匀弱加热,其热量方程为式 (3.23) 中增加一项 γ，即:

$$\frac{D\theta}{Dt} = K\frac{\partial^2\theta}{\partial x_j^2} + \gamma$$

写出当初始流速为 0，且初始状态式 (3.25) 变成

$$\begin{cases} P = P_0 - g\rho_0 z + \frac{1}{2}\alpha g\rho_0 z^2\left[\varsigma - \frac{1}{2}\gamma K^{-1}\left(d - \frac{2}{3}z\right)\right] \\ \Theta = \theta_0 - \varsigma z + \frac{1}{2}\gamma K^{-1}z(d-z) \end{cases}$$

时，与式 (3.38) 所对应的稳定性方程。

3.8 在 Benard 问题中，为什么流体的表面张力对流场的失稳和涡胞的形成起着重要作用?

3.9 考虑半径为 R_0 的圆柱形涡层在无黏假设下的基本方程:

$$\Omega = \begin{cases} 0, & 0 < r < R_0 \\ \Omega_0(R_0/r)^2, & R_0 < r < \infty \end{cases}$$

问该流场对于轴对称扰动是否稳定?

3.10 对 $r < R_0$ 具有常涡量，$r > R_0$ 为无旋流动的圆柱形涡, 在无黏假设下的流场为:

$$\Omega = \begin{cases} \Omega_0, & 0 < r < R_0 \\ \Omega_0(R_0/r)^2, & R_0 < r < \infty \end{cases}$$

问该流场对于轴对称扰动是否稳定?

3.11 由 Dean 稳定性机理,说明弯管流动中在不分离的情况下,凹壁下游和凸壁下游哪个湍流度高?

3.12 在两个旋转的同心圆筒间充满水，内外圆筒转速分别为 60 r/min 和 80 r/min，求在轴对称扰动下的 Ta_c。

3.13 证明 Görtler 稳定性问题中，式 (3.101) 和式 (3.102) 在无黏假设下具有如

下形式：

$$\left(\frac{\mathrm{d}^2}{\mathrm{d}\eta^2} - \varsigma^2\right)v_x^* = -\varsigma^2\lambda V\frac{\mathrm{d}V}{\mathrm{d}\eta}v_y^*$$

其中，$\lambda = 2(V_\infty/s\delta)^2(\delta/R_0)$。

3.14 如图 T3.14 所示，黏性系数 $\nu = 1.59 \times 10^{-5}$ m^2/s 的流体流过一弯道，R_1 和 R_2 分别为 0.3 m 和 0.9 m，平均速度 $V_m = 2$ m/s，请问该流场是否稳定？

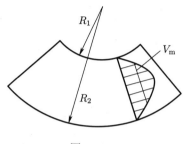

图 T3.14

3.15 对二维混合层引入小扰动后，当 Strouhal 数为 0.06 时，流场空间增长率是多少？

3.16 除了两层流体存在速度差，还有其他什么因素会导致 Kelvin-Helmholtz 不稳定性的出现？

3.17 混合层失稳后出现的各种涡的相互作用是什么因素造成的？

3.18 在圆射流场动力不稳定性问题中，流场中加了纳米颗粒和不加纳米颗粒哪种更容易失稳，为什么？

3.19 为何存在使纳米流体圆射流场最不容易失稳的 St？

3.20 举出你所知的流场由层流变为湍流的方式。

参考文献

[1] LIN J Z, YANG H L. A review on the flow instability of nanofluids[J]. Applied Mathematics and Mechanics, 2019, 40(9): 1227-1238.

[2] XIA Y, LIN J Z, BAO F B, et al. Flow instability of nanofuilds in jet[J]. Applied Mathematics and Mechanics, 2015, 36(2): 141-152.

第 4 章　湍流基本理论

湍流普遍存在于自然界以及国防建设和国民经济中的机械、能源、化工、水利、航空、船舶、环保、气象、医学等领域。掌握湍流的运动规律进而对其进行有效的控制和合理的应用具有重要的意义。

4.1　湍流的基本描述

长期以来，人们对湍流的产生机理、湍流的输运与扩散、湍流的传热传质、湍流统计理论和模式理论、湍流的数值模拟与实验进行了深入的研究。然而，由于湍流的复杂性与特殊性，迄今为止仍有很多问题有待研究，因此湍流仍是流体力学领域的重点及热点问题。

4.1.1　湍流的定义及研究

对湍流的研究已有 100 多年，人们对湍流的认识也随着研究的深入而丰富。

4.1.1.1　湍流的数学描述

第 3 章的流体动力不稳定性中提到，一些流场 Re 足够高时，流场将会由原来的层流失去稳定性而变成湍流，所以湍流场中的 Re 一般都比较高。流场中最小涡的尺度与 Re 成反比，即 Re 越高，最小涡的尺度越小。然而，即便是很高 Re 下有很小尺度的涡，这个尺度也比正常情况下流体分子的平均自由程大得多，即一个流体微元中包含足够多的分子。所以从空间的角度看，连续介质假设在湍流场中也适用。从时间的角度看，湍流场中最小尺度涡的特征时间也比分子运动的特征时间大得多。因此，在与湍流场最小涡相当的尺度范围以及最小涡的特征时间内，湍流场中物理量的变化是连续的。换言之，除极端情况外，湍流场中的物理量关于空间和时间是可微的，于是可以借助微积分的工具，建立湍流中流体运动的基本方程。实际上，描述流体基本运动的质量、动量、能量守恒的微分方程一直是人们研究湍流运动的基本方程。尽管有些学者对用这些方程以及相关的数学模型来描述湍流提出过质疑，但基于这些方程所得到的一些湍流理论和研究结果却与实验结果吻合得较好。

4.1.1.2 湍流的定义

随着对湍流研究的不断深入，人们对湍流的认识在不断深化、理解也逐渐全面。最初，湍流被认为是流体的一种完全不规则的随机运动，确定性方法对湍流研究无能为力，统计方法更为有效，于是 Reynolds 首先提出用统计平均方法来描述湍流。后来人们通过研究，不断地对湍流的产生与特性进行了补充，Taylor 和 von Kármán 指出，湍流的产生源自流体流过固壁或相邻不同速度流体层的相互作用。Hinze 进一步说明，湍流场中诸如速度、压力、温度等物理量在时间与空间上呈现出随机变化。后来人们在边界层、混合层流场的实验研究中，陆续发现在湍流场的背景下存在一些可以辨识的、接近有序的涡结构，人们称其为拟序结构或相干结构，这些涡结构的产生机理、运动特性与完全随机的小涡不同，它们对剪切湍流的生成和发展起着重要的作用。有鉴于此，有些学者认为湍流并非完全随机的，而把对流场中拟序结构的研究视为湍流研究的组成部分。当然，也有一些学者认为流场中的这种拟序结构不是湍流。目前，关于湍流的能够达成共识的观点认为 [1]，湍流场由大小和涡量不同的旋涡所组成，最大涡的尺度取决于流场的宏观特征尺度，最小涡的尺度与黏性密切相关。扩散是湍流场的重要特性，湍流扩散会导致物质迅速混合，增强流体动量、热量以及质量的输运。湍流是三维的有旋流动，具有强烈的涡量脉动，流体在运动过程中，涡旋不断破碎、合并，流体质点轨迹不断变化。湍流具有能量耗散特性，黏性应力做功导致流动动能变成内能，为弥补动能损失，需要持续补充能量来维持湍流运动，否则湍流将迅速衰减。

4.1.1.3　湍流研究的简要回顾

1. 大致脉络

湍流的研究可以追溯到 20 世纪，初期以各种唯象学，尤其是动量、涡量输运理论为主。近中期以均匀各向同性理论为研究的重点。从中期开始，湍流模式理论成为重点关注的对象。从中后期开始，对拟序结构的研究成了一大热点，非线性理论和手段拓宽了湍流研究的路径。随着计算机性能的提高和计算技术的发展，湍流的数值模拟成为湍流研究的一个重点领域。

湍流的发展大致有两个阶段，一是从流场的转捩到湍流前期，这个阶段的湍流特性与流场的宏观特征尺度直接相关，一般有较大的涡结构；二是湍流后期即充分发展湍流，此时所有尺度的涡都已被激发，属于经典定义的湍流，最典型的是均匀各向同性湍流和自由剪切湍流的自模拟区，从中得到的结论具有普适性。

基于湍流的随机性，人们最初寻求湍流基本方程的统计解。为此，Reynolds 将湍流运动的瞬时量分解为平均和脉动两部分代入流体运动方程，得到了雷诺平均运动方程。围绕该方程的求解，出现了统计理论以及后来发展成模式理论的半经验理论。

2. 统计理论

统计理论通过建立随机量间的关联函数得到其统计特性，从而掌握湍流内部结构以及平均量的时空分布和演变信息。这方面，Taylor 首先通过建立两点间脉动流速的相关函数来了解流场空间的细微变化。通过热线风速仪测量脉动速度及关联函数，促进了湍流统计理论的发展。Taylor 基于均匀各向同性湍流，建立了两点间脉动速度关联函数方程并求解，给出了湍流的衰减律。接着 von Kármán 和 Howarth 又建立了均匀各向同性湍流的 Kármán-Howarth(K-H) 方程。Taylor 和 Heisenberg 则基于一维和三维湍流谱，得到了谱空间的 K-H 方程。以上的关联函数或能谱函数方程皆不封闭，围绕封闭方程出现了各种假定、近似和方法，如四阶关联函数近似为零，又如在关联函数和谱空间内进行变换求解。

随着科学的发展，基于物理学中的新概念和数学中的新方法，一些新的湍流理论模型相继出现，如 Hopf 对脉动速度建立分布泛函和特征泛函，再基于流体力学基本方程给出对特征泛函为线性的积分微分方程；如将流场脉动速度用一组相互正交的理想随机函数为基展开成无穷级数，代入流体力学基本方程后得到级数的系数满足的方程，再给出相应的关联函数和能谱函数；又如基于气体分子运动论得到描述湍流的广义 Boltzmann 方程。此外，还有重正化群理论、统计动力学重复级串理论等。

3. 半经验理论和模式理论

含雷诺应力项的雷诺平均运动方程不封闭，半经验理论在理论、实验与经验的基础上，依据适当、合理的假设，通过建立雷诺应力与平均量的关系使方程组封闭。

Boussinesq 将流体微团运动与分子运动进行类比，建立了由涡黏性系数表示的雷诺应力表达式，涡黏性系数相当于分子黏性系数，但需由实验确定，这一方法成为后来半经验理论的基础。Prandtl 采用了与 Boussinesq 相同的思路，引入了湍流混合长度的概念，该长度与分子平均自由程类似，即流体微团在该长度范围内输运时其动量不变，进而建立了由混合长度和平均速度梯度表示的雷诺应力表达式。Taylor 则提出用涡旋混合长度取代 Prandtl 的混合长度来表示雷诺应力，与 Prandtl 混合长度不同，流体微团在涡旋混合长度范围内输运时其涡量保持不变。无论是 Prandtl 的混合长度还是 Taylor 的涡旋混合长度，都需要引进一定的假设才能确定，于是 von Kármán 基于局部运动相似性理论，建立了混合长度与平均流速的关系来确定混合长度。Reichardt 基于实验数据，用归纳法建立脉动速度关联函数的方程，通过求解方程得到湍流平均量的信息。

通过以上叙述可知，半经验理论是建立雷诺应力与平均速度之间的代数关系，不涉及微分方程，故称零方程模式，该模式只能用于部分简单的流场。为了更精确地描述湍流场，必须建立雷诺应力的微分方程并发展求解该方程的数值方法，这就是湍流模式理论，常见的湍流模式包括雷诺应力模式、代数应力模式、湍动能方程模式以及涡黏性模式等，具体内容将在后面的章节介绍。

4. 其他理论与方法

随着学科间渗透和交叉的增强以及研究技术和条件的改善，一些新的湍流研究理论和方法不断出现，如直接干扰近似理论、剪切湍流大涡结构理论、分形维数理论、现代混沌理论等。计算机技术水平和计算流体力学数值模拟技术的提高，极大地促进了湍流研究的发展，数值模拟已成为湍流研究的主要途径。例如，对流体运动基本方程直接数值模拟，无需构造湍流模式，且能提供流场演变过程的信息，还能了解流场中某个量对湍流场的影响，给分析流场提供了方便，为发展新的湍流理论提供了依据。当然，目前的计算机容量和速度还不能完全满足湍流研究的需要，在直接数值模拟中，还很难做到既要使离散网格小到能分辨出湍流场最小尺度的特征，又要使网格覆盖与平均运动特征尺度相当的最大涡。于是亚格子封闭模型法相应产生，在该模型中网格没有必要比湍流的最小尺度小，因而可以减少网格数，大尺度的流场运动由求解流体运动基本方程得到，比网格小的小尺度运动对大尺度运动的影响，通过湍流模式理论予以体现。

计算机的发展对于湍流实验研究也有很大的促进作用，热线风速仪、激光多普勒测速计、粒子图像测速仪结合计算机自动采样和数据处理加工、数字滤波、Fourier 变换等技术，能更全面、迅速、准确地获得湍流场的信息。计算机控制实验不仅能很快处理从流场采得的大批数据、精确地校准仪器、多变量同时记录和数据分类，还能提高信号处理精度，减少操作干扰。

4.1.2 统计平均

湍流的随机性体现在湍流场中的物理量如速度、压力等在空间的分布和随时间发展的过程中是随机的。随机性决定了流场中的某个量在某一瞬时的值不具备典型性，无法体现流场的整体性质。为了得到湍流场稳定的宏观特性，要对与宏观特性相关的物理量进行平均，平均方法通常可以分为以下几类。

1. 时间平均

设 A 是依赖于空间坐标和时间的变量，关于 A 的时间平均为：

$$\bar{A}(x,y,z,t) = \frac{1}{T}\int_t^{t+T} A(x,y,z,t'){\rm d}t' \tag{4.1}$$

式中，右上角带"'"的量表示被平均的量；T 是平均的持续时间，T 既要比湍流的脉动周期大才能得到稳定的平均值，又要比流场不定常运动的特征时间小才不至于抹平流场整体的不定常性。

2. 空间平均

对流场中所有点的 A 在指定区域中进行平均：

$$\bar{A}(x,y,z,t) = \frac{1}{V} \iiint_V A(x',y',z',t)\mathrm{d}x'\mathrm{d}y'\mathrm{d}z' \tag{4.2}$$

式中，V 是体积。

3. 时间–空间平均

这是以上两种平均的综合：

$$\bar{A}(x,y,z,t) = \frac{1}{VT} \int_t^{t+T} \mathrm{d}t' \iiint_V A(x',y',z',t')\mathrm{d}x'\mathrm{d}y'\mathrm{d}z' \tag{4.3}$$

式中符号的定义与上同。

4. 系综平均

对同一时间和空间的某个随机参数进行平均，该参数的出现具有一定的概率：

$$\bar{A}(x,y,z,t) = \int_\Omega A(x,y,z,t,\omega)P(\omega)\mathrm{d}\omega \tag{4.4}$$

式中，ω 是随机参数；Ω 为 ω 的空间；$P(\omega)$ 为概率密度函数。

5. 数学期望

当变量 A 以离散的形式出现时，对其平均就是求数学期望：

$$\bar{A}(x,y,z,t) = \sum_{n=1}^N \frac{A_n(x,y,z,t)}{N} \tag{4.5}$$

由各态历经理论可以证明，对于一个平均、平稳的过程，用以上几种平均方法得到的结果相同。

6. 密度加权平均

$$\bar{A}(x,y,z,t) = \frac{\overline{\rho A}}{\rho} \tag{4.6}$$

该平均方法一般用在可压缩流场中, 其可以使变密度的湍流方程经过平均后的形式比较简单。

7. 条件采样平均

在有些湍流场的有些区域, 有可能出现时而湍流、时而层流的情况, 这时对流场平均要规定一个条件准则, 对不同的信号加以区分, 例如设定一个条件:

$$D(t) = \begin{cases} 1, & \text{湍流信号} \\ 0, & \text{层流信号} \end{cases}$$

流场处于湍流时, 采用如下式子平均:

$$\bar{A}_{\mathrm{t}} = \lim_{N \to \infty} \frac{\sum_{i=1}^{N} D(t_i) A(t_i)}{\sum_{i=1}^{N} D(t_i)} \tag{4.7}$$

处于层流时则为:

$$\bar{A}_{\mathrm{l}} = \lim_{N \to \infty} \frac{\sum_{i=1}^{N} [1 - D(t_i)] A(t_i)}{\sum_{i=1}^{N} [1 - D(t_i)]} \tag{4.8}$$

8. 相平均

在有些情况下, 流场会出现周期性重复的事件, 例如旋转叶轮通道中的流场, 此时要采用相平均:

$$<A(x,y,z,t)> = \frac{\sum_{j=1}^{N} A(x+x_j, y+y_j, z+z_j, t+\tau)}{N} \tag{4.9}$$

式中, 下标 j 表示第 j 次事件。

9. 运算法则

有了平均量后, 瞬时量 A 和 B 可以表示为平均量和脉动量 A'、B' 之和:

$$A = \bar{A} + A', \quad B = \bar{B} + B' \tag{4.10}$$

以下是瞬时量、平均量和脉动量的相关运算法则：

$$
\begin{cases}
\bar{\bar{A}} = \bar{A}, \quad \overline{A'} = 0, \quad \overline{cA} = c\bar{A}, \quad \overline{A'\bar{A}} = \overline{A'}\bar{A} = 0 \\[2mm]
\overline{\bar{A}B} = \bar{A}\bar{B}, \quad \overline{A+B} = \bar{A} + \bar{B} \\[2mm]
\overline{\dfrac{\partial A}{\partial x}} = \dfrac{\partial \bar{A}}{\partial x}, \quad \overline{\dfrac{\partial A}{\partial y}} = \dfrac{\partial \bar{A}}{\partial y}, \quad \overline{\dfrac{\partial A}{\partial z}} = \dfrac{\partial \bar{A}}{\partial z}, \quad \overline{\dfrac{\partial A}{\partial t}} = \dfrac{\partial \bar{A}}{\partial t} \\[2mm]
\overline{AB} = \overline{(\bar{A}+A')(\bar{B}+B')} = \overline{\bar{A}\bar{B}} + \overline{\bar{A}B'} + \overline{A'\bar{B}} + \overline{A'B'} = \bar{A}\bar{B} + \overline{A'B'} \\[2mm]
\overline{\int A \mathrm{d}s} = \int \bar{A}\mathrm{d}s
\end{cases}
\tag{4.11}
$$

4.1.3 能量的级串过程

尺度不同的旋涡组成了湍流场，最大的旋涡尺度其量级可以与整个流场的特征尺度大致相当，最小的旋涡尺度则由耗散其能量的黏性决定。湍流场中的大尺度涡在运动过程中会破裂而使原有的涡尺度变小，破裂后的涡在运动过程中还有可能破裂成更小尺度的涡，如此递推，使得流场充满各种尺度的涡。当旋涡的尺度小到黏性可以耗散掉它的能量时，旋涡不再破裂成更小的尺度，这种尺度的旋涡是稳定的，称为耗散涡。涡在破裂过程中由大变小，大尺度涡的能量逐渐分解成小尺度涡的能量，能量的传递一般只发生在尺度相近的旋涡之间，以级串的方式进行。最初的研究表明，能量的传递只是由大尺度涡到小尺度涡的单向传递，后来发现也存在小尺度涡向大尺度涡传递能量的现象，例如边界层中近壁流场的扰动会使原流场失去稳定而产生发夹涡，此时能量会从近壁区的小尺度结构通过对数区传到尾迹区的大尺度结构，形成能量反级串。在高 Re 的湍流场中，黏性对大涡间的相互作用几乎没有影响，只对小涡起作用，它使流体的动能耗散为热能。

4.1.4 雷诺应力

在后面给出的雷诺平均运动方程 (4.16) 中出现的雷诺应力以 6 个独立分量的张量形式出现，它是湍流区别于层流的最重要因素。下面以二维流场为例来说明雷诺应力的产生机制。在图 4.1 所示的二维流场中，上下两层速度不同的流体由左向右运动, 速度差的存在导致旋涡的出现, 旋涡会将上层速度快的流体微团带到速度慢的下层中。设被带往下层的流体微团的向下速度为 v_y', 则单位时间内由上层通过界面 $\mathrm{d}x\mathrm{d}z$ 进入下层的 $\mathrm{d}x\mathrm{d}y\mathrm{d}z$ 体积的流体微团质量为 $\rho v_y'\mathrm{d}x\mathrm{d}z$。在上方快速层的流体微团进入下方慢速层的瞬间, 流体微团不会立即失去在上层原有的速度, 这个速度大于下层当地的速度, 速度的超出部分即为脉动速度 v_x', 于是单位时间内该流体微团在 x 方向的动量变化了 $\rho v_y' v_x'\mathrm{d}x\mathrm{d}z$。根据动量定理, 流体微团的动量变化率应等于作用在该流体微团上的作用力, 即微团的微元面 $\mathrm{d}x\mathrm{d}z$ 受到作用力 $\rho v_y' v_x'\mathrm{d}x\mathrm{d}z$, 所以应力为 $\rho v_y' v_x'$。

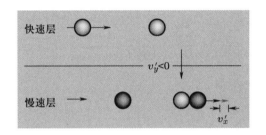

图 4.1 雷诺应力示意图

在图 4.1 所示的剪切湍流中, 垂直方向的坐标向上为正, 当流体微团由上方的快速层进入到下方的慢速层时, 如上所述有 $v_y' < 0$、$v_x' > 0$; 而由下方的慢速层进入到上方的快速层时, 则有 $v_y' > 0$、$v_x' < 0$。将 v_x' 和 v_y' 相乘取平均后有 $\overline{v_x' v_y'} < 0$, 即方程 (4.16) 中出现的雷诺应力 $-\rho\overline{v_x' v_y'}$ 为正。

雷诺应力与黏性应力有相似之处, 但也有本质区别。黏性应力是黏性造成的, 流体黏性源自流体分子热运动产生的扩散所引起的两层流体间的动量交换, 是流体的固有属性。而雷诺应力源自流场中流体微团迁移所导致的两层流体间的动量交换。从严格意义上说, 雷诺应力并非真正的表面应力, 而是把流体微团上下迁移时的速度脉动引起的动量交换等价于作用在两层流体界面上的力, 所以通常将雷诺应力视为表面力。在湍流场中, 雷诺应力的量级大约为 $0.001\rho V^2$, 黏性应力的量级大约为 $\mu V/\delta$, 两者之比为 $0.001 V\delta/\nu = 0.001 Re$, 所以在较高 Re 的湍流场中, 雷诺应力比黏性应力大很多, 这时, 相比之下黏性应力可以忽略。

4.2 湍流平均运动基本方程

流体力学基本方程在第 1 章已有介绍，以下在第 1 章的基础上，给出不可压缩湍流场平均运动的基本方程。首先根据雷诺平均方法，将速度和压力的瞬时量表示成平均量与脉动量之和：

$$v_i = V_i + v_i', \quad p = P + p' \tag{4.12}$$

4.2.1 连续性方程

将式 (4.12) 代入不可压缩黏性流体的连续性方程 (1.84) 可得：

$$\frac{\partial v_i}{\partial x_i} = \frac{\partial V_i}{\partial x_i} + \frac{\partial v_i'}{\partial x_i} = 0 \tag{4.13}$$

对上式取平均并根据式 (4.11) 得：

$$\overline{\frac{\partial v_i}{\partial x_i}} = \overline{\frac{\partial V_i}{\partial x_i}} + \overline{\frac{\partial v_i'}{\partial x_i}} = 0 \Rightarrow \frac{\partial \bar{v}_i}{\partial x_i} = \frac{\partial \bar{V}_i}{\partial x_i} + \frac{\partial \overline{v_i'}}{\partial x_i} = 0 \Rightarrow \frac{\partial V_i}{\partial x_i} = 0 \tag{4.14}$$

该式即为平均运动的连续性方程。

4.2.2 运动方程

在运动方程 (1.94) 中忽略体积力 f_i，考虑到不可压缩流场有 $v_i \partial v_j / \partial x_j = 0$，将其加到方程 (1.94) 的左边，可以做如下演化：

$$\frac{\partial v_i}{\partial t} + v_j \frac{\partial v_i}{\partial x_j} + v_i \frac{\partial v_j}{\partial x_j} = -\frac{1}{\rho}\frac{\partial p}{\partial x_i} + \nu \frac{\partial^2 v_i}{\partial x_j^2} \Rightarrow \frac{\partial v_i}{\partial t} + \frac{\partial v_i v_j}{\partial x_j} = -\frac{1}{\rho}\frac{\partial p}{\partial x_i} + \nu \frac{\partial^2 v_i}{\partial x_j^2} \tag{4.15}$$

将式 (4.12) 代入上式并取平均得：

$$\frac{\partial V_i}{\partial t} + V_j \frac{\partial V_i}{\partial x_j} = -\frac{1}{\rho}\frac{\partial P}{\partial x_i} + \nu \frac{\partial^2 V_i}{\partial x_j^2} + \frac{1}{\rho}\frac{\partial \left(-\rho \overline{v_i' v_j'}\right)}{\partial x_j} \tag{4.16}$$

方程 (4.16) 是湍流雷诺平均运动方程，该方程比平均处理以前的对应方程 (4.15) 多了右边最后一项的雷诺应力 $-\rho \overline{v_i' v_j'}$ 导数项。由方程可见，湍流场中的脉动量通过雷诺应力对平均运动的速度和压力起作用。

这种将瞬时量表示为平均量与脉动量之和后代入方程的做法,能够将湍流中的脉动对平均运动的影响清晰地由雷诺应力项体现出来,但同时也造成了雷诺平均运动方程 (4.16) 的不封闭,因为方程中的雷诺应力有 6 个独立分量。为了使方程组能够封闭求解,人们做了大量的研究工作,虽取得了不少成果,但仍不完善。

4.2.3 动能方程

以下给出湍流平均运动的动能方程。用总的平均应力张量 P_{ij} 表示作用在微元体上的力。对于不可压缩流体,式 (1.105) 的流体应力张量加上雷诺应力张量得:

$$P_{ij} = 2\mu S_{ij} - p\delta_{ij} - \rho \overline{v_i' v_j'} \tag{4.17}$$

式中,S_{ij} 为平均运动的应变率张量:

$$S_{ij} = \frac{1}{2}\left(\frac{\partial V_i}{\partial x_j} + \frac{\partial V_j}{\partial x_i}\right) \tag{4.18}$$

方程 (4.16) 可以利用式 (4.17) 表示成:

$$\frac{\mathrm{D}V_i}{\mathrm{D}t} = \frac{\partial}{\partial x_j}\left(\frac{P_{ij}}{\rho}\right) \tag{4.19}$$

将 V_k 乘式 (4.19) 再加上用 V_i 乘式 (4.19) 的 k 分量可得:

$$V_k\frac{\mathrm{D}V_i}{\mathrm{D}t} + V_i\frac{\mathrm{D}V_k}{\mathrm{D}t} = V_k\frac{\partial}{\partial x_j}\left(\frac{P_{ij}}{\rho}\right) + V_i\frac{\partial}{\partial x_j}\left(\frac{P_{kj}}{\rho}\right) \tag{4.20}$$

上式左端两项合并后可得:

$$\frac{\mathrm{D}V_iV_k}{\mathrm{D}t} = V_k\frac{\partial}{\partial x_j}\left(\frac{P_{ij}}{\rho}\right) + V_i\frac{\partial}{\partial x_j}\left(\frac{P_{kj}}{\rho}\right) \tag{4.21}$$

令 $i = k$ 有:

$$\frac{\mathrm{D}}{\mathrm{D}t}\left(\frac{1}{2}V_iV_i\right) = V_i\frac{\partial}{\partial x_j}\left(\frac{P_{ij}}{\rho}\right) = \frac{1}{\rho}\left[\frac{\partial}{\partial x_j}(P_{ij}V_i) - P_{ij}\frac{\partial V_i}{\partial x_j}\right] \tag{4.22}$$

式中,P_{ij} 是对称张量即 $P_{mn} = P_{nm}$,由式 (4.18) 可得:

$$P_{mn}\frac{\partial V_m}{\partial x_n} + P_{nm}\frac{\partial V_n}{\partial x_m} = P_{mn}\left(\frac{\partial V_m}{\partial x_n} + \frac{\partial V_n}{\partial x_m}\right) = 2P_{mn}S_{mn} \tag{4.23}$$

采用求和约定，上式为：

$$P_{ij}\frac{\partial V_i}{\partial x_j} = P_{ij}S_{ij} \tag{4.24}$$

将该式用于方程 (4.22) 可得：

$$\frac{\mathrm{D}}{\mathrm{D}t}\left(\frac{1}{2}V_iV_i\right) = \frac{1}{\rho}\left[\frac{\partial}{\partial x_j}(P_{ij}V_i) - P_{ij}S_{ij}\right] \tag{4.25}$$

由于

$$p\delta_{ij}S_{ij} = pS_{ii} = p\frac{\partial V_i}{\partial x_i} = 0 \tag{4.26}$$

将式 (4.17) 代入式 (4.22) 得：

$$\frac{\mathrm{D}}{\mathrm{D}t}\left(\frac{1}{2}V_iV_i\right) = \frac{\partial}{\partial x_j}\left(-\frac{P}{\rho}V_j + 2\nu V_iS_{ij} - \overline{v_i'v_j'}V_i\right) - 2\nu S_{ij}S_{ij} + \overline{v_i'v_j'}S_{ij} \tag{4.27}$$
$$\quad\;\; \text{I} \qquad\qquad \text{II} \qquad \text{III} \qquad\qquad \text{IV} \qquad\quad \text{V}$$

方程 (4.27) 是湍流平均运动的动能方程，方程中右端的 I、II、III 分别为平均压力、黏性力、雷诺应力对机械能的输运，IV 为黏性耗散，V 为雷诺应力做的功，它将平均运动的动能转变为湍动能，故又称湍动能生成项。

4.2.4　扩散方程和涡量方程

在实际中经常要用到湍流的扩散方程和涡量方程。

4.2.4.1　扩散方程

雷诺平均运动方程 (4.16) 是湍流平均流的动量平衡方程式，与流场中的速度矢量相关。在实际应用中，经常要了解湍流场中的被动量如混合物组分、灰尘浓度、温度等的扩散、分布和演变情况，所谓被动量是指对流体运动速度没有影响或影响很小的量，所以要建立湍流场中被动量的方程。

流场中被动量的扩散方程为：

$$\frac{\partial \theta}{\partial t} + v_i\frac{\partial \theta}{\partial x_i} = D\frac{\partial^2 \theta}{\partial x_i^2} \tag{4.28}$$

式中，θ 是被动量；D 是分子扩散系数。

同样将被动量的瞬时量用平均量 Θ 和脉动量 θ' 之和表示，即 $\theta = \Theta + \theta'$，将其代入方程 (4.28) 后取平均得：

$$\frac{\partial \Theta}{\partial t} + V_i \frac{\partial \Theta}{\partial x_i} + \overline{v_i' \frac{\partial \theta'}{\partial x_i}} = D \frac{\partial^2 \Theta}{\partial x_i^2} \tag{4.29}$$

对不可压缩流场有 $\theta' \partial v_i' / \partial x_i = 0$，将其加到上式的左端可得：

$$\frac{\partial \Theta}{\partial t} + V_i \frac{\partial \Theta}{\partial x_i} = D \frac{\partial^2 \Theta}{\partial x_i^2} - \frac{\overline{\partial v_i' \theta'}}{\partial x_i} \tag{4.30}$$

该方程即为湍流扩散方程。

4.2.4.2 涡量方程

对 N-S 方程 (1.94) 取旋度可得：

$$\frac{\partial \omega_i}{\partial t} + v_j \frac{\partial \omega_i}{\partial x_j} - \omega_j \frac{\partial v_i}{\partial x_j} = \frac{1}{2} \left(\frac{\partial f_k}{\partial x_m} - \frac{\partial f_m}{\partial x_k} \right) + \nu \frac{\partial^2 \omega_i}{\partial x_j^2} \tag{4.31}$$

式中，压力梯度项 ∇p 取旋度后为零；$\omega_i = \nabla \times v_i$ 为涡量，可表示为平均涡量和脉动涡量之和 $\omega_i = \Omega_i + \omega_i'$，将其与式 (4.12) 代入方程 (4.31) 后取平均得：

$$\frac{\partial \Omega_i}{\partial t} + V_j \frac{\partial \Omega_i}{\partial x_j} + \overline{v_j' \frac{\partial \omega_i'}{\partial x_j}} - \Omega_j \frac{\partial V_i}{\partial x_j} - \overline{\omega_j' \frac{\partial v_i'}{\partial x_j}} = \frac{1}{2} \left(\frac{\partial f_k}{\partial x_m} - \frac{\partial f_m}{\partial x_k} \right) + \nu \frac{\partial^2 \Omega_i}{\partial x_j^2} \tag{4.32}$$

不可压缩流场有 $\overline{\partial v_j' / \partial x_j} = 0$，所以：

$$\overline{v_j' \frac{\partial \omega_i'}{\partial x_j}} = \frac{\overline{\partial v_j' \omega_i'}}{\partial x_j} \tag{4.33}$$

对涡量有：

$$\overline{\frac{\partial \omega_j'}{\partial x_j}} = 0 \tag{4.34}$$

于是：

$$\overline{\omega_j' \frac{\partial v_i'}{\partial x_j}} = \frac{\overline{\partial v_i' \omega_j'}}{\partial x_j} \tag{4.35}$$

根据方程 (4.33) 和方程 (4.35)，方程 (4.32) 可写作：

$$\frac{\partial \Omega_i}{\partial t} + V_j \frac{\partial \Omega_i}{\partial x_j} + \overline{\frac{\partial v_j' \omega_i'}{\partial x_j}} - \Omega_j \frac{\partial V_i}{\partial x_j} - \overline{\frac{\partial v_i' \omega_j'}{\partial x_j}} = \frac{1}{2}\left(\frac{\partial f_k}{\partial x_m} - \frac{\partial f_m}{\partial x_k}\right) + \nu \frac{\partial^2 \Omega_i}{\partial x_j^2} \quad (4.36)$$

$$\text{I} \qquad\qquad\qquad\qquad \text{II}$$

方程 (4.36) 为湍流涡量方程, I 项是流体脉动对涡量的传递, II 项是因脉动变形速度引起的涡量。

对于质量力有势且平均流动和脉动都是二维的情形, 方程 (4.36) 成为:

$$\frac{\partial \Omega_i}{\partial t} + V_j \frac{\partial \Omega_i}{\partial x_j} = \nu \frac{\partial^2 \Omega_i}{\partial x_j^2} - \overline{\frac{\partial v_j' \omega_i'}{\partial x_j}} \quad (4.37)$$

涡量方程 (4.37) 与扩散方程 (4.30) 有相同的形式, 差别在于方程 (4.37) 的涡量为矢量而非标量。

4.3 湍流脉动方程

在湍流平均运动方程中含有脉动量的项, 所以要建立湍流的脉动方程。

4.3.1 雷诺应力方程

在忽略体积力的情况下, 将 N-S 方程 (1.94) 的 i 分量方程乘 v_k, 再加上 k 分量方程乘 v_i 得:

$$v_k \frac{\partial v_i}{\partial t} + v_i \frac{\partial v_k}{\partial t} + v_k v_j \frac{\partial v_i}{\partial x_j} + v_i v_j \frac{\partial v_k}{\partial x_j} = -\frac{v_k}{\rho}\frac{\partial p}{\partial x_i} - \frac{v_i}{\rho}\frac{\partial p}{\partial x_k} + \nu v_k \nabla^2 v_i + \nu v_i \nabla^2 v_k \quad (4.38)$$

经运算和整理后为:

$$\frac{\mathrm{D}\,(v_i v_k)}{\mathrm{D}t} = -\frac{1}{\rho}\left(\frac{\partial v_k p}{\partial x_i} + \frac{\partial v_i p}{\partial x_k}\right) + \frac{p}{\rho}\left(\frac{\partial v_k}{\partial x_i} + \frac{\partial v_i}{\partial x_k}\right) + \nu \nabla^2 v_i v_k - 2\nu \frac{\partial v_i}{\partial x_j}\frac{\partial v_k}{\partial x_j} \quad (4.39)$$

将式 (4.12) 代入上式后平均再减去方程 (4.21) 得:

$$\frac{\mathrm{D}\overline{v_i' v_j'}}{\mathrm{D}t} = \frac{\partial \overline{v_i' v_j'}}{\partial t} + V_k \frac{\partial \overline{v_i' v_j'}}{\partial x_k} = -\frac{\partial}{\partial x_k}\left(\underbrace{\delta_{jk}\frac{\overline{v_i' p'}}{\rho} + \delta_{ik}\frac{\overline{v_j' p'}}{\rho} + \overline{v_i' v_j' v_k'}}_{\text{湍流扩散项}} - \underbrace{\nu \frac{\partial \overline{v_i' v_j'}}{\partial x_k}}_{\text{分子扩散项}}\right) -$$

$$\underbrace{\left(\overline{v_i'v_k'}\frac{\partial V_j}{\partial x_k} + \overline{v_j'v_k'}\frac{\partial V_i}{\partial x_k}\right)}_{\text{产生项}} - \underbrace{2\nu\overline{\frac{\partial v_i'}{\partial x_k}\frac{\partial v_j'}{\partial x_k}}}_{\text{耗散项}} + \underbrace{\overline{\frac{p'}{\rho}\left(\frac{\partial v_i'}{\partial x_j} + \frac{\partial v_j'}{\partial x_i}\right)}}_{\text{压力–变形项}} \tag{4.40}$$

该方程即为雷诺应力方程，推导时将下标 j 与 k 进行了交换。

4.3.2 湍动能方程

在雷诺应力方程的基础上，可以方便地给出湍动能方程。定义湍动能为：

$$k = \frac{1}{2}\overline{v_i'v_i'} \tag{4.41}$$

令方程 (4.40) 中 $i = j$ 并采用求和约定得：

$$\frac{\mathrm{D}k}{\mathrm{D}t} = \underset{\text{I}}{\frac{\partial k}{\partial t}} + \underset{\text{II}}{v_j\frac{\partial k}{\partial x_j}} = \underset{\text{III}}{-\frac{\partial}{\partial x_j}\left(\frac{1}{\rho}\overline{v_j'p'} + \frac{1}{2}\overline{v_i'v_i'v_j'} - 2\nu\overline{v_i's_{ij}'}\right)} \underset{\text{IV}}{-\overline{v_i'v_j'}S_{ij}} \underset{\text{V}}{- 2\nu\overline{s_{ij}'s_{ij}'}}$$

$$\tag{4.42}$$

该方程是湍动能方程，其中脉动应变率张量：

$$s_{ij}' = \frac{1}{2}\left(\frac{\partial v_i'}{\partial x_j} + \frac{\partial v_j'}{\partial x_i}\right) \tag{4.43}$$

在湍动能方程 (4.42) 中，Ⅰ 项是湍动能的时间变化率；Ⅱ 项是对流项，表示流体微团迁移时的湍动能变化；Ⅲ 项表示脉动压力、雷诺应力和脉动黏性应力对湍动能的影响；Ⅳ 项表示湍动能的生成；Ⅴ 项是脉动黏性应力为抵抗变形做的功，该项消耗湍动能使之变为热能，故称湍流耗散项，该项比通常的平均运动耗散项大很多。

为使方程更简洁，将方程 (4.42) 的 Ⅲ、Ⅳ、Ⅴ 项分别用 D_{if}、P_k 和 ε 表示，则方程 (4.42) 成为：

$$\frac{\mathrm{D}k}{\mathrm{D}t} = D_{if} + P_k - \varepsilon \tag{4.44}$$

在方程 (4.40) 和方程 (4.42) 中，存在诸如 $\overline{v_i'v_j'v_k'}$、$\overline{v_j'p'}$ 这样的未知项导致方程不封闭，因此要建立这些未知项与平均量之间的关系，这就是后面将要介绍的湍流模式理论。

4.3.3 湍流耗散率方程

在方程 (4.44) 中用 ε 表示方程 (4.42) 中的湍流耗散项，ε 称为湍流耗散率，以下给出关于 ε 的方程。

首先将运动方程 (4.15) 对 x_k 求导：

$$\frac{\partial}{\partial t}\left(\frac{\partial v_i}{\partial x_k}\right)+\frac{\partial}{\partial x_j}\left(v_j\frac{\partial v_i}{\partial x_k}\right)+\frac{\partial}{\partial x_j}\left(v_i\frac{\partial v_j}{\partial x_k}\right)=-\frac{1}{\rho}\frac{\partial^2 p}{\partial x_i\partial x_k}+\nu\frac{\partial^2}{\partial x_j^2}\left(\frac{\partial v_i}{\partial x_k}\right) \quad (4.45)$$

根据 ε 的结构，将上式各项乘 $2\nu\partial v_i/\partial x_k$ 后得：

$$\frac{\partial}{\partial t}\left(\nu\frac{\partial v_i}{\partial x_k}\frac{\partial v_i}{\partial x_k}\right)+\frac{\partial}{\partial x_j}\left(v_j\nu\frac{\partial v_i}{\partial x_k}\frac{\partial v_i}{\partial x_k}\right)+2\nu\frac{\partial v_i}{\partial x_j}\frac{\partial v_i}{\partial x_k}\frac{\partial v_j}{\partial x_k}$$
$$=-2\frac{\partial}{\partial x_i}\left(\nu\frac{1}{\rho}\frac{\partial p}{\partial x_k}\frac{\partial v_i}{\partial x_k}\right)+\nu\frac{\partial^2}{\partial x_j^2}\left(\nu\frac{\partial v_i}{\partial x_k}\frac{\partial v_i}{\partial x_k}\right)-2\nu\frac{\partial}{\partial x_j}\left(\frac{\partial v_i}{\partial x_k}\right)\nu\frac{\partial}{\partial x_j}\left(\frac{\partial v_i}{\partial x_k}\right)$$
$$(4.46)$$

该方程包含的还是瞬时量，为了得到由脉动量构成的 ε，将式 (4.12) 代入方程 (4.46) 后取平均可得：

$$\frac{\partial}{\partial t}\left(\nu\frac{\partial V_i}{\partial x_k}\frac{\partial V_i}{\partial x_k}\right)+\frac{\partial\varepsilon}{\partial t}+V_j\frac{\partial}{\partial x_j}\left(\nu\frac{\partial V_i}{\partial x_k}\frac{\partial V_i}{\partial x_k}\right)+V_j\frac{\partial\varepsilon}{\partial x_j}+$$
$$2\frac{\partial}{\partial x_j}\left(\overline{\nu v_j'\frac{\partial v_i'}{\partial x_k}}\frac{\partial V_i}{\partial x_k}\right)+\frac{\partial}{\partial x_j}(\overline{\varepsilon v_j'})+2\nu\frac{\partial V_i}{\partial x_j}\frac{\partial V_i}{\partial x_k}\frac{\partial V_j}{\partial x_k}+$$
$$2\nu\overline{\frac{\partial v_i'}{\partial x_j}\frac{\partial v_i'}{\partial x_k}}\frac{\partial V_j}{\partial x_k}+2\nu\overline{\frac{\partial v_j'}{\partial x_j}\frac{\partial v_j'}{\partial x_k}}\frac{\partial V_i}{\partial x_k}+2\nu\overline{\frac{\partial v_i'}{\partial x_k}\frac{\partial v_j'}{\partial x_k}}\frac{\partial V_i}{\partial x_j}+2\nu\overline{\frac{\partial v_i'}{\partial x_j}\frac{\partial v_i'}{\partial x_k}\frac{\partial v_j'}{\partial x_k}}$$
$$=-2\frac{\partial}{\partial x_i}\left(\frac{\nu}{\rho}\frac{\partial P}{\partial x_k}\frac{\partial V_i}{\partial x_k}\right)-2\frac{\partial}{\partial x_i}\left(\frac{\nu}{\rho}\overline{\frac{\partial p'}{\partial x_k}\frac{\partial v_i'}{\partial x_k}}\right)+\nu\frac{\partial^2}{\partial x_j^2}\left(\nu\frac{\partial V_i}{\partial x_k}\frac{\partial V_i}{\partial x_k}\right)+$$
$$\nu\frac{\partial^2\varepsilon}{\partial x_j^2}-2\nu^2\frac{\partial^2 V_i}{\partial x_j\partial x_k}\frac{\partial^2 V_i}{\partial x_j\partial x_k}-2\nu^2\overline{\frac{\partial^2 v_i'}{\partial x_j\partial x_k}\frac{\partial^2 v_i'}{\partial x_j\partial x_k}}$$
$$(4.47)$$

对雷诺平均运动方程 (4.16) 进行上述类似的运算可得：

$$\frac{\partial}{\partial t}\left(\nu\frac{\partial V_i}{\partial x_k}\frac{\partial V_i}{\partial x_k}\right)+V_j\frac{\partial}{\partial x_j}\left(\nu\frac{\partial V_i}{\partial x_k}\frac{\partial V_i}{\partial x_k}\right)+2\nu\frac{\partial V_i}{\partial x_j}\frac{\partial V_i}{\partial x_k}\frac{\partial V_j}{\partial x_k}$$
$$=-2\frac{\partial}{\partial x_i}\left(\frac{\nu}{\rho}\frac{\partial P}{\partial x_k}\frac{\partial V_i}{\partial x_k}\right)+\nu\frac{\partial^2}{\partial x_j^2}\left(\nu\frac{\partial V_i}{\partial x_k}\frac{\partial V_i}{\partial x_k}\right)-2\nu^2\frac{\partial^2 V_i}{\partial x_j\partial x_k}\frac{\partial^2 V_i}{\partial x_j\partial x_k}-$$

$$2\nu \overline{\frac{\partial v_i'}{\partial x_j}\frac{\partial v_j'}{\partial x_k}}\frac{\partial V_i}{\partial x_k} - 2\nu\frac{\partial}{\partial x_j}\overline{\left(v_j'\frac{\partial v_i'}{\partial x_k}\right)}\frac{\partial V_i}{\partial x_k} \tag{4.48}$$

将方程 (4.47) 减去方程 (4.48) 可得:

$$\frac{\partial \varepsilon}{\partial t} + V_j\frac{\partial \varepsilon}{\partial x_j} = -\frac{\partial}{\partial x_i}\left(\overline{\varepsilon v_i'} + \frac{2\nu}{\rho}\overline{\frac{\partial p'}{\partial x_k}\frac{\partial v_j'}{\partial x_k}} - \nu\frac{\partial \varepsilon}{\partial x_j}\right) - 2\nu\overline{\frac{\partial v_i'}{\partial x_j}\frac{\partial v_i'}{\partial x_k}\frac{\partial v_j'}{\partial x_k}} -$$

湍流扩散项　　　　分子扩散项　　　　小涡拉伸产生项

$$2\nu\overline{\frac{\partial v_i'}{\partial x_k}\frac{\partial v_j'}{\partial x_k}}\frac{\partial V_i}{\partial x_j} - 2\nu\overline{v_j'\frac{\partial v_i'}{\partial x_k}}\frac{\partial^2 V_i}{\partial x_j\partial x_k} - 2\nu^2\overline{\frac{\partial^2 v_i'}{\partial x_j\partial x_k}\frac{\partial^2 v_i'}{\partial x_j\partial x_k}} \tag{4.49}$$

产生 A 项　　　　　产生 B 项　　　　　　黏性破坏项

该方程即为湍流耗散率方程,方程的右端由若干新未知项构成,这些项都需要模化,方程才能求解。

4.3.4　脉动速度的高阶方程

雷诺平均运动方程 (4.16) 中的雷诺应力由相应的方程 (4.40) 描述,但在雷诺应力方程以及湍动能方程 (4.42) 中都含有脉动速度的三阶关联项以及其他的新未知项。为了使方程 (4.40) 和方程 (4.42) 得以封闭求解,必须建立脉动速度三阶关联项的方程。类似于推导雷诺应力方程的方法,令雷诺应力张量 $\tau_{ij} = -\rho\overline{v_i'v_j'}$,脉动速度三阶关联项的方程为:

$$\frac{\partial \overline{v_i'v_j'v_l'}}{\partial t} + V_k\frac{\partial \overline{v_i'v_j'v_l'}}{\partial x_k} + \frac{\partial V_i}{\partial x_k}\overline{v_k'v_j'v_l'} + \frac{\partial V_j}{\partial x_k}\overline{v_k'v_l'v_i'} + \frac{\partial V_l}{\partial x_k}\overline{v_k'v_i'v_j'} + \frac{\partial \overline{v_k'v_i'v_j'v_l'}}{\partial x_k}$$

$$= -\frac{1}{\rho}\left(\overline{\frac{\partial p'}{\partial x_i}v_j'v_l'} + \overline{\frac{\partial p'}{\partial x_j}v_l'v_i'} + \overline{\frac{\partial p'}{\partial x_l}v_i'v_j'}\right) + \frac{1}{\rho^2}\left(\frac{\partial \tau_{ik}}{\partial x_k}\tau_{jl} + \frac{\partial \tau_{jk}}{\partial x_k}\tau_{li} + \frac{\partial \tau_{lk}}{\partial x_k}\tau_{ij}\right) -$$

$$2\nu\left(\overline{\frac{\partial v_i'}{\partial x_m}\frac{\partial v_j'}{\partial x_n}v_l'} + \overline{\frac{\partial v_j'}{\partial x_m}\frac{\partial v_l'}{\partial x_n}v_i'} + \overline{\frac{\partial v_l'}{\partial x_m}\frac{\partial v_i'}{\partial x_n}v_j'}\right) + \nu\nabla^2\overline{v_i'v_j'v_l'} \tag{4.50}$$

可见脉动速度三阶关联项的方程中又出现了脉动速度的四阶关联项。实际上,脉动速度第 n 阶关联项的方程中会出现脉动速度的第 $n+1$ 阶关联项,同时还包含相应阶的脉动压力梯度与脉动速度关联项以及耗散项。所以要最终使方程组得以封闭求解，只有建立高阶关联量与低阶关联量以及平均量的关系。

4.4 湍流统计理论简述

有观点认为，湍流运动在时间和空间上都是随机的，要掌握湍流运动的规律，只能采用像研究气体分子随机运动那样的统计方法。且不论这种观点是否完全正确，统计方法毕竟在湍流研究中发挥了很大作用，用该方法得到的许多结果与实验符合较好，因而逐渐形成了湍流统计理论。

4.4.1 均匀各向同性湍流

湍流统计理论建立于数学统计理论和流体力学理论之上。就概率与数理统计理论而言，只有基于关于随机量的无穷多个联合概率分布函数的信息，才能完全描述随机量的特性。在湍流场中，一般情况下难以获得这种分布函数的信息，只在一些特殊的流场中才能部分做到，于是要凭借流体力学理论去建立数理统计所能处理的流场模型。为此，Taylor 提出了均匀各向同性湍流模型，该模型中随机量的相关函数只需最少数的量和关系式即可描述，实际上湍流统计理论的成果大部分基于这种模型。

均匀各向同性湍流中的均匀与各向同性有不同的含义。均匀是指湍流场中的统计平均量及与统计平均相关的性质在空间是均匀分布的，与空间坐标无关。各向同性是指湍流场中的统计平均量及和其相关的性质与空间的方位无关，即在坐标系的任意旋转与反射下，随机量的统计平均性质不变。

显然，均匀各向同性湍流是一种理想化的模型，但自然界和实际应用中确实存在接近这种理想模型的流场，如风洞网格后的流场、实验段的核心区以及一些湍流场的局部区域。在 Taylor 均匀各向同性湍流模型基础上，Kolmogorov(科尔莫戈罗夫) 提出了局部均匀各向同性湍流理论，该理论认为在一些高 Re 流场，尽管流场整体上并非各向同性，但在局部流场的小尺度范围内，流场却具有接近于均匀各向同性的特征。这种局部均匀各向同性湍流的模型具有普适性，对研究非各向同性湍流起到了促进作用。

4.4.2 湍流脉动速度的关联函数

湍流统计理论离不开对湍流脉动量的平均,湍流脉动量是体现湍流场特性的基本量,由于单个脉动量的平均值为零,所以一般都取两个或两个以上的脉动量的关联作为基本量,以下以湍流场脉动速度为例进行说明。

4.4.2.1 固定点上相同时刻脉动速度分量间的关联

流场固定点上相同时刻脉动速度的二阶关联为 $\overline{v_i'v_j'}$。当 $i=j$ 时,$\overline{v_i'v_j'}$ 成了 $\overline{v_i'^2}$,即雷诺正应力,与湍流场强度直接相关。当 $i \neq j$ 时,$-\rho\overline{v_i'v_j'}$ 便是雷诺剪应力。流场固定点上相同时刻三阶脉动速度的关联,表示雷诺应力沿某方向的输运,如 $\overline{v_i'^3}$,$\overline{v_i'^2 v_j'}$,$\overline{v_i'v_j'^2}$,$\overline{v_j'^3}$。这些脉动速度的二阶、三阶关联量除了本身有其物理意义外,还构成了湍流脉动速度关联方程。

4.4.2.2 相同时刻不同点上脉动速度分量间的关联

这种关联可用于分析某个点影响另一个点的程度,据此推断两个不同点运动过程中的相关程度,因而可用来描述流场微结构特征。

设 P_1 和 P_2 两个点具有坐标 $(x_1,\ x_2,\ x_3)$ 和 $(x_1+r_1,\ x_2+r_2,\ x_3+r_3)$,用 $v'(x_k)$ 和 $v'(x_k+r_k)$ 表示这两个点的脉动速度,则这两个点的脉动速度关联函数为:

$$R_{ij}(x_k, r_k, t) = \overline{v_i'(x_k,t)v_j'(x_k+r_k,t)} \tag{4.51}$$

相应的量纲为一的关联系数为:

$$R_{ij}^0(x_k, r_k, t) = \frac{\overline{v_i'(x_k,t)v_j'(x_k+r_k,t)}}{\sqrt{\overline{v_i'^2(x_k,t)}}\sqrt{\overline{v_j'^2(x_k+r_k,t)}}} \tag{4.52}$$

在均匀各向同性湍流场中,R_{ij}^0 与 x_k 无关,且当 $i \neq j$ 时,$\overline{v_i'(x_k,t)v_j'(x_k+r_k,t)}$ 为 0。若 r 取 1 的方向,有 $\overline{v_2'(x_1)v_2'(x_1+r)} = \overline{v_3'(x_1)v_3'(x_1+r)}$($t$ 略去不写),可见 R_{ij}^0 只取决于 $R_{1,1}^0(r,0,0)$ 和 $R_{2,2}^0(r,0,0)$,将它们记为:

$$f(r) = R_{1,1}^0(r,0,0), \quad g(r) = R_{2,2}^0(r,0,0) \tag{4.53}$$

如果 r 取 2 的方向,则上式的 $R_{1,1}^0(r,0,0)$ 为 $R_{1,1}^0(0,r,0)$。

4.4.2.3 不同时刻固定点上脉动速度分量间的关联

固定点上相隔时间 τ 的两个时刻的脉动速度分量的关联称为 Euler 关联，该关联与式 (4.51) 类似：

$$R_{ij}(x_k, t, \tau) = \overline{v_i'(x_k, t)v_j'(x_k, t+\tau)} \tag{4.54}$$

相应的关联系数为：

$$R_{ij}^0(x_k, t, \tau) = \frac{\overline{v_i'(x_k, t)v_j'(x_k, t+\tau)}}{\sqrt{\overline{v_i'^2(x_k, t)}}\sqrt{\overline{v_j'^2(x_k, t+\tau)}}} \tag{4.55}$$

最常用的 Euler 关联是同一脉动速度分量的自关联，相应的关联函数和关联系数分别为：

$$R(x_k, \tau) = \overline{v_i'(x_k, t)v_i'(x_k, t+\tau)} \tag{4.56}$$

$$R^0(x_k, \tau) = \frac{\overline{v_i'(x_k, t)v_i'(x_k, t+\tau)}}{\overline{v_i'^2}} \tag{4.57}$$

4.4.3 均匀湍流的特征尺度

湍流场中存在两类特征尺度，分别为微尺度和大尺度或积分尺度。

1. 时间微尺度

时间微尺度 τ_e 表征湍流场脉动速度的迅速变化：

$$\frac{1}{\tau_e^2} = \frac{1}{2\overline{v_i'^2}}\overline{\left(\frac{\partial v_i'}{\partial t}\right)^2} \tag{4.58}$$

该尺度与流场中最小尺度涡的持续时间有关。

将式 (4.56) 的 $v_i'(x_k, t+\tau)$ 在 $\tau = 0$ 时按 Taylor 级数展开并代入式 (4.56) 得：

$$\overline{v_i'(x_k, t)v_i'(x_k, t+\tau)} = \overline{v_i'^2(x_k, t)} + \tau\overline{v_i'(x_k, t)\frac{\partial v_i'(x_k, t)}{\partial t}} + \frac{\tau^2}{2!}\overline{v_i'(x_k, t)\frac{\partial^2 v_i'(x_k, t)}{\partial t^2}} + \cdots \tag{4.59}$$

可以证明：

$$\overline{v'_i(x_k,t)\frac{\partial v'_i(x_k,t)}{\partial t}} = 0, \quad \overline{v'_i(x_k,t)\frac{\partial^2 v'_i(x_k,t)}{\partial t^2}} = -\overline{\left(\frac{\partial v'_i(x_k,t)}{\partial t}\right)^2} \tag{4.60}$$

将其代入式 (4.57)~(4.59), 可得时间关联系数与 τ_e 的近似关系式:

$$R^0(x_k,\tau) \approx 1 - \frac{\tau^2}{\tau_e^2} \tag{4.61}$$

2. 空间微尺度

空间微尺度可分为纵向微尺度 λ_f 和横向微尺度 λ_g。根据以上按 Taylor 级数展开的方法,λ_f 和 λ_g 与式 (4.53) 中的 $f(r)$ 和 $g(r)$ 存在以下关系:

$$f(r) \approx 1 - \frac{r^2}{\lambda_f^2}, \quad g(r) \approx 1 - \frac{r^2}{\lambda_g^2} \tag{4.62}$$

式中,λ_f 和 λ_g 与脉动速度的关系为:

$$\frac{1}{\lambda_f^2} = \frac{1}{2\overline{v_1'^2}}\overline{\left(\frac{\partial v_1'}{\partial r_1}\right)^2}, \quad \frac{1}{\lambda_g^2} = \frac{1}{2\overline{v_2'^2}}\overline{\left(\frac{\partial v_2'}{\partial r_1}\right)^2} \tag{4.63}$$

由式 (4.63) 可见,λ_f 和 λ_g 与最小涡的纵向和横向尺度有关。如前所述,湍流场中能量的耗散主要发生在最小涡的尺度,所以 λ_f 和 λ_g 也可视为耗能涡的特征尺度。

3. 积分尺度

流场的空间两点之间,纵向脉动速度相关联的距离 L_f 和横向脉动速度相关联的距离 L_g,称为湍流场的积分尺度或大尺度,也是流场大尺度涡的空间特征尺度。大尺度涡的时间特征尺度用 T_E 表示,这三个量分别定义为:

$$L_f = \int_0^\infty f(r)\mathrm{d}r, \quad L_g = \int_0^\infty g(r)\mathrm{d}r, \quad T_E = \int_0^\infty R^0(\tau)\mathrm{d}\tau \tag{4.64}$$

4.4.4 能谱分析

在湍流统计理论中,除以上的脉动量关联函数外,能谱函数也包含着湍流场的重要信息,因为各种不同尺度的旋涡构成了湍流场,而能谱函数正是描述各种尺度旋涡的能量分布的。不同尺度的旋涡对应不同的频率和波数,因而可根据旋涡的频率或波数来研究和分析能量的分布。

对于一个充分发展的湍流场而言，此时各种不同尺度的涡都已被激发，大尺度的涡对应小的波数，反之亦然。图 4.2 给出波数与能量的关系，横坐标表示波数，可见位于大涡区的小波数涡不具有最大的能量，波数落在载能涡区的涡具有最大、最多的能量，当波数继续增大进入统计平衡区后，涡所含的能量随着波数的增大而减少，在最大波数的小涡区，黏性的作用较大，导致的能量损耗也较大，总能量中的大部分由这些涡耗散掉。

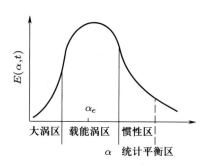

图 4.2 各波数区的能量分布

脉动能量的相对衰减速率可以用 $(\mathrm{d}\overline{v'^2}/\mathrm{d}t)/\overline{v'^2}$ 表示，波数为 α 的涡的相对变化率用 $\alpha\sqrt{\overline{v'^2}}$ 表示。位于小波数区的大涡存在 $\alpha\sqrt{\overline{v'^2}} \ll (\mathrm{d}\overline{v'^2}/\mathrm{d}t)/\overline{v'^2}$，即小波数区的大涡较稳定，随时间变化很慢。相反，位于大波数区的小涡存在 $\alpha\sqrt{\overline{v'^2_\alpha}} \gg (\mathrm{d}\overline{v'^2}/\mathrm{d}t)/\overline{v'^2}$，即脉动能量的相对衰减速率很小，统计平均值的变化可以忽略不计，旋涡可视为处于统计平衡状态，其特性只取决于内部条件而与外部条件无关，即小涡的湍动性质只取决于湍流耗散率 ε 和黏性系数 ν。

位于统计平衡区左端的波数较低的区间内，惯性力作用产生的能量传递大于能量损耗，故该区间称为惯性区，该区内的能量损耗远小于能量传递，即黏性的影响可以忽略，流场的湍动性质只取决于 ε。在这个区间中，若用 $\sqrt{\overline{v'^2_\alpha}}$ 表示波数大于 α 的所有涡的脉动速度均方差，用 l_α 表示这种涡的尺度，根据量纲分析可得：

$$\sqrt{\overline{v'^2_\alpha}} = (\varepsilon l_\alpha)^{1/3} = \left(\frac{\varepsilon}{\alpha}\right)^{1/3} \tag{4.65}$$

因为能量 E 具有 $L^3 T^{-2}$ 的量纲，α 具有 L^{-1} 的量纲，由量纲分析可得：

$$E(\alpha_k, t) = c\varepsilon^{2/3}\alpha^{-5/3} \tag{4.66}$$

式中，c 是常数。这是惯性区中能量与波数 α 和湍流耗散率 ε 的关系，其中 α 的指数 $(-5/3)$ 是著名的 $-5/3$ 幂次律。

图 4.2 的载能涡区由中等尺度的涡组成，该区间存在：

$$\frac{1}{\overline{v'^2}} \frac{\overline{\mathrm{d}v'^2}}{\mathrm{d}t} \sim \sqrt{\overline{v'^2}} \alpha_e \tag{4.67}$$

该区间内的湍动性质除了取决于 ε 和 ν 外，还取决于时间 t，故也称为准平衡区，在该区间内有：

$$\frac{\varepsilon t^2}{\nu} = c \tag{4.68}$$

简而言之，可以将波数分成小波数的大涡区、中等波数的载能涡区和大波数的小涡区。大涡区的湍动性质基本与时间无关；载能涡区的流场存在 $\varepsilon t^2 / \nu = c$ 的关系；处于统计平衡状态的小涡区，其湍动性质取决于 ε 和 ν，位于该区左侧的惯性区，湍动性质只取决于 ε 而与 ν 无关。

4.5 湍流模式理论

前面给出了雷诺平均运动方程 (4.16)，该方程比层流场的方程多了雷诺应力项，这使得方程不封闭而无法求解。为使方程封闭求解，需要建立雷诺应力项的方程或表达式，由此产生了湍流模式理论。该理论的核心是基于数理基础、流体力学理论以及相关的经验，对雷诺应力项建立表达式或方程，然后对方程中的未知项提出尽可能合理的模型和假设，使得方程组可以封闭求解。

4.5.1 湍流模式建立的依据

湍流模式理论的建立基于此前的相关研究，同时也遵循数学物理的基本原则。

4.5.1.1 湍流模式理论的基础

湍流模式理论仍是现阶段解决工程问题的有效办法，该理论的建立经历了一个循序渐进的过程。Boussinesq 首先用涡黏性系数类比分子黏性系数，建立了雷诺应力与平均速度梯度和涡黏性系数之间的关系，其中的涡黏性系数需要由实验确定。涡黏性系数方法只有在平均流动惯性作用显著强于湍流输运效应的情况下才能取得较满意的结果，所以存在局限性。

尽管涡黏性系数方法存在局限性，但也给后人提供了思路，即通过寻求雷诺应力与平均速度梯度之间的关系来封闭雷诺平均运动方程，这种寻求手段包括借助实验观察，通过量纲分析、张量分析等数理工具，进行合理的推理与猜测而提出模型，根据模型数值计算后将结果与实验对比，在对比的基础上对模型进一步修正，这就形成了半经验理论。属于半经验理论的有 Prandtl 的混合长度理论、Taylor 的涡量输运理论、von Kármán 的相似性理论等。半经验理论还只是直接建立雷诺应力与平均速度梯度之间的关系，不涉及关于雷诺应力项的微分，即无需建立雷诺应力的微分方程，所以基于半经验理论建立的模型称为零方程模型或一阶封闭模式。

半经验理论中的方法虽然比涡黏性系数方法进了一步，但不涉及雷诺应力的微分，这限制了其使用范围。于是，周培源在 20 世纪 40 年代初从基本方程出发，采用雷诺平均方法，建立了关于雷诺应力的微分方程以及方程中新出现的三阶脉动速度关联函数的微分方程。由于三阶脉动速度关联函数方程中又出现了四阶脉动速度关联函数以及脉动压力与脉动速度的关联函数等新未知量，于是他进一步建立了四阶脉动速度关联函数以及脉动压力与脉动速度关联函数与二阶脉动速度关联函数的关系，使方程得以封闭求解。基于该方法，他给出了槽流、圆管流以及平板边界层等湍流场的解。周培源以上的研究工作是最早的湍流模式理论，20 世纪 50 年代，Rotta 发展了周培源的理论，提出了完整的雷诺应力模式，为后来湍流模式理论的发展奠定了基础。

4.5.1.2　湍流模式理论建立的原则

湍流模式理论实际上就是建立某个假定的系统来代替真实的湍流场，具体地说，就是将雷诺应力方程中出现的未知项用已知的或待求的项代替。因此一个湍流模式的优劣取决于假定系统逼近真实湍流场的程度。要使逼近程度高，一是要尽可能地把相关因素考虑得周全，二是不能违背物理、数学方面的基本原则。

从物理角度考虑，模式理论的基本方程是雷诺平均运动方程和雷诺应力方程，方程必须满足守恒定律。方程中出现的所有二阶以上脉动量的关联函数都只是流体物理属性、平均量、湍动能、耗散率以及二阶脉动关联量的函数。方程中所有被模拟的项，在模拟前后应当有相同的量纲。方程中各量的扩散速度与该量的梯度成正比。除非常靠近壁面的区域外，流场中与大尺度涡有关的性质不受黏性影响，小尺度涡结构的统计性质为各向同性，与平均运动和大尺度涡无关。与大尺度涡相关的性质由湍动能 k 和湍流耗散率 ε 表示，与小尺度涡相关的性质由湍流耗散率 ε 和黏性系数 ν 表示。模化后的方程中每一项在物理上应当有意义，不能出现负的正应力或负的湍流能量、关联系数大于 1 等非物理情形。

从数学角度考虑，方程中同一项在模拟前后必须有相同的数学特性，例如对张量而言，要满足阶数相同、下标次序相同以及对称性、置换性和迹为零等。要满足不变性，即模式方程与坐标系的选择无关，当坐标系做 Galileo 变换时，模拟前后的量需按相同的规律变化。

4.5.2 一阶封闭模式

该模式直接建立雷诺应力与平均速度梯度之间的关系，不涉及雷诺应力或其他二阶及二阶以上脉动关联量的微分方程，故称为一阶封闭模式。又由于该模式无需建立雷诺应力的微分方程，所以又称零方程模型或代数模型。

4.5.2.1 Boussinesq 涡黏性系数模式

Boussinesq 基于黏性剪应力与分子黏性系数和平均速度梯度间的关系，引进一个能包含湍流效应的广义黏性系数来建立雷诺应力与平均速度梯度之间的关系，广义黏性系数又称涡黏性系数，其表达式为：

$$\tau_t = -\rho \overline{v_x' v_y'} = \rho \varepsilon_m \frac{\partial V_x}{\partial y} \tag{4.69}$$

式中，V_x 为 x 方向的平均速度；ε_m 为涡黏性系数，它与分子运动黏性系数有相同量纲。对三维流场而言，上式可表示为：

$$-\overline{v_i' v_j'} = 2\varepsilon_m S_{ij} - \frac{2}{3} k\delta_{ij} \tag{4.70}$$

式中，k 为湍动能；应变率张量 S_{ij} 为：

$$S_{ij} = \frac{1}{2} \left(\frac{\partial V_i}{\partial x_j} + \frac{\partial V_j}{\partial x_i} \right) \tag{4.71}$$

式 (4.70) 与式 (4.69) 相比多了右边第二项，但这项是必需的，因为在不可压缩流体假设下，当式 (4.70) 中 $i = j$ 时，式子的左边是湍动能的 2 倍，右边第一项 $S_{ij}=0$，若无第二项则左边的湍动能为零，这与实际相悖。

与分子黏性系数不同的是，涡黏性系数 ε_m 还与流场状态有关且一般是未知的，所以还需建立 ε_m 与平均速度之间的关系。

4.5.2.2 Prandtl 混合长度理论

Prandtl 同样采用与分子黏性系数类比的方法，给出了用混合长度 l 表示的雷诺应力表示式：

$$-\rho \overline{v_x' v_y'} = \rho l^2 \left| \frac{\partial V_x}{\partial y} \right| \frac{\partial V_x}{\partial y} \tag{4.72}$$

式中，l 与涡黏性系数 ε_m 的关系为：

$$\varepsilon_m = l^2 \left| \frac{\partial V_x}{\partial y} \right| \tag{4.73}$$

对三维流场有：

$$v_i' = l_j \frac{\partial \overline{v_i}}{\partial x_j}, \quad -\rho \overline{v_i' v_j'} = \rho \overline{v_i' l_j} \left| \frac{\partial \overline{v_i}}{\partial x_j} \right|, \quad (\varepsilon_m)_{ij} = C \overline{v_i' l_j} \tag{4.74}$$

虽然混合长度 l 仍旧未知，但对流场状态的依赖性比涡黏性系数 ε_m 弱，基本只依赖于局部的流体状态。混合长度理论把 l 类比于分子自由程，把湍流脉动速度类比于分子热运动速度，实际上两者有着本质差别。分子热运动的平均动能只与温度有关，而湍动能则取决于流动的许多因素。气体分子是离散的，其质点运动用常微分方程描述，而湍流仍属于连续介质，用偏微分方程描述，数学方程的不同对应物理过程的差异。尽管如此，长期以来混合长度理论已被应用于槽道流、管流、边界层等流场的计算，在工程应用上发挥了一定的作用。

4.5.2.3 Taylor 涡量输运理论

Taylor 采用与 Prandtl 混合长度相同的思路来建立雷诺应力与平均速度梯度的关系，不同的是用 l_Ω 代替 l：

$$-\rho\overline{v'_x v'_y} = \rho l_\Omega^2 \left|\frac{\partial V_x}{\partial y}\right| \frac{\partial V_x}{\partial y} \tag{4.75}$$

式中，l_Ω 表示流体微团沿 y 方向迁移时保持原有涡量的最大长度。

4.5.2.4 von Kármán 相似性理论

混合长度理论中的混合长度 l 有待确定，von Kármán 提出了确定 l 与坐标关系的局部相似性理论。该理论假设流场各点上的湍流脉动几何相似，只需用一个时间尺度和速度尺度就能确定湍流的结构，在此假设下混合长度为：

$$l = \kappa \left(\frac{\partial V_x}{\partial y}\right) \bigg/ \left(\frac{\partial^2 V_x}{\partial y^2}\right) \tag{4.76}$$

式中，κ 是 Kármán 常数，平行流 $\kappa = 0.4 \sim 0.41$。由式 (4.76) 可见，l 只取决于当地平均速度 V_x。在式 (4.76) 中，如果速度剖面存在拐点即 $\partial^2 V_x/\partial y^2 = 0$ 且 $\partial V_x/\partial y$ 不为 0，则有 $l \to \infty$，这与实际情形不符，所以 von Kármán 相似性理论不能用于这样的流场。尽管存在这一限制，但 von Kármán 相似性理论在有些流场尤其是边界层部分区域内仍比较有效。实验结果表明，在湍流边界层的部分区域内，流场速度 v 与离壁距离 y 存在对数关系，即 $v \sim \ln y$，将其代入式 (4.76) 可以得到 $l = \kappa y$。

一阶封闭模式的优点是简单、使用方便，缺点是当地平衡型的特性使得该模式不能反映上游历史对当地流场的影响。应用结果表明，对于适度压力梯度的二维边界层，采用一阶封闭模式能获得较理想的结果，而对于表面曲率很大或压力梯度很大的流场以及自由湍流剪切层，一阶封闭模式的使用效果不够理想。

4.5.3 雷诺应力模式

前面已经给出了雷诺应力方程 (4.40) 和湍动能方程 (4.42)，这两个方程中的湍流扩散项、耗散项、压力–变形项等都是新未知项，需要模化，即给出用已知量或待求量表示的形式，这就是雷诺应力模式。

4.5.3.1 湍流扩散项的模化

根据 4.5.1 节中湍流模式建立的依据,雷诺应力的扩散应当与雷诺应力的梯度成正比、扩散项模化前后要有相同量纲。那么,雷诺应力方程 (4.40) 右边的湍流扩散项可以表示为:

$$-\delta_{jl}\frac{\overline{v_i'p'}}{\rho} - \delta_{il}\frac{\overline{v_j'p'}}{\rho} + \overline{v_i'v_j'v_l'} = C_k[l^2/t]\frac{\partial\overline{v_i'v_j'}}{\partial x_l} = C_k\frac{k^2}{\varepsilon}\frac{\partial\overline{v_i'v_j'}}{\partial x_l} \tag{4.77}$$

式中,$[l^2/t]$ 表示湍流扩散系数的量纲。根据湍流模式建立依据,湍流扩散性质由大尺度涡决定,大尺度涡相关的性质由湍动能 k 和湍流耗散率 ε 表示,所以扩散系数应当由 k 和 ε 表示,要使 k 和 ε 组合的量纲为 $[l^2/t]$,其唯一的形式为 k^2/ε。

式 (4.77) 中的 C_k 为待定常数,$C_k k^2/\varepsilon$ 体现不出方向性,对于非各向同性流场,湍流扩散系数有以下几种表示方式:

$$C_k\frac{k}{\varepsilon}\overline{v_i'^2}\frac{\partial\overline{v_i'v_j'}}{\partial x_l} \tag{4.78}$$

$$C_k\frac{k}{\varepsilon}(\overline{v_i'v_l'} + \overline{v_j'v_l'})\frac{\partial\overline{v_i'v_j'}}{\partial x_l} \tag{4.79}$$

$$0.22\frac{k}{\varepsilon}\overline{v_k'v_l'}\frac{\partial\overline{v_i'v_j'}}{\partial x_k} \tag{4.80}$$

$$0.11\frac{k}{\varepsilon}\left(\overline{v_k'v_l'}\frac{\partial\overline{v_i'v_j'}}{\partial x_k} + \overline{v_i'v_k'}\frac{\partial\overline{v_j'v_l'}}{\partial x_k} + \overline{v_j'v_k'}\frac{\partial\overline{v_j'v_i'}}{\partial x_k}\right) \tag{4.81}$$

式 (4.78)~(4.81) 的使用增加了数值求解的复杂程度,在求解非各向同性不是很强的流场时,通常还是采用 $C_k k^2/\varepsilon$ 的形式。

4.5.3.2 耗散项的模化

湍流的耗散主要与小尺度涡有关,根据湍流模式建立依据,模化后的项由 ε 和 ν 表示,于是耗散项可以表示为:

$$2\nu\overline{\frac{\partial v_i'}{\partial x_l}\frac{\partial v_j'}{\partial x_l}} = \frac{2}{3}\delta_{ij}\varepsilon \tag{4.82}$$

湍流的耗散虽然接近各向同性, 但在如近壁流场的某些区域仍有可能非各向同性, 此时可采用如下表达式:

$$2\nu\overline{\frac{\partial v_i'}{\partial x_l}\frac{\partial v_j'}{\partial x_l}} = \frac{\sqrt{\overline{v_i'^2}}\sqrt{\overline{v_j'^2}}}{k}\varepsilon \tag{4.83}$$

4.5.3.3 压力–变形项的模化

方程 (4.40) 中压力–变形项的模化比较困难, 该项是脉动压力与脉动速度梯度的关联, 要给出脉动压力的表达式才能模化。将瞬时动量方程减去雷诺平均运动方程可得:

$$\frac{\partial v_m'}{\partial t} + V_l\frac{\partial v_m'}{\partial x_l} + v_l'\frac{\partial V_m}{\partial x_l} + v_l'\frac{\partial v_m'}{\partial x_l} = -\frac{1}{\rho}\frac{\partial p'}{\partial x_m} + \nu\frac{\partial^2 v_m'}{\partial x_l\partial x_l} + \overline{\frac{\partial v_m' v_l'}{\partial x_l}} \tag{4.84}$$

对式 (4.84) 取散度可得脉动压力的 Poisson(泊松) 方程:

$$\nabla^2\frac{p'}{\rho} = -\left(\frac{\partial^2 v_l' v_m' - \overline{v_l' v_m'}}{\partial x_l\partial x_m} + 2\frac{\partial V_l}{\partial x_m}\frac{\partial v_m'}{\partial x_l}\right) \tag{4.85}$$

如果脉动压力的点远离壁面或者自由面, 可以根据 Green(格林) 定理得到 Poisson 方程的解为:

$$\frac{p'}{\rho} = \frac{1}{4\pi}\int_V\left(\frac{\partial^2 v_l' v_m' - \overline{v_l' v_m'}}{\partial x_l\partial x_m} + 2\frac{\partial V_l}{\partial x_m}\frac{\partial v_m'}{\partial x_l}\right)\frac{\mathrm{d}V}{r} \tag{4.86}$$

式中, r 是从脉动压力点到积分域上任意点之间的距离。

由于压力–变形项是脉动压力与脉动速度梯度的关联, 将上式两边同乘上 $(\partial v_i'/\partial x_j + \partial v_j'/\partial x_i)$ 后再平均, 可得模化后的压力–变形项:

$$\overline{\frac{p'}{\rho}\left(\frac{\partial v_i'}{\partial x_j} + \frac{\partial v_j'}{\partial x_i}\right)} = \frac{1}{4\pi}\int_V\left[\overline{\left(\frac{\partial^2 (v_l' v_m')^*}{\partial x_l\partial x_m}\right)\left(\frac{\partial v_i'}{\partial x_j} + \frac{\partial v_j'}{\partial x_i}\right)} + \right.$$
$$\left. 2\left(\frac{\partial V_l}{\partial x_m}\right)^*\overline{\left(\frac{\partial v_m'}{\partial x_l}\right)^*\left(\frac{\partial v_i'}{\partial x_j} + \frac{\partial v_j'}{\partial x_i}\right)}\right]\frac{\mathrm{d}V^*}{r^*} \tag{4.87}$$

式中，带 * 的项对应积分域上的点，不带 * 的项对应压力-变形项所在的点。方程 (4.87) 右边的被积函数中包含两个部分，前面一部分只与脉动速度有关，根据模化依据，模化后的项也应只与 $\overline{v_i' v_j'}$、k、ε 有关。后面一部分为平均速度梯度与脉动速度梯度的相互作用，模化后的项也应只与 $\partial V_i / \partial x_j$、$\overline{v_i' v_j'}$、$k$、$\varepsilon$ 有关。

4.5.3.4 模化后的雷诺应力方程和湍动能方程

通过对以上扩散项、耗散项、压力-变形项的模化，雷诺应力方程 (4.40) 中所有的新未知项都有了相应的表达式，以下是经过模化后的雷诺应力方程：

$$
\frac{\mathrm{D}\overline{v_i' v_j'}}{\mathrm{D}t} = \frac{\partial}{\partial x_l} \left(C_k \frac{k^2}{\varepsilon} \frac{\partial \overline{v_i' v_j'}}{\partial x_l} + \nu \frac{\partial \overline{v_i' v_j'}}{\partial x_l} \right) + P_{ij} - \frac{2}{3} \delta_{ij} \varepsilon -
$$
$$
C_1 \frac{\varepsilon}{k} \left(\overline{v_i' v_j'} - \frac{2}{3} \delta_{ij} k \right) - C_2 \left(P_{ij} - \frac{2}{3} \delta_{ij} P_k \right) \tag{4.88}
$$

其中

$$
P_{ij} = - \left(\overline{v_i' v_k'} \frac{\partial \overline{v_j}}{\partial x_k} + \overline{v_j' v_k'} \frac{\partial \overline{v_i}}{\partial x_k} \right), \quad P_k = -\overline{v_i' v_l'} \frac{\partial \overline{v_i}}{\partial x_l} \tag{4.89}
$$

模化后的湍动能方程为：

$$
\frac{\mathrm{D}k}{\mathrm{D}t} = \frac{\partial}{\partial x_l} \left(C_k \frac{k^2}{\varepsilon} \frac{\partial k}{\partial x_l} + \nu \frac{\partial k}{\partial x_l} \right) + P_k - \varepsilon \tag{4.90}
$$

式 (4.88) 和式 (4.90) 中的常数为 $C_k = 0.09 \sim 0.11$，$C_1 = 1.5 \sim 2.2$，$C_2 = 0.4 \sim 0.5$。

4.5.3.5 湍流耗散率 ε 的模化

以上模化后的雷诺应力方程和湍动能方程中所包含的湍流耗散率 ε 仍旧是未知项，于是要建立 ε 方程，然后对方程中出现的新未知项逐项进行模化。

1. 量级分析

在 4.3.3 节中已给出了湍流耗散率 ε 方程 (4.49)，方程中出现的新未知项都要模化。模化前有必要对方程中的各项估计量级，以便忽略量级较小的项，使模化过程简化。具体做法是首先设定平均量、脉动量及其导数的特征长度、特征时间、特征速度，用其对方程 (4.49) 进行量纲为一化后再比较各项的量级。由量级比较可知，方程中的产生 A 项和产生 B 项比其他项小很多而可以忽略。

小涡拉伸产生项和黏性破坏项比其他项大很多，若要使方程平衡，这两项的符号应该相反。方程中的黏性破坏项恒为负，则拉伸产生项为正，耗散率 ε 随时间的变化主要取决于小涡拉伸产生项与黏性破坏项之差。

2. 小涡拉伸产生项与黏性破坏项之差的模化

由于小涡拉伸产生项和黏性破坏项都与高波数的小尺度涡相关，精确地模化比较困难。通常的做法是采用量纲分析和类比的方式，对小涡拉伸产生项与黏性破坏项之差进行模化，此时可以认为小涡拉伸产生项相当于耗散率 ε 的一个源项，其值正比于湍流产生项 P_k，原因是 P_k 的增加导致湍流能量的增加，耗散率也就相应地增加。根据量纲分析，小涡拉伸产生项可以表示为：

$$-2\nu\overline{\frac{\partial v_i'}{\partial x_j}\frac{\partial v_i'}{\partial x_l}\frac{\partial v_j'}{\partial x_l}} = C_{\varepsilon 1}\frac{k}{\varepsilon}P_k = -C_{\varepsilon 1}\frac{k}{\varepsilon}\overline{v_i'v_l'}\frac{\partial V_i}{\partial x_l} \tag{4.91}$$

方程 (4.49) 中最后一项的黏性破坏项与湍动能和耗散率有关，所以可以采用以下表达式：

$$-2\nu^2\overline{\frac{\partial^2 v_i'}{\partial x_j\partial x_k}\frac{\partial^2 v_i'}{\partial x_j\partial x_k}} = -C_{\varepsilon 2}\frac{\varepsilon^2}{k} \tag{4.92}$$

因此，小涡拉伸产生项和黏性破坏项之差可以表示为：

$$-2\nu\overline{\frac{\partial v_i'}{\partial x_j}\frac{\partial v_i'}{\partial x_l}\frac{\partial v_j'}{\partial x_l}} - 2\nu^2\overline{\frac{\partial^2 v_i'}{\partial x_j\partial x_k}\frac{\partial^2 v_i'}{\partial x_j\partial x_k}} = c\frac{\varepsilon^2}{k}\left(\frac{P_k}{\varepsilon}-1\right) = -C_{\varepsilon 1}\frac{k}{\varepsilon}\overline{v_i'v_l'}\frac{\partial V_i}{\partial x_l} - C_{\varepsilon 2}\frac{\varepsilon^2}{k} \tag{4.93}$$

3. 扩散项的模化

湍流耗散率方程 (4.49) 中还有湍流扩散项，根据模式建立的依据，湍流扩散项可以表示为：

$$-\overline{\varepsilon v_l'} - \frac{2\nu}{\rho}\overline{\frac{\partial p'}{\partial x_j}\frac{\partial v_l'}{\partial x_j}} = C_\varepsilon\frac{k^2}{\varepsilon}\frac{\partial\varepsilon}{\partial x_l} \tag{4.94}$$

对于非各向同性的扩散，可用

$$-\overline{\varepsilon v_l'} - \frac{2\nu}{\rho}\overline{\frac{\partial p'}{\partial x_j}\frac{\partial v_l'}{\partial x_j}} = C_\varepsilon\overline{v_l'v_k'}\frac{k}{\varepsilon}\frac{\partial\varepsilon}{\partial x_k} \quad 或 \quad -\overline{\varepsilon v_l'} - \frac{2\nu}{\rho}\overline{\frac{\partial p'}{\partial x_j}\frac{\partial v_l'}{\partial x_j}} = C_\varepsilon\overline{v_l'^2}\frac{\partial\varepsilon}{\partial x_l} \tag{4.95}$$

来体现非各向同性效应。

通过以上模化，最终可得常用的 ε 方程为：

$$\frac{\mathrm{D}\varepsilon}{\mathrm{D}t} = \frac{\partial}{\partial x_l}\left(C_\varepsilon \frac{k^2}{\varepsilon}\frac{\partial \varepsilon}{\partial x_l} + \nu\frac{\partial \varepsilon}{\partial x_l}\right) - C_{\varepsilon 1}\frac{\varepsilon}{k}\overline{v_i'v_l'}\frac{\partial V_i}{\partial x_l} - C_{\varepsilon 2}\frac{\varepsilon^2}{k} \tag{4.96}$$

式中，常数 $C_\varepsilon = 0.07 \sim 0.09$，$C_{\varepsilon 1} = 1.41 \sim 1.45$，$C_{\varepsilon 2} = 1.9 \sim 1.92$。

4.5.3.6 脉动速度与脉动被动量关联的模化

在 4.2.4 节中给出了湍流扩散方程 (4.30)，方程中右边最后一项为未知项，要建立其模式方程。将 θ' 乘 v_i' 分量的运动方程加上 v_i' 乘 θ' 的微分方程后对方程求平均，可以得到 $\overline{v_i'\theta'}$ 的方程：

$$\frac{\mathrm{D}\overline{v_i'\theta'}}{\mathrm{D}t} = \frac{\partial}{\partial x_l}\left(\underbrace{-\overline{v_l'v_i'\theta'} - \delta_{il}\frac{\overline{p'\theta'}}{\rho}}_{\text{湍流扩散项}} + \underbrace{\overline{Dv_i'\frac{\partial\theta'}{\partial x_l}} + \overline{\nu\theta'\frac{\partial v_i'}{\partial x_l}}}_{\text{分子扩散项}}\right) - \left(\overline{v_i'v_l'}\frac{\partial\Theta}{\partial x_l} + \underbrace{\overline{v_l'\theta'}\frac{\partial V_i}{\partial x_l}}_{\text{产生项}}\right) -$$

$$\underbrace{(D+\nu)\overline{\frac{\partial v_i'}{\partial x_l}\frac{\partial\theta'}{\partial x_l}}}_{\text{耗散项}} + \underbrace{\overline{\frac{p'}{\rho}\frac{\partial\theta'}{\partial x_i}}}_{\text{压力–被动量关联项}} + \underbrace{\overline{\varphi'v_i'}}_{\text{摩擦项}}$$

$$\tag{4.97}$$

式中，右边的湍流扩散项和分子扩散项、耗散项、压力–被动量关联项、摩擦项都是新的未知项，都要根据以上的方法进行模化。

1. 扩散项的模化

扩散项包括湍流扩散项和分子扩散项，根据模式建立的依据，可将湍流扩散项和分子扩散项分别表示为：

$$\overline{v_l'v_i'\theta'} - \delta_{il}\frac{\overline{p'\theta'}}{\rho} = C_T\frac{k^2}{\varepsilon}\frac{\partial\overline{v_i'\theta'}}{\partial x_l} \tag{4.98}$$

$$\overline{Dv_i'\frac{\partial\theta'}{\partial x_l}} + \overline{\nu\theta'\frac{\partial v_i'}{\partial x_l}} \approx D\frac{\partial\overline{v_i'\theta'}}{\partial x_l} \tag{4.99}$$

2. 耗散项的模化

耗散项与流场中各向同性的小尺度涡有关。根据方程中耗散项的结构，若将耗散项中 i 方向的坐标轴指向相反方向，该项将改变符号，根据各向同性的性质，该项只能为零：

$$-(D+\nu)\overline{\frac{\partial v_i'}{\partial x_l}\frac{\partial \theta'}{\partial x_l}} \approx 0 \tag{4.100}$$

3. 压力–被动量关联项的模化

该项的模化与压力–变形项的模化方法相同，最终可表示为：

$$\overline{\frac{p'}{\rho}\frac{\partial \theta'}{\partial x_i}} = \frac{1}{4\pi}\int_V \left[\overline{\left(\frac{\partial^2 (v_l'v_m')^*}{\partial x_l \partial x_m}\right)\frac{\partial \theta'}{\partial x_i}} + 2\left(\frac{\partial V_l}{\partial x_m}\right)^* \overline{\left(\frac{\partial v_m'}{\partial x_l}\right)^* \frac{\partial \theta'}{\partial x_i}}\right]\frac{\mathrm{d}V^*}{r^*}$$

$$\approx -C_{T1}\frac{\varepsilon}{k}\overline{v_i'\theta'} + C_{T2}\frac{\partial V_l}{\partial x_m}\overline{v_m'\theta'} \tag{4.101}$$

4. 摩擦项

在一般的湍流场中，湍流扩散方程 (4.30) 中的摩擦项通常比其他项小很多，可将其近似为零。

通过以上模化，最终可得模化后的 $\overline{v_i'\theta'}$ 方程为：

$$\frac{\mathrm{D}\overline{v_i'\theta'}}{\mathrm{D}t} = \frac{\partial}{\partial x_l}\left(C_T \frac{k^2}{\varepsilon}\frac{\partial \overline{v_i'\theta'}}{\partial x_l} + D\frac{\partial \overline{v_i'\theta'}}{\partial x_l}\right) - \left(\overline{v_i'v_l'}\frac{\partial \Theta}{\partial x_l} + \overline{v_l'\theta'}\frac{\partial V_i}{\partial x_l}\right) -$$

$$C_{T1}\frac{\varepsilon}{k}\overline{v_i'\theta'} + C_{T2}\frac{\partial V_i}{\partial x_m}\overline{v_m'\theta'} \tag{4.102}$$

式中，常数 $C_T = 0.07$，$C_{T1} = 3.2$，$C_{T2} = 0.5$。

综合以上结果可知，采用雷诺应力模式求解雷诺平均运动方程时，涉及 1 个平均运动连续性方程、3 个平均运动方程、6 个雷诺应力方程、1 个 k 方程、1 个 ε 方程，总共 12 个方程。未知量也有 12 个，即 3 个平均速度、1 个平均压力、6 个雷诺应力、1 个湍动能和 1 个耗散率。方程数与未知量数相同，方程组封闭。如果要计算被动量，还要加上 1 个平均被动量方程与 3 个 $\overline{v_i'\theta'}$ 方程，总共 16 个方程。

4.5.4 代数应力模式与其他模式

雷诺应力模式是比较复杂的一种模式，在此基础上经过简化，又产生了一些简化模式。

4.5.4.1 代数应力模式

雷诺应力模式要同时求解雷诺平均运动方程、雷诺应力方程、湍动能方程和耗散率方程，数值模拟计算量很大。对雷诺应力方程的各项稍加分析便可发现，脉动量关联的微分项即对流项和扩散项是计算量大的主要因素。如果在某些特殊情况下，对流项与扩散项可以被消去，或者这两项可以相互抵消，则雷诺应力方程中的微分项就不存在，原方程就变成了代数方程，数值模拟的计算量可以大幅减少。基于这种想法建立的湍流模式称为代数应力模式，根据这一思路，在方程 (4.88) 中消去对流项与扩散项后，就得到代数应力方程：

$$(1 - C_2)\,P_{ij} - C_1 \frac{\varepsilon}{k} \left(\overline{v_i' v_j'} - \frac{2}{3} \delta_{ij} k \right) - \frac{2}{3} \delta_{ij} \left(\varepsilon - C_2 P_k \right) = 0 \tag{4.103}$$

对于被动量，若满足以上同样的条件，也可将方程 (4.102) 简化为代数方程：

$$\overline{v_i' v_l'} \frac{\partial \Theta}{\partial x_l} + C_{T1} \frac{\varepsilon}{k} \overline{v_i' \theta'} + (1 - C_{T2}) \overline{v_m' \theta'} \frac{\partial V_i}{\partial x_m} = 0 \tag{4.104}$$

能将对流项与扩散项消去或者对流项与扩散项可以相互抵消的流场，一种是湍流产生项较大的流场，例如高剪切流场；另一种是湍流产生项与湍流耗散项基本抵消、对流项与扩散项基本相等的局部平衡的湍流场。

方程 (4.103) 和方程 (4.104) 忽略了关于脉动关联量的微分项，这虽然大大简化了原来的雷诺应力方程，同时也限定了方程的使用范围。为了扩大使用范围，一种折中的办法是不完全忽略脉动关联量的微分项，而是部分保留，即假设雷诺应力与湍动能成正比 $\overline{v_i' v_j'} = ck$，将雷诺应力方程 (4.88) 中右边的扩散项移到左边后，左边项可以写成：

$$\frac{\mathrm{D} \overline{v_i' v_j'}}{\mathrm{D}t} - \frac{\partial}{\partial x_l} \left[\left(C_k \frac{k^2}{\varepsilon} + \nu \right) \frac{\partial \overline{v_i' v_j'}}{\partial x_l} \right]$$

$$= \frac{\mathrm{D}}{\mathrm{D}t} \left(\frac{\overline{v_i' v_j'}}{k} k \right) - \frac{\partial}{\partial x_l} \left[\left(C_k \frac{k^2}{\varepsilon} + \nu \right) \frac{\partial}{\partial x_l} \left(\frac{\overline{v_i' v_j'}}{k} k \right) \right] \tag{4.105}$$

根据 $\overline{v_i' v_j'} = ck$ 的假设，下式成立：

$$\frac{\mathrm{D}}{\mathrm{D}t} \left(\frac{\overline{v_i' v_j'}}{k} \right) = \frac{\mathrm{D}C}{\mathrm{D}t} = 0, \quad \frac{\partial}{\partial x_l} \left(\frac{\overline{v_i' v_j'}}{k} \right) = \frac{\partial C}{\partial x_l} = 0 \tag{4.106}$$

结合湍动能方程 (4.90)，方程 (4.105) 可化为：

$$\frac{\overline{v_i'v_j'}}{k}\left\{\frac{\mathrm{D}k}{\mathrm{D}t}-\frac{\partial}{\partial x_l}\left[\left(C_k\frac{k^2}{\varepsilon}+\nu\right)\frac{\partial k}{\partial x_l}\right]\right\}=\frac{\overline{v_i'v_j'}}{k}(P_k-\varepsilon) \tag{4.107}$$

将该方程代入雷诺应力方程 (4.88) 后可得：

$$\frac{\overline{v_i'v_j'}}{k}(P_k-\varepsilon)=P_{ij}-\frac{2}{3}\delta_{ij}\varepsilon-C_1\frac{\varepsilon}{k}\left(\overline{v_i'v_j'}-\frac{2}{3}\delta_{ij}k\right)-C_2\left(P_{ij}-\frac{2}{3}\delta_{ij}P_k\right) \tag{4.108}$$

对于被动量，在 $\overline{v_i'v_j'}=ck$ 的假设下，同样可以得到：

$$\frac{\overline{v_i'\theta'}}{k}(P_k-\varepsilon)=-\left(\overline{v_i'v_l'}\frac{\partial\Theta}{\partial x_l}+\overline{v_l'\theta'}\frac{\partial V_i}{\partial x_l}\right)-C_{T1}\frac{\varepsilon}{k}\overline{v_i'\theta'}+C_{T2}\overline{v_m'\theta'}\frac{\partial V_i}{\partial x_m} \tag{4.109}$$

假设 $\overline{v_i'v_j'}=ck$ 的代数应力模式虽然比完全忽略脉动关联量微分项的模式在使用范围上有所拓宽，但雷诺应力与湍动能成正比的假设也构成了一定的限制条件，有些不满足该条件的流场就不能使用该模式，例如存在对称平面或对称轴线的流场，因为在对称面或对称线上雷诺剪应力为零，而湍动能通常却很大。

4.5.4.2 二方程模式

雷诺应力模式是围绕雷诺应力方程进行模化的，二方程模式是介于 4.5.2 节的一阶封闭模式和 4.5.3 节的雷诺应力模式之间的一种模式。二方程模式与 Boussinesq 涡黏性系数方法相同，直接给出雷诺应力和平均速度梯度的关系：

$$-\overline{v_i'v_j'}=\nu_t\left(\frac{\partial V_i}{\partial x_j}+\frac{\partial V_j}{\partial x_i}\right)-\frac{2}{3}\delta_{ij}k \tag{4.110}$$

$$-\overline{v_i'\theta'}=\alpha_t\frac{\partial\Theta}{\partial x_i} \tag{4.111}$$

式中，ν_t 是涡黏性系数；α_t 是导热系数。但与涡黏性系数方法不同的是，式 (4.110) 和式 (4.111) 中的 ν_t 和 α_t 不是待定或是由实验给定，而是由湍动能 k 和耗散率 ε 表示：

$$\nu_t=C_\mu\frac{k^2}{\varepsilon},\quad \alpha_t=C_T\frac{k^2}{\varepsilon}=\frac{C_\mu}{Pr}\frac{k^2}{\varepsilon} \tag{4.112}$$

式中，常数 $C_\mu = 0.09$，$Pr = 0.8 \sim 1.3$；k 和 ε 则分别通过求解 k 方程 (4.90) 和 ε 方程 (4.96) 得到。

由于只需求解 k 方程和 ε 方程，所以该模式称为二方程模式，也称 k-ε 模式，是应用较广的一种湍流模式。

4.5.4.3 双尺度模式

在以上的雷诺应力模式、代数应力模式和二方程模式中，都需求解 ε 方程，而 ε 方程 (4.96) 中的每一项都要由模化得到。早期的模化采用的都是单尺度，即对 ε 方程的每一项都用相同尺度模化。由于湍流场中的特性与尺度密切相关，单尺度难以准确描述流场的特性，于是产生了双尺度模式。在双尺度模式中，不同的项采用不同的特征尺度模化，例如扩散项主要与含能涡相关，特征尺度由 k 和 ε 表示；而小涡拉伸产生项与黏性破坏项主要与小尺度涡相关，特征尺度采用 Kolomogorov 定义的尺度以及 ε 和 ν 表示。基于这样的思路，可以得到以下用双特征尺度模化的 ε 方程：

$$\frac{\mathrm{D}\varepsilon}{\mathrm{D}t} = \frac{\partial}{\partial x_l}\left[\left(C_\varepsilon \frac{k^2}{\varepsilon} + \nu\right)\frac{\partial \varepsilon}{\partial x_l}\right] - C_{\varepsilon 1}\sqrt{\frac{\varepsilon}{\nu}}\overline{v_i' v_j'}\frac{\partial V_i}{\partial x_j} - C_{\varepsilon 2}\sqrt{\frac{\varepsilon}{\nu}}\varepsilon \tag{4.113}$$

式中，常数 $C_\varepsilon = 2.19$，$C_{\varepsilon 1} = C_{\varepsilon 2} = 18.7 Re^{-1/2}$。

表 4.1 给出了用单尺度和双尺度模式计算的自由剪切湍流场的扩散参数，表中的 $y_{0.5}$ 表示沿 y 方向从中线到流场外缘线的中间坐标，δ 是混合层厚度。可见用双尺度模式计算的结果总体上与实验结果更吻合。

表 4.1　用单尺度和双尺度模式计算的自由剪切湍流扩散参数

流动种类	扩散参数	单尺度模式	双尺度模式	实验结果
轴对称射流	$\dfrac{\mathrm{d}y_{0.5}}{\mathrm{d}x}$	0.118 6	0.081	0.08
平面射流	$\dfrac{\mathrm{d}y_{0.5}}{\mathrm{d}x}$	0.112 5	0.109	0.11
平面尾流	$\dfrac{V_\infty}{2W_0}\dfrac{\mathrm{d}y_{0.5}}{\mathrm{d}x}$	0.067	0.097 5	0.098

4.5.4.4　一方程模式

由于耗散率 ε 方程比较复杂, 模化时容易有较大误差, 于是在 k-ε 模式基础上保留 k 方程, ε 则表示为:

$$\varepsilon = \frac{k^{\frac{3}{2}}}{l} \tag{4.114}$$

式中, l 为混合长度, 由具体流场确定。将式 (4.114) 代入式 (4.112) 可得:

$$\nu_t = C_\mu \frac{k^2}{\varepsilon} = C_\mu \sqrt{k}l, \quad \alpha_t = \frac{C_\mu \sqrt{k}l}{Pr} \tag{4.115}$$

再将式 (4.115) 代入式 (4.110) 和式 (4.111) 得:

$$-\overline{v_i' v_j'} = C_\mu \sqrt{k}l \left(\frac{\partial V_i}{\partial x_j} + \frac{\partial V_j}{\partial x_i} \right) - \frac{2}{3}\delta_{ij}k \tag{4.116}$$

$$-\overline{v_i' \theta'} = \frac{C_\mu \sqrt{k}l}{Pr} \frac{\partial \Theta}{\partial x_i} \tag{4.117}$$

式中, 常数取 $C_\mu = C_k = 0.09$, $Pr = 0.8 \sim 1.3$。

该模式只需解 k 方程, 故称一方程模式。该模式中 l 依赖于具体流场, 所以普适性和精确性较差。

以上叙述的各种模式理论可以归纳如下: 雷诺应力模式是最精确也是最复杂的模式, 需要花费较多的时间求解多个微分方程。然而, 该模式的普适性和预报能力最强。代数应力模式比雷诺应力模式简单, 在满足条件的情况下得到的计算结果与用雷诺应力模式得到的结果差不多, 但所要求满足的扩散项和对流项的条件限制了其普适性。二方程模式在工程上应用最广, 计算花费的时间比代数应力模式少, 计算结果也略差一些。一阶封闭模式普适性和预报能力都较差, 但比较简单。所以, 在选择模式时, 要根据拥有的计算条件和实际的需要, 权衡利弊, 做出合理的判断。

4.6　基于非线性理论的湍流描述

描述湍流场的 N-S 方程是非线性偏微分方程, 非线性是湍流的基本属性, 因而非线性科学在湍流研究中的应用是必然的。

4.6.1 概述

Lorenz 对混沌现象的发现把湍流研究推向现代非线性科学领域。Lorenz 发现,在一个简单的确定性系统中会有复杂的混沌运动,这导致了人们对湍流的新认识,即可把湍流视为确定性系统的某个状态,然后从流场内部的非线性去研究湍流随机性的发生。虽然不能简单地将系统的混沌现象等同于湍流的发生,但混沌现象具有湍流场随时间发展的特征,如系统对初始值的敏感性、系统具有连续的功率谱等。所以有人提出,从时间维度观察,湍流是一种混沌现象。然而,湍流场毕竟是随时间和空间变化的系统,仅从时间的维度无法全面地描述湍流场的特性。

Ruelle 和 Takens 提出的奇异吸引子理论认为,一个非线性系统只需经过有限次的分叉,就可由层流状态对应的平庸吸引子进入湍流状态对应的奇异吸引子。这种将系统分叉与混沌理论相结合的方法,不仅对 Landau 提出的湍流模型给予了修正,还能从数学的角度对混沌现象进行更精确的描述。

如前所述,湍流场充满了各种尺度不同的旋涡,这些旋涡虽然尺度不同,但形状相似,大小不同的旋涡是一种自相似的结构。Mandelbrot 针对存在自相似结构的系统,提出了分形的概念。基于分形理论,人们可以较精确地描述湍流场在物理空间和相空间中的几何结构,尤其是可以定量描述间歇性湍流,这弥补了经典湍流理论对间歇性湍流无法准确描述的缺陷,促进了人们对湍流结构的认识和新的湍流理论的建立。

Wilson 和 Fisher 提出的重正化群理论,可以从物理的角度,利用不同尺度湍流涡结构的相似性来处理湍流场的多尺度问题。基于该理论,人们对不同尺度涡结构之间的相互作用有了更深的了解,该理论也为简化湍流运动方程的新方法奠定了基础。

以上几个方面是基于非线性科学研究湍流的例子,所得结论可以归纳为:湍流的随机性可产生于具有确定性流场的内部。湍流场的结构存在着空间上的分形和时间上的间歇性。湍流场可经过有限次分叉产生,且并非完全不可预测。根据湍流场的标度不变性,可以对描述湍流场运动的基本方程进行简化。基于非线性科学理论对湍流研究得到的成果，有助于人们进一步认识湍流以及建立新的湍流理论。

4.6.2 湍流与分叉

分叉表示非线性系统所处的状态发生了质变，是非线性系统的本质特征。分叉意味着系统原状态的不稳定，分叉后系统的状态增加，所以分叉与系统的稳定性和多值性相关。非线性系统的分叉并非随时发生，一个非线性系统存在相应的控制参数，只有当控制参数跨越某临界值时，分叉才会出现[2]。

以下以代数方程为例说明分叉和解的多值性，对方程

$$\frac{x^4}{4} - x^2 - (2\lambda - 4)x + 9 = 0 \tag{4.118}$$

而言，λ 是方程的控制参数，λ 取不同的值，方程解的个数不同。在 $\lambda < 2 - 2\sqrt{6}/9$ 和 $\lambda > 2 + 2\sqrt{6}/9$ 的区间，方程 (4.118) 有一个解；当 $\lambda = 2 \pm 2\sqrt{6}/9$ 时，方程有两个解；在 $2 - 2\sqrt{6}/9 < \lambda < 2 + 2\sqrt{6}/9$ 的区间，方程有三个解。可见 $\lambda = 2 \pm 2\sqrt{6}/9$ 是该方程的分叉点。

图 4.3 给出了解的分叉过程。如图所示，系统初始时刻处于稳定的平衡态 X_0，随着系统控制参数 λ 的增大，在 λ 尚未大于临界值 λ_c 时，系统仍保持原有的平衡态 X_0。λ 值一旦大于临界值 λ_c，原来的平衡态失去稳定，系统出现另两个稳定态 X_1 和 X_2。系统在实际演变过程中，只能处于 X_1 和 X_2 中的一个，最终处于 X_1 或 X_2 状态取决于系统状态在 λ 附近的涨落特性。这里临界值 λ_c 就是分叉理论中的分叉点，X_1 和 X_2 称为分支解。随着控制参数 λ 的进一步增大，上述分叉过程还可能在更高一级的层次上出现，在 X_1 或 X_2 之上可能产生进一步分叉，如此递进，系统逐渐形成多层次的分支。

非线性系统存在多种分叉形式，出现哪种形式取决于分支解的方向和系统状态所对应的 Jacobi 矩阵。由分支解的方向可以判断分叉是超临界或亚临界，若分支解的方向与控制参数 λ 的增大方向一致，就是图 4.3 所示的超临界分叉。反之，若分支解的方向与控制参数 λ 的增大方向相反，就是图 4.4 所示的亚临界分叉，这种分叉是产生湍流的重要方式之一。

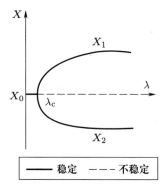

图 4.3 超临界分叉

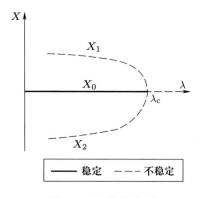

图 4.4 亚临界分叉

Landau 曾利用分叉对湍流的出现进行描述，他认为当流场 Re 增加到某个临界值时，由流场构成的系统会失稳并经过一次 Hopf 分叉成为一个频率为 $f_1^{(1)}$ 的周期流动。继续增大 Re，频率为 $f_1^{(1)}$ 的周期流会再次失稳并由 Hopf 分叉变成具有两个不可公约频率 $f_2^{(1)}$ 和 $f_2^{(2)}$ 的准周期流。随着 Re 的不断增大，上述过程不断重复，流场中不可公约的频率越来越多，当不可公约的频率数足够多时就出现了湍流。Landau 的这一观点值得商榷，因为准周期运动的流场对初值并不敏感，这种流场是离散的功率谱。湍流出现前的流场对初值敏感，初始的小扰动在流场中会随着时间而发展，而且湍流场有连续的功率谱。所以，Landau 给出的准周期场与湍流场存在差异。

Ruelle 和 Takens 基于奇异吸引子理论，修正了上述的 Landau 理论。他们指出在流体力学基本运动方程的定态解失稳之后，流场只需三次 Hopf 分叉就会成为其解为奇异吸引子的混沌态，他们认为这种混沌态就是湍流。

4.6.3 湍流与混沌

混沌是指在一个确定性系统中出现的无规则、类似随机的现象，所谓的类似随机并非完全随机，因为一个混沌系统在短的时间域内可预测且可控。出现混沌后，系统存在内部层次丰富的有序结构，可见混沌与湍流既有相似之处，又有本质的不同 [3]。正因为有相似之处，混沌理论对系统演变过程中单一变量的时间序列分析法可以用于分析湍流场的动力学行为，因为单一变量随时间的变化可以从某个角度体现整个系统的运动特性。此外，混沌理论中三个描述系统混沌特性的重要参数即 Lyapunov(李雅普诺夫) 指数、Kolmogorov 熵和分形维数可以用来对湍流场进行分析，关于用分形维数来描述湍流的内容在 4.6.4 节中叙述。

Lyapunov 指数是度量系统对初值敏感程度的一个重要参数，两个很相近的初值随着时间的推移会按指数形式分离，Lyapunov 指数可以对其进行定量描述。最大 Lyapunov 指数以及所有正指数之和是 Lyapunov 指数中两个重要的量，前者表征初始误差向量的指数增长率，可用于区分流场的运动特性，后者表示相空间中的单位体积在所有伸长方向上的平均指数增长率。

Kolmogorov 熵可以用于区分系统的规则运动、混沌运动和随机运动。Kolmogorov 熵在规则、确定性运动系统中为 0，在随机运动系统中无界，在混沌系统中大于 0，且 Kolmogorov 熵越大，系统中信息损失速率越大、混沌程度越大即系统越复杂。

已有采用 Lyapunov 指数和 Kolmogorov 熵对湍流场进行描述的研究结果。例如在 Re 不太大的 Taylor-Couette 流场中，用时间序列分析方法计算得到的最大 Lyapunov 指数和 Kolmogorov 熵随 Re 的增大而增大。

4.6.4 湍流结构与分形维数

湍流场由尺度不同的旋涡构成，不同尺度的涡在结构上存在自相似性，分形维数理论可以描述这种无特征尺度却有自相似结构的对象。实际上一些湍流场存在空间的间歇性, 涡量的空间分布具有分形结构。例如在高 Re 流场中, 初始为直线的水泡随着时间推移, 会在三个方向上卷曲且有若干尺度; 湍射流与火焰、云相似, 具有复杂的边界。这些形状、模式和边界呈现的都是分形结构。此外, 湍流能量耗散的空间分布为分形结构, 且分形程度随 Re 的增大而增加; 湍流场中标量的耗散、雷诺剪应力的绝对值等在空间的分布也为分形结构。分形维数理论可以定量地描述分形结构 [4]。

人们用分形维数来描述湍流场中涡量分布的分形结构。例如对于高 Re 湍流场, Mandelbrot 认为涡量分布的维数 $D = 2.5 \sim 2.7$; Procaccia 用量纲分析的方法给出 $D = 2.6$; Chorin 用 Euler 方程计算涡管变形, 说明涡量集中在 $D = 2.5$ 的分形上; Malraison 等发现在 $Ra/Ra_c = 235$、$Pr = 40$ 的 Rayleigh-Benard 对流中 $D \approx 2.8$; Brandstater 等指出, Taylor-Couette 流场也有分形结构; Tabeling 发现在螺旋 Taylor 涡流动中分形维数有规律地增加。

以下是对湍流场分形结构进行分形维数测量计算的几种方法。

1. 断面法

对一个三维湍流场的实验测量, 通常只能给出一维或二维的结果, 采用添加律, 可以基于一维或二维数据给出的分形维数获得三维湍流场的分形维数。一般而言, 若三维空间中有一分形维数为 F 的物体, 用一薄平面从任意方向截断该物体, 那么截后的断面维数比 F 少 1。同样, 用一条线去截断物体所得的维数比 F 少 2。

2. 相关维数法

相关维数法基于图像和时间序列。对图像而言, 在一个分形维数边界的平面图像中, 计算每个像素到边界的最短距离, 同时确定距边界为 r 范围内像素的个数 $N(r)$, 在 r 和 $N(r)$ 双对数图中, 直线斜率就是边界的相关维数 D, 相应的分形维数是 $2 - D$。对时间序列而言, 可以从时间序列信号中获得流场分形维数。设 $\{X_i\}(i = 1, 2, \cdots, N)$ 是相空间中 X 向量的点集, 定义与 $\{X_i\}$ 对应的相关函数:

$$C_n(r) = \lim_{N \to \infty} \frac{1}{N} \sum_{i,j}^{N} \theta(r - |X_i - X_j|) \tag{4.119}$$

式中，r 是标量，θ 是 Heaviside 函数：

$$\theta(y) = \begin{cases} 0, & y < 0 \\ \dfrac{1}{2}, & y = 0 \\ 1, & y > 0 \end{cases} \tag{4.120}$$

则相关维数 D 可表示为：

$$D = \lim_{r \to \infty} \lim_{n \to \infty} \frac{\lg C_n(r)}{\lg r} \tag{4.121}$$

实验中通常测量得到的是某个位置经过一定间隔的时间序列数据，要从这些离散数据中得到流场相关维数 D，关键是要从时间序列数据中获得整个系统的信息。Takens 证明可用一个时间延迟序列来表示 m 维相空间，人们基于此用 $\{\boldsymbol{X}_i\}$ 来重构相空间，即用 $\{\boldsymbol{X}_i\}$ 构造一组 m 维空间的向量：

$$\begin{cases} x_1 : x(t_1), x(t_1 + \tau), \cdots, x(t_1 + (d-1)\tau) \\ x_2 : x(t_2), x(t_2 + \tau), \cdots, x(t_2 + (d-1)\tau) \\ \qquad\qquad \cdots\cdots\cdots\cdots \\ x_n : x(t_n), x(t_n + \tau), \cdots, x(t_n + (d-1)\tau) \end{cases} \tag{4.122}$$

式中，τ 是采样的时间间隔。接着计算式 (4.119)，再由式 (4.121) 计算相关维数 D。

实际计算中一般先给出 $\lg C_n(r) \sim \lg r$ 关系图，图中每个 m 对应一条曲线，求出曲线上较直部分的斜率，随着 m 的增加，可以获得收敛的 D 值。作为时间序列的数据，理论上采样点越多越好，但实际的采样点有限。早期的采样点通常为 1 万甚至更多，后来发现几千乃至几百个采样点也能得到合理的 D 值。此外，采样频率也很关键，频率太高，得到的结果与白噪声无异而没有意义；频率太低，捕捉不了流场的真实结构。

3. 盒子计数法

该方法用不同尺度的方形来覆盖整个具有分形结构的平面，若包含的方形个数为 $N(r)$（r 是方形中心与最近边界的距离），则 $\lg N(r) \sim \lg r$ 关系图中的直线斜率就表示分形结构平面中边界的维数。

4. 其他方法

一是用各种不同的长度 r 对图形边界进行划分，得到 r 值和 r 的个数 $N(r)$ 之间的双对数关系图，再根据图中直线确定分形维数。该方法中 r 的选择很重要，否则难以体现多值和零碎的边界。

二是周长-面积法，对于具有分形维数边界的分形结构，对边界的分辨率越高，边界的周长就越长，边界包围的面积越趋向于真实值。周长 P 和面积 A 存在如下关系：

$$P \sim A^{\frac{D}{2}} \tag{4.123}$$

式中，D 是边界的维数。

湍流场分形结构的形成方式可以描述如下。定性而言，湍流场可以视为涡管的集合体，涡管在流场运动中受到拉伸力后长度增加，同时在湍动作用下折叠。假设忽略流体黏性，由 Helmholz 定理可知，涡管不被破坏，只能自回避地折叠，即涡管的轨迹没有交点。由于涡管自回避的路径不可能把空间全部填满，所以涡管在空间为不均匀分布，即具有分形结构。定量上，若空间的维数为 d，湍流的分形维数 D 为：

$$D = \frac{2d + 7}{5} \tag{4.124}$$

例如三维流场的 $d = 3$，则 $D = 2.6$，该值在实验值 $2.5 \leqslant D \leqslant 2.8$ 的范围内。

作为一种研究手段，分形维数方法可以用来描述湍流场的某些现象和特性。分形维数方法有两个特点，一是能描述用统计学方法描述不了的问题；二是能将各种不同的非线性现象联系起来，由此及彼，开阔视野。

思考题与习题

4.1 在湍流场的时间平均中，如何合理选定时间平均的周期？

4.2 当瞬时速度 $v = at + b\sin(\omega t)$ 时，求平均速度、脉动速度和脉动速度平方的平均。

4.3 设湍流场中某点的瞬时速度为 $v_1 = a + b\sin(\omega t)$，问：

　　(1) 该点的平均速度是否定常？

　　(2) 求该点的湍流度。

　　(3) 若在该点上有 $v_2 = b + a\sin(\omega t)$，求雷诺应力。

4.4 何谓湍流的级串过程？

4.5 试推导雷诺平均运动方程 (4.16)。

4.6 比较平均运动动能方程 (4.27) 和湍动能方程 (4.42)，分析湍动能的由来。

4.7 试推导二维、质量力有势条件下的湍动能涡量方程 (4.37)。

4.8 能谱函数与脉动速度关联函数相比，其优越性体现在哪里？

4.9 试分析流场各波数区能谱的特点。

4.10 湍流统计理论中著名的 $-5/3$ 幂次律指的是什么？

4.11 在统计平衡区，湍动性质取决于什么因素？该区内的长度尺度和速度尺度分别表示成什么形式？

4.12 建立湍流模式时，应遵循哪些准则？

4.13 一阶封闭模式能否用于小直径的圆柱绕流湍流场的计算？

4.14 试写出直角坐标下湍动能方程 (4.42) 的表达式。

4.15 应用代数应力模式时要注意哪些条件？

4.16 写出用 k-ε 模式求解湍流场的步骤。

4.17 双尺度湍流模式是针对模化过程中什么缺陷提出的？在什么样的流场中用双尺度模式会取得较好的效果？

4.18 分析各种湍流模式的利弊。

4.19 分析湍流与混沌的相同点和不同之处。

4.20 如何将湍流场在时间和空间上的特征由分形维数的方法进行描述？

参考文献

[1] 陆夕云, 林建忠. 能否发展关于湍流动力学和颗粒材料运动学的综合理论 [J]. 科学通报, 2017, 62(11): 1115-1118.

[2] 是勋刚. 湍流 [M]. 天津: 天津大学出版社, 1994.

[3] BOFFETTA G, MUSACCHIO S. Chaos and predictability of homogeneous-isotropic turbulence[J]. Physical Review Letters, 2017, 119(5): 05410.

[4] TELLEZ-ALVAREZ J, KOSHELEV K, STRIJHAK S. Simulation of turbulence mixing in the atmosphere boundary layer and analysis of fractal dimension[J]. Physica Scripta, 2019, 94(6): 064004.

第 5 章　典型的流体湍流运动

流体的湍流运动随处可见，本章叙述几种典型的湍流运动，其中包括有壁面约束的湍流边界层、自由湍流中的混合层、射流与尾流。

5.1　湍流边界层结构

与层流边界层不同，湍流边界层内的速度剖面不存在相似性。如图 5.1 所示，湍流边界层内的流场分为两个部分，一个是近壁面的内层，该层直接受壁面影响，占总厚度的 10%～20%；另一个是占总厚度 80%～90% 的外层，层内流动间接受壁面影响。

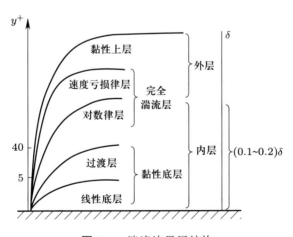

图 5.1　湍流边界层结构

5.1.1　线性底层与对数律层

线性底层、过渡层和对数律层构成了湍流边界层的内层。

163

5.1.1.1 线性底层

对于定常、二维、不可压缩、零压力梯度湍流边界层, 雷诺平均运动方程 (4.16) 可以简化为:

$$V_x \frac{\partial V_x}{\partial x} + V_y \frac{\partial V_x}{\partial y} = \frac{1}{\rho} \frac{\partial}{\partial y} \left(\mu \frac{\partial V_x}{\partial y} - \rho \overline{v_x' v_y'} \right) \tag{5.1}$$

在贴近壁面的区域, 壁面对湍流脉动有抑制作用, 因而黏性应力远大于雷诺应力, 将方程 (5.1) 用于该区域有:

$$V_x \frac{\partial V_x}{\partial x} + V_y \frac{\partial V_x}{\partial y} = \frac{\mu}{\rho} \frac{\partial^2 V_x}{\partial y^2} = \frac{1}{\rho} \frac{\partial \tau}{\partial y} \tag{5.2}$$

若壁面是无滑移和非渗透的即 $V_x = V_y = 0$, 在壁面上方程 (5.2) 为:

$$\left(\frac{\partial \tau}{\partial y} \right)_{\mathrm{w}} = 0 \tag{5.3}$$

式 (5.3) 在壁面上严格成立, 在壁面附近则近似满足, 于是壁面附近有 $\tau \approx \tau_{\mathrm{w}} \approx c$, 由 τ 的定义有:

$$\mu \frac{\mathrm{d} V_x}{\mathrm{d} y} = \tau = \tau_{\mathrm{w}} \tag{5.4}$$

对其积分得:

$$V_x = \frac{\tau_{\mathrm{w}}}{\mu} y + c \tag{5.5}$$

由壁面速度条件 $V_x = 0$ 可得 $c = 0$。

定义壁摩擦速度 v^*、当地 Re 数 y^+ 及量纲为一的速度 v^+ 为:

$$v^* = \sqrt{\frac{\tau_{\mathrm{w}}}{\rho}}, \quad y^+ = \frac{v^* y}{\nu}, \quad v^+ = \frac{V_x}{v^*} \tag{5.6}$$

则式 (5.5) 成为:

$$v^+ = y^+ \tag{5.7}$$

可见流场速度随 y 呈线性变化, 故该层称为线性底层, 该层的范围是 $y^+ < 5$, 层厚约占边界层厚度的 0.2%。

5.1.1.2 对数律层

从 $y^+ > 40$ 到内层的上边界，层中的黏性剪应力可以忽略，雷诺剪应力与壁面剪应力 τ_{w} 相当且近似为常数：

$$-\rho\overline{v_x' v_y'} = \tau_{\mathrm{w}} = \rho v^{*2} \ \Rightarrow \ -\overline{v_x' v_y'} = v^{*2} \tag{5.8}$$

根据混合长度理论的表达式 (4.72)，上式为：

$$\kappa y \frac{\partial V_x}{\partial y} = v^{*2} \tag{5.9}$$

式中，$\kappa = l/y$ 为 Kármán 常数 (l 为混合长度)，取 0.4~0.41。式 (5.9) 可写成量纲为一的形式：

$$\frac{\partial v^+}{\partial y^+} = \frac{1}{\kappa y^+} \tag{5.10}$$

对其积分得：

$$v^+ = \frac{1}{\kappa} \ln y^+ + c \tag{5.11}$$

式中，c 为常数，对于光滑壁面，c 为 $5.0 \sim 5.2$。可见该层内的流场速度随 y 的增加呈对数变化，故该层称为对数律层。

线性底层与对数律层之间的区域 $5 \leqslant y^+ \leqslant 40$ 称为过渡层，该层内的雷诺应力与黏性应力值的大小相当。

5.1.2 内层壁面律

上面得到的线性律 (5.7) 和对数律 (5.11) 只表示内层中部分区域的速度分布，$5 \leqslant y^+ \leqslant 40$ 过渡层内的速度分布尚未给出，以下是描述整个内层的速度公式。

5.1.2.1 Van Driest 内层壁面律

Van Driest 提出用以下混合长度表达式代替式 (5.9) 中简单的 $\kappa = l/y$：

$$l = \kappa y \left[1 - \exp\left(-\frac{y^+}{25.3} \right) \right] \tag{5.12}$$

设内层总剪应力为常数且等于 v^*：

$$\nu \frac{\partial V_x}{\partial y} - \overline{v_x' v_y'} = \frac{\tau_{\mathrm{w}}}{\rho} = v^{*2} \tag{5.13}$$

将式 (5.12) 的混合长度 l 所表示的 $\overline{v_x' v_y'}$ 代入上式得：

$$\nu \frac{\partial V_x}{\partial y} + (\kappa y)^2 \left[1 - \exp\left(-\frac{y^+}{25.3}\right)\right]^2 \left(\frac{\partial V_x}{\partial y}\right)^2 = v^{*2} \tag{5.14}$$

量纲为一化后为：

$$\frac{\mathrm{d}v^+}{\mathrm{d}y^+} + (\kappa y^+)^2 \left[1 - \exp\left(-\frac{y^+}{25.3}\right)\right]^2 \left(\frac{\mathrm{d}v^+}{\mathrm{d}y^+}\right)^2 = 1 \tag{5.15}$$

上式的解为：

$$\frac{\mathrm{d}v^+}{\mathrm{d}y^+} = \frac{-1 + (1 + 4a)^{1/2}}{2a} \tag{5.16}$$

式中

$$a = (\kappa y^+)^2 \left[1 - \exp\left(-\frac{y^+}{25.3}\right)\right]^2 \tag{5.17}$$

对方程 (5.16) 积分可得：

$$v^+ = \int_0^{y^+} \frac{2\mathrm{d}y^+}{1 + \sqrt{1 + (2\kappa y^+)^2 \left[1 - \exp\left(-\frac{y^+}{25.3}\right)\right]^2}} \tag{5.18}$$

式 (5.18) 即为 Van Driest 的内层壁面律公式，图 5.2 是用式 (5.18) 计算出的结果与实验结果的比较。

5.1.2.2 Spalding 内层壁面律

二维、定常、不可压缩边界层流场的动量方程为：

$$V_x \frac{\partial V_x}{\partial x} + V_y \frac{\partial V_x}{\partial y} = -\frac{1}{\rho} \frac{\partial P}{\partial x} + \frac{1}{\rho} \frac{\partial}{\partial y} \left(\mu \frac{\partial V_x}{\partial y} + \mu_t \frac{\partial V_x}{\partial y}\right) \tag{5.19}$$

式中，$\mu_t = \nu_t \rho$ 是涡黏性系数，ν_t 如式 (4.112) 所示。在壁面上有 $V_x = V_y = \mu_t = 0$，则上式在壁面上为：

$$\frac{\partial}{\partial y} \left(\mu \frac{\partial V_x}{\partial y}\right)_{y=0} = \frac{\partial P}{\partial x} \tag{5.20}$$

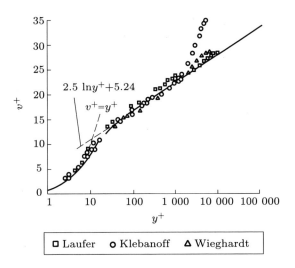

图 5.2 Van Driest 内层壁面律公式计算结果与实验结果比较

在很靠近壁面的区域，根据式 (5.20)，方程 (5.19) 为：

$$\rho\left(V_x\frac{\partial V_x}{\partial x}+V_y\frac{\partial V_x}{\partial y}\right)_{y\to 0}\approx\frac{\partial}{\partial y}\left(\mu_t\frac{\partial V_x}{\partial y}\right)_{y\to 0} \tag{5.21}$$

由式 (5.7) 可知，在线性底层有 $V_x\sim y$，由不可压缩流场连续性方程可得 $V_y\sim y^2$，再结合式 (5.21) 得：

$$y\to 0:\ \mu_t\sim y^3\sim V_x^3\sim v^{+3} \tag{5.22}$$

式 (5.13) 两边同乘 ρ，且将 $\overline{v_x'v_y'}$ 用涡黏性系数表示可得：

$$(\mu+\mu_t)\frac{\partial V_x}{\partial y}=\tau_{\mathrm{w}} \tag{5.23}$$

对上式进行量纲为一化并整理后得：

$$\mathrm{d}y^+=\left(1+\frac{\mu_t}{\mu}\right)\mathrm{d}v^+ \tag{5.24}$$

根据式 (5.22) 和式 (5.24)，在贴近壁面的底层有：

$$y^+\sim v^++c_1v^{+4} \tag{5.25}$$

式中，c_1 是常数。将式 (5.11) 写成：

$$y^+ = \exp(-\kappa C)\exp(\kappa v^+) = \exp(-\kappa C)\left[1 + \kappa v^+ + \frac{(\kappa v^+)^2}{2} + \frac{(\kappa v^+)^3}{6} + \cdots\right] \tag{5.26}$$

将边界层内层下部底层的式 (5.25) 和内层上部的式 (5.26) 结合后，可以得到整个内层的速度分布：

$$y^+ = v^+ + \exp(-\kappa C)\left[\exp(\kappa v^+) - 1 - \kappa v^+ - \frac{(\kappa v^+)^2}{2} - \frac{(\kappa v^+)^3}{6}\right] \tag{5.27}$$

该式即为 Spalding 内层壁面律。

下面给出内层涡黏性系数 μ_t 的表达式。在 $y^+ > 40$ 的内层上部，黏性应力可忽略，式 (5.23) 成为 $\mu_t(\partial V_x/\partial y) = \tau_{\mathrm{w}}$，由式 (5.11) 可知 $\mathrm{d}v^+/\mathrm{d}y^+ = 1/(\kappa y^+)$，即 $\mathrm{d}V_x/\mathrm{d}y = v^*/(\kappa y)$，则有：

$$\mu_t = \mu \kappa y^+ \tag{5.28}$$

为使黏性底层既满足式 (5.22) 中的 $\mu_t \sim v^{+3}$，又满足式 (5.28)，将式 (5.26) 中二次方以后的项略去并代入式 (5.28)，以保证在黏性底层有 $\mu_t \sim v^{+3}$，于是内层壁面律的涡黏性系数为：

$$\mu_t = \mu \kappa \exp(-\kappa C)\left[\exp(\kappa v^+) - 1 - \kappa v^+ - \frac{(\kappa v^+)^2}{2}\right] \tag{5.29}$$

5.1.2.3 其他内层壁面律和涡黏性系数

Musker 得到整个内层的速度分布和涡黏性系数为：

$$v^+ = 5.42\arctan\left(\frac{2y^+ - 8.15}{16.7}\right) + 2\lg\left[\frac{(y^+ + 10.6)^{4.8}}{y^{+2} - 8.15y^+ + 86}\right] \tag{5.30}$$

$$\mu_t = \mu\frac{0.001\,093y^{+3}}{1 + 0.002\,666y^{+2}} \tag{5.31}$$

Rotta、Reichardt、Moller 给出的涡黏性系数分别为：

$$\mu_t = \begin{cases} \rho\kappa^2\left(y - \dfrac{5\nu}{v^*}\right)^2\left|\dfrac{\partial V_x}{\partial y}\right|, & y > \dfrac{5\nu}{v^*} \\[3mm] 0, & y < \dfrac{5\nu}{v^*} \end{cases} \tag{5.32}$$

$$\mu_t = \mu\kappa\left[y^+ - 5\tanh\left(\frac{y^+}{5}\right)\right] \tag{5.33}$$

$$\mu_t = \mu \frac{(\kappa y^+)^4}{(\kappa y^+)^3 + 328.5} \tag{5.34}$$

5.1.3 速度亏损律层

如图 5.1 所示，湍流边界层的外层包含速度亏损律层。

5.1.3.1 速度亏损律层

占边界层总厚度 80%~90% 的外层中，雷诺应力远大于黏性应力，特征长度是边界层厚度 δ。如图 5.3 所示，黏性作用使壁面上流体速度为 0，使黏性底层外缘的速度 V_{x0} 低于边界层外缘势流的速度 V_{xe}，速度亏损 $V_{xe} - V_{x0}$ 由与壁摩擦速度 v^* 有关的壁面剪应力 τ_{w} 所致，所以 $V_{xe} - V_{x0}$ 的值取决于 v^*、δ、y，由量纲分析可得：

$$\frac{V_{xe} - V_x}{v^*} = f_1 \left(\frac{y}{\delta} \right) \tag{5.35}$$

式中，V_x 是从黏性底层外缘到边界层外缘区间内的速度；f_1 是亏损律函数，与 Re 和壁面粗糙度无关，与流向压力梯度相关。式 (5.35) 称为速度亏损律，由以上分析可知，它不仅适用于图 5.1 所示的速度亏损律层，还适用于从黏性底层外缘到边界层外缘的整个区间。

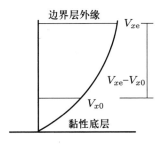

图 5.3 速度亏损律层

5.1.3.2 平衡边界层

式 (5.35) 没有体现流场流向压力梯度的影响，实际上满足速度亏损律的速度分布依赖于流向压力梯度。为此，Clauser 提出了体现压力梯度影响的速度亏损律：

$$\frac{V_{xe} - V_x}{v^*} = f_2 \left(\frac{y}{\delta}, \frac{\delta}{\tau_{\mathrm{w}}} \frac{\mathrm{d}P}{\mathrm{d}x} \right) \tag{5.36}$$

实际使用中, 常用式 (2.50) 中的边界层位移厚度 δ^* 代替 δ:

$$\frac{V_{xe} - V_x}{v^*} = f_2\left(\frac{y}{\delta}, \beta\right) \tag{5.37}$$

式中, β 是 Clauser 参数:

$$\beta = \frac{\delta^*}{\tau_w}\frac{\mathrm{d}P}{\mathrm{d}x} \tag{5.38}$$

平衡边界层中的 Clauser 参数 β 为常数。图 5.4 给出了平衡边界层内的速度分布。

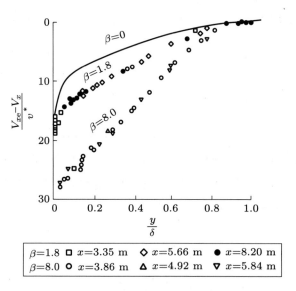

| $\beta=1.8$ | □ $x=3.35$ m | ◇ $x=5.66$ m | ● $x=8.20$ m |
| $\beta=8.0$ | ○ $x=3.86$ m | △ $x=4.92$ m | ▽ $x=5.84$ m |

图 5.4 平衡边界层内的速度分布

5.1.3.3 Coles 速度亏损律公式

式 (5.36) 和式 (5.37) 没有给出速度亏损的表达式, Coles 由分析实测数据给出:

$$\frac{v^+ - \left(\dfrac{1}{\kappa}\ln y^+ + c\right)}{V_{xe}^+ - \left(\dfrac{1}{\kappa}\ln \delta^+ + c\right)} \approx \frac{1}{2}W\left(\frac{y}{\delta}\right) \tag{5.39}$$

式中, $V_{xe}^+ = V_{xe}/v_f$, κ 和 c 为常数, W 是尾迹函数, 可查表得到。Hinze 给出下式:

$$W\left(\frac{y}{\delta}\right) = 1 + \sin\left(\frac{y}{\delta} - \frac{1}{2}\right)\pi = 1 - \cos\left(\pi\frac{y}{\delta}\right) = 2\sin^2\left(\frac{\pi y}{2\delta}\right) \tag{5.40}$$

便于直接计算。

5.1.4　黏性上层

如图 5.1 所示，湍流边界层中与自由流接触的最外层为黏性上层。

5.1.4.1　黏性上层

速度亏损律层往上到自由流之间是较薄的黏性上层，该层内黏性起主要作用，黏性将边界层的涡量扩散到自由流中。湍流边界层内大涡的形成和流动，导致边界层外缘附近的区域在湍流和自由流之间变化，使得湍流边界层与自由流之间存在如图 5.5 所示的形状不规则、不断变化但可辨识的界面。定义间隙因子 γ 为边界层外缘附近某位置 y 处湍流状态所占的时间与总时间之比，y 值的概率密度函数满足 Gauss 分布：

$$P\left(\frac{y}{\delta}\right) = \frac{1}{\sqrt{2\pi}\sigma}\exp\left[\frac{-\left(\frac{y}{\delta} - 0.78\right)^2}{\sqrt{2}\sigma^2}\right] \tag{5.41}$$

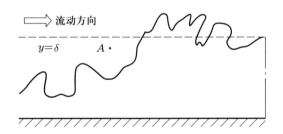

图 5.5　湍流边界层的瞬时界面

即瞬时位置 y/δ 的平均值为 0.78，标准偏差 σ 为 $\sqrt{2}/10$。由式 (5.41) 可以得到边界层外缘附近区域的某位置 y 处于自由流的概率为：

$$1 - \gamma = 1 - \int_{-\infty}^{\frac{y}{\delta}} P\left(\frac{y}{\delta}\right)\mathrm{d}\left(\frac{y}{\delta}\right) = \frac{1}{2}\left\{1 + \mathrm{erf}\left[5\left(\frac{y}{\delta} - 0.78\right)\right]\right\} \tag{5.42}$$

式中，erf 为误差函数：

$$\mathrm{erf}(x) = \frac{2}{\sqrt{\pi}} \int_0^x \mathrm{e}^{-u^2} \mathrm{d}u \tag{5.43}$$

式 (5.42) 可以写成：

$$\gamma = \frac{1}{2} \left\{ 1 - \mathrm{erf}\left[5\left(\frac{y}{\delta} - 0.78\right)\right]\right\} \tag{5.44}$$

用式 (5.44) 计算的结果与实验结果的比较如图 5.6 所示。

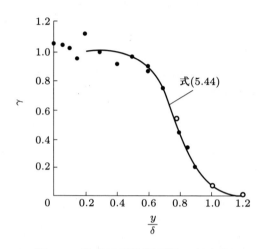

图 5.6 边界层间隙因子随 y 的变化

5.1.4.2 内层与外层的差异

内层与外层在以下几个方面存在差异。

1. 涡黏性系数和混合长度

式 (4.69) 和式 (4.72) 中包含 $\overline{v_x' v_y'}$、$\partial V_x/\partial y$ 以及涡黏性系数 ε_m 和混合长度 l，通过测量内、外层的 $\overline{v_x' v_y'}$ 和 $\partial V_x/\partial y$，可以计算出 ε_m 和 l，结果如图 5.7 和图 5.8 所示。可见 $0 < y/\delta < 0.15$ 时，ε_m 和 l 都随 y 的增大而线性增加。当 $y/\delta > 0.15$，ε_m 先继续增加，到 $y/\delta \approx 0.3$ 处开始下降，其原因是随着 y 的增加，测量值中已包含了非湍流状态的信息，准确的 ε_m 应当只是基于湍流状态时的值，所以要将测到的 ε_m 被间隙因子除：

$$\varepsilon_m = \frac{\alpha_1 v^* \delta}{\gamma} \tag{5.45}$$

式中，$\alpha_1 = 0.06 \sim 0.075$。由图 5.7 可知，修正后的 ε_m 在 $y/\delta > 0.3$ 的区域近似为常数。

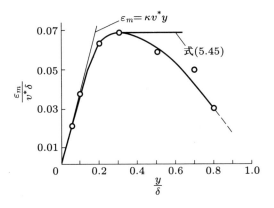

图 5.7 涡黏性系数沿边界层的变化

由图 5.8 可见, 当 $y/\delta > 0.15$, l 继续增加, 直到 $y/\delta \approx 0.3$ 后基本不变, 且 $l/\delta \approx 0.075 \sim 0.09$。

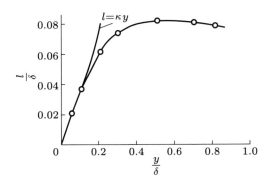

图 5.8 混合长度沿边界层的变化

2. 湍动能输运与平衡的差异

由湍动能方程 (4.42) 可知, 方程主要由对流项 Ⅱ、扩散项 Ⅲ、生成项 Ⅳ、耗散项 Ⅴ 这四大项控制。图 5.9 给出了这四大项沿边界层的变化, 可见整个边界层的生成项和耗散项较大, 内层中两者几乎大小相等、方向相反, 可见湍动能处于平衡状态。整个边界层中的对流项和扩散项都很小, 只在边界层外缘附近, 这两项才与生成项和扩散项相当, 说明边界层外缘的流场受上游流场的影响较大。

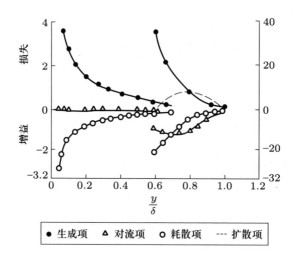

图 5.9 边界层内的对流项、扩散项、生成项和耗散项

3. 上游对下游流场的影响

边界层内的大部分区域存在 $\overline{v_i'v_i'}/2 \approx 3\overline{v_x'v_y'}$，将湍动能与湍动能生成率之比表示为：

$$T = \frac{\frac{1}{2}\overline{v_i'v_i'}}{-\overline{v_x'v_y'}\dfrac{\partial V_x}{\partial y}} \approx \frac{3}{\dfrac{\partial V_x}{\partial y}} \tag{5.46}$$

T 越大，说明上游传下来的湍动能越大于当地生成的湍动能，即上游对当地流场的影响越大。外层中的 $T \approx 10\delta/V_{xe}$，内层如 $y/\delta = 0.1$ 处 $T \approx 3\delta/V_{xe}$，可见 $T_{外} > T_{内}$，即上游对当地外层的影响强于内层。在外层中，大涡形成后持续的时间约为 $3T = 30\delta/V_{xe}$，即大涡能保持到下游 30δ 距离的位置。

5.2 湍流边界层方程

第 4 章已经给出了湍流场的基本方程，由于湍流边界层有其特殊性，所以本节给出湍流边界层的基本方程。

5.2.1 运动方程

假设长度为 L 的平板边界层流场为定常、二维、不可压缩、无体积力，外部势流速度为 V_{xe}，则雷诺平均运动方程 (4.16) 成为：

$$V_x \frac{\partial V_x}{\partial x} + V_y \frac{\partial V_x}{\partial y} = -\frac{1}{\rho} \frac{\partial P}{\partial x} + \nu \left(\frac{\partial^2 V_x}{\partial x^2} + \frac{\partial^2 V_x}{\partial y^2} \right) + \frac{\partial \left(-\overline{v_x'^2} \right)}{\partial x} + \frac{\partial \left(-\overline{v_x' v_y'} \right)}{\partial y} \quad (5.47)$$

$$V_x \frac{\partial V_y}{\partial x} + V_y \frac{\partial V_y}{\partial y} = -\frac{1}{\rho} \frac{\partial P}{\partial y} + \nu \left(\frac{\partial^2 V_y}{\partial x^2} + \frac{\partial^2 V_y}{\partial y^2} \right) + \frac{\partial \left(-\overline{v_x' v_y'} \right)}{\partial x} + \frac{\partial \left(-\overline{v_y'^2} \right)}{\partial y} \quad (5.48)$$

此时 x 和 y 的量级分别为 L 和边界层厚度 δ, 且 $\delta/L \ll 1$。对平均运动的连续性方程积分可得:

$$V_y = -\int_0^y \frac{\partial V_x}{\partial x} \mathrm{d}y \quad (5.49)$$

式中, V_x 有 V_{xe} 的量级, V_y 的量级应该为 $V_{xe}\delta/L$, 那么

$$\frac{V_y}{V_x} \sim \frac{V_{xe}\delta/L}{V_{xe}} = \frac{\delta}{L} \ll 1 \quad (5.50)$$

近壁区域各脉动速度分量的量级相当, 于是对方程 (5.47) 和方程 (5.48) 用量级分析为:

$$V_x \frac{\partial V_x}{\partial x} + V_y \frac{\partial V_x}{\partial y} = -\frac{1}{\rho} \frac{\partial P}{\partial x} + \nu \left(\frac{\partial^2 V_x}{\partial x^2} + \frac{\partial^2 V_x}{\partial y^2} \right) + \frac{\partial \left(-\overline{v_x'^2} \right)}{\partial x} + \frac{\partial \left(-\overline{v_x' v_y'} \right)}{\partial y}$$

$$\quad \frac{V_x^2}{L} \qquad \frac{V_x^2}{L} \qquad\qquad\qquad \frac{\nu V_x}{L^2} \quad \frac{\nu V_x}{\delta^2} \qquad \frac{v_x'^2}{L} \qquad \frac{v_x'^2}{\delta}$$

$$\quad 1 \qquad\qquad 1 \qquad\qquad\qquad\qquad \frac{\nu}{V_x \delta} \frac{\delta}{L} \quad \frac{\nu}{V_x \delta} \frac{L}{\delta} \qquad \frac{v_x'^2}{V_x^2} \qquad \frac{v_x'^2}{V_x^2} \frac{L}{\delta}$$

$$(5.51)$$

$$V_x \frac{\partial V_y}{\partial x} + V_y \frac{\partial V_y}{\partial y} = -\frac{1}{\rho} \frac{\partial P}{\partial y} + \nu \left(\frac{\partial^2 V_y}{\partial x^2} + \frac{\partial^2 V_y}{\partial y^2} \right) + \frac{\partial \left(-\overline{v_x' v_y'} \right)}{\partial x} + \frac{\partial \left(-\overline{v_y'^2} \right)}{\partial y}$$

$$\quad \frac{V_x^2}{L} \frac{\delta}{L} \quad \frac{V_x^2}{L} \frac{\delta}{L} \qquad\qquad \frac{\nu V_x}{L^2} \frac{\delta}{L} \quad \frac{\nu V_x}{\delta^2} \frac{\delta}{L} \qquad \frac{v_x'^2}{L} \qquad \frac{v_x'^2}{\delta}$$

$$\quad \frac{\delta}{L} \qquad \frac{\delta}{L} \qquad\qquad\qquad \frac{\nu}{V_x \delta} \left(\frac{\delta}{L} \right)^2 \quad \frac{\nu}{V_x \delta} \qquad \frac{v_x'^2}{V_x^2} \qquad \frac{v_x'^2}{V_x^2} \frac{L}{\delta}$$

$$(5.52)$$

方程 (5.52) 和方程 (5.51) 最后一行是方程中各项的量级, 可见方程 (5.51) 右边第二项比第三项小 2 个量级, 第四项比第五项小 1 个量级, 所以第二项和第四项可以忽略。除右边最后两项雷诺应力外, 其余各项式 (5.52) 均比式 (5.51)

的对应项小 1 个量级而可忽略，于是式 (5.52) 成为：

$$-\frac{1}{\rho}\frac{\partial P}{\partial y} + \frac{\partial\left(-\overline{v_y'^2}\right)}{\partial y} = 0 \tag{5.53}$$

积分得：

$$P + \rho\overline{v_y'^2} = P_0 \tag{5.54}$$

式中，P_0 是积分常数，在自由流和壁面处的 $\overline{v_y'^2}=0$，于是有 $P_0 = P$，可见自由流和壁面上的压力都为 P_0。对式 (5.54) 求偏导得：

$$\frac{\partial P}{\partial x} = \frac{\partial P_0}{\partial x} - \rho\frac{\partial \overline{v_y'^2}}{\partial x} \tag{5.55}$$

式中最后一项的量级为 v'^2/L，比方程 (5.51) 中最后一项 v'^2/δ 小 1 个量级而可以忽略。由于 P_0 是自由流和壁面上的压力，沿 y 方向不变，可将方程 (5.55) 的 $\partial P_0/\partial x$ 改为 $\mathrm{d}P_0/\mathrm{d}x$，方程 (5.47) 就成为：

$$V_x\frac{\partial V_x}{\partial x} + V_y\frac{\partial V_x}{\partial y} = -\frac{1}{\rho}\frac{\mathrm{d}P_0}{\mathrm{d}x} + \nu\frac{\partial^2 V_x}{\partial y^2} - \frac{\partial\overline{v_x'v_y'}}{\partial y} \tag{5.56}$$

该方程就是湍流边界层的运动方程，边界条件为：

$$\begin{cases} V_x = V_y = \overline{v_x'v_y'} = 0, & y = 0 \\ V_x = V_{xe}, \quad \dfrac{\partial V_x}{\partial y} = 0, \quad \overline{v_x'v_y'} = 0, & y \geqslant \delta \end{cases} \tag{5.57}$$

对零攻角边界层有 $\mathrm{d}P_0/\mathrm{d}x = 0$，则方程 (5.56) 为：

$$V_x\frac{\partial V_x}{\partial x} + V_y\frac{\partial V_x}{\partial y} = \nu\frac{\partial^2 V_x}{\partial y^2} - \frac{\partial\overline{v_x'v_y'}}{\partial y} \tag{5.58}$$

方程 (5.51) 中当 Re 数 $V_{xe}\delta/\nu$ 量级为 L/δ 时，黏性应力项 $\nu\partial^2 V_x/\partial y^2$ 与其他项量级相同。

对黏性底层，Re 为 1 的量级，黏性应力项的量级为 L/δ，其余各项比它都小 1 个量级而可以忽略，故方程 (5.51) 为：

$$\nu\frac{\partial^2 V_x}{\partial y^2} = 0 \tag{5.59}$$

积分得:

$$\nu\frac{\partial V_x}{\partial y} = c \tag{5.60}$$

在壁面处有:

$$\nu\frac{\partial V_x}{\partial y}\bigg|_{y=0} = \frac{\tau_w}{\rho} \tag{5.61}$$

所以式 (5.60) 中的 $c = \tau_w/\rho$, τ_w 为壁面剪应力, 可见式 (5.60) 即为式 (5.4)。

对过渡层, 流场黏性应力和雷诺应力量级相当且大于惯性项的量级, 于是忽略惯性项后的方程 (5.58) 为:

$$\nu\frac{\partial^2 V_x}{\partial y^2} - \frac{\partial \overline{v'_x v'_y}}{\partial y} = 0 \tag{5.62}$$

积分上式并应用壁面上的边界条件就得到式 (5.13)。

对完全湍流层, Re 具有 L/δ 量级, 这样式 (5.51) 中的惯性项和黏性应力项相对于雷诺应力项均可忽略, 方程 (5.58) 成为:

$$\frac{\partial \overline{v'_x v'_y}}{\partial y} = 0 \tag{5.63}$$

积分式 (5.63) 并结合边界条件可得到式 (5.8)。

对完全湍流层以外区域, 惯性项和雷诺应力项有相同量级且大于黏性应力项, 方程 (5.58) 化为:

$$V_x\frac{\partial V_x}{\partial x} + V_y\frac{\partial V_x}{\partial y} = -\frac{\partial \overline{v'_x v'_y}}{\partial y} \tag{5.64}$$

5.2.2 动能方程

湍流场中的动能方程包括平均动能方程和湍动能方程。

5.2.2.1 平均动能方程

假设流场为定常、二维、不可压缩、无体积力, 动能方程 (4.27) 可写成如下形式:

$$V_x\frac{\partial\left(\frac{V_x^2 + V_y^2}{2}\right)}{\partial x} + V_y\frac{\partial\left(\frac{V_x^2 + V_y^2}{2}\right)}{\partial y} = -\frac{1}{\rho}\left(V_x\frac{\partial P}{\partial x} + V_y\frac{\partial P}{\partial y}\right) + \nu\left(V_x\frac{\partial^2 V_x}{\partial x^2} + \right.$$

$$
V_x \frac{\partial^2 V_x}{\partial y^2} + V_y \frac{\partial^2 V_y}{\partial x^2} + V_y \frac{\partial^2 V_y}{\partial y^2} \Bigg) - V_x \left(\frac{\partial \overline{v_x'^2}}{\partial x} + \frac{\partial \overline{v_x' v_y'}}{\partial y} \right) - V_y \left(\frac{\partial \overline{v_y' v_x'}}{\partial x} + \frac{\partial \overline{v_y'^2}}{\partial y} \right)
$$

$$(5.65)$$

采用与前面同样的量级分析方法, 上式可以化为:

$$
V_x \frac{\partial \left(\frac{V_x^2}{2} \right)}{\partial x} + V_y \frac{\partial \left(\frac{V_x^2}{2} \right)}{\partial y} = -\frac{1}{\rho} \left(V_x \frac{\partial P}{\partial x} + V_y \frac{\partial P}{\partial y} \right) + \nu V_x \frac{\partial^2 V_x}{\partial y^2} - V_x \frac{\partial \overline{v_x' v_y'}}{\partial y} \quad (5.66)
$$

该方程即为平均动能方程, 由式 (5.55) 以及该式右边第二项可忽略, 上式化为:

$$
V_x \frac{\partial \left(\frac{V_x^2}{2} + \frac{P_0}{\rho} \right)}{\partial x} + V_y \frac{\partial \left(\frac{V_x^2}{2} + \frac{P_0}{\rho} \right)}{\partial y} = \nu V_x \frac{\partial^2 V_x}{\partial y^2} - V_x \frac{\partial \overline{v_x' v_y'}}{\partial y} \quad (5.67)
$$

5.2.2.2 湍动能方程

对定常、二维、不可压缩、无体积力流场, 采用前面同样的量级分析方法, 湍动能方程 (4.42) 在湍流边界层中为:

$$
V_x \frac{\partial \left(\frac{\overline{v_i'^2}}{2} \right)}{\partial x} + V_y \frac{\partial \left(\frac{\overline{v_i'^2}}{2} \right)}{\partial y} = -\frac{1}{\rho} \frac{\partial \overline{v_y' p'}}{\partial y} + \nu \frac{\partial^2 \left(\frac{\overline{v_i'^2}}{2} \right)}{\partial y^2} -
$$

$$
\nu \overline{\frac{\partial v_i'}{\partial x_j} \frac{\partial v_i'}{\partial x_j}} - \frac{\partial \left(\frac{1}{2} \overline{v_i'^2 v_y'} \right)}{\partial y} - \overline{v_y' v_x'} \frac{\partial V_x}{\partial y} \quad (5.68)
$$

黏性底层中 V_x 和 v' 的量级相近, Re 量级约为 1, 方程 (5.68) 右边量级远大于左边量级, 于是有:

$$
-\frac{1}{\rho} \frac{\partial \overline{v_y' p'}}{\partial y} + \nu \frac{\partial^2 \left(\frac{\overline{v_i'^2}}{2} \right)}{\partial y^2} - \nu \overline{\frac{\partial v_i'}{\partial x_j} \frac{\partial v_i'}{\partial x_j}} - \frac{\partial \left(\frac{1}{2} \overline{v_i'^2 v_y'} \right)}{\partial y} - \overline{v_y' v_x'} \frac{\partial V_x}{\partial y} = 0 \quad (5.69)
$$

在边界层外层, 方程 (5.68) 右边第二项较小可忽略, 其余项量级相当, 于是有:

$$V_x \frac{\partial \left(\overline{\frac{v_i'^2}{2}} \right)}{\partial x} + V_y \frac{\partial \left(\overline{\frac{v_i'^2}{2}} \right)}{\partial y} = -\frac{1}{\rho} \frac{\partial \overline{v_y' p'}}{\partial y} - \nu \overline{\frac{\partial v_i'}{\partial x_j} \frac{\partial v_i'}{\partial x_j}} - \frac{\partial \left(\frac{1}{2} \overline{v_i'^2 v_y'} \right)}{\partial y} - \overline{v_y' v_x'} \frac{\partial V_x}{\partial y}$$

$$(5.70)$$

5.2.3 动量积分关系式

将二维、不可压缩流体的连续性方程关于 y 积分可得：

$$\int_0^\infty \frac{\partial V_x}{\partial x} \mathrm{d}y + \int_0^\infty \frac{\partial V_y}{\partial y} \mathrm{d}y = 0 \tag{5.71}$$

积分上式且上式第一项的微分和积分交换次序后可得：

$$\frac{\mathrm{d}}{\mathrm{d}x} \int_0^\infty V_x \mathrm{d}y + V_y \big|_0^\infty = 0 \tag{5.72}$$

根据壁面上的边界条件 $V_y = 0$，上式为：

$$V_{y\infty} = -\frac{\mathrm{d}}{\mathrm{d}x} \int_0^\infty V_x \mathrm{d}y \tag{5.73}$$

在湍流边界层方程 (5.56) 中，左边第二项由连续性方程可化为：

$$V_y \frac{\partial V_x}{\partial y} = \frac{\partial V_x V_y}{\partial y} - V_x \frac{\partial V_y}{\partial y} = \frac{\partial V_x V_y}{\partial y} + V_x \frac{\partial V_x}{\partial x} \tag{5.74}$$

将方程 (5.74) 代入方程 (5.56) 且将 $\mathrm{d}P_0/\mathrm{d}x$ 用势流的 $-\rho V_{xe}(\mathrm{d}V_{xe}/\mathrm{d}x)$ 代替可得：

$$V_x \frac{\partial V_x}{\partial x} + \frac{\partial V_x V_y}{\partial y} + V_x \frac{\partial V_x}{\partial x} = \frac{\partial V_x^2}{\partial x} + \frac{\partial V_x V_y}{\partial y} = V_{xe} \frac{\mathrm{d}V_{xe}}{\mathrm{d}x} + \nu \frac{\partial^2 V_x}{\partial y^2} - \frac{\partial \overline{v_x' v_y'}}{\partial y} \tag{5.75}$$

上式关于 y 积分，同时交换左边第一项的积分和微分次序后得：

$$\frac{\mathrm{d}}{\mathrm{d}x} \int_0^\infty V_x^2 \mathrm{d}y + V_x V_y \big|_0^\infty = \int_0^\infty V_{xe} \frac{\mathrm{d}V_{xe}}{\mathrm{d}x} \mathrm{d}y + \nu \frac{\partial V_x}{\partial y} \Big|_0^\infty - \overline{v_x' v_y'} \big|_0^\infty \tag{5.76}$$

上式右边最后一项为零，右边第一项的 $\mathrm{d}V_{xe}/\mathrm{d}x$ 因与 y 无关可提到积分号外，左边第二项根据式 (5.73) 和边界条件 (5.57) 可得：

$$V_x V_y \big|_0^\infty = V_{xe} V_{y\infty} = -V_{xe} \frac{\mathrm{d}}{\mathrm{d}x} \int_0^\infty V_x \mathrm{d}y = -\frac{\mathrm{d}}{\mathrm{d}x} \int_0^\infty V_{xe} V_x \mathrm{d}y + \frac{\mathrm{d}V_{xe}}{\mathrm{d}x} \int_0^\infty V_x \mathrm{d}y$$

$$(5.77)$$

方程 (5.76) 右边第二项为：

$$\nu \left. \frac{\partial V_x}{\partial y} \right|_0^\infty = -\left(\nu \frac{\partial V_x}{\partial y} \right)_0 = -\frac{\tau_w}{\rho} \tag{5.78}$$

这样，根据式 (5.77) 和式 (5.78)，式 (5.76) 成为：

$$\frac{\mathrm{d}}{\mathrm{d}x} \int_0^\infty V_x \left(V_{xe} - V_x \right) \mathrm{d}y + \frac{\mathrm{d}V_{xe}}{\mathrm{d}x} \int_0^\infty \left(V_{xe} - V_x \right) \mathrm{d}y = \frac{\tau_w}{\rho} \tag{5.79}$$

该式即为 Kármán 动量积分关系式。基于式 (2.50) 的边界层位移厚度 δ^* 和式 (2.52) 的动量损失厚度 θ 的定义 [式 (2.50) 和式 (2.52) 中的 v_x 和 U_e 分别对应以下的 V_x 和 V_{xe}]：

$$\delta^* = \int_0^\infty \left(1 - \frac{V_x}{V_{xe}} \right) \mathrm{d}y, \quad \theta = \int_0^\infty \frac{V_x}{V_{xe}} \left(1 - \frac{V_x}{V_{xe}} \right) \mathrm{d}y \tag{5.80}$$

方程 (5.79) 可以化为：

$$\frac{\mathrm{d}}{\mathrm{d}x} \left(V_{xe}^2 \theta \right) + \frac{\mathrm{d}V_{xe}}{\mathrm{d}x} V_x \delta^* = v^{*2} \tag{5.81}$$

该式也适用于层流。

式 (5.81) 左边的第一项可分解成：

$$\frac{\mathrm{d}}{\mathrm{d}x} \left(V_{xe}^2 \theta \right) = V_{xe}^2 \frac{\mathrm{d}\theta}{\mathrm{d}x} + 2 V_{xe} \theta \frac{\mathrm{d}V_{xe}}{\mathrm{d}x} \tag{5.82}$$

将其代入方程 (5.81) 后得：

$$\frac{\mathrm{d}\theta}{\mathrm{d}x} + \frac{2\theta + \delta^*}{V_{xe}} \frac{\mathrm{d}V_{xe}}{\mathrm{d}x} = \left(\frac{v^*}{V_{xe}} \right)^2 \tag{5.83}$$

该式在零压力梯度边界层的情况下有：

$$\frac{\mathrm{d}\theta}{\mathrm{d}x} = \left(\frac{v^*}{V_{xe}} \right)^2 \tag{5.84}$$

即动量损失厚度沿流动方向的增长率等于壁摩擦速度的平方。

5.2.4 能量积分关系式

根据不可压缩流体连续性方程, 可将平均动能方程 (5.67) 的左端化为:

$$\frac{\partial}{\partial x}\left[V_x\left(\frac{V_x^2}{2}+\frac{P_0}{\rho}\right)\right]+\frac{\partial}{\partial y}\left[V_y\left(\frac{V_x^2}{2}+\frac{P_0}{\rho}\right)\right] \tag{5.85}$$

将上式代入方程 (5.67) 并关于 y 积分得:

$$\int_0^\infty \frac{\partial}{\partial x}\left[V_x\left(\frac{V_x^2}{2}+\frac{P_0}{\rho}\right)\right]\mathrm{d}y + \int_0^\infty \frac{\partial}{\partial y}\left[V_y\left(\frac{V_x^2}{2}+\frac{P_0}{\rho}\right)\right]\mathrm{d}y$$

$$= \int_0^\infty \nu V_x \frac{\partial^2 V_x}{\partial y^2}\mathrm{d}y - \int_0^\infty V_x \frac{\overline{\partial v_x' v_y'}}{\partial y}\mathrm{d}y \tag{5.86}$$

式中左边第一项的微分与积分可交换次序, 基于边界条件、Bernoulli 方程和
式 (5.73), 上式左边第二项为:

$$\int_0^\infty \frac{\partial}{\partial y}\left[V_y\left(\frac{V_x^2}{2}+\frac{P_0}{\rho}\right)\right]\mathrm{d}y = \left[V_y\left(\frac{V_x^2}{2}+\frac{P_0}{\rho}\right)\right]\Big|_0^\infty = V_{y\infty}\left(\frac{V_x^2}{2}+\frac{P_0}{\rho}\right)$$

$$= -\left(\frac{V_x^2}{2}+\frac{P_0}{\rho}\right)\frac{\mathrm{d}}{\mathrm{d}x}\int_0^\infty V_x\mathrm{d}y$$

$$= -\frac{\mathrm{d}}{\mathrm{d}x}\int_0^\infty V_x\left(\frac{V_x^2}{2}+\frac{P_0}{\rho}\right)\mathrm{d}y \tag{5.87}$$

于是方程 (5.86) 的左端成为:

$$\frac{\mathrm{d}}{\mathrm{d}x}\int_0^\infty V_x\left(\frac{V_x^2}{2}+\frac{P_0}{\rho}\right)\mathrm{d}y - \frac{\mathrm{d}}{\mathrm{d}x}\int_0^\infty V_x\left(\frac{V_{xe}^2}{2}+\frac{P_0}{\rho}\right)\mathrm{d}y$$

$$= \frac{\mathrm{d}}{\mathrm{d}x}\int_0^\infty V_x\left(\frac{V_x^2}{2}-\frac{V_{xe}^2}{2}\right)\mathrm{d}y = -\frac{1}{2}\frac{\mathrm{d}}{\mathrm{d}x}\int_0^\infty V_x(V_{xe}^2-V_x^2)\mathrm{d}y \tag{5.88}$$

应用式 (5.57), 方程 (5.86) 的右边第一项为:

$$\nu\int_0^\infty \frac{\partial}{\partial y}\left(V_x\frac{\partial V_x}{\partial y}\right)\mathrm{d}y - \nu\int_0^\infty \left(\frac{\partial V_x}{\partial y}\right)^2\mathrm{d}y$$

$$= \nu\left(V_x\frac{\partial V_x}{\partial y}\right)\Big|_0^\infty - \nu\int_0^\infty \left(\frac{\partial V_x}{\partial y}\right)^2\mathrm{d}y = -\nu\int_0^\infty \left(\frac{\partial V_x}{\partial y}\right)^2\mathrm{d}y \tag{5.89}$$

第二项为:

$$\int_0^\infty \frac{\partial}{\partial y}(V_x\overline{v_x'v_y'})\mathrm{d}y - \int_0^\infty \overline{v_x'v_y'}\frac{\partial V_x}{\partial y}\mathrm{d}y = (V_x\overline{v_x'v_y'})\big|_0^\infty - \int_0^\infty \overline{v_x'v_y'}\frac{\partial V_x}{\partial y}\mathrm{d}y$$
$$= -\int_0^\infty \overline{v_x'v_y'}\frac{\partial V_x}{\partial y}\mathrm{d}y \tag{5.90}$$

将方程 (5.88)~(5.90) 代入方程 (5.86) 可得:

$$\frac{1}{2}\frac{\mathrm{d}}{\mathrm{d}x}\int_0^\infty V_x(V_{xe}^2 - V_x^2)\mathrm{d}y = \nu\int_0^\infty \left(\frac{\partial V_x}{\partial y}\right)^2\mathrm{d}y - \int_0^\infty \overline{v_x'v_y'}\frac{\partial V_x}{\partial y}\mathrm{d}y \tag{5.91}$$

定义能量损失厚度 δ_e 和能量耗散厚度 δ_Δ:

$$\delta_\mathrm{e} = \int_0^\infty \frac{V_x}{V_{xe}}\left(1 - \frac{V_x^2}{V_{xe}^2}\right)\mathrm{d}y, \quad \delta_\Delta = \left[\int_0^\infty \left(\frac{\partial}{\partial y}\frac{V_x}{V_{xe}}\right)^2\mathrm{d}y\right]^{-1} \tag{5.92}$$

则方程 (5.91) 的左端化为:

$$\frac{1}{2}\frac{\mathrm{d}}{\mathrm{d}x}\left[V_{xe}^3\int_0^\infty \frac{V_x}{V_{xe}}\left(1 - \frac{V_x^2}{V_{xe}^2}\right)\mathrm{d}y\right] = \frac{1}{2}V_{xe}^3\frac{\mathrm{d}\delta_\mathrm{e}}{\mathrm{d}x} + \frac{3}{2}\delta_\mathrm{e}V_{xe}^2\frac{\mathrm{d}V_{xe}}{\mathrm{d}x} \tag{5.93}$$

右边第一项化为:

$$\nu V_{xe}^2\int_0^\infty \left(\frac{\partial}{\partial y}\frac{V_x}{V_{xe}}\right)^2\mathrm{d}y = \frac{\nu V_{xe}^2}{\delta_\Delta} \tag{5.94}$$

再将方程 (5.91) 两端同除以 V_{xe}^2 后得:

$$\frac{1}{2}\frac{\mathrm{d}\delta_\mathrm{e}}{\mathrm{d}x} + \frac{3}{2}\frac{\delta_\mathrm{e}}{V_{xe}}\frac{\mathrm{d}V_{xe}}{\mathrm{d}x} = \frac{\upsilon}{V_{xe}\delta_\Delta} - \frac{1}{V_{xe}^3}\int_0^\infty \overline{v_x'v_y'}\frac{\partial V_x}{\partial y}\mathrm{d}y \tag{5.95}$$

该式即为湍流边界层能量积分关系式, 零压力梯度情况下有:

$$\frac{1}{2}\frac{\mathrm{d}\delta_\mathrm{e}}{\mathrm{d}x} = \frac{\upsilon}{V_{xe}\delta_\Delta} - \frac{1}{V_{xe}^3}\int_0^\infty \overline{v_x'v_y'}\frac{\partial V_x}{\partial y}\mathrm{d}y \tag{5.96}$$

5.3 二维湍流边界层

二维湍流边界层是湍流边界层中最简单的情况, 从中得到的部分结论适用于其他边界层流场。对二维湍流边界层的求解有多种形式, 以下介绍的是用动量积分关系式求解的方法。

5.3.1 零压力梯度湍流边界层

定义壁摩擦系数：

$$C_{\mathrm{f}} = \frac{2\tau_{\mathrm{w}}}{\rho V_{xe}^2} \tag{5.97}$$

则式 (5.84) 的动量关系式为：

$$\frac{\mathrm{d}\theta}{\mathrm{d}x} = \left(\frac{v^*}{V_{xe}}\right)^2 = \frac{v^{*2}}{V_{xe}^2} = \frac{\tau_{\mathrm{w}}}{\rho}\frac{C_{\mathrm{f}}\rho}{2\tau_{\mathrm{w}}} = \frac{C_{\mathrm{f}}}{2} \tag{5.98}$$

即：

$$C_{\mathrm{f}} = 2\frac{\mathrm{d}\theta}{\mathrm{d}x} = 2\frac{\mathrm{d}Re_\theta}{\mathrm{d}Re_x} \tag{5.99}$$

该式有 2 个未知量，无法求解，尚需补充 θ 与 C_{f} 的关系式。设 $C_{\mathrm{f}} = C_{\mathrm{f}}(\theta)$，将其代入式 (5.99) 积分得：

$$Re_x = 2\int_0^{Re_\theta} \frac{\mathrm{d}Re_\theta}{C_{\mathrm{f}}(Re_\theta)} \tag{5.100}$$

式中，$C_{\mathrm{f}}(\theta)$ 可由速度剖面确定，例如对 Coles 尾迹律中的速度剖面，令式 (5.39) 中

$$V_{xe}^+ - \left(\frac{1}{\kappa}\ln\delta^+ + c\right) \equiv \frac{2}{\kappa}\Pi \tag{5.101}$$

则式 (5.39) 可写成：

$$v^+ = \frac{1}{\kappa}\ln y^+ + c + \frac{\Pi}{\kappa}W\left(\frac{y}{\delta}\right) \tag{5.102}$$

式 (5.40) 中当 $y = \delta$ 时有 $W(y/\delta) = 2$，将式 (5.102) 用于 $y = \delta$ 处可得：

$$v^+ = \frac{V_x}{v^*} = \sqrt{\frac{V_x^2\rho}{\tau_{\mathrm{w}}}} = \sqrt{\frac{2}{C_{\mathrm{f}}}} = \frac{1}{\kappa}\ln\left(\frac{V_x\delta}{\nu}\sqrt{\frac{C_{\mathrm{f}}}{2}}\right) + c + \frac{2\Pi}{\kappa} \tag{5.103}$$

定义 $\lambda = \sqrt{2/C_{\mathrm{f}}}, Re_\delta = V_x\delta/\nu$ 后，可将上式写成：

$$\lambda = \frac{1}{\kappa}\ln\left(\frac{Re_\delta}{\lambda}\right) + c + \frac{2\Pi}{\kappa} \tag{5.104}$$

该式构成了 λ (即 C_{f}) 与 δ 的关系，称为尾迹律表面摩擦关系式。

将式 (5.102) 代入式 (5.80) 的位移厚度和动量损失厚度表达式中求出 δ^* 和 θ：

$$\delta^* = \delta \left(\frac{1 + \Pi}{\kappa\lambda} \right) \tag{5.105}$$

$$\theta = \delta^* - \delta \left[\frac{2 + 3.179\Pi + 1.5\Pi^2}{(\kappa\lambda)^2} \right] \tag{5.106}$$

将式 (5.104)~(5.106) 作为特征长度，然后以 Re 的形式表示为：

$$Re_\delta = \lambda \exp\left(\kappa\lambda - \kappa c - 2\Pi\right) \tag{5.107}$$

$$Re_{\delta^*} = \frac{1 + \Pi}{\kappa\lambda} Re_\delta \tag{5.108}$$

$$Re_\theta = \left(\frac{1 + \Pi}{\kappa\lambda} - \frac{2 + 3.179\Pi + 1.5\Pi^2}{\kappa^2\lambda^2} \right) Re_\delta \tag{5.109}$$

式中，$\kappa = 0.4$、$c = 5.5$、$\Pi = 0.5$。

将 $\lambda = \sqrt{2/C_f}$ 代入式 (5.107)~(5.109)，可以得到 $C_f \sim Re_\delta$、$C_f \sim Re_{\delta^*}$、$C_f \sim Re_\theta$ 的关系曲线，对曲线拟合可得：

$$C_f = 0.018 Re_\delta^{-1/6} = 0.0128 Re_{\delta^*}^{-1/6} = 0.012 Re_\theta^{-1/6} \tag{5.110}$$

将上式的 $C_f = 0.012 Re_\theta^{-1/6}$ 代入式 (5.100) 得：

$$Re_\theta = 0.0142 Re_x^{6/7} \tag{5.111}$$

将 $C_f = 0.012 Re_\theta^{-1/6}$ 代入上式得：

$$C_f = 0.025 Re_x^{-1/7} \tag{5.112}$$

用同样的方式可得：

$$Re_\delta = 0.14 Re_x^{6/7}, \quad Re_{\delta^*} = 0.018 Re_x^{6/7} \tag{5.113}$$

壁摩擦系数与实验数据对比后一般取：

$$C_f = 0.026 Re_x^{-1/7} \tag{5.114}$$

以上关系式适用的 Re 范围为 $10^5 < Re_x < 10^9$。

5.3.2 零压力梯度光滑平板阻力

阻力是边界层流场中人们所关注的物理量。有了摩擦系数，就可以求解相关的阻力。对于自由流速度为 V_{xe}、长度为 L 的平板，沿程阻力 D 和阻力系数 C_D 为：

$$D = \int_0^L \tau_w \mathrm{d}x \tag{5.115}$$

$$C_D = \frac{2D}{\rho V_{xe}^2 L} = \frac{1}{L} \int_0^L C_f \mathrm{d}x \tag{5.116}$$

将式 (5.99) 代入上式得：

$$C_D = 2\frac{\theta(L)}{L} = 2\frac{(Re_\theta)_L}{Re_L} \tag{5.117}$$

即 C_D 取决于平板末端处动量损失厚度。将式 (5.114) 代入式 (5.116) 得：

$$C_D = 0.0303 Re_L^{-1/7} = \frac{7}{6} C_f(L) \tag{5.118}$$

除了式 (5.118) 以外，常用的求阻力系数的公式还有：

$$C_D = \frac{0.455}{(\lg Re_L)^{2.58}} \tag{5.119}$$

$$\sqrt{C_D} \lg(Re_L C_D) = 0.242 \tag{5.120}$$

零攻角光滑平板边界层的阻力系数与 Re 的关系如图 5.10 所示。

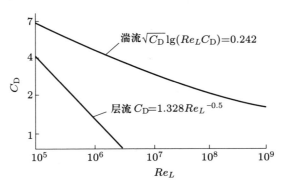

图 5.10 零攻角光滑平板阻力系数曲线

185

5.3.3 零压力梯度粗糙平板阻力

实际情况下平板的表面存在粗糙度,此时以上适用于光滑平板的结果要进行修正以考虑粗糙度的影响。

5.3.3.1 速度分布修正

平板受到的阻力和边界层内的速度分布密切相关,平板粗糙度的存在会影响速度分布。设均匀分布的粗糙元平均高度为 h,定义 $h^+ = v^* h/\nu$ 是量纲为一的粗糙度参数,基于实验数据的对速度分布 (5.11) 进行修正的公式为:

$$v^+ = \frac{1}{\kappa} \ln y^+ + c - \Delta v^+ \tag{5.121}$$

Δv^+ 中包含了 h^+ 的影响,只要建立了 Δv^+ 和 h^+ 关系,就可以得到流场的速度分布。由图 5.11 中的实验数据可得出以下结论:在 $h^+ \leqslant 5$ 的范围内 $\Delta v^+ = 0$,即忽略粗糙度的影响,因为黏性底层厚度 $y^+ \approx 5$,粗糙元被黏性底层覆盖,故该区域称为水力光滑区。$h^+ > 70$ 区域的速度分布为:

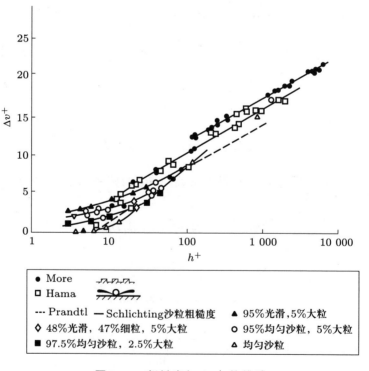

图 **5.11** 粗糙度与 Δv^+ 的关系

$$\Delta v^+ = \frac{1}{\kappa} \ln h^+ - 3 \tag{5.122}$$

将上式代入式 (5.121) 可知，粗糙度导致速度以对数形式下降，$h^+ > 70$ 的区域为完全粗糙区，$5 < h^+ \leqslant 70$ 的区域称为过渡区。以下是适用于任意粗糙度的表达式：

$$\Delta v^+ \approx \frac{1}{\kappa} \ln(1 + 0.3h^+) \tag{5.123}$$

$$v^+ = \frac{1}{\kappa} \ln\left(\frac{y^+}{1 + 0.3h^+}\right) + c \tag{5.124}$$

式中，$\kappa = 0.4$、$c = 5.5$。

5.3.3.2 壁摩擦系数

定常、二维、不可压缩、无体积力情况下，零攻角平板边界层的连续性方程和运动方程为：

$$\frac{\partial V_x}{\partial x} + \frac{\partial V_y}{\partial y} = 0 \tag{5.125}$$

$$V_x \frac{\partial V_x}{\partial x} + V_y \frac{\partial V_x}{\partial y} = \frac{1}{\rho} \frac{\partial \tau}{\partial y} \tag{5.126}$$

由式 (5.6)，可将方程 (5.125) 化为：

$$V_y = -\int_0^y \frac{\partial V_x}{\partial x} \mathrm{d}y = -\frac{\nu}{v^*} \frac{\mathrm{d}v_\mathrm{f}}{\mathrm{d}y}\left[v^+ y^+ - \frac{0.3h^+ y^+}{\kappa(1 + 0.3h^+)}\right] \tag{5.127}$$

将式 (5.6)、式 (5.124) 以及式 (5.127) 代入方程 (5.126) 得：

$$\frac{\mathrm{d}v^*}{\mathrm{d}x}\left[v^{+2} - \frac{0.3h^+}{\kappa(1 + 0.3h^+)}\left(v^+ - \frac{1}{\kappa}\right)\right] = \frac{1}{\mu} \frac{\partial \tau}{\partial y^+} \tag{5.128}$$

对 y^+ 积分后得：

$$\tau(x, y) - \tau(x, 0) = \mu \frac{\mathrm{d}v^*}{\mathrm{d}x} G(v^+, h^+) \tag{5.129}$$

式中，$G(v^+, h^+)$ 是式 (5.128) 左边中括弧内的积分，因为 $y = \delta$ 处的剪应力 $\tau(x, \delta) = 0$，且 $v^+ = V_{xe}/v^* = \sqrt{2/C_\mathrm{f}} = \lambda$，将其代入式 (5.129) 可得：

$$\tau_\mathrm{w} = \rho v^{*2} = -\mu \frac{\mathrm{d}v^*}{\mathrm{d}x} G(\lambda, h^+) \tag{5.130}$$

187

或者写成:

$$\frac{V_{xe}}{\nu}\mathrm{d}x = G(\lambda, h^+)\mathrm{d}\lambda \tag{5.131}$$

对 x 积分便得到壁摩擦公式:

$$Re_x = 1.731(1 + 0.3h^+)\mathrm{e}^z\left[z^2 - 4z + 6 - \frac{0.3h^+}{1 + 0.3h^+}(z - 1)\right] \tag{5.132}$$

式中, $z = 0.4\lambda$。隐式的式 (5.132) 需迭代求解, 图 5.12 给出了部分计算结果。

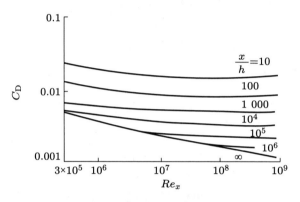

图 5.12 任意粗糙度平板的摩擦阻力系数曲线

由式 (5.117)、式 (5.124) 及式 (5.132) 可得对任意粗糙度平板适用的总阻力系数:

$$C_D = \frac{0.554}{Re_L}\mathrm{e}^{0.4\lambda_L}\left[1 + \frac{0.3Re_L(h/L)}{\lambda_L}\right]\left(1 - \frac{5}{\lambda_L}\right) \tag{5.133}$$

对于完全粗糙壁面有 $1 + 0.3h^+ \approx 0.3h^+$, 故式 (5.132) 可近似为:

$$\frac{x}{h} = 0.519\mathrm{e}^z\left(\frac{z^2 - 5z + 7}{\lambda}\right) \tag{5.134}$$

因为在 $8 < z < 16$ 内, $(z^2 - 5z + 7)/\lambda \approx 0.8\mathrm{e}^{0.04\lambda}$, 于是式 (5.134) 和式 (5.133) 可近似为:

$$C_f \approx \left(1.4 + 3.7\lg\frac{x}{h}\right)^{-2} \tag{5.135}$$

$$C_D \approx 0.166\frac{h}{L}\mathrm{e}^{0.4\lambda_L}\left(\frac{\lambda_L - 5}{\lambda_L^2}\right) \tag{5.136}$$

其中

$$\lambda_L = \left(\frac{V_{xe}}{v^*} \right)_L \tag{5.137}$$

实验结果为：

$$C_f = \left(2.87 + 1.58 \lg \frac{x}{h} \right)^{-2.5} \tag{5.138}$$

$$C_D = \left(1.89 + 1.62 \lg \frac{L}{h} \right)^{-2.5} \tag{5.139}$$

5.3.4　有压力梯度湍流边界层

定义 $H = \delta^*/\theta$，则动量积分关系式 (5.83) 可以写成：

$$\frac{\mathrm{d}\theta}{\mathrm{d}x} + (H + 2) \frac{\theta}{V_{xe}} \frac{\mathrm{d}V_{xe}}{\mathrm{d}x} = \frac{C_f}{2} \tag{5.140}$$

式中，C_f、θ、H 为未知量，求解方程 (5.140) 需补充其他方程，如能量积分方程、动能积分方程、卷吸方程等。

湍流边界层外部的自由流会被卷吸进边界层中，所以边界层靠近外缘的黏性上层存在间隙现象，边界层内的流量将因此而变化。边界层内的流量可表示为：

$$\int_0^\delta V_x \mathrm{d}y = V_{xe}\delta - \int_0^\delta V_{xe} \left(1 - \frac{V_x}{V_{xe}} \right) \mathrm{d}y = V_{xe} (\delta - \delta^*) \tag{5.141}$$

将式 (5.141) 对 x 求导可得流量沿 x 的变化。如图 5.13 所示，定义卷吸速度 V_E 为垂直于边界层外缘线的速度分量，那么外面流体进入边界层的流量为：

$$V_E \sqrt{1 + \left(\frac{\mathrm{d}\delta}{\mathrm{d}x} \right)^2} \tag{5.142}$$

根据质量守恒定律，外面流体进入边界层的流量应等于边界层内的流量变化率：

$$V_E \sqrt{1 + \left(\frac{\mathrm{d}\delta}{\mathrm{d}x} \right)^2} = \frac{\mathrm{d}}{\mathrm{d}x} [V_{xe} (\delta - \delta^*)] \tag{5.143}$$

式中的 $(\mathrm{d}\delta/\mathrm{d}x)^2$ 是个小量，可忽略，则上式为：

$$V_E = \frac{\mathrm{d}}{\mathrm{d}x} [V_{xe} (\delta - \delta^*)] \tag{5.144}$$

上式两端同除 V_{xe} 且定义卷吸速度系数 C_E 和形参数 H_1：

$$C_E = \frac{V_E}{V_{xe}}, \quad H_1 = \frac{\delta - \delta^*}{\theta} \tag{5.145}$$

于是式 (5.144) 可化为：

$$C_E = \frac{1}{V_{xe}} \frac{\mathrm{d}}{\mathrm{d}x} (V_{xe}\theta H_1) \tag{5.146}$$

式 (5.146) 称为卷吸方程。以下介绍两种求解卷吸方程的方法。

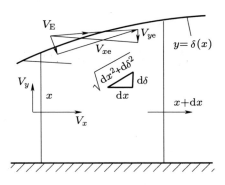

图 5.13 边界层流量变化示意图

5.3.4.1 Head 求解法

式 (5.140) 和式 (5.146) 包含 C_f、θ、H、C_E 和 H_1 共 5 个未知量，要补充 3 个方程或关系式才能使方程组封闭求解。

假设边界层速度剖面是包含一个形参数的曲线族：

$$C_E = F(H_1), \quad H_1 = G(H) \tag{5.147}$$

式中，F 和 G 对二维不可压缩定常湍流边界层都适用，由实验数据可拟合为：

$$\begin{cases} C_E = 0.030\,6\,(H_1 - 3)^{-0.653} \\ H_1 = 1.535\,(H - 0.7)^{-2.715} + 3.3 \end{cases} \tag{5.148}$$

或者

$$\begin{cases} C_E = 0.030\,6\,(H_1 - 3)^{-0.616\,9} \\ H_1 = \begin{cases} 0.823\,4\,(H - 1.1)^{-1.287} + 3.3, & H < 1.6 \\ 1.550\,1\,(H - 0.677\,8)^{-3.064} + 3.3, & H \geqslant 1.6 \end{cases} \end{cases} \tag{5.149}$$

还缺的一个关系式由实验数据拟合为：

$$C_{\mathrm{f}} = 0.246 \times 10^{-0.678H} Re_{\theta}^{-0.268} \tag{5.150}$$

由式 (5.140)、式 (5.146)、式 (5.149) 和式 (5.150) 可以求解相关的量，其中式 (5.140) 和式 (5.146) 是微分方程，求解时需给出初始 $x = x^{(0)}$ 时 θ 和 H 的值，然后对已知的 $V_{xe}(x)$ 计算第 n 步 $x = x^{(n)}$ 的 $\theta^{(n)}$ 和 $H^{(n)}$，接着算 $x^{(n+1)} = x^{(n)} + \Delta x$ 上的 $\theta^{(n+1)}$ 和 $H^{(n+1)}$，直至结束。

以上求解方法中，H 可作为确定边界层是否分离的准则参数，通常分离点处有 $H=1.8\sim2.4$。

Head 求解法简单且具有一定精度，应用比较广泛，还可用于可压缩、轴对称、三维湍流边界层以及反问题的求解。

5.3.4.2 滞后–卷吸方法

Head 求解法没有考虑卷吸速度系数 C_{E} 随 x 的变化，即忽略了上游流动状况对当地的影响，而在边界层外缘，这个影响较强。滞后–卷吸方法对此进行了改进，该方法基于式 (5.140) 和式 (5.146) 以及由湍动能方程导出的 C_{E} 变化率公式：

$$\theta(H_1 + H)\frac{\mathrm{d}C_{\mathrm{E}}}{\mathrm{d}x} = \frac{C_{\mathrm{E}}(C_{\mathrm{E}} + 0.02) + 0.266\,7C_{\mathrm{f}_0}}{C_{\mathrm{E}} + 0.01}\left\{2.8[(0.32C_{\mathrm{f}_0} + 0.024C_{\mathrm{E}_{\mathrm{eq}}} + \right.$$

$$\left.1.2C_{\mathrm{E}_{\mathrm{eq}}}^2)^{1/2} - (0.32C_{\mathrm{f}_0} + 0.024C_{\mathrm{E}} + 1.2C_{\mathrm{E}}^2)^{1/2}] + \left(\frac{\delta}{V_{xe}}\frac{\mathrm{d}V_{xe}}{\mathrm{d}x}\right)_{\mathrm{eq}} - \frac{\delta}{V_{xe}}\frac{\mathrm{d}V_{xe}}{\mathrm{d}x}\right\} \tag{5.151}$$

式中的参数由实验数据得到，平板壁摩擦系数 C_{f_0} 表示为：

$$C_{\mathrm{f}_0} = \frac{0.010\,13}{\lg Re_{\theta} - 1.02} - 0.000\,75 \tag{5.152}$$

式 (5.151) 中的 $C_{\mathrm{E}_{\mathrm{eq}}}$ 为平衡边界层卷吸速度系数：

$$C_{\mathrm{E}_{\mathrm{eq}}} = H_1\left[\frac{C_{\mathrm{f}}}{2} - (H + 1)\left(\frac{\theta}{V_{xe}}\frac{\mathrm{d}V_{xe}}{\mathrm{d}x}\right)_{\mathrm{eq}}\right] \tag{5.153}$$

式中的最后一项为：

$$\left(\frac{\theta}{V_{xe}}\frac{\mathrm{d}V_{xe}}{\mathrm{d}x}\right)_{\mathrm{eq}} = \frac{1.25}{H}\left[\frac{C_{\mathrm{f}}}{2} - \left(\frac{H-1}{6.432H}\right)^2\right] \tag{5.154}$$

式中的壁摩擦系数 C_{f} 和平板壁摩擦系数 $C_{\mathrm{f_0}}$ 的关系为：

$$\left(\frac{C_{\mathrm{f}}}{C_{\mathrm{f_0}}} + 0.5\right)\left(\frac{H}{H_0} - 0.4\right) = 0.9 \tag{5.155}$$

平板情况下 H_0 和 $C_{\mathrm{f_0}}$ 的关系为：

$$1 - \frac{1}{H_0} = 6.55\left(\frac{C_{\mathrm{f_0}}}{2}\right)^{1/2} \tag{5.156}$$

式 (5.151) 中右端倒数第二项为：

$$\left(\frac{\delta}{V_{xe}}\frac{\mathrm{d}V_{xe}}{\mathrm{d}x}\right)_{\mathrm{eq}} = (H + H_1)\left(\frac{\theta}{V_{xe}}\frac{\mathrm{d}V_{xe}}{\mathrm{d}x}\right)_{\mathrm{eq}} \tag{5.157}$$

H 与 H_1 存在如下关系：

$$H_1 = 3.15 + \frac{1.72}{H-1} - 0.01(H-1)^2 \tag{5.158}$$

在给定 θ、H、C_{E} 初始值情况下，联合求解方程 (5.140)、方程 (5.146)、方程 (5.151)～(5.158)，便可得到 C_{f}、θ、H、C_{E} 和 H_1 的值。

滞后–卷吸方法的计算量比 Head 求解法大，但精度高，是较好的积分方法。

5.4 边界层转捩、分离及控制

边界层流场存在由层流向湍流转捩以及边界层分离等特性，这些特性也是边界层流场研究的重要方面。

5.4.1 边界层转捩

边界层的转捩涉及转捩过程、影响转捩的因素以及转捩位置的预测。

5.4.1.1　转捩过程

图 5.14 给出了平板边界层的转捩过程，大致分为以下几个阶段。边界层的前缘是层流，由于总有一些人为或自然的小扰动，这些扰动在边界层中会演变成二维的 Tollmein-Schlichting(T-S) 波并往下游发展且波幅不断增大。接着，T-S 波在以非线性方式的发展过程中，沿展向失稳而形成三维不稳定波，同时出现发夹涡。然后，处于高剪切区域的发夹涡破碎，导致更多的涡结构出现，涡的相互作用使流场呈现三维脉动，一些具有高强度脉动的区域出现湍斑，湍斑形成后由少变多，分散的湍斑聚合后形成充分发展的湍流。若外部因素异常，如大逆压梯度或壁面粗糙，以上的转捩过程有可能跳过中间某个阶段。

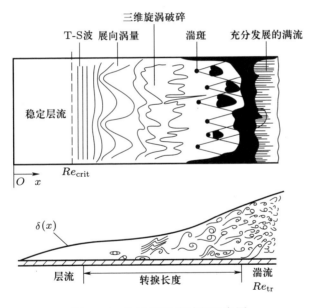

图 5.14　边界层转捩过程示意图

发夹涡是边界层转捩过程中出现的重要涡结构，可通过以下涡丝的演变过程了解发夹涡的形成和发展。将边界层中的涡层用离散涡丝代替，置于剪切流中的涡丝变形会沿流动方向放大。假设忽略黏性，边界层内流场保持均匀剪切。以边界层厚度 δ 和边界层内流体速度 V_x 为特征长度和特征速度进行量纲为一化，流场可以描述为：

$$V_{xb}(y) = \begin{cases} y, & y \leqslant 1 \\ 1, & y > 1 \end{cases} \tag{5.159}$$

此时若有一根有小变形的二维涡丝置于流场,则涡丝运动由 Biot-Savart (毕奥–萨伐尔) 公式描述且依赖于参数:

$$\varepsilon = \frac{|\Gamma|}{4\pi V_x \delta} \tag{5.160}$$

式中, Γ 是涡核的环量。

图 5.15 是对称扰动下涡丝随时间发展的结果,箭头表示涡丝旋转方向。涡丝受扰后,扰动部分从壁面逐渐抬起且向后弯曲,涡腿逐渐拉长并靠近壁面。随着时间推移,涡头继续抬高,涡腿接近壁面,流向变形增加,扰动沿涡丝也向两端传播,形成类似的子涡结构。涡丝与剪切流相互作用带来扰动沿流向和展向的传播和发展,逐渐形成发夹涡。两涡腿的间距与式 (5.160) 的 ε 成正比,ε 的值取决于涡丝环量和流场的剪切强度。

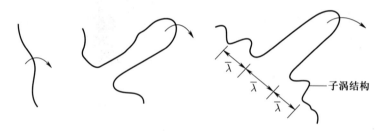

图 5.15 对称扰动下涡丝随时间的发展

若扰动不对称,可用两根不在同一直线上的涡丝表示涡丝的演变,两根涡丝中间用高曲率涡丝连接。在不对称扰动下,涡丝会形成单涡腿的不对称发夹涡,扰动沿展向的传播同样会形成子涡结构,结构的平均间距取决于流场的剪切强度。一旦掌握了单个发夹涡的演变过程,就能够建立模型来描述边界层中的一些特殊过程。

5.4.1.2 影响转捩的因素

影响边界层转捩的因素包括外部自由流湍流度、壁面粗糙度等。定义转捩 Re 为 Re_{tr},Re_{tr} 值越大,转捩越靠后。

首先是自由流湍流度的影响。自由流湍流度越大，转捩越靠前，定义表征自由流湍流度的参数为：

$$T = \frac{\sqrt{\overline{v_i^2}/3}}{V_x} \tag{5.161}$$

当 T 较大时，如 $T = 3\%$，Re_{tr} 从 2.8×10^6 下降到 10^6，流场转捩较早；当 T 较小时，如 $T < 0.08\%$，T 对转捩没有影响。T 对转捩的影响不是因为加大了 T-S 波的初始线性放大率，而是因为增强了扰动放大后波的破碎。

其次是壁面粗糙度的影响。壁面粗糙度越大，转捩越靠前。图 5.16 是粗糙度对转捩影响的示意图，若图中粗糙元高度 k 比 x_k 处的边界层位移厚度 $\delta^*(x_k)$ 小很多，则粗糙度影响很小，转捩发生的位置 x_{tr} 不变。若 $x_k/\delta^*(x_k) > 0.3$，转捩位置受很大影响，x_{tr} 将前移到靠近 x_k 的位置。

除了以上两个因素之外，温度和其他因素对转捩也有影响。例如壁面冷却可以起延缓转捩的作用；加大顺压梯度和壁面吸流也能推迟边界层转捩。

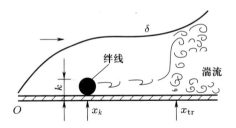

图 5.16 粗糙度对转捩点的影响

5.4.1.3 转捩位置的预测

现有理论尚不能准确地预测转捩的位置，实际应用中通常采用近似方法预测。

1. e^9 方法

该方法根据线性稳定性理论计算边界层小扰动的发展，当小扰动放大到原来的 e^9 倍时确定为转捩位置。用该方法对二维和轴对称边界层确定的转捩位置，与实验结果符合得较好。该方法的不足之处是对放大后扰动的描述有较大误差，且无法体现自由流湍流度和其他因素对转捩的影响。

2. 湍流模式方法

鉴于转捩时的 Re 较充分发展湍流的 Re 低，该方法建立一个低 Re 的湍流模式来求解层流区、转捩区和充分发展湍流区的流场。该方法可以体现多种因素如自由流湍流度、壁面粗糙度、传热、引射等对转捩的影响，在某种程度上还能模拟转捩区的湍流形成和发展过程，但该方法较复杂，工程上难以应用。

3. 修正的 Michel 方法

假设发生转捩时边界层的动量损失厚度雷诺数 $Re_{\theta tr}$ 与雷诺数 Re_{xtr} 存在普适关系，根据实验数据可拟合出 $Re_{\theta tr}$ 与 Re_{xtr} 的关系，该关系在 $0.4 \times 10^6 < Re_x < 7 \times 10^6$ 范围内成立，对 Re 超出这一范围的情形，用 e^9 方法给出关联曲线，相应的表达式为：

$$Re_{\theta tr} = 1.174 \left(1 + \frac{22\,400}{Re_{xtr}}\right) Re_{xtr}^{0.46}, \quad 0.1 \times 10^6 \leqslant Re_x \leqslant 40 \times 10^6 \quad (5.162)$$

一旦自由流的速度给定，可计算层流边界层的 $Re_\theta \sim Re_x$ 曲线，该曲线与式 (5.162) 描述的曲线的交点为转捩点。

4. Granville 方法

假设在流动开始失稳 (下标 i 表示) 到转捩 (下标 tr 表示) 这一区间里，动量损失厚度雷诺数 Re_θ 与型参数平均值 λ_θ 之间存在如下普适关系：

$$\lambda_\theta = \frac{4}{45} - \frac{1}{5} \left(\frac{Re_\theta^2 - \frac{V_{xe}}{V_{xei}} Re_{\theta i}^2}{Re_x - \frac{V_{xe}}{V_{xei}} Re_{xi}} \right) \quad (5.163)$$

由稳定性理论，可得到临界雷诺数 $Re_{\theta i}$ 与形状因子 $H(= \delta^*/\theta)$ 的关系如图 5.17 所示，$Re_{\theta tr} - Re_{\theta i}$ 与 λ_θ 的关系曲线如图 5.18 所示。先由层流边界层确定 H 和 Re_θ；由图 5.17 确定 $Re_{\theta i}$，从而确定 V_{xei}；接着由 $x = x_i$ 的位置计算 $Re_{\theta tr} - Re_{\theta i}$，同时由式 (5.163) 计算 λ_θ；最后给出 $Re_{\theta tr} - Re_{\theta i}$ 随 λ_θ 变化的曲线，该曲线与图 5.18 曲线的交点即为转捩时的动量损失厚度雷诺数 $Re_{\theta tr}$。

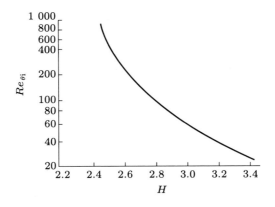

图 5.17　$Re_{\theta\mathrm{i}}$ 与 H 的关系

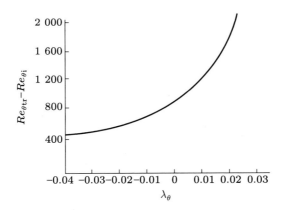

图 5.18　边界层转捩关系曲线

5.4.2　层流–湍流平板边界层的阻力计算

如图 5.19 所示，通常存在由层流和湍流构成的混合边界层，用湍流边界层的方法计算混合边界层的阻力会导致大的偏差。

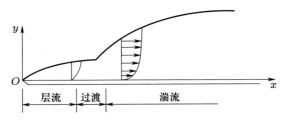

图 5.19　层流–湍流混合边界层

定义图 5.19 中过渡段右边界所在的流向位置为层流向湍流的过渡点，如图 5.20 所示，若用 x_{ct} 表示过渡点的流向位置，则从边界层前缘开始到任意一个流向位置 x 处的总阻力为：

$$D_{总} = D_{x湍} - D_{x_{ct}湍} + D_{x_{ct}层} \tag{5.164}$$

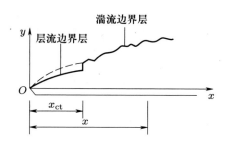

图 5.20 混合边界层阻力示意图

与把整个边界层全部视为湍流边界层的情形相比，减少的阻力为：

$$\Delta D = -\frac{1}{2}\rho V_{xe}^2 x_{ct}(C_{ft} - C_{fl}) \tag{5.165}$$

式中，C_{fl}、C_{ft} 分别为层流与湍流和的局部摩擦系数，于是对混合边界层局部摩擦阻力系数 C_D 的修正为：

$$\Delta C_D = \frac{\Delta D}{\frac{1}{2}\rho V_{xe}x} = -\frac{x_{ct}}{x}(C_{ft} - C_{fl}) = -\frac{A}{Re_x} \tag{5.166}$$

式中，$A = Re_{xct}(C_{ft} - C_{fl})$，由式 (2.72) 和式 (5.114) 分别得到 C_{fl} 和 C_{ft} 后再计算 A，这样对层流–湍流混合边界层有：

$$C_D = \frac{0.074}{Re_x^{1/5}} - \frac{A}{Re_x}, \quad 5 \times 10^5 < Re_x < 10^7 \tag{5.167}$$

据此可计算出阻力系数和阻力。

5.4.3 边界层分离

边界层在一定条件下会发生分离，分离后的流场在一定条件下也有可能再附着在壁面上。

5.4.3.1 分离区域的确定

湍流边界层内壁面上涡的周期性与非周期性脱落，使得壁面上的分离点通常不是出现在某一个固定点上，而是非定常、脉动性地在一范围内移动。为了描述分离过程的非定常性，定义间隙因子：

$$\gamma_{d} = \lim_{T \to \infty} \frac{1}{T} \int_{t_0}^{t_0+T} \alpha \mathrm{d}t; \quad \alpha = \begin{cases} 0, & \text{流体倒流} \\ 1, & \text{流体顺流} \end{cases} \tag{5.168}$$

可见间隙因子 γ_{d} 表示流体顺流所占时间与总时间之比，由 γ_{d} 的值可知壁面上某个位置的分离情况。

湍流场的非定常性和脉动性决定了不能简单地在某一点上将流场分成分离区与非分离区，只能由 γ_{d} 的值来判断某一点处出现分离的概率。图 5.21 给出了流场在分离区域中几个典型的位置。ID(incipient detachment) 点上 $\gamma_{d}=99\%$，称为初期脱离点；ITD(intermittent transitory detachment) 点上 $\gamma_{d}=80\%$，称为间歇性短暂脱离点；TD(transitory detachment) 点上 $\gamma_{d}=50\%$，顺流与倒流时间各占一半，称为暂时脱离点，该点上壁面剪应力的平均值为零，通常被认为是开始分离点。

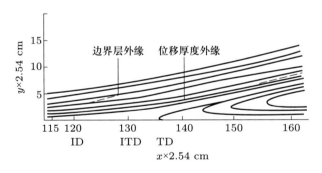

图 5.21 湍流边界层分离示意图

5.4.3.2 分离后的流场特征

流场一旦出现分离，分离区内的雷诺正应力明显增大，通常是分离前的 5 倍左右，而雷诺剪应力则明显降低。二维湍流边界层中总的湍流能量生成为：

$$-\left(\overline{v_x'^2}\frac{\partial V_x}{\partial x} + \overline{v_y'^2}\frac{\partial V_y}{\partial y}\right) - \overline{v_x'v_y'}\left(\frac{\partial V_x}{\partial y}\right) \tag{5.169}$$

式中，第一和第二个括号内的项分别表示正应力和剪应力生成的湍流能量。引入 F 表示总的湍流能量生成与雷诺剪应力生成的湍流能量之比：

$$F = \frac{\overline{v_x'v_y'}\left(\dfrac{\partial V_x}{\partial y}\right) - \left(\overline{v_x'^2}\dfrac{\partial V_x}{\partial x} + \overline{v_y'^2}\dfrac{\partial V_y}{\partial y}\right)}{-\overline{v_x'v_y'}\left(\dfrac{\partial V_x}{\partial y}\right)} = 1 - \frac{\left(\overline{v_x'^2} - \overline{v_y'^2}\right)\left(\dfrac{\partial V_x}{\partial y}\right)}{-\overline{v_x'v_y'}\left(\dfrac{\partial V_x}{\partial y}\right)} \tag{5.170}$$

则 $F-1$ 表示雷诺正应力与雷诺剪应力生成的湍流能量之比。图 5.22 给出了不同区域中 $F-1$ 与 y/δ 的关系，可见在远离分离区的上游，$F-1$ 很小，即雷诺正应力对湍流能量生成的贡献很小。在临近分离的区域，雷诺正应力的贡献增大，在分离区内雷诺正应力的贡献很大。

式 (5.170) 中，在 $\partial V_x/\partial y = 0$ 处，$F-1$ 将趋向于无穷大。在涡黏性系数方法中，雷诺剪应力是 $\partial V_x/\partial y$ 与涡黏性系数 ε_m 的乘积，$\partial V_x/\partial y = 0$ 时雷诺剪应力并不为零，于是只有 ε_m 趋向无穷大，这与实际不符，所以涡黏性系数方法不能用于分离区中。

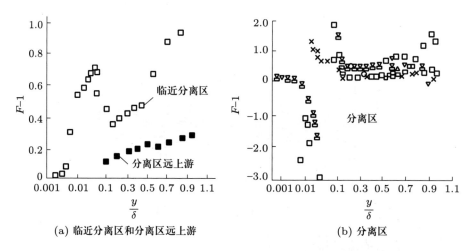

图 5.22　雷诺正应力与雷诺剪应力所生成的湍流能量之比

分离区内的湍流扩散明显增强，分离区的出现使下游形成较厚的尾迹，这使推导边界层方程时的薄层近似失效，边界层方程不再适用。

5.4.3.3 分离后的再附

如图 5.23 所示，分离后的流场压力很快降低，以至无法形成强逆流，裹入到剪切层下侧流体的流量大于逆流的流量，在满足一定的条件下，分离后的流体又重新附到壁面上，这就称为分离再附。

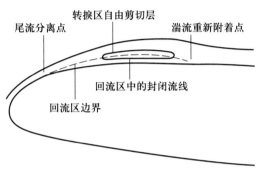

图 5.23 边界层分离后的再附

分离再附的情况在充分发展的湍流边界层中很少见，因为若逆压梯度不够大，流场不会出现分离；若逆压梯度大到能使流场分离，尽管裹入的流体速率比层流大，也难以克服大的逆压梯度使之再附。分离再附最有可能出现在由弱的逆压梯度引起分离的层流边界层中，此时分离后的流场很快变成湍流，使得裹入流体的速度很快增加后再附到壁面。

5.4.4 边界层控制

边界层分离会导致流场发生很大变化，例如机翼表面流场的分离将造成失速、效率降低、剧烈喘振甚至结构破坏。边界层的分离可以通过边界层的控制来减弱或消除。另一方面，也可采用控制边界层的方法来促使流场分离。

5.4.4.1 减小压差阻力

物体在流体中运动时受到的阻力由压差阻力和摩擦阻力构成，其中压差阻力是导致流场分离的主要因素，要减小压差阻力可以采取以下方法和措施。

一是设计合理的壁面型线。边界层的分离与表面压力分布有关，压力分布又取决于壁面型线，可通过合理的设计，产生所谓的"流线型"壁面来控制分离。

二是吹流法。如上所述,往前运动的流体缺少足够的能量来克服逆压才导致分离,若由吹流装置将有一定能量的流体吹出,便可避免或推迟分离。图 5.24(a) 所示的是内部吹流法,这种方法需附加动力才能吹出流体。图 5.24 (b) 所示的开缝机翼则无需附加动力,利用机翼中间的狭缝将下方的高压流体引到上方的阻滞区,将 AB 段上快分离的流体带到主流中去,由 C 点开始形成的边界层可延续到较远的下游而不分离。

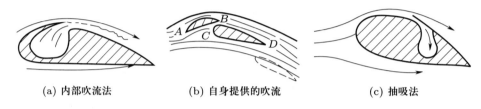

(a) 内部吹流法　　　　(b) 自身提供的吹流　　　　(c) 抽吸法

图 5.24　边界层分离的吹流和抽吸控制法

三是抽吸法。在图 5.24 (c) 中,将近壁低动量的流体抽吸走,使得外面高动量的流体补充到壁面附近,这些高动量流体能承受一定的逆压而不分离。若壁面型线设计和吸缝位置安排得当,该方法能够完全消除分离。

四是转捩控制法。湍流较层流具有更强的承受流场逆压的能力,为避免或削弱分离,可以让层流尽早地转捩为湍流。加大自由流湍流度、提高壁面粗糙度、边界层起始处加绊线或声激励、吹流等方法会加速边界层的转捩。

五是制造旋涡法。在壁面安装一些小攻角、高度约为边界层厚度的小板,小板上端产生的诱导涡能把离壁面较远、速度较大的流体卷入到近壁面处,这些高动量的流体具有较强的抗逆压能力而不出现分离。

六是柔性壁面方法。根据海豚身体表面曲线可以变化的原理,使壁面能柔性变化,通过壁面的自身反馈调整为最佳形状以防止分离。

5.4.4.2　减小摩擦阻力

为减小摩擦阻力,可采用如下方法。

一是延缓边界层从层流到湍流的转捩。层流边界层比湍流边界层有更小的摩擦阻力,所以延缓转捩使边界层尽可能处于层流状态。延缓转捩的方式包括减弱自由流湍流度、降低壁面粗糙度、吸流、适当的声激励等。

二是壁面开流向沟槽。在壁面上开与流动方向平行的流向沟槽能减阻 6%～9%，在逆压梯度情况下，甚至能达 13%，这种方法的减阻机理与限制三维边界层流向涡的展向运动和造成沟槽底部的低速流动有关。

三是添加聚合物。在边界层中添加高分子聚合物，能导致黏性应力的各向异性，高分子中的一些分子结构能改变流体的应力，这些都能起到减阻的作用。但是，该方法只能在一定场合下使用，而且高聚物容易降解，降解后减阻失效。

5.5 自由剪切湍流场

自由剪切湍流场是指不受固定边界直接影响、但有可能受间接影响的湍流场，实际中存在着不同形式的自由剪切湍流场如混合层、射流、尾流等。自由剪切湍流有明显的主流方向且速度剖面存在自相似性，速度沿主流方向的变化小于其他方向，平均压力沿流场横向的变化主要由湍流强度决定，沿主流方向的变化则取决于未受扰动流的压力分布。利用这些性质，可以简化自由剪切湍流场的方程。

5.5.1 基本方程

假定主流 x 方向的特征长度为 X，平均速度为 V_x，脉动速度为 v'_x；横向和展向坐标分别为 y 和 z，相应的特征长度为 Y 和 Z，平均速度为 V_y 和 V_z，脉动速度为 v'_y 和 v'_z。自由剪切流场存在以下特性：

$$\frac{Y}{X} \ll 1, \quad \frac{Z}{X} \ll 1, \quad \frac{Y}{Z} \sim 1 \tag{5.171}$$

令 V_{x0}、V_{y0}、V_{z0} 为 V_x、V_y、V_z 的特征速度，不可压缩流场的连续性方程及量级为：

$$\frac{\partial V_x}{\partial x} + \frac{\partial V_y}{\partial y} + \frac{\partial V_z}{\partial z} = 0$$

$$\frac{V_{x0}}{X} \qquad \frac{V_{y0}}{Y} \qquad \frac{V_{z0}}{Z} \tag{5.172}$$

上式三项量级相同：

$$\frac{V_{x0}}{X} \sim \frac{V_{y0}}{Y} \sim \frac{V_{z0}}{Z} \tag{5.173}$$

或写成：

$$\frac{V_{y0}}{V_{x0}} \sim \frac{Y}{X}, \quad \frac{V_{z0}}{V_{x0}} \sim \frac{Z}{X}, \quad \frac{V_{y0}}{V_{z0}} \sim 1 \tag{5.174}$$

那么各项速度之比有：

$$\frac{V_y}{V_x} \sim \frac{Y}{X}, \quad \frac{V_z}{V_x} \sim \frac{Z}{X}, \quad \frac{V_y}{V_z} \sim 1 \tag{5.175}$$

对于脉动速度，v'_x、v'_y 和 v'_z 的量级大致相同，可引进相同的速度尺度 v_0：

$$\overline{v_x'^2} \sim \overline{v_y'^2} \sim \overline{v_z'^2} \sim v_0^2, \quad \overline{v_x' v_y'} \sim R_{xy}^* v_0^2 \tag{5.176}$$

式中，R_{xy}^* 为相关系数。

5.5.1.1 主流速度 V_{x0} 叠加一恒定速度 $V_{xc}(V_{xc} \gg V_{x0})$ 的情形

尾流及在具有速度 V_{xc} 的流场中自由射流属于这种情形，由于 y 和 z 方向无本质区别，只考虑主流 x 方向和 y 方向的方程。考虑定常、不可压缩、高 Re 流场，黏性应力远小于雷诺应力而可忽略，x 和 y 方向雷诺平均运动方程及各项量级为：

$$(V_{xc} + V_x)\frac{\partial V_x}{\partial x} + V_y\frac{\partial V_x}{\partial y} + V_z\frac{\partial V_x}{\partial z} = -\frac{1}{\rho}\frac{\partial P}{\partial x} - \frac{\partial}{\partial x}\overline{v_x'^2} - \frac{\partial}{\partial y}\overline{v_x' v_y'} - \frac{\partial}{\partial z}\overline{v_x' v_z'}$$

$$V_{xc}\frac{V_{x0}}{X} \qquad \frac{V_{y0}V_{x0}}{Y} \qquad \frac{V_{z0}V_{x0}}{Z} \qquad \frac{\Delta P}{\rho X} \qquad \frac{v_0^2}{X} \qquad \frac{R_{xy}^* v_0^2}{Y} \qquad \frac{R_{xz}^* v_0^2}{Z}$$

$$\frac{V_{xc}}{V_{x0}}\frac{V_{x0}^2}{X} \qquad \frac{V_{x0}^2}{X} \qquad \frac{V_{x0}^2}{X} \qquad \frac{\Delta P}{\rho X} \qquad \frac{v_0^2}{X} \qquad \frac{R_{xy}^* v_0^2}{Y} \qquad \frac{R_{xz}^* v_0^2}{Z}$$

$$\frac{V_{xc}}{V_{x0}} \qquad 1 \qquad 1 \qquad \frac{\Delta P}{\rho V_{x0}^2} \qquad \frac{v_0^2}{V_{x0}^2} \qquad R_{xy}^* \frac{v_0^2}{V_{x0}^2}\frac{X}{Y} \quad R_{xz}^* \frac{v_0^2}{V_{x0}^2}\frac{X}{Z} \tag{5.177}$$

$$(V_{xc} + V_x)\frac{\partial V_y}{\partial x} + V_y\frac{\partial V_y}{\partial y} + V_z\frac{\partial V_y}{\partial z} = -\frac{1}{\rho}\frac{\partial P}{\partial y} - \frac{\partial}{\partial x}\overline{v_y' v_x'} - \frac{\partial}{\partial y}\overline{v_y'^2} - \frac{\partial}{\partial z}\overline{v_y' v_z'}$$

$$V_{xc}\frac{V_{y0}}{X} \qquad \frac{V_{y0}^2}{Y} \qquad \frac{V_{z0}V_{y0}}{Z} \qquad \frac{\Delta P}{\rho Y} \qquad \frac{R_{yx}^* v_0^2}{X} \qquad \frac{v_0^2}{Y} \qquad \frac{R_{yz}^* v_0^2}{Z}$$

$$\frac{V_{xc}}{V_{x0}}\frac{V_{x0}V_{y0}}{X} \qquad \frac{V_{x0}V_{y0}}{X} \qquad \frac{V_{x0}V_{y0}}{X} \qquad \frac{\Delta P}{\rho Y} \qquad \frac{R_{yx}^* v_0^2}{X} \qquad \frac{v_0^2}{Y} \qquad \frac{R_{yz}^* v_0^2}{Z}$$

$$\frac{V_{xc}}{V_{x0}} \qquad 1 \qquad 1 \qquad \frac{X^2}{Y^2}\frac{\Delta P}{\rho V_{x0}^2} \quad \frac{R_{yx}^* v_0^2}{V_{x0}^2}\frac{X}{Y} \quad \frac{v_0^2}{V_{x0}^2}\frac{X^2}{Y^2} \quad \frac{R_{yz}^* v_0^2}{V_{x0}^2}\frac{X^2}{YZ} \tag{5.178}$$

根据前提 $V_{xc} \gg V_{x0}$，上面两式左端第二、三项量级比第一项小，可以忽略。若 R_{xy}^*、R_{xz}^*、R_{yz}^* 非小量，则右边第二项比第三、四项小，可以忽略。v_0/V_{x0} 的量级 $\leqslant 1$，方程 (5.177) 中的 V_{xc}/V_{x0} 量级不能比 X/Y 量级大，否则所有湍流项与左边第一项比都为小量，方程无意义。因此，V_{xc}/V_{x0} 与 X/Y 的量级相同，将其用于方程 (5.178) 可知，左端第一项比右端第三、四项小，可忽略，能平衡右端第三、四项的只有右边第一项，可见 $\Delta P/\rho V_{x0}^2$ 与 v_0^2/V_{x0}^2 同量级。因此，方程 (5.178) 中忽略小项、保持最大项后为：

$$\frac{\partial P}{\partial y} + \rho \frac{\partial}{\partial y} \overline{v_y'^2} + \rho \frac{\partial}{\partial z} \overline{v_y' v_z'} = 0 \tag{5.179}$$

对 y 积分得：

$$P + \rho \overline{v_y'^2} + \rho \int \frac{\partial}{\partial z} \overline{v_y' v_z'} \mathrm{d}y = P_0 \tag{5.180}$$

式中，P_0 与 y 无关，可取湍流区外的值。将式 (5.180) 对 x 求导得：

$$\frac{1}{\rho} \frac{\partial P}{\partial x} = \frac{1}{\rho} \frac{\mathrm{d}P_0}{\mathrm{d}x} - \frac{\partial}{\partial x} \overline{v'^2} - \frac{\partial}{\partial x} \int \frac{\partial}{\partial z} \overline{v_y' v_z'} \mathrm{d}y \tag{5.181}$$

由 Bernoulli 方程可知 $\mathrm{d}P_0/\mathrm{d}x = 0$。

保留方程 (5.177) 的最大项且结合式 (5.181) 得：

$$V_{xc} \frac{\partial V_x}{\partial x} = -\frac{\partial}{\partial y} \overline{v_x' v_y'} - \frac{\partial}{\partial z} \overline{v_x' v_z'} \tag{5.182}$$

若采用涡黏性系数方法，方程 (5.182) 成为：

$$V_{xc} \frac{\partial V_x}{\partial x} = \frac{\partial}{\partial y} \left(\varepsilon_m \frac{\partial V_x}{\partial y} \right) + \frac{\partial}{\partial z} \left(\varepsilon_m \frac{\partial V_x}{\partial z} \right) \tag{5.183}$$

对二维流场有 $V_x = V_x(x, y)$，由 Prandtl 混合长度理论可将方程 (5.182) 写成：

$$V_{xc} \frac{\partial V_x}{\partial x} = l^2 \frac{\partial}{\partial y} \left(\frac{\partial V_x}{\partial y} \right)^2 \tag{5.184}$$

5.5.1.2 主流速度 V_{x0} 无叠加速度或叠加速度 $V_{xc}(V_{xc}$ 与 V_{x0} 同量级$)$ 的情形

一股速度为 V_{x0} 的流体射入静止或速度为 V_{xc} 的流场中属于这类情形。因为 V_{xc} 与 V_{x0} 同量级，方程量级分析时无需考虑 V_{xc}，x 和 y 方向的雷诺平均运动方程及各项的量级为：

$$V_x \frac{\partial V_x}{\partial x} + V_y \frac{\partial V_x}{\partial y} + V_z \frac{\partial V_x}{\partial z} = -\frac{1}{\rho}\frac{\partial P}{\partial x} - \frac{\partial}{\partial x}\overline{v_x'^2} - \frac{\partial}{\partial y}\overline{v_x'v_y'} - \frac{\partial}{\partial z}\overline{v_x'v_z'}$$

$$\frac{V_{x0}^2}{X} \quad \frac{V_{y0}V_{x0}}{Y} \quad \frac{V_{z0}V_{x0}}{Z} \quad \frac{\Delta P}{\rho X} \quad \frac{v_0^2}{X} \quad \frac{R_{xy}^* v_0^2}{Y} \quad \frac{R_{xz}^* v_0^2}{Z}$$

$$\frac{V_{x0}^2}{X} \quad \frac{V_{x0}^2}{X} \quad \frac{V_{x0}^2}{X} \quad \frac{\Delta P}{\rho X} \quad \frac{v_0^2}{X} \quad \frac{R_{xy}^* v_0^2}{Y} \quad \frac{R_{xz}^* v_0^2}{Z}$$

$$1 \quad 1 \quad 1 \quad \frac{\Delta P}{\rho V_{x0}^2} \quad \frac{v_0^2}{V_{x0}^2} \quad R_{xy}^* \frac{v_0^2}{V_{x0}^2}\frac{X}{Y} \quad R_{xz}^* \frac{v_0^2}{V_{x0}^2}\frac{X}{Z} \tag{5.185}$$

$$V_x \frac{\partial V_y}{\partial x} + V_y \frac{\partial V_y}{\partial y} + V_z \frac{\partial V_y}{\partial z} = -\frac{1}{\rho}\frac{\partial P}{\partial y} - \frac{\partial}{\partial x}\overline{v_y'v_x'} - \frac{\partial}{\partial y}\overline{v_y'^2} - \frac{\partial}{\partial z}\overline{v_y'v_z'}$$

$$\frac{V_{x0}V_{y0}}{X} \quad \frac{V_{y0}^2}{Y} \quad \frac{V_{z0}V_{y0}}{Z} \quad \frac{\Delta P}{\rho Y} \quad \frac{R_{yx}^* v_0^2}{X} \quad \frac{v_0^2}{Y} \quad \frac{R_{yz}^* v_0^2}{Z}$$

$$\frac{V_{x0}V_{y0}}{X} \quad \frac{V_{x0}V_{y0}}{X} \quad \frac{V_{x0}V_{y0}}{X} \quad \frac{\Delta P}{\rho Y} \quad \frac{R_{yx}^* v_0^2}{X} \quad \frac{v_0^2}{Y} \quad \frac{R_{yz}^* v_0^2}{Z}$$

$$1 \quad 1 \quad 1 \quad \frac{X^2}{Y^2}\frac{\Delta P}{\rho V_{x0}^2} \quad \frac{R_{yx}^* v_0^2}{V_{x0}^2}\frac{X}{Y} \quad \frac{v_0^2}{V_{x0}^2}\frac{X^2}{Y^2} \quad \frac{R_{yz}^* v_0^2}{V_{x0}^2}\frac{X^2}{YZ} \tag{5.186}$$

方程 (5.185) 中，v_0^2/V_{x0}^2 至少与 Y/X 同量级，否则雷诺应力项为 0 而成为层流。因 v_0^2/V_{x0}^2 与 Y/X 同量级，方程 (5.186) 中右端第三、四项比左端项大，与右端第一项有相同量级，于是与方程 (5.179) 相同，而方程 (5.185) 则化为：

$$V_x \frac{\partial V_y}{\partial x} + V_y \frac{\partial V_y}{\partial y} + V_z \frac{\partial V_y}{\partial z} = -\frac{1}{\rho}\frac{\partial P_0}{\partial x} - \frac{\partial}{\partial y}\overline{v_y'^2} - \frac{\partial}{\partial z}\overline{v_y'v_z'} \tag{5.187}$$

采用涡黏性系数方法，上式可表示为：

$$V_x \frac{\partial V_y}{\partial x} + V_y \frac{\partial V_y}{\partial y} + V_z \frac{\partial V_y}{\partial z} = -\frac{1}{\rho}\frac{\partial P_0}{\partial x} + \frac{\partial}{\partial y}\left(\varepsilon_m \frac{\partial V_x}{\partial y}\right) + \frac{\partial}{\partial z}\left(\varepsilon_m \frac{\partial V_x}{\partial z}\right) \tag{5.188}$$

5.5.2　湍流混合层

如图 3.16 所示，设两股流动的速度分别为 V_1 和 $V_2(V_2>V_1)$，流体在 $x=0$ 处接触形成混合层，层外的流动速度恒定因而压力为常数。

考虑 x-y 平面的二维混合层，该流场符合 5.5.1.2 节描述的情形，于是方程 (5.188) 可简化为：

$$V_x \frac{\partial V_y}{\partial x} + V_y \frac{\partial V_y}{\partial y} = \frac{\partial}{\partial y}\left(\varepsilon_m \frac{\partial V_x}{\partial y}\right) \tag{5.189}$$

上式的涡黏性系数改由 Prandtl 混合长度 l 表示可得:

$$V_x \frac{\partial V_y}{\partial x} + V_y \frac{\partial V_y}{\partial y} = l^2 \frac{\partial}{\partial y}\left(\frac{\partial V_x}{\partial y}\right)^2 \tag{5.190}$$

设混合层宽度 $b = c_1 x$, 令

$$\frac{\partial V_x}{\partial y} \approx \frac{V_2 - V_1}{b} \tag{5.191}$$

对混合层, 可将 l 表示为 $l = c_2 b/\sqrt{2}$, 其中 c_2 为常数, 则方程 (5.190) 成为:

$$V_x \frac{\partial V_y}{\partial x} + V_y \frac{\partial V_y}{\partial y} = c_2^2 b^2 \frac{V_2 - V_1}{b} \frac{\partial^2 V_x}{\partial y^2} = c_2^2 c_1 x (V_2 - V_1) \frac{\partial^2 V_x}{\partial y^2} \tag{5.192}$$

混合层流场的速度剖面存在相似性, 所以 V_x 和 V_y 都为 y/x 的函数。引入新变量:

$$\xi = \sigma \frac{y}{x}, \quad \sigma = \frac{1}{2\sqrt{c_1 c_2^2 R}}, \quad R = \frac{V_2 - V_1}{V_2 + V_1} \tag{5.193}$$

将流函数表示为:

$$\psi = x V_m F(\xi), \quad V_m = \frac{V_1 + V_2}{2} \tag{5.194}$$

则:

$$V_x = \frac{\partial \psi}{\partial y} = \frac{\partial \psi}{\partial \xi} \frac{\partial \xi}{\partial y} = \sigma V_m F'(\xi) \tag{5.195}$$

$$V_y = -\frac{\partial \psi}{\partial x} = -V_m F(\xi) + \sigma \frac{y}{x} V_m F'(\xi) \tag{5.196}$$

将式 (5.195) 求导:

$$\frac{\partial V_x}{\partial x} = -\sigma^2 V_m F''(\xi) \frac{y}{x^2}, \quad \frac{\partial V_x}{\partial y} = \frac{\sigma^2}{x} V_m F''(\xi), \quad \frac{\partial^2 V_x}{\partial y^2} = \frac{\sigma^2}{x^2} V_m F'''(\xi) \tag{5.197}$$

然后将式 (5.197) 代入式 (5.192) 得:

$$-V_m F(\xi) F''(\xi) = c_1 c_2^2 (V_2 - V_1) \sigma F'''(\xi) \tag{5.198}$$

根据式 (5.193), 上式可改写为:

$$F'''(\xi) + 2\sigma F(\xi) F''(\xi) = 0 \tag{5.199}$$

在图 3.16 的流场中有：

$$\begin{cases} V_x = V_1, & \xi \to -\infty \\ V_x = V_2, & \xi \to +\infty \end{cases} \tag{5.200}$$

结合式 (5.195)，可得方程 (5.199) 的边界条件为：

$$\sigma F'(\xi) = 1 \pm \frac{V_2 - V_1}{V_2 + V_1}, \quad \xi \to \pm\infty \tag{5.201}$$

将 $\sigma F(\xi)$ 用级数表示：

$$\sigma F(\xi) = F_0(\xi) + R F_1(\xi) + R^2 F_2(\xi) + \cdots \tag{5.202}$$

式中，右端的第一项为 $F_0(\xi) = \xi$，将式 (5.202) 代入式 (5.199)，将 R 同方次的项归类后便构成一组方程，再由这组方程确定 $F_1(\xi)$、$F_2(\xi)$ 等。其中 R 的一次方各项所构成的方程为：

$$F_1'''(\xi) + 2\xi F_1''(\xi) = 0 \tag{5.203}$$

取式 (5.202) 的前两项：

$$\sigma F(\xi) = \xi + R F_1(\xi) \tag{5.204}$$

将其对 ξ 求导得：

$$\sigma F'(\xi) = 1 + R F_1'(\xi) \tag{5.205}$$

将式 (5.201) 与式 (5.205) 对比，可知方程 (5.203) 的边界条件为：

$$F_1'(\xi) = \pm 1, \quad \xi \to \pm\infty \tag{5.206}$$

式 (5.203) 还可写成：

$$\frac{\mathrm{d} F_1''(\xi)}{F_1''(\xi)} = -2\xi \mathrm{d}\xi \tag{5.207}$$

对其积分得：

$$F_1''(\xi) = c_3 \mathrm{e}^{-\xi^2} \tag{5.208}$$

再积分一次得：

$$F_1'(\xi) = c_3 \int_0^\xi e^{-\xi^2} \mathrm{d}\xi \tag{5.209}$$

式中，c_3 为积分常数，由边界条件 (5.206) 可得 $c_3 = 2/\sqrt{\pi}$，于是式 (5.209) 为：

$$F_1'(\xi) = \frac{2}{\sqrt{\pi}} \int_0^\xi e^{-\xi^2} \mathrm{d}\xi = \mathrm{erf}(\xi) \tag{5.210}$$

式中，erf 为误差函数。将式 (5.210) 代入式 (5.205) 后再代入式 (5.195) 可得：

$$V_x = V_\mathrm{m}[1 + R\mathrm{erf}(\xi)] \tag{5.211}$$

根据式 (5.193) 和式 (5.194)，上式为：

$$V_x = \frac{1}{2}(V_1 + V_2)\left[1 + \frac{V_2 - V_1}{V_2 + V_1}\mathrm{erf}(\xi)\right] \tag{5.212}$$

该式中的 $V_1 = 0$ 相当于流速为 V_2 的射流与静止流体形成的混合层，于是：

$$V_x = \frac{1}{2}V_2[1 + \mathrm{erf}(\xi)] \tag{5.213}$$

图 5.25 给出了用式 (5.213) 计算得到的结果与实验结果的比较。

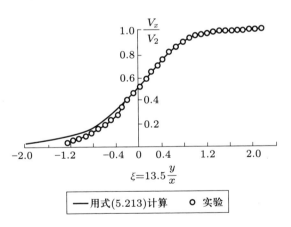

图 5.25 混合层中的速度分布

5.5.3 二维湍尾流场

尾流场的特性取决于导致尾流的物体形状等性质，二维尾流与轴对称尾流是两种典型的尾流场，前者如长圆柱后的流场，后者如球体后的流场。图 5.26

是二维湍尾流场，v_x 为 V_{x0} 与各点速度之差，V_x 为 v_x 的平均值，描述该流场的方程可由方程 (5.182) 简化为：

$$V_{x0}\frac{\partial V_x}{\partial x} = -\frac{\partial}{\partial y}\overline{v'_x v'_y} \tag{5.214}$$

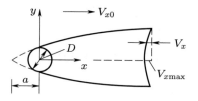

图 5.26 二维湍尾流场

上式两端同除以 V_{x0}^2 得：

$$\frac{\partial}{\partial x}\left(\frac{V_x}{V_{x0}}\right) = \frac{\partial}{\partial y}\left(-\frac{\overline{v'_x v'_y}}{V_{x0}^2}\right) \tag{5.215}$$

尾流区的速度剖面存在相似性，引入新变量：

$$\xi_1 = \frac{x+a}{D}, \quad \xi_2 = \frac{y}{D}k(\xi_1) \tag{5.216}$$

$$\frac{V_x}{V_{x\max}} = f(\xi_2), \quad \frac{V_{x\max}}{V_{x0}} = g(\xi_1), \quad \frac{-\overline{v'_x v'_y}}{V_{x\max}^2} = h(\xi_2) \tag{5.217}$$

式中，k、f、g、h 为待定函数，a 和 D 如图 5.26 所示。由式 (5.217) 可得：

$$\frac{V_x}{V_{x0}} = g(\xi_1)f(\xi_2), \quad \frac{-\overline{v'_x v'_y}}{V_{x0}^2} = g^2(\xi_1)h(\xi_2) \tag{5.218}$$

对上式求导得：

$$\frac{\partial}{\partial x}\left(\frac{V_x}{V_{x0}}\right) = \frac{1}{D}f\frac{\mathrm{d}g}{\mathrm{d}\xi_1} + \frac{1}{D}g\xi_2\frac{1}{k}\frac{\mathrm{d}k}{\mathrm{d}\xi_1}\frac{\mathrm{d}f}{\mathrm{d}\xi_2}, \quad \frac{\partial}{\partial y}\left(\frac{-\overline{v'_x v'_y}}{V_{x0}^2}\right) = \frac{1}{D}g^2 k\frac{\mathrm{d}h}{\mathrm{d}\xi_2} \tag{5.219}$$

然后代入方程 (5.125) 得：

$$f\frac{\mathrm{d}g}{\mathrm{d}\xi_1} + g\xi_2\frac{1}{k}\frac{\mathrm{d}k}{\mathrm{d}\xi_1}\frac{\mathrm{d}f}{\mathrm{d}\xi_2} = g^2 k\frac{\mathrm{d}h}{\mathrm{d}\xi_2} \tag{5.220}$$

问题归结为对方程 (5.220) 的求解。尾流之外区域的雷诺应力为 0,对方程 (5.215) 积分并交换微分和积分次序可得:

$$\frac{\mathrm{d}}{\mathrm{d}x} \int_{-\infty}^{\infty} \left(\frac{V_x}{V_{x0}} \right) \mathrm{d}y = \left. \frac{-\overline{v'_x v'_y}}{V_{x0}^2} \right|_{-\infty}^{\infty} = 0 \tag{5.221}$$

即:

$$\int_{-\infty}^{\infty} \frac{V_x}{V_{x0}} \mathrm{d}y = c \tag{5.222}$$

为确定常数 c,根据动量定理,建立物体周围控制面内流体动量变化与阻力的关系,得到 $c = F/(\rho V_{x0}^2)$,其中 F 为阻力。将式 (5.216) 和式 (5.217) 代入上式得:

$$\frac{g(\xi_1) D}{k(\xi_1)} \int_{-\infty}^{\infty} f(\xi_2) \mathrm{d}\xi_2 = c \tag{5.223}$$

可见 $g(\xi_1)/k(\xi_1)$ 应为常数, 设 $g(\xi_1) = bk(\xi_1)$(b 为常数), 代入式 (5.220) 经整理后得:

$$\frac{f}{\dfrac{\mathrm{d}h}{\mathrm{d}\xi_2}} + \frac{\xi_2 \dfrac{\mathrm{d}f}{\mathrm{d}\xi_2}}{\dfrac{\mathrm{d}h}{\mathrm{d}\xi_2}} = b \frac{k^3}{\dfrac{\mathrm{d}k}{\mathrm{d}\xi_1}} \tag{5.224}$$

式中, 左边与 ξ_2 有关, 右边与 ξ_1 有关, 两边只能等于常数, 右边可写成:

$$k^3 = c \frac{\mathrm{d}k}{\mathrm{d}\xi_1} \tag{5.225}$$

对其积分可得特解 $k = 1/\sqrt{\xi_1}$, 代入式 (5.126) 得:

$$\xi_2 = \frac{y}{D} \sqrt{\frac{D}{x+a}} = \frac{y}{\sqrt{D(x+a)}} \tag{5.226}$$

于是可将式 (5.218) 写成:

$$\frac{V_x}{V_{x0}} = b\sqrt{\frac{D}{x+a}} f(\xi_2), \quad -\frac{\overline{v'_x v'_y}}{V_{x0}^2} = b^2 \frac{D}{x+a} h(\xi_2) \tag{5.227}$$

这样就建立了 ξ_2、k 和 g 间的关系, 将其代入式 (5.220) 就能给出 f 和 h 间的关系, 最终得到雷诺应力与平均速度的关系。将 $k = 1/\sqrt{\xi_1}$ 代入式 (5.224) 得:

$$f + \xi_2 \frac{\mathrm{d}f}{\mathrm{d}\xi_2} = -2b \frac{\mathrm{d}h}{\mathrm{d}\xi_2} \tag{5.228}$$

上式可化为:

$$\mathrm{d}\left(f\xi_2\right) = -2b\mathrm{d}h \tag{5.229}$$

对其积分, 由式 (5.217) 可知 $\xi_2 = 0$ 时 h 应为 0, 结果为:

$$h = -\frac{f\xi_2}{2b} \tag{5.230}$$

将式 (5.226) 和式 (5.230) 代入式 (5.227), 便得到雷诺应力的表达式:

$$\frac{-\overline{v_x' v_y'}}{V_{x0}^2} = -\frac{1}{2} \sqrt{\frac{D}{x+a}} \xi_2 \frac{V_x}{V_{x0}} = -\frac{1}{2} \frac{y}{x+a} \frac{V_x}{V_{x0}} \tag{5.231}$$

采用涡黏性系数方法且根据 ξ_2 与 y 的关系可得:

$$-\overline{v_x' v_y'} = \varepsilon_m \frac{1}{D} \sqrt{\frac{D}{x+a}} \frac{\partial V_x}{\partial \xi_2} \tag{5.232}$$

代入式 (5.231) 得:

$$\frac{\varepsilon_m}{V_{x0}D} = -\frac{1}{2} \frac{\xi_2 \left(\dfrac{V_x}{V_{x0}}\right)}{\dfrac{\partial}{\partial \xi_2}\left(\dfrac{V_x}{V_{x0}}\right)} = -\frac{1}{2} \frac{\xi_2 \left(\dfrac{V_x}{V_{x\max}}\right)}{\dfrac{\mathrm{d}}{\mathrm{d}\xi_2}\left(\dfrac{V_x}{V_{x\max}}\right)} \tag{5.233}$$

该式关于 ξ_2 积分, 根据 $\xi_2 = 0$ 时有 $V_x/V_{x\max} = 1$ 可得:

$$\frac{V_x}{V_{x\max}} = \exp\left(-\frac{V_{x0}D}{2} \int_0^{\xi_2} \frac{\xi_2}{\varepsilon_m} \mathrm{d}\xi_2\right) \tag{5.234}$$

该式为尾流场的平均速度分布, 若 ε_m 为常数, 上式为:

$$\frac{V_x}{V_{x\max}} = \exp\left(-\frac{V_{x0}D}{4\varepsilon_m} \xi_2^2\right) \tag{5.235}$$

有了平均速度分布后, 可以进一步求出雷诺应力。

5.5.4 轴对称湍射流场

图 5.27 是轴对称湍射流场，流体以 V_e 的速度射入恒定流速为 V_0 的流场中，故 $\mathrm{d}P_0/\mathrm{d}z=0$，射流区的轴向流速 v_z 可视为 V_0 与超过 V_0 部分的流速 Δv_z 之和：

$$\begin{cases} v_z = V_0 + \Delta v_z \\ V_z = V_0 + \Delta V_z \end{cases} \tag{5.236}$$

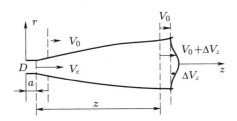

图 5.27 轴对称湍射流场

在以上条件和坐标系下，雷诺平均运动方程为：

$$V_r \frac{\partial V_z}{\partial r} + V_z \frac{\partial V_z}{\partial z} = -\frac{1}{r}\frac{\partial}{\partial r}(r\overline{v_r' v_z'}) \tag{5.237}$$

将式 (5.236) 代入方程 (5.237) 式再除以 V_e^2 得：

$$\left(\frac{V_0}{V_e} + \frac{\Delta V_z}{V_e}\right)\frac{\partial}{\partial z}\left(\frac{\Delta V_z}{V_e}\right) + \frac{V_r}{V_e}\frac{\partial}{\partial r}\left(\frac{\Delta V_z}{V_e}\right) = -\frac{1}{r}\frac{\partial}{\partial r}\left(r\frac{\overline{v_r' v_z'}}{V_e^2}\right) \tag{5.238}$$

在距射流口下游的一定位置，射流场的速度剖面存在相似性，令 $r=0$ 处的速度为 $\Delta V_{z\,\mathrm{max}}$，引入量纲为一的变量因子：

$$\xi_1 = \frac{z+a}{D}, \quad \xi_2 = \frac{r}{D}k(\xi_1) \tag{5.239}$$

式中，a 如图 5.27 所示。定义：

$$\frac{\Delta V_{z\,\mathrm{max}}}{V_e} = J(\xi_1), \quad \frac{\Delta V_z}{\Delta V_{z\,\mathrm{max}}} = f(\xi_2), \quad \frac{V_r}{\Delta V_{z\,\mathrm{max}}} = g(\xi_2), \quad \frac{-\overline{v_r' v_z'}}{\Delta V_{z\,\mathrm{max}}^2} = h(\xi_2) \tag{5.240}$$

式中，J、f、g、h 为待定函数。将式 (5.240) 代入方程 (5.238) 经整理可得：

$$\left(\frac{V_0}{V_e} + fJ\right)\left(\frac{J}{k}\frac{\mathrm{d}k}{\mathrm{d}\xi_1}\xi_2\frac{\mathrm{d}f}{\mathrm{d}\xi_2} + \frac{\mathrm{d}J}{\mathrm{d}\xi_1}f\right) + J^2kg\frac{\mathrm{d}f}{\mathrm{d}\xi_2} = J^2k\frac{1}{\xi_2}\frac{\mathrm{d}}{\mathrm{d}\xi_2}(\xi_2h) \qquad (5.241)$$

对流场取控制面，由动量守恒可得 J 和 k 的关系：

$$\frac{J^2}{k^2}\int_0^\infty f^2\xi_2\mathrm{d}\xi_2 + \frac{V_0}{V_e}\frac{J}{k^2}\int_0^\infty f\xi_2\mathrm{d}\xi_2 = c \qquad (5.242)$$

上式每项都由 ξ_1 和 ξ_2 的函数相乘组成，若流场速度剖面存在相似性，则要求各项中与 ξ_1 有关的函数为常数或彼此成比例后消去，而方程 (5.241) 中与 ξ_1 有关的函数不可能全为常数，只能成比例，即：

$$\frac{J}{k}\frac{\mathrm{d}k}{\mathrm{d}\xi_1} \sim \frac{\mathrm{d}J}{\mathrm{d}\xi_1} \sim \frac{J^2}{k}\frac{\mathrm{d}k}{\mathrm{d}\xi_1} \sim J\frac{\mathrm{d}J}{\mathrm{d}\xi_1} \sim J^2k \qquad (5.243)$$

上式通常不可能满足，只有在 $fJ \gg V_0/V_e$ (即 $\Delta V_z \gg V_0$) 和 $fJ \ll V_0/V_e$(即 $\Delta V_z \ll V_0$) 这两种特殊情况下才可能满足。

1. $\Delta V_z \gg V_0$ 的情况

该情况的射流速度远大于周围平行流的速度，流体射入静止流场是其特例，对应式 (5.242) 中的 $fJ \gg V_0/V_e$。此时式 (5.242) 中可忽略左边第二项而成为：

$$\frac{J^2}{k^2}\int_0^\infty f^2\xi_2\mathrm{d}\xi_2 = c \qquad (5.244)$$

基于式 (5.241) 和式 (5.243)，经过复杂的推导和运算，可得轴向平均速度分布为：

$$\frac{\Delta V_z}{\Delta V_{z\,\max}} = \left[1 + \frac{\Delta V_{z\,\max}(z+a)}{8\varepsilon_m}\xi_2^2\right]^{-2} \qquad (5.245)$$

式中，ε_m 为涡黏性系数；ξ_2 与 r 有关：

$$\varepsilon_m = 0.001\,96\Delta V_{z\,\max}(z+a), \quad \xi_2 = \frac{r}{z+a} \qquad (5.246)$$

有了轴向平均速度 ΔV_z 后，可通过下式求雷诺应力：

$$\frac{-\overline{v_r'v_z'}}{\Delta V_{z\,\max}^2} = \frac{\varepsilon_m}{\Delta V_{z\,\max}(z+a)}\frac{\mathrm{d}}{\mathrm{d}\xi_2}\left(\frac{\Delta V_z}{\Delta V_{z\,\max}}\right) \qquad (5.247)$$

2. $\Delta V_z \ll V_0$ 的情况

该情况的射流速度远小于周围平行流的速度, 对应式 (5.242) 中的 $fJ \ll V_0/V_e$, 所以式 (5.242) 中可忽略左边第一项而成为:

$$\frac{J}{k^2} \int_0^\infty f(\xi_2)\xi_2 \mathrm{d}\xi_2 = c \tag{5.248}$$

基于式 (5.241) 和式 (5.248), 经过推导和运算, 可得轴向平均速度分布为:

$$\frac{\Delta V_z}{\Delta V_{z\,\max}} = \exp\left[-\frac{V_e D}{6\varepsilon_m}\left(\frac{D}{z+a}\right)^{1/3}\xi_2^2\right] \tag{5.249}$$

式中, ξ_2 与 r 有关:

$$\xi_2 = \frac{r}{D}\left(\frac{D}{z+a}\right)^{1/3} \tag{5.250}$$

有了轴向平均速度 ΔV_z 后, 雷诺应力可以由下式得到:

$$\frac{-\overline{v_r' v_z'}}{\Delta V_{z\,\max}^2} = -\frac{1}{3b}\xi_2\frac{\Delta V_z}{\Delta V_{z\,\max}} \tag{5.251}$$

式中, b 为常数。

5.6 拟序结构

长期以来, 人们认为层流场和湍流场分别具有确定性和随机性。然而, 流场的确定性与随机性是否非此即彼值得探讨。20 世纪上半叶, 人们在对湍流的研究中发现, 有些湍流场中似乎存在确定性的结构。到了 70 年代, 人们确定有些随机流场中存在一些可以辨识、有明确统计周期和外形的流动结构, 并将之命名为 "拟序结构 (coherent structure)", 也称相干结构。

5.6.1 基本概述

拟序结构以不同的拓扑形式存在并受若干因素制约。

5.6.1.1 "拟序结构" 一词的由来

"拟序" 意为接近有序。20 世纪 30 年代, 人们发现可将湍流中非随机的成分从随机因素中分离出来。40 年代, 人们又发现湍流与非湍流之间往往存在一个明显可辨识的界面。50 年代以后，人们发现圆柱尾流中的大涡结构接近有序；平面尾流中存在大尺度涡的配对，流体从尾流中心射向外缘；边界层近壁处存在纵向条纹结构和一种拟序的"猝发"过程，该过程存在明确的统计平均周期和结构外形；自由射流剪切层中的涡结构像上游的扰动往下游传播。虽然人们在多种流场中已观察到这种接近有序的涡结构，但直到 70 年代，Brown 和 Roshko 在混合层的实验中才正式将其命名为拟序结构。可见，拟序结构这一提法的确定经过了漫长的过程，究其原因，一是湍流的随机特性在人们脑中已根深蒂固；二是雷诺平均方法抹平了流场中某些拟序的特性，妨碍了对拟序的认识。实际上，在某些流场中确实存在着非完全随机的拟序运动。

5.6.1.2 拟序结构的特性

"拟序"一词在光、声领域用于表示具有相互干涉的两个波之间的协调关系，流场中拟序的含义有所不同。流场中的拟序结构是指其所在的空间存在一个相关联的旋涡，并有一个拟序的涡量。存在拟序结构的流场由拟序和非拟序的流体运动组成，非拟序部分加在拟序部分之上并延伸到拟序结构的边界。在一个剪切层流场中，拟序结构的尺度与剪切层的宽度相当；在 Kolmogorov 尺度范围内，拟序结构内的涡度和速度变化不大。拟序涡结构包括涡卷、涡环、发夹涡、螺旋涡、涡斑等形式，还可由次结构组成。

流场中的拟序结构有其独立的模式和边界，结构之间不能重叠但存在非线性相互作用，例如涡结构的配对、合并、撕裂等。拟序结构的形状和动力学参数具有规律性和重复性，沿下游移动时，结构保持的距离远大于其特征尺度。拟序结构对流场的混合、能量、剪应力、声的放射、传热 [1] 等有很大贡献，与流场转捩时的结构很相似，其结构被人为破坏后能自发地重新形成。

5.6.1.3 拟序结构的产生及制约因素

人们关于拟序结构产生的机理有不同的观点。有观点认为拟序结构以有机和非有机性质自发形成，是系统协同性的体现，可将其视为非线性系统中的"强吸引子"。有观点认为拟序结构产生和演变过程与流场转捩过程相似，是流场中的一种不稳定性模式。也有观点认为，拟序结构源自流场中扰动波的反馈与共振。

拟序结构与流场 Re 的关系因流场而异。平面混合层中，在忽略黏性的近似下可以模拟 Kelvin-Helmholtz 波的初始发展及后面流场的转捩，这一过程与大涡拟序结构的形成相关，而忽略黏性意味着不考虑 Re 的影响，可见 Re 对拟序结构的发展无直接关系，不存在一个像边界层转捩 Re 那样的临界 Re。但是平面混合层的小涡结构与 Re 有直接关系，小涡的数量随着 Re 的增大而明显增加。

拟序结构的产生依赖于初始条件，例如初始速度剖面、边界层位移厚度和动量损失厚度、形状因子、脉动速度概率密度分布、脉动速度频谱、雷诺应力等。对于隔板后的混合层，隔板尾缘的绊线、尾缘厚度、壁面边界层的流态等直接影响拟序结构的产生和发展。

5.6.1.4 拟序结构的拓扑形式

如图 5.28 所示，拟序结构可以归结为线涡、发夹涡、涡环、螺旋涡四种基本形式之一或它们的组合。

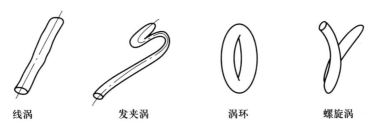

线涡　　　　　发夹涡　　　　　涡环　　　　　螺旋涡

图 5.28　拟序结构的基本形式

由临界点理论，拟序结构可以用图 5.29 所示的结点、焦点和鞍点三种基本形式及其组合来描述。流场中的临界点是指流线斜率不确定及相对某坐标系速度为 0 的点，用临界点可解释由测量或计算得到的流场图案并检验其正确性。临界点有两种形式，一种是非滑移临界点，如无滑移边界的分离点；另一种是自由滑移临界点，这种临界点常出现在自由剪切流中。为弄清临界点周围流场的拓扑结构，可对速度场积分获得三维流线图案，进而给出拟序结构的轮廓。

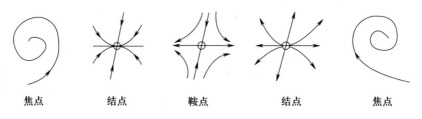

焦点　　　　　结点　　　　　鞍点　　　　　结点　　　　　焦点

图 5.29 拟序结构的临界点形式

5.6.1.5　拟序结构的控制

拟序结构包含流场中一定的能量,其占流场中总能量的比例在射流的近区约 50%,在平面混合层、加速混合层、尾流场约 20%,在轴对称射流远区、壁约束流场约 10%。可见通过控制拟序结构可以改变流场的特性。

拟序结构同时也是流动噪声的产生源,例如圆射流中拟序涡的配对产生了噪声,抑制或破坏拟序结构能降低噪声。拟序结构具有卷吸性,会把周围流体卷吸进结构中,这在大涡合并中尤其明显,所以掌握大涡合并机理有助于对湍流扩散的控制。拟序结构对于流场热输运、混合、燃烧、化学反应等有重要影响。激发拟序结构的产生能将流场的分离点推后,从而使机翼获得更大升力。控制边界层中的拟序结构能够减少流动中的阻力。

对流场施加周期性激励或是在流场中添加高分子聚合物能增强拟序结构,后者使流场中非拟序小尺度结构减少。壁湍流中添加高分子聚合物能减少壁面剪应力,这与边界层中拟序结构的变化有关。此外,改变边界条件、改变固壁表面条件以及设置大涡分解装置等都可以起到抑制或者破坏拟序结构的作用。

5.6.2　拟序结构研究方法

对于拟序结构的研究也同样包括理论研究、数值模拟和实验方法,下面简要介绍其中的几种。

5.6.2.1　协同学方法

协同学中被研究的对象称为系统,系统可由子系统组成,子系统间的关联和协同决定了系统宏观性质和变化特征。有序和无序是系统两个状态,状态由结构体现,结构包括空间结构、时间结构、时-空结构。系统具有一定的结构,对外界就具备某种功能，如混合层中大涡结构具有卷吸周围流体的功能。系统的有序具有子层次性，例如流场随着 Re 的增大而演变成充分发展的湍流后，流场由大小涡组成，包含大量分子的小涡可视为一个宏观体系的有序状态，小涡间的作用构成了大涡，大涡的相互作用构成整个系统。

系统变化的趋势无非是从有序到无序或从无序到有序，前者易于理解，后者在大自然和人造系统中也常见，例如流场中的 Taylor 涡。内圆柱和外圆筒间充满液体，内圆柱转动后带动液体运动，当增大旋转速度使 Taylor 数超过临界值时，会出现轴向周期性的有序 Taylor 涡。

系统中的子系统既有本身自发的、无规则的独立运动，也受到其他子系统的作用。当子系统间的作用弱到对子系统独立运动无影响时，子系统的独立运动占主导地位，整个系统呈现无序状态。随着控制参数的变化，子系统无规则独立运动变弱，子系统间的作用增强以至占主导地位，便出现了由子系统间相互作用所决定的宏观结构。这种机理可用来解释小涡、大涡的运动以及涡的相互作用对整个流场特性的影响。

协同学用序参量标志系统的变化，一个系统随着控制参量变化，几个序参量的地位和作用也发生变化，最终只有一个序参量单独主宰系统。这种情形可以描述流场控制参数与流场涡结构特性之间的关系。

5.6.2.2 数值模拟方法

研究拟序结构的数值模拟方法有多种，比较常用的有谱方法和离散涡方法，后者将在 8.6 节中介绍。

谱方法将物理量用一有限阶数的正交函数表示，该函数要根据流场特点和边界条件选取，如周期边界条件采用 Fourier 级数，非周期边界条件采用 Jacobi(雅可比) 多项式，固壁边界条件采用 Chebyshev 或 Legendre (勒让德) 多项式，自由滑移边界条件采用正弦或余弦函数展开式，无限或半无限流场采用 Fourier 和 Chebyshev 级数的组合。在对非线性项的处理上，谱方法将非线性项放在谱空间计算，伪谱方法将非线性项变换到物理空间的配置点上计算，然后再变换回谱空间。

用谱方法计算得到的结果精度一般比较高，相同自由度数下的谱方法有着与有限差分法一样快的运算速度，而在空间上谱方法只需用有限差分法的 1/2 到 1/5 个自由度数就能达到相同的精度。对有流体流入或流出边界的流场，谱方法无需对边界条件附加特殊条件便能获得较高精度。但谱方法的不足之处是对边界条件的要求较高，得到的解不连续。

5.6.2.3 实验方法

研究拟序结构流场的实验方法包括流动显示方法和定量测量方法。

1. 流动显示方法

流动显示方法是研究拟序结构的一种直观、便捷、有效的实验方法。气体流场中加入烟或微粒，液体流场中加入有色液体、粒子或氢气泡等示踪介质，这些示踪介质能较好地显示拟序结构的产生、演变过程及结构的时空尺度、轨迹等信息。流动显示方法包括氢气泡显示、阴影-纹影显示、烟丝显示、荧光微丝显示等。

氢气泡显示方法用于液体流场，液体中的细金属丝通电后产生的氢气泡随液体运动，便可显示流场的运动信息。该方法已被用于边界层流场中得到近壁流场的条纹结构。阴影-纹影显示方法用于显示变密度流场中的拟序结构，也可用于显示多种流体构成的流场，如氟利昂和空气混合流场、二氧化碳和空气混合流场、氦气和氮气混合流场、有强加热的流场。该方法既能给出全流场的图案，又能提供局部流场的细节情况。烟丝显示方法是在气体流场中放置的细金属电阻丝表面涂上甘油或石蜡油，电阻丝通电加热时，油滴气化成油蒸气，油蒸气在随气流运动时凝结成油雾微粒，这些微粒起着示踪的作用。电阻丝的选择和放置、油的选择、闪光延时控制、对烟丝偏离真实气流的修正等，是烟丝显示技术的关键。荧光微丝显示方法中的荧光微丝是一种含荧光物质的涤纶或尼龙丝，微丝直径为 0.01~0.02 mm，这些丝在紫外光照射下产生的荧光能显示流体的运动。

在流动显示实验中，通过拍照可以得到拟序结构的图像，拍照时的曝光时间要结合结构特性，有时采用频闪光照明能得到更清晰的图像。对有外加激励的流场，如果照明光频率与外加激励的频率协调得好，可以在长时间内观察涡结构的特性。流动显示方法的不足之处是定量结果不多，显示涡结构的三维性较困难。流动显示技术的发展方向，一是基于拓扑学理论更充分地刻画流谱；二是综合使用多种显示手段，从不同角度揭示流场的复杂结构，使流动显示技术朝定量化的方向发展，更多地提供流场信息。

2. 定量测量方法

定量地测量流场中的相关物理量，然后分析流场中空间各点的关联和随时间发展的信息，也是研究拟序结构的有效方法。常见的测量仪器有热线风速仪、激光多普勒测速计和粒子图像速度仪。

用热线风速仪测量拟序结构时，常采用三根或多根热线的立体探头来获得三维结构的信息。为得到拟序结构覆盖区域有关参数的空间变化，需要同时用多个探头采集不同位置的数据。为能检测到拟序结构，要建立流动模式识别方法。由于测量时热线探头要放置在流场中，所以要避免探头导致的涡旋提前破裂和加速衰减。激光多普勒速度计的无接触测量，可以避免这种情况的发生。粒子图像速度仪兼具热线风速仪和流动显示的能力，能在瞬间提供结构的空间信息，获得中小尺度结构的逼真图像。

鉴于拟序结构的特点，测量拟序结构时，通常采用探头信号分析法、条件采样法、信号关联法、谱测量和概率密度描述法、涡及涡量检测法等方法。

在探头信号分析法中，将置于流场中不同位置的探头采集到的信号进行对比分析，然后得到拟序结构的信息。在条件采样法中，通过设置阈值对被检测量加以筛选，从而获得拟序结构的信息。在信号关联法中，通过分析某个点影响另一个点的程度，推断两个点之间的关联范围，从而刻画流场局部微结构的特征，如混合层中，通过纵向速度的展向关联，可说明涡的展向尺度随 Re 的增大而减小。信号关联法也可用于同一点上不同时刻信号的关联，如由时间关联可以给出混合层中涡配对的特征，可以检测到自由射流中对应于最大振幅的 Strouhal 数。谱测量和概率密度描述法能描述周期或准周期事件，从而能有效地检测拟序结构，如能谱分布的单峰和双峰分别对应拟序涡结构的出现和涡配对；概率密度偏离高斯分布对应被拟序结构影响区域的间歇现象。在涡检测法中，将多个探头置于流场，通过探头采集到的信号之间的内在关系，得到涡的相关性。在涡量测量法中，通过对涡量产生项和耗散项的测量分析，了解拟序结构的产生与演变过程。

5.6.3　壁约束流场的拟序结构

近壁湍流场存在比人们所想象的更有序的结构。

5.6.3.1　壁面猝发与条带结构

如图 5.30 所示，一根置于水中的细导线，在电流通过时水解产生氢气泡，近壁处初始平行于壁面、垂直于流向的气泡将逐渐聚集到如图 5.31 所示的长条带上。

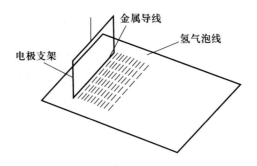

图 5.30　氢气泡流动显示实验

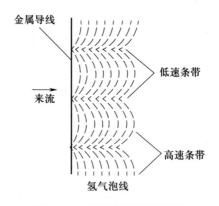

图 5.31　近壁流场的俯视图

图 5.32 给出的瞬时流动结构呈现了氢气泡的积聚。由图可见，在高速区中

心流体向下流动，壁面附近瞬时流向速度小于平均速度的区域，称低速条带；低速条带两侧流向速度大于平均速度的区域，称高速条带。量纲为一的平均展向条带间距可定义为 $\lambda^+ = v^* \lambda_a / \nu$，其中 v^* 是壁摩擦速度，λ_a 是平均展向条带间距，ν 是黏性系数。λ^+ 的值体现了拟序结构的特征。在较大 Re 范围内，$\lambda^+ = 50 \sim 300$，大多数情况下，$\lambda^+ \approx 100$，可见 λ^+ 与边界层厚度相当。由图 5.33 可见，当气泡线垂直于壁面和流向时，气泡在向下游的发展过程中形成了涡。

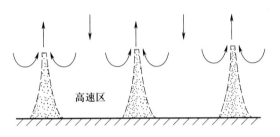

图 5.32 近壁流场流体流动方向

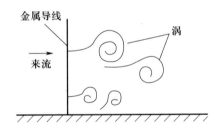

图 5.33 气泡线垂直于壁面时的情形

在近壁流场的外区，涡可视为在无旋流中运动，而近壁流场的内区，存在条带结构。当内、外区域间的流体发生相互作用时，条带结构会突然出现局部破裂，即"猝发"。猝发时，内区流体向外喷射到外区后，在外区形成涡。猝发由流场的失稳所致，猝发后随之而来的是"扫掠"，即外区高速流体进入内区并淹没猝发中残留的随机运动。扫掠结束后，内区的条带结构重新建立，流场恢复到猝发前的状态。在猝发、扫掠过程中，条带结构的展向分布和猝发的出现是随机的，且存在两个特征时间 T_q 和 T_e。T_q 是从扫掠结束到猝发开始之间的平均时间，T_e 是平均猝发周期，前者远大于后者，即 $T_q \gg T_e$。大部分雷诺应力在内外区相互作用的过程中产生。猝发时，新涡量产生于壁面，集中成涡后再喷到外区，给外区间歇性地补充新涡量。

5.6.3.2 近壁流场涡结构的发展

涡和涡量是描述近壁流场拟序结构产生和演变的主要方式，发夹涡、马蹄涡和准流向涡是近壁流场中典型的涡结构，这些涡与周围流体、壁面的作用以及涡之间的相互作用，可用来解释近壁流场拟序结构的特征。

在近壁流场从层流到湍流转捩的初始阶段，小扰动的逐渐放大导致流体向外喷出，从而形成发夹涡，该涡是内区有黏流体与外区无黏流体相互作用所致。该涡的涡量初始集中在一个很小的核上，核上的涡量随着时间发展沿径向朝外扩散。若不存在涡与流场的相互作用，涡量会重新分布，直到涡无法被分辨。

涡量场满足 $\nabla \cdot \boldsymbol{\omega} = 0$，即在涡管中一个与涡矢量垂直的截面上，面积与涡量的乘积沿涡管保持不变。涡管拉伸时截面积变小、涡量变大，反之亦然。近壁流场内区的涡在大剪切作用下被拉伸，涡量增强，外区的涡量则减弱。内区大部分时间处于条带控制的平稳阶段，流向速度剖面很陡，沿展向有相似剖面。

可将近壁涡层表示成一排涡丝，涡丝发展后会演变成发夹涡。若一根有小变形的二维涡丝置于流场的剪切区，该涡丝的运动可由 Biot-Savart 公式描述。图 5.15 给出了涡丝随时间发展的过程，涡丝的发展几乎与初始扰动幅值无关，受扰动的涡头形成后从壁面抬起，接着向后弯曲，涡腿逐渐拉长，涡丝的流向变形不断增加，形成发夹涡。与此同时，扰动也沿涡丝长度方向传播，在主变形的两侧形成类似的子涡结构。

5.6.4 壁约束流场拟序结构的控制

拟序结构的控制涉及目标、对象、方式与途径等几个方面。控制目标包括减少流动阻力、增加推进效率、增强或抑制热输运和物质输运、提高升力、使流场转捩或分离推迟或提前、降低噪声等。以上目标并非同时相容，如推迟边界层转捩点使流场尽可能处于层流，可减少摩擦阻力和降低噪声，但流场更可能分离，分离后升力降低且压差阻力和噪声增大。

5.6.4.1 控制对象

找准控制的核心与对象是关键。近壁湍流场中的涡大致分为外区中的大尺度涡、中等尺度的 Falco 涡和近壁涡。大尺度涡与边界层厚度相当，控制了外区诸如卷吸、湍流产生等过程，在空间和时间上具有随机性。中等尺度的 Falco 涡具有拟序性和三维性，尺度约为 $100\nu/v^*$，在大尺度涡和近壁涡之间起连接作用。近壁小涡所处的区域是 $0<y<100\nu/v^*$，该区域会间歇性地产生雷诺应力，总湍动能一半来自于此，猝发是该区域流动的主要特征，在该区域中，直径约 $40\nu/v^*$ 的反转流向涡对能够诱导出低速和高速条纹。流向涡的出现在时–空上具有随机性，但形状和持续时间呈现一定的规律性，如平均展向波长为 $(80\sim100)\nu/v^*$。弄清涡的种类、主要活动区域、特征，才能有的放矢地加以控制。

对流体速度剖面的控制，既可视为控制的过程，也可视为控制的结果，因为速度剖面与壁面摩擦力、边界层的转捩和分离、湍流强度等密切相关。速度剖面依赖的因素包括壁面的运动、流向压力梯度、流体从壁面注入或抽吸、壁面曲率、壁面的加热或制冷、加入添加剂导致的近壁法向黏性梯度的改变等。

5.6.4.2 控制方式与途径

控制方式包括稳态控制和动态控制，控制途径包括被动和主动。理想的控制途径应当简单、易实施、代价低。

1. 稳态控制

稳态控制简单，不受惯性、频率响应、能量等因素的影响。稳态控制包括对流场均匀激励的控制和沿空间变化激励的控制。

在对流场均匀激励的控制中，施加逆压梯度能增强猝发频率及湍流脉动的幅度，使湍流能量沿壁面法向的分布变宽且峰值向远壁处移动。施加顺压梯度能使大部分区域平均剪切率变小、降低猝发频率，甚至有可能使流动重新层流化。抽吸或注入流体的作用，与施加顺压或逆压梯度的作用相似，抽吸少量流体可改变近壁处的速度剖面，从而影响流动稳定性。抑制边界层增长、推迟转捩、延迟分离，对低速条纹结构起稳定作用。

在液体流场中添加聚合物，能促使近壁流向小尺度涡扩散并衰减，壁面条纹平均展向间距增加，猝发频率降低。在液体流场中加入气泡形成的气液两相流，能改变流场平均密度而减少阻力。在气体流场中加入水滴，能抑制流场的猝发。在流场中施加磁场或电场能抑制涡的伸展。

通过改变壁面曲率能控制拟序结构。凸壁面能稳定壁面外区的涡结构，凹壁面会产生位于外区的准定常纵向涡，使原来的湍流场变形。改变壁面的粗糙度可控制近壁区域的涡结构，减弱雷诺应力。

对流场进行沿空间变化激励的控制，是先对一段有限空间范围实施控制，然后改变或者去除该控制。控制去除后，流场的弛豫区域和过程是这种控制方法的关键。若假设 δ 是边界层厚度，对一个 0.2δ 的壁面法向范围实施控制，流场的弛豫区域约为 20δ；若仅对影响黏性底层的范围实施控制，流场的弛豫区域约为 δ；若通过突然变化压力梯度或从壁面注入流体的方法实施控制，流场的弛豫区域约为 30δ。这种控制方法主要针对内区流体的猝发频率，当低扰动强度的流体从切向注入近壁流场时，将改变涡尺度且导致湍流强度和阻力长时间减弱。

也可以通过改变流场几何参数进行沿空间激励的控制。改变表面局部粗糙度引起的流场弛豫区域约为 20δ；由凸壁面引起的流场弛豫区域约为 100δ；当壁面由凹变平时，凹壁区域产生的纵向涡可持续到下游 100δ 的距离。波状壁会导致流向压力梯度的振荡，由于压力梯度正比于波长的平方，所以短波长的波也能产生大的压力梯度。对于 δ 量级的波长，压力梯度的振荡能保证流场始终处于非平衡态。

还可以通过在壁面嵌入物体来控制流场，这些物体包括垂直滤网或蜂窝器、横向圆柱体、机翼形物体、楔形或其他有一定厚度的装置等。嵌入 δ 尺度的垂直滤网或蜂窝器，能打碎大尺度涡。嵌入横向圆柱体，能在外区产生长持续性、取代大尺度涡的准卡门涡。嵌入机翼形物体，能抑制大尺度涡和法向脉动速度，降低猝发频率，在嵌入物下游 100δ 范围内，可减少壁摩擦阻力约 30%。

2. 动态控制

在动态控制中，难以同时在尺度、频率和振幅上产生动力输入。低频控制输入，通常导致准定常流场，没有动态控制的效果。宽频控制输入，会增加外区涡的尺度和湍流强度。在远离转捩点的下游，流场对自由来流的声激励很敏感，声输入控制对转捩过程和位置影响显著。

改变流场的几何参数也可实施动态控制，如运动波状壁可减少有效压力梯度，从而影响湍流。相位选择是对流场结构控制的关键。相干涉以及涡运动尺度、强度的多变性，会导致流场在空间和时间上的随机性。在转捩前的流场中，线性波反馈控制的成功归结为相位的合理选择。

思考题与习题

5.1 试由 von Kármán 相似性理论表达式 (4.76) 推导出对数律 (5.11)。

5.2 利用 Van Driest 模型的内层表达式 (5.12)，证明当 $y/y_l \ll 1 (y_l$ 是黏性底层厚度) 时，ε_m 正比于 y^4。

5.3 证明在 $y^+ = 50$ 附近，黏性剪应力大约是壁面摩擦应力的 5%。

5.4 由不可压缩二维湍流边界层的运动方程 (5.56)，推导出零压力梯度情况下线性底层的速度分布 (5.7)。

5.5 由方程 (5.56) 和混合长度理论 (4.72)，推导出零压力梯度下的对数律 (5.11)。

5.6 用对数律 (5.11)，分析两块平板间零压力梯度的定常湍流，设上板以 V_e 运动、下板不动，给出平板间的平均速度分布。若雷诺数 $V_e h/\nu = 10^6$ (h 是平板间距)，计算 $\tau_\mathrm{w} h/(\mu V_e)$。

5.7 一块 $3\,\mathrm{m} \times 1.2\,\mathrm{m}$ 的光滑平板，在空气中 ($\nu = 14.7 \times 10^{-6}\,\mathrm{m^2/s}$, $\rho = 1.22\,\mathrm{kg/m^3}$) 以 1.2 m/s 的相对速度运动，试求平板一侧的阻力。

5.8 湍流边界层外层和内层的主要差异是什么？

5.9 由式 (5.111) 和式 (5.113) 给出形状因子 $H = \delta^*/\theta$ 的值。

5.10 证明平板湍流边界层的 $H = \delta^*/\theta$ 和 Re_x 有如下关系：$H = a - b\lg Re_x$，a、b 为常数。

5.11 试分析边界层分离后的流场特点。

5.12 除了书中给出的几种控制边界层的方法外，还有什么其他方法？

5.13 自由剪切湍流场具有哪些特性？

5.14 主流之上叠加与不叠加恒定速度时，自由剪切流场的方程有何区别？

5.15 对一具有恒定流速 V_1 的射流与周围静止流体所形成的混合层，推导流向平均速度梯度的表达式。

5.16 能否用准代数应力模式求解平面湍尾流场？为什么？

5.17 在平面湍尾流中，推导出流向平均速度为外部自由流一半即 $V_0/2$ 处坐标的表达式。

5.18 若流体从一以 V_c 运动的圆孔以相对于圆孔 V_e 的速度射入静止的流体中，应当如何建立这一自由湍射流场的方程？

5.19 湍流模式理论在不同的自由剪切湍流场中应用时有何不同点？应用时应注意哪些问题？

5.20 分析拟序结构的特点及其拓扑形式。

参考文献

[1] LOBASOV A S, CHIKISHEV L M, DULIN V M, et al. Coherent structures and turbulent transport in the initial region of jets and flame in swirling flow[J]. Journal of Applied Mechanics and Technical Physics, 2020, 61(3): 350-358.

第 6 章　流体中的波

流体中波的现象与研究是流体力学的一个重要组成部分, 相关的理论在海洋工程、水利工程等领域已得到应用。本章只介绍流体波动现象的部分基本内容和处理方法。

6.1　基本概念

这部分介绍基本的波动方程以及简单的求解方法。

6.1.1　概述

波是一种常见的物理现象, 存在于多种物理过程中, 如力学范畴内的机械波 (包括声波、水波、地震波等) 以及物理学其他领域中的光波、电磁波等。波的研究最早起源于 d'Alembert、Euler、Bernoulli、Lagrange 等人对乐器上声弦振动的探讨, 其中, d'Alembert 首先给出了描述声弦振动的一维波动方程, 后来 Euler 给出了声弦振动的三维波动方程。

流体中的波包括两个方面: 一是声波在水、空气等流体介质中的传播; 二是流体介质尤其是水的波动。声波在水、空气等流体介质中的传播涉及声速、声的能量和强度在流体介质中传播的变化特性、声源及其特性、声偶极子、声在流体中的散射和辐射、声能耗散等。水的波动包括重力波、深水中的正弦波、涟漪、波的衰减、波能传播速度、稳定流中障碍物形成的波形、船舶兴起的波浪等。

一维波是常见的波动模型, 其内容包括管道或通道中的纵波、波通过交接点的传输、波在分支系统传播、波在收缩段的传输、渐变截面通道的线性传播和非线性传播、摩擦衰减、平面波的非线性理论、简单波和激波、含弱冲击波的简单波理论、水跃现象等。

内波是流体波动理论的重要组成部分，包括重力内波、声波和内波的组合理论、海洋和大气中的内波、波的各向异性色散、由波衰减产生的稳定流、三维固定相、振荡波源、由振荡源产生的内波、行波强迫效应产生的波、波导管等。

流体在受到波的扰动时所激发出的回复力，促使流体恢复到未扰状态，所以波的传播以振荡的方式进行。波的传播也以连续的方式进行，直到因耗散而最终消失。

波有强弱之分，前者如激波和水跃，后者如普通的声波。由声波导致的流体特性的变化量，远小于流体特性本身的固有值。强波与弱波特性的不同，使得描述的数学方法也不同。描述弱波的方程通常可以做线性化处理，忽略与波有关的二阶小量，于是可以采用相对简单的方法求解。实际上，在某些情况下，像水跃之类的强波也可以进行方程线性化处理。

波动分为横波与纵波，前者指与波有关的矢量与波的传播方向垂直，例如黏性剪切波和大多数表面波；后者指与波有关的矢量与波的传播方向一致。在一个假设的无界空间，横波与纵波不耦合，它们各自独立地传播，但在有限空间或自由表面情况下，两者将耦合在一起。

也可以根据波阵面的形状对波动加以区分。波阵面为平面的称为平面波，此时在垂直于传播方向的平面上，所有参数都均匀。波阵面为柱面或球面的波称为柱面波或球面波，此时所有参数在柱面或球面上均匀分布，并且波沿着径向传播。

6.1.2 行波

波形可以千变万化，许多复杂的波形可以通过单一频率 (单色) 波的叠加构成。任何形状的周期波，其波动周期可以用 Fourier 级数表示，而非周期波则可用 Fourier 积分表示。

单一频率的行波可以用正弦函数表示，图 6.1 给出了沿 x 方向的行波，沿 x 正方向行进的称为前行波，反之为后行波。在任何时刻 t 的任一位置 x 处，

行波的波幅为 $A(x,t)$，最大波幅为 A_0。图 6.1 中前行波以 v_p 的速度沿 x 正方向行进，v_p 称为相速度或波速，但不是流体的速度，流体并不随波阵面一起运动，波在流体中的传播并不会导致流体的净运动。

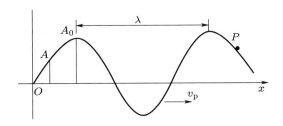

图 6.1　沿 x 方向的行波

图 6.1 平面行波的波幅可以表示为：

$$A(x,t) = \mathrm{R}[A^*\mathrm{e}^{\mathrm{i}(\omega t - kx)}] \tag{6.1}$$

式中，R 表示取实部；ω 是角频率，为正实数，与频率 f 的关系为 $\omega = 2\pi f$；k 是传播常数，其为复数时，实部 k_r 为波数，与波长 λ 的关系为 $k_r = 2\pi/\lambda$，虚部 k_i 为衰减系数；A^* 是相位复矢量，可表示为：

$$A^* = |A^*|\,\mathrm{e}^{\mathrm{i}\varphi} = A_0\mathrm{e}^{\mathrm{i}\varphi} = A_r^* + \mathrm{i}A_i^* \tag{6.2}$$

于是，式 (6.1) 可以表示为：

$$A(x,t) = \mathrm{R}\left[|A^*|\,\mathrm{e}^{\mathrm{i}\varphi}\mathrm{e}^{\mathrm{i}(\omega t - k_r x)}\mathrm{e}^{k_i x}\right] = |A^*|\,\mathrm{e}^{k_i x}\cos(\omega t - k_r x + \varphi) \tag{6.3}$$

式中，余弦表示自原点出发的相位移为 φ 的行波。前行波沿 x 正方向行进时，若 $k_i > 0$，则波是增长的；若 $k_i < 0$，则波是衰减的。

　　于是，波动问题可归结为：给定一个输入信号，在角频率 ω 给定的情况下，求解 k 的值以及确定每一个参数的相位矢量振幅，其中 k 与 ω 的关系 $k = k(\omega)$ 称为色散方程。

6.1.3　群速度与色散

　　在图 6.1 中，v_p 称为相速度，假设在图 6.1 中的正弦波上有一点 P，该点与波一起运动，若波在行进中既无增长也无衰减，那么 P 点看到的总是大小相同的波，因此在 P 点的位置，式 (6.3) 中余弦项的幅角必须是常数，即：

$$\omega t - k_r x + \varphi = c \tag{6.4}$$

P 点的速度 v_p 为 dx/dt，将式 (6.4) 代入可得 $v_p = \omega/k_r$。通常 ω 取正值，所以 v_p 的正负取决于 k_r 的正负，v_p 为正值和负值分别表示前行波和后行波。

根据 $k = k(\omega)$，v_p 的值可以是常数，也可以随 ω 变化。若 v_p 随 ω 变化，该波称为色散波。单色或单一频率的波不能色散，但对几个不同 ω 的多色波叠加而成的任意形状的周期波或脉冲波，如果传播速度与频率有关，那么在波的传播过程中会出现色散，即波的形状趋于模糊。

色散可以由色散方程 $k = k(\omega)$ 描述，当行波是由中心频率 ω_0 附近的频率分量组成时，行波的群速度 v_g 可以表示为：

$$v_g = \left. \frac{\partial \omega}{\partial k_r} \right|_{\omega_0} \tag{6.5}$$

群速度 v_g 表示能量借助波进行传播的速度。若中心在 ω_0 处的主波在一些很低的频率处被调制，则调制信号将以 v_g 运动，由调制形成的包络线自身与主波相比是一个波长很长的波，主波的速度是相速度，而包络线的速度是群速度。若没有色散，群速度与相速度相同。

在色散方程中，色散特性能表征波的相速度随频率 ω 的变化所造成的波结构在空间的增长或衰减。实际上，无论衰减系数 k_i 为何值，色散都可能发生，即便 $k_i = 0$ 时，波既不增长也不衰减，色散也会发生，可见色散仅仅与 k_r 有关。波在色散的同时会发生增长或衰减，例如从波的传播载体——流体中获取能量，或者在传播中因黏性剪切和热传导消耗能量。

关于波的增长或衰减、k 值与色散之间的关系可以归纳如下：若 k 是复数，不管有没有色散，总会发生波的增长或衰减。若 k 是复数且 k^2 是纯负虚数，那么可以得到满足扩散方程的波，例如传播过程中具有黏性剪切和热传导效应的行波。若 k 是纯虚数，则不存在波的传播，因为 k_r 为 0，根据 $v_p = \omega/k_r$ 可知，v_p 为无穷大，由 $k_r = 2\pi/\lambda$ 可知，λ 为无穷大，若这种情况发生在临界频率处，则该频率称为截止频率，这种波的形状由指数函数描述，它沿 x 方向延伸至无穷远并随时间振荡。

6.1.4 一维波动方程

波的运动特性可以通过一个二阶线性偏微分方程来描述,该方程称为波动方程,它是双曲型方程中最简单的一类。

这里先给出波动方程的表达式,后面根据具体问题,推导得到对应的波动方程。设有一标量 $v = v(x_1, x_2, \cdots, x_n)$,其中,$x_1, x_2, \cdots, x_n$ 表示空间变量,t 为时间,则对应的标量波动方程为:

$$\frac{\partial^2 v}{\partial t^2} = c^2 \left(\frac{\partial^2 v}{\partial x_1^2} + \frac{\partial^2 v}{\partial x_2^2} + \cdots + \frac{\partial^2 v}{\partial x_n^2} \right) = c^2 \nabla^2 v \tag{6.6}$$

式中,c 是一个非负值的系数,也称为波速。结合初边值条件可以实现对波动方程的求解,下面将以一维波动方程为例给出相应的解。

一维波动方程为:

$$\frac{\partial^2 v}{\partial t^2} = c^2 \frac{\partial^2 v}{\partial x^2} \tag{6.7}$$

引入新变量 $\xi = x - ct$,$\eta = x + ct$,则方程 (6.7) 可改写为:

$$\frac{\partial^2 v}{\partial \xi \partial \eta} = 0 \tag{6.8}$$

该方程的通解为:

$$v(x,t) = F(\xi) + G(\eta) = F(x - ct) + G(x + ct) \tag{6.9}$$

式中,F 和 G 为任意函数,其中 F 表示向右的行波,G 表示向左的行波。

对一维波动方程,也可以采用特征模态方法求解。假设在给定的角频率 ω 下有如下特征模态解:

$$v_\omega = e^{-i\omega t} f(x) \tag{6.10}$$

将其代入一维波动方程 (6.7) 后可得:

$$\frac{\partial^2 v_\omega}{\partial t^2} = \frac{\partial^2}{\partial t^2} \left[e^{-i\omega t} f(x) \right] = -\omega^2 e^{-i\omega t} f(x) = c^2 \frac{\partial^2}{\partial x^2} \left[e^{-i\omega t} f(x) \right]$$

则:

$$\frac{\mathrm{d}^2 f(x)}{\mathrm{d}x^2} = -\left(\frac{\omega}{c}\right)^2 f(x) \tag{6.11}$$

对于上述方程，若考虑的是平面波，则可以给出其解为:

$$f(x) = A\mathrm{e}^{\pm \mathrm{i}kx} \tag{6.12}$$

式中，$k = \omega/c$ 为波数。将 $f(x)$ 代入式 (6.10) 后可得:

$$v_\omega = A\mathrm{e}^{-\mathrm{i}(kx+\omega t)} + B\mathrm{e}^{-\mathrm{i}(kx-\omega t)} \tag{6.13}$$

若考虑有一系列这样的特征模态解，则最终波动方程的解为:

$$\begin{aligned}
v(x,t) &= \int_{-\infty}^{\infty} s(\omega)v_\omega(x,t)\mathrm{d}\omega = \int_{-\infty}^{\infty} s_+(\omega)\mathrm{e}^{-\mathrm{i}(kx+\omega t)}\mathrm{d}\omega + \int_{-\infty}^{\infty} s_-(\omega)\mathrm{e}^{-\mathrm{i}(kx-\omega t)}\mathrm{d}\omega \\
&= \int_{-\infty}^{\infty} s_+(\omega)\mathrm{e}^{-\mathrm{i}k(x+ct)}\mathrm{d}\omega + \int_{-\infty}^{\infty} s_-(\omega)\mathrm{e}^{-\mathrm{i}k(x-ct)}\mathrm{d}\omega \\
&= F(x-ct) + G(x-ct)
\end{aligned} \tag{6.14}$$

结合对应的初边值条件，可以确定其中的系数 $s_\pm(\omega)$。

6.2 声波

声波是一种在流体中传播的简单波，声波的传播可以看作流体压缩性与流动惯性的一种平衡。声波的产生源于流场中的小扰动，一般认为这种小扰动足够小，因此可以基于小扰动假设对控制方程进行线性化。本节将根据小扰动线性化理论，导出声波传播的波动方程以及声速的表达式。

6.2.1 基本方程与声速

假设静止流体 $v = 0$ 的压强 p_0 和密度 ρ_0 为常数，引入小扰动 v'、p' 和 ρ'，则扰动后的流场状态为:

$$v = v', \quad p = p_0 + p', \quad \rho = \rho_0 + \rho' \tag{6.15}$$

若不考虑流体黏性且忽略体积力，则连续性方程 (1.82) 和运动方程 (1.95) 为：

$$\frac{\partial \rho}{\partial t} + \nabla \cdot (\rho \boldsymbol{v}) = 0 \tag{6.16}$$

$$\frac{\partial \boldsymbol{v}}{\partial t} + (\boldsymbol{v} \cdot \nabla)\boldsymbol{v} = -\frac{1}{\rho}\nabla p \tag{6.17}$$

将式 (6.15) 代入方程 (6.16) 和方程 (6.17) 后展开，忽略方程中的二阶小量，方程可以被线性化为：

$$\frac{\partial \rho'}{\partial t} + \rho_0 \nabla \cdot \boldsymbol{v}' = 0 \tag{6.18}$$

$$\frac{\partial \boldsymbol{v}'}{\partial t} = -\frac{1}{\rho_0}\nabla p' \tag{6.19}$$

对方程 (6.19) 取旋度后可得：

$$\frac{\nabla \times \boldsymbol{v}'}{\partial t} = 0$$

考虑到初始时刻流体静止、无旋，可得 $\nabla \times \boldsymbol{v}' = 0$，因此可引入速度势函数 $\boldsymbol{v}' = \nabla \varphi'$，于是方程 (6.18) 和方程 (6.19) 可以改写为：

$$\frac{\partial \rho'}{\partial t} + \rho_0 \nabla^2 \varphi' = 0 \tag{6.20}$$

$$\nabla \left(\frac{\partial \varphi'}{\partial t} + \frac{p'}{\rho_0} \right) = 0 \tag{6.21}$$

对式 (6.21) 积分后可得：

$$\frac{\partial \varphi'}{\partial t} + \frac{p'}{\rho_0} = f(t)$$

令

$$\varphi = \varphi' - \int_0^t f(t)\mathrm{d}t$$

则连续性方程和运动方程化为：

$$\frac{\partial \rho'}{\partial t} + \rho_0 \nabla^2 \varphi = 0 \tag{6.22}$$

$$\frac{\partial \varphi}{\partial t} + \frac{p'}{\rho_0} = 0 \tag{6.23}$$

若引入气体状态方程 $p = p(\rho)$，并在 ρ_0 处进行 Taylor 级数展开：

$$p = p(\rho_0) + (\rho - \rho_0)\frac{\partial p}{\partial \rho} + \cdots$$

将上式对时间求导后有：

$$\frac{\partial p}{\partial t} = \frac{\partial p}{\partial \rho}\frac{\partial \rho}{\partial t} \tag{6.24}$$

将方程 (6.22)~(6.24) 联立后可得：

$$\frac{\partial^2 \varphi}{\partial t^2} - \frac{\partial p}{\partial \rho}\nabla^2 \varphi = 0 \tag{6.25}$$

这就是速度势函数的波动方程，若令 $c_s^2 = \partial p / \partial \rho$，则 c_s 便是声速。

Newton 最早对于声速进行了估算，他基于 Boyle（玻意耳）的实验，认为声速的传播是一个等温过程即 $\mathrm{d}p/\mathrm{d}\rho = p/\rho$，则声速为 $c_s = \sqrt{p/\rho}$。基于这一公式，可以计算得到标准大气压及温度为 20 ℃ 时的声速为 290 m/s，这与真实空气声速还存在较大的差别。一个世纪以后，Laplace（拉普拉斯）对 Newton 的计算进行了修正，他认为 Newton 所采用的等温过程并不准确，事实上，声在传播过程中，流体被压缩而做功，流体的内能增加、温度升高。因此，如果考虑声速的传播为绝热过程，则要引入绝热等熵过程的气体状态方程：

$$\left(\frac{\partial p}{\partial \rho}\right)_s = \gamma \frac{p}{\rho}$$

式中，γ 为比热比，则声速方程为：

$$c_s = \sqrt{\gamma \frac{p}{\rho}} \tag{6.26}$$

基于式 (6.26)，取 $\gamma = 1.4$，可以计算得到对应的声速为 340 m/s，这一结果与实验中测量得到的声速值较为接近。

上述的方程与求解基于最简单的条件，即流体无黏且没有外力影响。若考虑重力的影响，则静止流体的压强 p_0 不再是常数，而与深度有关，且动量方程需要改写为：

$$\rho_0\frac{\partial \boldsymbol{v}}{\partial t} + \nabla(p - p_0) = (\rho - \rho_0)\boldsymbol{g} = \frac{(p - p_0)\boldsymbol{g}}{c_s^2} \tag{6.27}$$

式中，g 为重力加速度，压力梯度项 $\nabla(p-p_0)$ 与 $p-p_0$ 的比值为 $2\pi\lambda$，这里 λ 为波长。若声波的波长远小于 c_{s}^2/g，则可以忽略重力的影响。以空气为例，对应的 c_{s}^2/g 值为 12 km，因此当我们考虑常见的声波时，可以忽略重力的影响。

6.2.2 声的能量与声强

将流体能量中与声波存在关联的部分称为声的能量，将声的能量转化率称为声强。本节进行声能与声强公式的推导，并引入声强级的概念。

声的能量主要包括动能和势能，其中动能仍然遵循已有的动能公式，即 $\rho_0(v_x^2+v_y^2+v_z^2)/2$，势能则主要考虑压强的扰动量所做的功：

$$\rho p' \left(\frac{-\mathrm{d}}{\rho} \right) = \frac{p'}{\rho}\mathrm{d}\rho \tag{6.28}$$

在考虑能量公式时，可以忽略扰动量的三阶或更高阶的小量，而保留其二阶量。针对上述方程，可以用 ρ_0^{-1} 代替 ρ^{-1}，同时基于声速公式，将 p' 表示为 $\rho'c_{\mathrm{s}}^2$，则总势能可以表示为：

$$\int_{\rho_0}^{\rho_0+\rho'} \rho'c_{\mathrm{s}}^2 \frac{1}{\rho_0}\mathrm{d}\rho = \frac{1}{2\rho_0}\rho'^2 c_{\mathrm{s}}^2 = \frac{1}{2\rho_0}\frac{1}{c_{\mathrm{s}}^2}p'^2 \tag{6.29}$$

若用速度势函数来表示声波的能量，则为：

$$W = \frac{1}{2}\rho_0 \left[(\nabla\varphi)^2 + c_{\mathrm{s}}^{-2} \left(\frac{\partial\varphi}{\partial t} \right)^2 \right] \tag{6.30}$$

对于声强即单位面积内声的功率，根据定义可得：

$$\boldsymbol{I} = p'\boldsymbol{v} = -\rho_0 \frac{\partial\varphi}{\partial t}\nabla\varphi \tag{6.31}$$

声的能量与声强之间满足：

$$\frac{\partial W}{\partial t} = -\nabla \cdot \boldsymbol{I}$$

该式表示声的能量守恒，基于上述公式可知，声强的量纲为 W·m^{-2}。就人类耳朵的感知而言，需要采用声强的对数律尺度，因为在相同的声音频率下，人类耳朵所感知声音强弱的差异与声强的对数律尺度的差异相同。因此，可以引入声强级的概念，并用 dB(decibel, 分贝) 表示其量纲，即 $120+10\,\lg I$。一般而言，当声强级达到 120 dB 时，耳朵会产生痛感，此时对应的声强大约为 1 W·m^{-2}。

6.2.3　单极子声源

以下介绍一些典型的声源模型，建立其数学方程并了解相关的性质。

首先介绍一种简单的声源——单极子声源，这种声源产生的声在传播过程中没有方向性。基于该性质，引入球坐标下的单极子声源势函数 $\varphi = \varphi(t, r)$，该函数只是时间和径向距离的函数，在球坐标系下有：

$$\nabla^2 \varphi = \frac{\partial^2 \varphi}{\partial r^2} + 2\frac{1}{\gamma}\frac{\partial \varphi}{\partial r} = \frac{1}{\gamma}\frac{\partial^2 (r\varphi)}{\partial r^2} \tag{6.32}$$

对应方程 (6.7) 和方程 (6.25) 的波动方程为：

$$\frac{\partial^2 (r\varphi)}{\partial t^2} = c_s^2 \frac{\partial^2 (r\varphi)}{\partial r^2} \tag{6.33}$$

对应于式 (6.9)，方程 (6.33) 解的形式为 [1]：

$$r\varphi = f(r - c_s t) + g(r + c_s t) \tag{6.34}$$

考虑到声波向外传播，因此上式中的 $g = 0$。

可以借鉴理想流体无旋流动的求解来得到单极子流动的解，已知理想流体无旋流动的势函数满足 $\nabla^2 \varphi = 0$，对应的单极子流动势函数为：

$$\varphi = -\frac{m(t)}{4\varphi r}$$

式中，$m(t)$ 表示在时刻 t 从中心向外流出的流体体积流率。借鉴这一形式，可以给出单极子声源波动方程的势函数解为：

$$\varphi = -\frac{m\left(t - \dfrac{r}{c_s}\right)}{4\varphi r} \tag{6.35}$$

根据声波的线性化理论，可以计算得到单极子声源的扰动压强为：

$$p' = \frac{\dot{q}\left(t - \dfrac{r}{c_s}\right)}{4\pi r} \tag{6.36}$$

式中，$q(t) = \rho_0 m(t)$，表示从声源往外的质量，$\dot{q}$ 也称为单极子声源的强度。

进一步基于单极子声源的势函数得到其径向速度为：

$$v_r = \frac{\partial \varphi}{\partial r} = \frac{1}{\rho_0 c_s} \frac{\dot{q}\left(t - \dfrac{r}{c_s}\right) + \dfrac{c_s}{r} q\left(t - \dfrac{r}{c_s}\right)}{4\pi r} \tag{6.37}$$

由上式可知，当 $r \to \infty$ 时，径向速度的值为 $v_r = p'/(\rho_0 c_s)$，这一速度表达式与平面波的速度表达式一致。因此，可以得到远场单极子声源的声强为：

$$I = \frac{1}{\rho_0 c_s} \frac{\dot{q}^2\left(t - \dfrac{r}{c_s}\right)}{16\pi^2 r^2} \tag{6.38}$$

6.2.4 偶极子声源

若将两个强度分别为 $\dot{q}(t)$ 和 $-\dot{q}(t)$ 的单极子声源置于 $(0, 0, 0)$ 和 $(-1, 0, 0)$ 的位置，便组成了偶极子声源模型。根据单极子声源的特性可知，偶极子声源的扰动压强为：

$$p' = \frac{\dot{q}\left(t - \dfrac{r}{c_s}\right)}{4\pi r} - \frac{\dot{q}\left(t - \dfrac{r'}{c_s}\right)}{4\pi r'} \tag{6.39}$$

式中，r 和 r' 分别表示图 6.2 中空间某点到两个单极子声源的距离。利用几何关系，可以将上述关于扰动压强的方程化简为：

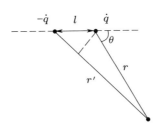

图 6.2 偶极子声源示意图

$$p' = \cos\theta \left\{ \left[\frac{l\dot{q}\left(t - \dfrac{r}{c_s}\right)}{4\pi r^2} \right] + \left[\frac{l\ddot{q}\left(t - \dfrac{r}{c_s}\right)}{4\pi r c_s} \right] \right\} \tag{6.40}$$

由上式可知，与单极子声源相比，偶极子声源不再是空间无方向性，其扰动压强为 $\cos\theta$ 的函数。与单极子声源的扰动压强相比，上式方括号的两项对应的比值分别为 l/r 和 $\omega l/c_s$，其中 ω 是 $\dot{q}$ 和 $\ddot{q}$ 的比值。可见，当空间一点的距离 r 大于 l 时，偶极子产生的压强小于它们各自单独产生的压强。将 l/r 与 $\omega l/c_s$ 做比值可知，当 $r \gg c_s/\omega$(即远场)，式 (6.40) 右边第二个方括号中的项起主导作用；对于近场，则第一个方括号中的项起主导作用。

6.3 流体中的一维波

在一些情况下，可以将流体中的波简化为一维波，例如长水管中受扰动的水流以及血管中的血流等，因为在这些情况下流动沿管长方向的尺度和携带的动能远大于其他方向。

6.3.1 管道内的一维纵波

考虑管道内的一维纵波时，仅关注物理量沿管长方向的变化而忽略在管道截面上的变化，波的传播方向与管道平行。

引入波动压强 p_e 的概念，它与扰动压强相同，即受扰动后产生的压强变化为：

$$p_e = p - p_0 \tag{6.41}$$

式中，p_0 表示未受到扰动时流场的压强。对于一维流动，在等熵的情况下，可以假设流体的密度和管道的截面积均只是波动压强的函数：

$$\rho = \rho\left(p_e\right), \quad A = A\left(p_e\right) \tag{6.42}$$

无黏流体的一维流动在忽略质量力的情况下，连续性方程和运动方程分别为：

$$\frac{\partial\left(\rho A\right)}{\partial t} + \frac{\partial\left(\rho A v\right)}{\partial x} = 0 \tag{6.43}$$

$$\rho\left(\frac{\partial v}{\partial t} + v\frac{\partial v}{\partial x}\right) = -\frac{\partial p_e}{\partial x} \tag{6.44}$$

采用与上节相同的简化过程，忽略高阶小量后可以将方程线性化为：

$$\frac{\partial(\rho A)}{\partial t} = -\rho_0 A_0 \frac{\partial v}{\partial x} \tag{6.45}$$

$$\rho_0 \frac{\partial v}{\partial t} = -\frac{\partial p_e}{\partial x} \tag{6.46}$$

联立方程 (6.45) 和方程 (6.46)，消去其中的速度后可得：

$$\frac{\partial^2 p_e}{\partial x^2} = \frac{1}{A_0}\frac{\partial^2(\rho A)}{\partial t^2} \tag{6.47}$$

将其改为波动方程的形式：

$$\frac{\partial^2 p_e}{\partial t^2} = c^2 \frac{\partial^2 p_e}{\partial x^2} \tag{6.48}$$

式中对应的波速为：

$$c^{-2} = A_0^{-1}\left[\frac{\mathrm{d}(\rho A)}{\mathrm{d}p_e}\right]_{p_e=0} \tag{6.49}$$

方程 (6.48) 的解为：

$$p_e = f\left(t - \frac{x}{c}\right) \tag{6.50}$$

结合式 (6.46) 和式 (6.48)，可以得到流体的速度为：

$$v = \frac{p_e}{\rho_0 c} \tag{6.51}$$

最后将波速方程 (6.49) 进行整理后得：

$$\frac{1}{\rho_0 c^2} = \left[\frac{1}{\rho A}\frac{\mathrm{d}(\rho A)}{\mathrm{d}p_e}\right]_{p_e=0} = \left[\frac{1}{\rho}\frac{\mathrm{d}\rho}{\mathrm{d}p_e} + \frac{1}{A}\frac{\mathrm{d}A}{\mathrm{d}p_e}\right]_{p_e=0} \tag{6.52}$$

式中，方括号中的两项分别表示相对密度和相对截面积的变化，因此，可以分别将其定义为压缩系数和膨胀系数：

$$K = \left(\rho^{-1}\frac{\mathrm{d}\rho}{\mathrm{d}p_e}\right)_{p_e=0}, \quad D = \left(A^{-1}\frac{\mathrm{d}A}{\mathrm{d}p_e}\right)_{p_e=0} \tag{6.53}$$

6.3.2 明渠流的一维纵波

与管道流动相比，明渠流动存在与空气接触的自由面，下面介绍这种存在自由面的表面波。在一些特殊情况下，明渠流也可以简化为一维纵波，例如因月球运动产生的潮汐, 其波长远大于水深, 此时可以采用本节介绍的方法进行处理。

设明渠宽度为 b、截面积为 A_0、未受扰动时的压强为 p_0, 若将坐标轴建在初始未受扰动的自由面上, 则有:

$$p_0 = p_a - \rho_0 g z \tag{6.54}$$

式中, p_a 为大气压。假设由扰动产生的明渠流自由面的纵向高度变化为 $z = \zeta(x, t)$, 则由扰动产生的压强为:

$$p_e = \rho_0 g \zeta, \quad \text{即} \ \zeta = \frac{p_e}{\rho_0 g} \tag{6.55}$$

对应的明渠横截面面积的变化为:

$$A - A_0 = b\zeta = \frac{b}{\rho_0 g} p_e \tag{6.56}$$

$$D = \frac{1}{A_0} \left(\frac{\mathrm{d}A}{\mathrm{d}p_e} \right)_{p_e = 0} = \frac{b}{\rho_0 g A_0} \tag{6.57}$$

在明渠流动中, 通常情况下, 膨胀性起主导作用而忽略压缩性的影响, 即式 (6.53) 中的 $K = 0$。因此, 由式 (6.49) 和式 (6.57) 可知, 对应的波速为:

$$c = \sqrt{\frac{g A_0}{b}} = \sqrt{gh} \tag{6.58}$$

式中, h 表示未受扰动时的明渠深度。以常见的河道流动为例, 若取 $h = 1\ \mathrm{m}$ 和 $100\ \mathrm{m}$, 由式 (6.58) 计算可得对应的波速约为 $3\ \mathrm{m/s}$ 或 $30\ \mathrm{m/s}$, 其数值远小于水中的声速 (约为 $1\ 400\ \mathrm{m/s}$), 因此可以忽略压缩性的影响。

若将式 (6.55) 和式 (6.51) 联立, 可以得到明渠流纵向高度变化为:

$$\zeta = \frac{cv}{g} = \frac{hv}{c} \tag{6.59}$$

考虑到纵向速度应远小于明渠流动速度, 即 $\partial \zeta / \partial t \ll v$。若假设角频率 $\omega = (\partial \zeta / \partial t) / \zeta$, 则式 (6.59) 可以表示为:

$$\frac{\omega h}{c} \ll 1, \quad \text{或} \ h \ll \frac{\lambda}{2\pi}$$

式中, $\lambda = 2\pi c / \omega$, 此时明渠流中的波为长波。

6.3.3 弹性管内的波

以下将基于 6.3.1 节的公式讨论弹性管内波的传播。弹性管内波的传播模型可用于对血管内血液脉动流的研究。一般而言，血管的柔性较大，使得膨胀性对波的传播起主导作用。设弹性管内径为 a_0、厚度为 h，且 $h \ll a_0$，弹性管内存在波动压强 p_e，则单位长度内产生的张力可通过如下 Young-Laplace（杨–拉普拉斯）方程得到：

$$p_e = \sigma \left(\frac{1}{R_1} + \frac{1}{R_2} \right) \tag{6.60}$$

式中，$R_1 = a_0$、$R_2 = \infty$，因此沿管道周长方向的张力为 $\sigma = p_e a_0$，单位长度内周向张力为 $a_0 p_e / h$。根据 $h \ll a_0$，则由周向张应力公式可知其数值远大于径向应力。若考虑弹性管的杨氏模量 E，则对应的周向应变：

$$\epsilon = \frac{a_0 p_e}{hE} \tag{6.61}$$

基于该式，可以推导得到弹性管内波传播的膨胀系数：

$$D = \frac{2a_0}{hE} \tag{6.62}$$

如前所述，对薄壁弹性管而言，周向张应力起主导作用而可以忽略径向应力的影响，下面还需考虑周向张应力引起的轴向应变的影响。若弹性管材料的 Poisson 比为 μ，则轴向应变为：

$$\frac{\partial \xi}{\partial x} = -\frac{\mu a_0 p_e}{hE} \tag{6.63}$$

对常见的材料，$\mu = 0.2 \sim 0.5$。假设由于轴向应变产生的压缩应力为 p_l，则可以建立对应的线性动量方程：

$$\rho_s \frac{\partial^2 \xi}{\partial t^2} = -\frac{\partial p_l}{\partial x} \tag{6.64}$$

基于式 (6.63) 和式 (6.64) 可得：

$$\frac{\partial^2 p_l}{\partial x^2} = \left(\frac{\rho_s \mu a_0}{hE} \right) \frac{\partial^2 p_e}{\partial t^2} = \left(\frac{\rho_s \mu a_0}{hE} \right) c^2 \frac{\partial^2 p_e}{\partial x^2} \tag{6.65}$$

将其代入式 (6.62) 和式 (6.53) 可得:

$$\frac{p_l}{p_e} = \frac{1}{2}\mu\left(\frac{D}{D+K}\right)\frac{\rho_s}{\rho_0} \tag{6.66}$$

由上述公式可知,轴向应力与径向应力量级相同,因此可以忽略其对弹性管内波的传播的影响。

6.3.4 变截面管道内波的传播

以下介绍沿管道长度方向存在截面变化或存在接头的管道内波的传播。图 6.3 给出了不同类型的变截面管道。

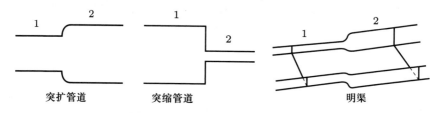

突扩管道　　　　　　突缩管道　　　　　　　　　明渠

图 6.3 不同类型的变截面管道

假设初始时充满管 1 的流体开始流入管 2,设管 1 的截面积、流体密度和波速分别为 A_1、ρ_1 和 c_1,对应的管 2 部分为 A_2、ρ_2 和 c_2。将坐标建于截面发生变化之处,即管 1 内有 $x<0$,管 2 内有 $x>0$。由前所述,一维纵波在未受扰动时,波动压强和流体速度的解分别为:

$$p_e = f\left(t - \frac{x}{c_1}\right) \tag{6.67}$$

$$v = \frac{1}{\rho_1 c_1}f\left(t - \frac{x}{c_1}\right) \tag{6.68}$$

在截面变化处,流体波受到扰动后将出现反射,管 1 内的波动压强可以写成:

$$p_e = f\left(t - \frac{x}{c_1}\right) + g\left(t + \frac{x}{c_1}\right) \tag{6.69}$$

式中,g 表示由反射产生的波动压强。对于管 2 有:

$$p_e = h\left(t - \frac{x}{c_2}\right) \tag{6.70}$$

在截面变化处，考虑压强和体积的连续性后可得：

$$f(t) + g(t) = h(t) \tag{6.71}$$

$$\frac{A_1}{\rho_1 c_1}\left[f(t) - g(t)\right] = \frac{A_2}{\rho_2 c_2}h(t) \tag{6.72}$$

令 $Y_1 = A_1(\rho_1 c_1)^{-1}, Y_2 = A_2(\rho_2 c_2)^{-1}$，则有：

$$Y_1\left[f(t) - g(t)\right] = Y_2 h(t) \tag{6.73}$$

式中，Y 表示沿波传播方向的流体体积与波动压强之比，Y 也称导纳，这是借用了电学中的术语，表示阻抗的倒数。将方程 (6.71) 和方程 (6.73) 联立之后可得：

$$\frac{g(t)}{f(t)} = \frac{Y_1 - Y_2}{Y_1 + Y_2}, \quad \frac{h(t)}{f(t)} = \frac{2Y_1}{Y_1 + Y_2} \tag{6.74}$$

这就是变截面管道前后波传播的函数关系。

6.4 水波

下面介绍另一种常见的流体中的波，即水波。与明渠流类似，水波同样存在由气液界面形成的自由面，故明渠流中的一些处理方法可以借鉴。

6.4.1 表面重力波

当自由面受到扰动后，扰动处的流体重力和浮力不再平衡，产生一个使受扰流体回到原来位置的回复力，这为产生波动提供了条件，以这种方式产生的波称为表面重力波。与前面讨论的波不同的是，这种波的波速依赖于波长。

以下介绍密度均匀且不可压缩流体的表面重力波。在前面明渠流的波动介绍中，已给出了波速 $c^2 = gh$，若要满足流体不可压缩条件，意味着 $c \ll c_{\mathrm{s}}$，故可推导得到：

$$h \ll \frac{c_{\mathrm{s}}^2}{g} = (1\,400 \text{ m} \cdot \text{s}^{-1})^2/(9.8 \text{ m} \cdot \text{s}^{-2}) = 200 \text{ km}$$

而地球上的水域最深约为 10 km，因此完全满足不可压缩流体的条件。

定义波动压强 $p_e = p - p_0$，其中 $p_0 = p_a - \rho_0 gz$，对应的线性化动量方程为：

$$\rho_0 \frac{\partial \boldsymbol{v}}{\partial t} = -\nabla p_e \tag{6.75}$$

引入速度势函数，因为流体不可压缩而满足 $\nabla \cdot \boldsymbol{v} = 0$，所以速度势函数满足：

$$\nabla^2 \varphi = 0 \tag{6.76}$$

上述波速关系基于长波假设而得到，若水波振幅为 a_0，则要求 $a_0 \ll \lambda$，即小振幅波。

下面给出表面重力波所对应的边界条件。联立式 (6.75) 和式 (6.76) 可以得到：

$$p_e = -\rho \frac{\partial \varphi}{\partial t} \tag{6.77}$$

根据前面的讨论有 $p_e = \rho g \zeta$，其中 ζ 表示水波纵向高度的变化，将其代入式 (6.77) 得：

$$\zeta = -\frac{1}{g} \left(\frac{\partial \varphi}{\partial t} \right)_{z=\zeta} \tag{6.78}$$

结合自由面的运动学关系，式 (6.78) 可以被近似为：

$$\left(\frac{\partial \varphi}{\partial t} \right)_{z=0} = -\frac{1}{g} \left(\frac{\partial^2 \varphi}{\partial t^2} \right)_{z=0} \tag{6.79}$$

这便是自由面上的动力学边界条件。

下面进一步给出自由面上的运动学边界条件，若设自由面高度为 z，则有：

$$f(x, y, z, t) = z - \zeta(x, y, t) = 0 \tag{6.80}$$

且

$$\frac{\mathrm{d}f}{\mathrm{d}t} = \frac{\partial f}{\partial t} + (\boldsymbol{v} \cdot \nabla)f = \frac{\partial \varphi}{\partial z} - \frac{\partial \zeta}{\partial t} - \frac{\partial \varphi}{\partial x}\frac{\partial \zeta}{\partial x} - \frac{\partial \varphi}{\partial y}\frac{\partial \zeta}{\partial y} = 0 \tag{6.81}$$

若考虑水波的底部边界为 $z = -h(x, y)$，由上式可得底部的边界条件为：

$$\frac{\partial \varphi}{\partial z} + \frac{\partial \varphi}{\partial x}\frac{\partial h}{\partial x} + \frac{\partial \varphi}{\partial y}\frac{\partial h}{\partial y} = 0 \tag{6.82}$$

上述的控制方程和边界条件构成了小振幅水波的数学模型。

6.4.2 深水正弦波

6.4.1 节介绍了小振幅水波数学模型,下面介绍其中的一种简单情形——深水正弦波,即引入 Laplace 方程的正弦波解且仅考虑水波自由面的边界条件。由于水足够深,表面水波无法传播到深水底部,底部边界条件可自然满足。

深水正弦波的速度势函数为:

$$\varphi = \Phi(z) \exp\left[\mathrm{i}\omega\left(t - \frac{x}{c}\right)\right] = \Phi(z) \exp\left[\mathrm{i}(\omega t - kx)\right] \tag{6.83}$$

式中,$\omega = 2\pi/t_p$ 为角频率,t_p 为水波周期;$k = \omega/c = 2\pi/\lambda$ 为波数;于是有波速 $c = \lambda/t_p = \omega/k$,$c$ 也称为相速度。将式 (6.83) 代入 Laplace 方程可得:

$$\frac{\partial^2 \Phi(z)}{\partial z^2} - k^2 \Phi(z) = 0 \tag{6.84}$$

该方程的通解为:

$$\Phi(z) = A\mathrm{e}^{kz} + B\mathrm{e}^{-kz} \tag{6.85}$$

对深水情况,$z \to \infty$ 时有 $\nabla\Phi = 0$,代入上式得 $B = 0$。因此,深水正弦波速度势函数为:

$$\varphi(x, z, t) = A\mathrm{e}^{kz}\cos(\omega t - kx) \tag{6.86}$$

将其代入边界条件 (6.79) 可得:

$$\omega^2 = gk \tag{6.87}$$

上式便是 6.1.2 节和 6.1.3 节中提到的色散方程。此外,深水正弦波对应的流体速度为:

$$v_x = \frac{\partial \varphi}{\partial x} = Ak\mathrm{e}^{kz}\sin(\omega t - kx) \tag{6.88}$$

$$v_z = \frac{\partial \varphi}{\partial z} = -Ak\mathrm{e}^{kz}\cos(\omega t - kx) \tag{6.89}$$

由式 (6.88) 和式 (6.89),可得流体质点的速度为:

$$|\boldsymbol{v}| = v = \sqrt{v_x^2 + v_z^2} = Ak\mathrm{e}^{kz}$$

水面下深度为一个波长 λ 处的速度为：

$$v(\lambda) = v(0)\mathrm{e}^{-k\lambda} \approx \frac{v(0)}{535}$$

可见此时流体质点速度已经大幅衰减，说明均匀密度流体的自由面波动只存在于其表面附近的一个薄层内，因此也称表面波，其自由面形状为：

$$\zeta(x,t) = -\frac{1}{g}\left(\frac{\partial \varphi}{\partial t}\right)_{z=0} = a\sin(\omega t - kx) \tag{6.90}$$

式中，$a = A\omega/g$ 为波动表面的振幅。

6.4.3 涟波

前两节对水波问题的处理中忽略了表面张力的影响。实际上表面张力可以在水面产生相应的波动，也就是表面张力波，亦称涟波。基于上节的结果，仍考虑深水正弦波，自由面可以表示为：

$$\zeta(x,t) = a\sin(\omega t - kx)$$

如图 6.4 所示，取正弦波的一小段微元，微元段左侧为上凸的液体表面层，右侧为下凹的表面层。水的表面张力在左侧和右侧分别形成向下和向上的作用力，产生的合力有将表面层拉平的趋势。设表面张力系数为 σ，则图 6.4 中微元受到的合力为：

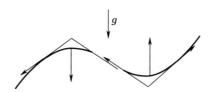

图 6.4 涟波的微元段

$$\left(\sigma\frac{\partial \zeta}{\partial x}\right)_{x+\mathrm{d}x} - \left(\sigma\frac{\partial \zeta}{\partial x}\right)_{x} = \sigma\frac{\partial^2 \zeta}{\partial x^2}\mathrm{d}x \tag{6.91}$$

式中，左端第一和第二项分别表示微元右端和左端的受力。因此，波动压强为：

$$p_e(x,\zeta,t) = \rho g\zeta - \sigma\frac{\partial^2 \zeta}{\partial x^2} \tag{6.92}$$

由于 $\partial^2 \zeta / \partial x^2 = -k^2 \zeta$，则上式为：

$$p_e(x, \zeta, t) = \rho \left(g + \frac{\sigma k^2}{\rho} \right) \zeta \tag{6.93}$$

将式 (6.93) 与表面重力波的波动压强 $p_e = \rho g \zeta$ 对比可知，只要将表面重力波中的 g 替换为 $g + (\sigma k^2 / \rho)$，则为涟波的波动压强。

对应的圆频率和相速度为：

$$\omega^2 = \left(g + \frac{\sigma k^2}{\rho} \right) k, \quad c^2 = \frac{g + \dfrac{\sigma k^2}{\rho}}{k} \tag{6.94}$$

6.4.4 两列正弦波的传播

前面介绍的波动主要为简单的正弦波，这是一种简单的模型，真实存在的波动往往比较复杂，此时要借助 Fourier 分析的手段，将真实的波近似为一系列简单正弦波的线性组合，这些波的波长相近，波与波之间存在干涉现象。下面介绍两列波长相近的正弦波的传播过程。

令两列正弦波自由面的方程分别为：

$$\zeta_1(x, t) = a \sin(\omega_1 t - k_1 x) \quad \text{和} \quad \zeta_2 = a \sin(\omega_2 t - k_2 x)$$

式中，$k_1 - k_2$ 和 $\omega_1 - \omega_2$ 为小量，将两列波叠加后可得：

$$\zeta = \zeta_1 + \zeta_2 = 2a \cos(\Delta \omega t - \Delta k x) \sin(\bar{\omega} t - \bar{k} x) \tag{6.95}$$

式中

$$\Delta k = \frac{k_1 - k_2}{2}, \quad \Delta \omega = \frac{\omega_1 - \omega_2}{2}, \quad \bar{k} = \frac{k_1 + k_2}{2}, \quad \bar{\omega} = \frac{\omega_1 + \omega_2}{2}$$

考虑到 Δk 和 $\Delta \omega$ 同样为小量，则式 (6.95) 可以近似为：

$$\zeta = \{ 2a \cos [\Delta k(Vt - x)] \} \sin \left[\bar{k}(ct - x) \right] \tag{6.96}$$

式中，$c = \bar{\omega} / \bar{k}$ 为波速；花括号中的量视为波的振幅，与正弦波不同，这里振幅也是一个行波函数，称为波的包络线，如图 6.5 所示；V 是与式 (6.5) 对应的包络线的传播速度，亦称群速度：

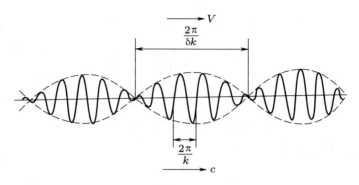

图 6.5 两列正弦波的结构

$$V \approx \frac{\mathrm{d}\omega}{\mathrm{d}k} = \frac{1}{2}\sqrt{\frac{g}{k}} = \frac{c}{2} \tag{6.97}$$

可见对深水波而言，波的包络线速度为波速的一半。

6.5　重力内波

当流体的密度沿高度连续变化且每层结构稳定时，浮力振荡在水平辐散的复合作用下传播所形成的波称为重力内波。

6.5.1　浮力频率

通常将密度随高度发生变化的流体称为分层流，与 6.4.1 节中介绍的表面重力波不同，重力内波为各向异性，即波动的相速度不再只是波长的函数且相速度随着传播方向的变化而改变。

重力内波在海洋和大气中是一种常见的重要现象，例如温度和含盐量的变化导致海水密度随深度发生连续性的变化；大气中由于上下层的受热不均也会产生密度的变化。

假设未受扰动的流体密度函数为 $\rho_0(z)$，且 ρ_0 随着 z 的增大而变小，即 $\mathrm{d}\rho_0(z)/\mathrm{d}z < 0$，未受扰动时的静力平衡关系为：

$$\frac{\mathrm{d}p_0(z)}{\mathrm{d}z} = -\rho_0(z)g \tag{6.98}$$

若假设初始在高度 z 处的流体质点受扰动后的高度变为 $z+\zeta$，则该处的密度和压力变化为：

$$\rho_0(z) + \zeta\frac{\mathrm{d}\rho_0(z)}{\mathrm{d}z} \tag{6.99}$$

$$p_0(z) - \rho_0(z)g\zeta \tag{6.100}$$

对于等熵可逆过程，因压力变化而产生的密度变化为：

$$\rho_0(z) - \frac{\rho_0(z)g\zeta}{c_0(z)^2} \tag{6.101}$$

式中，$c_0(z)$ 表示该处未受扰动时的声速。将式 (6.99) 和式 (6.101) 相减，可以得到对应的波动密度以及重力回复力：

$$\rho_e = \left\{-\frac{\rho_0(z)g}{c_0(z)^2} - \frac{\mathrm{d}\rho_0(z)}{\mathrm{d}z}\right\}\zeta \tag{6.102}$$

$$\left\{-\frac{\rho_0(z)g}{c_0(z)^2} - \frac{\mathrm{d}\rho_0(z)}{\mathrm{d}z}\right\}g\zeta = \rho_0(z)\left[N(z)\right]^2\zeta \tag{6.103}$$

由上式可知，若要保证系统的稳定，需要回复力为正值。定义浮力频率：

$$N(z) = \left[-\frac{g}{\rho_0}\frac{\mathrm{d}\rho_0(z)}{\mathrm{d}z} - \frac{g^2}{c_0(z)^2}\right]^{\frac{1}{2}} \tag{6.104}$$

也将其称为 Väisälä-Brunt 频率，该频率是流体对垂直位移的稳定性的量度，是分层流中重力内波频率的上限。

6.5.2 基本方程

以下推导重力内波的控制方程。设波动压强和波动密度分别为 p_e 和 ρ_e，它们之间满足线性化的动量方程：

$$\rho_0\frac{\partial \boldsymbol{v}}{\partial t} + \nabla p_e = \rho_e\boldsymbol{g} \tag{6.105}$$

式中，重力加速度 $\boldsymbol{g} = (0, 0, -g)$，连续性方程为：

$$\nabla \cdot (\rho_0\boldsymbol{v}) = 0 \tag{6.106}$$

式中忽略了 $\partial \rho_e / \partial t$ 的影响。对方程 (6.105) 求散度后并利用方程 (6.106)，可得沿 z 方向的分量：

$$\nabla^2 p_e = -g \frac{\partial \rho_e}{\partial z} \tag{6.107}$$

若定义沿垂直方向 z 的质量流量为 $Q = \rho_0 v_z$，则方程 (6.105) 可以写为：

$$\frac{\partial Q}{\partial t} + \frac{\partial p_e}{\partial z} = -\rho_e g \tag{6.108}$$

联立方程 (6.108) 和方程 (6.107) 可得：

$$\nabla^2 \left(\frac{\partial Q}{\partial t} \right) = g \frac{\partial^2 \rho_e}{\partial z^2} - g \nabla^2 \rho_e = -g \left(\frac{\partial^2 \rho_e}{\partial x^2} + \frac{\partial^2 \rho_e}{\partial y^2} \right) \tag{6.109}$$

若考虑波动密度的表达式 (6.102)，则上式可以改写为：

$$\nabla^2 \left(\frac{\partial^2 Q}{\partial t^2} \right) = -N^2 \left(\frac{\partial^2 Q}{\partial x^2} + \frac{\partial^2 Q}{\partial y^2} \right) \tag{6.110}$$

该方程是重力内波的基本方程，这是一个线性方程，N 为常数时，可以基于 Fourier 方法进行分析求解。

6.5.3 大气中的重力内波

大气中的密度变化主要由上下层的受热不均匀造成，即密度可以是温度的函数，于是可将 Väisälä-Brunt 频率表示为：

$$N = \sqrt{\frac{g}{T_0} \left(\frac{\partial T}{\partial z} + \Gamma' \right)} \tag{6.111}$$

式中，Γ' 为干燥空气的绝热温度梯度，$\Gamma' = 9.8 \times 10^{-3}$ K/m。

若假设空气静止不动，根据 $Q = \rho_0 v_z$，可以将方程 (6.110) 简化为关于 v_z 的方程：

$$\frac{\partial^2}{\partial t^2} \left(\frac{\partial^2 v_z}{\partial x^2} + \frac{\partial^2 v_z}{\partial z^2} \right) + N^2 \frac{\partial^2 v_z}{\partial x^2} = 0 \tag{6.112}$$

设方程 (6.112) 存在波动解：

$$v_z(x, z, t) = v_{z0} \cos(ax + bz - \omega t)$$

式中，$a = 2\pi/\lambda_x$、$b = 2\pi/\lambda_z$，分别表示重力内波沿 x 和 z 两个方向的分量所对应的波数，将该解代入方程 (6.112) 后可得其频率为：

$$\omega = N \cos \alpha \tag{6.113}$$

式中，α 表示重力内波的传播方向与 x 轴的夹角，上式也表明重力内波频率的最大值为 Väisälä-Brunt 频率。

6.5.4 海洋中的重力内波

海水的密度同时受到温度、含盐量以及压强的影响，即 $\rho = \rho(p, T, \chi)$，这里 χ 为含盐量，反映海水中溶解盐的比例。一般而言，海洋中温度的变化范围为 271~300 K，含盐量变化范围为 0.034~0.037，温度和含盐量的变化会分别造成海水密度相对变化 0.5% 和 0.2%，而压力变化则会造成海水密度相对变化 4%。但温度和含盐量对海洋动力学的影响往往更为重要。因此，可以将密度的变化函数变换为：

$$\rho_a(T, \chi) = \rho(p_a, T, \chi) \tag{6.114}$$

式中，ρ_a 表示压强为一个标准大气压 p_a、温度和含盐量分别为 T 和 χ 时海水的密度。基于式 (6.114)，同时考虑海水的不可压缩性，式 (6.104) 的 Väisälä-Brunt 频率可以写为：

$$N(z) = \left[-\frac{g}{\rho_{a0}(z)} \frac{\partial \rho_{a0}(z)}{\partial z} \right]^{\frac{1}{2}} \tag{6.115}$$

式中，$\rho_{a0}(z)$ 表示未受扰动时的海水密度 ρ_a。

海洋中重力内波 Väisälä-Brunt 频率的典型值为 $N \approx 0.5 \times 10^{-2}$ Hz，其对应的周期约为 30 min。

6.6 波的应用举例

流体中的波在大自然和实际应用中随处可见，掌握其规律使其为人类所控制和利用具有实际意义。

6.6.1 重力内波

随着对重力内波、声波、水波等现象的逐渐了解，人类开始发展相关的技术手段，利用有利的波动现象，消除不利的波动现象。

就重力内波而言，海洋中的重力内波作为一种自然现象发挥着重要的作用。通过海洋重力内波的运动，海洋上层的能量被传至深层，同时深层较冷的海水连同营养物被带到较暖的浅层，由此促进生物的生息繁衍，并最终影响全球气候和海洋的生态环境。因此，海洋重力内波被认为是深部海水混合的"搅拌器"。此外，海洋重力内波也是海洋中的重要背景噪声源，会引起声信号起伏。

6.6.2 声波的应用

声波在日常生活中无处不在，声波的应用也最为广泛，其中最具代表性的应用便是声呐和超声波。

声呐是利用声波在水中的传播和反射特性，通过电声转换和信息处理进行导航和测距的技术，也包括利用这种技术对水下目标进行探测 (存在、位置、性质、运动方向等) 和通信的电子设备。声呐技术已被广泛应用于军事、海洋测绘、水声通信和海洋渔业中。声呐主要分为主动声呐和被动声呐。主动声呐向水中发射声波，通过接收水下物体反射的回波，发现目标并测量其参量。目标距离可通过发射原声波与回波到达的时间差估计。目标方位则通过测量接收声阵中两子阵间的差异得到。图 6.6 为主动声呐的工作原理示意图。

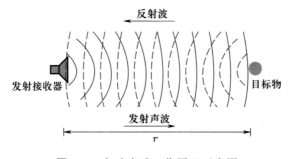

图 6.6 主动声呐工作原理示意图

被动声呐则是通过接收目标的辐射噪声，探测目标并测定其参量。相比于电磁波在水下的快速衰减,声波能在水下实现长距离的传播,这也正是声呐技术得以发展的主要原因。

超声波是另一种已被广泛应用的声波技术。人类耳朵所能感知的声波频率范围为 20~20 000 Hz,声波频率高于 20 000 Hz 的称为超声波,低于 20 Hz 的称为次声波。超声波技术的优势在于,超声波可在气体、液体、固体等多种介质中有效传播,且能携带较强的能量。在医学应用中,超声造影便是利用人体健康内脏和病变内脏的表面对超声波反射能力的不同来帮助医生进行诊断。此外,超声碎石技术则是利用超声波所携带的较强的能量来击碎人体内的结石。

6.6.3 水波的应用

江河湖海中常出现各种形式的水波,其中有些会产生不利的因素,需要设法消除或减弱,有些则可以为人类所利用。

船舶在航行过程中会在船体周围掀起波浪,即船行波。这些波浪会产生与船舶前进方向相反的阻力,即兴波阻力。船行波分为船首波和船尾波,在船行波传播中,首波与尾波在船尾处互相叠加时,兴波阻力较大;首波和尾波在船尾处互相抵消时,兴波阻力较小。兴波阻力与船舶的长度和速度有关,船速越高,兴波阻力越大。为了减小兴波阻力,在船舶设计时可以采用球鼻艏,即把船着水线以下做成球鼻状的外形。如图 6.7 所示,由于球鼻艏的存在,在船首部分产生一列新的波,这列波与原来的波相互抵消,从而削弱了船首附近的波,降低兴波阻力。

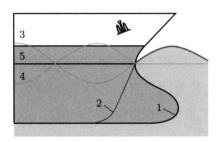

1:球鼻艏型线;2:传统船首型线;3:球鼻艏产生的波;
4:传统船首产生的波;5:两列波作用后相互抵消

图 6.7 球鼻艏消波示意图

在消除兴波阻力带来不利影响的同时，人们也开始利用波浪，波浪能发电便是其中的一个重要应用。波浪能是一种清洁的可再生能源，利用其发电不会对环境产生污染和破坏。波浪能发电的基本原理便是将波浪能转化为发电装置的机械能，而后再通过能量转换装置转换为电能。典型的波浪能发电装置为浮标式，即将浮标置于波浪中，浮标随着波浪上下运动时，通过与浮标相连的能量转换装置，将波浪能转换为电能。

6.6.4 波阻

前面提到船舶航行过程中的兴波阻力，可以基于能量守恒定律对波阻进行分析，此时可以不必关注船舶附近的流场特性，而着眼于船后足够远处的波系特征。假设一艘船以匀速 V 驶入静止的水面，当船的行驶达到稳态之后，船后能够存在的波也以相速度 V 运动。如果用 E 表示单位波长具有的波能，则单位时间内船后新增加的波能是 VE，该波能的一部分是先前形成的波浪以群速度 v_g 转移过来的能量 v_gE，其余能量由船新提供，其大小等于船为克服兴波阻力 R 在单位时间里做的功 VR，于是有：

$$R = \frac{VE - v_g E}{V} = \frac{1}{2}E \tag{6.116}$$

式 (6.116) 中，对于平面行进波有 $E = g\rho a^2/2$，g 是重力加速度；ρ 是密度；$a = c_1\omega/g$，ω 是波的角频率，c_1 是与传播常数 k 和水深有关的参数。将 $E = g\rho a^2/2$ 代入式 (6.116) 后有 $R = g\rho a^2/4$。

确定波阻是个很复杂的问题，作为近似，可以通过在平面运动的条件下，研究一个位于自由面下一定深度 h 的涡旋运动来代替物体运动，从而得到一些供参考的结果，例如波的振幅和兴波阻力随着物体所在位置深度的增加而按指数规律减小，且在物体的运动速度 $v_b = \sqrt{2gh}$ 时达到最大值，当物体的运动速度 v_e 很小和很大时，波阻都很小；作用在物体上的升力除了 Николай Егорович Жуковский(茹科夫斯基) 升力 $\rho v_b \Gamma$(Γ 是环量) 外，还有一个因液体没有充满整个空间而产生的附加升力。

思考题与习题

6.1 试在下列两组初始条件下求解一维波动方程，并说明其物理意义。

$$\frac{\partial^2 v}{\partial t^2} - a^2 \frac{\partial^2 v}{\partial x^2} = 0$$

(1) $t = 0$, $\begin{cases} v = c = 常数, & |x| < x_0; \\ v = 0, & |x| > x_0; \end{cases}$ $\quad \dfrac{\partial v}{\partial t} = 0$。

(2) $t = 0$, $\begin{cases} v = 0, & |x| < x_0; \\ v = V \cos x, & |x| > x_0; \end{cases}$ $\quad \dfrac{\partial v}{\partial t} = 0$。

6.2 试写出球面波的波动方程，并给出其解的表达式。

6.3 试推导偶极子声强的表达式。

6.4 试基于单极子、偶极子的推导，结合调研，给出四极子声源的基本关系式。

6.5 试从量纲分析出发，给出式 (6.75) 的线性化过程的推导。

6.6 试推导有限水深表面重力波解的表达式。

6.7 在一较深的水域，若在其水波上观测到浮标在 1 min 内上升、下降 15 次，求波长和传播速度。

6.8 需要同时考虑重力和表面张力作用的波动称为涟波或表面张力波；仅考虑重力作用的波动称为重力波；仅考虑表面张力作用的波动称为毛细波。请结合式 (6.87) 和式 (6.94)，画出重力波、毛细波和涟波的波数与相速度的关系曲线。

6.9 试求在深度为 20 cm 的梯形截面明渠上长波的传播速度，梯形的上底和下底分别为 60 cm 和 40 cm。

6.10 试求长波在截面半径为 1 m 的半圆形明渠中传播的速度。

6.11 在无限深水的表面作用一变化压强 $p_a(x,t) = A_0 \sin(kx - \omega t)$，求由此压强引起的速度势，其中 A_0 为小振幅。

6.12 试证明对于平面波，群速度 V 和相速度 c 之间满足如下关系：

$$V = c - \lambda \frac{\mathrm{d}c}{\mathrm{d}\lambda}$$

6.13 基于 6.2 节中给出的波动方程和解，若有如下初始条件，求在任意时刻 t 时的压力和流体运动速度：

$$V = v_x(x), \quad v_y = v_z = 0, \quad p - p_0 = p_1(x)$$

6.14 上下各有一固定水平面为界的两层液体，在其界面上发生长波，两层液滴深度分别为 h_1 和 h_2，密度分别为 ρ_1 和 ρ_2，求界面长波的传播速度。

6.15 若两列水波以相同的波幅向相反方向运动，则会形成驻波。若自由面在垂直方向的位移为 $\zeta = ae^{i\omega t}\cos(kx)$，试给出深水情况下，驻波的速度势函数。

6.16 结合 6.3 节的内容，试估算人体血管内血流脉冲波动时对应的压缩系数和膨胀系数。

6.17 试给出 6.5.4 节中海洋中重力内波 Väisälä-Brunt 频率和周期对应数值的测算依据。

6.18 试估算大气中重力内波的 Väisälä-Brunt 频率的量级。

6.19 超声碎石是超声波的一项重要应用，试结合声强和声的能量公式，估算超声波的能量，并给出超声碎石的设计方案。

6.20 试给出一种收集波浪能的概念设计。

参考文献

[1] 梁昆淼. 数学物理方法[M]. 4 版. 北京：高等教育出版社，2010.

第 7 章　气体动力学

气体动力学是流体力学的一个重要分支,在航空航天等领域有着重要的应用,它主要研究气体的运动规律和机理。

7.1　基本方程

这部分介绍有关气体动力学的基本概念和方程。

7.1.1　基本概念

由于气体可压缩性较大,气体动力学过程中气体密度为变量,为了使气体动力学方程组封闭,需要引入相关的热力学方程,而气体的压力和密度本身也是描述气体热力学状态的主要变量。热力学也是气体动力学的基础,下面对相关热力学知识做简要介绍。

为了描述系统的热力学状态,需要引入相关的状态变量,除已提到的压力、密度外,还包括温度、体积、内能、焓和熵等。若考虑单位质量系统的状态变量,则包括对应的比热比、比内能、比焓和比熵等。下面先介绍热力学第一定律和第二定律等,并同时引入内能、焓和熵等状态量的定义。

1. 热力学第一定律

热力学第一定律可表述为:

$$\delta Q = \mathrm{d}E + \delta W \tag{7.1}$$

式中,δQ 是传递给封闭系统的热量;$\mathrm{d}E$ 是系统内能,表示系统内气体分子热运动的能量;δW 是系统对外做的功。若只考虑系统体积变化对外做功,那么,单位质量情况下，式 (7.1) 可写成：

$$de = \delta q - pdv \tag{7.2}$$

式中，e、q、p、v 分别是内能、热量、压力、体积。定义焓 H 和比焓 h 为：

$$H = E + pV \tag{7.3}$$

$$h = e + pv \tag{7.4}$$

因此，热力学第一定律也可以表示为：

$$dH = \delta Q + Vdp \tag{7.5}$$

或

$$dh = \delta q + vdp \tag{7.6}$$

2. 热力学第二定律

热力学第二定律表示热力学过程的进行方向，即热力学过程是不可逆的，可以表示为：

$$ds \geqslant \frac{\delta Q}{T} \tag{7.7}$$

式中，s 是熵；T 是温度。对于可逆过程，熵的变化等于系统吸收的热量与热源绝对温度之比；对于不可逆过程，熵的变化大于吸收的热量与绝对温度之比。

3. 热力学基本方程

基于上述的热力学第一和第二定律，可以得到封闭均匀系统可逆过程下的热力学基本方程：

$$de = Tds - pdv \tag{7.8}$$

或

$$dh = Tds + vdp \tag{7.9}$$

引入 Helmholtz（亥姆霍兹）自由能和 Gibbs（吉布斯）自由能的概念，在单位质量情况下有：

$$f = e - Ts \tag{7.10}$$

$$g = h - Ts \tag{7.11}$$

因此，上述针对封闭均匀系统可逆过程的热力学基本方程 (7.8) 或 (7.9) 可以改写为：

$$\mathrm{d}f = -s\mathrm{d}T - p\mathrm{d}v \tag{7.12}$$

或

$$\mathrm{d}g = -s\mathrm{d}T + v\mathrm{d}p \tag{7.13}$$

根据上述 4 个方程 (7.8)、(7.9)、(7.12) 和 (7.13)，可以得到如下针对封闭均匀系统可逆过程的 Maxwell（麦克斯韦）关系式：

$$\left(\frac{\partial T}{\partial v}\right)_s = -\left(\frac{\partial p}{\partial s}\right)_v, \quad \left(\frac{\partial T}{\partial p}\right)_s = \left(\frac{\partial v}{\partial s}\right)_p,$$
$$\left(\frac{\partial p}{\partial T}\right)_v = \left(\frac{\partial s}{\partial v}\right)_T, \quad \left(\frac{\partial v}{\partial T}\right)_p = -\left(\frac{\partial s}{\partial p}\right)_T \tag{7.14}$$

此外，还可采用热容的概念来描述热力学过程中气体温度升高 1 ℃ 所需的热量。热力学中常用定容热容 c_v 和定压热容 c_p 的概念：

$$c_v = \left(\frac{\delta q}{\mathrm{d}T}\right)_v \tag{7.15}$$

$$c_p = \left(\frac{\delta q}{\mathrm{d}T}\right)_p \tag{7.16}$$

4. 流体的压缩性

流体压缩性是气体动力学的重要特征，可以通过可压缩系数来描述流体的可压缩性，其定义为：

$$\tau = \frac{1}{K} = -\frac{1}{v}\frac{\mathrm{d}v}{\mathrm{d}p} = \frac{1}{\rho}\frac{\mathrm{d}\rho}{\mathrm{d}p} \tag{7.17}$$

式中，K 为体积模量，流体的可压缩系数为体积模量 K 的倒数，而体积模量为压力的改变量 Δp 与 $\Delta v/v$ 之比。根据式 (7.17)，针对等温或等熵的热力学过程，可以分别定义对应的等温可压缩系数和等熵可压缩系数：

$$\tau_T = \frac{1}{\rho}\left(\frac{\partial \rho}{\partial p}\right)_T \tag{7.18}$$

$$\tau_s = \frac{1}{\rho} \left(\frac{\partial \rho}{\partial p} \right)_s \tag{7.19}$$

标准大气压下空气的等温可压缩系数为 $\tau_T = 10^{-5} \text{ m}^2/\text{N}$。与之对应，水的可压缩系数为 $\tau_T = 5 \times 10^{-10} \text{ m}^2/\text{N}$，可见两者之间的压缩性存在多个量级的差别。因此，在研究气体动力学时，一般需要考虑可压缩性的影响。

7.1.2 微分形式基本方程

基于流体的连续性方程、运动方程和能量方程并结合热力学方程，可以得到气体动力学的基本方程。

1. 连续性方程和运动方程

在考虑气体的可压缩性且为理想气体的情况下，连续性方程 (1.82) 和运动方程 (1.95) 为：

$$\frac{\partial \rho}{\partial t} + \nabla \cdot (\rho \boldsymbol{v}) = 0 \tag{7.20}$$

$$\frac{\partial \boldsymbol{v}}{\partial t} + \boldsymbol{v} \cdot \nabla \boldsymbol{v} = \boldsymbol{F} - \frac{1}{\rho} \nabla p \tag{7.21}$$

方程 (7.21) 也称为 Euler 方程，根据场论运算法则，左边第二项为：

$$\boldsymbol{v} \cdot \nabla \boldsymbol{v} = \nabla \left(\frac{v^2}{2} \right) - \boldsymbol{v} \times \nabla \times \boldsymbol{v} = \nabla \left(\frac{v^2}{2} \right) - \boldsymbol{v} \times \boldsymbol{\omega} \tag{7.22}$$

于是，上述 Euler 方程可以转化为 Lamb（兰姆）方程：

$$\frac{\partial \boldsymbol{v}}{\partial t} - \boldsymbol{v} \times \boldsymbol{\omega} = \boldsymbol{F} - \frac{1}{\rho} \nabla p - \nabla \left(\frac{v^2}{2} \right) \tag{7.23}$$

2. 能量方程

能量守恒表示传入系统的热量与系统的做功之和等于系统总能量的时间变化率。因此，能量方程为：

$$\frac{\mathrm{d}}{\mathrm{d}t} \left(e + \frac{v^2}{2} \right) = \boldsymbol{F} \cdot \boldsymbol{v} - \frac{1}{\rho} \nabla \cdot (p\boldsymbol{v}) + \dot{q} \tag{7.24}$$

式中，等号左端为系统总能量随时间的变化率，总能量主要包括热力学内能和宏观运动的动能；等号右端分别表示体积力做功、表面压力做功和单位时间传入系统的热量。若将运动方程 (7.21) 点乘速度矢量，然后与上述能量方程相减后将连续性方程代入，就可以消去能量方程中的速度矢量：

$$\frac{\mathrm{d}e}{\mathrm{d}t} + p\frac{\mathrm{d}}{\mathrm{d}t}\left(\frac{1}{\rho}\right) = \dot{q} \tag{7.25}$$

根据上述比焓的定义，能量方程也可以表示为：

$$\frac{\mathrm{d}h}{\mathrm{d}t} = \frac{1}{\rho}\frac{\mathrm{d}p}{\mathrm{d}t} + \dot{q} \tag{7.26}$$

能量方程是标量方程，虽然有不同形式的能量方程，但只有一个是独立的。以下给出能量方程的另一种形式，即 Crocco 方程，根据热力学关系式：

$$T\mathrm{d}s = \mathrm{d}h - \frac{1}{\rho}\mathrm{d}p$$

利用物质导数的转换关系，上述关系式可以转化为：

$$\left(T\frac{\partial s}{\partial t} - \frac{\partial h}{\partial t} + \frac{1}{\rho}\frac{\partial p}{\partial t}\right)\mathrm{d}t + \mathrm{d}\boldsymbol{r} \cdot \left(T\nabla s - \nabla h + \frac{1}{\rho}\nabla p\right) = 0 \tag{7.27}$$

因为 dr 与 dt 相互独立，所以：

$$T\mathrm{d}s = \nabla h - \frac{1}{\rho}\nabla p$$

将忽略质量力的 Lamb 方程 (7.23) 代入上式后可得：

$$\boldsymbol{v} \times \boldsymbol{\omega} = \nabla\left(h + \frac{v^2}{2}\right) - T\nabla s + \frac{\partial \boldsymbol{v}}{\partial t} \tag{7.28}$$

这就是 Crocco 方程，它表示流场总焓的变化与涡量变化之间的关系。

3. 状态方程

气体的状态方程为：

$$p = p(\rho, T) \tag{7.29}$$

至此，方程 (7.20)、(7.21)、(7.25)、(7.29) 构成了理想气体动力学基本方程组，6 个方程有 6 个未知数，即 v_x、v_y、v_z 和 p、ρ、T，因此构成封闭的方程组。

上述方程组在直角坐标、柱坐标和球坐标系下的形式，可参阅相关参考书。

7.1.3 积分形式基本方程

与微分形式的理想气体动力学方程组对应，以下给出积分形式的方程组，其具体推导过程不再赘述。

1. 连续性方程

取一个由运动气体构成的封闭系统，系统的体积为 V 且随着气体一起运动，在系统运动过程中，尽管体积 V 有可能发生变化，但由于该封闭系统是由同一运动气体质点所构成，根据质量守恒定律，系统 V 内的质量守恒，即：

$$\frac{\mathrm{d}}{\mathrm{d}t} \iiint_V \rho \mathrm{d}V = 0 \tag{7.30}$$

这就是积分形式的连续性方程。

2. 运动方程

在气体流场中取一个封闭系统，该系统的体积为 V、表面积为 S，系统受到的单位体积力为 $\boldsymbol{f}$、表面力为 p。将牛顿第二定律用于该封闭系统可以得到：

$$\frac{\mathrm{d}}{\mathrm{d}t} \iiint_V \rho \boldsymbol{v} \mathrm{d}V = \iiint_V \rho \boldsymbol{f} \mathrm{d}V - \oiint_S p \boldsymbol{n} \mathrm{d}S \tag{7.31}$$

式中，$\boldsymbol{n}$ 是系统表面的外法线方向，该式就是积分形式的运动方程。采用积分形式的运动方程，便于求解作用于系统的宏观量或总量，例如求解流体绕物体流动时作用于物体上的合力。

3. 能量方程

在气体流场中取一个体积为 V、表面积为 S 的封闭系统，$\boldsymbol{n}$ 是系统表面的外法线方向。对该系统而言，能量守恒定律可以表述为：单位时间内由外部传给该系统的热量 $\dot{q}$ 与外部体积力 $\boldsymbol{f}$、表面力 p 对该系统的做功之和，等于该系统总能量对时间的变化率：

$$\frac{\mathrm{d}}{\mathrm{d}t} \iiint_V \rho \left(e + \frac{v^2}{2} \right) \mathrm{d}V = \iiint_V \rho \boldsymbol{f} \cdot \boldsymbol{v} \mathrm{d}V - \oiint_S p \boldsymbol{n} \cdot \boldsymbol{v} \mathrm{d}S + \iiint_V \rho \dot{q} \mathrm{d}V \tag{7.32}$$

式中，总能量包括内能和宏观运动的动能。

7.1.4 完全气体状态方程

1. 完全气体

为了建立流体压力与密度 (或体积)、温度之间的联系，需要热力学状态方程，该方程描述的是处于平衡态的流体，即在没有外界作用的情况下，流体物性在长时间内不发生任何变化，式 (7.29) 给出了流体状态方程的通用表达式。

气体动力学中常用到完全气体的概念，完全气体又称理想气体，是满足以下 Clapeyron（克拉珀龙）状态方程的气体：

$$p = \rho R T = \rho \frac{R_0}{M} T \tag{7.33}$$

式中，$R_0 = 8.31\ \mathrm{J/(mol \cdot K)}$，是普适气体常数，与气体的种类和所处条件无关；$M$ 为摩尔质量，空气的平均摩尔质量为 $28.9\ \mathrm{g/mol}$，则气体常数 $R = 287\ \mathrm{J/(kg \cdot K)}$。完全气体忽略了分子间的作用力以及分子所占据的体积，仅考虑分子的热运动 (包括分子间的碰撞)，因此是一种理想化的气体。Clapeyron 状态方程也称为热完全气体状态方程，该方程可以认为是真实气体在一定温度和压力范围内的近似。对于热完全气体，考虑封闭系统的可逆过程，其内能和焓都是温度的函数，与其他参数无关，这一结论可以通过热力学方程 (7.8) 或 (7.9) 和 Maxwell 关系式 (7.14) 推导得到。若采用内能和焓来表示热完全气体状态方程，则有：

$$\mathrm{d}e = c_v \mathrm{d}T \tag{7.34}$$

$$\mathrm{d}h = c_p \mathrm{d}T \tag{7.35}$$

2. 量热完全气体

进一步引入量热完全气体和量热状态方程的概念。量热完全气体是指其定容热容 c_v 和比热比 $\gamma = c_p/c_v$ 为常数的热完全气体，对应的量热状态方程为：

$$e = c_v T \tag{7.36}$$

$$h = c_p T \tag{7.37}$$

因此，量热完全气体必然是热完全气体，反之则未必。

基于热完全状态方程,还可以得到针对封闭系统可逆过程的与比热比相关的关系式。对于热完全气体可以得到:

$$c_p - c_v = R \tag{7.38}$$

根据比热比的定义 $\gamma = c_p/c_v$,上式可写为:

$$c_v = \frac{R}{\gamma - 1}, \quad c_p = \frac{\gamma R}{\gamma - 1}, \quad \gamma = 1 + \frac{R}{c_v} \tag{7.39}$$

引入基于熵函数的状态方程,熵函数可以表示为:

$$ds = \left(\frac{\partial s}{\partial T}\right)_V dT + \left(\frac{\partial s}{\partial V}\right)_T dV \tag{7.40}$$

通过式 (7.8)、式 (7.9) 和 Maxwell 关系式 (7.14),可以推导得到:

$$ds = c_v \frac{dT}{T} + \left(\frac{\partial p}{\partial T}\right)_V dV \tag{7.41}$$

或

$$ds = c_p \frac{dT}{T} - \left(\frac{\partial V}{\partial T}\right)_p dp \tag{7.42}$$

对于热完全气体有:

$$ds = c_v \frac{dT}{T} + R \frac{dV}{V} \tag{7.43}$$

或

$$ds = c_p \frac{dT}{T} - R \frac{dp}{p} \tag{7.44}$$

7.2 一维定常可压缩流动

一维可压缩流动是气体动力学研究中最为简化的流动模型,该流动物理量在空间上只是某一个坐标的函数。基于一维流动的简化,在一定条件下,可以得到解析或半解析、半数值的结果,这对了解可压缩流动的规律非常重要。一维定常可压缩流动可较好地近似实际应用中的一些流动。

7.2.1 连续性方程和动量方程

1. 连续性方程

对于连续性方程，考虑如图 7.1 所示管道流中的微元封闭控制体，根据任意截面处的质量守恒可以得到：

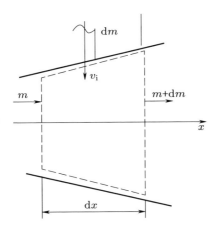

图 7.1 广义一维管道流系统示意图

$$\rho v A = c \tag{7.45}$$

式中，ρ、v、A 分别为密度、速度和截面积；c 为常数。上式写成微分形式为：

$$\frac{\mathrm{d}\rho}{\rho} + \frac{\mathrm{d}v}{v} + \frac{\mathrm{d}A}{A} = 0 \tag{7.46}$$

此处截面积 A 若为变量，即为变截面管道流。若微元控制体沿流动方向 x 存在质量的变化，即 $m(x)$，则式 (7.45) 为：

$$\rho v A = m(x) \tag{7.47}$$

或

$$\frac{\mathrm{d}\rho}{\rho} + \frac{\mathrm{d}v}{v} + \frac{\mathrm{d}A}{A} = \frac{\mathrm{d}m}{m} \tag{7.48}$$

上式为一维变截面、变质量流的连续性方程。

2. 动量方程

进一步考虑上述微元封闭系统的受力情况，如图 7.2 所示，同样考虑变截面和变质量的情况，动量方程为：

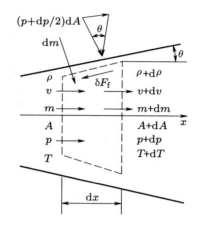

图 7.2 广义一维管道系统受力示意图

$$(m+\mathrm{d}m)(v+\mathrm{d}v)-mv = -(p+\mathrm{d}p)(A+\mathrm{d}A)+pA+\left(p+\frac{\mathrm{d}p}{2}\right)\mathrm{d}A+\delta F_{\mathrm{f}x} \quad (7.49)$$

式中，p 为压力；$\delta F_{\mathrm{f}x}$ 表示壁面摩擦对动量的贡献，可以表示为：

$$\delta F_{\mathrm{f}x} = -\frac{1}{2}\rho v^2 \frac{4f}{D}A\mathrm{d}x$$

式中，f 为量纲为一的摩擦因子；D 为水力直径。将上式代入式 (7.49) 经整理后得：

$$\mathrm{d}p + \rho v^2 \frac{\mathrm{d}v}{v} + \rho v^2 \frac{2f}{D}\mathrm{d}x + \rho v^2 \frac{\mathrm{d}m}{m} = 0 \quad (7.50)$$

对于完全气体，上述方程可以化为：

$$\frac{\mathrm{d}p}{p} + \gamma Ma^2 \left(\frac{\mathrm{d}v}{v} + 2f\frac{\mathrm{d}x}{D} + \frac{\mathrm{d}m}{m}\right) = 0 \quad (7.51)$$

式中，γ 是比热比；Ma 为 Mach 数。

7.2.2 能量方程和状态方程

同样针对上述微元封闭系统，基于式 (7.32)，能量方程可以写为：

$$(\rho + \mathrm{d}\rho)\left[\left(e + \frac{v^2}{2}\right) + \mathrm{d}\left(e + \frac{v^2}{2}\right)\right](v + \mathrm{d}v)(A + \mathrm{d}A) - \rho\left(e + \frac{v^2}{2}\right)vA$$

$$= -(p + \mathrm{d}p)(v + \mathrm{d}v)(A + \mathrm{d}A) + pvA + \dot{Q} \tag{7.52}$$

式中，$\dot{Q}$ 为对系统的加热率，$\dot{Q} = \rho vA\delta q$，其中 δq 表示单位质量气体的加热量。上述能量方程可以进一步简化为：

$$\mathrm{d}\left(e + \frac{v^2}{2} + \frac{p}{\rho}\right) = \delta q \tag{7.53}$$

根据焓的定义，上式可以改写为：

$$\mathrm{d}\left(h + \frac{v^2}{2}\right) = \delta q \tag{7.54}$$

若进一步考虑变质量的情况，则能量方程为：

$$\mathrm{d}\left(h + \frac{v^2}{2}\right) = \delta q - (h_0 - h_{0\mathrm{i}})\frac{\mathrm{d}m}{m} \tag{7.55}$$

式中，h_0 和 $h_{0\mathrm{i}}$ 分别为主流总焓和质量增加部分的总焓 (总焓含义见 7.2.4 节)，即：

$$h_0 = h + \frac{v^2}{2}, \quad h_{0\mathrm{i}} = h_{\mathrm{i}} + \frac{v_{\mathrm{i}}^2}{2} \tag{7.56}$$

此外，基本方程组还包括了状态方程。对于热完全气体，状态方程为 (7.33)。

7.2.3 基本关系式

基于上述的一维定常流动基本方程组，在绝热和等熵条件下，可以推导得到关于一维定常流动的基本关系式。

对于一维定常绝热流动，能量方程 (7.54) 可以简化为：

$$\mathrm{d}\left(h + \frac{v^2}{2}\right) = 0 \tag{7.57}$$

即：

$$h + \frac{v^2}{2} = c \tag{7.58}$$

式中，c 为常数，对于量热完全气体，可以写成：

$$c_p T + \frac{v^2}{2} = c \tag{7.59}$$

对于等熵过程有 $\mathrm{d}s = 0$，基于熵函数的状态方程 (7.43) 和 (7.44)，对于热完全气体可得：

$$c_v \frac{\mathrm{d}T}{T} = -R \frac{\mathrm{d}V}{V} \tag{7.60}$$

或

$$c_p \frac{\mathrm{d}T}{T} = R \frac{\mathrm{d}p}{p} \tag{7.61}$$

对于量热完全气体，对式 (7.43) 和式 (7.44) 积分后代入式 (7.39) 可得：

$$T V^{\gamma-1} = c \tag{7.62}$$

或

$$\frac{T}{p^{(\gamma-1)/\gamma}} = c \tag{7.63}$$

7.2.4 特征常数

上节给出了一维定常流动的若干基本关系式，为了确定这些基本关系中的常数，需要引入相关的特征常数。一般通过选取某个参考状态来确定对应的特征常数，常用的参考状态包括驻点对应的滞止状态、流速等于当地声速时的状态。

驻点对应的滞止状态是指速度为 0 处的状态，可以通过驻点的参数来确定能量方程中的常数：

$$h + \frac{v^2}{2} = h_0 = c_p T_0 = \frac{\gamma}{\gamma-1} \frac{p_0}{\rho_0} = \frac{1}{\gamma-1} c_0^2 \tag{7.64}$$

式中，h_0、T_0、p_0 分别为总焓、总温和总压；ρ_0 和 c_0 则为驻点密度和驻点声速，这些量可以用来反映系统总能量的大小。

若气流在某一截面上的速度等于声速，则该截面上的参数称为临界参数，上述的能量方程也可以用临界参数表示：

$$\frac{v^2}{2} + \frac{c^2}{\gamma - 1} = \frac{c^{*2}}{2} + \frac{c^{*2}}{\gamma - 1} = \frac{\gamma + 1}{\gamma - 1}\frac{c^{*2}}{2} \tag{7.65}$$

式中，c 为声速；上标 $*$ 代表速度为声速的临界状态。

7.3 双曲型方程的特征线理论

对于偏微分方程，可以根据其特征方程的判别式，将偏微分方程分为双曲型方程、抛物线型方程和椭圆型方程。对气体动力学方程而言，非定常、无黏气体的动力学方程组为双曲型方程。定常情况下，若为超声速流动，也为双曲型方程；若为亚声速流动，则为椭圆型方程。

7.3.1 特征线理论

对于气体动力学问题，若流场中扰动较小时，可以将运动方程线性化并求解，即小扰动线性化近似，如对空气中声音传播的求解。然而，当小扰动假设不成立时，则需要求解原始的非线性方程，其中特征线法是较早发展的针对双曲型方程求解的方法，该方法已被用于求解定常超声速、跨声速流动以及非定常亚声速、超声速流动等。

特征线的概念是针对拟线性偏微分方程引入的 [1]。对一个方程而言，若未知函数的最高阶偏导数项为线性，且该项的系数以及非齐次项含有自变量或未知函数，则称这样的偏微分方程为拟线性偏微分方程。

设有一拟线性偏微分方程：

$$F(x, y, v)\frac{\partial v}{\partial x} + G(x, y, v)\frac{\partial v}{\partial y} = H(x, y, v) \tag{7.66}$$

式中，未知函数 $v = v(x, y)$ 是 x, y 的连续函数，在 x-y 平面上给定沿某起始曲线 L_0 上各点 v 的值 v_0，若由 v_0 不能单独地确定邻域任何一点 $v(x, y)$ 的值，则说明 L_0 是弱间断线，即未知函数 v 本身沿弱间断线的法向是连续的，但其法向导数可能是间断的，这些弱间断线就定义为方程 (7.66) 的特征线。

在二维空间中，设已知点 $P(x_0, y_0)$ 为曲线 L_0 上的任意一点，对应的速度值为 $\boldsymbol{v}_0$，可以通过 Taylor 级数展开，给出 P 点周围区域内某点 Q 上的速度值：

$$\boldsymbol{v}(x, y) = \boldsymbol{v}_0 + \left(\frac{\partial \boldsymbol{v}}{\partial x}\right)_0 \Delta x + \left(\frac{\partial \boldsymbol{v}}{\partial y}\right)_0 \Delta y + \cdots$$

式中，Δx 和 Δy 表示由 P 点到 Q 点的坐标增量，若要确定 Q 点的速度值，需要唯一确定上述级数在 P 点处的导数，若不能唯一确定，则不能单值确定 Q 点的速度值。这就表明，由与 P 点相同性质的点组成的曲线为弱间断线，这些间断线便是特征线。

7.3.2 特征线方程

下面给出求解特征线方程的通用形式，以拟线性方程 (7.66) 为例，速度 $v(x, y)$ 在 P 点的全微分为：

$$\mathrm{d}v_0 = \left(\frac{\partial v}{\partial x}\right)_0 \mathrm{d}x + \left(\frac{\partial v}{\partial y}\right)_0 \mathrm{d}y \tag{7.67}$$

P 点速度 $v(x, y)$ 同样满足方程 (7.66)，联立方程 (7.66) 和 (7.67)，并写成矩阵形式：

$$\begin{bmatrix} F & G \\ \mathrm{d}x & \mathrm{d}y \end{bmatrix} \begin{bmatrix} \left(\dfrac{\partial v}{\partial x}\right)_0 \\ \left(\dfrac{\partial v}{\partial y}\right)_0 \end{bmatrix} = \begin{bmatrix} H \\ \mathrm{d}v_0 \end{bmatrix} \tag{7.68}$$

推导可得速度 v 的一阶导数为：

$$\left(\frac{\partial v}{\partial x}\right)_0 = \frac{\Delta_x}{\Delta}, \quad \left(\frac{\partial v}{\partial y}\right)_0 = \frac{\Delta_y}{\Delta}$$

其中

$$\Delta = \begin{vmatrix} F & G \\ \mathrm{d}x & \mathrm{d}y \end{vmatrix} = F\mathrm{d}y - G\mathrm{d}x,$$

$$\Delta_x = \begin{vmatrix} H & G \\ \mathrm{d}v_0 & \mathrm{d}y \end{vmatrix} = H\mathrm{d}y - G\mathrm{d}v_0, \quad \Delta_y = \begin{vmatrix} F & H \\ \mathrm{d}x & \mathrm{d}v_0 \end{vmatrix} = F\mathrm{d}v_0 - H\mathrm{d}x$$

对于特征线，要求 $\Delta = 0$，则特征线方程为：

$$\frac{\mathrm{d}y}{\mathrm{d}x} = \lambda = \frac{G}{F} \tag{7.69}$$

式中，$\lambda = \mathrm{d}y/\mathrm{d}x$ 为特征线斜率。为使上述导数具有物理意义，要求 $\Delta_x = 0$ 和 $\Delta_y = 0$，即：

$$\Delta_x = 0 \Rightarrow \mathrm{d}v = \frac{H}{G}\mathrm{d}y, \quad \Delta_y = 0 \Rightarrow \mathrm{d}v = \frac{H}{F}\mathrm{d}x \tag{7.70}$$

上式称为相容关系，其中的两个方程相互等价。这样，原来的偏微分方程就转化为常微分方程组。

7.3.3　一阶线性方程的特征线法

考虑如下最简单的一阶线性双曲型方程：

$$\frac{\partial v}{\partial t} + a\frac{\partial v}{\partial x} = 0, \quad -\infty < x < +\infty, \quad t > 0 \tag{7.71}$$

对应的初始条件为：

$$v(x, 0) = v_0(x)$$

若存在曲线 $x = \xi(t)$ 使方程 (7.71) 的解只是 t 的函数，即

$$v(x, t)|_{x=\xi(t)} = v(\xi(t), t)$$

则沿曲线 $x = \xi(t)$，$v(x, t)$ 的全微分为：

$$\frac{\mathrm{d}v}{\mathrm{d}t}\bigg|_{x=\xi(t)} = \frac{\partial v}{\partial t} + \xi'(t)\frac{\partial v}{\partial x}$$

如果曲线 $x = \xi(t)$ 满足如下关系：

$$\xi'(t) = \frac{\mathrm{d}x}{\mathrm{d}t} = a \tag{7.72}$$

则方程 (7.71) 便可以转化为常微分方程：

$$\frac{\mathrm{d}v}{\mathrm{d}t}\bigg|_{x=\xi(t)} \equiv \frac{\partial v}{\partial t} + a\frac{\partial v}{\partial x} = 0 \tag{7.72'}$$

曲线 $x = \xi(t)$ 便为特征线，a 为特征速度。根据方程 (7.72)，特征线为：

$$x = \xi(t) = at + c \tag{7.73}$$

式中，c 为常数。根据式 (7.72′) 可知，沿特征线方程 (7.73) 的解为常数，即：

$$v(x,t) = v(at + c, t) = v(at + c, t)|_{t=0} = v(c, 0)$$

根据初始条件 $v(x, 0) = v_0(x)$ 以及方程 (7.73) 可得：

$$v(x, t) = v(c, 0) = v_0(c) = v_0(x - at) \tag{7.74}$$

将上式代入原始双曲型方程 (7.71) 可得：

$$\frac{\partial v}{\partial t} + a\frac{\partial v}{\partial x} = -av_0'(x - at) + av_0'(x - at) = 0$$

因此，式 (7.74) 为方程 (7.71) 的解。

7.3.4 一阶拟线性方程的特征线法

基于以上介绍，进一步讨论一阶拟线性方程的特征线法。一阶拟线性方程为：

$$a\frac{\partial v}{\partial t} + b\frac{\partial v}{\partial x} = c \tag{7.75}$$

式中，a、b 和 c 均为 t、x 和 v 的函数。

根据式 (7.66) 和式 (7.69)，可得方程 (7.75) 的特征线方程为：

$$\frac{\mathrm{d}x}{\mathrm{d}t} = \frac{b}{a} \tag{7.76}$$

由式 (7.70) 的相容关系，可得到式 (7.76) 的相容关系为：

$$\frac{\mathrm{d}v}{\mathrm{d}t} = \frac{c}{a} \quad \text{或} \quad \frac{\mathrm{d}v}{\mathrm{d}x} = \frac{c}{b} \tag{7.77}$$

式 (7.76) 和式 (7.77) 也可以写成统一的表达式：

$$\frac{\mathrm{d}t}{a(x, t, v)} = \frac{\mathrm{d}x}{b(x, t, v)} = \frac{\mathrm{d}v}{c(x, t, v)}$$

此时，a、b 和 c 仍是 t、x 和 v 的函数，因此，在求解拟线性方程时，无法直接给出解的显式表达式，只能用迭代的方法逼近方程的精确解。具体做法是：先给定 $v(x,t)$ 在某一非特征线上的值，设 $R(t_R, x_R)$ 是该曲线上一点，对于连接 R 点的特征线上的另一点 $P(t_P, x_P)$，可以通过方程 (7.76) 和 (7.77) 近似得到第一次迭代的数值：

$$a_R \left(x_P^{(1)} - x_R \right) = b_R \left(t_P - t_R \right), \quad a_R \left(v_P^{(1)} - v_R \right) = c_R \left(t_P - t_R \right)$$

式中，$a_R = a(t_R, x_R, v_R)$，$b_R = a(t_R, x_R, v_R)$，$c_R = a(t_R, x_R, v_R)$，这样便得到 P 点处 $v(t_P, x_P)$ 的第一次近似值。接着，基于 P 点的值，进一步更新系数的数值并进行第二次迭代：

$$\frac{1}{2} \left(a_R + a_P^{(1)} \right) \left(x_P^{(2)} - x_R \right) = \frac{1}{2} \left(b_R + b_P^{(1)} \right) \left(t_P - t_R \right)$$

$$\frac{1}{2} \left(a_R + a_P^{(1)} \right) \left(V_P^{(2)} - V_R \right) = \frac{1}{2} \left(c_R + c_P^{(1)} \right) \left(t_P - t_R \right)$$

重复上述过程，直到达到精度要求。

7.4　二维定常超声速流动

以上介绍了双曲型方程的特征线理论和特征线法。在气体动力学中，特征线法已被应用于二维定常超声速流动的方程求解。如前所述，特征线是流场中的弱间断线，在二维定常超声速流动中，特征线可以被认为是信息在流场中传播的载体。以下介绍基于特征线法对二维定常超声速流动的求解过程。

7.4.1　基本方程

为了描述气体流速与声速的关系，先从基本方程出发，推导得到包含速度矢量 $\boldsymbol{v}$ 和声速 c 的方程。根据连续性方程 (1.82) 和运动方程 (1.95)，在定常和忽略体积力的情况下，可压缩气流场的连续性方程和运动方程为：

$$\begin{cases} \nabla \cdot (\rho \boldsymbol{v}) = 0 \\ (\boldsymbol{v} \cdot \nabla) \boldsymbol{v} = -\dfrac{1}{\rho} \nabla p \end{cases} \tag{7.78}$$

在绝热条件下，根据式 (7.57) 和式 (7.33)，沿流线的能量方程和热完全气体的状态方程为：

$$h + \frac{v^2}{2} = h_\infty + \frac{v_\infty^2}{2}, \quad p = \rho RT \tag{7.79}$$

式中，下标 ∞ 表示无穷远处的值。在等熵条件下，声速关系式为：

$$\left(\frac{\partial p}{\partial \rho} \right)_s = \frac{\mathrm{d}p}{\mathrm{d}\rho} = c^2 \tag{7.79$'$}$$

式中，c 为声速。

7.4.2 等熵流动方程

基于上述方程，进一步推导理想气体定常等熵流动的基本方程。将方程 (7.78) 的第二式两边点乘 $\boldsymbol{v}$ 并将式 (7.79$'$) 代入后可得：

$$\boldsymbol{v} \cdot (\boldsymbol{v} \cdot \nabla) \boldsymbol{v} = -\frac{1}{\rho} (\boldsymbol{v} \cdot \nabla) p = -\frac{c^2}{\rho} (\boldsymbol{v} \cdot \nabla) \rho \tag{7.80}$$

根据场论的运算法则，该方程的左端项可以化为：

$$\boldsymbol{v} \cdot (\boldsymbol{v} \cdot \nabla) \boldsymbol{v} = \boldsymbol{v} \cdot \left[\nabla \left(\frac{v^2}{2} \right) - \boldsymbol{v} \times \boldsymbol{\omega} \right] = (\boldsymbol{v} \cdot \nabla) \left(\frac{v^2}{2} \right) \tag{A}$$

方程 (7.78) 的第一式为：

$$\nabla \cdot (\rho \boldsymbol{v}) = \rho \nabla \cdot \boldsymbol{v} + \nabla \rho \cdot \boldsymbol{v} = 0 \quad \Rightarrow \quad \boldsymbol{v} \cdot \nabla \rho = -\rho \nabla \cdot \boldsymbol{v}$$

将其代入方程 (7.80) 的右端得：

$$-\frac{c^2}{\rho} (\boldsymbol{v} \cdot \nabla) \rho = -\frac{c^2}{\rho} (-\rho \nabla \cdot \boldsymbol{v}) = c^2 \nabla \cdot \boldsymbol{v} \tag{B}$$

将式 (A) 和式 (B) 代入方程 (7.80)，可得第一个基本方程：

$$(\boldsymbol{v} \cdot \nabla) \left(\frac{v^2}{2} \right) = c^2 \nabla \cdot \boldsymbol{v} \tag{7.80$'$}$$

在直角坐标系下，$v^2 = v_x^2 + v_y^2 + v_z^2$，则方程 (7.80$'$) 可写成：

$$\left(1 - \frac{v_x^2}{c^2} \right) \frac{\partial v_x}{\partial x} + \left(1 - \frac{v_y^2}{c^2} \right) \frac{\partial v_y}{\partial y} - \frac{v_x v_y}{c^2} \left(\frac{\partial v_y}{\partial x} + \frac{\partial v_x}{\partial y} \right) = 0 \tag{7.81}$$

理想气体等熵定常流动的第二个基本方程, 可以通过能量方程 (7.79) 在量热完全气体的条件下推导得出:

$$c^2 = c_\infty^2 + \frac{\gamma - 1}{2} \left(v_\infty^2 - v^2 \right) \tag{7.82}$$

式中, 下标 ∞ 表示无穷远处的值。基于上述两个基本方程还无法独立解出速度矢量, 需要在特定条件下给出额外的关系式来联立求解, 下面将具体介绍。

7.4.3　无旋流动

下面介绍定常二维超声速流动的求解过程。首先, 对定常二维平面或轴对称超声速流场, 整理方程 (7.81) 后, 可得相应的控制方程为:

$$L_1 \equiv \left(v_x^2 - c^2 \right) \frac{\partial v_x}{\partial x} + 2 v_x v_y \frac{\partial v_x}{\partial y} + \left(v_y^2 - c^2 \right) \frac{\partial v_y}{\partial y} - \delta \frac{c^2 \partial v_y}{\partial y} = 0 \tag{7.83}$$

式中, 对于平面流动有 $\delta = 0$, 对于轴对称流动有 $\delta = 1$(此时坐标 y 对应柱坐标的 r)。根据无旋流动的条件有:

$$L_2 \equiv \frac{\partial v_x}{\partial y} - \frac{\partial v_y}{\partial x} = 0 \tag{7.84}$$

这样便给出了定常二维超声速无旋流动的控制方程组, 对应的求解量为 v_x 和 v_y。为了采用特征线法对该问题求解, 引入对应的全微分方程:

$$\mathrm{d}v_x = \frac{\partial v_x}{\partial x}\mathrm{d}x + \frac{\partial v_x}{\partial y}\mathrm{d}y, \quad \mathrm{d}v_y = \frac{\partial v_y}{\partial x}\mathrm{d}x + \frac{\partial v_y}{\partial y}\mathrm{d}y \tag{7.85}$$

联立上述方程可得:

$$\begin{cases} L_1 \equiv \left(v_x^2 - c^2 \right) \dfrac{\partial v_x}{\partial x} + 2 v_x v_y \dfrac{\partial v_x}{\partial y} + \left(v_y^2 - c^2 \right) \dfrac{\partial v_y}{\partial y} = \delta \dfrac{c^2 \partial v_y}{\partial y} \\[2mm] L_2 \equiv \dfrac{\partial v_x}{\partial y} - \dfrac{\partial v_y}{\partial x} = 0 \\[2mm] \mathrm{d}x \dfrac{\partial v_x}{\partial x} + \mathrm{d}y \dfrac{\partial v_x}{\partial y} = \mathrm{d}v_x \\[2mm] \mathrm{d}x \dfrac{\partial v_y}{\partial x} + \mathrm{d}y \dfrac{\partial v_y}{\partial y} = \mathrm{d}v_y \end{cases} \tag{7.86}$$

为了简化运算，先建立方程 L_1 和 L_2 的线性组合，即 $L = k_1 L_1 + k_2 L_2 = 0$，其中 k_1 和 k_2 为待定系数。展开后可得：

$$k_1 \left(v_x^2 - c^2 \right) \left[\frac{\partial v_x}{\partial x} + \frac{\left(2k_1 v_x v_y + k_2 \right)}{k_1 \left(v_x^2 - c^2 \right)} \frac{\partial v_x}{\partial y} \right] -$$

$$k_2 \left[\frac{\partial v_y}{\partial x} - \frac{k_1}{k_2} \left(v_y^2 - c^2 \right) \frac{\partial v_y}{\partial y} \right] - k_1 \delta \frac{c^2 v_y}{y} = 0 \qquad (7.87)$$

为了将上述方程简化为常微分方程，将方括号的项表示成全微分，令 $\lambda = \mathrm{d}y/\mathrm{d}x$，则：

$$\frac{\mathrm{d}v_x}{\mathrm{d}x} = \frac{\partial v_x}{\partial x} + \lambda \frac{\partial v_x}{\partial y} = \frac{\partial v_x}{\partial x} + \frac{\left(2k_1 v_x v_y + k_2 \right)}{k_1 \left(v_x^2 - c^2 \right)} \frac{\partial v_x}{\partial y}$$

$$\frac{\mathrm{d}v_y}{\mathrm{d}x} = \frac{\partial v_y}{\partial x} + \lambda \frac{\partial v_y}{\partial y} = \frac{\partial v_y}{\partial x} - \frac{k_1}{k_2} \left(v_y^2 - c^2 \right) \frac{\partial v_y}{\partial y}$$

因此，可以解得特征线方程为：

$$\lambda = \frac{\left(2k_1 v_x v_y + k_2 \right)}{k_1 \left(v_x^2 - c^2 \right)} \qquad (7.88)$$

和

$$\lambda = -\frac{k_1}{k_2} \left(v_y^2 - c^2 \right) \qquad (7.89)$$

而原方程转化为常微分方程后，对应的相容关系为：

$$k_1 \left(v_x^2 - c^2 \right) \mathrm{d}v_x - k_2 \mathrm{d}v_y - k_1 \delta \frac{c^2 v_y}{y} \mathrm{d}x = 0 \qquad (7.90)$$

接下来，进一步确定待定系数 k_1 和 k_2 的值，将特征线方程 (7.88) 和 (7.89) 分别整理成以 k_1 和 k_2 为自变量的方程组：

$$\begin{cases} \left[\left(v_x^2 - c^2 \right) \lambda - 2v_x v_y \right] k_1 - k_2 = 0 \\ \left(v_y^2 - c^2 \right) k_1 + \lambda k_2 = 0 \end{cases}$$

为使该方程组有非平凡解，即 k_1 和 k_2 不为 0 的解，要求系数行列式为 0，即：

$$\begin{vmatrix} \left(v_x^2 - c^2 \right) \lambda - 2v_x v_y & -1 \\ v_y^2 - c^2 & \lambda \end{vmatrix} = \left(v_x^2 - c^2 \right) \lambda^2 - 2v_x v_y \lambda + \left(v_y^2 - c^2 \right) = 0 \quad (7.91)$$

求解方程 (7.91) 可得：

$$\lambda_{\pm} = \left(\frac{\mathrm{d}y}{\mathrm{d}x}\right)_{\pm} = \frac{v_x v_y \pm c^2\sqrt{Ma^2-1}}{v_x^2 - c^2} \tag{7.92}$$

且

$$k_2 = k_1\left[\left(v_x^2 - c^2\right)\lambda - 2v_x v_y\right] \quad \text{或} \quad k_2 = -k_1\frac{v_y^2 - c^2}{\lambda}$$

式 (7.92) 中，下标 $\pm$ 分别表示第 I 族和第 II 族特征线；Ma 为 Mach 数。

由以上过程，可得不包含 k_1 和 k_2 的相容关系：

$$\left(v_x^2 - c^2\right)\mathrm{d}V_{x\pm} + \left[2v_x v_y - \left(v_x^2 - c^2\right)\lambda_{\pm}\right]\mathrm{d}v_{y\pm} - \delta\frac{c^2 v_y}{y}\mathrm{d}x_{\pm} = 0 \tag{7.93}$$

这里的下标 $\pm$ 与特征线方程 (7.92) 对应。需要指出的是，上述求解的特征线方程，同样可以采用 7.3.2 节给出的求解方程组系数矩阵的分母行列式为 0 的方法求得。此外，对于上述的特征线方程，若要求有不相等的实数解，则要求 $Ma > 1$，即这里介绍的特征线法适用于超声速流动。

7.4.4 有旋流动

对于等熵有旋流动，方程 (7.84) 不再适用，需要引入等熵流动的声速方程来建立定常二维等熵有旋流动的基本方程组。首先给出直角坐标系下定常二维流动的连续性方程和运动方程：

$$\rho\frac{\partial v_x}{\partial x} + \rho\frac{\partial v_y}{\partial y} + v_x\frac{\partial \rho}{\partial x} + v_y\frac{\partial \rho}{\partial y} + \delta\frac{\rho v_y}{y} = 0 \tag{7.94}$$

$$\rho v_x\frac{\partial v_x}{\partial x} + \rho v_y\frac{\partial v_x}{\partial y} + \frac{\partial p}{\partial x} = 0 \tag{7.95}$$

$$\rho v_x\frac{\partial v_y}{\partial x} + \rho v_y\frac{\partial v_y}{\partial y} + \frac{\partial p}{\partial y} = 0 \tag{7.96}$$

式中，对于平面流动有 $\delta = 0$，对于轴对称流动有 $\delta = 1$(此时坐标 y 对应柱坐标的 r)。由于密度 ρ 为变量，还需要引入等熵流动的声速方程使方程组封闭。对于等熵流动，沿流线的声速方程为式 (7.79′)，即：

$$\mathrm{d}p = c^2\mathrm{d}\rho \tag{7.97}$$

将 dp 和 dρ 写成全导数后代入式 (7.97)，经整理后得：

$$v_x \frac{\partial p}{\partial x} + v_y \frac{\partial p}{\partial y} - c^2 v_x \frac{\partial \rho}{\partial x} - c^2 v_y \frac{\partial \rho}{\partial y} = 0 \tag{7.98}$$

为了建立上述方程组的特征线方程和相容关系，与上节方法类似，将上述 4 个方程 (7.94)~(7.96)、(7.98) 进行线性组合，将组合后的方程整理后得：

$$
\begin{aligned}
&(k_1\rho + k_2\rho v_x) \left[\frac{\partial v_x}{\partial x} + \frac{k_2 v_y}{k_1 + k_2 v_x} \frac{\partial v_x}{\partial y} \right] + k_3 \rho v_x \left[\frac{\partial v_y}{\partial x} + \frac{k_1 + k_3 v_y}{k_3 v_x} \frac{\partial v_y}{\partial y} \right] + \\
&(k_2 + k_4 v_x) \left[\frac{\partial p}{\partial x} + \frac{k_3 + k_4 v_y}{k_2 + k_4 v_x} \frac{\partial p}{\partial y} \right] + \\
&(k_1 v_x - k_4 c^2 v_x) \left[\frac{\partial \rho}{\partial x} + \frac{k_1 v_y - k_4 c^2 v_y}{k_1 v_x - k_4 c^2 v_x} \frac{\partial \rho}{\partial y} \right] + \delta \frac{k_1 \rho v_y}{y} = 0
\end{aligned}
\tag{7.99}
$$

式中，$k_1 \sim k_4$ 为 4 个待定系数。为了将上述方程转化为全微分形式，即：

$$\rho (k_1 + k_2 v_x) \, \mathrm{d}v_x + k_3 \rho v_x \mathrm{d}v_y + (k_2 + k_4 v_x) \, \mathrm{d}p + v_x \left(k_1 - k_4 c^2 \right) \mathrm{d}\rho + \delta \frac{k_1 \rho v_y}{y} \mathrm{d}x = 0$$

要求特征线方程为：

$$\lambda = \frac{\mathrm{d}y}{\mathrm{d}x} = \frac{k_2 v_y}{k_1 + k_2 v_x} = \frac{k_1 + k_3 v_y}{k_3 v_x} = \frac{k_3 + k_4 v_y}{k_2 + k_4 v_x} = \frac{k_1 v_y - k_4 c^2 v_y}{k_1 v_x - k_4 c^2 v_x} \tag{7.100}$$

将上式表示成关于 $k_1 \sim k_4$ 的方程组，则：

$$
\begin{cases}
\lambda k_1 + (v_x \lambda - v_y) \, k_2 = 0 \\
-k_1 + (v_x \lambda - v_y) \, k_3 = 0 \\
\lambda k_2 - k_3 + (v_x \lambda - v_y) \, k_4 = 0 \\
(v_x \lambda - v_y) \, k_1 - c^2 (v_x \lambda - v_y) \, k_4 = 0
\end{cases}
$$

为了使上述方程组存在非平凡解，要求系数行列式为 0，令 $\Lambda = v_x \lambda - v_y$，则有：

$$\Lambda^2 \left[\Lambda^2 - c^2 \left(1 + \lambda^2 \right) \right] = 0 \tag{7.101}$$

求解上述代数方程，可得第一个解 $\Lambda = 0$ 以及第一条特征线 c_0：

$$\lambda_0 = \frac{\mathrm{d}y}{\mathrm{d}x} = \frac{v_y}{v_x} \tag{7.102}$$

该特征线为流线。因此，在二维有旋流中，流线是一条重要的特征线。

令方程 (7.101) 中方括号内的项为 0，可得到另外两条特征线 $c_\pm$，对应的方程为：

$$\left(v_x^2 - c^2\right) \lambda^2 - 2v_x v_y \lambda + \left(v_y^2 - c^2\right) = 0 \tag{7.103}$$

这与二维无旋流动的特征线方程 (7.91) 相同，因此，也只有在超声速流动时，存在不相同的实数特征值。

接着进一步确定 $k_1 \sim k_4$ 的值。对于特征线 c_0，根据式 (7.102)，上述方程组可以化简为 $k_1 = 0$，$k_3 = \lambda k_2$，而 k_2 和 k_4 可以任意取值，将其代入全微分关系式后可得：

$$k_2 \left(\rho v_x \mathrm{d}v_x + \rho v_y \mathrm{d}v_y + \mathrm{d}p\right) + k_4 \left(v_x \mathrm{d}p - c^2 v_x \mathrm{d}\rho\right) = 0$$

因为 k_2 和 k_4 可以任意取值，所以要求上述方程括号内的项为 0，即：

$$\rho v_x \mathrm{d}v_x + \rho v_y \mathrm{d}v_y + \mathrm{d}p = \rho v \mathrm{d}v + \mathrm{d}p = 0 \tag{7.104}$$

$$\mathrm{d}p - c^2 \mathrm{d}\rho = 0 \tag{7.105}$$

这就是沿特征线 c_0 (即流线) 的相容关系。对于特征线 $c_\pm$，可以按照相同的推导过程，得到其相容关系为：

$$\rho v_y \mathrm{d}v_x - \rho v_x \mathrm{d}v_y + \left[\lambda_\pm - \frac{v_x \left(v_x \lambda_\pm - v_y\right)}{c^2}\right] \mathrm{d}p - \delta \frac{\rho v_y}{y} \left(v_x \lambda_\pm - v_y\right) \mathrm{d}x = 0 \tag{7.106}$$

这样就得到了定常二维有旋超声速流动的特征线方程和相容关系，对上述常微分方程进行差分迭代求解，便可以最终得到流场的解。

7.5 激波与膨胀波

前面介绍的流场为连续流，即流动参数沿流线连续变化。除连续流外，在气体动力学中还存在间断流，即流动参数在流场中存在间断或跳跃并伴随着机械能的损失，流场中的激波就会造成这种间断流现象。

7.5.1 正激波

正激波是指气流方向与激波间断面垂直的激波,这类激波可以在管道内部观察到,一般激波的中间段也可视为正激波。

可以通过如下实验来说明正激波的形成[2]。假设管道内的活塞从静止突然从左向右做加速运动,在很短时间内,活塞达到较大的速度 v,然后维持这个速度 v 做匀速运动,可以用 n 次相同时间间隔的微小加速来近似活塞的一次突然加速。在活塞做第一次微小加速时,活塞的速度由 0 变为 dv,这相当于对活塞右侧初始静止的气体产生一次微扰动,紧靠活塞的气体压力也增加了 dp,这一微弱扰动的压力增量以声速 c_1 向右传播。紧接着,活塞做第二次微小加速,活塞的速度又增加了 dv,运动速度达到 $2dv$,在第一次微弱扰动的基础上又产生了一个新的扰动压力增量 dp,使相对于静止气体的总压力为 $2dp$,扰动压力以 $c_2 + dv$ 的速度向右传播。以此类推,到第 n 次微小扰动时,活塞的速度将达到 $ndv = v$,扰动所产生的压力增量为 ndp,扰动压力波向右传播的速度将达到 $c_n + (n-1)dv$。由于后面的微扰动都是在前面微扰动的基础上进行的,所以后面微扰动的传播速度应大于前面微扰动的传播速度,即 $c_n > c_{n-1} > \cdots > c_2 > c_1$。于是,后面的微扰动压力波,经过一段时间必然会赶上初始的微扰动压力波,从而产生压力波的叠加,叠加后的扰动压力波最终形成一个垂直管道截面的压力波面,在波面处,气体的参数会发生突跃的变化,这就是正激波。需要指出的是,在活塞左侧也会形成向左传播的膨胀波,但膨胀波不会叠加形成激波。

爆轰波又称爆震波,若在激波后出现强烈的燃烧过程,燃料和空气在短时间内完成化学反应后放出的热量,会使激波后气体的温度大幅度升高。由于化学反应发生在流场的局部区域且时间短,爆轰波由一个绝热正激波和燃烧区组成,气体压力和密度在爆轰波后会大幅度上升,而气流的速度则大幅度下降。

除激波外,接触面是气体动力学中的另一种间断面。在接触面处,热力学参数会出现跳跃,接触面的两侧可以为同种气体,也可以是不同的气体。与激波不同的是,在接触面上没有气体通过,即接触面与其两侧的气体一起运动,因此接触面两侧的气体速度和压力相同。接触面的形成,可能由隔开两侧气体的薄膜破裂所致，也可能由两个激波相交所致。

7.5.2 一维定常正激波

一般而言，激波是一种非定常的三维流动结构。为了方便说明问题，这里先介绍简单形式的激波，即一维定常正激波。

由于激波是间断面，为了求解激波前后流动参数的变化，可以采用积分形式的基本方程来建立激波前后的参数关系。图 7.3 给出了一维正激波前后的参数示意图。根据式 (7.47)，流场的连续性方程为：

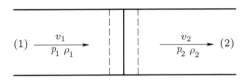

图 7.3 一维正激波前后流动示意图

$$\rho_1 v_1 = \rho_2 v_2 = \frac{m}{A} = m_A \tag{7.107}$$

动量方程为：

$$p_1 + \rho_1 v_1^2 = p_2 + \rho_2 v_2^2 \tag{7.108}$$

在无热量加入的情况下，由式 (7.54)，可得能量方程为：

$$h_1 + \frac{v_1^2}{2} = h_2 + \frac{v_2^2}{2} \tag{7.109}$$

联立式 (7.107) 和式 (7.108)，可得：

$$p_2 - p_1 = m_A \left(v_1 - v_2 \right) = m_A^2 \left(\frac{1}{\rho_1} - \frac{1}{\rho_2} \right) = m_A^2 \left(V_1 - V_2 \right) \tag{7.110}$$

式中，V_1 和 V_2 为比容，将能量方程 (7.109) 用比容表示为：

$$h_1 + \frac{m_A^2 V_1^2}{2} = h_2 + \frac{m_A^2 V_2^2}{2} \tag{7.111}$$

联立式 (7.110) 和式 (7.111)，可得：

$$h_1 - h_2 + \frac{1}{2} \left(\frac{1}{\rho_1} + \frac{1}{\rho_2} \right) \left(p_2 - p_1 \right) = 0 \tag{7.112}$$

式 (7.110) 和式 (7.112) 给出了激波前后压力以及热力学参数的关系式。

对于量热完全气体,进一步将其状态方程代入上述关系式,从而得到正激波前后速度及相关状态的关系式。将量热完全气体状态方程 (7.37) 代入式 (7.112) 可得:

$$\frac{p_2}{p_1} = \frac{\dfrac{\gamma+1}{\gamma-1}\dfrac{\rho_2}{\rho_1} - 1}{\dfrac{\gamma+1}{\gamma-1} - \dfrac{\rho_2}{\rho_1}}, \quad \frac{\rho_2}{\rho_1} = \frac{\dfrac{\gamma+1}{\gamma-1}\dfrac{p_2}{p_1} + 1}{\dfrac{\gamma+1}{\gamma-1} + \dfrac{p_2}{p_1}} \tag{7.113}$$

该式称为 Rankine-Hugoniot (R-H,兰金–于戈尼奥) 关系。对量热完全气体,其动量方程可以改写为:

$$v_2 - v_1 = \frac{p_1}{m_A} - \frac{p_2}{m_A} = \frac{p_1}{\rho_1 v_1} - \frac{p_2}{\rho_2 v_2} = \frac{c_1^2}{\gamma v_1} - \frac{c_2^2}{\gamma v_2} \tag{7.114}$$

将式 (7.65) 代入上式可得:

$$(v_2 - v_1)\left(1 - \frac{\gamma-1}{2\gamma}\right) = \frac{\gamma+1}{2\gamma}c^{*2}\frac{v_2 - v_1}{v_2 v_1}$$

考虑激波前后 $v_2 \neq v_1$,则上式简化后可得:

$$v_2 v_1 = c^{*2} \tag{7.115}$$

这一关系式也称为 Prandtl 公式。因此,对于定常正激波,其波前为超声速流动,波后为亚声速流动。基于上式,还可以推导得到激波前后的温度变化关系式、Mach 数变化关系式和总压或熵增关系式。在实际应用中,这些关系式均可通过查询相应图表得到。

7.5.3 平面斜激波

斜激波是指激波面与流动方向倾斜的激波,在一些情况下,可以将其简化为平面激波。如图 7.4 所示,当超声速气流绕过楔形体时,便会在楔形体尖端两侧形成附体斜激波。如图 7.5 所示,当超声速气流绕过钝头体时,超声速气流会在钝头体前端形成一道脱体的曲面激波,而曲面激波可以认为是由无数微小的平面斜激波组合而成的。

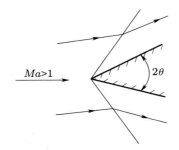

图 7.4 绕楔形体流动的斜激波

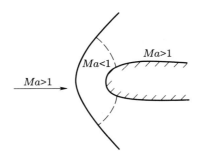

图 7.5 绕钝头体流动的曲面激波

与正激波相比,斜激波的波阵面不再与来流速度垂直。但是,若对来流速度进行正交分解,可以得到垂直于波阵面的法向分量和平行于波阵面的切向分量,进而可以建立平面斜激波与正激波的关系。以图 7.6 所示的斜激波为例,沿其法向建立对应的连续性方程、运动方程和能量方程:

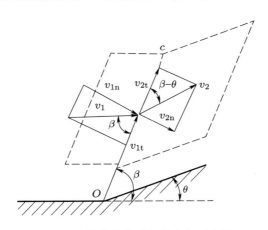

图 7.6 斜激波前后气体速度示意图

$$\rho_1 v_{1n} = \rho_2 v_{2n}, \quad \rho_1 v_{1n}^2 + p_1 = \rho_2 v_{2n}^2 + p_2, \quad h_1 + \frac{v_1^2}{2} = h_2 + \frac{v_2^2}{2} \tag{7.116}$$

同时给出沿切向的运动方程:

$$(\rho_1 v_{1n}) v_{1t} = (\rho_2 v_{2n}) v_{2t} \tag{7.117}$$

联立式 (7.116) 的第一式和式 (7.117) 后,可得:

$$v_{1t} = v_{2t} \tag{7.118}$$

由于 $v^2 = v_n^2 + v_t^2$,将式 (7.118) 代入式 (7.116) 的第三式后,可得:

$$h_1 + \frac{v_{1n}^2}{2} = h_2 + \frac{v_{2n}^2}{2} \tag{7.119}$$

由上述方程可知,斜激波前后气体速度法向分量的连续性方程、运动方程和能量方程与正激波情形的对应方程相同。因此,可以认为斜激波是由正激波与一个具有切向流速的均匀气流组合而成的。基于上述方程,可以进一步推导斜激波前后相关参数的基本关系式。

7.5.4 膨胀波

在超声速流场中,气体的扰动也可能以等熵连续波的形式传播出去,这便是膨胀波。图 7.7 是最简单的膨胀波形式,即 Prandtl-Meyer 膨胀波。设超声速来流以 Mach 数 Ma_1 沿图中折角 AOB 运动,气流先沿 AO 壁面流动,接着经折角点 O 后膨胀加速,经过一段加速转向,在 L_1OL_2 区域中,经历一系列的 Mach 波后最终沿 OB 壁面流动,此时 Mach 数为 Ma_2,发生的偏转角为 θ。针对上述过程,建立如图 7.8 所示的单元并建立其对应的几何关系。由三角关系可得:

$$\frac{v + \mathrm{d}v}{v} = \frac{\sin\left(\dfrac{\pi}{2} + \mu\right)}{\sin\left(\dfrac{\pi}{2} - \mu - \mathrm{d}\theta\right)} = \frac{\cos\mu}{\cos\mu\cos\mathrm{d}\theta - \sin\mu\sin\mathrm{d}\theta} \tag{7.120}$$

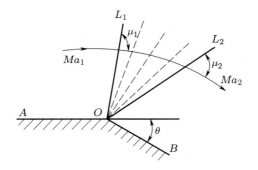

图 7.7 Prandtl-Meyer 膨胀波

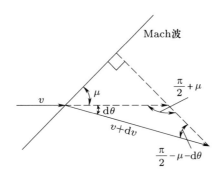

图 7.8 Mach 波前后的速度关系

式中，Mach 角满足 $\sin\mu = 1/Ma$，考虑到 $\mathrm{d}\theta$ 为小量，则 $\sin\theta \approx \theta$，$\cos\theta \approx 1$，式 (7.120) 可以近似为：

$$\mathrm{d}\theta = \sqrt{Ma^2 - 1}\frac{\mathrm{d}v}{v} \tag{7.121}$$

式 (7.121) 给出了 Prandtl-Meyer 膨胀波流场的微分方程，若再利用量热完全气体的等熵关系式并对式 (7.121) 积分，就可得到膨胀波前后气流 Mach 数和折角 θ 的关系式。

7.6 一维非定常可压缩流动

一维非定常可压缩流动普遍存在，例如爆炸波、爆轰波以及激波管内的流动。虽然一维流动是一个简单的模型，但通过一维流动，可以了解非定常可压缩流动的一些基本特性。

7.6.1 等熵和均熵流动基本方程

由 7.4.4 节可知，等熵流动的控制方程组包括连续性方程、运动方程和声速方程。接下来推导一维非定常等熵流动的基本方程。

连续性方程和运动方程在一维情况下为：

$$\frac{\partial \rho}{\partial t} + v\frac{\partial \rho}{\partial x} + \rho\frac{\partial v}{\partial x} = 0 \tag{7.122}$$

$$\rho\frac{\partial v}{\partial t} + \rho v\frac{\partial v}{\partial x} + \frac{\partial p}{\partial x} = 0 \tag{7.123}$$

对于等熵流动，在声速方程 (7.98) 的基础上推导可得：

$$\frac{\partial p}{\partial t} + v\frac{\partial p}{\partial x} - c^2\left(\frac{\partial \rho}{\partial t} + v\frac{\partial \rho}{\partial x}\right) = 0 \tag{7.124}$$

基于上述 3 个方程，可以对 v、p 和 ρ 进行求解。若需要计算熵值 s，需要再加一个等熵流动条件：

$$\frac{\mathrm{d}s}{\mathrm{d}t} = \frac{\partial s}{\partial t} + v\frac{\partial s}{\partial x} = 0 \tag{7.125}$$

若为均熵流动，即熵 s 为常数，且压力和密度互为单值函数，即 $\rho = \rho(p)$，根据式 (7.122) 和式 (7.124)，可得：

$$\frac{\partial p}{\partial t} + v\frac{\partial p}{\partial x} + \rho c^2\frac{\partial v}{\partial x} = 0 \tag{7.126}$$

联立求解方程 (7.123) 和 (7.126)，采用 7.4.3 节和 7.4.4 节中的特征线法，可以得到一维均熵流动的解，相应的熵方程则为：

$$\frac{\partial s}{\partial t} = \frac{\partial s}{\partial x} = 0 \tag{7.127}$$

7.6.2 准一维等熵流动基本方程

与以上一维流动不同的是，在准一维流动中，通道的横截面 $A = A(x)$ 沿流动方向 x 有缓慢的变化，而且通道中心线的曲率半径远大于横截面的特征尺度。基于质量守恒定律，积分形式的连续性方程 (7.30) 可以化为：

$$\frac{\mathrm{d}}{\mathrm{d}t}\iiint_V \rho\mathrm{d}V = \iiint_V \frac{\partial \rho}{\partial t}\mathrm{d}V + \iiint_V \boldsymbol{v}\cdot\nabla\rho\mathrm{d}V = \iiint_V \frac{\partial \rho}{\partial t}\mathrm{d}V + \oiint_A \rho\boldsymbol{v}\cdot\boldsymbol{n}\mathrm{d}A = 0 \tag{7.128}$$

上式的第二个等号用到了体积分与面积分转换的奥-高公式 (1.33)。

在通道中取一控制单元, 该单元沿流动方向的长度为 $\mathrm{d}x$, 面积由 A 变成 $A + \mathrm{d}A$, 则方程 (7.128) 可以写成:

$$\frac{\partial \rho}{\partial t} A \mathrm{d}x + \left[\rho v A + \frac{\partial}{\partial x}(\rho v A)\mathrm{d}x \right] - \rho v A = 0 \tag{7.129}$$

经化简后得:

$$\frac{\partial \rho}{\partial t} + v\frac{\partial \rho}{\partial x} + \rho\frac{\partial v}{\partial x} + \rho v \frac{\mathrm{d}A}{A\mathrm{d}x} = 0 \tag{7.130}$$

可见, 上式与一维非定常等熵流动的连续性方程相比, 多了左边最后一项。

根据动量守恒定律, 在方程 (7.31) 的基础上忽略体积力, 应用奥-高公式 (1.33) 后可得:

$$\iiint_V \frac{\partial(\rho v)}{\partial t}\mathrm{d}V + \oiint_S \rho v \boldsymbol{v} \cdot \boldsymbol{n}\mathrm{d}S + \oiint_S p\boldsymbol{n}\mathrm{d}S = 0 \tag{7.131}$$

对通道中的控制单元, 式 (7.131) 可写成:

$$\frac{\partial(\rho v)}{\partial t} A\mathrm{d}x + \frac{\partial}{\partial x}(\rho v^2 A)\mathrm{d}x + \frac{\partial}{\partial x}(pA)\mathrm{d}x = 0 \tag{7.132}$$

经化简后得:

$$\rho\frac{\partial v}{\partial t} + \rho v\frac{\partial v}{\partial x} + \frac{\partial p}{\partial x} + v\left(\frac{\partial \rho}{\partial t} + v\frac{\partial \rho}{\partial x} + \rho\frac{\partial v}{\partial x} + \rho v\frac{\mathrm{d}A}{A\mathrm{d}x} \right) = 0 \tag{7.133}$$

由方程 (7.130) 可知, 方程 (7.133) 方括号内的项为 0, 于是, 准一维等熵流动的运动方程与一维等熵流动的运动方程 (7.123) 相同。

对于等熵流动, 用声速方程 (7.79′) 代替能量方程, 于是方程 (7.130)、(7.133)、(7.79′) 就构成了准一维等熵流动的基本方程。

7.6.3 广义一维非定常流动基本方程

广义一维非定常流动是考虑一维通道摩擦效应、外部加热和添质效应时的不等熵流动。

在通道中取一控制单元, 由于有添质效应, 所以基于质量守恒定律, 在方程 (7.122) 中要加上添质项:

$$\frac{\partial \rho}{\partial t} + v\frac{\partial \rho}{\partial x} + \rho\frac{\partial v}{\partial x} = \frac{1}{A}\frac{\mathrm{d}m}{\mathrm{d}x} \tag{7.134}$$

式中，A 是通道的截面积，$\mathrm{d}m$ 是添加的质量。

摩擦和添质效应会影响控制单元的动量守恒。关于摩擦效应，设壁面剪应力为 τ_w，摩擦系数为 $f = 2\tau_\mathrm{w}/(\rho v^2)$，通道横截面周长 (湿周) 的平均值为 $L_\mathrm{c} = 4A/D = bA/r_\mathrm{w}$(其中 D 是水力学直径；b 是截面形状因子；r_w 是截面线的特征尺度)，则控制单元内气体受到的摩擦力在 x 方向上的分量为：

$$\delta F_{\mathrm{f}x} = -\frac{1}{2}\rho v^2 f L_\mathrm{c}\mathrm{d}x = -\frac{1}{2}\rho v^2 f\frac{4A}{D}\mathrm{d}x = -\frac{\rho v^2 bfA}{2r_\mathrm{w}}\mathrm{d}x \tag{7.135}$$

设添质流速为 v_i，其在 x 方向的分量为 $v_{\mathrm{i}x}$，则由添质引起的控制单元内气体的动量变化率为 $\mathrm{d}m_\mathrm{i}v_{\mathrm{i}x}$。定义 $v^* = v_{\mathrm{i}x}/v_\mathrm{i}$，添质流速的方向若与主流 x 方向垂直，则 $v^* = 0$；若与主流 x 方向平行，则 $v^* = 1$。于是，由添质所导致的控制单元内气体动量变化率为：

$$\mathrm{d}m_\mathrm{i}v_{\mathrm{i}x} = \rho v^2\left(\frac{v_{\mathrm{i}x}}{\rho v^2}\frac{\mathrm{d}m_\mathrm{i}}{\mathrm{d}x}\right)\mathrm{d}x = \rho v^2\left(\frac{v^*}{\rho vA}\frac{\mathrm{d}m_\mathrm{i}}{\mathrm{d}x}\right)A\mathrm{d}x = \rho v^2\left(v^*\frac{\mathrm{d}m_\mathrm{i}}{m\mathrm{d}x}\right)A\mathrm{d}x$$
$$\tag{7.136}$$

式中，m 是控制单元内的气体质量。

在一维非定常等熵流动运动方程 (7.123) 的右端，加上摩擦效应和添质效应后，可得：

$$\rho\frac{\partial v}{\partial t} + \rho v\frac{\partial v}{\partial x} + \frac{\partial p}{\partial x} = \frac{\delta F_{\mathrm{f}x}}{A\mathrm{d}x} + \frac{\mathrm{d}m_\mathrm{i}v_{\mathrm{i}x}}{A\mathrm{d}x} = \rho v^2\left(v^*\frac{\mathrm{d}m_\mathrm{i}}{m\mathrm{d}x} - \frac{bf}{2r_\mathrm{w}}\right) \tag{7.137}$$

这就是广义一维非定常流动的运动方程。

外部加热和添质效应对控制单元的能量方程有影响。在忽略体积力的情况下，积分形式的能量方程 (7.32) 可以写成：

$$\frac{\mathrm{d}}{\mathrm{d}t}\iiint_V \rho\left(e + \frac{v^2}{2}\right)\mathrm{d}V = -\oiint_S p\boldsymbol{n}\cdot\boldsymbol{v}\mathrm{d}S + \iiint_V \rho\dot{q}\mathrm{d}V \tag{7.138}$$

应用奥–高公式 (1.33)，可将上式化为：

$$\iiint_V \frac{\partial}{\partial t}\left[\rho\left(e + \frac{v^2}{2}\right)\right]\mathrm{d}V + \oiint_S \rho\left(e + \frac{v^2}{2}\right)\boldsymbol{v}\cdot\boldsymbol{n}\mathrm{d}S + \oiint_S p\boldsymbol{v}\cdot\boldsymbol{n}\mathrm{d}S = \iiint_V \rho\dot{q}\mathrm{d}V$$
$$\tag{7.139}$$

令 e_i、v_i^2、p_i/ρ_i 为单位质量添质流体的内能、动能和压力功，将方程 (7.139) 用于控制单元 (将 S 面积用 A 表示) 后，可得：

$$\frac{\partial}{\partial t}\left[\rho\left(e+\frac{v^2}{2}\right)\right]A\mathrm{d}x + \frac{\partial}{\partial x}\left[\rho vA\left(e+\frac{v^2}{2}\right)\right]\mathrm{d}x +$$

$$\frac{\partial}{\partial x}(pvA)\mathrm{d}x - \left(e_i+\frac{v_i^2}{2}+\frac{p_i}{\rho_i}\right)\mathrm{d}m_i = \dot{q} \tag{7.140}$$

式中，左端第一项为控制单元内气体的内能和动能随时间的变化率；第二项为由截面 A 流入控制单元的内能和动能与由截面 $A+\mathrm{d}A$ 流出控制单元的内能和动能之差引起的变化率；第三项是压力功的变化率；第四项是由添质引起的内能、动能和压力做功的增加率；式的右端为加热率。

7.6.4 一维运动激波

激波是一种非定常的流动结构，以下介绍最简单的非定常激波，即一维运动激波。为了建立一维运动激波前后参数的基本关系式，可以通过坐标系转换的办法，将一维运动激波与一维定常激波联系起来。

设气体进入激波面的一侧为波前，气体离开激波面的一侧为波后，波前和波后的气体速度分别为 v_1 和 v_2，一维运动激波相对于波前气体以速度 v_s 运动。如图 7.9 所示，分别建立固定坐标系和激波坐标系，在激波坐标系下，波前和波后的气体速度为：

$$v^{(1)} = v_s, \quad v^{(2)} = v_s \pm (v_1 - v_2) \tag{7.141}$$

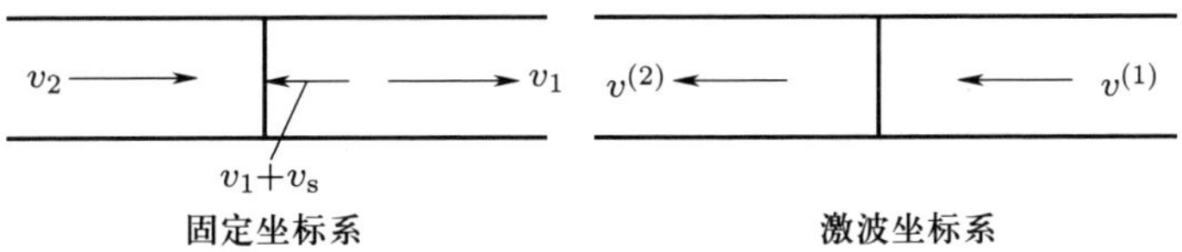

图 7.9 右行的一维运动激波

定义激波 Mach 数为：

$$Ma_s = \frac{v_s}{c_1} \tag{7.142}$$

式中，c_1 是波前的声速，在激波坐标系中，式 (7.107) 和式 (7.110) 分别成为：

$$\rho_1 v^{(1)} = \rho_2 v^{(2)} = m_s \tag{7.143}$$

$$p_2 - p_1 = m_s \left(v^{(1)} - v^{(2)} \right) = m_s^2 \left(\frac{1}{\rho_1} - \frac{1}{\rho_2} \right) \tag{7.144}$$

在激波坐标系下，激波位置不发生改变，基于这样的坐标变换对热力学参数没有影响。因此，可以在激波坐标系下，采用 7.5.2 节中关于一维定常正激波的基本关系式，通过式 (7.141) 的坐标转换，推导得到以下一维运动激波的基本关系式：

$$\frac{p_2}{p_1} = 1 + \frac{2\gamma}{\gamma + 1}(Ma_s^2 - 1), \quad \frac{\rho_2}{\rho_1} = \frac{Ma_s^2}{1 + \frac{\gamma - 1}{\gamma + 1}(Ma_s^2 - 1)} \tag{7.145}$$

$$\frac{T_2}{T_1} = \left(\frac{c_2}{c_1} \right)^2 = \frac{\left(\frac{2\gamma}{\gamma + 1} Ma_s^2 - \frac{\gamma - 1}{\gamma + 1} \right) \left(1 + \frac{\gamma - 1}{2} Ma_s^2 \right)}{\frac{\gamma + 1}{2} Ma_s^2} \tag{7.146}$$

$$\frac{s_2 - s_1}{R} = \ln \left\{ \left[1 + \frac{2\gamma}{\gamma + 1}(Ma_s^2 - 1) \right]^{\frac{1}{\gamma - 1}} \left[\frac{(\gamma + 1)Ma_s^2}{(\gamma - 1)Ma_s^2 + 2} \right]^{-\frac{\gamma}{\gamma + 1}} \right\} \tag{7.147}$$

基于质量守恒：

$$\rho_1 v_s = \rho_2 [v_s \pm (v_1 - v_2)] \tag{7.148}$$

对右行和左行激波分别有：

$$\frac{v_2 - v_1}{c_1} = \pm \left[\frac{v_s / c_1}{\rho_2 / \rho_1} - \frac{v_s}{c_1} \right] = \pm \frac{2}{\gamma + 1} \left(Ma_s - \frac{1}{Ma_s} \right) \tag{7.149}$$

激波相对于波前和波后气体的传播速度为：

$$v^{(1)2} = \frac{1}{2\rho_1} \left[(\gamma - 1)p_1 + (\gamma + 1)p_2 \right] \tag{7.150}$$

$$v^{(2)2} = \frac{1}{2\rho_1} \frac{[(\gamma + 1)p_1 + (\gamma - 1)p_2]^2}{(\gamma - 1)p_1 + (\gamma + 1)p_2} \tag{7.151}$$

思考题与习题

7.1 试推导柱坐标系下的气体动力学基本方程组。

7.2 试推导球坐标系下的气体动力学基本方程组。

7.3 试推导守恒型的运动微分方程。

7.4 声波在气体中的速度为 $c = \sqrt{\partial p / \partial \rho}$，若气体为量热完全气体，请给出气体单位质量内能和焓关于声速 c 和比热比 γ 的关系式。

7.5 飞机在 5 km 高空以 600 km/h 的速度匀速飞行，求机上总压管和总温计的读数。

7.6 试用一维定常理论分析气体流过图 T7.6 中管道的各种可能情况 ($A_1 = A_2$)。

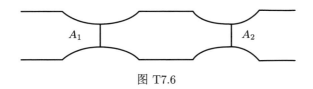

图 T7.6

7.7 试用 Maxwell 关系式，证明热完全气体内能只是温度的函数，与体积无关。van der Waals（范德瓦耳斯）气体的内能随体积增大而增大，van der Waals 气体方程为：

$$P = \frac{RT}{V-b} - \frac{a}{V^2}$$

式中，V 为比容，a 和 b 可视为常数，针对不同气体而取值不同。

7.8 设定常二维流动，流体质点速度满足如下方程：

$$yv\frac{\partial v}{\partial x} + xv\frac{\partial v}{\partial y} + xy = 0$$

边界条件为 $v(x,0) = x^3 - 54$，试用特征线法，求最初位于点 $(4,0)$ 的流体质点到达 $x = 10$ 处的 y 坐标和速度。

7.9 设有一等截面长管，右端封闭，有活塞向左运动，在封闭段气体压力为 $1.013\,25 \times 10^5$ Pa，温度为 288 K，活塞向左运动速度为 200 m/s 并产生膨胀波。试用四条波线表示，求活塞右边区域各点不同时刻的压力、温度和质点速度。

7.10 试推导一维非定常等熵流动基本方程组的特征线方程和相容关系。

7.11 基于图 7.6，试推导斜激波前后密度比、压力比、温度比、速度比和熵增值与 $Ma_1 \sin\beta$ 的关系式。

7.12 试推导 Prandtl-Meyer 膨胀波的流线方程。

7.13 如果通过正激波时密度增加了 1 倍，试求来流速度和压强跳跃的百分数，设来流声速为 340 m/s。

7.14 基于式 (7.141)，将 7.5.2 节中关于一维定常正激波的基本关系式推广到一维运动激波的基本关系式。

7.15 基于 7.3.4 节的内容，写出关于一阶拟线性方法特征线法的伪代码 (伪代码即介于自然语言和计算机程序语言之间的算法表示方式)。

7.16 完全气体做定常绝热流动，已知一条流线上两点静压相同，但总压不同，试证明两点速度关系为：

$$\frac{v_2^2}{v_1^2} = 1 - \frac{\left(\dfrac{p_{01}}{p_{02}}\right)^{\frac{\gamma-1}{\gamma}} - 1}{\dfrac{\gamma-1}{2}Ma_1^2}$$

7.17 空气流过一喷管，在扩散段某处产生一道正激波，已知喉部截面积为 0.1 m²，激波所在处截面积为 0.2 m²，出口截面积为 0.25 m²，上游总压为 10atm(1atm=101 325 Pa)，总温为 500 K，试求激波后以及出口截面处的 Ma，静压和总压，并求质量通量。

7.18 小扰动在静止无黏可压缩流体中传播，原静止流体压强为 p_0，密度为 ρ_0，扰动压强为 p'，扰动密度为 ρ'，扰动速度为 v'，试求小扰动满足的微分方程，并证明扰动速度场无旋。

7.19 活塞以 $v_p = 400$ m/s 速度向右推进，如图 T7.19 所示，直管右端通大气，大气温度为 $T_a = 288$ K，试求正激波相对于管壁和相对于活塞的推进速度。

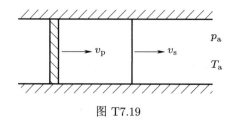

图 T7.19

7.20 有一均匀来流，如图 T7.20 所示，压强为 0.7×10^5 Pa，$Ma = 2$，绕凹角流动，$\theta = 10°$，试计算激波后的压强、Ma 和熵的变化。

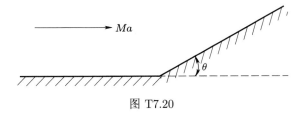

图 T7.20

参考文献

[1] 童秉纲, 孔祥言, 邓国华. 气体动力学[M]. 2 版. 北京: 高等教育出版社, 2012.

[2] 林建忠, 阮晓东, 陈邦国, 等. 流体力学[M]. 2 版. 北京: 清华大学出版社, 2013.

第 8 章　涡 动 力 学

涡旋是一种常见的流场结构，自然界中的龙卷风、海豚嘴里吐出的水圈、原子弹爆炸产生的蘑菇云等都是涡旋的表现形式。涡旋被认为是流体运动的肌腱，可见其在流动过程中的作用。

8.1　基本概念与方程

首先介绍与涡旋有关的基本概念和方程。

8.1.1　涡的形成与类型

很多因素可能导致流场中涡的形成，例如流体流过固体壁面时，流场剪切形成的涡逐渐离开壁面，近壁的高涡量也扩展到外部；雨滴下落时，雨滴表面上的剪切导致水移动而形成涡环；流体绕一个无限长圆柱的流动有些像绕圆球形成的涡环，但取代涡环的是一个涡对，其轴平行于圆柱。

二维涡是在一些特殊情况下的近似，实际中，大多数情形如飞机、轮船、大坝、螺旋桨桨叶后面的涡都具有三维性，三维涡的类型包括以下几种。

1. 翼梢涡

飞机在飞行中，机翼上下表面存在压力差，机翼下表面的气流会带动翼尖周围的空气流向上表面，从而形成翼梢涡。翼梢涡会改变流向机翼的气流方向，产生不利的诱导阻力。如图 8.1 所示，翼梢涡可在零攻角的矩形平板边缘出现，此时涡旋不稳定并以前缘的复杂涡和短暂生存的马蹄涡形式存在。三角翼上形成的翼梢涡通常是稳定的，因为轴向翼梢涡的扩展和机翼区域增加两者之间存在圆锥相似性，这些翼梢涡在跨声速和超声速流中具有稳定飞机的作用。若平板区域和来流夹角小于 35°，翼梢涡还可达到如图 8.1 所示的稳定态，此时流线位于如图 8.2 所示的涡层中。

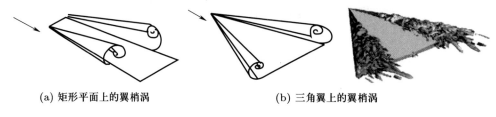

(a) 矩形平面上的翼梢涡   (b) 三角翼上的翼梢涡

图 8.1   矩形平面和三角翼上的翼梢涡

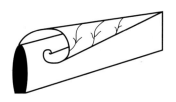

图 8.2   流线位于涡层中

如图 8.3 所示，翼梢小翼可阻挡机翼下表面气流向上表面绕流，削弱翼梢涡的强度，降低诱导阻力，减弱飞机尾迹涡强度，提高飞行安全性和起落性能，缩短起飞着陆间隔，提高机场的使用率，缓解地面噪声。

强翼梢涡   弱翼梢涡

图 8.3   翼梢小翼与翼梢涡

2. 螺旋涡

螺旋涡 (spiral vortex 或 helical vortex) 是具有轴向速度分量的涡，也称螺旋流动。螺旋涡在日常生活中很常见，龙卷风是一典型的例子，浴缸下水的涡、螺旋桨以及潜水艇运动时造成的涡 (图 8.4) 都是螺旋涡。管道中的流动也很容易产生这样的螺旋涡 (图 8.5)。

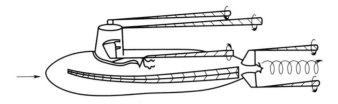

图 8.4　潜水艇运动时造成的涡

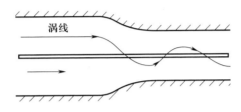

图 8.5　管道中的螺旋涡

3. 自由涡环

在一个被平行流包围的有限封闭流线区域内，涡环是最简单的运动。特殊的例子包括流体绕球和绕圆盘的流动、圆射流以及 3.3.3 节中的 Benard 涡胞。涡环在运动过程中随时间变化，通过边界不断地从流场中获得能量和涡度。自然界中有很多生物游动或飞行产生涡环的例子，如乌贼鱼射流推进、翱翔的鸟和飞行的昆虫等。如图 8.6 所示，涡环也可在火山爆发的汽、灰和热气中形成，涡环中的空气温度比周围空气的温度高而持续上升。当水从圆管中喷出时，若在喷口的边缘加入染料，可以看到涡环起始于喷口上形成的边界层，该层从喷口边缘分离，以一涡层形式卷成涡环 (图 8.7)。当直升机以小速度尤其是特别

图 8.6　火山爆发形成的涡环

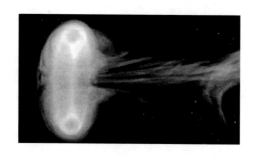

图 8.7 圆管喷流形成的涡环

小的速度垂直下降时，若旋翼诱导的速度与来流速度的大小相当、方向相反，下方的来流会绕过桨盘，在上方重新被旋翼吸入，从而形成环状气团，该气团会导致直升机抖动、摇晃，严重时会使直升机操纵失控而坠落。

8.1.2 涡量场

对于已知速度分布的流场，可以直接得到涡量场：

$$\boldsymbol{\omega} = \nabla \times \boldsymbol{v} \tag{8.1}$$

与速度场一样，涡量场也是一个矢量场，可以表示成时间和空间的函数，即 $\boldsymbol{\omega} = \boldsymbol{\omega}(x, y, z, t)$。基于已有的流体力学知识，可以得到关于涡量场的特性和演变规律。

根据 Helmholtz 速度分解定理，流场中任意点的速度 $\boldsymbol{v}$ 可以表示成其邻近 P 点速度 $\boldsymbol{v}_P$ 的 Taylor 级数展开：

$$\boldsymbol{v} = \boldsymbol{v}_P + \delta\boldsymbol{r} \cdot \nabla\boldsymbol{v}$$

由张量分解定理，二阶张量 $\nabla\boldsymbol{v}$ 可分解为对称张量 $\boldsymbol{S}$ 和反对称张量 $\boldsymbol{\Omega}$ 之和 [1]：

$$\boldsymbol{v} = \boldsymbol{v}_P + \delta\boldsymbol{r} \cdot \nabla\boldsymbol{v} = \boldsymbol{v}_P + \delta\boldsymbol{r} \cdot \boldsymbol{S} + \delta\boldsymbol{r} \cdot \boldsymbol{\Omega}$$

式中，$\boldsymbol{S}$ 和 $\boldsymbol{\Omega}$ 的张量形式为：

$$S_{ij} = \frac{1}{2}\left(\frac{\partial v_i}{\partial x_j} + \frac{\partial v_j}{\partial x_i}\right), \quad \Omega_{ij} = -\frac{1}{2}\left(\frac{\partial v_i}{\partial x_j} - \frac{\partial v_j}{\partial x_i}\right)$$

对于 S_{ij}，当 $i = j$ 时，其为三个正应变率之和，表示流体的体积应变率，也称为胀量：

$$S_{ii} = \nabla \cdot \boldsymbol{v} = \Theta \tag{8.2}$$

对于反对称张量 $\boldsymbol{\Omega}$，将其与单位全反对称三阶张量 ε_{ijk} 缩并可得：

$$\varepsilon_{ijk}\Omega_{jk} = \frac{1}{2}\left(\varepsilon_{ijk}\frac{\partial v_k}{\partial x_j} + \varepsilon_{ikj}\frac{\partial v_j}{\partial x_k}\right) = \varepsilon_{ijk}\frac{\partial v_k}{\partial x_j}$$

因此，反对称张量 $\boldsymbol{\Omega}$ 与涡量 $\boldsymbol{\omega}$ 的关系为：

$$\Omega_{ij} = \frac{1}{2}\varepsilon_{ijk}\omega_k$$

于是有：

$$\delta\boldsymbol{r}\cdot\boldsymbol{\Omega} = \frac{1}{2}\boldsymbol{\omega}\times\delta\boldsymbol{r} \tag{8.3}$$

可见，涡量是流体微团绕其中心做刚性旋转角速度的 2 倍。

8.1.3　速度环量

除涡量外，速度环量是涡旋研究中另一个重要的物理量，其定义为：

$$\varGamma = \oint_c \boldsymbol{v}\cdot\delta\boldsymbol{r} \tag{8.4}$$

速度环量为流场速度在某一封闭周线切线上的分量沿该封闭周线的线积分，可用于度量该封闭周线内的涡旋强度。速度环量 $\varGamma$ 为标量，其正负号取决于速度矢量 $\boldsymbol{v}$ 和路径矢量 $\delta\boldsymbol{r}$ 之间的夹角，即正负号不仅与 $\boldsymbol{v}$ 的方向有关，还与线积分绕行方向 $\delta\boldsymbol{r}$ 有关，规定逆时针绕行封闭周线为正，即封闭周线包围的区域在积分方向左侧，被包围面积的法向和绕行的正方向形成右手螺旋系统。

此外，还可定义加速度环量，即速度环量的物质导数：

$$\frac{\mathrm{D}\varGamma}{\mathrm{D}t} = \oint_c \frac{\mathrm{D}\boldsymbol{v}}{\mathrm{D}t}\cdot\delta\boldsymbol{r} \tag{8.5}$$

将式中的 $\mathrm{D}\boldsymbol{v}/\mathrm{D}t$ 用黏性流体运动方程 (1.94) 代入后可知，流体黏性、流场非正压、外力无势是引起速度环量 $\varGamma$ 发生变化的三大要素。

8.1.4　涡量动力学方程

黏性流体运动方程 (1.93) 可以写为如下形式：

$$\frac{\mathrm{D}\boldsymbol{v}}{\mathrm{D}t} = \boldsymbol{F} - \frac{1}{\rho}\nabla p + \nu\nabla^2\boldsymbol{v} + \frac{1}{3}\nu\nabla(\nabla\cdot\boldsymbol{v}) \tag{8.6}$$

式中，$\boldsymbol{F}$ 为体积力，p 为压强，ν 为运动黏性系数。上式左端可以分解为：

$$\frac{\mathrm{D}\boldsymbol{v}}{\mathrm{D}t} = \frac{\partial\boldsymbol{v}}{\partial t} + \nabla\left(\frac{v^2}{2}\right) - \boldsymbol{v}\times\boldsymbol{\omega}$$

将上式代入方程 (8.6) 并对两边取旋度得：

$$\frac{\partial\boldsymbol{\omega}}{\partial t} + \nabla\times(\boldsymbol{\omega}\times\boldsymbol{v}) = \nabla\times\boldsymbol{F} - \nabla\times\left(\frac{1}{\rho}\nabla p\right) + \nabla\times(\nu\nabla^2\boldsymbol{v}) + \frac{1}{3}\nabla\times(\nu\nabla(\nabla\cdot\boldsymbol{v})) \quad (8.6')$$

根据矢量运算法则：

$$\nabla\times(\boldsymbol{\omega}\times\boldsymbol{v}) = (\boldsymbol{v}\cdot\nabla)\boldsymbol{\omega} - (\boldsymbol{\omega}\cdot\nabla)\boldsymbol{v} + \boldsymbol{\omega}\nabla\cdot\boldsymbol{v} - \boldsymbol{v}\nabla\cdot\boldsymbol{\omega}$$

考虑到 $\nabla\cdot\boldsymbol{\omega}=0$，方程 (8.6') 的左边为：

$$\frac{\partial\boldsymbol{\omega}}{\partial t} + \nabla\times(\boldsymbol{\omega}\times\boldsymbol{v}) = \frac{\partial\boldsymbol{\omega}}{\partial t} + (\boldsymbol{v}\cdot\nabla)\boldsymbol{\omega} - (\boldsymbol{\omega}\cdot\nabla)\boldsymbol{v} + \boldsymbol{\omega}\nabla\cdot\boldsymbol{v} - \boldsymbol{v}\nabla\cdot\boldsymbol{\omega} = \frac{\mathrm{D}\boldsymbol{\omega}}{\mathrm{D}t} - (\boldsymbol{\omega}\cdot\nabla)\boldsymbol{v} + \boldsymbol{\omega}\nabla\cdot\boldsymbol{v}$$

将上式代入方程 (8.6') 可得：

$$\frac{\mathrm{D}\boldsymbol{\omega}}{\mathrm{D}t} - (\boldsymbol{\omega}\cdot\nabla)\boldsymbol{v} + \boldsymbol{\omega}\nabla\cdot\boldsymbol{v} = \nabla\times\boldsymbol{F} - \nabla\times\left(\frac{1}{\rho}\nabla p\right) + \nabla\times(\nu\nabla^2\boldsymbol{v}) + \frac{1}{3}\nabla\times(\nu\nabla(\nabla\cdot\boldsymbol{v}))$$
$$(8.6'')$$

这是黏性流体涡量动力学方程，又称涡量输运方程。对不可压缩流体有：

$$\frac{\mathrm{D}\boldsymbol{\omega}}{\mathrm{D}t} = \nabla\times\boldsymbol{F} - \nabla\times\left(\frac{1}{\rho}\nabla p\right) + (\boldsymbol{\omega}\cdot\nabla)\boldsymbol{v} + \nu\nabla\times(\nabla^2\boldsymbol{v}) \quad (8.7)$$

方程 (8.7) 右端的各项具有对应的物理意义，第一项为体积力的贡献，若体积力有势，该项为 0；第二项为压力梯度力的贡献，若为正压流体，该项为 0；第三项表示由流场速度梯度引起的涡线的拉伸和弯曲；第四项为涡量的黏性扩散。

如上所述，在特定条件下，方程右端某些项为 0。因此，方程可以做进一步的简化。理想流体在正压、外力有势的条件下，方程 (8.6'') 可以简化为 Helmholtz 方程：

$$\frac{\mathrm{D}\boldsymbol{\omega}}{\mathrm{D}t} = (\boldsymbol{\omega}\cdot\nabla)\boldsymbol{v} - \boldsymbol{\omega}(\nabla\cdot\boldsymbol{v}) \quad (8.8)$$

对不可压缩黏性流体且外力有势的情况，方程 (8.7) 可以简化为：

$$\frac{\mathrm{D}\boldsymbol{\omega}}{\mathrm{D}t} = (\boldsymbol{\omega}\cdot\nabla)\boldsymbol{v} + \nu\nabla^2\boldsymbol{\omega} \quad (8.9)$$

在不考虑流体黏性的情况下，7.1.2 节给出了用涡量表示的能量方程 (7.28)，即 Crocco 方程。根据 Crocco 方程，可以获得流场能量 (总焓) 的不均匀性、熵的不均匀性以及速度的非定常性对流场涡量变化的影响。

8.2 涡量的运动学特性

涡量的运动学特性是流场特性的重要组成部分。

8.2.1 涡线与涡管

与速度场的流线类似，可以定义涡线为：

$$\boldsymbol{\omega} \times \delta \boldsymbol{x} = 0 \tag{8.10}$$

该式表明，流场中任意一条涡线上所有流体质点同一瞬时的旋转角速度向量 $\boldsymbol{\omega}$ 与该线相切 (图 8.8)。涡线方程在直角坐标系下也可以写成：

$$\frac{\mathrm{d}x}{\omega_x(x,y,z,t)} = \frac{\mathrm{d}y}{\omega_y(x,y,z,t)} = \frac{\mathrm{d}z}{\omega_z(x,y,z,t)}$$

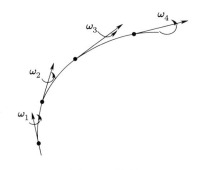

图 8.8 涡线

如图 8.9 所示，在涡旋场中任取一条不是涡线的封闭曲线，通过该封闭曲线上的每一点作涡线，这些涡线形成的一个管状表面称为涡管，涡管中充满着做旋转运动的流体。

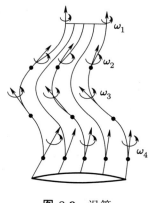

图 8.9 涡管

涡量 $\boldsymbol{\omega}$ 和角速度 $\boldsymbol{\Omega}$ 的方向一致，$\boldsymbol{\omega}$ 的大小表示单位面积的涡通量，设角速度 $\boldsymbol{\Omega}$ 和微元面积 $\mathrm{d}S$ 垂直，微元面内的涡通量也称涡管强度 $\mathrm{d}J$：

$$\mathrm{d}J = 2\Omega \mathrm{d}S$$

在一个涡旋场中，通过一个开口截面的涡通量 J 可表示为沿涡管横截面的积分：

$$J = \iint_S \boldsymbol{\omega} \cdot \boldsymbol{n}\mathrm{d}S = \iint_S \omega_n \mathrm{d}S = 2\iint_S \Omega_n \mathrm{d}S$$

式中，$\boldsymbol{n}$ 为截面 S 上微元面积 $\mathrm{d}S$ 的外法线单位向量；Ω_n 和 ω_n 分别为微元涡管的角速度和涡量沿涡管横截面法向的分量；涡通量 J 是标量，可正可负。

根据以上涡通量和速度环量式 (8.4) 的定义，由 Stokes 定理可得：

$$J = \iint_S \boldsymbol{\omega} \cdot \boldsymbol{n}\mathrm{d}S = \oint_c \boldsymbol{v} \cdot \delta \boldsymbol{r} = \Gamma \tag{8.11}$$

即涡通量与涡管截面周线上的速度环量相等。

涡旋场有一重要的特性是涡量的散度为零：

$$\nabla \cdot \boldsymbol{\omega} = \nabla \cdot (\nabla \times \boldsymbol{v}) = 0$$

该方程称为涡量的连续性方程，表示涡旋场为无源场，涡量 $\boldsymbol{\omega}$ 满足连续性条件。涡管满足涡通量守恒定律，即在同一时刻，通过同一涡管的两个任意曲面的涡通量相等。

若在涡管中的某个截面上,涡线处处与该截面垂直或近似地垂直,则称该截面为有效截面。有效截面既可以是平面,也可以是曲面。对于截面积较小的涡管,有效截面可以视为平面,根据涡通量守恒定律有 $\omega_1 S_1 = \omega_2 S_2$。可见,涡管截面积越小的位置上涡量越大,反之亦然。由于涡量不可能无穷大,即涡管截面积不可能为 0,所以涡管不能在流体内部产生,而只能始于边界、终于边界,或是在流体内部形成封闭的涡环。

8.2.2 Kelvin 定理

与涡量动力学方程的推导类似,可以推导速度环量的动力学方程。在流体中取出一条由流体质点组成的线 c,任意取一个张在 c 上的面 S,沿线 c 的速度环量 Γ 与通过面 S 的涡通量 J 为式 (8.11),将黏性流体运动方程 (8.6) 代入式 (8.5) 可得:

$$
\frac{\mathrm{D}\Gamma}{\mathrm{D}t} = \oint_c \frac{\mathrm{D}\boldsymbol{v}}{\mathrm{D}t} \cdot \delta\boldsymbol{r} = \oint_c \boldsymbol{F} \cdot \delta\boldsymbol{r} - \oint_c \frac{1}{\rho}\nabla p \cdot \delta\boldsymbol{r} + \oint_c \nu \left(\nabla^2 \boldsymbol{v} + \frac{1}{3}\nabla\left(\nabla \cdot \boldsymbol{v}\right) \right)\delta\boldsymbol{r} \quad (8.12)
$$

该式为速度环量的动力学方程。

在理想流体、正压且外力有势的条件下,方程 (8.12) 成为:

$$
\frac{\mathrm{D}\Gamma}{\mathrm{D}t} = 0 \quad (8.13)
$$

由式 (8.11) 可知 $\mathrm{D}J/\mathrm{D}t = 0$,这是 Kelvin 定理 (亦称 Thomson 定理),即当流体为理想流体、正压且外力有势时,沿任一封闭物质线 c 的速度环量 Γ 和通过任一物质面 S 的涡通量 J,在运动过程中保持不变。

8.2.3 涡旋不生不灭定理

基于 Kelvin 定理,可以进一步得到涡旋不生不灭定理,即对于理想、正压且外力有势的流体,若初始时刻某部分流体无旋,则这部分流体随着时间的发展仍然无旋;若初始时刻该部分流体有旋,则这部分流体在任何时刻皆有旋。这就是涡旋不生不灭定理,亦称 Langrange 定理,这一定理的简单证明如下。

对于初始时刻无旋，即 $\boldsymbol{\omega} = 0$ 的流体，考虑通过任一物质面 S 的涡通量：

$$\iint_S \boldsymbol{\omega} \cdot \boldsymbol{n} \mathrm{d}S = 0$$

由式 (8.11) 可知，绕物质面 S 周线 c 的速度环量 Γ 为 0，根据 Kelvin 定理 (8.13)，任一时刻，绕初始时刻物质面 S 周线 c 的速度环量 Γ 仍然为 0，由于物质面 S 的任意性，所以只有 $\boldsymbol{\omega} = 0$。对于初始时刻有旋的流体，可以通过反证法证明，这部分流体在任何时刻皆有旋。

对于实际有黏性的流体，Kelvin 定理不成立，例如龙卷风。龙卷风的涡旋强度经历一个从产生到增强、再到减弱直至消失的变化过程，其原因一是空气的黏性会使涡旋的能量不断耗尽；二是大气的密度和压力、温度有关，不属于正压流体；三是大气环流中的哥氏力是一种特殊的无势质量力。

8.2.4 涡旋诱导的速度场

流场中会出现 8.1.1 节中给出的各种涡旋，涡旋诱导的速度场会使整个流场速度发生变化。涡旋产生的涡量可以对速度取旋度求得，反过来，在给定涡量场和散度场的流场中，如何确定速度场是流体力学的经典问题。

假设在有限体积 V 内，存在涡量场 $\boldsymbol{\omega}$ 和散度场 Θ，相关的表达式和边界条件为：

$$\nabla \cdot \boldsymbol{v} = \Theta, \quad \nabla \times \boldsymbol{v} = \boldsymbol{\omega}, \quad \boldsymbol{v} \cdot \boldsymbol{n} = \boldsymbol{v}_b \cdot \boldsymbol{n} \tag{8.14}$$

体积 V 外的流场既无旋也无散度，即 $\nabla \cdot \boldsymbol{v} = 0$ 和 $\nabla \times \boldsymbol{v} = 0$。

以下由式 (8.14) 求解速度场。散度场和涡量场对应的速度场是线性的，可以将式 (8.14) 的速度分为两部分，即 $\boldsymbol{v} = \boldsymbol{v}_1 + \boldsymbol{v}_2$，其中 $\boldsymbol{v}_1$ 和 $\boldsymbol{v}_2$ 分别满足：

$$\nabla \cdot \boldsymbol{v}_1 = \Theta, \quad \nabla \times \boldsymbol{v}_1 = 0 \tag{8.15}$$

$$\nabla \cdot \boldsymbol{v}_2 = 0, \quad \nabla \times \boldsymbol{v}_2 = \boldsymbol{\omega} \tag{8.16}$$

式中，$\boldsymbol{v}_1$ 和 $\boldsymbol{v}_2$ 分别为无旋散度场和有旋无散度场的诱导速度，可以验证，$\boldsymbol{v}_1$ 与 $\boldsymbol{v}_2$ 的矢量和就是有旋散度场诱导的速度 $\boldsymbol{v}$。

流场无旋必有势，即 $\nabla \times \boldsymbol{v}_1 = 0 \to \boldsymbol{v}_1 = \nabla\varphi$，其中 φ 是速度势函数，将其代入方程 (8.15)，可得 Poisson 方程：

$$\nabla \cdot \boldsymbol{v}_1 = \nabla \cdot \nabla\varphi = \nabla^2\varphi = \Theta$$

该方程有特解：

$$\varphi(\boldsymbol{r}) = -\frac{1}{4\pi} \int_V \frac{\Theta(\boldsymbol{r}')}{|\boldsymbol{r} - \boldsymbol{r}'|} \mathrm{d}V'$$

式中，$\mathrm{d}V'$ 是 V 内的微元体积，每个微元体可视作一个点源，其强度为 $\Theta(\boldsymbol{r}')\mathrm{d}V'$；$\boldsymbol{r}'$ 是点源所在位置的坐标；$\boldsymbol{r}$ 是 V 内被诱导出速度的空间点的坐标；$|\boldsymbol{r} - \boldsymbol{r}'|$ 是 $\boldsymbol{r}$ 点到 $\boldsymbol{r}'$ 点的距离。那么，速度场 $\boldsymbol{v}_1$ 的解为：

$$\boldsymbol{v}_1 = \nabla\varphi = \nabla\left[-\frac{1}{4\pi} \int_V \frac{\Theta(\boldsymbol{r}')}{|\boldsymbol{r} - \boldsymbol{r}'|} \mathrm{d}V'\right] \tag{8.17}$$

对于满足涡量部分的速度场 $\boldsymbol{v}_2$，由场论中的运算公式，有 $\nabla \cdot \boldsymbol{v}_2 = 0 \to \boldsymbol{v}_2 = \nabla \times \boldsymbol{A}$，$\boldsymbol{A}$ 称为矢势，将其代入式 (8.16) 可得：

$$\nabla \times \boldsymbol{v}_2 = \nabla \times (\nabla \times \boldsymbol{A}) = \boldsymbol{\omega} \tag{8.18}$$

引入如下场论中的运算公式：

$$\nabla \times (\nabla \times \boldsymbol{A}) = \nabla(\nabla \cdot \boldsymbol{A}) - \nabla^2 \boldsymbol{A}$$

将其代入方程 (8.18) 得：

$$\nabla(\nabla \cdot \boldsymbol{A}) - \nabla^2 \boldsymbol{A} = \boldsymbol{\omega}$$

这样，问题就归结为寻求 $\nabla^2 \boldsymbol{A} = -\boldsymbol{\omega}$ 及 $\nabla \cdot \boldsymbol{A} = 0$ 的解。

$\nabla^2 \boldsymbol{A} = -\boldsymbol{\omega}$ 是一个矢量方程，其三个分量的方程相当于三个 Poisson 方程，而 Poisson 方程的解为：

$$\boldsymbol{A}(\boldsymbol{r}) = \frac{1}{4\pi} \int_V \frac{\boldsymbol{\omega}(\boldsymbol{r}')}{|\boldsymbol{r} - \boldsymbol{r}'|} \mathrm{d}V'$$

可以证明，上式满足 $\nabla \cdot \boldsymbol{A} = 0$。因此，速度场 $\boldsymbol{v}_2$ 为：

$$\boldsymbol{v}_2 = \nabla \times \boldsymbol{A} = \nabla \times \left[\frac{1}{4\pi} \int_V \frac{\boldsymbol{\omega}(\boldsymbol{r}')}{|\boldsymbol{r} - \boldsymbol{r}'|} \mathrm{d}V'\right] \tag{8.19}$$

最终可得到由式 (8.17) 和式 (8.19) 表示的由旋散度场诱导的速度 $\boldsymbol{v} = \boldsymbol{v}_1 + \boldsymbol{v}_2$。

需要指出的是，式 (8.17) 和式 (8.19) 仅给出了两个速度场的特解，该解在给定空间的边界，一般不能满足对应的边界条件 (8.14)。为了满足边界条件，假设存在第三个速度矢量 $\boldsymbol{v}_3 = \boldsymbol{v} - (\boldsymbol{v}_1 + \boldsymbol{v}_2)$，则速度场 $\boldsymbol{v}_3$ 满足如下关系：
在计算域内

$$\nabla \cdot \boldsymbol{v}_3 = \nabla \cdot \boldsymbol{v} - \nabla \cdot \boldsymbol{v}_1 = 0, \quad \nabla \times \boldsymbol{v}_3 = \nabla \times \boldsymbol{v} - \nabla \times \boldsymbol{v}_2 = 0 \tag{8.20}$$

边界上

$$\boldsymbol{n} \cdot \boldsymbol{v}_3 = \boldsymbol{n} \cdot \boldsymbol{v}_b - \boldsymbol{n} \cdot (\boldsymbol{v}_1 + \boldsymbol{v}_2) \tag{8.21}$$

上述控制方程对应于一个无源无旋问题，因此存在速度势 φ_p 使得：

$$\boldsymbol{v}_3 = \nabla \varphi_p \quad \text{且} \quad \nabla^2 \varphi_p = 0 \tag{8.22}$$

由方程 (8.22) 并结合边界条件 (8.21)，便可以求解 $\boldsymbol{v}_3$，根据调和函数理论，φ_p 存在唯一解。

以上是在有限体积 V 内给出的结果，也可以将 $\boldsymbol{v} = \boldsymbol{v}_1 + \boldsymbol{v}_2$ 推广到无界区域 V 中，这时要对涡量场 $\boldsymbol{\omega}$ 和散度场 Θ 做某些限制。

8.3 涡量的动力学特性

流场中的涡量在各种力的作用下会发生变化。

8.3.1 Helmholtz 涡量定理

以下介绍 Helmholtz 第一和第二定理，以此来了解涡量随时间变化的特性。Helmholtz 第一定理即涡线保持定理，是指理想流体在正压、外力有势的条件下，某一时刻形成的涡线的流体质点在运动的所有时间内永远组成涡线。需要指出的是，对于 Helmholtz 第一定理有着不同的提法和不同的证明过程。

下面证明 Helmholtz 第一定理。设在初始时刻 $t = t_0$，流场中有一条由流体质点组成的涡线 L_0，根据涡线的定义，L_0 满足：

$$\delta \boldsymbol{r}_0 \times \frac{\boldsymbol{\omega}_0}{\rho} = 0 \tag{8.23}$$

式中，δr_0 是 L_0 上的一个微线段；ω_0 是涡量。随着时间的发展，涡线 L_0 上的流体质点组成了曲线 L，如果证明 L 也是涡线，就证明了 Helmholtz 第一定理。要证明涡线 L_0 上流体质点组成的曲线 L 也是涡线，相当于要证明：

$$\frac{\mathrm{d}}{\mathrm{d}t}\left(\delta r \times \frac{\omega}{\rho}\right) = 0 \qquad (8.24)$$

理想流体在正压、外力有势的条件下，ω 满足 Helmholtz 方程 (8.8)：

$$\frac{\mathrm{d}\boldsymbol{\omega}}{\mathrm{d}t} = (\boldsymbol{\omega} \cdot \nabla)\,\boldsymbol{v} - \boldsymbol{\omega}\,(\nabla \cdot \boldsymbol{v})$$

由连续性方程 (1.83)，可得 $\nabla \cdot \boldsymbol{v} = -(\mathrm{d}\rho/\mathrm{d}t)/\rho$，将其代入上式得：

$$\frac{1}{\rho}\frac{\mathrm{d}\boldsymbol{\omega}}{\mathrm{d}t} - \frac{\boldsymbol{\omega}}{\rho^2}\frac{\mathrm{d}\rho}{\mathrm{d}t} - \left(\frac{\boldsymbol{\omega}}{\rho}\cdot\nabla\right)\boldsymbol{v} = \frac{\mathrm{d}}{\mathrm{d}t}\left(\frac{\boldsymbol{\omega}}{\rho}\right) - \left(\frac{\boldsymbol{\omega}}{\rho}\cdot\nabla\right)\boldsymbol{v} = 0$$

$$\Rightarrow \quad \frac{\mathrm{d}}{\mathrm{d}t}\left(\frac{\boldsymbol{\omega}}{\rho}\right) = \left(\frac{\boldsymbol{\omega}}{\rho}\cdot\nabla\right)\boldsymbol{v} \qquad (8.25)$$

式 (8.24) 可以化为：

$$\frac{\mathrm{d}}{\mathrm{d}t}\left(\delta r \times \frac{\omega}{\rho}\right) = \delta r \times \frac{\mathrm{d}}{\mathrm{d}t}\left(\frac{\omega}{\rho}\right) - \frac{\omega}{\rho} \times \frac{\mathrm{d}(\delta r)}{\mathrm{d}t} \qquad (8.26)$$

其中

$$\frac{\mathrm{d}(\delta r)}{\mathrm{d}t} = \delta v = (\delta r \cdot \nabla)v \qquad (8.27)$$

将式 (8.25) 和式 (8.27) 代入式 (8.26) 得：

$$\frac{\mathrm{d}}{\mathrm{d}t}\left(\delta r \times \frac{\omega}{\rho}\right) = \left(\delta r \times \frac{\omega}{\rho}\cdot\nabla\right)v + \left(\frac{\omega}{\rho} \times \delta r \cdot \nabla\right)v$$

$$= -\left(\delta r \times \frac{\omega}{\rho}\cdot\nabla\right)v + \left(\frac{\omega}{\rho} \times \delta r \cdot \nabla\right)v = 0 \qquad (8.28)$$

这就是式 (8.24)，也就证明了 Helmholtz 第一定理。

　　由涡线保持定理可以进一步得到涡面和涡管的保持定理，因为涡面由涡线组成，而涡管又是涡面的一种特殊情况。既然涡管有保持定理，而涡管强度等于通过任一横截面的涡通量，根据 Kelvin 定理，当理想流体在正压且外力有势时，通过任一物质面的涡通量在运动过程中保持不变。由此推出 Helmholtz

第二定理,即涡管强度保持定理:理想流体在正压且外力有势条件下,涡管强度在运动过程中保持不变。

需要指出的是,对真实流体而言,流体黏性作用以及非正压条件的存在,会使涡旋产生或消失,于是上述定理不再适用。但是,当流场 Re 较大时,黏性作用相对较弱,上述定理仍然具有一定的参考意义。

8.3.2 涡量场的动能和耗散

对于无界且流体在无穷远处静止的有旋流场,下面将给出不可压缩流体动能的积分关系式以及涡量与能量耗散的关系。

对不可压缩流体有 $\nabla \cdot \boldsymbol{v} = 0$,根据场论运算规则,存在一个矢势 $\boldsymbol{A}$,使得 $\boldsymbol{v} = \nabla \times \boldsymbol{A}$。于是再根据场论运算规则可得:

$$\boldsymbol{v} \cdot \boldsymbol{v} = \boldsymbol{v} \cdot (\nabla \times \boldsymbol{A}) = \boldsymbol{A} \cdot (\nabla \times \boldsymbol{v}) - \nabla \cdot (\boldsymbol{A} \times \boldsymbol{v}) = \boldsymbol{A} \cdot \boldsymbol{\omega} - \nabla \cdot (\boldsymbol{A} \times \boldsymbol{v})$$

基于上式,流场动能可以写为:

$$T(t) = \frac{1}{2} \int \boldsymbol{v} \cdot \boldsymbol{v} \mathrm{d}V = \frac{1}{2} \int \boldsymbol{A} \cdot \boldsymbol{\omega} \mathrm{d}V - \frac{1}{2} \int \boldsymbol{n} \cdot (\boldsymbol{A} \times \boldsymbol{v}) \, \mathrm{d}S \tag{8.29}$$

上式的最后一项用到了把体积分转换成面积分的 Ocmpo Tpagckий-Gauss(奥–高) 公式,S 是体积 V 的表面积。由 8.2.4 节有旋无散度场的结果,可得式 (8.29) 中 $\boldsymbol{A}$ 的表达式:

$$\boldsymbol{A}(\boldsymbol{r}) = \frac{1}{4\pi} \int_V \frac{\boldsymbol{\omega}(\boldsymbol{r}')}{|\boldsymbol{r} - \boldsymbol{r}'|} \mathrm{d}V'$$

当 $|\boldsymbol{r} - \boldsymbol{r}'| \to \infty$ 时,有 $|\boldsymbol{A}| \sim \mathrm{O}(|\boldsymbol{r} - \boldsymbol{r}'|^{-2})$,式 (8.29) 最后一项的面积分趋于 0。因此式 (8.29) 可以简化为:

$$T(t) = \frac{1}{8\pi} \iint \frac{\boldsymbol{\omega} \cdot \boldsymbol{\omega}(\boldsymbol{r}')}{|\boldsymbol{r} - \boldsymbol{r}'|} \mathrm{d}V' \mathrm{d}V \tag{8.30}$$

该式即为动能第一表达式。

以下是动能第二表达式的推导过程。根据场论运算规则有:

$$\nabla \cdot (\boldsymbol{v}(\boldsymbol{r} \cdot \boldsymbol{v})) = \nabla \cdot \left(\frac{1}{2} |\boldsymbol{v}|^2 \boldsymbol{r} \right) - \frac{1}{2} |\boldsymbol{v}|^2 + \boldsymbol{v} \cdot (\boldsymbol{r} \times \boldsymbol{\omega})$$

基于上式，流场动能为：

$$T\left(t\right) = \frac{1}{2}\int|\boldsymbol{v}|^2\mathrm{d}V = \int\boldsymbol{v}\cdot\left(\boldsymbol{r}\times\boldsymbol{\omega}\right)\mathrm{d}V + \frac{1}{2}\int|\boldsymbol{v}|^2\,\boldsymbol{n}\cdot\boldsymbol{r}\mathrm{d}S - \int\left(\boldsymbol{r}\cdot\boldsymbol{v}\right)\left(\boldsymbol{n}\cdot\boldsymbol{v}\right)\mathrm{d}S \tag{8.31}$$

上式同样用到了奥–高公式，由于速度在远场以 $|\boldsymbol{v}|\sim\mathrm{O}(r^{-3})$ 的形式衰减，那么式 (8.31) 中的面积分在 $r\to\infty$ 时趋于 0，因而可以简化得到动能第二表达式：

$$T\left(t\right) = \int\boldsymbol{v}\cdot\left(\boldsymbol{r}\times\boldsymbol{\omega}\right)\mathrm{d}V \tag{8.32}$$

下面对动能进行时间求导，得到动能的时间变化率：

$$\frac{\mathrm{d}T\left(t\right)}{\mathrm{d}t} = \frac{\mathrm{d}}{\mathrm{d}t}\int\frac{1}{2}\left|\boldsymbol{v}\right|^2\mathrm{d}V = \frac{\mathrm{d}}{\mathrm{d}t}\int\frac{1}{2}(\boldsymbol{v}\cdot\boldsymbol{v})\mathrm{d}V = \int\boldsymbol{v}\cdot\frac{\mathrm{d}\boldsymbol{v}}{\mathrm{d}t}\mathrm{d}V \tag{8.33}$$

将忽略体积力的 N-S 方程代入上式，根据场论运算规则，可以得到：

$$\frac{\mathrm{d}T\left(t\right)}{\mathrm{d}t} = -\int\nabla\cdot\left(\boldsymbol{v}\frac{p}{\rho} + \frac{1}{2}\left|\boldsymbol{v}\right|^2\boldsymbol{v}\right)\mathrm{d}V - \nu\int\nabla\cdot\left(\boldsymbol{\omega}\times\boldsymbol{v}\right)\mathrm{d}V - \nu\int\boldsymbol{\omega}\cdot\boldsymbol{\omega}\mathrm{d}V \tag{8.34}$$

考虑到速度和压力在远场的衰减，上式右边第一项和第二项转化为面积分后，当 $r\to\infty$ 时积分为 0，从而简化得到：

$$\frac{\mathrm{d}T\left(t\right)}{\mathrm{d}t} = -2\nu\int\frac{1}{2}\boldsymbol{\omega}\cdot\boldsymbol{\omega}\mathrm{d}V = -2\nu\int\frac{1}{2}\omega^2\mathrm{d}V \tag{8.35}$$

由上式可知，当考虑流体黏性时，动能不再是时间不变量，这是由黏性耗散的不可逆所致。

8.3.3 螺旋度

螺旋度可用于描述流场中涡旋的拓扑结构，如涡管的缠绕和扭结等，螺旋度定义为：

$$H\left(t\right) = \int_V\boldsymbol{v}\cdot\boldsymbol{\omega}\mathrm{d}V \tag{8.36}$$

式中，被积函数称为螺旋度密度：

$$h\left(\boldsymbol{r},t\right) = \boldsymbol{v}\cdot\boldsymbol{\omega} \tag{8.37}$$

下面通过两个例子进一步介绍螺旋度的物理意义。首先以均匀来流中做定常旋转的涡核为例，来流速度和涡核旋转速度分别为 $\boldsymbol{v}_\infty$ 和 $\boldsymbol{\Omega}$，则涡核内部流场速度为：

$$\boldsymbol{v} = \boldsymbol{v}_\infty + \boldsymbol{\Omega} \times \boldsymbol{r}$$

将上式代入式 (8.37)，经矢量运算后，可得螺旋度密度为：

$$h = 2\boldsymbol{v}_\infty \cdot \boldsymbol{\Omega}$$

因为 $\boldsymbol{v}_\infty$ 和 $\boldsymbol{\Omega}$ 为常矢量，所以对应的螺旋度密度为常数。将上述速度场的流线画出来正好是一条螺旋线，如图 8.10 所示。

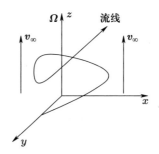

图 8.10　涡核内部流场的流线

下面考虑如图 8.11 所示的两个相互缠结的涡环，涡环 L_1 的螺旋度为：

$$\int_{V_1} \boldsymbol{v} \cdot \boldsymbol{\omega} \mathrm{d}V = \Gamma_1 \oint_{L_1} \boldsymbol{v} \cdot \mathrm{d}\boldsymbol{l}_1$$

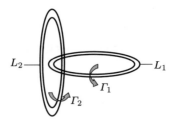

图 8.11　涡线的缠绕和扭结

由 Stokes 定理 (8.11) 可知，上式右端的线积分等于穿过 L_1 的开曲面的涡通量，即图 8.11 中涡环 L_2 的强度 Γ_2：

$$\int_{V_1} \boldsymbol{v} \cdot \boldsymbol{\omega} \mathrm{d}V = \Gamma_1 \oint_{L_1} \boldsymbol{v} \cdot \mathrm{d}\boldsymbol{l}_1 = \pm n\Gamma_1\Gamma_2$$

式中，n 表示涡环 L_2 缠绕 L_1 的次数。对于涡环 L_2，其螺旋度同样为：

$$\int_{V_2} \boldsymbol{v} \cdot \boldsymbol{\omega} \mathrm{d}V = \pm n\Gamma_1\Gamma_2$$

所以，上述两个缠结的涡环总螺旋度为 $\pm 2n\Gamma_1\Gamma_2$。

理想流体在正压且外力有势条件下满足 Kelvin 定理时，其涡量场的螺旋度也同样守恒。这表明，互不缠结的涡管始终不会连接，而相互缠结的涡管则不会解开。在考虑流体黏性的实际情况下，螺旋度守恒不再满足。

8.3.4 涡量场的冲量和冲量矩

设有一冲量为 $\boldsymbol{i}(\boldsymbol{r})$ 的脉冲力 $\boldsymbol{F}$，在 $t_0 \sim t_0 + \delta t$ 时间内作用于初始静止的流体，流体在脉冲力作用下运动，流场方程为 N-S 方程的右端加上一冲量项，在忽略体积力的情况下，对该方程在 $t_0 \sim t_0 + \delta t$ 内积分得到：

$$\int_{t_0}^{t_0+\delta t} \left[\frac{\partial \boldsymbol{v}}{\partial t} + (\boldsymbol{v} \cdot \nabla) \boldsymbol{v} \right] \mathrm{d}t = -\nabla \int_{t_0}^{t_0+\delta t} \frac{p}{\rho} \mathrm{d}t + \int_{t_0}^{t_0+\delta t} \boldsymbol{i}(\boldsymbol{r}) \delta(t - t_0) \mathrm{d}t + \\ \nu \int_{t_0}^{t_0+\delta t} \nabla^2 \boldsymbol{v} \mathrm{d}t$$

假设脉冲力是在无穷小的时间间隔内所作用的无穷大的力，则可以将上式中对流项和黏性项等忽略，于是上式可以简化为：

$$\boldsymbol{v}\left(\boldsymbol{r}, t_0^+\right) - 0 = -\nabla \left(\frac{1}{\rho} \int_{t_0}^{t_0^+} p \mathrm{d}t \right) + \boldsymbol{i}(\boldsymbol{r})$$

式中，$t_0^+ - t_0$ 为无穷小，对上式求旋度得：

$$\boldsymbol{\omega} = \nabla \times \boldsymbol{i}(\boldsymbol{r}) \tag{8.38}$$

由上式可知，流体在脉冲力作用下会产生涡量，从而导致有旋流动。

根据三维空间的矢量运算法则，对任一矢量 $\boldsymbol{b}$ 有：

$$\int_V \boldsymbol{b}\mathrm{d}V = \frac{1}{2}\int_V \boldsymbol{r} \times (\nabla \times \boldsymbol{b})\,\mathrm{d}V - \frac{1}{2}\int_S \boldsymbol{r} \times (\boldsymbol{n} \times \boldsymbol{b})\,\mathrm{d}S$$

令 $\boldsymbol{b} = \boldsymbol{i}(\boldsymbol{r})$，将其代入上式并结合式 (8.38) 可得：

$$\int_V \boldsymbol{i}(\boldsymbol{r})\mathrm{d}V = \frac{1}{2}\int_V \boldsymbol{r} \times \boldsymbol{\omega}\mathrm{d}V - \frac{1}{2}\int_S \boldsymbol{r} \times [\boldsymbol{n} \times \boldsymbol{i}(\boldsymbol{r})]\mathrm{d}S$$

无穷远处的冲量 $\boldsymbol{i}(\boldsymbol{r})$ 迅速衰减，那么上式中的面积分在 $r \to \infty$ 时趋于 0，于是成为：

$$\int_V \boldsymbol{i}(\boldsymbol{r})\mathrm{d}V = \frac{1}{2}\int_V \boldsymbol{r} \times \boldsymbol{\omega}\mathrm{d}V = \boldsymbol{I} \tag{8.39}$$

该式右端称为流体冲量。基于以上推导可知，流体冲量表示在外部脉冲力作用下，流体从静止变成具有一定速度的运动，它等于流体获得的动量增量。

进一步定义脉冲力对原点的矩：

$$\boldsymbol{M} = \int_V \boldsymbol{r} \times \boldsymbol{i}(\boldsymbol{r})\mathrm{d}V \tag{8.40}$$

根据场论运算法则可得

$$\nabla \times [r^2\boldsymbol{i}(\boldsymbol{r})] = r^2\nabla \times \boldsymbol{i}(\boldsymbol{r}) + 2\boldsymbol{r} \times \boldsymbol{i}(\boldsymbol{r}) \tag{8.41}$$

将其代入式 (8.40) 可得：

$$\boldsymbol{M} = -\frac{1}{2}\int_V r^2\nabla \times \boldsymbol{i}(\boldsymbol{r})\mathrm{d}V + \frac{1}{2}\int_S \boldsymbol{n} \times [r^2\boldsymbol{i}(\boldsymbol{r})]\mathrm{d}S$$

上式的最后一项用了奥–高公式将体积分变成面积分。在无穷远处，冲量 $\boldsymbol{i}(\boldsymbol{r})$ 迅速衰减，上式中面积分在 $r \to \infty$ 时趋于 0，于是上式成为：

$$\boldsymbol{M} = -\frac{1}{2}\int_V r^2\boldsymbol{\omega}\mathrm{d}V \tag{8.42}$$

上式称为流体的冲量矩。进一步考虑冲量矩随时间的变化：

$$\frac{\partial \boldsymbol{M}}{\partial t} = -\frac{1}{2}\int_V r^2\frac{\partial \boldsymbol{\omega}}{\partial t}\mathrm{d}V \tag{8.42'}$$

在不可压缩和质量力有势的条件下，方程 (8.6') 为：

$$\frac{\partial \boldsymbol{\omega}}{\partial t} = -\nabla \times (\boldsymbol{\omega} \times \boldsymbol{v}) + \nabla \times (\nu\nabla^2\boldsymbol{v})$$

将其代入式 (8.42′) 并利用矢量的运算公式可得：

$$\frac{\partial \boldsymbol{M}}{\partial t} = -\frac{1}{2} \int_V r^2 \frac{\partial \boldsymbol{\omega}}{\partial t} \mathrm{d}V = -\frac{1}{2} \int_V r^2 \left[\nabla \times (\boldsymbol{v} \times \boldsymbol{\omega}) - \nu \nabla \times (\nabla \times \boldsymbol{\omega}) \right] \mathrm{d}V$$

考虑到速度、涡量和黏性项积分在远场的衰减特性，上式右端积分趋于 0，于是有：

$$\frac{\partial \boldsymbol{M}}{\partial t} = -\frac{1}{2} \int_V r^2 \frac{\partial \boldsymbol{\omega}}{\partial t} \mathrm{d}V = 0 \tag{8.43}$$

这表明冲量矩是一个时间不变量，式 (8.39) 的冲量同样也是时间不变量，即 $\partial \boldsymbol{I}/\partial t = 0$。

8.4 典型涡旋的解析解

以下介绍一些典型的具有解析表达式的涡旋，这类涡旋具有常见涡量场的一些典型特征，因此可被用于相关的理论分析，并为相关的数值模拟提供参考和验证依据。下面将基于涡旋的维度和是否有黏等特性进行分类介绍 [2-3]。

8.4.1 定常不可压缩流场的平面涡

在柱坐标系下，一个定常、不可压缩、忽略体积力的轴对称 $(\partial/\partial\theta = 0)$ 平面流动，满足 $v_r = v_z = 0$ 且 $v_\theta = v_\theta(r)$、$p = p(r)$，则 r 方向和 θ 方向的运动方程可以简化为：

$$\begin{cases} \dfrac{v_\theta^2}{r} = \dfrac{1}{\rho} \dfrac{\partial p}{\partial r} \\[2mm] \dfrac{\mathrm{d}^2 v_\theta}{\mathrm{d}r^2} + \dfrac{1}{r} \dfrac{\mathrm{d}v_\theta}{\mathrm{d}r} - \dfrac{v_\theta}{r^2} = 0 \end{cases} \tag{8.44}$$

根据速度环量 (8.4) 的定义，平面上沿任一半径为 r 的圆周的速度环量为 $\Gamma = 2\pi r v_\theta$，将其代入方程 (8.44) 的第二式得：

$$\frac{\mathrm{d}^2 \Gamma}{\mathrm{d}r^2} - \frac{1}{r} \frac{\mathrm{d}\Gamma}{\mathrm{d}r} = 0 \tag{8.45}$$

该方程的通解为：

$$\Gamma = \frac{c_1}{2} r^2 + c_2 \tag{8.46}$$

式中，c_1 和 c_2 为积分常数，考虑到 $r \to \infty$ 时 Γ 为有限值，则 $c_1 = 0$，那么 $\Gamma = c_2$，对应的流场速度分布为：

$$v_\theta = \frac{\Gamma}{2\pi r} \tag{8.47}$$

当 $r = 0$ 时，速度为无穷大，可见该速度分布具有奇异性。

将式 (8.47) 代入式 (8.44) 的第一式，可以得到压力分布：

$$p = p_\infty - \frac{\rho \Gamma^2}{8\pi^2} \frac{1}{r^2} = p_\infty - \frac{1}{2} \rho v_\theta^2 \tag{8.48}$$

通过式 (8.47) 还可以得到涡量分布：

$$\omega_z = \frac{1}{r} \frac{\partial}{\partial r} (r v_\theta) = \frac{1}{r} \frac{\partial}{\partial r} \left(\frac{\Gamma}{2\pi} \right) \tag{8.49}$$

由于 Γ 是常数，由式 (8.49) 可知，除 $r = 0$ 外，该流动涡量处处为 0，所以可把这种平面涡视为点涡，该涡的诱导速度为式 (8.47)，沿该涡的速度环量为 $\Gamma = 2\pi r v_\theta$。

8.4.2 二维无黏及有黏涡旋

这类涡旋可以分为以下几种情形。

8.4.2.1 Rankine 涡

由式 (8.47) 可知，点涡在 $r = 0$ 处的速度为无穷大，为消除这一奇异性，Rankine 提出了复合涡 (Rankine 涡) 模型，即把涡旋沿径向分成两个区域，以 $r = r_0$ 为分界线，分别给出式 (8.46) 中的常数 c_1、c_2 以及速度分布：

(1) 当 $r > r_0$ 时，$c_1 = 0$，$c_2 \neq 0$，$v_\theta = \dfrac{\Gamma}{2\pi r} = \dfrac{c_2}{2\pi r}$。

(2) 当 $r \leqslant r_0$ 时，$c_1 \neq 0$，$c_2 = 0$，$v_\theta = \dfrac{\Gamma}{2\pi r} = \dfrac{c_1 r}{4\pi}$。

根据式 (8.46)，在 $r = r_0$ 处 $c_2 = 0$，即 $\Gamma = c_1 r_0^2 / 2$，于是可得 $c_1 = 2\Gamma/r_0^2$，代入上述速度分布得：

$$v_\theta = \frac{\Gamma}{2\pi r} = \frac{c_1 r}{4\pi} = \frac{\Gamma}{2\pi r_0^2} r = \Omega r$$

上式中的最后一个等式用到了角速度与线速度的关系。Rankine 涡的速度分布
如图 8.12 所示，对应的涡量分布为：

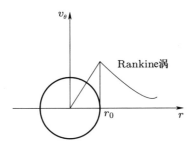

图 8.12 Rankine 涡的速度分布

$$
\omega_z = \begin{cases} 0, & r > r_0 \\ \dfrac{\Gamma}{\pi r_0^2} r = 2\Omega, & r \leqslant r_0 \end{cases} \tag{8.50}
$$

可见，在 $r \leqslant r_0$ 区域内，流场涡量为常数，即内部流体做刚体旋转，角速度为
$\Omega = \Gamma/(2\pi r_0^2)$，该区域称为涡核，也将涡量集中的区域称为涡斑，Rankine 涡的
涡核是最简单的圆形涡斑。基于上述速度分布，由运动方程可以得到 Rankine
涡内部的压力分布如图 8.13 所示，其表示式为：

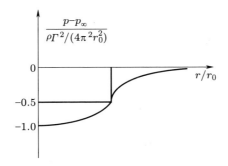

图 8.13 Rankine 涡的压力分布

$$
p = \begin{cases} p_\infty - \dfrac{\rho \Gamma^2}{8\pi^2} \dfrac{1}{r^2}, & r > r_0 \\ p_\infty - \dfrac{\rho \Gamma^2}{4\pi^2 r_0^2} \left(1 - \dfrac{r^2}{2r_0^2}\right), & r \leqslant r_0 \end{cases} \tag{8.51}
$$

以上并没有给出 Rankine 涡中 r_0 的具体数值，该值一般需根据具体问题由实验测量确定。

8.4.2.2 Lamb 涡极子

上文提到，Rankine 涡的涡核可认为是涡量为常数的圆形涡斑。对于涡量不是常数且分布不均匀的圆形二维涡斑，以下求解半径为 a 的圆形二维涡斑的流场。

在不可压缩黏性流体且外力有势的条件下，涡量方程为 (8.7)，在二维情况下，方程 (8.7) 右边第一项为 0，那么方程 (8.7) 成为：

$$\frac{\mathrm{d}\boldsymbol{\omega}}{\mathrm{d}t} = \nu\nabla^2\boldsymbol{\omega} \tag{8.52}$$

二维不可压缩流动存在流函数 ψ，使得 $v_x = \partial\psi/\partial y$, $v_y = -\partial\psi/\partial x$，而涡量 $\omega = (\partial v_y/\partial x - \partial v_x/\partial y)$，由场论的运算法则，可以得到涡量–流函数控制方程为：

$$\nabla^2\psi = -\omega \tag{8.53}$$

根据方程 (8.52)，对于无黏流体，有 $\mathrm{d}\boldsymbol{\omega}/\mathrm{d}t = 0$，即流体质点的涡量在运动过程中保持不变。若为定常运动，则由于

$$\frac{\mathrm{d}\boldsymbol{\omega}}{\mathrm{d}t} = \frac{\partial\boldsymbol{\omega}}{\partial t} + \boldsymbol{v}_s \cdot \frac{\partial\boldsymbol{\omega}}{\partial s}$$

所以有 $\boldsymbol{v}_s \cdot \partial\boldsymbol{\omega}/\partial s = 0$，即涡量沿流线保持不变。因此，对于定常无黏流动，可认为涡量仅是流函数的函数，即 $\boldsymbol{\omega} = F(\psi)$，于是方程 (8.53) 可以写成：

$$\nabla^2\psi = -F(\psi)$$

为求解该方程，假设 $F(\psi) = k^2\psi$，在极坐标系下，上述 Poisson 方程可以展开为：

$$\frac{\partial^2\psi}{\partial r^2} + \frac{1}{r}\frac{\partial\psi}{\partial r} + \frac{1}{r^2}\frac{\partial^2\psi}{\partial\theta^2} = -k^2\psi \tag{8.54}$$

采用分离变量法求解，设流函数可写成 $\psi(r,\theta) = H(r)G(\theta)$，代入上式后可得：

$$\frac{\mathrm{d}^2G}{\mathrm{d}r^2} + n^2G = 0, \quad \frac{\mathrm{d}^2H}{\mathrm{d}r^2} + \frac{1}{r}\frac{\mathrm{d}H}{\mathrm{d}r} + \left(k^2 - \frac{n^2}{r^2}\right)H = 0 \tag{8.55}$$

方程 (8.55) 的通解为：

$$\nabla\psi = [c_1 J_n(kr) + c_2 Y_n(kr)][c_3 \sin(n\theta) + c_4 \cos(n\theta)]$$

式中，J_n 和 Y_n 为第一和第二类 Bessel 函数。在涡斑内部，即 $r < a$，若 $r = 0$ 处速度为有限值，即 $\theta = 0$ 有 $\psi = 0$，则 $c_2 = c_4 = 0$。若取 $n = 1$，则流函数的解为：

$$\psi^{(i)} = c J_1(kr)\sin\theta, \quad r < a \tag{8.56}$$

上标 (i) 表示内部，于是

$$\omega^{(i)} = -k^2 J_1(kr)\sin\theta, \quad r < a \tag{8.57}$$

通过将涡斑内部与外部无旋流在分界面上的匹配，可以进一步确定式 (8.56) 中的常数 c。涡斑与外部流场的分界为半径 $r = a$ 的圆，在圆上有 $\psi = 0$。考虑涡斑在外部无旋流场中静止，即类似于来流 V_∞ 对圆柱的绕流，则根据圆柱绕流场的解，外部绕流场的流函数和涡量分布为：

$$\psi^{(o)} = V_\infty\left(r - \frac{a^2}{r}\right)\sin\theta, \quad \omega_z = 0, \quad r > a \tag{8.58}$$

上标 (o) 表示外部，在内部和外部流场的分界面上要求速度连续：

$$\frac{\partial\psi^{(i)}}{\partial r} = \frac{\partial\psi^{(o)}}{\partial r}$$

将式 (8.56) 和式 (8.58) 代入上式求导，可得常数 c 为：

$$c = \frac{2V_\infty}{k\left.\dfrac{\partial J_1(kr)}{\partial r}\right|_{k=a}} = \frac{2V_\infty}{k J_0(ka)}$$

根据式 (8.56)，可得涡斑内部的流函数和涡量分布为：

$$\psi^{(i)} = \frac{2V_\infty}{k J_0(ka)} J_1(kr)\sin\theta, \quad \omega^{(i)} = k^2\psi^{(i)}, \quad r \leqslant a \tag{8.59}$$

对应的流线分布如图 8.14 所示，这类涡旋称为 Lamb 涡极子。

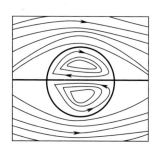

图 8.14 Lamb 涡极子的流线

8.4.2.3 Oseen 涡

当考虑流体的黏性时，会出现涡量的扩散和能量的耗散现象，在没有外界能量补充的情况下，涡旋将无法维持初始的状态。下面介绍轴对称涡旋在黏性作用下的非定常特性。

考虑初始强度为 Γ_0 的点涡在黏性作用下的扩散，因为是轴对称流场，取柱坐标系并假定：

$$\frac{\partial}{\partial \theta} = 0, \quad v_r = v_z = 0, \quad v_\theta = v_\theta(r,t), \quad p = p(r,t)$$

对于不可压缩、忽略体积力的轴对称流动，r 方向和 θ 方向的运动方程可以简化为：

$$\begin{cases} \dfrac{v_\theta^2}{r} = \dfrac{1}{\rho}\dfrac{\partial p}{\partial r} \\ \dfrac{\partial v_\theta}{\partial t} = \nu\left(\dfrac{\partial^2 v_\theta}{\partial r^2} + \dfrac{1}{r}\dfrac{\partial v_\theta}{\partial r} - \dfrac{v_\theta}{r^2}\right) \end{cases} \tag{8.60}$$

根据速度环量 (8.4) 的定义，平面上沿任一半径为 r 的圆周的速度环量为 $\Gamma = 2\pi r v_\theta$，将其代入方程 (8.60) 的第二式得：

$$\frac{\partial \Gamma}{\partial t} = \nu\left(\frac{\partial^2 \Gamma}{\partial r^2} - \frac{1}{r}\frac{\partial \Gamma}{\partial r}\right) \tag{8.61}$$

$\Gamma(r,t)$ 对应的初始条件和边界条件为：

$$\Gamma(0,0) = \Gamma_0, \quad \Gamma(0,t) = 0, \quad \Gamma(\infty,t) = \Gamma_0 \tag{8.62}$$

定义两个独立的量纲为一的数 $f(\eta) = \Gamma/\Gamma_0$，$\eta = r/\sqrt{\nu t}$，将其代入方程 (8.61) 可得：

$$f'' + \left(\frac{\eta}{2} - \frac{1}{\eta}\right)f' = 0 \tag{8.63}$$

积分上式并根据式 (8.62) 的初始条件和边界条件可得：

$$\Gamma = \Gamma_0 \left[1 - \exp\left(-\frac{r^2}{4\nu t}\right)\right] \tag{8.64}$$

对应的速度和涡量分布分别为：

$$v_\theta = \frac{\Gamma_0}{2\pi r}\left[1 - \exp\left(-\frac{r^2}{4\nu t}\right)\right], \quad v_r = v_z = 0 \tag{8.65}$$

$$\omega_z = \frac{\Gamma_0}{4\pi\nu t}\exp\left(-\frac{r^2}{4\nu t}\right), \quad \omega_r = \omega_\theta = 0 \tag{8.66}$$

这就是非定常轴对称涡旋的精确解，也称为 Oseen 涡，图 8.15 给出了 Oseen 涡的涡量随时间衰减的情况。

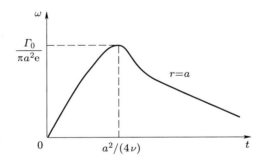

图 8.15 Oseen 涡空间任一点 $r = a$ 处涡量随时间的变化

8.4.3 轴向拉伸的定常轴对称涡

这类涡可以分为以下几种情形。

8.4.3.1 Burgers 涡

以下介绍典型的定常轴对称涡旋。在柱坐标系中，对于不可压缩、忽略体积力的轴对称 $(\partial/\partial\theta = 0)$ 流动，连续性方程和运动方程分别为：

$$\frac{\partial(rv_r)}{\partial r} + \frac{\partial(rv_z)}{\partial z} = 0 \tag{8.67}$$

$$\begin{cases} \dfrac{\mathrm{D}v_r}{\mathrm{D}t} - \dfrac{v_\theta^2}{r} = -\dfrac{1}{\rho}\dfrac{\partial p}{\partial r} + \nu\left(\nabla^2 v_r - \dfrac{v_r}{r^2}\right) \\[2mm] \dfrac{\mathrm{D}v_\theta}{\mathrm{D}t} + \dfrac{v_r v_\theta}{r} = \nu\left(\nabla^2 v_\theta - \dfrac{v_\theta}{r^2}\right) \\[2mm] \dfrac{\mathrm{D}v_z}{\mathrm{D}t} = -\dfrac{1}{\rho}\dfrac{\partial p}{\partial z} + \nu\nabla^2 v_z \end{cases} \tag{8.68}$$

假设流动定常且速度、环量满足如下关系：

$$v_r = v_r\left(r\right), \quad v_\theta = v_\theta\left(r\right), \quad v_z = v_z\left(r\right), \quad \varGamma = \varGamma\left(r\right)$$

由于 v_r 和 v_z 满足连续性方程 (8.67)：

$$\frac{1}{r}\frac{\partial\left(rv_r\right)}{\partial r} = -\frac{\partial\left(v_z\right)}{\partial z}$$

且 $v_r = v_r(r)$，则要求 $v_z = zf(r)$。

根据速度环量的定义，将速度环量代入方程 (8.68) 的第二式有：

$$\frac{\mathrm{d}^2\varGamma}{\mathrm{d}r^2} = \left(\frac{1}{r} + \frac{v_r}{r}\right)\frac{\mathrm{d}\varGamma}{\mathrm{d}r} \tag{8.69}$$

该方程的通解为：

$$\varGamma = c_1\int_0^r \exp\left(\int_0^{r''}\frac{v_r\left(r'\right)}{\nu}\mathrm{d}r'\right)\mathrm{d}r'' + c_2 \tag{8.70}$$

由边界条件，在涡核中心处，$r\to 0$ 时 $\varGamma\to 0$，则 $c_2 = 0$；在无穷远处，$r\to\infty$ 时 $\varGamma\to\varGamma_0$，则 $c_1 = \varGamma_0/H(\infty)$，其中

$$H\left(r\right) = \int_0^r \exp\left(\int_0^{r''}\frac{v_r\left(r'\right)}{\nu}\mathrm{d}r'\right)\mathrm{d}r''$$

因此，可得速度环量的解为：

$$\varGamma = \varGamma_0\frac{H\left(r\right)}{H\left(\infty\right)} \tag{8.71}$$

在上述结论的基础上，进一步假定轴向速度为 $v_z = 2az$ 且 $a > 0$，将其代入连续性方程 (8.67) 可得：

$$\frac{\mathrm{d}\left(rv_r\right)}{\mathrm{d}r} = -2ar$$

其通解为：

$$v_r = -ar + \frac{c}{r}$$

由边界条件，当 $r \to 0$ 时 v_r 为有限值，则积分常数 $c = 0$，于是 $v_r = -ar$。将其代入式 (8.70) 后，求解可得：

$$\Gamma = \Gamma_0 \left[1 - \exp\left(-\frac{ar^2}{2\nu} \right) \right] \tag{8.72}$$

根据 $\Gamma = 2\pi r v_\theta$，对应的周向速度为：

$$v_\theta = \frac{\Gamma_0}{2\pi r} \left[1 - \exp\left(-\frac{ar^2}{2\nu} \right) \right] \tag{8.73}$$

对应的涡量分布为：

$$\omega_z = \frac{1}{r} \frac{\partial}{\partial r} (r v_\theta) = \frac{1}{r} \frac{\partial}{\partial r} \left(\frac{\Gamma}{2\pi} \right) = \frac{a\Gamma_0}{2\pi\nu} \exp\left(-\frac{ar^2}{2\nu} \right), \quad \omega_r = \omega_\theta = 0 \tag{8.74}$$

由于轴向速度假设 $v_z = 2az$ 由 Burgers 最早提出，因此人们把该涡旋称为 Burgers 涡。将 Burgers 涡的速度式 (8.73) 和 $v_z = 2az$ 代入方程 (8.68)，经整理后可得 Burgers 涡的压力分布：

$$p(r, z) = p_0 - \frac{\rho}{2} \left(4a^2 z^2 + a^2 r^2 \right) + \rho \int_0^r \frac{v_\theta^2}{r} \mathrm{d}r \tag{8.75}$$

根据上述速度分布可知，Burgers 涡沿轴向做拉伸流动的同时，流体也沿径向由外往内流动，图 8.16 给出了 Burgers 涡的流线分布。正是由于有流体不断地由外往内流动并输运涡量，Burgers 涡才能在黏性耗散的情况下稳定存在。

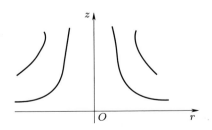

图 8.16 Burgers 涡的流线

8.4.3.2　Sullivan 涡

若将 Burgers 涡的轴向速度 $v_z = 2az$ 改为：

$$v_z = 2az \left[1 - 3\exp\left(-\frac{ar^2}{2\nu}\right)\right], \quad a > 0$$

将其代入连续性方程和式 (8.71) 可以得到：

$$v_r = -ar + \frac{6\nu}{r}\left[1 - \exp\left(-\frac{ar^2}{2\nu}\right)\right] \tag{8.76}$$

$$v_\theta = \frac{\Gamma_0}{2\pi r}\frac{H\left(\dfrac{ar^2}{2\nu}\right)}{H(\infty)} \tag{8.77}$$

其中

$$H(\eta) = \int_0^\eta \exp\left(-s + 3\int_0^s \frac{1 - \mathrm{e}^{-r}}{\tau}\mathrm{d}\tau\right)\mathrm{d}s, \quad H(\infty) = 37.905 \tag{8.78}$$

该涡旋称为 Sullivan 涡，由其速度场可知，涡旋内部的流场呈现出如图 8.17 所示的双胞结构，这一结构在自然界的龙卷风中得到证实。

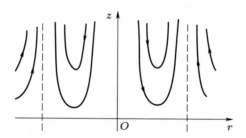

图 8.17　Sullivan 涡的流线

8.4.4　Batchelor 尾涡和 Hill 球涡

以下介绍两种典型的三维涡，即 Batchelor 尾涡和 Hill 球涡。

8.4.4.1　Batchelor 尾涡

Batchelor 尾涡可通过分析飞机机翼下游远场的尾涡结构得到，该涡是一种细长黏性涡的近似解析解。在柱坐标下，假设流场轴对称 $(\partial/\partial\theta = 0)$ 和定常，对于细长涡, 可以假设其轴向尺度远大于涡核半径, 物理量的径向变化远大于轴向变化, 即 $\partial/\partial z \ll \partial/\partial r$。黏性使得涡的速度衰减, 设涡核内速度亏损为:

$$v_z' = V_{z\infty} - v_z$$

式中, $V_{z\infty}$ 为无穷远处的轴向速度, v_z 为涡核内的轴向速度, 且 $|V_{z\infty} - v_z| \ll V_{z\infty}$。结合连续性方程以及上述的简化条件, 可得 $v_r \ll v_z' \ll V_{z\infty}$。综合上述分析, 不可压缩流体在忽略体积力的条件下, 三个方向的运动方程可以分别简化为:

$$\frac{\rho v_\theta^2}{r} = \frac{\partial p}{\partial r} \tag{8.79}$$

$$V_{z\infty} \frac{\partial v_\theta}{\partial z} = \nu \left(\frac{\partial^2 v_\theta}{\partial r^2} + \frac{1}{r} \frac{\partial v_\theta}{\partial r} - \frac{v_\theta}{r^2} \right) \tag{8.80}$$

$$V_{z\infty} \frac{\partial v_z'}{\partial z} - \nu \left(\frac{\partial^2 v_z'}{\partial r^2} + \frac{1}{r} \frac{\partial v_z'}{\partial r} \right) = \frac{1}{\rho} \frac{\partial p}{\partial z} \tag{8.81}$$

令 $t = z/V_{z\infty}$, 则方程 (8.80) 的形式与 Oseen 涡方程 (8.60) 的形式一致, 于是可得到与 (8.65) 对应的 v_θ 和压力分布:

$$v_\theta = \frac{\Gamma_0}{2\pi r} \left(1 - \mathrm{e}^{-\eta} \right) \tag{8.82}$$

$$\frac{p_\infty - p}{\rho} = \int_r^\infty \frac{v_\theta^2}{r} \mathrm{d}r = \frac{\Gamma_0^2 U_\infty}{32\pi^2 \nu z} P(\eta) \tag{8.83}$$

其中

$$\eta = \frac{V_{z\infty} r^2}{4\nu z}, \quad P(\eta) = \int_\eta^\infty \frac{\left(1 - \mathrm{e}^{-\eta'} \right)^2}{\eta'^2} \mathrm{d}\eta'$$

将式 (8.83) 代入式 (8.81), 可以推导得到轴向速度为:

$$v_z = V_{z\infty} - \frac{\Gamma_0^2}{32\pi^2 \nu z} \mathrm{e}^{-\eta} \ln \frac{V_{z\infty} z}{\nu} + \frac{\Gamma_0^2}{32\pi^2 \nu z} Q(\eta) - \frac{L V_{z\infty}^2}{32\pi^2 \nu z} \tag{8.84}$$

式中, L 是一个以面积为量纲的常数, $Q(\eta)$ 的计算公式为:

$$Q(\eta) = \mathrm{e}^{-\eta} \left[\ln \eta + \mathrm{Ei}(\eta) + 0.807 \right] + 2\mathrm{Ei}(\eta) - 2\mathrm{Ei}(2\eta)$$

其中指数积分为:

$$\mathrm{Ei}(\eta) = \int_\eta^\infty \frac{\mathrm{e}^{-s}}{s} \mathrm{d}s$$

8.4.4.2 Hill 球涡

Hill 球涡是由一组圆涡线组成的球形涡，在无黏、定常、轴对称的条件下，求流场的精确解，可以得到 Hill 球涡。在柱坐标下，考虑 Hill 球涡的涡量为 $\boldsymbol{\omega} = (0, \omega_\theta, 0)$ 且 $\omega_\theta = -Kr$，其中 K 为常数。将 $\omega_\theta = -Kr$ 代入涡量–流函数控制方程 (8.53) 得：

$$\frac{\partial^2 \psi}{\partial z^2} + \frac{\partial^2 \psi}{\partial r^2} + \frac{1}{r}\frac{\partial \psi}{\partial r} = -r\omega_\theta = Kr^2 \tag{8.85}$$

该方程的解为：

$$\psi = \frac{1}{10}Kr^2\left(r^2 + z^2 - a^2\right) \tag{8.86}$$

这一流函数描述了在半径为 a 的圆球内部涡量与半径 r 成正比的涡旋运动，即 Hill 球涡。若将 Hill 球涡的涡量分布代入涡量动力学方程的黏性扩散项中，可以推得其值为 0，可见即使考虑了黏性，在 Hill 球涡的内部也不存在涡量的扩散效应。图 8.18 给出了 Hill 球涡内部的流线和涡线分布。

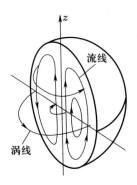

图 8.18 Hill 球涡内部的流线与涡线分布

8.5 特殊涡旋的速度场

以下给出几种特殊涡旋的速度场。

8.5.1 二维面涡的诱导速度

对流场中涡量的分布形态而言，涡量会集中分布于某些局部区域，若涡量以层状形式分布则称之为涡层或面涡。如图 8.19 所示，考虑厚度为 ε 的涡层，取图中 P 点周围的微元 δS 进行分析。设涡层内涡量为 $\boldsymbol{\omega}$，若涡层厚度无穷小，则涡量无穷大，而微元内涡量为有限值 $\boldsymbol{\gamma}$，则：

$$\boldsymbol{\gamma} = \lim_{\substack{\varepsilon \to 0 \\ \boldsymbol{\omega} \to \infty}} \boldsymbol{\omega}\varepsilon, \quad \boldsymbol{\omega}\varepsilon\delta S \approx \boldsymbol{\gamma}\delta S$$

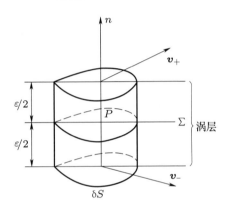

图 8.19 涡层与面涡

这种不计厚度且具有涡量奇异性分布的曲面称为面涡，其涡量可以表示为：

$$\boldsymbol{\omega}\left(\boldsymbol{r}\right) = \iint_S \boldsymbol{\gamma}'\left(\boldsymbol{r}'\right)\delta\left(\boldsymbol{r} - \boldsymbol{r}'\right)\mathrm{d}S\left(\boldsymbol{r}'\right) \tag{8.87}$$

式中，$\delta(\ )$ 为 Dirac 函数；$\boldsymbol{\gamma}'(\boldsymbol{r}')$ 为面涡强度或面涡密度。建立上述微元体的连续性方程和运动方程，可得到面涡内的速度为两侧速度的平均值，而面涡两侧的压力连续：

$$\boldsymbol{v}_P = \frac{1}{2}\left(\boldsymbol{v}_+ + \boldsymbol{v}_-\right), \quad p_+ = p_- \tag{8.88}$$

基于上述结果，可以认为面涡是一种内嵌于无黏流场中的切向速度间断面，而激波则是一种法向速度的间断面。

面涡在周围空间中产生的诱导速度，同样可以采用 8.2.4 节中有旋无散度场的诱导速度式 (8.19) 进行计算。式 (8.19) 对体涡旋推导得到体涡旋与面涡旋的关系为：

$$\boldsymbol{\omega} \mathrm{d}V = \boldsymbol{\gamma} \mathrm{d}S \tag{8.89}$$

式中，$\boldsymbol{\omega}$、$\boldsymbol{\gamma}$ 分别为涡旋强度和涡层强度。将上式代入式 (8.19) 可得：

$$\boldsymbol{v} = \frac{1}{4\pi} \nabla \times \int_S \frac{\boldsymbol{\gamma}}{|\boldsymbol{r} - \boldsymbol{r}'|} \mathrm{d}S \tag{8.90}$$

式中，$\boldsymbol{r}'$ 是面涡所在位置的坐标；$\boldsymbol{r}$ 是被面涡诱导出速度的空间坐标；$|\boldsymbol{r} - \boldsymbol{r}'|$ 是 $\boldsymbol{r}$ 点到 $\boldsymbol{r}'$ 点的距离。式 (8.90) 是面涡产生的诱导速度，如果给定面涡初始时刻的位置和面涡的强度，可以通过式 (8.90) 以及自诱导速度，给出面涡的速度及其演变过程。面涡的演变有其明确的应用背景，例如机翼尾涡卷起等常见的流动现象。

8.5.2 三维线涡的诱导运动

若涡量以柱状形式集中分布，则称之为线涡或者涡索。与面涡类似，线涡的涡量分布可以表示为：

$$\boldsymbol{\omega} (\boldsymbol{r}) = \varGamma \int_L \boldsymbol{t} (\boldsymbol{r}') \delta (\boldsymbol{r} - \boldsymbol{r}') \mathrm{d}l (\boldsymbol{r}') \tag{8.91}$$

式中，$\delta(\ )$ 为 Dirac 函数；$\boldsymbol{t}(\boldsymbol{r}')$ 是线涡密度。

线涡产生的诱导速度可以用 8.2.4 节中的诱导速度式 (8.19) 计算。式 (8.19) 对体涡旋推导得到体涡旋与线涡的关系为：

$$\boldsymbol{\omega} \mathrm{d}V = \varGamma \mathrm{d}\boldsymbol{l} \tag{8.92}$$

式中，$\varGamma$ 是线涡强度。将上式代入式 (8.19) 可得：

$$\boldsymbol{v} = \frac{1}{4\pi} \nabla \times \int_L \frac{\varGamma}{|\boldsymbol{r} - \boldsymbol{r}'|} \mathrm{d}\boldsymbol{l} \tag{8.93}$$

式中，$\varGamma$ 是常量；$\boldsymbol{r}'$ 是线涡的位置坐标 (x', y', z')；$\boldsymbol{r}$ 是被线涡诱导出速度的空间位置坐标 (x, y, z)；$|\boldsymbol{r} - \boldsymbol{r}'|$ 是 $\boldsymbol{r}$ 点到 $\boldsymbol{r}'$ 点的距离，可表示为 $R = \sqrt{(x - x')^2 + (y - y')^2 + (z - z')^2}$；$\nabla$ 是对 x、y、z 的微分；$\mathrm{d}\boldsymbol{l}$ 是 x'、y'、z' 的

函数。因此，式 (8.93) 可以进一步化为：

$$\boldsymbol{v} = \frac{1}{4\pi}\nabla \times \int_L \frac{\Gamma}{|\boldsymbol{r} - \boldsymbol{r}'|}\mathrm{d}\boldsymbol{l} = \frac{\Gamma}{4\pi}\int_L \nabla\left(\frac{1}{R}\right) \times \mathrm{d}\boldsymbol{l} = -\frac{\Gamma}{4\pi}\int_L \frac{1}{R^3}\boldsymbol{R} \times \mathrm{d}\boldsymbol{l} \quad (8.94)$$

式 (8.94) 是整条线涡在流场内任一点上诱导出的速度表达式，而线涡元 $\mathrm{d}\boldsymbol{l}$ 产生的诱导速度 $\mathrm{d}\boldsymbol{v}$ 为：

$$\mathrm{d}\boldsymbol{v} = \frac{\Gamma}{4\pi}\frac{\mathrm{d}\boldsymbol{l} \times \boldsymbol{R}}{R^3}, \quad |\mathrm{d}v| = \frac{\Gamma}{4\pi}\frac{\sin\alpha\,\mathrm{d}l}{R^2} \quad (8.95)$$

式中，α 是 $\boldsymbol{R}$ 与 $\mathrm{d}\boldsymbol{l}$ 的夹角。式 (8.94) 和式 (8.95) 就是 Biot-Savart 公式。

当计算三维线涡上 O 点的自诱导运动时，由于 $R = 0$，式 (8.94) 的积分具有奇异性。为此，可以计算 O 点附近一点 O' 上的诱导速度，再令 O' 点趋近于 O 点，然后分析其极限值。

对于无限长直线涡丝，涡丝强度为 Γ，假设涡丝与 z 轴重合，对式 (8.94) 线积分，沿 z 方向从 $-\infty$ 积到 $+\infty$ 可得：

$$v = \frac{\Gamma}{2\pi\sqrt{(x - x')^2 + (y - y')^2}} = \frac{\Gamma}{2\pi r} \quad (8.96)$$

可见 $\boldsymbol{v}$ 与 z 无关，只需考虑一个垂直于 z 轴的平面即可，涡丝在该平面上表现为一个点涡，所以式 (8.96) 可视为平面上点涡诱导的速度场，也称点涡的 Biot-Savart 公式。

8.5.3 涡环

涡环是一种自封闭的轴对称环形线涡，若涡环的涡量和流动满足轴对称条件，则可以建立流函数的 Poisson 方程进行求解，其中圆形涡环存在精确解。对于半径为 r_0 的圆形涡环，在柱坐标下，求解定常、不可压缩、忽略体积力、轴对称流场的流函数方程，可得流场空间任一点的流函数为：

$$\psi(r, z) = \frac{\Gamma_0}{2\pi}\sqrt{rr_0}\left\{\left(\frac{2}{k} - k\right)K(k) - \frac{2}{k}E(k)\right\} \quad (8.97)$$

式中，Γ_0 是涡环强度；$K(k)$ 和 $E(k)$ 是模为 k 的第一类和第二类椭圆积分：

$$K(k) = \int_0^{\pi/2} \frac{\mathrm{d}\varphi}{\sqrt{1 - k^2 \sin^2 \varphi}}, \quad E(k) = \int_0^{\pi/2} \sqrt{1 - k^2 \sin^2 \varphi} \mathrm{d}\varphi$$

根据流函数公式，可以得到径向和轴向速度分别为：

$$v_r = \frac{\Gamma_0 k}{4\pi r_0} \left(\frac{z - z_0}{z} \right) \left(\frac{r_0}{r} \right)^{3/2} \left\{ -K(k) + \frac{2 - k^2}{2(1 - k^2)} E(k) \right\} \tag{8.98}$$

$$v_z = \frac{\Gamma_0 k}{4\pi r_0} \left(\frac{r_0}{r} \right)^{1/2} \left\{ K(k) + \frac{k^2}{2(1 - k^2)} \frac{r_0}{r} E(k) - \frac{2 - k^2}{2(1 - k^2)} E(k) \right\} \tag{8.99}$$

圆形涡环以恒定速度沿其轴线运动而不改变其外形，图 8.20 给出了圆形涡环流线图。

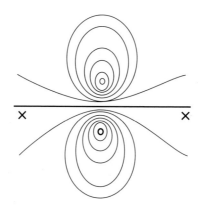

图 8.20　圆形涡环的流线图

8.5.4　点涡系

点涡系可以被视为由若干无限长的线涡在垂直平面内的投影。假设有 n 个点涡，由 n 个二维点涡构成的点涡系的涡量为：

$$\omega = \sum_{\alpha=1}^n \Gamma_\alpha \delta(\boldsymbol{r} - \boldsymbol{r}_\alpha) \tag{8.100}$$

式中，$\delta(\ )$ 为 Dirac 函数。

二维不可压缩流动存在流函数 ψ，涡量–流函数控制方程为式 (8.53)，结合方程 (8.13)，对任一个点涡 α，其流函数和环量满足：

$$\nabla^2 \psi_\alpha = -\omega_\alpha = -\Gamma_\alpha \delta \left(\boldsymbol{r} - \boldsymbol{r}_\alpha \right), \quad \frac{\mathrm{d}\Gamma_\alpha}{\mathrm{d}t} = 0 \qquad (8.101)$$

由该式可得流函数为：

$$\psi_\alpha = -\frac{\Gamma_\alpha}{2\pi} \ln |\boldsymbol{r} - \boldsymbol{r}_\alpha|$$

有了该式，便可以得到整个点涡系的流函数。考虑第 α 个点涡在其他点涡 (例如第 β 个点涡) 诱导下的运动，其速度采用复平面的表示方式为：

$$v_{x\alpha} - \mathrm{i}v_{y\alpha} = \frac{1}{2\pi\mathrm{i}} \sum_{\beta \neq \alpha} \frac{\Gamma_\beta}{\boldsymbol{r}_\alpha - \boldsymbol{r}_\beta}, \quad \beta = 1, 2, \cdots, N \qquad (8.102)$$

这便是点涡系的运动方程，这也形成了涡方法的理论基础。

8.6 涡方法

以上介绍了经过一定简化的若干典型涡旋的解析表达式，然而实际的涡旋运动很复杂，简化的涡旋模型难以对其进行准确的描述，需要借助数值模拟方法对流动运动基本方程进行求解。另一方面，以上从流动运动基本方程推导得到了涡量动力学方程，基于涡量动力学方程的涡方法也成为数值模拟流场运动的方法之一。许多高 Re 不可压缩流场可由嵌在无旋流中的集中涡区域描述，根据 Helmholtz 和 Kelvin 定理，涡的无黏运动由无旋流场速度和涡诱导速度的叠加确定。这部分对涡方法进行简要的介绍 [3]。

8.6.1 涡元粒子运动方程

对无黏、不可压缩、外力有势的流场，涡量动力学方程 (8.9) 可以简化为：

$$\frac{\mathrm{d}\boldsymbol{\omega}}{\mathrm{d}t} = \frac{\partial \boldsymbol{\omega}}{\partial t} + (\boldsymbol{v} \cdot \nabla)\boldsymbol{\omega} = 0 \qquad (8.103)$$

在二维不可压缩流动中，流函数 ψ 的涡量–流函数方程如式 (8.53) 所示。

涡方法本质上是一类粒子方法, 也就是把空间的涡量场离散成若干涡元粒子。假设第 i 个强度为 Γ_i 的涡元粒子的坐标为 $\boldsymbol{r}_i$, 则由 n 个涡元粒子组成的涡量场分布可近似表示为:

$$\omega(\boldsymbol{r}, t) \approx \sum_{i=1}^{n} \Gamma_i \delta(\boldsymbol{r} - \boldsymbol{r}_i(t)) \tag{8.104}$$

第 i 个涡元粒子的轨迹为:

$$\frac{\partial \boldsymbol{r}_i(t)}{\partial t} = \boldsymbol{v}_i(\boldsymbol{r}_i(t), t) \tag{8.105}$$

式中, $\boldsymbol{v}_i$ 表示第 i 个涡元粒子的速度, 其值为第 j 个涡元粒子 ($j = 1, 2, \cdots, n, j \neq i$) 诱导出的速度与第 i 个涡元粒子自诱导速度之和。通过求解方程 (8.53), 可得到第 j 个涡元粒子在第 i 个涡元粒子处的诱导速度:

$$\boldsymbol{v}_i(\boldsymbol{r}_i(t), t) = \int_V \left(-\frac{y_i - y_j}{2\pi |\boldsymbol{r}_i - \boldsymbol{r}_j|^2}, \frac{x_i - x_j}{2\pi |\boldsymbol{r}_i - \boldsymbol{r}_j|^2} \right) \omega_j(\boldsymbol{r}_j, t) \, \mathrm{d}V_j \tag{8.106}$$

将其代入式 (8.105), 便可求解得到第 i 个涡元粒子的轨迹, n 个涡元粒子的运动轨迹以及产生的诱导速度就构成了整个流场的速度。

8.6.2 离散点涡方法

8.5.4 节中已介绍了点涡系, 点涡方法通常用来处理二维流动, 涡量的扩散可由增加涡核尺度体现。随着点涡的轨迹和涡量随时间的变化, 可以给出流场涡结构和涡量的演变信息。以下以自由剪切层为例来说明离散点涡方法的应用。

图 8.21 为自由剪切层流场, 该流场有三个离散涡方法所要求的基本量, 即两股流体的平均速度 $V_{\mathrm{m}} = (V_1 + V_2)/2$, 速度差 $\Delta V = V_1 - V_2$ 以及流体黏性系数 ν。至于其他影响流场的因素, 如分隔两股流体的平板特性、自由流湍流度、上游流动的非均匀性等, 都取决于具体的流动环境, 不具备典型性。

在图 8.21 中, 分隔两股流体的平板可以由一个涡层代替, 涡的轴线垂直于纸面且延伸到无穷远, 所以可视为 x-y 平面上的点涡。涡层由 M 个点涡构成, M 要足够大以至可以忽略上游的影响。每一时间步有一个新涡从 O 点脱落, 点涡的环量由动力学条件确定:

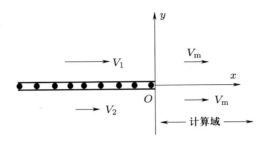

图 8.21 自由剪切层流场与离散涡

$$\Gamma = \frac{\Delta t}{2}(V_1^2 - V_2^2) = \Delta t \Delta V V_{\mathrm{m}} \tag{8.107}$$

根据离散涡方法，脱落的涡由无黏性条件给出，由式 (8.52) 可知，在无黏情况下有 $\mathrm{d}\omega/\mathrm{d}t = 0$。因此，点涡在向下游运动过程中涡量保持不变，流体的黏性效应有两种体现方式，一种是涡的随机走步法，另一种是涡核膨胀法，这里采用后一种方法。离散点涡的涡量场可由下式表示：

$$\omega(\boldsymbol{r},t) = \sum_{i=1}^{N} \Gamma \zeta_i[\boldsymbol{r} - \boldsymbol{r}_i(t)] \tag{8.108}$$

式中，i 表示第 i 个点涡；$\boldsymbol{r}_i$ 表示点涡所在的位置；$\boldsymbol{r}$ 是图 8.21 中计算域的任一位置；ζ_i 是第 i 个点涡核内的涡量分布，一般可取类似式 (8.66) 的高斯分布，这里取：

$$\zeta(\boldsymbol{r}) = \frac{1}{\pi\sigma^2}\exp\left(-\frac{r^2}{\sigma^2}\right) \tag{8.109}$$

式中，σ 是涡核半径。不可压缩、二维黏性流体在外力有势的情况下，涡量动力学方程为式 (8.52)，即：

$$\frac{\mathrm{d}\boldsymbol{\omega}}{\mathrm{d}t} = \nu\nabla^2\boldsymbol{\omega}$$

将式 (8.108) 和式 (8.109) 代入上式得：

$$\frac{\mathrm{d}\sigma^2}{\mathrm{d}t} = 4\nu \tag{8.110}$$

因为 ν 为常数，积分上式得 $\sigma^2 = 4\nu t$，将其代入式 (8.109) 正是式 (8.66)，$\sigma^2 = 4\nu t$ 给出了黏性效应导致离散涡核膨胀的规律。

第 i 个点涡从 O 点脱落进入计算域后，其运动轨迹由当地速度 $\boldsymbol{v}_i$ 确定：

$$\boldsymbol{v}_i = V_a + \sum_{j=1}^{M} \boldsymbol{v}_j' + \sum_{j=1, j \neq i}^{N} \boldsymbol{v}_j'' \tag{8.111}$$

式中，V_a 是平均速度；$\boldsymbol{v}_j'$ 是 $x < 0$ 处涡层中离散涡的诱导速度；M 是涡层中涡的数量；$\boldsymbol{v}_j''$ 是每个脱落涡的诱导速度；N 是脱落涡的数量。

诱导速度 $\boldsymbol{v}_j'$ 和 $\boldsymbol{v}_j''$ 由点涡的 Biot-Savart 公式 (8.96) 给出，r 是离散涡中心到流场中某一点的距离，当 $r \to \infty$ 时，$\boldsymbol{v}_j'$ 和 $\boldsymbol{v}_j'' \to \infty$。为此，可假设一个阈值 σ_1，当 $r < \sigma_1$ 时，$\boldsymbol{v}_j'$ 和 $\boldsymbol{v}_j''$ 为常数。计算时，经过一个 Δt 后，计算域中每个离散涡新的位置为：

$$x(T + \Delta t) = x(T) + (\boldsymbol{v} \cdot \boldsymbol{i})\Delta t, \quad y(T + \Delta t) = y(T) + (\boldsymbol{v} \cdot \boldsymbol{j})\Delta t \tag{8.112}$$

式中，$\boldsymbol{i}$、$\boldsymbol{j}$ 分别为 x、y 方向的单位矢量。接着，再对位于 $x(T + \Delta t)$、$y(T + \Delta t)$ 位置上的离散涡按以上步骤计算 σ、$\boldsymbol{v}_j'$ 和 $\boldsymbol{v}_j''$，如此继续下去，可以得到每个离散涡在每一时刻所处的位置、黏性扩散导致的涡核尺度变化以及流场的速度分布。

在使用离散点涡方法时，对不同的流场可以有不同的处理方式，例如对有边界层分离的流场，可由在分离点附近引入环量来确定涡量的发展和分布，或者在边界上生成离散涡使壁面满足无滑移条件，生成的涡在分离点将脱离表面。点涡方法通常无需划分网格，但是当点涡的涡元个数很多时，可采用划分网格的方式减少计算量。具体做法是，将任意位置上点涡的强度分布到包围点涡的网格的 4 个节点上，由 Poisson 方程根据节点上的涡量求节点上的流函数，再根据流函数的差值确定速度场。

8.6.3 离散涡丝方法

离散涡丝方法可以描述三维流场，区别于点涡方法，离散涡丝方法还要考虑源于涡丝弯曲产生的自诱导速度。以下以边界层为例来说明离散涡丝方法的应用。

如图 8.22 所示，壁面附近流场的剪切形成一个涡层，用一排涡丝代替该涡层，由涡丝的运动可以得到涡结构和边界层的演变过程。为满足壁面无滑移和无渗透条件，采用镜像涡方法，在壁面下方对称位置布置一个相同的涡，由 Biot-Savart 公式可知，对称位置的涡诱导的速度在壁面的切向分量为零，即满足无滑移条件。无渗透条件可由周期性边界条件满足。

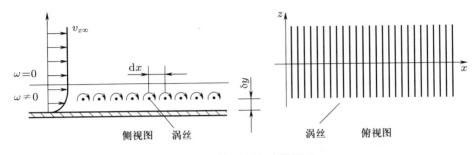

图 8.22 边界层与离散涡丝

每根涡丝在 x-y 平面上相当于一个点涡，8.4.2.3 节中给出了考虑黏性扩散影响后点涡的涡量分布式 (8.66) 和相应的诱导速度式 (8.65)：

$$\omega_z = \frac{\varGamma_0}{4\pi\nu t} \exp\left(-\frac{r^2}{4\nu t}\right), \quad \omega_r = \omega_\theta = 0;$$

$$v_\theta = \frac{\varGamma_0}{2\pi r}\left[1 - \exp\left(-\frac{r^2}{4\nu t}\right)\right], \quad v_r = v_z = 0$$

将图 8.22 中的每根涡丝表示成一系列沿涡丝中心线分布的离散点涡，每个点涡产生的诱导速度以及点所在位置的速度由上式的诱导速度确定。边界层流场随时间的发展，可以通过这些离散点涡在运动过程中产生的诱导速度予以描述。计算时，经过一个 Δt 后，计算域中每个离散点涡新的位置由式 (8.112) 确定，接着再对新位置上的离散点涡按以上步骤计算诱导速度，如此继续下去，可以得到每个离散点涡在每一时刻所处的位置以及流场的速度分布。

由于每个离散点涡的运动不同，初始的直线涡丝在发展过程中会弯曲，计算中可以用样条函数拟合同一条涡丝的离散点。计算每一点的自诱导速度时，可以由样条插值来细分该点附近的涡丝以提高精度。

对流场的复杂区域，离散涡丝的分布和变形的处理是个难题。对流场中的小尺度涡结构，如何使涡丝既保持光滑又能精确地给出结构的信息，有待进一步探讨。离散涡丝方法已应用于一些含大涡结构的三维流场，例如模拟机翼尾部涡的相互作用、三维扰动在边界层的发展、涡的破碎、圆球绕流、分层和剪切作用下涡环的演变等。

8.6.4 离散涡环方法

8.5.3 节给出了轴对称条件下涡环的解析解。在涡方法的数值模拟中，采用的是将涡环离散的方法，以下以圆射流为例说明离散涡环方法的应用。

在图 8.23 中，将圆管内的剪切层离散成一排涡环，再将每个涡环离散成若干涡段，将每一段视为曲线涡丝，第 i 段涡丝的诱导速度 $\boldsymbol{v}_i$ 由式 (8.94) 的 Biot-Savart 公式给出：

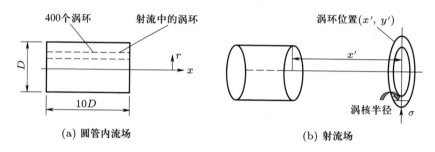

(a) 圆管内流场　　　　　　(b) 射流场

图 8.23　圆射流场离散涡环示意图

$$\boldsymbol{v}_i = -\frac{\Gamma_i}{4\pi}\int_L \frac{1}{R^3}\boldsymbol{R}\times\mathrm{d}\boldsymbol{l}$$

式中各量的定义见式 (8.94) 的定义，所有涡段、涡环的诱导速度为：

$$\boldsymbol{v} = -\sum_{i=1}^{M\times N}\frac{\Gamma_i}{4\pi}\int_L \frac{1}{R^3}\boldsymbol{R}\times\mathrm{d}\boldsymbol{l} \tag{8.113}$$

式中，M 表示每个涡环分成 M 段；N 是涡环的个数。用式 (8.113) 计算涡段所在位置处 $(R=0)$ 的诱导速度时会产生奇异性，为此可采用修正的 Biot-Savart 公式：

$$\boldsymbol{v} = -\sum_{i=1}^{M\times N}\frac{\Gamma_i}{4\pi}\int_L \frac{1}{(R^2+\eta^2)^{3/2}}\boldsymbol{R}\times\mathrm{d}\boldsymbol{l} \tag{8.114}$$

式中，$\eta^2=\alpha r^2$ 是待定常数，r 是涡段的半径，涡段内涡量为高斯分布时，$\alpha=0.412$，均匀分布时，$\alpha=0.22$，当两个不同半径的涡段相互作用时，$\eta^2=\alpha(r_i^2+r_j^2)$，

此时 $\alpha = 0.206\,5$。为体现涡段拉伸所引起的涡量变化，用 $\mathrm{d}(r_i^2 l_i)/\mathrm{d}t = 0$ 给出第 i 个涡段的半径与长度 l_i 的关系。

流场由圆管内的流场和射流场组成，圆管内流场如图 8.23 (a) 所示，将圆管内的剪切流场用 N 个涡环代替，N 要足够大以至可以忽略圆管进口对射流场的影响。一个涡环从右端射出圆管后，在圆管左端补充一个新涡环。射流场如图 8.23 (b) 所示，圆管出口右端流场中每一点的速度，由射出圆管的涡环和管内涡环所产生的诱导速度叠加而成。每个涡环中，涡段产生的诱导速度如式 (8.114) 所示，涡段所在的位置由前一时刻的速度和位置经二阶近似得到：

$$r_{t+\Delta t} = r_t + \frac{1}{2}(3v_t - v_{t+\Delta t})\Delta t \tag{8.115}$$

式中，r_t 和 $r_{t+\Delta t}$ 是涡段在 t 和 $t + \Delta t$ 时刻的位置；v_t 和 $v_{t+\Delta t}$ 是 t 和 $t + \Delta t$ 时刻的速度。经过 Δt 后，接着对新位置式 (8.115) 上的涡段，按以上步骤由式 (8.114) 计算诱导速度，如此继续下去，可以得到每个涡段在每一时刻所处的位置以及流场的速度分布。

相比于其他方法，涡方法的特点可以归纳为以下几个方面。一是计算域只位于流场的有旋区域，需要的计算贮存空间较少；二是计算量与离散涡元个数平方成正比，随着涡元个数的增加而迅速增加；三是属于 Lagrange 框架，无需处理方程中非线性的对流项，可在较大的时间步长内较精确地给出涡结构的特性；四是通过计算点的局部集中，可描述小尺度涡结构以间歇形式存在的流场；五是可以较精确地处理无穷远处或具有外流的边界条件。

思考题与习题

8.1 已知在柱坐标下有速度场为 $v(v_r, v_\theta, v_z) = (0, arz, 0)$，这里 a 为常数：

(1) 计算对应的涡量场；

(2) 验证 $\nabla \cdot \boldsymbol{\omega} = 0$；

(3) 在 r-z 平面中画出流线和涡线，并说明涡线为 $zr^2 =$ 常数。

8.2 若流场速度分布为：

$$v_x = -\frac{cy}{x^2 + y^2}, \quad v_y = -\frac{cx}{x^2 + y^2}, \quad v_z = 0$$

(1) 试用速度环量说明运动是否有旋；

(2) 作一围绕 z 轴的任意封闭曲线，试用 Stokes 定理求沿此封闭周线的速度环量，并说明为何此环量值与所取封闭周线的形状无关。

8.3 若流场的速度分布为 $v_x = y + 2z$，$v_y = z + 2x$，$v_z = x + 2y$，试求：

(1) 在 $x + y + z = 1$ 平面上面积为 $\mathrm{d}S = 0.000\,1\ \mathrm{m}^2$ 的涡索强度；

(2) 在 $z = 0$ 平面上面积为 $\mathrm{d}S = 0.000\,1\ \mathrm{m}^2$ 的涡通量。

8.4 设 $\boldsymbol{\omega}_P$ 是 P 点的涡量，$\boldsymbol{n}$ 为过 P 点的某一微面元的单位法向矢量，试证明流体在此微面元内绕 $\boldsymbol{n}$ 轴旋转的平均角度为 $\boldsymbol{\omega}_P \cdot \boldsymbol{n}/2$。

8.5 判断下列情形是否产生涡旋：

(1) 一桶水，下层为盐水，上层为淡水，桶从静止往上做加速运动；

(2) 一长水槽，下层为盐水，上层为淡水，在水槽一端放一平板，推动平板沿水槽运动。

8.6 试计算点涡流场的黏性应力分量 σ_{rr}、$\sigma_{r\theta}$ 和 $\sigma_{\theta\theta}$，并证明对于一流体单元，其所受黏性力的合力为 0，即 $\partial \sigma_{ij}/\partial x_i = 0$。

8.7 速度场也可以通过另一种形式分解，即 $\boldsymbol{v} = \nabla\varphi + \lambda\nabla\mu$，其中 φ、μ 和 λ 是三个标量函数，试证明 $\lambda = $ 常数和 $\mu = $ 常数的二曲面之交线是涡线。

8.8 已知不可压缩流体平面运动的流线方程为 $\theta = \theta(r)$，且速度只是 r 的函数，试证明涡量为：

$$\omega = -\frac{r}{k}\frac{\mathrm{d}}{\mathrm{d}r}\left(r\frac{\mathrm{d}\theta}{\mathrm{d}r}\right)$$

8.9 从无黏可压缩流的连续性方程和 Euler 方程，推导如下方程：

$$\frac{\mathrm{D}}{\mathrm{D}t}\left(\frac{\boldsymbol{\omega}}{\rho}\right) = \left(\frac{\boldsymbol{\omega}}{\rho}\right)\cdot\nabla\boldsymbol{v} + \frac{1}{\rho^3}\nabla\rho\times\nabla p$$

8.10 试推导黏性可压缩流体的涡量动力学方程，假设第一、第二黏性系数为常数。

8.11 一个运动坐标系以常速度 V 和常角速度 Ω 相对于静止绝对坐标运动，试写出运动坐标系中的涡量动力学方程，假设流体为黏性、均质不可压缩。

8.12 已知二维流场中 Oseen 涡的涡量分布为：

$$\omega = \frac{\Gamma_0}{4\pi\nu t} \exp\left(-\frac{r^2}{4\nu t}\right)$$

求其总涡量、流体冲量、动能及能量耗散率。

8.13 已知二维流场中 Taylor 涡的涡量分布为：

$$\omega = \frac{M}{2\pi\nu t}\left(1 - \frac{r^2}{4\nu t}\right)\exp\left(-\frac{r^2}{4\nu t}\right)$$

求其总涡量、流体冲量、动能及能量耗散率。

8.14 试推导 Hill 球涡内部的压力分布。

8.15 设流体从一个圆筒内流下，其速度分布为 $\boldsymbol{v} = u(r)\boldsymbol{\theta} + w(r)\boldsymbol{k}$，试在柱坐标系中计算其涡量，并描述该流动的涡线、涡面和涡管之形状。该流动是否可能存在 (即满足连续性方程和无黏不可压缩流的涡量动力学方程)？

8.16 试用点涡系来构建 Kármán 涡街，并分析其稳定性。

8.17 针对复杂流场中涡旋的表征方法，试给出常用的 Q 判据、Δ 判据和 λ_2 判据的定义。

8.18 试设计一种实验装置，实现如图 8.11 所示的涡环缠结的结构。

8.19 涡量一次积分方法是除涡丝方法之外的另一种三维涡方法，试基于 Lagrange 描述，给出式 (8.8) 的积分形式 (假设不可压缩流场)，并给出涡量一次积分方法的基本求解方程。

8.20 调研涡格方法基本思想，试用涡格方法给出平板表面气动载荷的求解方法。

参考文献

[1] 吴望一. 流体力学[M]. 2 版. 北京：北京大学出版社，2021.

[2] 童秉纲，尹协远，朱克勤. 涡运动理论[M]. 2 版. 合肥：中国科学技术大学出版社，2009.

[3] COTTET G, KOUMOUTSAKOS P D. Vortex Methods: Theory and Practice[M]. London: Cambridge University Press, 2000.

第 9 章　微纳尺度通道流

随着自然科学和工程技术的发展,微纳尺度通道内的流动问题越来越普遍。本章介绍与微纳尺度通道流动相关的内容。

9.1　微纳尺度通道流的应用及特点

Feynman 曾在论文中表述 "There's plenty of room at the bottom",认为这个 "plenty of room" 大有文章可做。与常规尺度通道流相比,微纳尺度通道流有其特殊的性质可被利用,微纳机电系统和微全分析系统便是典型例子,前者具备大尺度系统没有的功能,集自动化、智能化和可靠性于一体,应用于工业、国防、医学、生物、农业和家庭服务等领域;后者可对微量流体进行采样、稀释、反应、分离、检测等复杂和精确的操作,用于稀有细胞的筛选、信息核糖核酸的提取和纯化、基因测序、单细胞分析、蛋白质结晶、药物检测等。

9.1.1　微纳机电系统

微纳机电系统离不开微纳尺度通道的流动。微机电系统 (micro electro mechanical system, MEMS) 将集成电路工艺设计制造与电子元件和机械器件集于一体,融计算、传感和执行于一体实施操作,能执行复杂和细微的工作。MEMS 在应用中往往与微纳流动有关, 如导尿管的微型压力传感器用于病人的导尿、由微流体网络组成的新型生物学活性测定装置用于药物递送等。MEMS 体积小且质量轻,所以能耗小、惯性小、谐频高、响应快。纳机电系统 (nano electro mechanical system, NEMS) 是以量子效应、界面效应和纳米尺度效应为工作特征的器件和系统,其特征尺度介于亚纳米和百纳米之间,可视为 MEMS 在纳米尺度上的再现。

图 9.1 给出了特征尺度及其相关的参照物，NEMS 与 MEMS 在尺度上的差异导致了两者在功能上的差别。NEMS 具有 MEMS 所不具备的如超高频率、超低能耗、超高灵敏度、对吸附性超强控制能力等特性。NEMS 对加工技术的要求更高，加工途径一是从最小构造模块的分子开始进行物质构筑；二是把功能分子、原子精细地组成纳米尺度的分子线、膜，再用纳米结构和功能单元集成。

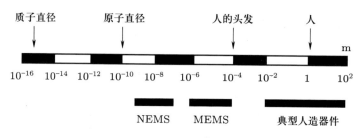

图 9.1 特征尺度及其参照物

9.1.2 微全分析系统

以 MEMS 为基础的微全分析系统 (micro total analysis system，μTAS) 将分析设备微型化和集成化，把实验室的功能集成到便携的设备乃至尺度很小的芯片上，故又称为芯片实验室 (lab-on-a-chip，LOC)。μTAS 是交叉领域发展的产物，与力学、电子、机械、材料、光仪、计算机等领域密切相关，其发展构筑于对物质在微纳尺度下的流动、传质、传热、吸附、反应规律的掌握。

μTAS 有芯片式和非芯片式两类，前者又分为微流控芯片和微阵列芯片。微流控芯片把采样、试剂添加、分离、反应、检测等集成在微芯片上。微阵列芯片主要用于 DNA 分析。两种芯片之间存在互补、融合、借鉴的关系。

在微流控芯片出现以前，就有了分析系统自动化、微型化的雏形，例如间隔式连续流动分析方法。该方法突破了传统操作中以玻璃器皿和量器为主的模式，把分析转移到液体连续流动的管道中，据此发展了溶液连续驱动手段——蠕动泵。但连续流动分析方法在设备微型化和试样与试剂的消耗方面仍有不足，于是就出现了流动注射分析技术。该技术基于连续流动分析的原理，在非平衡条件下进行高重现性的定量分析，提高了分析速度，操作也从进样和检测发展到含溶剂萃取、沉淀、气–液分离、渗析等在内的多种过程，促进了系统自动化和微型化的发展。

微流控芯片有若干优势，一是可在数秒至数十秒时间内完成测定、分离等复杂的操作，这种快捷性源于通道中的高传质和导热速率；二是大大降低了分析费用和贵重生物试样的消耗，减少环境污染；三是集成后的芯片便于携带而方便现场分析；四是加工制造的耗材少，批量生产的成本低且利于推广使用。

9.1.3　微纳尺度通道流的特点

对于微纳尺度通道内流体的运动，当通道尺度仍远大于分子平均自由程时，宏观的模型和方程虽可以使用，但各因素影响流动的程度有了变化，流动规律也会有相应变化。当通道尺度小到与分子平均自由程量级相当时，基于连续介质假设的宏观模型和方程需重新审视，与分子运动有关的黏性系数也会发生改变。在微纳尺度通道流中，通常需考虑速度的壁面滑移、稀薄性、热蠕动、可压缩性、分子间作用力等效应。

体积力和表面力是作用于运动流体上的主要力，它们分别与特征长度的三次方的体积和二次方的面积成正比。面积与体积之比，随特征长度的减小而增大，当特征长度很小时，表面力的作用大大加强，这将直接影响流体通过表面的质量、动量和能量的传输。表面力通常来源于分子间的作用力，该力本质上是作用距离小于 1 nm 的短程力，但累积后会形成大于 0.1 μm 的长程力，例如液体的表面张力。

在微纳尺度通道流中，通道壁面的粗糙元高度与通道尺度之比的相对粗糙度较大，对流场的影响也较大，该比值会使流场提前转捩，还会增加流动阻力。除了粗糙元高度以外，粗糙元的分布对流动也有一定影响。在微纳尺度通道流中，与分子运动相关的黏性系数会发生变化，黏性系数与各影响因素的关系尚难以解析表示，图 9.2 给出了由黏性导致的摩擦系数与 Re 的关系的实验结果，其中 C^* 是量纲为一的摩擦系数，不同符号表示不同的实验结果。

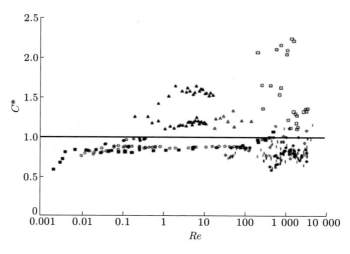

图 9.2 黏性导致的摩擦系数与 Re 的关系

对含有极性离子的流体，极性离子的吸附作用对微纳尺度通道中流体的运动有显著影响，流动阻力将大于非极性流体。即便是非极性流体，流动阻力也会因小尺度效应而不同，例如蒸馏水在 0.2 μm 管道内的流动阻力仅是酒精的三分之一。在微纳尺度通道液体含气泡的流动中，浸没于流体中的气泡和附在管壁上的气泡对流动的影响不同。对浸没于流体中的气泡而言，气泡体积将随压力的变化而变化，从而导致流体速度变化。附在管壁上的气泡会使流道变小而增加流动阻力，这些气泡时而沿管壁移动，时而破灭，使流动不稳定。

在微纳尺度通道流尤其是微流控芯片流道中，管壁上会有电荷存在，这些电荷来自电解液的离子化基或流体中被吸附的电荷，在管壁上电荷的静电吸附和分子扩散双重作用下，近壁流体中的抗衡离子会形成如图 9.3 所示的由紧密层和扩散层组成的双电层，紧密层厚度只有 1~2 个离子，在较厚的扩散层中，电荷密度随着与壁面距离的增加而减小。紧密层和扩散层界面上的电势称为 Zeta 电位。

微纳尺度通道流中通常会涉及电泳、电渗和电黏现象。电泳是溶液中带电粒子在电场中的运动，电泳技术就是根据带电粒子移动速度的不同而对其进行分离。电渗是在电场作用下贴壁液体与壁的相对运动。管道中的流体在压力驱动下流动时，紧密层中的离子被管壁吸引不能移动，扩散层中的离子在流体作用下向下游运动后在下游积聚, 积聚的离子作用于扩散层中的离子, 使其反向流动, 这就是电黏现象。

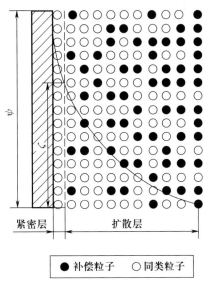

图 9.3 双电层示意图

9.1.4 掌握微纳尺度通道流规律的意义

对微纳机电系统和微全分析系统而言, 加工技术的水平高于对小尺度下非常规物理现象的研究水平, 后者的相对滞后影响了这两大系统的器件设计、制造、优化和应用的进一步发展。而微纳尺度下非常规物理现象的重要方面, 就是微纳尺度通道内的流动和传热特性。

在微纳机电系统和微全分析系统中, 微纳尺度通道内的流动非常普遍, 如微型泵与阀、空间推进器、生物芯片、换热器、流量传感器等。微纳尺度通道流会出现与常规尺度下的流动明显不同的现象, 如微马达部件的尺度从几十微米跨越到亚微米, 可产生比其自身重量大 3 个量级的轴向力, 而马达中 75% 的黏性阻力来源于转子下表面的流场, 该流场 Knudsen(克努森) 数的范围为 0.001~0.4, 是跨区域的流动。

微全分析系统和生物芯片技术涉及化学、生物和生理等过程, 与这些过程有关的基本载体是液体，这就涉及微纳尺度通道流动。在纳米尺度下，表面效应是主导流体输运的因素，在离壁面几纳米范围内，壁面势能会导致流体的流动特性出现非连续性，壁面的吸附作用会使流动阻力比常规尺度情况下增大几十倍。

可见，研究微纳尺度通道中流体的运动规律，对于促进微纳机电系统、微全分析系统等微纳器件的设计、制造和应用水平的提高具有重要意义。

9.2 基本理论与研究方法

微纳尺度通道流动的特殊性可从以下几个方面体现。

9.2.1 基本参数和区域划分

在微纳尺度通道流中，通常会涉及以下基本参数。

1. Knudsen 数 (Kn)

在微纳尺度通道流中，Kn 定义为流体分子平均自由程与流场特征尺度之比：

$$Kn = \frac{\lambda}{L} \tag{9.1}$$

式中，λ 是分子平均自由程；L 是流场特征尺度。气体分子平均自由程是分子两次碰撞间通过的平均距离。分子硬球模型的 λ 为：

$$\lambda = \frac{1}{\sqrt{2}\pi n d^2} \tag{9.2}$$

式中，d 是分子直径；n 是分子数密度。压力和温度的关系为：

$$p = n k_B T \tag{9.3}$$

式中，k_B 是 Boltzmann 常量 $(1.38 \times 10^{-23} \text{ J/K})$，于是 λ 可写成：

$$\lambda = \frac{k_B T}{\sqrt{2}\pi p d^2} \tag{9.4}$$

流场特征尺度也可定义为宏观量 Q 的梯度：

$$L = \frac{Q}{\mathrm{d}Q/\mathrm{d}x} \tag{9.5}$$

2. Mach(马赫) 数 (Ma)

Ma 定义为当地流动速度与声速之比，是描述流体可压缩性的量：

$$Ma = \frac{v}{a} \tag{9.6}$$

式中，v 是当地流体速度；a 是声速：

$$a = \sqrt{\gamma R_0 T} \tag{9.7}$$

式中，R_0 是气体常数；γ 是比热比：

$$\gamma = \frac{c_p}{c_v} \tag{9.8}$$

式中，c_p 和 c_v 分别是定压热容和定容热容。

3. Kn 与 Ma、Re 的关系

在气体运动论中，气体黏性与分子平均自由程有关：

$$\mu = \frac{1}{2}\rho\lambda\bar{c} \tag{9.9}$$

式中，$\bar{c}$ 是分子平均速度，与声速的关系为：

$$\bar{c} = \sqrt{\frac{8}{\pi\gamma}}a \tag{9.10}$$

综合以上方程可得：

$$Kn = \sqrt{\frac{\pi\gamma}{2}}\frac{Ma}{Re} \tag{9.11}$$

4. 流动区域的划分

基于 Kn 的值，流动大致可分为以下四个区域。

$Kn \leqslant 10^{-3}$ 为连续区，在该区内，可使用基于连续介质假设的流体运动控制方程，即忽略黏性的 Euler 方程和考虑黏性的 N-S 方程，壁面上可采用无滑移边界条件。

$10^{-3} < Kn \leqslant 0.1$ 为滑移区，该区内的流体已开始偏离热力学平衡态，虽然还可用 N-S 方程来描述流体的运动，但壁面上需采用滑移边界条件。

0.1 < Kn ≤ 10 为过渡区，该区内既不能使用基于连续介质假设的流体控制方程，也难以采用分子动力学的方法描述流场，流体运动的模拟较为困难。

$Kn > 10$ 为自由分子区，在该区内必须采用分子动力学方法来描述流体的运动，如直接模拟 Monte Carlo (DSMC) 方法。

图 9.4 是气体微纳尺度流动模拟中的区域划分，δ 为平均分子间距。

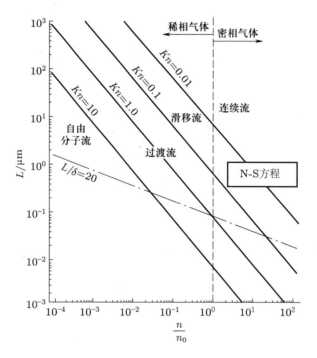

图 9.4 气体微流动中的区域划分

9.2.2 基本方程与边界条件

如前所述，在微纳尺度通道流中，要根据 Kn 的值来选择基本方程和边界条件。

9.2.2.1 Euler 方程和 N-S 方程

Boltzmann 方程可描述分子运动，当采用 Chapman-Enskog 展开推导 Boltzmann 方程中的应力和热通量项时，展开的阶数不同，得到的方程也不同。当 Kn 很小甚至为 0 时，零阶展开可得到描述无黏流体运动的 Euler 方程。

当 Kn 较小 ($Kn < 0.1$) 时，一阶展开可得到基于连续介质假设的 N-S 方程，其中当 $Kn \leqslant 10^{-3}$ 时，可由壁面上速度无滑移边界条件求解 N-S 方程；当 $10^{-3} < Kn \leqslant 0.1$ 时，由壁面上速度滑移边界条件还可求解 N-S 方程。N-S 方程的成立基于流体为连续介质、流动无较大偏离热力学平衡的前提，其中后者在微纳尺度通道流中往往不易满足，因为微纳尺度通道流体单元包含的分子数不足够多，进出单元的分子会影响单元的特性，从而使应力和应变率之间的线性关系不再成立。

当流场处于 $Kn < 0.1$ 范围的连续–滑移区时，流体连续介质假设仍旧满足，可以根据质量守恒、动量守恒和能量守恒定律，分别得到张量形式的流体运动的连续性方程、运动方程和能量方程：

$$\frac{\partial \rho}{\partial t} + \frac{\partial (\rho v_k)}{\partial x_k} = 0 \tag{9.12}$$

$$\rho \left(\frac{\partial v_i}{\partial t} + v_k \frac{\partial v_i}{\partial x_k} \right) = \frac{\partial P_{ki}}{\partial x_k} + \rho g_i \tag{9.13}$$

$$\rho \left(\frac{\partial E}{\partial t} + v_k \frac{\partial E}{\partial x_k} \right) = -\frac{\partial q_k}{\partial x_k} + \tau_{ki} \frac{\partial v_i}{\partial x_k} \tag{9.14}$$

式中，v_k 是速度分量；ρ 是密度；P_{ki} 是二阶应力张量；g_i 是体积力；E 是内能；q_k 是含传导和辐射的总热通量。方程 (9.12) 和 (9.13) 对应矢量形式的方程 (1.82) 和 (1.90)。

方程 (9.12)~(9.14) 的未知量个数多于方程个数，为使方程能封闭求解，需补充应力张量与速度、温度与热流量之间的关系式和状态方程。对牛顿流体有：

$$P_{ki} = -p\delta_{ki} + \mu \left(\frac{\partial v_i}{\partial x_k} + \frac{\partial v_k}{\partial x_i} \right) - \frac{2}{3}\mu \left(\frac{\partial v_j}{\partial x_j} \right) \delta_{ki} \tag{9.15}$$

$$q_i = k\frac{\partial T}{\partial x_i} + H_r, \quad c_v = \frac{\mathrm{d}E}{\mathrm{d}T}, \quad p = \rho R_0 T \tag{9.16}$$

式中，p 是压力；μ 是黏性系数；δ_{ki} 为 Kronecker 二阶单位张量；k 是导热系数；T 是温度；H_r 是辐射热；c_v 是定容热容；$R_0 = k/m$ 为气体常数，m 为单个分子质量。方程 (9.15) 对应方程 (1.92)。

将方程 (9.15)~(9.16) 代入方程 (9.12)~(9.14) 并忽略辐射热得:

$$\frac{\partial \rho}{\partial t} + \frac{\partial (\rho v_k)}{\partial x_k} = 0 \tag{9.17}$$

$$\rho \left(\frac{\partial v_i}{\partial t} + v_k \frac{\partial v_i}{\partial x_k} \right) = -\frac{\partial p}{\partial x_i} + \frac{\partial}{\partial x_k} \left[\mu \left(\frac{\partial v_i}{\partial x_k} + \frac{\partial v_k}{\partial x_i} \right) - \frac{2}{3} \mu \frac{\partial v_j}{\partial x_j} \delta_{ki} \right] + \rho g_i \tag{9.18}$$

$$\rho c_v \left(\frac{\partial T}{\partial t} + v_k \frac{\partial T}{\partial x_k} \right) = \frac{\partial}{\partial x_k} \left(k \frac{\partial T}{\partial x_k} \right) - p \frac{\partial v_k}{\partial x_k} + \Phi \tag{9.19}$$

式中, Φ 是黏性耗散率:

$$\Phi = \frac{1}{2} \mu \left(\frac{\partial v_i}{\partial x_k} + \frac{\partial v_k}{\partial x_i} \right)^2 - \frac{2}{3} \mu \left(\frac{\partial v_j}{\partial x_j} \right)^2 \tag{9.20}$$

对不可压缩流体, 方程 (9.17)~(9.19) 简化为:

$$\frac{\partial v_k}{\partial x_k} = 0 \tag{9.21}$$

$$\rho \left(\frac{\partial v_i}{\partial t} + v_k \frac{\partial v_i}{\partial x_k} \right) = -\frac{\partial p}{\partial x_i} + \mu \frac{\partial^2 v_i}{\partial x_k^2} + \rho g_i \tag{9.22}$$

$$\rho c_p \left(\frac{\partial T}{\partial t} + v_k \frac{\partial T}{\partial x_k} \right) = \frac{\partial}{\partial x_k} \left(k \frac{\partial T}{\partial x_k} \right) + \frac{1}{2} \mu \left(\frac{\partial v_i}{\partial x_k} + \frac{\partial v_k}{\partial x_i} \right)^2 \tag{9.23}$$

式中, c_p 为定压热容。

9.2.2.2　Burnett 方程

当 $Kn > 0.1$, 流动处于过渡区, 采用 Chapman-Enskog 二阶展开可获得应力张量 $P_{ki}(\boldsymbol{P})$ 和热通量 $q_k(\boldsymbol{q})$ 偏离热平衡态的二阶近似:

$$\boldsymbol{P}^{(2)} = \frac{\mu^2}{p} \left[\omega_1 \nabla \cdot \boldsymbol{v} e + \omega_2 \left(De - 2 \overline{\overline{\nabla \boldsymbol{v} \cdot e}} \right) + \omega_3 R \overline{\overline{\nabla \nabla T}} + \right.$$
$$\left. \frac{\omega_4}{\rho T} \overline{\overline{\nabla p \nabla T}} + \omega_5 \frac{R}{T} \overline{\overline{\nabla T \nabla T}} + \omega_6 \overline{\overline{e \cdot e}} \right] \tag{9.24}$$

$$\boldsymbol{q}^{(2)} = R \frac{\mu^2}{p} \left[\theta_1 \nabla \cdot \boldsymbol{v} \nabla T + \theta_2 \left(D \nabla T - \nabla \boldsymbol{v} \cdot \nabla T \right) + \right.$$
$$\left. \theta_3 \frac{T}{p} \nabla p \cdot e + \theta_4 T \nabla \cdot e + 3 \theta_5 \nabla T \cdot e \right] \tag{9.25}$$

式中，上标 (2) 表示二阶近似；张量的双上划线表示无散对称张量；$\omega_1 \sim \omega_6$、$\theta_1 \sim \theta_5$ 是常系数，取决于气体模型；D 是扩散系数；$\boldsymbol{v}$ 是速度矢量；$\boldsymbol{e}$ 是无散对称速度梯度张量。

将方程 (9.13) 中的 P_{ki} 和方程 (9.14) 中的 q_k 用式 (9.24) 的 $\boldsymbol{P}^{(2)}$ 和式 (9.25) 的 $\boldsymbol{q}^{(2)}$ 代替，得到的是原始 Burnett 方程，该方程很复杂，对边界条件提法的要求较高，数值求解时对高频扰动存在不稳定性问题。随着对 Burnett 方程研究的深入，相继出现了多种形式的方程，如增广 Burnett 方程、BGK Burnett 方程等。

Burnett 方程采用了比 N-S 方程高一阶的 Chapman-Enskog 展开，能更充分地描述应力与应变率之间的非线性关系，即能在更大 Kn 范围内描述气体运动。Burnett 方程已在低压高超声速气流和微纳尺度通道气体运动中得到应用。Burnett 方程能用于 $Kn > 0.1$ 的过渡区内的流场求解，即便是在 $10^{-3} < Kn \leqslant 0.1$ 的滑移区，也有成功应用的例子。已有数值模拟研究表明，基于 Burnett 方程的模拟结果，比基于 N-S 方程的模拟结果更接近由直接模拟 Monte Carlo 方法和实验得到的结果。

9.2.2.3 对流扩散方程

在微纳尺度通道流中，经常要用到以下对流扩散方程：

$$\frac{\partial}{\partial t}(\rho\theta) + \nabla \cdot (\rho\boldsymbol{v}\theta) = \nabla \cdot (\rho D\nabla\theta) \tag{9.26}$$

式中，ρ 是密度；θ 是物质浓度；$\boldsymbol{v}$ 是速度矢量；D 是扩散系数。

对一高度为 H、宽度为 w 的矩形通道，定义水力半径为：

$$L = \frac{Hw}{H + w} \tag{9.27}$$

用其对方程 (9.26) 进行量纲为一化并保持原符号不变，可得：

$$\frac{\partial}{\partial t}(\rho\theta) + \nabla \cdot (\rho\boldsymbol{v}\theta) = \frac{1}{ScRe}\nabla(\rho D\nabla\theta) \tag{9.28}$$

式中，$Sc = \mu/\rho D$ 为 Schmidt(施密特) 数。

9.2.2.4 电渗驱动流体运动方程

电渗驱动是微纳尺度通道流中常见的一种驱动方式，假设流体不可压缩，连续性方程如式 (9.21) 所示，运动方程 (9.18) 的矢量形式为：

$$\frac{\partial \boldsymbol{v}}{\partial t} + (\boldsymbol{v} \cdot \nabla)\boldsymbol{v} = -\frac{1}{\rho}\nabla p + \nu\nabla^2\boldsymbol{v} + \boldsymbol{F} \tag{9.29}$$

式中，$\boldsymbol{F}$ 为电场力。基于连续性方程 (9.21)，对上式两边取散度后可得：

$$\nabla^2 p = \rho\nabla \cdot (\boldsymbol{F} - \boldsymbol{v}\nabla\boldsymbol{v}) \tag{9.30}$$

式中，电场力的方程为：

$$\rho\boldsymbol{F} = \rho_{\mathrm{e}}\boldsymbol{E} \tag{9.31}$$

式中，ρ_{e} 为空间电荷密度，与基本电荷 q_{e} 成正比；$\boldsymbol{E}$ 为电场强度：

$$\boldsymbol{E} = -\nabla\Phi \tag{9.32}$$

式中，Φ 为电势，由 Maxwell 方程，可得电势的 Poisson 方程：

$$\nabla^2\Phi = -\frac{\rho_{\mathrm{e}}}{\varepsilon} \tag{9.33}$$

式中，ε 为介电常数。电渗流中的总电势由外电势和壁面电势组成：

$$\Phi = \varphi + \psi \tag{9.34}$$

其中，外电势和壁面电势分别满足 Laplace 方程和 Poisson 方程：

$$\nabla^2\varphi = 0 \tag{9.35}$$

$$\nabla^2\psi = -\frac{\rho_{\mathrm{e}}}{\varepsilon} \tag{9.36}$$

9.2.2.5 边界条件

Euler 方程中含速度的一阶空间导数，壁面上的边界条件只需提法向速度分量条件。N-S 方程中含速度的二阶空间导数，壁面边界条件还需增加切向速度分量的条件。当 $Kn \leqslant 10^{-3}$ 时，壁面切向速度可提无滑移边界条件，温度可提无跳跃条件。当 $Kn > 10^{-3}$ 时，壁面存在切向速度滑移和温度跳跃。

线性边界条件可给出壁面切向速度滑移与剪切力间的关系:

$$\Delta v|_{\mathrm{w}} = |v_{\mathrm{f}} - v_{\mathrm{w}}| = L_{\mathrm{s}} \frac{\partial v_x}{\partial y}\bigg|_{\mathrm{w}} \tag{9.37}$$

式中, 下标 f 和 w 表示流体和壁面; L_{s} 是滑移长度, 该值通常很小。对气体在壁面上运动的情形, 当气体分子撞击光滑壁面后做镜面反射 (即入射角与反射角相同) 时, 分子保持切向动量, 气流呈现完全的滑移流。而当气体分子撞击粗糙壁面后做漫反射 (即入射角与反射角无关) 时, 切向动量亏损由有限的速度滑移平衡, 壁面上的力平衡导致:

$$\Delta v|_{\mathrm{w}} = |v_{\mathrm{g}} - v_{\mathrm{w}}| = \lambda \frac{\partial v_x}{\partial y}\bigg|_{\mathrm{w}} \tag{9.38}$$

式中, 下标 g 表示气体; λ 是气体分子平均自由程。该式说明, 滑移速度与分子平均自由程以及速度梯度成正比。若 λ 进一步增大, 气体离平衡态更远, 式 (9.38) 后需添加高阶项。

在实际情形中, 当气体在壁面上运动时, 气体分子撞击壁面后会同时存在镜面反射和漫反射。定义 σ_v 为漫反射分子的比例, $\sigma_v = 0.2 \sim 0.8$, 具体值取决于气体物性、壁面材料特性和壁面粗糙度, 于是方程 (9.38) 为:

$$\Delta v|_{\mathrm{w}} = |v_{\mathrm{g}} - v_{\mathrm{w}}| = \frac{2 - \sigma_v}{\sigma_v} \lambda \frac{\partial v_x}{\partial y}\bigg|_{\mathrm{w}} \tag{9.39}$$

$\sigma_v = 0$ 对应滑移速度无界, $\sigma_v = 1$ 对应方程 (9.38)。

对理想气体的二维流动, 滑移速度和温度跳跃边界条件为:

$$\begin{aligned}
v_{\mathrm{g}} - v_{\mathrm{w}} &= \frac{2 - \sigma_v}{\sigma_v} \frac{l}{\rho \sqrt{2 R_0 T_{\mathrm{g}}/\pi}} \tau_{\mathrm{w}} + \frac{3 Pr\,(\gamma - 1)}{4 \gamma \rho R_0 T_{\mathrm{g}}} (-q_x)\bigg|_{\mathrm{w}} \\
&= \frac{2 - \sigma_v}{\sigma_v} l \frac{\partial v_x}{\partial y}\bigg|_{\mathrm{w}} + \frac{3\mu}{4 \rho T_{\mathrm{g}}} \frac{\partial T}{\partial x}\bigg|_{\mathrm{w}}
\end{aligned} \tag{9.40}$$

$$\begin{aligned}
T_{\mathrm{g}} - T_{\mathrm{w}} &= \frac{2 - \sigma_T}{\sigma_T} \left[\frac{2(\gamma - 1)}{\gamma + 1}\right] \frac{1}{\rho \sqrt{2 R T_{\mathrm{g}}/\pi}} (-q_x)\bigg|_{\mathrm{w}} \\
&= \frac{2 - \sigma_T}{\sigma_T} \left(\frac{2\gamma}{\gamma + 1}\right) \frac{l}{Pr} \frac{\partial T}{\partial y}\bigg|_{\mathrm{w}}
\end{aligned} \tag{9.41}$$

式中，R_0 是气体常数；ρ 是密度；μ 是黏性系数；T 是温度；τ_{w} 是壁面剪应力；Pr 是 Prandtl 数；γ 是比热比；q_x 是壁面热通量；σ_v 和 σ_T 分别为：

$$\sigma_v = \frac{\tau_{\mathrm{i}} - \tau_{\mathrm{r}}}{\tau_{\mathrm{i}} - \tau_{\mathrm{w}}}, \quad \sigma_T = \frac{\mathrm{d}E_{\mathrm{i}} - \mathrm{d}E_{\mathrm{r}}}{\mathrm{d}E_{\mathrm{i}} - \mathrm{d}E_{\mathrm{w}}} \tag{9.42}$$

式中，τ 是切向动量通量；$\mathrm{d}E$ 是能量通量；下标 r 和 i 分别表示反射和入射。

方程 (9.40) 右边第二项是热蠕变项，该项在切向热通量的反方向产生流体滑移速度。当 Kn 足够大时，温度梯度会产生沿流向的压力梯度。

将方程 (9.40) 和 (9.41) 量纲为一化后可得：

$$v_{\mathrm{g}} - v_{\mathrm{w}} = \frac{2 - \sigma_v}{\sigma_v} Kn \frac{\partial v_x}{\partial y}\bigg|_{\mathrm{w}} + \frac{3}{2\pi} \frac{\gamma - 1}{\gamma} \frac{Kn^2 Re}{Ec} \frac{\partial T}{\partial x}\bigg|_{\mathrm{w}} \tag{9.43}$$

$$T_{\mathrm{g}} - T_{\mathrm{w}} = \frac{2 - \sigma_T}{\sigma_T} \left(\frac{2\gamma}{\gamma + 1} \right) \frac{Kn}{Pr} \frac{\partial T}{\partial y}\bigg|_{\mathrm{w}} \tag{9.44}$$

可见即使在小 Kn 情况下，小的 σ_v 和 σ_T 也能产生大的速度滑移和温度跃变。式中 Eckert(埃克特) 数 (Ec) 定义为：

$$Ec = \frac{v_0^2}{c_p \Delta T} = (\gamma - 1) \frac{T_0}{\Delta T} Ma^2 \tag{9.45}$$

式中，v_0 是参考速度；$\Delta T = T_{\mathrm{g}} - T_0$，$T_0$ 是参考温度。

结合方程 (9.45)，方程 (9.43) 中右边第二项热蠕变可用 ΔT 和 Re 表示：

$$v_{\mathrm{g}} - v_{\mathrm{w}} = \frac{2 - \sigma_v}{\sigma_v} Kn \frac{\partial v_x}{\partial y}\bigg|_{\mathrm{w}} + \frac{3}{4} \frac{\Delta T}{T_0} \frac{1}{Re} \frac{\partial T}{\partial x}\bigg|_{\mathrm{w}} \tag{9.46}$$

可见，在表面温度变化大或小 Re 的情况下，热蠕变效应明显。

总而言之，在 $Kn \leqslant 10^{-3}$ 的连续区，壁面上可采用速度无滑移和温度无跳跃的边界条件。在 $10^{-3} < Kn \leqslant 0.1$ 的滑移区，要采用一阶速度滑移和温度跳跃边界条件。在 $0.1 < Kn \leqslant 10$ 的过渡区，应采用二阶速度滑移和温度跳跃边界条件。

对于等温壁，高阶滑移速度条件和温度跳跃边界条件为：

$$v_{\mathrm{g}} - v_{\mathrm{w}} = \frac{2 - \sigma_v}{\sigma_v} \left(\lambda \frac{\partial v_x}{\partial y} \bigg|_{\mathrm{w}} + \frac{\lambda^2}{2!} \frac{\partial^2 v_x}{\partial y^2} \bigg|_{\mathrm{w}} + \frac{\lambda^3}{3!} \frac{\partial^3 v_x}{\partial y^3} \bigg|_{\mathrm{w}} + \cdots \right) \tag{9.47}$$

$$T_{\mathrm{g}} - T_{\mathrm{w}} = \frac{2 - \sigma_T}{\sigma_T} \left(\frac{2\gamma}{\gamma + 1} \right) \frac{1}{Pr} \left(Kn \frac{\partial T}{\partial y} \bigg|_{\mathrm{w}} + \frac{Kn^2}{2!} \frac{\partial^2 T}{\partial y^2} \bigg|_{\mathrm{w}} + \cdots \right) \tag{9.48}$$

由于近壁处速度和温度的高阶导数难以精确计算,所以上述条件难以实际使用。为避开计算高阶导数的困难,滑移速度可以采用如下关系式:

$$v_{\mathrm{g}} - v_{\mathrm{w}} = \frac{2 - \sigma_v}{\sigma_v} \frac{Kn}{1 - bKn} \frac{\partial v_x}{\partial y} \bigg|_{\mathrm{w}} + \frac{3}{2\pi} \frac{\gamma - 1}{\gamma} \frac{Kn^2 Re}{Ec} \frac{\partial T}{\partial x} \bigg|_{\mathrm{w}} \tag{9.49}$$

式中,b 是高阶滑移系数,可由无滑移解确定。温度跳跃边界条件也可以类似处理。

对液体流动而言,液体分子间的作用频繁,没有像气体那样分子层面上的成熟理论,难以定义准平衡状态,无法用 Kn 来判断边界上的速度滑移、温度跳跃以及本构关系是否线性,只能从最基本的分子动力学出发来给出液固界面的滑移程度与剪应变间的关系。

9.2.3 数值模拟方法

可以从宏观和微观的角度对流体的运动进行数值模拟,前者基于连续介质假设,已在常规尺度通道流动中得到广泛应用。后者将流体视为分子的集合,建立基于分子的确定性模型和统计性模型。分子动力学 (MD) 方法基于确定性模型,而统计性模型的出发点是 Liouville 方程。微纳尺度通道流的数值模拟方法如图 9.5 所示。

9.2.3.1 基于连续介质模型的方法

该方法是结合修正的边界条件求解 N-S 方程或 Burnett 方程,优点是计算效率高,对单组分、形状简单通道内的气体流动和换热的情况尤为明显,应优先采用。该方法的不足之处是难以处理一些涉及跨流动区、化学反应、大 Ma、复杂边界的情形。该方法主要是数值求解流场的偏微分方程,这与常规尺度通道流场方程的求解一样,区别在于对处于滑移区的流场,要对壁面速度无滑移

边界条件予以修正，考虑速度滑移和温度跳跃。常用的数值求解 N-S 方程或
Burnett 方程的方法包括有限差分法、有限体积法、有限元法等，在此不再赘述。

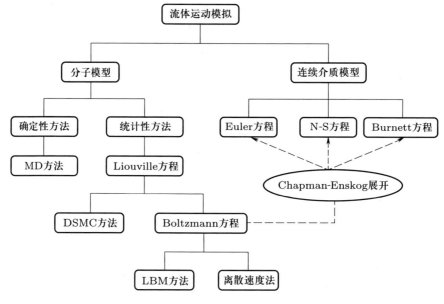

图 9.5 微纳尺度通道流的数值模拟方法

9.2.3.2 基于分子模型的方法

该方法将流体视为由众多离散分子组成并追踪分子的运动，从而给出分子
与边界碰撞、分子间碰撞导致的分子内能的变化。该方法分为确定性方法和统
计性方法两种。

在确定性方法中，MD 方法应用最广。在一定初始条件下，MD 方法对分
子运动、分子与边界的相互作用以及分子间碰撞的计算都是确定性的，特别适
合模拟稠密气体和液体的情形。

在统计性方法中，有两种方法较常用，一种是分子 Monte Carlo 方法，另
一种是直接模拟 Monte Carlo(DSMC) 方法。DSMC 方法与 MD 方法一样，追
踪分子的运动、碰撞、内能变化等，不同的是随机数的利用。在 DSMC 方法中，
分子初始位置和速度的设定、分子碰撞结果的判断都通过随机数实现。DSMC
方法仅考虑分子的二体碰撞，用较少的模拟分子代表大量的真实分子，比较适

合于稀疏气体。DSMC 方法在高超声速稀薄气体流场的模拟中得到了广泛应用，但用于微纳尺度通道流的模拟时还存在如下问题：一是计算量大，该方法的计算误差与模拟分子数的平方根成反比，为把误差降低 1/2，需增加 4 倍的模拟分子数；二是统计噪声大，分子速度与流体平均速度间会存在 2~5 个量级的差异，从而导致大的统计噪声；三是计算达到稳定状态所需的时间长，例如气体以 1 cm/s 流过长 1 cm、高 1 μm 的通道，模拟宏观扰动从进口到出口所需的时间为 1 s，而 DSMC 方法的时间步长一般小于 10^{-10} s，那么相应的模拟至少需要 10^{10} 步。

9.2.3.3 格子 Boltzmann 方法

理论上，Boltzmann 方程能描述所有尺度下的气体运动，对该方程求解的其中一种方法是格子 Boltzmann 方法 (LBM)。LBM 从格子气自动机 (LGA) 发展而来，LGA 包括 HPP(由 Hardy、Pomeau、Pazzis 三人提出的第一个完全离散模型)、FHP(由 Frisch、Pomeau、Hasslacher 三人提出的二维正六边形模型) 等多种模型，可视为一种简化的虚拟 MD 模拟方法。在 LGA 中，空间、时间和粒子速度都以离散的形式出现，所需的储存量和计算量都比真正的 MD 方法少很多。

LBM 是一种介于宏观与微观之间的模拟方法，可视为 N-S 方程差分法逼近的一种无限稳定格式。因为 Boltzmann 方程比 N-S 方程更接近微观层次，因而更适合用于描述微纳尺度通道中的流动。然而，采用 LBM 模拟微纳尺度通道流的问题主要有两个，一是 LBM 并非直接对 Boltzmann 方程进行求解，而是对 Boltzmann 方程的简化模型——BGK 方程进行求解，因而只适用于 $Kn < 1$ 的流场；二是虽然 LBM 比 MD 方法和 DSMC 方法有更高的计算效率，但却付出了物理真实性的代价。关于 LBM 的介绍很多读物都有，这里不再赘述。

9.2.4 实验研究

与常规尺度通道流场的实验相比，微纳尺度通道流实验研究的难点主要有两个，一是流场特征尺度小，测量用的传感器要比被测量的微器件小，制作困难；二是流动的动量和能量小，对获取流场信息仪器的灵敏度要求很高。

在电渗驱动的微纳尺度通道流中，将荧光染料加入缓冲液中，用门控光漂白在液流中产生一段印记，然后在下游一定距离处检测液流荧光强度变化，可得到精度高、范围宽的稳定流速。流动显示技术因其对流场干扰小而特别适合于微纳尺度通道流的实验研究。激光诱导荧光 (laser induced fluorescence, LIF) 方法常用于微纳尺度通道流尤其是电渗驱动流场的研究。粒子成像测速 (particle tracking velocimeter, PIV) 技术也常用于微纳尺度通道流中，相应的 PIV 称为 Micro-PIV。如图 9.6 所示，用高速摄像装置拍摄流场，对比在一定时间间隔内示踪粒子位置的变化，从而得到具有较高精度和空间分辨率的流动信息。

影响微纳尺度通道流实验的因素涉及力学、材料、表面物理和化学等方面。首先是通道和实验试件的特性，当通道尺度小至微纳米量级时，通道表面积与体积之比很大，表面效应对流动起主要作用，通道和实验试件的材料特性、截面形状、壁面粗糙度、表面化学性质等对实验结果有重要影响。其次是流体特性，在微纳尺度通道流实验中，流体纯度是获得高重复性实验结果的前提，要保证这一点，实验过程中就要减少人为污染。除了流体纯度外，还要考虑流体的微观组成，如极性与非极性对流体表观黏性系数的影响，分子微转动效应对流体特性的影响。

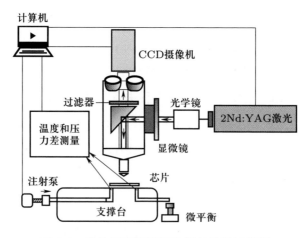

图 9.6 微纳尺度通道流动测量装置示意图

9.3 典型流动

微纳尺度通道流的情形有很多，以下介绍几种典型的流动。

9.3.1 Couette 流

如图 9.7 所示的 Couette(库埃特) 流较常见，微纳机电系统存在类似这样的流动，如微型马达中转子在定子上的运动、润滑轴承中的流动。微纳尺度 Couette流中，两个壁面间距很小，因而 Kn 较大，有些甚至处于过渡区，导致 N-S 方程不适用。

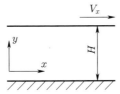

图 9.7 微纳尺度 Couette 流动示意图

9.3.1.1 基本方程

图 9.7 中，上平板以速度 V_x 运动，上平板和下壁面有相同温度 T_w。假设流动参数只是 y 的函数，将二维增广 Burnett 方程应用到定常 Couette 流动中有 [1]：

$$\frac{\mathrm{d}}{\mathrm{d}y}\left(-\mu\frac{\mathrm{d}v_x}{\mathrm{d}y} + \beta_1\frac{\mu^3}{p^2}R_0T\frac{\mathrm{d}^3v_x}{\mathrm{d}y^3}\right) = 0 \tag{9.50}$$

$$\frac{\mathrm{d}}{\mathrm{d}y}\left(p + \tau_{22}^{(2)}\right) = 0 \tag{9.51}$$

$$\frac{\mathrm{d}}{\mathrm{d}y}\left[-\mu v_x\frac{\mathrm{d}v_x}{\mathrm{d}y} + \beta_1\frac{\mu^3}{p^2}R_0Tv_x\frac{\mathrm{d}^3v_x}{\mathrm{d}y^3} - \kappa\frac{\mathrm{d}T}{\mathrm{d}y} + \frac{\mu^3}{p\rho}R_0\left(\gamma_1\frac{\mathrm{d}^3v_x}{\mathrm{d}y^3} + \gamma_2\frac{T}{\rho}\frac{\mathrm{d}^3\rho}{\mathrm{d}y^3}\right)\right] = 0 \tag{9.52}$$

$$\tau_{22}^{(2)} = \frac{\mu^2}{p}\left[\alpha_1\left(\frac{\mathrm{d}v_x}{\mathrm{d}y}\right)^2 + \alpha_2R_0\frac{\mathrm{d}^2T}{\mathrm{d}y^2} + \alpha_3\frac{R_0T}{\rho}\frac{\mathrm{d}^2\rho}{\mathrm{d}y^2} + \right.$$

$$\left. \alpha_4\frac{R_0T}{\rho^2}\left(\frac{\mathrm{d}\rho}{\mathrm{d}y}\right)^2 + \alpha_5\frac{R_0}{\rho}\frac{\mathrm{d}\rho}{\mathrm{d}y}\frac{\mathrm{d}T}{\mathrm{d}y} + \alpha_6\frac{R_0}{T}\left(\frac{\mathrm{d}T}{\mathrm{d}y}\right)^2\right] \tag{9.53}$$

式中，μ 是黏性系数，与温度有关；$p = \rho R_0 T$；$\tau_{22}^{(2)}$ 是二阶黏性应力；α_i、β_i

和 γ_i 是 Burnett 方程参数, 对单原子 Maxwell 气体, $\alpha_1 = -2/3$, $\alpha_2 = 2/3$, $\alpha_3 = -4/3$, $\alpha_4 = 4/3$, $\alpha_5 = -4/3$, $\alpha_6 = 2$, $\beta_1 = 1/6$, $\gamma_1 = -2/3$, $\gamma_2 = 2/3$。

作为二阶近似的 Burnett 方程, 需补充一个边界条件, 对方程 (9.51) 积分并假定积分常数为边界上的压力 p_0, 可得到压力边界条件 $p + \tau_{22}^{(2)} = p_0$。

以静止壁面处的各参数为参照量, 对方程进行量纲为一化, 可得到量纲为一的方程。壁面上的量纲为一的温度 T_{w} 为:

$$T_{\mathrm{w}} = \frac{c_p}{\gamma R_0} = \frac{3}{2} \tag{9.54}$$

式中, c_p 是定压热容; 气体比热比 $\gamma = 5/3$。

9.3.1.2 边界条件和求解方法

当 $Kn < 0.1$ 时, 用一阶滑移边界条件获得的壁面剪应力和热通量, 与用 DSMC 方法给出的结果符合很好; 当 $Kn > 0.1$ 时, 只是定性符合, 可见一阶滑移边界条件不足以反映微纳尺度通道流的边界特性。

采用基于实验测量得到的二阶滑移模型, 边界条件为:

$$v_{xs} = v_{x\mathrm{w}} + \frac{2 - \sigma_v}{\sigma_v} \lambda \left. \frac{\mathrm{d}v_x}{\mathrm{d}y} \right|_{\mathrm{w}} - \frac{1}{2} \lambda^2 \left. \frac{\mathrm{d}^2 v_x}{\mathrm{d}y^2} \right|_{\mathrm{w}} \tag{9.55}$$

$$T_s = T_{\mathrm{w}} + \frac{2 - \sigma_T}{\sigma_T} \left[\frac{2\gamma}{Pr(\gamma + 1)} \right] \lambda \left. \frac{\mathrm{d}T}{\mathrm{d}y} \right|_{\mathrm{w}} - \frac{1}{2} \lambda^2 \left. \frac{\mathrm{d}^2 T}{\mathrm{d}y^2} \right|_{\mathrm{w}} \tag{9.56}$$

式中, v_{xs} 和 T_s 是壁面上的气体速度和温度; $v_{x\mathrm{w}}$ 和 T_{w} 是壁面速度和温度; σ_v 和 σ_T 见式 (9.42); λ 是分子平均自由程; 下标 x 和 w 分别表示 x 方向和壁面; Pr 是 Prandtl(普朗特) 数; γ 是比热比。假设 $\sigma_v = \sigma_T = 1$, 可得量纲为一的二阶滑移边界条件:

$$v_{xs} = \frac{2}{9} \sqrt{6T_s^3} \left. \frac{\mathrm{d}v_x}{\mathrm{d}y} \right|_{\mathrm{w}} - \frac{4}{27} T_s^3 \left. \frac{\mathrm{d}^2 v_x}{\mathrm{d}y^2} \right|_{\mathrm{w}} \tag{9.57}$$

$$T_s = \frac{3}{2} + \frac{5}{12} \sqrt{6T_s^3} \left. \frac{\mathrm{d}T}{\mathrm{d}y} \right|_{\mathrm{w}} - \frac{4}{27} T_s^3 \left. \frac{\mathrm{d}^2 T}{\mathrm{d}y^2} \right|_{\mathrm{w}} \tag{9.58}$$

下面简单估算边界速度滑移和温度跃变值。对 N-S 方程结合壁面滑移边界条件求解, 可得 Couette 流的解为:

$$v_x = v_{xs} + (Ma - 2v_{xs}) \, Kn \, y \tag{9.59}$$

$$T = T_s + \frac{1}{3} (Ma - 2v_{xs})^2 \, Kn \, y \, (1 - Kn \, y) \tag{9.60}$$

式中，Ma 是 Mach 数。壁面上速度 v_x 的一阶、二阶导数为：

$$\left.\frac{\mathrm{d}v_x}{\mathrm{d}y}\right|_w = Kn \, (Ma - 2v_{xs}), \quad \left.\frac{\mathrm{d}^2 v_x}{\mathrm{d}y^2}\right|_w = 0 \tag{9.61}$$

根据方程 (9.57) 和式 (9.61) 可得：

$$v_{xs} = \frac{2Kn \, Ma\sqrt{2T_s^3}}{3\sqrt{3} + 4Kn\sqrt{2T_s^3}}, \quad \left.\frac{\mathrm{d}v_x}{\mathrm{d}y}\right|_w = \frac{27Kn \, Ma}{3\sqrt{3} + 4Kn\sqrt{2T_s^3}} \tag{9.62}$$

由式 (9.60) 可求得：

$$\left.\frac{\mathrm{d}T}{\mathrm{d}y}\right|_w = \frac{1}{3} (Ma - 2v_{xs}) \left.\frac{\mathrm{d}v_x}{\mathrm{d}y}\right|_w, \quad \left.\frac{\mathrm{d}^2 T}{\mathrm{d}y^2}\right|_w = -\frac{2}{3} \left.\frac{\mathrm{d}v_x}{\mathrm{d}y}\right|_w^2 \tag{9.63}$$

把方程 (9.62) 和式 (9.63) 代入方程 (9.58)，可得壁面上温度跃变：

$$32Kn^2 T_s^4 - \left(48 + \frac{8}{3}Ma^2\right) Kn^2 T_s^3 + 24\sqrt{6}KnT_s^{5/2} -$$

$$\left(36\sqrt{6} + \frac{15}{4}\sqrt{6}Ma^2\right) KnT_s^{3/2} + 27T_s - \frac{81}{2} = 0 \tag{9.64}$$

黏性加热效应使流场温度比壁面温度高，当上平板速度和 Kn 给定后，由方程 (9.64) 可求得壁面上的温度跃变。

采用三对角矩阵算法对方程 (9.50)～(9.53) 迭代求解，采用二阶滑移边界条件 (9.57)～(9.58)，先求得流场速度 v_x，再得到温度 T，最后求得密度 ρ。迭代过程中对 1～4 阶导数采用中心差分，对边界上的点采用单方向差分形式，对靠近边界的点求高阶导数时，采用特殊的差分格式。

9.3.1.3 Kn 对流场的影响

图 9.8 给出了不同 Kn 下，速度、温度随通道高度的变化。可见壁面上的速度滑移随 H 的增加而逐渐增大，但增大率随 Kn 的增加而减小，中间位置

$(H = 0.5)$ 上的速度都为上平板 $(H = 1)$ 速度的一半。壁面上的温度跃变随 H 的增加，先迅速增大然后变小，随着 Kn 的增加，壁面上的温度跃变减小且趋向于一个常数。

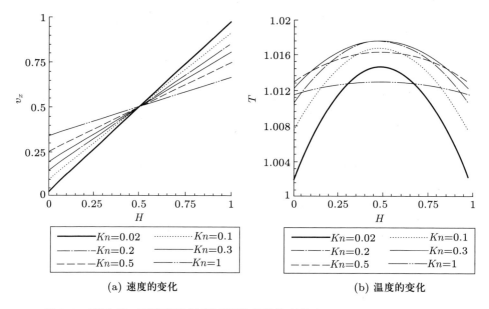

(a) 速度的变化　　　　　　　(b) 温度的变化

图 9.8　不同 Kn 下速度和温度随通道高度的变化 $(Ma = 0.5, T_{\rm w} = 273\ {\rm K})$

图 9.9 给出了壁面剪应力 τ 和热通量 q 随 Kn 的变化，可见用滑移边界条件求解 Burnett 方程，比不用滑移边界求解 N-S 方程得到的结果与 DSMC 的结果更接近，用二阶滑移边界条件求解 Burnett 方程得到的 τ 和 q，与用 DSMC 得到的结果最接近。τ 随 Kn 的增加而增大，且增幅趋于平缓。q 随 Kn 的增加而增大，当 $Kn \approx 0.2$ 时，q 达到最大值，然后随 Kn 的增加而减小。

9.3.1.4　Ma 对流场的影响

图 9.10 给出了在超声速、不同 Ma 下，壁面上速度滑移 v_{xs} 和温度跃变 $T_{\rm s}$ 随 Kn 的变化。可见，v_{xs} 随 Ma、Kn 的增加而增大，如果 Kn 足够大，v_{xs} 将趋向于 0.5。$T_{\rm s}$ 随 Ma 的增加而很快增大，因为大 Ma 下气体的黏性加热效应更强，使得温度跃变增加。在同一 Ma 下，$T_{\rm s}$ 随 Kn 的增加，先迅速增大然后趋向于一个常数。

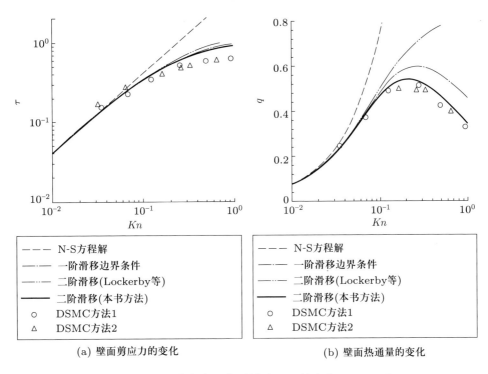

(a) 壁面剪应力的变化　　　　(b) 壁面热通量的变化

图 9.9 壁面剪应力和热通量随 Kn 的变化 ($Ma = 3$)

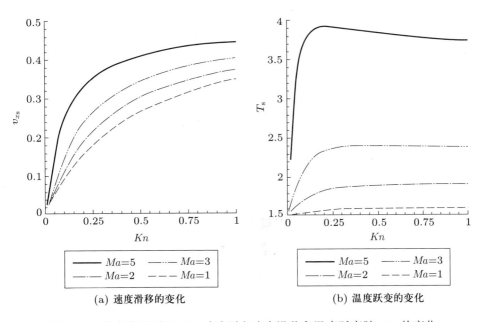

(a) 速度滑移的变化　　　　(b) 温度跃变的变化

图 9.10 超声速下不同 Ma 时壁面上速度滑移和温度跃变随 Kn 的变化

图 9.11 给出了在亚声速、不同 Ma 下，壁面上速度滑移 v_{xs} 和温度跃变 T_s 随 Kn 的变化。可见，v_{xs} 和 T_s 的变化趋势与超声速情况一致，区别是气体流动速度变小，黏性加热效应减弱，使 v_{xs} 和 T_s 的值都减小。当 $Ma = 0.1$ 时，T_s 的最大值是壁面温度的 0.5‰，所以在等温低速气流中，可忽略壁面上的温度跃变。

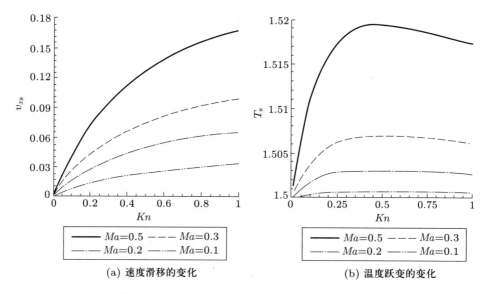

(a) 速度滑移的变化　　　　　　　(b) 温度跃变的变化

图 9.11　亚声速下不同 Ma 时壁面上速度滑移和温度跃变随 Kn 的变化

9.3.2　圆管流

液体在微纳尺度圆管中的流动与在大尺度下的流动不同，例如在一定压差下，异丙醇和硅油在圆管中流动的表观黏性系数，比宏观下的理论值小。液体在圆管中强迫对流下的运动，流场在 $Re = 800$ 时就出现转捩，在 $Re = 1\,000 \sim 1\,500$ 时就变成充分发展的湍流。在 $Re = 2\,100$ 的硅材料管道流中，当管道内径小于 150 μm 时，压力梯度比宏观下的理论值高 35%。

在微纳尺度圆管流中，一些因素会影响流动特性。例如固液界面上的水动力特性依赖于湿周和驱动力，湿周会导致近壁区域温度和压力的非均匀分布。Nusselt(努塞特) 数和表观摩擦力，随壁面粗糙度和亲水性的增加而增大。壁面特征对流动特性的影响随着管径的减小而增强。贴近壁面的液体薄层中的黏性，可能高于或低于其他区域的黏性, 贴近壁面气体薄层中导热性的变化, 对传热有很大影响。本节主要考虑因微纳尺度效应导致黏性系数变化后的流场特性。

9.3.2.1 微尺度效应下的黏性系数

这里考虑 $Kn < 0.1$ 的情形, 即仍采用宏观情形下流体运动的基本方程, 但对黏性系数给予修正。对定常不可压缩流场, 基本方程写成 [2]:

$$\frac{\partial}{\partial x_j}(v_j \varphi) = \frac{\partial}{\partial x_j}\left(\Gamma_\varphi \frac{\partial \varphi}{\partial x_j}\right) + S_\varphi \tag{9.65}$$

式中, φ 表示变量; Γ_φ 是扩散系数; S_φ 是除对流项和扩散项以外的所有源项。

在液体微纳尺度通道的流动中, 微纳效应使液体分子与固体壁面分子间的相互作用对流动产生大的影响, 其影响之一就是改变了流体的黏性系数。黏性系数与流体的分子运动相关, 壁面的物理化学特性将直接影响流体分子的运动, 从而影响流体的黏性系数。在微纳尺度通道流中, 液体的黏性可视为由两部分组成:

$$\mu = \mu_0 + \frac{\eta}{y^n} \tag{9.66}$$

式中, μ_0 是液体的常规黏性系数; η/y^n 是由固壁分子和液体分子相互作用导致的附加黏性系数, 参数 η 与材料特性有关; y 是与壁面的距离; n 是距离指数。在壁面上 $(y = 0)$, 附加黏性系数为无穷大, 意味着液体分子黏附于壁面, 对应宏观情形下的无滑移条件。随着 y 的增大, μ 趋向于 μ_0。

9.3.2.2 参数 η 和指数 n 对速度分布的影响

图 9.12 给出了速度分布与材料参数 η 的关系, 其中 $r/R = 0$ 和 1 分别表示在管道中心和壁面, v_x 和 v_{xm} 分别表示流向速度和流向平均速度。η 的值体现固壁分子和液体分子相互作用的特性, 当液体确定时, η 取决于固壁材料特性。亲水性材料 η 值较大, 黏性系数变化较大, 固壁对速度分布的影响较明显。随着 η 的增大, 速度分布偏离宏观情形的程度也增大, 当 $\eta = 10\mu_0$ 时, 近壁水分子几乎黏附在壁面上, v_x/v_{xm} 达到 2.42, 而宏观情形的值为 2。

图 9.13 给出了距离指数 n 对速度分布的影响, 可见速度与 n 的关系取决于流场的位置。在壁面附近, 速度随着 n 的增大而变小, 远离壁面的区域, 速度随着 n 的增大而增大。

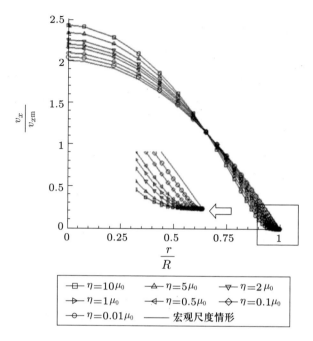

图 **9.12** η 对速度分布的影响 ($n = 3$, 管径为 $50\ \mu m$)

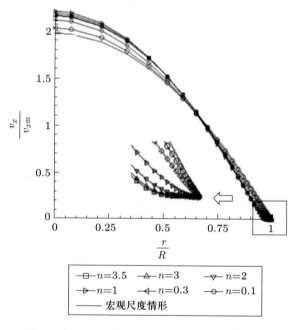

图 **9.13** n 对速度分布的影响 (管径为 $50\ \mu m$)

9.3.2.3 圆管直径对流场的影响

图 9.14 给出了在不同管径 D 下速度沿径向的分布，可见当 $D = 300\ \mu\mathrm{m}$ 时，速度分布与宏观情形的结果大致相同。随着 D 的减小，速度分布逐渐偏离宏观情形的结果，$D = 4\ \mu\mathrm{m}$ 时的速度值为 3.7，远大于宏观情形的 2。

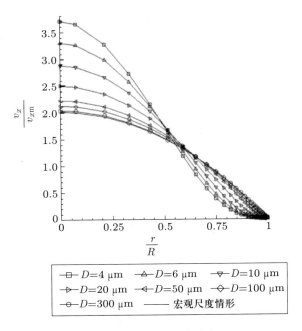

图 9.14 不同管径下的速度分布 $(n = 3)$

图 9.15 给出了流体流经管道时，压降 $\Delta P / \Delta P_0$ 与管径 D 的关系，其中 ΔP 是考虑黏性系数变化后的压降，ΔP_0 是宏观情形的压降。可见，随着管径 D 的增大，$\Delta P / \Delta P_0$ 的值趋近于 1，黏性系数变化对压降的影响不明显，如 $D = 300\ \mu\mathrm{m}$ 时，$\Delta P / \Delta P_0 = 1.040$。当 D 较小时，黏性系数变化对压降的影响明显，如 $D = 4\ \mu\mathrm{m}$ 时，$\Delta P / \Delta P_0 = 6.171$。

在不同 Re 和不同管径 D 下，熔融石英圆管和不锈钢圆管中的压降如图 9.16 和图 9.17 所示。可见，压降基本上随 Re 线性变化，D 越大，压降的值与宏观情形的值越接近。随着 Re 的增加，不同 D 下的压降与宏观情形下的压降之差也增大。图 9.17 中，不锈钢圆管的结果与熔融石英圆管的结果类似。由式 (9.66) 可知，η 与材料特性有关且决定了附加黏性系数的大小，比较图 9.16

和图 9.17 可知，在相同 Re 下，流体流经熔融石英管的压降大于流经不锈钢管的压降，可见熔融石英管材料的 η 值大于不锈钢管的 η 值。

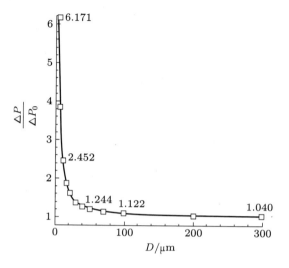

图 9.15 不同管径下的相对压降

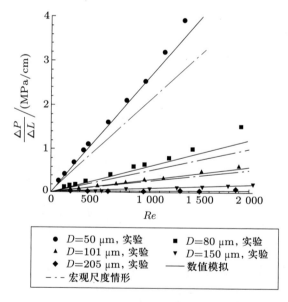

图 9.16 不同管径下熔融石英圆管中的压降 $(n = 3)$

    微纳尺度效应导致的黏性系数变化也会影响流经管道的流量，黏性系数变大，导致流量变小，而流量变小相当于减小了管道直径。因此，可以引入一个

等效厚度 δ_e 来表示管径的减少量，通过对熔融石英管和不锈钢管中的流动进行换算，可得两者的 δ_e 分别是 $1.8~\mu m$ 和 $1.5~\mu m$。

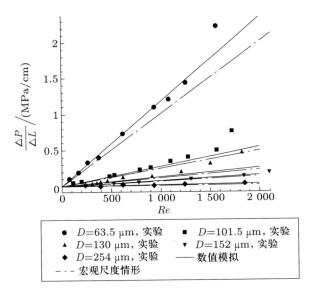

图 9.17 不同管径下不锈钢圆管中的压降 $(n = 3)$

9.3.3 Poiseuille 流

Poiseuille 流常见于微纳机电系统的应用中。压力驱动 Poiseuille 流如图 9.18 所示，流动由进口压力 p_i 和出口压力 p_o 间的压差 $\Delta p = (p_i - p_o)$ 驱动，压比定义为 $\Pi = p_i/p_o$。

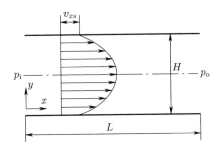

图 9.18 Poiseuille 流示意图

9.3.3.1 Burnett 方程及边界条件

采用有限体积法数值模拟 Burnett 方程时，把 Burnett 方程写成如下通用形式 [3]：

$$\frac{\partial (\rho\varphi)}{\partial t} + \nabla \cdot (\rho\boldsymbol{v}\varphi) = \nabla \cdot (\Gamma_\varphi \nabla \varphi) + S_\varphi \tag{9.67}$$

式中，ρ 是密度；$\boldsymbol{v}$ 是速度矢量；Γ_φ 是扩散系数；S_φ 是源项；φ 是变量，$\varphi = 1$ 对应连续性方程，$\varphi = v_x$ 和 $\varphi = v_y$ 对应 x 和 y 方向的运动方程，$\varphi = T$ 对应能量方程。

采用通用的滑移边界条件，则等温表面的滑移速度为：

$$v_{xs} = \frac{1}{2}v_\lambda + \frac{1}{2}\left[(1 - \sigma_v)v_\lambda + \sigma_v v_w\right] = \frac{1}{2}\left[(2 - \sigma_v)v_\lambda + \sigma_v v_w\right] \tag{9.68}$$

式中，v_w 是壁面速度；σ_v 为气体分子撞击壁面时漫反射的比例；v_λ 由 Taylor 级数展开得：

$$v_\lambda = v_w + \lambda \left.\frac{\partial v_x}{\partial y}\right|_w + \frac{\lambda^2}{2}\left.\frac{\partial^2 v_x}{\partial y^2}\right|_w + \frac{\lambda^3}{3}\left.\frac{\partial^3 v_x}{\partial y^3}\right|_w + \cdots \tag{9.69}$$

式中，λ 是分子平均自由程；v_w 是壁面速度。式中取右边前三项即为二阶滑移模型。

当壁面上存在切向温度梯度时，要考虑热蠕动效应，此时速度滑移和温度跃变边界条件为：

$$v_{xs} = \frac{1}{2}\left[(2 - \sigma_v)v_\lambda + \sigma_v v_w\right] + \frac{3}{4}\frac{\mu}{\rho T}\left.\frac{\partial T}{\partial x}\right|_w \tag{9.70}$$

$$T_s = \frac{\dfrac{2 - \sigma_T}{Pr}\dfrac{2\gamma}{\gamma + 1}T_\lambda + \sigma_T T_w}{\sigma_T + \dfrac{2 - \sigma_T}{Pr}\dfrac{2\gamma}{\gamma + 1}} \tag{9.71}$$

式中，T_w 为壁面温度；σ_v 与 σ_T 设为 0.93；Pr 为 Prandtl 数；γ 是比热比。

9.3.3.2 数值求解

用有限体积法数值求解方程时，无黏项用二阶迎风 Roe 通量差分格式，应力张量和热通量项用二阶中心差分格式。计算时从给定的初始条件出发，迭代求解由速度、温度、压力等未知量构成的代数方程组。每一步中，先由当前解更新流体属性，然后用 Gauss-Seidel 迭代法耦合求解方程组，获得每一步的新值并判断该值是否收敛，若没收敛则重新迭代求解。Burnett 方程中含有速度的三阶、四阶导数项，对其数值求解时容易出现不稳定和发散。为了提高计算的稳定性和加快收敛，除了在边界值上采用弛豫方法外，对导数的高阶项也要采用弛豫方法：

$$B = B^{\text{old}} + R_f \left(B^{\text{new}} - B^{\text{old}} \right) \tag{9.72}$$

式中，B 代表方程中的高阶导数项；R_f 是弛豫因子，小的 R_f 能增强计算的稳定性，$R_f = 0.01$ 时可得到 $Kn = 0.5$ 的收敛解。

9.3.3.3　进口温度与壁面温度相同的情形

在氮气 Poiseuille 流 (图 9.18) 中，出口压力为 100 kPa，进口和壁面温度为 300 K，基于出口压力定义 Kn。图 9.19 给出了不同 Kn 下，滑移速度和速度沿流向和横向的分布情况。由图 9.19(a) 可见，$Kn = 0.01$ 时，量纲为一的壁面滑移速度 v_s/v_{xi}(v_s 是壁面滑移速度，v_{xi} 是进口速度) 很小，且 Burnett 方

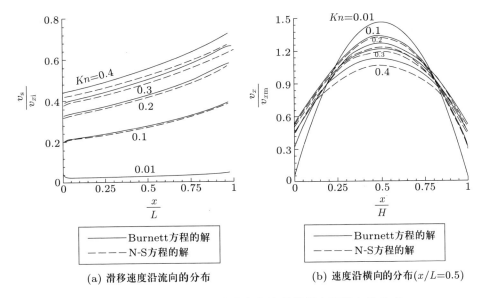

(a) 滑移速度沿流向的分布　　　　(b) 速度沿横向的分布(x/L=0.5)

图 9.19　不同 Kn 下滑移速度和速度沿流向和横向的分布

程的解和 N-S 方程的解相同。随着 Kn 的增大，v_s/v_{xi} 增大且 Burnett 方程的解大于 N-S 方程的解。v_s/v_{xi} 沿流向的逐渐增大与局部 Kn 有关，Kn 与压力成反比，出口处的压力最小、Kn 最大，故滑移速度也最大。

图 9.19(b) 中 v_{xm} 是 $x/L = 0.5$ 截面上的平均速度，可见，$Kn = 0.01$ 时，v_x/v_{xm} 的最大值是 1.5，这与宏观情形的结果一致。随着 Kn 的增大，速度剖面趋于平坦，当 $Kn = 0.4$ 时，v_x/v_{xm} 的最大值是 1.1。Burnett 方程与 N-S 方程解的差异随着 Kn 的增大而增大。

图 9.20 是不同压力比 Π 下，中心线上速度 v_{xc} 与进口速度 v_{xi} 之比沿流向的变化，可见，随着气体沿下游流动，v_{xc}/v_{xi} 增大。Π 越大，v_{xc}/v_{xi} 也越大，Burnett 方程与 N-S 方程解的差异越小。

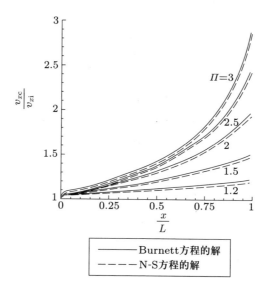

图 9.20 不同压力比下中心线上速度与进口速度之比沿流向的变化

9.3.3.4 进口温度与壁面温度不相同的情形

同样是氮气 Poiseuille 流，出口压力为 100 kPa，进口和壁面温度分别为 300 K 和 400 K，基于出口压力定义 Kn。定义 Nusselt 数 (Nu) 为：

$$Nu = \frac{H \left. \dfrac{\partial T}{\partial n} \right|_{w}}{T_{w} - T_{m}} \tag{9.73}$$

式中，T_{w} 和 T_{m} 分别是壁面上温度和截面上的平均温度。

图 9.21 给出了不同 Kn 和 Re 下，Nu 沿流向的变化。可见，因为进口温度与壁面温度不同，在两种情况下，Nu 都是在通道进口附近迅速变小。当气体进入流道后，其温度逐渐与壁面温度接近，Nu 沿着流向缓慢地变化。由图 9.21(a) 可见，当 $Kn = 0.01$ 时，进口附近的 Nu 比其他 Kn 情况下的 Nu 大，但在 x/H 约大于 4.5 后，Nu 降至最小且在 $x/H > 5$ 保持不变。对于 $x/H > 5$ 的情况，Nu 与 Kn 成正比。由图 9.21(b) 可见，在所给出的 Re 范围内，Re 对 Nu 的影响不明显，对 $x/H > 18$ 的情况，Re 对 Nu 没有影响。

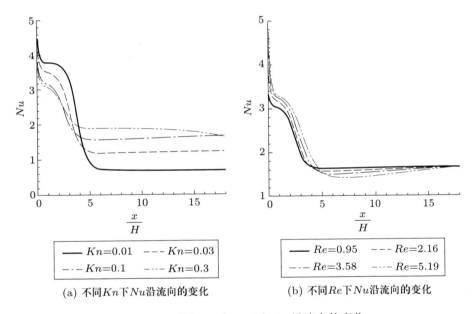

(a) 不同 Kn 下 Nu 沿流向的变化　　　(b) 不同 Re 下 Nu 沿流向的变化

图 9.21　不同 Kn 和 Re 下 Nu 沿流向的变化

9.3.4　后向台阶流

图 9.22 所示的后向台阶流是一种常见的分离流，微纳尺度的后向台阶流存在与宏观流动不同的现象 [4]。流动由进口与出口压力差驱动，进出口压力比 $\Pi = p_{\mathrm{i}}/p_{\mathrm{o}}$，台阶比定义为 s/H，基于进口和出口的 Kn 是 0.136，如前所述，采用 Burnett 方程比较合适，数值模拟中 $Re = 0.74$，$H = 0.5\ \mu\mathrm{m}$，$s/H = 0.5$，$\Pi = 2$。

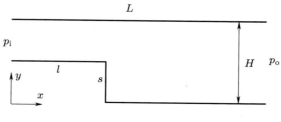

图 9.22 后向台阶流示意图

9.3.4.1 流场速度分布

图 9.23 是不同流向位置处的流向和横向速度分布, 在图 9.23 (a) 中, 不同 x/H 和 y/H 处的流向速度 v_x 都为正值, 可见在文中所取的参数范围内, 后向台阶流场没有出现回流, 即台阶后的区域虽可能有逆压梯度, 但不足以产生回流。随着沿下游的发展, 流向速度剖面逐渐变得关于流道中心对称, 在 $x/H = 5$ 处, 流向速度剖面已对称于流道中心, 流动达到稳定状态。在图 9.23 (b) 中, 通道突扩使得流体有向下的运动, 横向速度 v_y 出现负值, 离突扩处越近

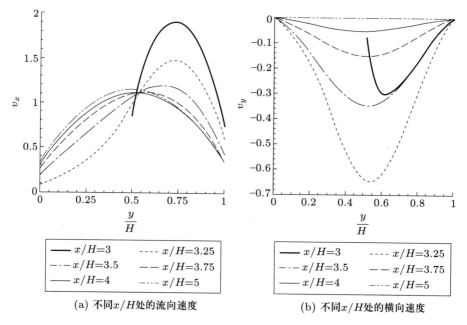

(a) 不同 x/H 处的流向速度   (b) 不同 x/H 处的横向速度

图 9.23 不同流向位置处的流向和横向速度分布

$(x/H = 3.25)$，负值越大。随着往下游发展，突扩的影响逐渐消失，在 $x/H = 5$ 处，已有 $v_y = 0$，流体只有流向速度。

9.3.4.2 压力比的影响

保持出口压力和温度不变，通过改变进口压力而变化压力比 Π，进口处的 Kn 与进口压力成反比。由计算可知，随着 Π 的增大，通过后向台阶流场的流量非线性地增大，流量的增长率也增大。图 9.24 是不同 Π 时中心线上速度 v_{xc} 以及壁面滑移速度 v_s 与平均速度 v_{xm} 之比沿流向的变化。可见，v_{xc}/v_{xm} 不再是宏观情形的 1.5，而是 1.29，壁面速度的滑移使速度剖面变平坦。Π 越大，v_{xc}/v_{xm} 变化越迅速；$\Pi = 1.5$ 时，$x/H > 4.5$ 的 v_{xc}/v_{xm} 基本随 x 线性变化；$\Pi = 3$ 时，v_{xc}/v_{xm} 不再随 x 线性变化。不同 Π 下出口处的 v_s/v_{xm} 一致，Π 越大，则 Kn 越小，v_s 也越小。

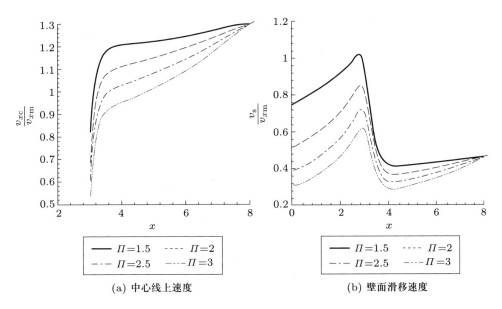

(a) 中心线上速度   (b) 壁面滑移速度

图 9.24 不同压力比下中心线上速度和壁面滑移速度沿流向的变化

9.3.4.3 Kn 的影响

通过计算不同 Kn 下的流量 m，可以给出如下关系式：

$$m = 4.56 \times 10^{-7} \times Kn^{-1.64} \tag{9.74}$$

该式随着压力比和台阶比的变化而变化。

图 9.25 是不同 Kn 时中心线上速度 v_{xc} 以及壁面滑移速度 v_s 与出口平均速度 v_{xo} 之比沿流向的变化。在图 9.25(a) 中，Kn 越大，v_{xc}/v_{xo} 越小，速度剖面越平坦，因为如图 9.25(b) 所示，大的 Kn 对应大的 v_s/v_{xo}。对比图 9.25(a) 和 (b) 可知，Kn 较大时，v_s/v_{xo} 在台阶处的变化也较快。

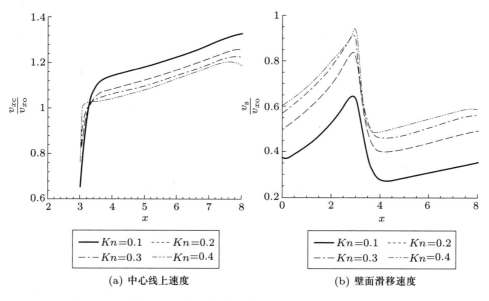

(a) 中心线上速度   (b) 壁面滑移速度

图 9.25 不同 Kn 时中心线上速度和壁面滑移速度沿流向的变化

9.3.4.4 台阶比的影响

图 9.26 是不同台阶比 s/H 时上壁面滑移速度 v_s 与出口平均速度 v_{xo} 之比沿流向的变化。可见，出口处都有 $v_s/v_{xo} = 0.42$，s/H 越大，v_s/v_{xo} 的值也越大。

图 9.27 是不同台阶比 s/H 时压力沿流向的变化，可见在大 s/H 时，压力在通道的前半部分下降很快，即压损主要出现在前半部分。随着 s/H 的减小，压力梯度的变化趋向均匀，当 $s/H = 0.2$ 时，压力几乎线性减小。

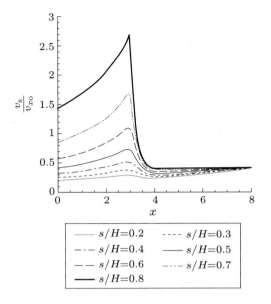

图 9.26 不同 s/H 时上壁面滑移速度沿流向的变化

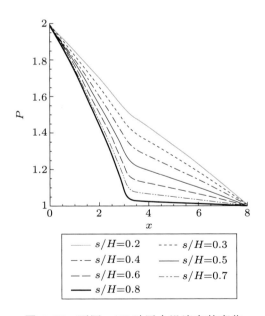

图 9.27 不同 s/H 时压力沿流向的变化

9.4 压力驱动流

微纳尺度通道流中流体的扩散、分离和混合与宏观尺度通道中的情形不同,而压力驱动下的流动又有其特殊之处。

9.4.1 基本方程与参数

描述微纳尺度通道流中流体及其介质的扩散、分离和混合,除了基本的连续性方程和动量方程以外,还有物质扩散方程。对不可压缩流场,连续性方程为式 (1.84),对牛顿流体,应力张量的表达式为式 (1.92),对牛顿流体不可压缩流场,运动方程为式 (1.94),在忽略体积力的情况下,运动方程 (1.94) 的量纲为一的形式为:

$$\frac{\partial \boldsymbol{v}}{\partial t} + (\boldsymbol{v} \cdot \nabla \boldsymbol{v}) = -\nabla p + \frac{1}{Re}\nabla^2 \boldsymbol{v} \tag{9.75}$$

若忽略热传导、热辐射、化学反应的吸热和放热、液–液及液–固的摩擦热等,且视流体密度和黏性系数为常数,则无需使用能量方程。

9.4.1.1 物质扩散方程

流场中被动量的扩散方程为式 (4.28),其量纲为一的形式为:

$$\frac{\partial \theta}{\partial t} + (\boldsymbol{v} \cdot \nabla)\theta = \frac{1}{ScRe}\nabla^2 \theta \tag{9.76}$$

式中,θ 是物质浓度;$\boldsymbol{v}$ 是速度;$Sc = \nu/D$ 为 Schmidt(施密特) 数,其中 D 是扩散系数,ν 是黏性系数。对典型的微通道流动,若通道尺度为 $10 \sim 1\,000$ μm,速度为 $10^{-5} \sim 10^{-1}$ m/s,扩散系数 D 为 $10^{-9} \sim 10^{-11}$ m²/s,黏性系数 ν 为 10^{-6} m²/s,则相应的 Sc 为 $10^3 \sim 10^5$ 量级,Re 为 $10^{-4} \sim 10$ 量级,可见方程 (9.76) 中的最后一项通常不可忽略。

方程 (9.96) 中的扩散系数需确定。由 Fick 定律,可得层流中的扩散通量 J 与扩散系数 D 的关系:

$$J = -\rho D \nabla \theta \tag{9.77}$$

式中,ρ 为密度;基于 Brownian 运动的扩散系数 $D = k_{\mathrm{B}} T/6\mu \pi d_{\mathrm{p}}$,其中 k_{B} 为 Boltzmann 常量;T 为绝对温度;d_{p} 为粒子直径;扩散时间常数为 $\tau_D = s^2/D$,

s 为扩散尺度。对水溶性离子或粒子，D 为 10^{-9} 量级，若扩散 $100\ \mu m$，τ_D 约为 $10\ s$。大颗粒如生物分子、荧光粉粒等扩散很慢，如直径 $0.1\ \mu m$ 的粒子，同样扩散 $100\ \mu m$，约需 $1\,000\ s$。在实际应用中，需采取一些措施来缩短扩散时间，加速混合或反应。由 $\tau_D = s^2/D$ 可知，缩短扩散时间的措施，一是增大扩散系数；二是减小扩散尺度，后者可以极大地减小扩散时间，常用的方法是让流动产生混沌对流。

9.4.1.2 定解条件

在微纳尺度通道流中求解方程 (9.75) 和 (9.76)，先要看 $Kn < 10^{-3}$ 是否满足，若满足，则在壁面上有 $\boldsymbol{v} = 0$ 和 $\partial\theta_i/\partial n = 0$，进口的边界条件为：

$$v_y = c, \quad \frac{\partial \boldsymbol{v}}{\partial x} = 0, \quad \theta_i = c, \quad \frac{\partial \theta}{\partial x} = \frac{1}{2} \tag{9.78}$$

式中，v_y 为进口法向速度。出口的边界条件为：

$$p = p_{\text{out}} = c, \quad \frac{\partial \boldsymbol{v}}{\partial y} = 0 \tag{9.79}$$

初始的浓度和速度条件为：

$$\theta_i(x_1 \leqslant x \leqslant x_2)|_{t=0} = \theta_{i0}, \quad \boldsymbol{v}(x)|_{t=0} = \boldsymbol{v}_0(x) \tag{9.80}$$

式中，x 是空间坐标；$x_1 \leqslant x \leqslant x_2$ 表示某区间；$\boldsymbol{v}_0(x)$ 是初始速度。

在对微纳尺度通道流动扩散的数值模拟中，先求解流场方程得到速度信息，再把速度代入方程 (9.76) 求浓度分布，方程 (9.76) 中的 Sc 和 Re 作为参量赋值。

9.4.1.3 扩散长度

流动中物质扩散的程度需要有一个参量作为标志，T-sensor 就是确定这一参量的装置。如图 9.28 所示，在 T-sensor 中，从两个或三个通道中注入流体，其中一个通道为含有备测物质的样品液，另两个通道分别为检测液和参考液。用光或磁等方法测量物质扩散时产生的信号，然后根据这些信号计算相关物质浓度、扩散系数和物质亲和性等参数。如图 9.28(a) 所示，对 T-sensor 中的扩散通道，扩散长度定义为从样品液与检测液开始接触的位置 (图中驻点)，到下游中央样品液质量分数小于 100% 的位置的距离，可见检测液扩散快，则扩散长度小。在图 9.28(b) 所示的 T 形通道中，扩散长度定义为从样品液与检测液开始接触的位置 (图中驻点)，到第一个检测液粒子扩散到样品液侧的壁面处的距离。

9.4.2 直通道中的扩散

对扩散问题有三方面的考量，一是要求流动时对流引起的扩散最小，以便物质的沉降与萃取；二是促使流动产生对流而使流体快速、充分混合，有利高效的化学反应；三是控制流体沿轴向扩散，使流体经过较长距离后仍保持较高的介质浓度，便于检测。

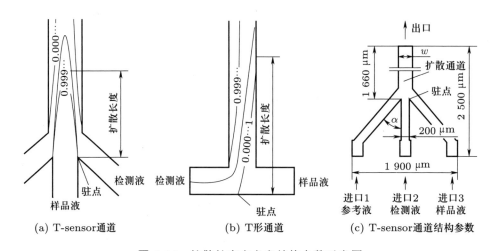

图 9.28 扩散长度定义和结构参数示意图

9.4.2.1 二维通道中的横向扩散

对图 9.28(c) 所示的 T-sensor 通道结构，$\alpha = 15° \sim 90°$，进口宽度 200 μm，出口宽度 150~250 μm，扩散通道长 1 600 μm，扩散系数 $D = 10^{-9}$ m²/s，左边进口导入密度 1.25 g/cm³、黏性系数 1.2 mm²/s 的参考液，中间进口导入密度 1.0 g/cm³、黏性系数 1.0 mm²/s 的检测液，右边进口导入密度 1.25 g/cm³、黏性系数 1.2 mm²/s 的样品液，三者在通道中汇合且扩散和混合。

图 9.29(a) 给出了扩散长度 l_d 与 Re 的关系，可见，对于 $D = 10^{-9}$ m²/s 的

情况, 在 $Re < 0.002$ 的范围, $l_d < 400\ \mu\mathrm{m}$; 在 $Re > 0.02$ 的范围, 左右通道进来的液体粒子没有达到通道中心线。对于 $D = 10^{-11}\ \mathrm{m^2/s}$ 的情况, 曲线只是往大 Re 方向平移了一个位置, 可见扩散规律定性一致、定量不同。当 Re 很小时, l_d 有负值出现, 因为流速很慢时, 扩散强于对流, 有些液体粒子朝相反方向扩散。

图 9.29(b) 给出了出口处检测液体积分数 F_v 与 Re 的关系。对于 $D = 10^{-9}\ \mathrm{m^2/s}$ 的情况, 在 $Re < 0.02$ 的范围内, $F_v \approx 0.33$, 可见三种流体的体积分数几乎相同, 流体完全混合。在 $Re > 2$ 范围内, F_v 的值接近 1, 说明扩散很弱, 流体几乎不混合。对于 $D = 10^{-10}\ \mathrm{m^2/s}$ 和 $10^{-11}\ \mathrm{m^2/s}$ 的情况, F_v 与 Re 的关系与 $D = 10^{-9}\ \mathrm{m^2/s}$ 的情形定性一致、定量不同。

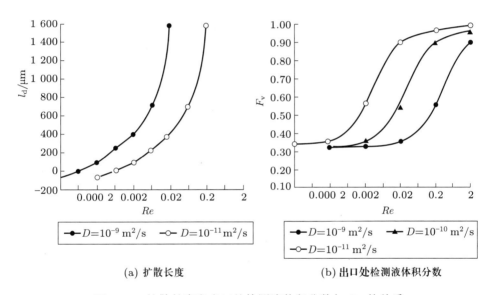

(a) 扩散长度 (b) 出口处检测液体积分数

图 9.29 扩散长度和出口处检测液体积分数与 Re 的关系

图 9.30 给出了扩散长度 l_d 与入流角 α 的关系, 可见, α 较小时, l_d 稍有不同, $\alpha > 45°$ 时, l_d 几乎不变。大 Re 下, α 对 l_d 的影响更明显, 因为大 Re 对应于大流速, 不同通道的流体接触时的速度相差也大, 导致大的质量分数变化。所以, 在设计微混合器和微反应器时, α 要尽量大; 在设计测量扩散系数的微器件时, α 则要尽量小, 以削弱对流, 使扩散占主导地位。图 9.31 是弯曲通道与直通道出口处检测液质量分数 Ms 与 Re 的关系 $(D = 10^{-9}\ \mathrm{m^2/s})$。在

直通道下, 只当 $Re < 0.000\,2$ 时, 扩散才充分, 当 $Re > 0.000\,2$ 时, Ms 随 Re 的增大而增加, 即扩散效应逐渐减弱。但对弯曲通道而言, Ms 基本不随 Re 变化, 保持充分扩散。

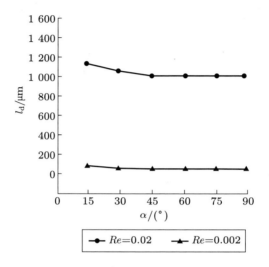

图 9.30 扩散长度与入流角的关系

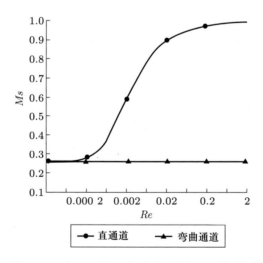

图 9.31 出口处检测液质量分数与 Re 的关系

9.4.2.2 三维矩形通道中的横向扩散

三维通道比二维通道多了两个壁面，这会对扩散产生影响。采用图 9.32 所示的通道结构，$w_1 = 50 \ \mu m$，$d_1 = 450 \ \mu m$，$w = 50 \ \mu m$，$d = 450 \ \mu m$，扩散通道长 2 500 μm。左边进口导入密度 1.25 g/cm^3、黏性系数 1.2 mm^2/s 的参考液，中间进口导入密度 1.0 g/cm^3、黏性系数 1.0 mm^2/s 的样品液，右边进口导入密度 1.25 g/cm^3、黏性系数 1.2 mm^2/s 的检测液，三者在通道中汇合且扩散与混合。

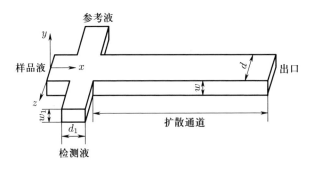

图 9.32 三维矩形通道示意图

图 9.33 给出了出口处检测液质量分数 Ms 与 Re 的关系，与图 9.29(b) 的曲线相似，对 $D = 10^{-9}$ m^2/s 的情况，当 $Re < 0.02$ 时，$F_v \approx 0.33$，三种流体的质量分数几乎相同，流体完全混合。当 $Re > 2$ 时，$F_v \approx 0.8$，扩散很弱。当

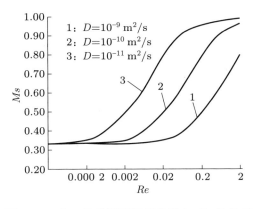

图 9.33 出口处检测液质量分数与 Re 的关系

$D = 10^{-10}$ m^2/s 和 10^{-11} m^2/s 时，Ms 与 Re 的关系与 $D = 10^{-9}$ m^2/s 的情形定性一致、定量不同。

图 9.34(a) 是在不同进口流量下，上下壁面和通道中间的扩散长度 l_{d} 沿流向的变化。可见，l_{d} 在对数坐标下沿流向呈线性变化，流量不同的两条线基本平行。流量越大，l_{d} 越小，流体扩散越快。

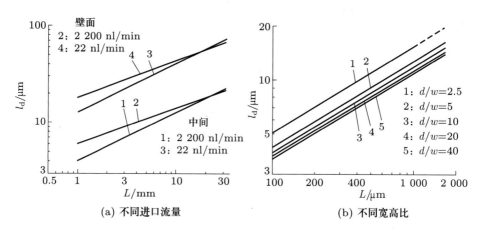

图 9.34 不同进口流量和宽高比下上下壁面和通道中间扩散长度沿流向的变化

图 9.34(b) 给出了不同宽高比 d/w 下，通道中间的扩散长度 l_{d} 沿流向的变化。可见，l_{d} 在对数坐标下沿流向呈线性变化，不同 d/w 下的直线斜率相同。在出口处，d/w 越大，l_{d} 越小；不同 d/w 之间 l_{d} 值的差异随 d/w 的增大而变小。

9.4.3 蛇形通道的扩散与混合

蛇形通道是在直通道内设置挡板，使流体运动呈现蛇形路径而改变流体的扩散与混合特性。

9.4.3.1 二维蛇形通道的扩散

图 9.35 和图 9.36 分别给出了不同 Re 和不同扩散系数 D 下，检测液的质量分数等值线，可见 Re 和 D 对质量分数等值线的影响很小，对流占主导地位。

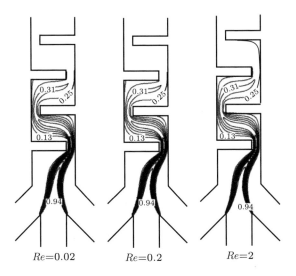

图 **9.35** 不同 Re 下检测液的质量分数等值线

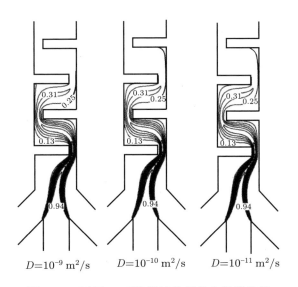

图 **9.36** 不同 D 下检测液的质量分数等值线

9.4.3.2 三维蛇形通道的流体混合

三维蛇形通道结构如图 9.37 所示，与二维蛇形通道相比，多了上下两个壁面。

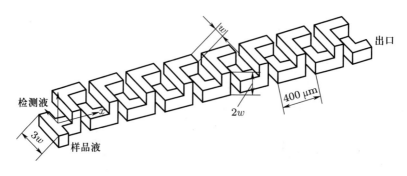

图 9.37 三维蛇形通道结构

图 9.38 是不同 Re 下检测液质量分数方差 σ 沿流向的变化，σ 值越小，混合效果越好。可见，σ 值沿流向减小，下游处 σ 值的减小趋于平缓。大部分情况下，Re 越小，σ 值越小，混合效果越好。图 9.39 比较了三维蛇形通道和直通道 σ 与 Re 的关系，可见，三维蛇形通道下的混合效果较好，原因是流动路径长，增加了流体接触面积。对直通道而言，σ 值随 Re 的增大而增加，混合效果变差。对三维蛇形通道而言，随着 Re 的增大，σ 值在 $Re < 3$ 范围增加，在 $Re > 3$ 范围减小，原因是当 Re 大到一定值后，对流引起的混合占主导地位。

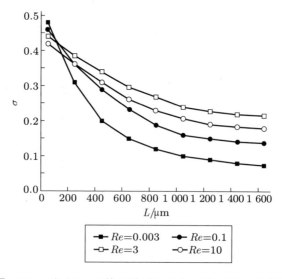

图 9.38 不同 Re 下检测液质量分数方差沿流向的变化

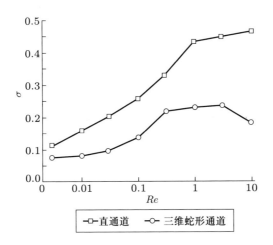

图 **9.39** 检测液质量分数方差与 Re 的关系

9.4.4 弯曲通道的扩散

在微纳尺度通道流中,毛细管电泳是一项重要而又有效的分离技术。在这项技术中,常通过引入弯道增加通道长度来增强分离效果,但弯道产生的效应会使样品在通道中被拉长、样品峰值浓度降低而不利于分离。因此,可以采用改变弯道形状、采用互补偿通道、改变弯道部分电荷分布等方法来消除弯道效应。

三维矩形弯道如图 9.40 所示,计算时扩散系数 $D = 1.2 \times 10^{-9}$ m^2/s,黏性系数 $\mu = 1.625 \times 10^{-3}$ m^2/s。扩散长度 l_d 的定义如图 9.41 所示,直线和斜线分别是进口与出口截面上量值为 0.3 的等浓度线。图 9.42 给出了 l_d 与弯道曲率 k 的关系,可见,随着 k 的增大,l_d 的值先增大再减小,$k \approx 0.5$ 为变化的转折点。

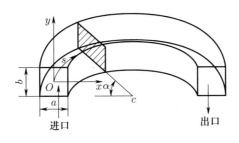

图 **9.40** 三维矩形弯道

387

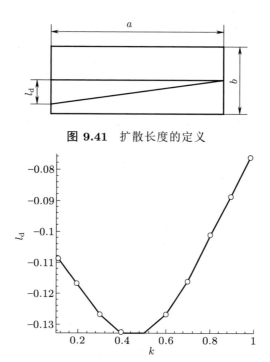

图 **9.41** 扩散长度的定义

图 **9.42** 扩散长度与弯道曲率的关系

图 9.43 是在不同弯道曲率 k 下，通道截面上浓度平均值 M_f 沿流向的变

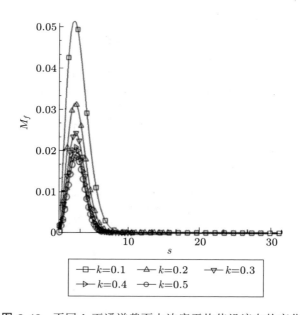

图 **9.43** 不同 k 下通道截面上浓度平均值沿流向的变化

化。可见，不同 k 值情况下的 M_f 最大值几乎都出现在相同的流向位置。M_f 的最大值与 k 成反比，大的 k 值对应小的 M_f 最大值，即好的扩散效果，原因是大的 k 值，增大了管道内外壁流场的速度差，促进了径向扩散。

图 9.44 是扩散长度 l_d 与 Re 的关系，可见，随着 Re 的增大，l_d 一开始急剧减小，接着线性增大，l_d 最小值出现在 $Re \approx 0.5$。随着 Re 的增大，弯道中二次流强度也增大，二次流会加速沿径向的扩散。图 9.45 给出了在不同 Re 下，

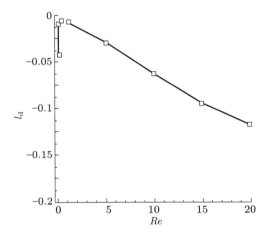

图 **9.44** 扩散长度与 Re 的关系

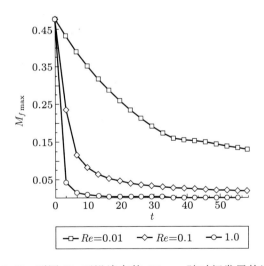

图 **9.45** 不同 Re 下沿流向的 $M_{f\,\max}$ 随时间发展的过程

浓度平均值 M_f 沿流向的最大值 $M_{f\max}$ 随时间 t 发展的过程, 可见 $M_{f\max}$ 随着 t 的推移呈下降趋势。大 Re 下, $M_{f\max}$ 很快降到零。小 Re 情况下的扩散较慢, 所以 $M_{f\max}$ 的变化也较平缓。

9.5 电渗流

电渗驱动是微纳尺度通道流中常见的一种驱动方式, 指的是管道中的流体在电场作用下沿着固壁的移动。在微纳尺度通道流中, 电渗驱动下的扩散、混合和分离具有其特殊性。

9.5.1 基本概念与方程

电渗驱动已被应用于微流控芯片、生物芯片等分析系统中。

1. 极性分子和双电层

分子可分为极性分子与非极性分子, 前者又有强弱之分。极性分子的分子正负极中心不重合, 一端带正电, 另一端带负电。大部分分子是极性分子。

当溶液与壁面接触时, 弱极性的溶液分子会被吸附到壁面的离子上, 使离子变成水化离子。强极性溶液分子的热振动和布朗运动会把部分离子从壁面带走, 使壁面带正电或负电, 于是与壁面接触的液体则带相反的电荷, 这样界面两边就形成了电场, 即双电层。在毛细管壁面上若有固定电荷, 在电荷静电吸附和分子扩散作用下, 溶液中的抗衡离子也会在固液界面上形成双电层。如图 9.3 所示, 双电层有扩散层和紧密层, 在固液界面区域, 静电力很强, 离子被吸附而聚集, 形成离子高密度区, 离壁较远处的离子浓度较低。

2. 电渗流的产生及特点

若在毛细管两端加一电场, 管中带电离子会在电场作用下运动。紧密层中的离子因受较大的壁面电荷吸引而难以运动, 扩散层中的离子受壁面电荷影响较小而容易运动, 于是紧密层和扩散层之间产生相对滑移。在离子溶剂化作用和黏滞力作用下, 扩散层离子的运动带动流体一起运动, 从而产生电渗流。

图 9.46 给出了压力驱动和电渗驱动产生的速度剖面, 可见两者完全不同, 后者除壁面附近区域外, 其余区域的速度几乎相等。决定电渗流速度的因素包

括壁面化学属性，壁面材料对样品液的亲和性，缓冲液成分、浓度、pH 和黏性。电渗驱动存在以下几个优势，一是速度与通道横向尺度无关而容易控制；二是速度剖面几乎平直而有利于样品的注入和提高分离效率；三是可用电压控制流体速度、运动方向、流量，便于化学分析中的混合和多样品的并行处理。电渗驱动的局限性，一是管壁材料要带电荷或能牢固吸附离子；二是流体中的离子要能受壁面电荷吸引；三是所需的高电压有安全隐患且功耗大、不易微型化；四是流动中产生的焦耳热会影响流体性质和反应速度。

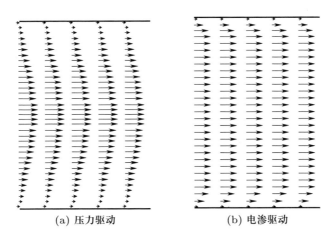

(a) 压力驱动   (b) 电渗驱动

图 9.46 不同驱动方式的速度剖面

3. 控制方程和边界条件

假设牛顿流体的不可压缩流动，双电层厚度远小于通道尺度，则连续性方程为式 (9.21)，运动方程为式 (9.29)，浓度方程在式 (9.26) 基础上可写为：

$$\frac{\partial \theta}{\partial t} + \nabla \cdot (\boldsymbol{v} + \xi \boldsymbol{E}) \theta = D \nabla^2 \theta \tag{9.81}$$

式中，θ 是浓度；D 是扩散系数；ξ 与电荷 q_e 成正比；$\boldsymbol{E}$ 是外加电场强度；$v\theta$ 为电渗流通量，$\xi \boldsymbol{E} \theta$ 为电泳通量。

分别用下标 "in" "out" 和 "wall" 表示进口、出口和壁面的边界条件，则电势、压力、速度、浓度的边界条件分别为：

$$\frac{\partial \psi}{\partial x}\Big|_{\text{in}} = \frac{\partial \psi}{\partial x}\Big|_{\text{out}} = 0, \quad \psi|_{\text{wall}} = -\zeta \tag{9.82}$$

$$p|_{\text{in}} = p_0, \quad p|_{\text{out}} = p_1, \quad \frac{\partial p}{\partial y}|_{\text{wall}} = 0 \tag{9.83}$$

$$\frac{\partial v}{\partial x}|_{\text{in}} = \frac{\partial v}{\partial x}|_{\text{out}} = 0, \quad v|_{\text{wall}} = 0 \tag{9.84}$$

$$\theta|_{\text{in}} = \theta_0, \quad \theta|_{\text{out}} = \theta_1, \quad \frac{\partial \theta}{\partial y}|_{\text{wall}} = 0 \tag{9.85}$$

9.5.2 矩形直通道流场的混合

提高流场的混合效果有被动法和主动法，前者如设计几何形状复杂的通道，但往往因制作工艺难而受限；后者包括施加较大电导率梯度、外加电场等，以下是外加电场的例子。

9.5.2.1 方程及基本参数

设矩形直通道截面的高为 H、宽为 W，通道长度为 L，流动沿 x 方向，y、z 分别为高、宽方向。流场的基本方程见式 (9.30)~(9.36)、式 (9.81)，以 H、进口浓度 θ_m、平均轴向速度 V_x 为特征量，对方程进行量纲为一化后可得：

$$(\boldsymbol{v} \cdot \nabla)\boldsymbol{v} = -\nabla p + \frac{\nabla^2 \boldsymbol{v}}{Re} + G_x \sinh(\psi)\nabla(\psi + \varphi) \tag{9.86}$$

$$(\boldsymbol{v} \cdot \nabla)\theta = \frac{\nabla^2 \theta}{ScRe} \tag{9.87}$$

$$\nabla^2 \psi = (kH^2)\sinh(\psi) \tag{9.88}$$

$$\nabla^2 \varphi = 0 \tag{9.89}$$

式中，$\boldsymbol{v}$ 是速度；p 是压力；$G_x = 2n_\infty k_{\text{B}}T/(\rho V_x^2)$，其中 n_∞ 是离子数目，k_{B} 是 Boltzmann 常量，T 是绝对温度，ρ 是密度；ψ 是式 (9.36) 中的壁面电势；φ 是式 (9.35) 中的外电势；θ 是浓度；Sc 是 Schmidt 数；$k = [2n_\infty z^2 e^2/(\varepsilon\varepsilon_0 k_{\text{B}}T)]^{1/2}$，其中 z 为离子化合价，e 是基本电荷，ε 是介电常数，ε_0 是真空介电常数。

边界条件为式 (9.82)~(9.85)，设矩形截面中宽度远大于高度，即 $W/H \gg 1$，模拟的区域为 $z = W/2$ 处的 x-y 截面。用有限体积法求解方程 (9.88) 和 (9.89)，得到 ψ 和 φ 的分布，然后求解方程 (9.86) 得到速度场，再求解方程 (9.87) 得到 θ 的分布和混合情况。

管道用硅玻璃制作。缓冲液是水，$\varepsilon = 80$，$\varepsilon_0 = 8.85 \times 10^{-12}$ C/(V·m)，$\mu = 1.003 \times 10^{-13}$ kg/(m·s)，$\rho = 998.2$ kg/m³。样品扩散系数 $D = 10^{-11}$ m²/s，$V_x = 1$ m/s，$\varphi_{in} = 0$，$\varphi_{out} = 200$ V。壁面电势如图 9.47 所示，ψ_p、ψ_n 为正、负电势。$f = L/2L_p$ 表示电势分布的变化频率，f 大说明电势变化快，θ_{out} 表示样品完全混合后在出口处的值，量纲为一的流量 Q 表示输运样品的能力，混合效率 M_{eff} 表示混合样品能力，M_{eff} 越大则混合效果越好。

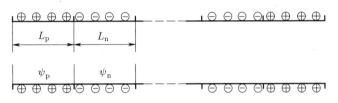

图 9.47 对称阶梯形异性壁面电势分布示意图

对两进口通道情形，样品进口边界条件为：$y \geqslant 0.5$ 处 ($y = 0$ 为底壁面) $\theta = 1$，其余 $\theta = 0$。对三进口通道情形为：$0.75 \geqslant y \geqslant 0.25$ 处 $\theta = 1$，其余 $\theta = 0$。

9.5.2.2 壁面电势分布频率对流量、混合效率和出口浓度分布的影响

图 9.48(a) 为 Q 与 f 的关系，可见，Q 随 f 的增加而减小，即输运能力随频率的增加而降低，但 $f > 80$ 的情形，Q 基本不变。图 9.48(b) 为 M_{eff} 与

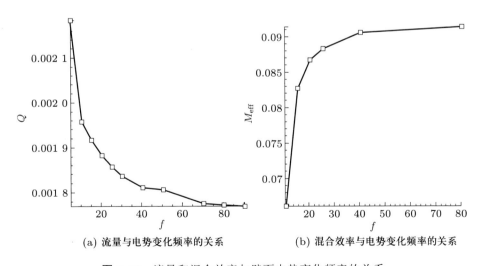

(a) 流量与电势变化频率的关系　　　　(b) 混合效率与电势变化频率的关系

图 9.48 流量和混合效率与壁面电势变化频率的关系

f 的关系, 可见, M_{eff} 随 f 的增加而增大, 即增大电势变化频率能提高混合效率, 但 $f>70$ 的情形, M_{eff} 基本不变。

图 9.49(a) 是 θ_{out} 与 f 的关系, 可见 θ_{out} 随 f 增加而变小, 即出口处的混合更均匀。图 9.49(b) 给出了不同 f 下出口处浓度 θ 沿通道高度 y 方向的分布, 可见 θ 随 f 的增加而减小, 且 f 越大, θ 沿 y 方向的分布越均匀。

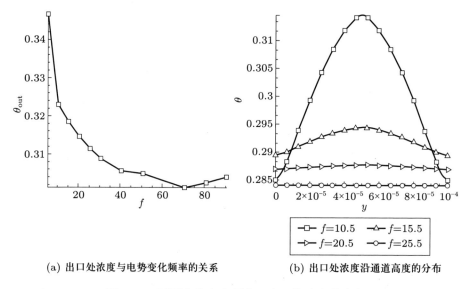

(a) 出口处浓度与电势变化频率的关系   (b) 出口处浓度沿通道高度的分布

图 9.49 不同电势变化频率下出口处浓度的分布

为得到最佳的混合效果, 必须综合考虑样品的混合和输运能力。当壁面电势变化频率较高时, 混合效果虽好, 但浓度值不够理想; 当壁面电势变化频率较低时, 输运能力较强。综合考虑两个要素, 当图 9.47 中 $L_p \approx 4.88H$ 时, 样品混合和输运的综合能力达到最佳值。

9.5.3 弯曲通道流场的混合

为增强混合效果, 通常会采用弯曲通道, 在电渗驱动流中, 弯曲通道的流动与控制有着与压力驱动流不同的特点。

1. 流场与基本参数

图 9.50(a) 是典型的弯曲通道——U 形通道, 材料为玻璃, 缓冲液为水 (相

关物性参数同上文),样品扩散系数 $D = 10^{-11}\ \mathrm{m^2/s}$, $V_x = 1\ \mathrm{m/s}$, $\varphi_{\mathrm{in}} = 1\,000\ \mathrm{V}$,$\varphi_{\mathrm{out}} = 0$。图 9.50(b) 中的 A、B、C、D 为负电势分布的四个位置,壁面电势在虚线内为 ψ_{n},其他区域为 ψ_{p},ψ_{p} 和 ψ_{n} 分别表示正、负电势,$\psi_{\mathrm{p}} = 0.05\ \mathrm{V}$,$\psi_{\mathrm{n}}$ 可变。图 9.50(b) 中四个区域的范围为:

A 区 $x < 0,\ \dfrac{l}{2W} < y < \dfrac{l}{2W} + \dfrac{r+W}{5W}$;

B 区 $x < -\dfrac{4(r+W)}{5W},\ y > \dfrac{l}{W}$;

C 区 $-\dfrac{(r+W)}{10W} < x < \dfrac{(r+W)}{10W},\ y > \dfrac{l}{W}$;

D 区 $x > \dfrac{4(r+W)}{5W},\ y > \dfrac{l}{W}$

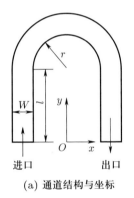 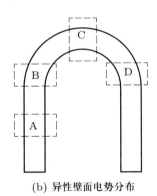

(a) 通道结构与坐标 　　　　 (b) 异性壁面电势分布

图 9.50 U 形通道示意图

2. 通道内的浓度分布

将图 9.50(b) 中 A、B、C、D 区域的壁面分别设为负电势后,通道中的浓度场如图 9.51 所示,颜色越深,浓度越高。可见,A 区壁面设为负电势后,几乎没有混合,B 区和 D 区的壁面设为负电势后,混合效果明显。

3. 出口处的浓度分布和流量

图 9.52 是四个区域壁面分别设为负电势后,出口处的浓度 θ 和流量 Q,可见,B 区和 D 区设为负电势后,θ 沿 x 方向的分布曲线最平缓,混合最充分,但流量最小。A 区设为负电势后,浓度曲线最陡,混合最不充分,但流量最大。

综合考虑输运和混合效果，B 区设为负电势的方案较理想，所以下面讨论这种
情形。

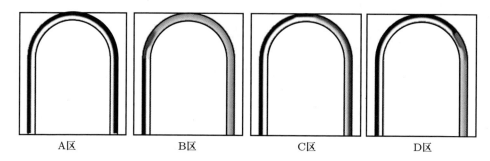

图 9.51 指定区域壁面设为负电势后的浓度场分布 ($r/W = 5, \psi_n = -0.25$ V)

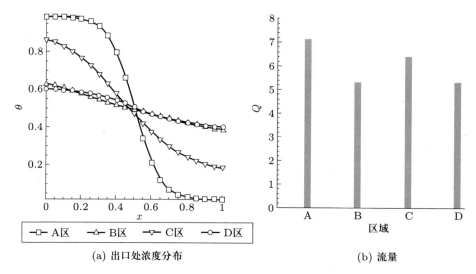

(a) 出口处浓度分布   (b) 流量

图 9.52 指定区域壁面设为负电势后出口处的浓度和流量 ($r/W = 5, \psi_n = -0.25$ V)

4. B 区壁面设为负电势后的浓度和流量

图 9.53 是将 B 区壁面设为负电势后，不同电势 ψ_n 下出口处的浓度 θ 和流
量 Q，可见，θ 沿 x 方向的变化随 ψ_n 的增大而变得平缓，即混合变得充分，但
流量却变小。当 ψ_n 从 -0.25 V 变到 -0.05 V，流量 Q(输运能力) 提高了 44.3%，
但混合能力却下降了 358%，说明对于 B 区壁面设为负电势的情况，改变负电
势的值对混合能力的影响大于对输运能力的影响。

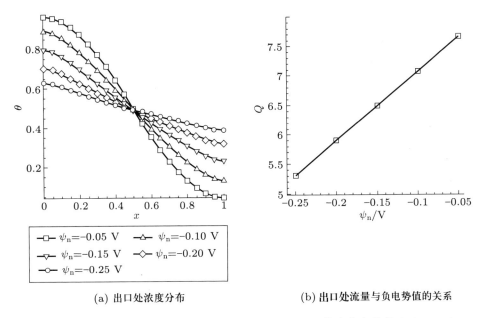

(a) 出口处浓度分布　　　　(b) 出口处流量与负电势值的关系

图 9.53 B 区壁面设为负电势后不同负电势下出口处的浓度和流量 ($r/W = 5$)

图 9.54 是将 B 区壁面设为负电势后，不同弯道曲率半径 r/W 下出口处

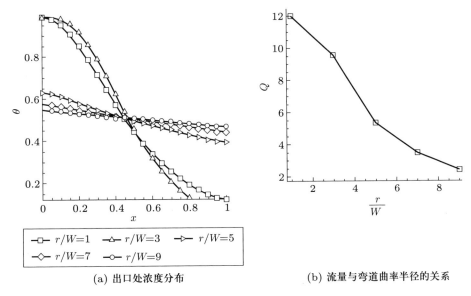

(a) 出口处浓度分布　　　　(b) 流量与弯道曲率半径的关系

图 9.54 B 区壁面设为负电势后不同弯道曲率半径下出口处的浓度和流量 ($\psi_\text{n} = -0.25$ V)

的浓度 θ 和流量 Q，可见，θ 沿 x 方向的变化随 r/W 的增大而变得平缓，即混合变得充分，但流量却变小。在电渗驱动中，当地电场强度和弯道长度分别与 r/W 成反比和成正比，r/W 增大，一方面意味着电场强度减小，从而流速减慢，即流量减少；另一方面意味着流体流过弯道所需的时间更长，从而增强了混合效果。r/W 从 1 变到 9，Q 下降了 80%，混合能力提高了 92%，可见，r/W 对输运和混合能力的影响大致相当。

9.5.4　弯曲通道流场的分离及弯道效应的消除

由电渗驱动对样品进行分离时，往往引入弯道来增加流动的路径而提高分离效果。但是，弯道内外径和电场强度存在差异，容易使样品条变形、样品带变宽，不利于样品的检测。当样品流经一个具有 $\Delta\theta$ 角、中线半径为 R、宽度为 W 的弯道时，产生的变形为 $2W\Delta\theta$。为了消除弯道对样品变形的影响，可以优化弯道形状或改变壁面电势的分布和大小，但前者因加工耗时和制作工艺困难而受限，于是后者常被人们所采用。

9.5.4.1　弯道效应描述

如图 9.55 所示，对处在通道中任意位置的粒子 P，将其投影到中线 P' 上，从 P' 点到原点 O 的距离 S_P，定义为粒子 P 的轴向坐标，S_P 为描述粒子的分布提供了参考标准。若在通道进口释放 $2N+1$ 个粒子，粒子群进入通道后运动时，将有各自的轴向坐标 S_P，定义粒子群的离散率 DIS 和对称率 SYM 分别为：

$$\mathrm{DIS} = \frac{\sum_{n=1}^{n=2N+1}(S_{P\max}-S_{Pn})}{2N+1}, \quad \mathrm{SYM} = \frac{\sum_{n=1}^{n=N}|S_{Pn}-S_{P\,2N+2-n}|}{N} \tag{9.90}$$

式中，$S_{P\max}$ 是所有粒子中最大的轴向坐标，S_{Pn} 是第 n 个粒子的轴向坐标。DIS 表征粒子群的离散程度，DIS 越小，粒子分布越紧密。SYM 表征粒子群的对称程度，SYM 越小，粒子群关于中线的对称性越好。当粒子流过弯道时，DIS 和 SYM 的值越小，弯道效应越弱。可见，优化弯道的过程就是使 DIS 和 SYM 最小化的过程。

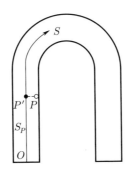

图 9.55 粒子轴向坐标示意图

图 9.56 是压力驱动 Poiseuille 流中不同时刻粒子的分布，壁面上的速度为 0，所以通道中心的流体速度远大于壁面附近的流体速度，当 $t = 120$ 时，前后粒子的距离已很大，离散率 DIS ≈ 1.5。

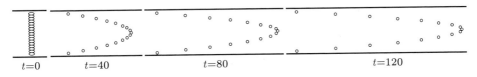

图 9.56 压力驱动 Poiseuille 流中不同时刻粒子的分布

图 9.57 是在同样情况下，电渗驱动时不同时刻粒子的分布，可见，粒子分布集中，离散率 DIS 仅为压力驱动情形的 7%。

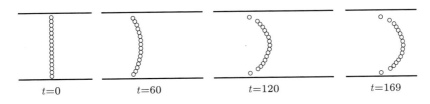

图 9.57 电渗流中不同时刻粒子的分布

但是，在电渗驱动弯道流中，弯道效应会使 DIS 很大。图 9.58 给出了电渗驱动 U 形通道流中不同时刻粒子的分布，可见，由于靠近内外壁面的粒子路径长短不一，导致前后粒子的距离很大，此时 DIS ≈ 1.38。

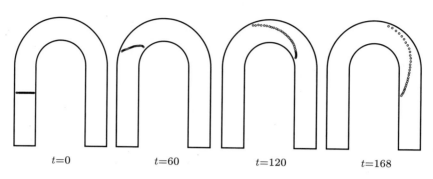

$t=0$ $t=60$ $t=120$ $t=168$

图 9.58 电渗驱动 U 形通道流中不同时刻粒子的分布

9.5.4.2 改变壁面电势分布消除弯道效应

改变弯道壁面电势分布，可以改变流场速度分布，从而消除或尽可能减小内外壁附近粒子路径长短的差异，消除或抑制弯道效应。壁面 Zeta 电位 (ζ) 分布的改变方案如图 9.59 所示，内壁面上，ζ 从 A 到 F 段线性增加、F 到 B 段线性减小；外壁面上，ζ 从 C 到 E 段线性减小、E 到 D 段线性增加。设内、外壁面上的 ζ 分布范围是 $-1\sim0$ 和 $-1\sim\zeta_{min}$(ζ_{min} 是未知量，需在优化过程中确定)。于是 ζ 在内壁面上分布已知，在外壁面上，除 E 点外也已知。为消除弯道效应，确定 ζ_{min} 的准则是使式 (9.90) 中的 DIS 和 SYM 值最小。改变 ζ 的方法有多种，包括增加缓冲添加剂，改变缓冲液 pH，通过壁面涂层、激光打磨改变壁面特性，沿通道横向施加电压等，其中后两种方法适用于改变局部的 ζ。

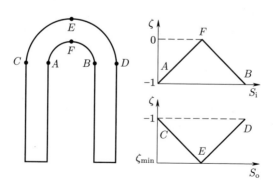

图 9.59 弯道部分内外壁面上 ζ 分布

采用图 9.59 所示的 ζ 分布消除弯道效应，先要确定 ζ_{min}，然后建立 DIS 和 SYM 与 ζ_{min} 之间的关系，找到对应 DIS 和 SYM 最小值的 ζ_{min}。对同一个 ζ_{min}，通常很难使 DIS 和 SYM 都为最小值，于是要通过加权系数 w_1 和 w_2 来建立优化参数 OPM：

$$\text{OPM} = w_1\text{DIS} + w_2\text{SYM} \tag{9.91}$$

消除弯道效应，就是寻求 ζ_{min} 使 OPM 为最小值。为此，先根据图 9.59 的 ζ 分布估算 ζ_{min} 的取值范围，对不同 ζ_{min}，计算流场和粒子运动而确定 DIS 和 SYM，由式 (9.91) 建立 OPM 与 ζ_{min} 间的关系式，从而确定 OPM 最小值对应的 ζ_{min}。

图 9.60 为 OPM 与 ζ_{min} 的关系，其中 OPM 的值由式 (9.91) 计算得到。可见，随着 ζ_{min} 的增大，OPM 的值先减小到最小值再增大，$\zeta_{min} = -2.69$ 时，OPM 的值最小，即弯道效应最弱。

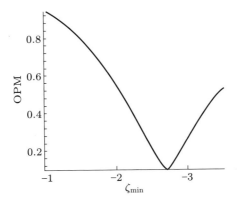

图 9.60 OPM 与 ζ_{min} 的关系 ($Re = 10$，$w_1 = 0.65$，$w_2 = 0.35$)

图 9.61 是 $\zeta_{min} = -2.69$ 时，在壁面 ζ 分布下粒子的运动与分布。与图 9.58 相比，粒子群通过弯道部分后，不仅离散度 DIS 较低，而且对称性好。经过壁面电势分布优化后，离散度 DIS = 0.14，为优化前的 10%。

9.5.4.3 改变弯道形状和采用互补偿通道消除弯道效应

改变弯道部分的形状也是一种消除弯道效应的方法，图 9.62 是增大弯道部分内壁半径后粒子的运动与分布，这种方法既影响了电场和速度的分布，也缩小了内外壁面附近粒子路径长短的差异。与图 9.58 相比，该方法的离散率 DIS 降低了 85%，且对称性很好。

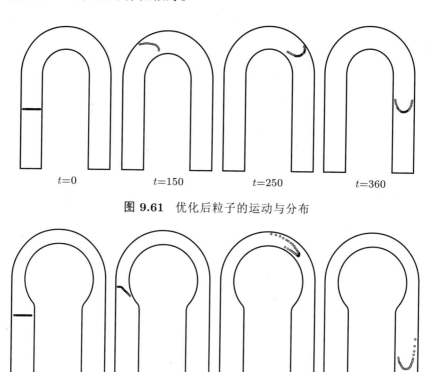

图 **9.61** 优化后粒子的运动与分布

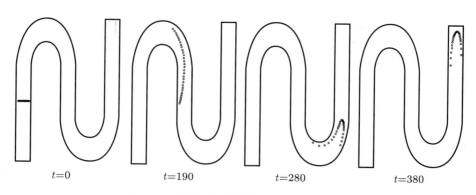

图 **9.62** 增大弯道部分内壁半径后粒子的运动与分布

图 **9.63** 互补偿通道中粒子的运动与分布

还有一种消除弯道效应的方法是采用互补偿通道，该通道由两个方向相反的弯道组成，粒子通过两个弯道时，抵消了内外壁面附近路径长短的差异。图 9.63 给出了互补偿通道中粒子的运动与分布，可见，在一定程度上消除了弯道效应，粒子离散率 DIS 降低了 60%。

9.6 混合器

微纳尺度通道的流动混合很常见，例如在 DNA 磁性分离中，先将磁珠与 DNA 分子充分混合为后续分离做准备；微反应器中的物质充分迅速地混合，才可在小样品消耗下，提高对样品的分析速度和操作效率。

9.6.1 概述

对微纳混合器的考量有如下要素，一是不管混合物质的化学、物理性能如何，都能进行混合；二是能在小空间、短时间内完成高效率的混合；三是结构尽量简单、成本低且能大批量生产；四是流动时的应变率要低，不破坏物质的结构，且不能出现堵塞。

9.6.1.1 混合器及混合机理

微纳混合器分为主动式和被动式。主动式分为射流、超声波、机械、电动力、磁动力、分支注入、压电、磁致等形式。被动式主要有分合、回流循环、弯曲通道、交错人字、分流/截流等形式。主动式与被动式混合器工作原理不同，有各自的优势和缺陷。物质流动的混合程度与扩散时间和对流的强弱有关。微纳混合器尺度小，流动 Re 小，难以通过湍流促进混合，不同组分物质间的混合主要依赖于物质间的扩散。根据 Einstein 扩散定理，物质的扩散距离正比于扩散系数和扩散时间，扩散系数与物质的物性、温度等有关，通常难以任意改变，增加扩散时间意味着降低扩散效率，所以要通过其他途径来增强混合。实际上，Einstein 扩散定理没有体现流体间的接触面积、二次流、离心力、壁面状况等因素对扩散的影响。

9.6.1.2　被动式混合器

被动式混合的优势是无需动力源和运动元件，可在简单的通道中实现，不会因分成多个细流而增加流动应变率；劣势是主要由物质间接触面上的分子交换进行混合，需较长的混合时间。在小 Re 流动无法通过湍流进行混合的情况下，混沌对流能通过物质间的拉伸与折叠，增加物质间的接触面积而促进混合，从而成为被动式混合的有力手段。

最简单的微纳混合器是如图 9.28(b) 所示的 T 形混合器，该混合器的混合效果较差，需借助外部的作用才能得到较满意的效果。图 9.35 所示的二维蛇形通道，增加了流动的距离，通道中的旋流增加了物质的接触面积，与 T 形混合器相比，明显提高了混合效率。图 9.37 所示的三维蛇形通道，通过空间的弯曲来加强混沌对流的效果，通道中的螺旋流动也使物质的接触面加大。此外，在壁面放置阻碍物产生的二次流，既可以增加物质的横向输运，还可以产生螺旋流动，将不同物质拧成麻花状，从而增加物质间的接触面积。图 9.64 是具有分合式通道结构的混合器，该混合器将物质分开后再合拢，使不同物质层层相叠，通过增加接触面积而促进混合。Coanda 效应混合器利用 Coanda 效应让流体产生回流，这种混合器虽没有分合式通道结构混合器那样有明显的分层效果，但可利用主流和回流两股方向相反的流动增强混沌对流，从而改善混合效果。旋流式混合器是使两种物质产生回旋而缠绕在一起，物质间层层相错，增加了接触面积，物质密度不同导致离心力不同，也会促进物质间的混合。

图 9.64　分合式通道结构混合器

9.6.1.3　主动式混合器

主动式混合器有不同的种类，常用的是电动力式混合器，该混合器在通道的上下壁面施加不同的电压，产生大小不同的正负电势，通过改变电渗流速度的大小和方向，提高物质的混合效率。

电激振动涡型混合器是在通道进口附近放置一个圆柱, 由电流控制圆柱表面的双电层强度, 从而控制圆柱产生的二次流的大小和方向, 以此增加物质间的接触面积而增强扩散和混合。相同机理的还有电控振荡式混合器、外电场振荡式混合器等。

磁动力式混合器也较常见。例如在通道中的预埋导线通上一定大小、方向不同的电流, 电流产生的磁场力使某些物质中的带电粒子受到 Rorenz 力的影响而运动, 粒子的运动带动流体产生混沌对流而加强混合。

改变通道进口压力或流量随时间变化的频率, 可以使混合物质增加接触面积而提高混合效率。例如一个通道的进口由脉冲泵注入液体, 另一个通道进口关闭, 接下来两个进口轮换, 如此循环能增强两股流体的混合。又如在蜘蛛式微混合器中, 通过施加压力扰动, 使两股流体交界区的流线扭曲和变形, 从而提高混合效率。在一个进口对流体施加干扰, 对速度、压力或流量产生脉冲, 使两股流体交替叠加也能促进混合。

还有一些特殊的方法也可促进混沌对流和混合。例如利用 Coriolis 力使两股流体在旋转作用下分层, 从而增加流体接触面积; 又如利用压电或磁致效应使壁面变形, 壁面变形对通道内的流体产生振动效果, 从而促进流体间的混合。

9.6.2 衡量混合效果的指标

混合效果需要有考量的对象和指标, 对象通常是物质的浓度、质量分数 (或体积分数), 指标包括以下几个参数。

1. 浓度方差

若以物质体积分数 (或质量分数) 来衡量混合效果, 则均匀程度可表示为:

$$\sigma = \sqrt{\frac{1}{N} \sum_{i=1}^{N} (\theta_i - \sigma_0)^2} \tag{9.92}$$

式中, θ_i 是第 i 种物质的体积分数 (或质量分数); σ_0 为混合均匀时的平均体积分数 (或质量分数), σ 的下标为 0 表示充分混合, 为 0.5 表示没有混合。

2. Lyapunov 指数

混沌对流是促进流动混合的有效方法,流动的混沌程度在一定意义上可以反映流场的混合程度。衡量流场混沌程度的指标之一是 Lyapunov 指数,其定义和算法可见相关的书籍。然而,Lyapunov 指数只是衡量流场的混沌程度,不能直接衡量流动的混合程度。

3. 流动显示中的示踪粒子密度

实验中,经常使用激光诱导荧光 (LIF) 和粒子跟踪速度仪 (PTV) 等给出流场的图像信息。根据 LIF、PIV 等得到的图像,由示踪粒子密度法,可以直接计算流体混合的均匀程度,具体是将整个图像划分成若干子区域,计算每个子区域上示踪粒子的密度,然后计算混合程度。

9.6.3 螺旋式混合器

流体在通道中流动时的压缩、延伸、折叠,有助于流体的混合,螺旋式混合器的出现正是基于这一原理。图 9.65 是三种混合器的通道结构,下方是直

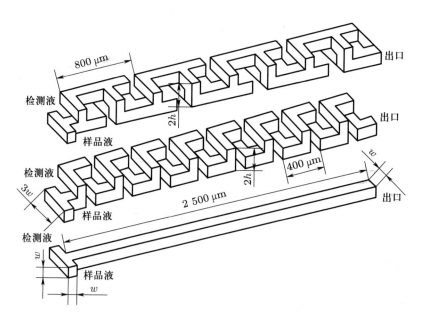

图 9.65 三种混合器的通道结构

通道, 中间是蛇形通道, 上方是螺旋式通道。通过对这三种通道内流动混合的数值模拟, 可以发现, 直通道中的流体既没有明显的分层现象, 也没有出现质量分数等值线的旋转, 混合效果较差。蛇形通道中的流体虽然也没有明显的分层现象, 但质量分数等值线有旋转的趋势, 混合效果居中。螺旋式通道中的流体被分成了上中下三个区域, 流体出现了明显的分层现象, 而且质量分数等值线的旋转明显, 混合效果最好。

图 9.66 给出了不同 Re 下的检测液质量分数方差 σ, σ 的定义如式 (9.92) 所示, σ 值越小, 混合效果越好。当 $Re < 0.3$ 时, Re 越小, 混合效果越好; 当 $Re = 0.3\sim3$ 时, Re 的变化对混合效果影响不大; 当 $Re > 3$ 时, Re 越小, 混合效果越差。因为在小 Re 时, 混合主要依赖物质扩散, Re 越小, 扩散越强, 故混合效果越好。在较大 Re 时, 对流占主导地位, 此时 Re 越大, 对流越强, 混合效果越好。

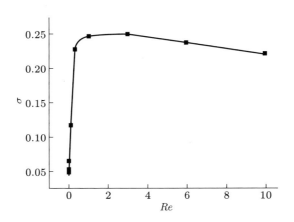

图 9.66 检测液质量分数方差与 Re 的关系

图 9.67 给出了三种通道检测液质量分数方差 σ 随 Re 的变化。可见, 直通道的 σ 值最大, 混合效果最差, $Re > 1$ 时几乎没有混合, $Re < 0.001$ 时混合效果较好。螺旋式通道与蛇形通道相比, 在 $Re < 0.3$ 范围内, 前者的混合效果明显优于后者, 实际应用中的 Re 大多数在这个范围; 在 $0.3 < Re < 3$ 范围内, 两者的混合效果相当; 在 $Re > 3$ 范围内, 蛇形通道的混合效果略好。

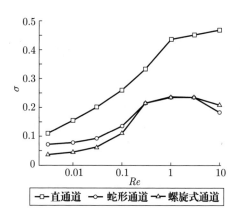

图 **9.67** 不同类型通道的混合效果

9.6.4 各类混合器及优缺点

由于工作原理的不同, 不同的混合器各有其特点, 以下根据被动式混合器 (表 9.1) 和主动式混合器 (表 9.2) 的划分, 分别给出其优势与不足 [5]。

表 **9.1** 被动式混合器

序号	类型	工作原理	优势	不足
1	T 形	流体扩散	结构简单	混合速度慢
2	方波弯曲型	①流体扩散 ②旋流	①结构简单 ②混合效率是 T 形的 10 倍	①流体应变率高 ②有堵塞可能
3	三维蛇形	①流体扩散 ②混沌对流、旋流	①结构较简单 ②混合效率是方波型的 1.6 倍	①流体应变率高 ②有堵塞可能, 制造较麻烦
4	通道障碍型	①流体扩散 ②二次流	①结构较简单 ②混合有所加速	①混合效率不高 ②制造麻烦
5	底部障碍型	①流体扩散 ②二次流、螺旋流	混合效率较高	①结构复杂 ②制造较麻烦
6	分流/截流式	①流体扩散 ②分层与旋流	混合效率高	结构复杂
7	分合分层式	①流体扩散 ②分层与混沌对流	混合效率高	结构较简单

续表

序号	类型	工作原理	优势	不足
8	Coanda 效应混合器	①流体扩散 ②分层与回流	混合效率很好	结构复杂
9	旋流式	①流体扩散 ②旋流、层层相叠	混合效率高	制造麻烦
10	循环式	①回流 ②流体扩散	混合效率高	①结构复杂 ②有堵塞可能

表 9.2 被动式混合器

序号	类型	工作原理	优势	不足
1	电场驱动式	用外电场改变当地电势，改变流体的运动速度和方向，有时还可产生涡旋，可产生分层效果	①混合效率高 ②容易控制	①需要控制单元 ②只适合某些种类的液体 ③制造难、成本高
2	电磁驱动式	利用电磁力改变原运动方向，产生混沌对流加强混合	①混合效率高 ②容易控制	①需要控制单元 ②只适合某些种类的液体 ③制造难、成本高
3	磁动力式	外磁场转动带动搅拌器的旋转，增加混沌程度	①混合效率很高 ②可控制	①需要控制单元 ②有运动元件 ③制造难、成本高
4	脉冲泵式	由脉冲泵泵出液体的速度、压力的波动，使两液体间分层，增加接触面积	①混合效率较高 ②结构简单	①需要脉冲泵 ②混合效率不如其他主动式混合器
5	电控脉冲式	用电信号控制阀使阀振动，从而改变流量和压力	①混合效率较高 ②结构简单	①需要控制单元和微阀 ②混合效率不如其他混合器
6	Coriolis 式	利用 Coriolis 力让两种流体在旋转作用下形成分层，增加接触面积	①混合效率高 ②不受液体性质影响	①需要外部旋转动力 ②通道有较多分支

续表

序号	类型	工作原理	优势	不足
7	振动壁式	利用磁致或压电效应，使壁面产生振动，带动液体振动产生冲击和空化	①混合效率高 ②不受液体性质影响	①需控制元和磁致或压电元件 ②结构复杂 ③使用寿命短
8	超声波式	利用超声振动拖曳液体，产生冲击和空化，增加混沌	①混合效率高 ②不受液体性质影响	需超声波发生器和换能器
9	蜘蛛式	利用三支道上的压力波动使交叉处流线变乱而促进混合	①混合效率高 ②容易制造	需改变支道压力的元件或系统

思考题与习题

9.1 微纳尺度通道流有哪些主要特点？

9.2 对流道宽度为 1 μm 的液体和气体流动，应当如何处理？

9.3 Knudsen 数描述两个尺度之比，而 Mach 数描述两个速度之比，如何建立两者之间的关系？

9.4 低压下的稀薄气体流与气体的微流动在动力学上相似吗？

9.5 在非连续介质行为上，液体和气体有何区别？

9.6 在微纳尺度通道流中，液体流动与气体流动边界条件的提法有什么不同？

9.7 为什么分子动力学方法通常用于液体流动的模拟，而直接模拟 Monte Carlo 方法用于气体流动的模拟？

9.8 用格子 Boltzmann 方法数值模拟微纳尺度通道流存在的主要问题是什么？

9.9 气体在微纳尺度 Couette 流中，为什么壁面剪应力随着 Knudsen 数的增大而增加且增幅趋于平缓？

9.10 液体在微纳尺度圆管流中，为什么最大速度与平均速度之比、压降，随管径的变小而增大？

9.11 气体在微纳尺度 Poiseuille 流中，为什么最大速度与平均速度之比随着通道宽度的变小而减小?

9.12 气体在微纳尺度后向台阶流中, 流场出现分离的难易与 Knudsen 数的大小存在怎样的关系?

9.13 在微纳尺度通道流中, 应当如何根据 Schmidt 数和 Reynolds 数判断流场的扩散特性?

9.14 为达到物质萃取的最好效果, 应该如何对流动进行控制?

9.15 为获得对物质较好的检测信号, 应该如何对流动进行控制?

9.16 电渗流的原理是什么? 其优势和局限性分别体现在哪些方面?

9.17 在电渗流中, 如何确定壁面电势分布的频率以获得物质混合和输运能力的最佳效果?

9.18 电渗流中用 ζ 分布来消除弯道效应时, 考量的指标是什么?

9.19 螺旋式混合器中, 混合效果与 Reynolds 数是什么关系?

9.20 衡量一个混合器优劣的因素有哪些?

参考文献

[1] BAO F B, LIN J Z, SHI X. Burnett simulations of flow and heat transfer in micro Couette flow using second-order slip conditions[J]. Heat and Mass Transfer, 2007, 43, 6: 559-566.

[2] BAO F B, LIN J Z. Burnett simulations of gas flow in microchannels[J]. Fluid Dynamic Research, 2008, 40, 9: 679-694.

[3] BAO F B, LIN J Z. Burnett simulation of gas flow and heat transfer in micro Poiseuille flow[J]. International Journal of Heat and Mass Transfer, 2008, 51, 6: 4139-4144.

[4] BAO F B, LIN J Z. Continuum simulation of microscale backward-facing step flow in a transition regime[J]. Numerical Heat Transfer Part A-Applications, 2011, 59, 8: 616-632.

[5] 林建忠, 包福兵, 张凯, 等. 微纳流动理论及应用[M]. 北京: 科学出版社, 2010.

第 10 章　流固两相流

流固两相流广泛存在于大自然和工程应用中,它与国民经济、国防建设和人民生活密切相关。因此,掌握流固两相流的运动规律具有理论价值和实际意义。

10.1　概述

流固两相流非常普遍,如大自然中的冰雹、流沙、尘暴,大气与河流湖泊的污染,工程中的气力和液力输送,核反应堆的废物排放和处理,燃烧系统中的流化床,采矿和冶金过程中的旋流分离与运输,粉尘爆炸,血液的循环与凝固等。

10.1.1　定义与特点

了解流固两相流的定义和特点是研究和掌握流固两相流动规律的前提。

10.1.1.1　定义

两相流的"相"指的是固相、气相或液相。流固两相指的是气固或液固两相,两者的区别在于气相与固相存在较大密度差且通常固相密度远大于气相,而液固两相流中,固相密度可能大于、等于或小于液相密度。密度的差异使得气固两相流和液固两相流的模型和研究方法也存在差异。

从流体动力学角度出发,流固两相流是指由动力学性质不同的流体相和固体相组成的物质的流动。从运动物质的连续性看,流体相被视作连续介质,固相则视其稠稀程度,既可作为连续介质也可作为离散介质。

10.1.1.2　特点

流固两相流动有如下特点：一是流型复杂多变，流型随物型、流动条件、边界条件、热负荷及压力等的不同而变化；二是相间作用强，流相和固相存在相互作用，固相之间也存在相互作用；三是物性复杂，流固两相流的物性依赖于固相的体积比、比重比、温度等因素；四是存在能耗变化，与单相流不同，流固两相流动所需能耗依赖于固相体积比、比重比、固粒形态和分布等因素；五是相界面复杂，浓度梯度、温度梯度、电荷或化学反应，会使流固两相的界面出现收缩、局部扰动、分裂、振荡等现象；六是固相存在激波弛豫、滑动弛豫以及膨胀弛豫等现象；七是有电磁效应，流场中的固粒可能电解出带电离子，离子与电磁波及物体发生相互作用后，会导致各种电磁效应；八是方程多且求解困难，描述各相的守恒方程、辅助公式和定解条件数量多、形式复杂，方程组的非线性和耦合程度大，求解困难。

10.1.2　固相稠稀与介质类型

流固两相流中，固相的稠稀和介质类型的划分依据有多种。

1. Crowe 准则

流固两相流场中，固粒的运动由固粒的碰撞所支配，称为稠相，常见的有流化床和高固粒载荷比的气力输送系统等。固粒的运动由作用在固粒上的流体力所支配，称为稀相，常见的有静电除尘器、旋风分离器等。可用分子运动进行类比，说明稠相与稀相的划分。

在分子运动论中，两个分子产生碰撞的平均距离近似为：

$$\lambda = \frac{1}{NA} \tag{10.1}$$

式中，λ 是分子平均自由程；N 是单位体积内的分子数；A 是分子平均横截面。可类似地定义两个固粒产生碰撞的平均距离 λ_p 和一般情况下两粒子的间距 l_p。一个在流场中运动的固粒，其速度与流体速度存在速度差 Δv_p，在随流体运动的坐标系中，固粒停下前将移动距离 $\Delta v_p t_p$，t_p 为固粒弛豫时间。根据 Crowe 准则，若满足 $\Delta v_p t_p / \lambda_p < 1$，固相为稀相，反之为稠相。

此外，还有一些其他划分固粒稠稀相的准则，如设固粒体积浓度为 C_v，则 $C_v < 5\%$ 时为稀相，$C_v \geqslant 5\%$ 时为稠相。实际上并没有一个普适的标准来划分固粒的稠相与稀相，固粒的稠稀特征是连续变化的，在不同的应用场合会有不同的标准。

2. 固粒稠稀属性与连续介质假设

Crowe 准则给出了固粒稠稀属性的一个判据，但无法确定固粒相是否可视为连续介质。对流体相而言，Knudsen 数定义为 $Kn = \lambda/L$（L 为流场特征长度），连续介质成立的条件是 $Kn \ll 1$。对固相而言，连续介质成立的条件可类比为 $l_p/L \ll 1$。实际上，对于常密度、相同尺度且无外力作用的球形固粒而言，当 $l_p/L \ll 1$ 时，流场中彼此靠近的固粒几乎不会碰撞。换言之，即使将固粒视为连续介质 (因为 $l_p/L \ll 1$)，也因固粒间不发生碰撞而可视为稀相。因此，定性而言，稠相固粒可视作连续介质，稀相固粒既可视作离散介质，也可视作连续介质。

可对 Crowe 准则加以完善，设固粒和流体的密度为分别为 ρ_p 和 ρ_f，固粒质量载荷比为 β_p，则固粒的体积分数为 $\varepsilon_p = \beta_p \rho_f/\rho_p$。若固粒平均自由程 λ_p 是 $l_p/\varepsilon_p^{2/3}$，则 $\lambda_p/L = (l_p/L)/\varepsilon_p^{2/3}$。因此，若 $l_p/L = O(\varepsilon_p^{2/3})$，则 $\lambda_p/L = O(1)$，此时固粒可视为稀相，即若 $\beta_p = O(1)$，则 $l_p/L = O(10^{-2})$ 是固相为稀相的充分条件。因为 $l_p/L \ll 1$ 是连续介质的判据，所以稀相固粒在某些情况下仍可视为连续介质。

10.1.3　圆球固粒的受力

在流固两相流中，要得到固粒的运动特征，首先要明确作用在固粒上的力。以下对刚性圆球固粒进行受力分析。

10.1.3.1　Stokes 阻力

半径为 a 的圆球固粒在流场中运动时，会受到流体黏性力的作用。若固粒速度大于流体速度，则流体对固粒的作用力为阻力；若固粒速度小于流体速度，则流体对固粒的作用力为拖曳力。若固粒与流体的相对速度很小，绕固粒流场的流体方程中，惯性项与黏性项的比值为：

$$\frac{\boldsymbol{v}_{\mathrm{f}} \cdot \nabla \boldsymbol{v}_{\mathrm{f}}}{\frac{1}{\rho_{\mathrm{f}}} \mu \nabla^2 \boldsymbol{v}_{\mathrm{f}}} \sim \frac{\frac{\boldsymbol{v}_{\mathrm{f0}}^2}{L_0}}{\frac{\mu_0 \boldsymbol{v}_0}{\rho_0 L_0^2}} = \frac{\rho_0 \boldsymbol{v}_0 L_0}{\mu_0} = Re \ll 1 \tag{10.2}$$

式中，μ 为黏性系数；L 为流场特征长度；Re 为雷诺数；下标 f 表示流体、0 表示特征量。在流场定常且忽略体积力时，N-S 方程在满足式 (10.2) 条件下可以简化为：

$$-\frac{1}{\rho_{\mathrm{f}}} \nabla p_{\mathrm{f}} + \frac{1}{\rho_{\mathrm{f}}} \mu \nabla^2 \boldsymbol{v}_{\mathrm{f}} = 0 \tag{10.3}$$

该方程是 Stokes 方程，张量形式见方程 (2.81)。对于 Stokes 方程的求解可见 2.5.3 节。在图 2.8 所示的绕圆球流动中，将方程 (2.81) 写成球坐标的形式为方程 (2.82)~(2.84)，求解方程 (2.82)~(2.84)，可得到流场速度和压力，结果为式 (2.95)，利用广义牛顿黏性应力公式，可得球面上的应力为式 (2.97)，由式 (2.97)，可得到流体作用在圆球上的沿 x 方向的 Stokes 力，如式 (2.98) 所示。若圆球速度大于流体速度，则该力称为 Stokes 阻力，于是可定义阻力系数式 (2.99)。当 $Re < 1$，由式 (2.99) 计算得到的结果与实验结果吻合较好。

10.1.3.2 Ossen 阻力

Stokes 阻力系数式 (2.99)，是在小 Re 情况下得到的，当 Re 增大时，流场中的惯性项与黏性项相比不为小量，N-S 方程中的惯性项不可忽略，采用式 (2.99) 计算阻力会有较大误差。因此，如 2.5.4. 节所述，Ossen 在部分保留惯性项的基础上，得到 Ossen 阻力系数式 (2.103)。使用式 (2.103) 计算阻力，当 $Re < 5$ 时，能得到与实验较吻合的结果。图 2.9 是用式 (2.99) 和式 (2.103) 计算得到的结果与实验结果的比较。

10.1.3.3 不同 Re 下的阻力系数

当 $Re > 5$ 时，用式 (2.103) 计算阻力也会产生较大误差，此时要用数值计算和实验测量方法得到阻力系数表达式。表 10.1 是不同 Re 下的阻力系数表达式，其中 $B = \lg Re$。

表 10.1　不同 Re 下的阻力系数表达式

Re 范围	阻力系数表达式
$Re < 0.01$	$C_\mathrm{D} = \dfrac{3}{16} + \dfrac{24}{Re}$
$0.01 < Re \leqslant 20$	$C_\mathrm{D} = \dfrac{24}{Re}[1 + 0.131\ 5Re^{(0.82-0.05B)}]$
$20 < Re \leqslant 260$	$C_\mathrm{D} = \dfrac{24}{Re}(1 + 0.193\ 5Re^{0.630\ 5})$
$260 < Re \leqslant 1\ 500$	$\lg C_\mathrm{D} = 1.643\ 5 - 1.124\ 2B + 0.155\ 8B^2$
$1.5 \times 10^3 < Re \leqslant 1.2 \times 10^4$	$\lg C_\mathrm{D} = -2.457\ 1 + 2.555\ 8B - 0.929\ 5B^2 + 0.104\ 9B^3$
$1.2 \times 10^4 < Re \leqslant 4.4 \times 10^4$	$\lg C_\mathrm{D} = -1.918\ 1 + 0.637\ 0B - 0.063\ 6B^2$
$4.4 \times 10^4 < Re \leqslant 3.38 \times 10^5$	$\lg C_\mathrm{D} = -4.339\ 0 + 1.580\ 9B - 0.154\ 6B^2$
$3.38 \times 10^5 < Re \leqslant 4 \times 10^5$	$C_\mathrm{D} = 29.78 - 5.3B$
$4 \times 10^5 < Re \leqslant 10^6$	$C_\mathrm{D} = 0.1B - 0.49$
$Re > 10^6$	$C_\mathrm{D} = 0.19 - \dfrac{8 \times 10^4}{Re}$

10.1.3.4　压力梯度力

固粒在有压力梯度的流场中运动时, 流体绕过固粒会在固粒表面上产生不均匀的压力分布, 此外, 流场压力梯度也会在固粒表面产生不均匀的压力分布。如图 10.1 所示, 固粒中心位置的流场压力为 p_f0, 流场压力梯度为常数, 则固粒表面因压力梯度所引起的压力分布为:

$$p_\mathrm{f} = p_\mathrm{f0} + R(1 - \cos\theta)\frac{\partial p_\mathrm{f}}{\partial x}. \tag{10.4}$$

在表面取一微元面积 $\mathrm{d}A = 2\pi R^2 \sin\theta \mathrm{d}\theta$, 作用在该面积上沿 x 方向的力为:

$$\mathrm{d}F_{\mathrm{p}x} = p_\mathrm{f}\cos\theta \mathrm{d}A = \left(p_\mathrm{f0} + R\frac{\partial p_\mathrm{f}}{\partial x} - R\frac{\partial p_\mathrm{f}}{\partial x}\cos\theta\right) 2\pi R^2 \sin\theta\cos\theta \mathrm{d}\theta \tag{10.5}$$

将式 (10.5) 从 0 到 π 积分, 可得 x 方向的合力:

$$F_{\mathrm{p}x} = \int_0^\pi \mathrm{d}F_{\mathrm{p}x} = 2\pi R^2 \int_0^\pi \left(p_\mathrm{f0} + R\frac{\partial p_\mathrm{f}}{\partial x}\right)\sin\theta\cos\theta \mathrm{d}\theta - 2\pi R^3 \frac{\partial p_\mathrm{f}}{\partial x}\int_0^\pi \sin\theta\cos^2\theta \mathrm{d}\theta \tag{10.6}$$

因 $p_{f0} + R\partial p_f/\partial x$ 为常数，故上式第二个等号后第一项为零，所以

$$F_{px} = -2\pi R^3 \frac{\partial p_f}{\partial x} \int_0^\pi \sin\theta \cos^2\theta \mathrm{d}\theta = -\frac{4}{3}\pi R^3 \frac{\partial p_f}{\partial x} \tag{10.7}$$

可见，F_{px} 等于固粒体积与压力梯度的乘积，方向与 $\partial p_f/\partial x$ 相反。

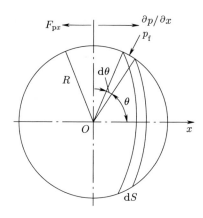

图 10.1 球面上的压力梯度

10.1.3.5 附加质量力

圆球固粒在静止、理想、不可压缩、无界流体中等速运动时，所受的合力为零。当固粒加速运动时，固粒周围的流体速度伴随着固粒的加速也越来越大，作用于固粒的力不仅要使固粒产生加速度，而且提供固粒周围流体的动量变化所需：

$$\boldsymbol{F}_a = m' \boldsymbol{a}_p \tag{10.8}$$

式中，$\boldsymbol{a}_p$ 是固粒加速度；m' 是附加质量；$\boldsymbol{F}_a$ 是附加质量力，方向与固粒加速度方向一致。附加质量力是因固粒加速引起的表面压力分布不对称而产生的合力。匀速运动固粒表面上的压力分布为：

$$p_f = p_{f\infty} + \frac{1}{2}\rho_f \boldsymbol{v}_{p0}^2 \left(1 - \frac{9}{4}\sin^2\theta\right) \tag{10.9}$$

式中，$p_{f\infty}$ 是无穷远处的压力；$\boldsymbol{v}_{p0}$ 是固粒初速度。当固粒以等加速度 $\boldsymbol{a}_p$ 运动时，表面上的压力分布为：

$$p_f = p_{f\infty} + \frac{1}{2}\rho_f \boldsymbol{v}_{p0}^2 \left(1 - \frac{9}{4}\sin^2\theta\right) - \rho_f \frac{a_p}{2}R\cos\theta \tag{10.10}$$

比较式 (10.9) 和式 (10.10) 可见, 前者的压力在固粒表面分布对称, 其合力为零; 后者因固粒加速运动, 产生了压力分布的不对称, 于是附加质量力为:

$$\boldsymbol{F}_\mathrm{a} = \int_0^\pi \left(-\frac{\rho_\mathrm{f}}{2}\boldsymbol{a}_\mathrm{p}R\cos\theta\right)2\pi R^2\sin\theta\cos\theta\mathrm{d}\theta = -\frac{2}{3}\pi R^3\rho_\mathrm{f}\boldsymbol{a}_\mathrm{p} = -\frac{1}{2}\left(\frac{4}{3}\pi R^3\rho_\mathrm{f}\right)\boldsymbol{a}_\mathrm{p} \tag{10.11}$$

若流体和固粒的瞬时速度分别为 $\boldsymbol{v}_\mathrm{f}$ 和 $\boldsymbol{v}_\mathrm{p}$, 则附加质量力为:

$$\boldsymbol{F}_\mathrm{a} = -\frac{1}{2}\left(\frac{4}{3}\pi R^3\rho_\mathrm{f}\right)\left(\frac{\mathrm{d}\boldsymbol{v}_\mathrm{p}}{\mathrm{d}t} - \frac{\mathrm{d}\boldsymbol{v}_\mathrm{f}}{\mathrm{d}t}\right) \tag{10.12}$$

10.1.3.6 Basset 力

Stokes 阻力系数式 (2.99) 是在定常流场情况下得到的, Basset 分析了因非定常产生的流场对固粒的作用, 得到 Basset 力为:

$$\boldsymbol{F}_\mathrm{B} = 6R^2\sqrt{\pi\mu\rho_\mathrm{f}}\int_{t_\mathrm{p0}}^{t_\mathrm{p}}\frac{\dfrac{\mathrm{d}}{\mathrm{d}\tau}(\boldsymbol{v}_\mathrm{f}-\boldsymbol{v}_\mathrm{p})}{\sqrt{t_\mathrm{p}-\tau}}\mathrm{d}\tau \tag{10.13}$$

可见当 $\boldsymbol{v}_\mathrm{f} < \boldsymbol{v}_\mathrm{p}$ 时, Basset 力使固粒减速, 反之则使固粒加速。当流场的非定常程度不强时, Basset 力可忽略。

10.1.3.7 Magnus 力

对于具有一定尺度的固粒而言, 流场中的速度梯度会导致固粒旋转, 固粒周围的流场会因为固粒的旋转而产生速度的差异, 由速度差导致压力差而形成的压差力称为 Magnus 力, 表示为:

$$\boldsymbol{F}_\mathrm{M} = \pi R^3\rho_\mathrm{f}\boldsymbol{\omega}\times(\boldsymbol{v}_\mathrm{f}-\boldsymbol{v}_\mathrm{p})[1+\mathrm{O}(Re_\mathrm{p})] \tag{10.14}$$

式中, $\boldsymbol{\omega}$ 是固粒旋转角速度; Re_p 是固粒 Re, 定义为 $2R|\boldsymbol{v}_\mathrm{f}-\boldsymbol{v}_\mathrm{p}|/\nu$。

10.1.3.8 Saffman 力

当一定尺度的固粒处在有速度梯度的流场时, 固粒周围速度的差异会对固粒产生一个横向升力, 即 Saffman 力:

$$\boldsymbol{F}_\mathrm{S} = 81.2R^2(\rho_\mathrm{f}\mu)^{1/2}k^{1/2} \tag{10.15}$$

式中, k 是速度梯度的模, 表示速度梯度的大小, 该力将固粒推向低速区域。

10.1.4 流体对非圆球固粒的作用力

很多情况下固粒的形状与圆球相差很远, 如果使用圆球的公式计算流体对非圆球固粒的作用力, 会导致较大误差。流体对非圆球固粒的作用力依赖于固粒尺度、形状、取向以及流体介质的黏性系数、固粒和流体的密度比。

研究流体对非圆球固粒的作用力主要有两种方法, 一种是对确定形状和取向的固粒, 如椭球、圆柱、圆盘的受力进行研究, 得到的作用力公式较适用于特定形状的固粒, 但无法推广到其他形状的固粒; 另一种是基于各种非圆球固粒的形状和取向特性, 对圆球阻力公式进行修正, 该方法不如第一种精确且依赖于实验结果, 但适应性强, 适合工程应用。为了方便与圆球固粒进行对比, 通常用等效体积直径 d 和球体积 ψ 作为非圆球固粒的特征长度和形状参数。以阻力为例, 可将流体对非圆球固粒的阻力表示为 $f(Re_{\mathrm{p}}, C_{\mathrm{D}}, \psi)$, 这里 C_{D} 是阻力系数。

一种常用的对圆球和非圆球固粒都适用的阻力系数表达式为 [1]:

$$C_{\mathrm{D}} = \frac{24}{Re}(1 + ARe^{B}) + \frac{C}{1 + \dfrac{D}{Re}} \tag{10.16}$$

式中, A、B、C、D 是依赖于 ψ 的常数, 例如对圆球 $(\psi = 1)$ 有 $A = 0.180\ 6$、$B = 0.645\ 9$、$C = 0.425\ 1$、$D = 6\ 880.95(Re < 2.6 \times 10^{5})$; 对八面体 $(\psi = 0.846)$、立方体 $(\psi = 0.806)$、四面体 $(\psi = 0.67)$、圆盘 $(\psi < 0.67)$ 等情形有:

$$A = \exp(2.328\ 8 - 6.458\ 1\psi + 2.448\ 6\psi^{2}) \tag{10.17}$$

$$B = 0.096\ 4 + 0.556\ 5\psi \tag{10.18}$$

$$C = \exp(4.905 - 13.894\ 4\psi + 18.422\ 22\psi^{2} - 10.259\ 9\psi^{3}) \tag{10.19}$$

$$D = \exp(1.468\ 1 + 12.258\ 4\psi - 20.732\ 2\psi^{2} + 15.885\ 5\psi^{3}) \tag{10.20}$$

采用式 (10.16)~(10.20) 计算 C_{D}, 虽可以得到较满意的结果, 但较繁琐。以下是较简单但精确度比式 (10.16)~(10.20) 稍差的 C_{D} 表达式 [2]:

$$C_{\mathrm{D}} = \frac{24}{Re}\{1 + [8.171\ 6\exp(-4.065\ 5\psi)] \times Re^{(0.096\ 4 + 0.556\ 5\psi)}\} +$$

$$\frac{73.69 \exp(-5.0748\psi)Re}{Re + 5.378 \exp(6.212\,2\psi)} \tag{10.21}$$

将式 (10.21) 用于 $\psi > 0.67$ 的圆盘, 能给出较好的结果, 但用于 $\psi < 0.67$ 的圆盘, 结果不理想。在式 (10.16)~(10.21) 中, 也可以用形状因子 ε 代替 ψ, ε 定义为在 $Re = 10\,000$ 时, 非圆球固粒阻力系数与圆球固粒阻力系数之比 $\varepsilon = C_D/C_{Ds}$。

固粒在流场中运动时, 将经历阻力与速度呈线性关系的 Stokes 区以及呈二次方关系的牛顿区, 为此可引进针对两个区域的因子 K_1 和 K_2, 基于实验数据可得到:

$$\frac{C_D}{K_2} = \frac{24}{ReK_1K_2}\{1 + 0.111\,8(ReK_1K_2)^{0.656\,7}\} + \frac{0.430\,5}{1 + \dfrac{330\,5}{ReK_1K_2}} \tag{10.22}$$

K_1 和 K_2 如表 10.2 所示, 其中 d 是等效体积直径, d_n 是将非圆球固粒投影到平面上的等面积圆直径。

表 10.2 K_1 和 K_2 的表达式

形状	K_1	K_2
规则形状	$\left(\dfrac{1}{3} + \dfrac{2}{3}\psi^{-0.5}\right)^{-1}$	$10^{1.814\,8(-\lg\psi)^{0.574\,3}}$
不规则形状	$\left(\dfrac{d_n}{3d} + \dfrac{2}{3}\psi^{-0.5}\right)^{-1}$	$10^{1.814\,8(-\lg\psi)^{0.574\,3}}$

10.2 基本模型与方程

对流固两相流, 将流体相和固相视为统一混合物的称为单流体模型, 用 Euler 方法描述; 将流体相和固相视为相互作用又相互独立的两种连续介质的称为双流体模型, 也用 Euler 方法描述; 将流体视为连续介质而固粒视为离散介质的称为 Euler-Lagrange 模型, 流体相用 Euler 方法描述, 固相用 Lagrange 方法描述。

10.2.1　单流体模型及方程

单流体模型也称"无滑移模型"，与单相流模型类似，但物性参数和本构关系不同。令 ρ_p、ρ_f、ρ_m 分别是固粒、流体、流固混合的密度，V_p、V_f、V_m 分别是固粒、流体、流固混合的体积，有 $V_m = V_p + V_f$，令 α_p 为固粒体积系数 $\alpha_p = V_p/V_m$，则

$$\rho_m = \alpha_p \rho_p + (1 - \alpha_p)\rho_f \tag{10.23}$$

令固粒和流体的速度分别为 $\boldsymbol{v}_p$ 和 $\boldsymbol{v}_f$，扩散系数分别为 D_p 和 D_f，假设 $\boldsymbol{v}_p = \boldsymbol{v}_f$，$D_p = D_f$，流固两相的相互作用视作流体混合物中各组分的相互作用，在忽略流体与固粒间阻力以及无相变情况下，流场的连续性方程和运动方程为：

$$\frac{\partial \rho_m}{\partial t} + \nabla \cdot (\rho_m \boldsymbol{v}_f) = 0 \tag{10.24}$$

$$\rho_m \left(\frac{\partial \boldsymbol{v}_f}{\partial t} + \boldsymbol{v}_f \cdot \nabla \boldsymbol{v}_f \right) = \rho_m \boldsymbol{g} + \nabla \cdot (\boldsymbol{P}_f) \tag{10.25}$$

式中，$\boldsymbol{g}$ 是重力加速度；$\boldsymbol{P}_f$ 是流体应力张量，其定义和描述参见下文。

10.2.2　双流体模型及方程

以下针对两相湍流场的情形，此时固粒和流体的瞬时速度 $\boldsymbol{v}_p$、$\boldsymbol{v}_f$，由各自平均速度 $\boldsymbol{V}_p$、$\boldsymbol{V}_f$ 和脉动速度 $\boldsymbol{v}_p'$、$\boldsymbol{v}_f'$ 构成。

10.2.2.1　基本特性

在双流体模型中，固粒和流体的速度场依赖于以下流固间的相互作用：一是由两相平均速度差 $\boldsymbol{V}_p - \boldsymbol{V}_f$ 产生的流固之间的相互作用，它产生固粒运动的非随机部分的力；二是由两相脉动速度差 $\boldsymbol{v}_p' - \boldsymbol{v}_f'$ 产生的流固之间的相互作用，它导致两相速度分量之间各方向上的动量交换，可减弱或增强流体和固粒速度的脉动；三是由固粒间脉动速度 $\boldsymbol{v}_p' \sim \boldsymbol{v}_p'$ 和固粒间平均速度 $\boldsymbol{V}_p \sim \boldsymbol{V}_p$ 之间相互关联引起的作用，其形成固粒群内的应力，并导致"视在黏度"；四是由流体脉动速度 $\boldsymbol{v}_f' \sim \boldsymbol{v}_f'$ 和流体平均速度 $\boldsymbol{V}_f \sim \boldsymbol{V}_f$ 各自以及相互关联引起的作用，其导致黏性应力和雷诺应力。

10.2.2.2 基本方程

在无相变情况下, 流体相的连续性方程和运动方程为:

$$\frac{\partial \rho_{\text{ff}}}{\partial t} + \nabla \cdot (\rho_{\text{ff}} \boldsymbol{v}_{\text{f}}) = 0 \tag{10.26}$$

$$\rho_{\text{ff}} \left(\frac{\partial \boldsymbol{v}_{\text{f}}}{\partial t} + \boldsymbol{v}_{\text{f}} \cdot \nabla \boldsymbol{v}_{\text{f}} \right) = \rho_{\text{ff}} \boldsymbol{g} - \boldsymbol{F} + \nabla \cdot [(1 - \alpha_{\text{p}}) \boldsymbol{P}_{\text{f}}] \tag{10.27}$$

固粒相的连续性方程和运动方程为:

$$\frac{\partial \rho_{\text{pp}}}{\partial t} + \nabla \cdot (\rho_{\text{pp}} \boldsymbol{v}_{\text{p}}) = 0 \tag{10.28}$$

$$\rho_{\text{pp}} \left(\frac{\partial \boldsymbol{v}_{\text{p}}}{\partial t} + \boldsymbol{v}_{\text{p}} \cdot \nabla \boldsymbol{v}_{\text{p}} \right) = \rho_{\text{pp}} \boldsymbol{g} + \boldsymbol{F} + \nabla \cdot (\alpha_{\text{p}} \boldsymbol{P}_{\text{p}}) \tag{10.29}$$

式中, $\rho_{\text{ff}} = \rho_{\text{f}}(1 - \alpha_{\text{p}})$、$\rho_{\text{pp}} = p_{\text{p}} \alpha_{\text{p}}$ 分别为流体和固粒相的局部密度; $\boldsymbol{F}$ 是相间作用力; $\boldsymbol{P}_{\text{p}}$ 和 $\boldsymbol{P}_{\text{f}}$ 分别为固粒相和流体相的应力张量。

10.2.2.3 流体的应力张量

根据流场中应力张量的定义 $\boldsymbol{P}_{\text{f}} = \boldsymbol{P}_{\text{fv}} + \boldsymbol{P}_{\text{ft}}$, 其中 $\boldsymbol{P}_{\text{fv}}$ 和 $\boldsymbol{P}_{\text{ft}}$ 分别是黏性应力和雷诺应力, $\boldsymbol{P}_{\text{fv}}$ 对应 $\boldsymbol{V}_{\text{f}} \sim \boldsymbol{V}_{\text{f}}$, $\boldsymbol{P}_{\text{ft}}$ 对应 $\boldsymbol{v}_{\text{f}}' \sim \boldsymbol{v}_{\text{f}}'$。对于牛顿流体, $\boldsymbol{P}_{\text{fv}}$ 即 P_{ij}, 如式 (1.92) 所示。雷诺应力张量 $\boldsymbol{P}_{\text{ft}}$, 即 P_{ij}' 为:

$$P_{ij}' = -\rho_{\text{f}} \overline{v_i' v_j'} = P_{ji}' \tag{10.30}$$

10.2.2.4 固粒的应力张量

图 10.2 为由流体和固粒组成的混合物中的控制体, 阴影为固粒部分 V_{p}, 非阴影为流体部分 V_{f}, 控制面由 S_{p} 和 S_{f} 构成。固粒的应力张量 $\boldsymbol{P}_{\text{p}}$ 为:

$$\boldsymbol{P}_{\text{p}} = \boldsymbol{P}_{\text{pc}} + \boldsymbol{P}_{\text{p}k} + \boldsymbol{P}_{\text{p}'} \tag{10.31}$$

式中, $\boldsymbol{P}_{\text{pc}}$ 是固粒碰撞导致的固粒通过 S_{p} 的动量交换率, 与 $\boldsymbol{V}_{\text{p}} \sim \boldsymbol{V}_{\text{p}}$ 相关; $\boldsymbol{P}_{\text{p}k}$ 是由固粒随机运动引起的动量交换, $\boldsymbol{P}_{\text{p}k} = <\rho_{\text{p}} \boldsymbol{v}_{\text{p}}' \boldsymbol{v}_{\text{p}}'>$, 与 $\boldsymbol{v}_{\text{p}}' \sim \boldsymbol{v}_{\text{p}}'$ 相关; $\boldsymbol{P}_{\text{p}'}$ 为固粒存在应力, 它是流体运动时固粒存在导致的结果, 与 $\boldsymbol{v}_{\text{p}}' \sim \boldsymbol{v}_{\text{f}}'$ 相关。

固粒的存在将改变流体的流变特性，抑制或增强流体速度脉动，同时也增强或抑制固粒速度的脉动。

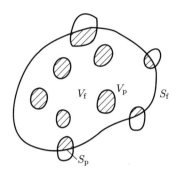

图 10.2　流固混合物的控制体

10.2.3　Euler-Lagrange 模型及方程

在该模型中，流体相用 Euler 方法描述，流体的方程与单相流的情形相同。固粒相采用 Lagrange 方法描述，关注流场中每一个固粒的运动情况，观察和分析固粒的位置、速度和加速度等物理量的变化，综合所有固粒的运动状况，得到整个流场中固粒的运动规律。

单个固粒的运动由牛顿第二定律描述：

$$m_{\mathrm{p}} \frac{\mathrm{d} \boldsymbol{v}_{\mathrm{p}}}{\mathrm{d} t} = \sum_{i=1}^{l} \boldsymbol{F}_i + m_{\mathrm{p}} \boldsymbol{g} \tag{10.32}$$

式中，m_{p} 是固粒的质量；$\boldsymbol{v}_{\mathrm{p}}$ 是固粒的速度矢量；$\boldsymbol{g}$ 是重力加速度，右边第一项包括固粒所受的各种力，这些力在 10.1.3 节已有叙述，在实际应用中，哪些力需保留，哪些力可忽略，要根据具体的情况确定。

10.2.4　固粒对流体的反作用

在 Euler-Lagrange 模型中，若仅考虑流体施加在固粒上的作用力而不考虑固粒对流体的反作用力，这种方法称为单向耦合方法。若同时也考虑固粒对流场的反作用力，则称为双向耦合方法。

迄今为止，已发展了多种双向耦合方法，其中之一是动量源模型，该模型又分简单动量源模型和复杂动量源模型。在简单动量源模型中，对不可压缩、忽略体积力的流场，固粒对流体的反作用力，可通过在流体运动方程中增加一个动量源项 S_p 予以体现：

$$\rho_f \frac{\partial \boldsymbol{v}_f}{\partial t} + \rho_f \boldsymbol{v}_f \cdot \nabla \boldsymbol{v}_f = -\nabla p_f + \mu \nabla^2 \boldsymbol{v}_f + S_p \tag{10.33}$$

在流固两相流中，流场计算网格的尺度通常远大于固粒尺度，在数值模拟方程 (10.33) 时，若固粒不在计算的网格点上，则要建立模型，将固粒对流场的影响体现到邻近网格点上。如图 10.3 所示，流场计算网格点上的速度为流体速度与固粒对该点产生的扰动速度之和，当固粒移动时，固粒对该点产生的扰动速度要发生变化，网格点上的速度也相应变化。在这个模型中，关键是如何给出固粒对该点产生的扰动速度，这方面的内容在一些多相流的书籍和文献中有详细的介绍。

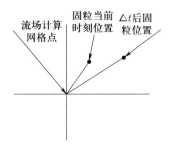

图 10.3 流场–固粒作用示意图

简单动量源模型只考虑固粒对流体的影响，所以适用于固粒体积浓度较小的稀相情形。对于固粒体积浓度较大的稠相情形，除了要考虑固粒对流体的影响外，还要考虑固粒间的相互作用对流体的影响，这就是复杂动量源模型。

还有一种原理较简单的速度修正模型。在图 10.4 所示的流场微元体中，流体对固粒 p 的作用力为 $\boldsymbol{F}$，$\boldsymbol{F}$ 的值可以由 10.1.3 节所述的方法得到。那么，固粒对流体的反作用力 $\boldsymbol{F}'$，其大小与 $\boldsymbol{F}$ 相等、方向与 $\boldsymbol{F}$ 相反。假设固粒 p 对微元体中流体的反作用力均匀分布，则有 $\boldsymbol{a}_f = \boldsymbol{F}'/m_f$，$m_f$ 是微元体流体质量，于是，反作用力 $\boldsymbol{F}'$ 对微元体节点上的速度修正为：

$$\frac{\mathrm{d}\boldsymbol{v}_{\mathrm{f}i}}{\mathrm{d}t} = \boldsymbol{a}_{\mathrm{f}}, \quad i = 1, 2, \cdots, 8 \tag{10.34}$$

用式 (10.34) 对微元体节点的速度进行修正，可以体现固粒对流体的影响，达到双向耦合的目的。

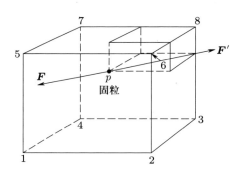

图 10.4　固粒与流体的相互作用

10.3　典型流动

流固两相流广泛存在,以下介绍在特定参数和条件下的几种典型流固两相流。

10.3.1　混合层流场

流固两相混合层流场在煤粉燃烧、混合器等工业应用中很常见，在这样的流场中，固粒常呈现高度的不均匀分布。

10.3.1.1　流场方程及求解

如图 3.16 所示，两股不同速度的流体，从平板上下流经平板并在平板尾缘汇合后形成混合层。为了高分辨率地对流场进行数值模拟，采用图 10.5 所示的随时间发展的混合层进行模拟，它与图 3.16 随空间发展的混合层有相同的物理机制。

考虑不可压缩流场，设图 10.5 中上下两层流体速度大小相等、方向相反，以两层流体速度差 Δv_x 为特征速度，图中的 δ 为特征长度，连续性方程为式

(1.84)，运动方程 (1.94) 可写成如下形式：

$$\frac{\partial \boldsymbol{v}}{\partial t} + \boldsymbol{v} \cdot \nabla \boldsymbol{v} = \boldsymbol{F} - \frac{1}{\rho}\nabla p + \nu\nabla^2 \boldsymbol{v} \tag{10.35}$$

根据矢量的运算法则：

$$\boldsymbol{v} \cdot \nabla \boldsymbol{v} = \nabla\frac{v^2}{2} - \boldsymbol{v} \times \nabla \times \boldsymbol{v} = \nabla\frac{v^2}{2} - \boldsymbol{v} \times \boldsymbol{\omega} \tag{10.36}$$

将其代入方程 (10.35) 并忽略质量力 $\boldsymbol{F}$，可得量纲为一形式的运动方程：

$$\frac{\partial \boldsymbol{v}}{\partial t} + \nabla p + \frac{1}{2}\nabla v^2 = \boldsymbol{v} \times \boldsymbol{\omega} + \frac{\nabla^2 \boldsymbol{v}}{Re} \tag{10.37}$$

式中，$Re = \Delta v_x \delta / \nu$。

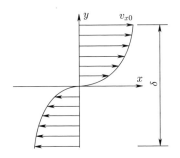

图 10.5 随时间发展的混合层流场

在图 10.5 的流场中求解方程 (10.37)，需要初始条件和边界条件。假设流场的初始速度由平均速度 $v_x = 0.5\tanh y$ 和以下扰动波产生的速度构成：

$$\Psi(x,y) = A_1\varphi_{1\mathrm{r}}\cos(\alpha x) + A_2\varphi_{2\mathrm{r}}\cos\left(\frac{\alpha}{2}x + \beta\right) + \cdots \tag{10.38}$$

式中，A_1、A_2 是基波和次谐波的波幅；$\varphi_{kr}(k = 1,\ 2)$ 为扰动–无黏 Rayleigh 方程特征函数的实部；α 为基波波数；β 为基波与次谐波的相位差。

沿 x 方向采用周期性边界条件，模拟涡卷起和涡配对时的周期分别为 $2\pi/\alpha$ 和 $4\pi/\alpha$。由于 y 趋于无穷大时，扰动波模态趋于 0，所以在 y 方向离速度剖面拐点足够远处做镜像开拓，使流场沿 y 方向具有周期性，对方程 (10.37) 用拟谱方法求解。

10.3.1.2 固粒运动方程及求解

根据牛顿第二定律，固粒在以下各种力的作用下运动：

$$m_{\mathrm{p}} \frac{\mathrm{d}\boldsymbol{v}_{\mathrm{p}}}{\mathrm{d}t} = \boldsymbol{F}_{\mathrm{f}} + \boldsymbol{F}_{\mathrm{p}} + \boldsymbol{F}_{\mathrm{a}} + \boldsymbol{F}_{\mathrm{B}} + \boldsymbol{F}_{\mathrm{M}} + \boldsymbol{F}_{\mathrm{S}} + \boldsymbol{F}_{\mathrm{g}} \tag{10.39}$$

式中，$\boldsymbol{F}_{\mathrm{f}}$、$\boldsymbol{F}_{\mathrm{p}}$、$\boldsymbol{F}_{\mathrm{a}}$、$\boldsymbol{F}_{\mathrm{B}}$、$\boldsymbol{F}_{\mathrm{M}}$、$\boldsymbol{F}_{\mathrm{S}}$、$\boldsymbol{F}_{\mathrm{g}}$ 分别是流体对固粒的阻力或拖曳力、压力梯度力、附加质量力、Basset 力、Magnus 力、Saffman 力、重力，这些力的表达式在 10.1.3 节已经给出。

通过分析方程 (10.39) 中各力的大小，在保留主要力、忽略次要力的情况下，方程 (10.39) 可以写成如下量纲为一的形式：

$$\frac{\mathrm{d}\boldsymbol{v}_{\mathrm{p}}}{\mathrm{d}t} = \frac{f}{St}(\boldsymbol{v}_{\mathrm{f}} - \boldsymbol{v}_{\mathrm{p}}) + \frac{1}{Fr^2}\boldsymbol{e}_{\mathrm{g}} \tag{10.40}$$

式中，$St = \tau_{\mathrm{f}}/\tau_{\mathrm{p}} = \rho_{\mathrm{p}}d^2\Delta v_x/(18\mu\delta)$ 是 Stokes 数，其中 τ_{f} 和 τ_{p} 分别是流体和固粒的弛豫时间；ρ_{p} 是固粒密度；d 是固粒直径；μ 是流体黏性系数；δ 是图 10.5 所示的混合层厚度；$\boldsymbol{v}_{\mathrm{f}}$ 和 $\boldsymbol{v}_{\mathrm{p}}$ 分别是流体和固粒的速度；$Fr = \Delta v_x/\sqrt{g\delta}$ 是 Froude(弗劳德) 数；$\boldsymbol{e}_{\mathrm{g}}$ 是重力方向的单位矢量；f 是 Stokes 区域外的阻力系数修正因子：

$$f = 1 + 0.15 Re_{\mathrm{p}}^{0.67}, \quad Re \leqslant 1\,000 \tag{10.41}$$

式中，$Re_{\mathrm{p}} = |\boldsymbol{v}_{\mathrm{f}} - \boldsymbol{v}_{\mathrm{p}}|d/\nu$。

由方程 (10.40) 求得固粒速度后，再由

$$\frac{\mathrm{d}\boldsymbol{x}_{\mathrm{p}}}{\mathrm{d}t} = \boldsymbol{v}_{\mathrm{p}} \tag{10.42}$$

计算固粒运动的轨迹，其中 $\boldsymbol{x}_{\mathrm{p}}$ 是固粒的位置矢量。

10.3.1.3 固粒在混合层中的运动特性

由于在固粒运动方程 (10.40) 中，考虑了重力的作用，所以混合层中的固粒一方面受到流体的作用而运动，另一方面在重力的作用下沉降。由数值模拟发现，固粒的沉降速度随 St 的增大而增大，随 Fr 的增大而减小。固粒在沉降过程中，不断地被混合层中的大涡拉伸和折叠，其运动和轨迹明显受到大涡演变的影响。

在混合层失稳后，两股流体的界面会卷起形成涡，当 St 很小 (例如 $St = 0.01$) 时，固粒被流体带着运动，其速度几乎与当地流体速度相同，固粒被流场的涡结构拉伸和折叠，呈现出与涡结构类似的形状。在中等 St(例如 $St = 1$) 情况下，固粒跟随流体运动，同时被涡结构的旋转带动后，因惯性的离心作用从涡核向涡结构外缘集中，最后在大涡边界形成清晰的固粒带。随着 St 的进一步增大 (例如 $St = 10$)，固粒因自身的惯性增大而被涡带动的过程减慢，固粒几乎分布在大涡结构的上下两边。在大 St(例如 $St = 100$) 情况下，固粒按照自身的惯性运动，虽然轨迹有些波动，但几乎不参与流场的混合。

混合层卷起的涡在次谐波的作用下，邻近的两个涡会绕两涡的中心旋转，最终涡配对合并成一个涡。在两个涡配对旋转前，每个涡对固粒运动的影响，与前面所述的涡卷起的过程一致。当两个涡配对合并成一个大涡后，虽然固粒的分布与涡卷起的情形类似，但宽度却增加了 1 倍。

10.3.1.4 固粒对混合层运动的影响

当固粒体积浓度较大时，要考虑固粒对流场的影响。采用 10.2.4 节中处理固粒对流体反作用的简单动量源模型，可以得到流场在固粒反作用下的结果。图 10.6 是在变化 St 情况下，平均流场能量 E 和基波能量 E_b 随时间的变化。

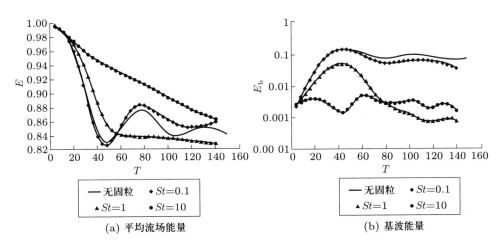

(a) 平均流场能量　　(b) 基波能量

图 10.6　相同 C_v 不同 St 时平均流场能量和基波能量随时间的变化

可见，St 对平均流场能量和基波能量的分布有很大影响。在 C_v 相同的情况下，在涡卷起的过程中，固粒起着阻碍平均流场和基波之间能量交换的作用，且阻碍效应随着 St 的增大而增强。随着 St 的增大，基波能量的发展受固粒抑制的作用增强，涡结构强度减弱。

图 10.7 是在变化固粒体积浓度 C_v 情况下，平均流场能量 E 和基波能量 E_b 随时间的变化。可见，C_v 对平均流场能量和基波能量的分布影响很大。在 St 相同的情况下，C_v 的增大，减缓了平均流场能量减少的速度，即减少了基波从平均流场获得的能量。流场中的固粒对流场的演变起着抑制作用，减弱了流场中涡结构的强度，同时也缩短了涡结构的生存期。

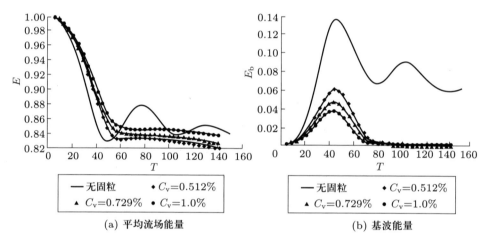

(a) 平均流场能量　　　　　　　　(b) 基波能量

图 10.7　相同 St 不同 C_v 时平均流场能量和基波能量随时间的变化

固粒对混合层涡量场的演变也有影响。图 10.8 是两种 St 下涡量场随时间变化的结果。可见，大 St 下固粒对流体的跟随性较差，涡量场在局部变得更不规则。

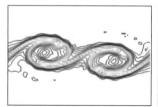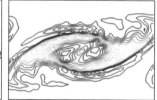

(a) $St=0.1$

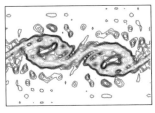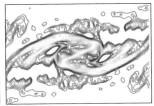

(b) $St=1.0$

图 10.8　不同 St 下涡量场随时间的变化

图 10.9 是两种固粒和流体密度比情况下涡量场随时间的发展，可见涡量场的演变进程差别不大，但固粒和流体密度比值较大时，涡量场略显得不规则。

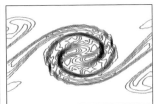

(a) 固粒和流体密度比为396

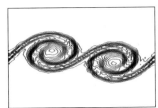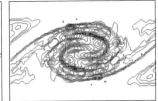

(b) 固粒和流体密度比为1 000

图 10.9　不同固粒和流体密度比下涡量场随时间的变化 $(St = 0.1)$

10.3.2　边界层流场

边界层中的流固两相流通常涉及固粒沉降、固粒对壁面的磨损、壁面摩阻和壁面传热等。

10.3.2.1　流场的数值模拟

采用离散涡方法对流场进行数值模拟。如图 8.22 所示，近壁流场的涡层用一排涡丝代替，由涡丝运动可以得到边界层流场的变化。在壁面下方布置如

图 10.10 所示的影像涡来满足壁面无滑移、无渗透条件 (具体见 8.6.3 节的描述)。

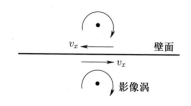

图 10.10 影像涡

每根涡丝由沿涡丝中心线分布的一系列离散点构成, 这些点在 $x\text{-}y$ 平面上为一个点涡, 其产生的诱导速度和涡量分布如式 (8.65) 和式 (8.66) 所示。经过 Δt 后, 每个点涡新的位置由式 (8.112) 确定, 然后再对新位置上的点涡计算诱导速度, 如此继续, 可以得到每个点涡在不同时刻所处的位置以及流场的速度分布, 也就给出边界层随时间发展的过程。

初始的直线涡丝随时间发展会弯曲, 为此, 采用样条函数拟合同一条涡丝的离散点。对于点涡的自诱导速度, 由样条插值来细分该点涡附近的涡丝以提高精度。考虑到涡丝演变过程中会弯曲和拉伸, 涡丝的离散点要适时增加, 以保证空间分辨率。计算的时间推进使用预估–校正方法保证二阶精度。

数值模拟在一个计算域内进行, 在 x 和 z 方向采用周期性边界条件。由改变涡丝的初始形状来表示扰动的引入, 即让涡丝沿 x 和 z 方向以正弦函数的形式稍微偏离初始位置。x 方向的扰动是使涡丝沿 x 方向形成一小的波动, 使涡层沿 x 方向成为小变形的曲面:

$$\Psi = \varphi_x \sin\left[2\pi\frac{(x - x_0)}{T_x}\right] \tag{10.43}$$

式中, φ_x 是波幅; T_x 是扰动周期。

展向扰动是使涡丝沿长度方向有一小变形, 即由直线变为曲线:

$$x = \varphi_y \sin\left[2\pi\frac{(y - y_0)}{T_y}\right] \tag{10.44}$$

式中, φ_y 和 T_y 是波幅和扰动周期。

在离散涡方法中，每一个时间步都要计算所有涡元的诱导速度，计算量与涡元数量的平方成正比。计算时，可采用快速涡方法来减少计算量，具体做法是将计算域划分成网格，先计算网格点上的速度，然后由插值得到计算域内任意一点的速度。如图 10.4 所示的区域内有一个固粒 p，则 p 点的速度为：

$$v_p = \sum_{i=1}^{8} \frac{V_{ci}}{V_c} v_i \tag{10.45}$$

式中，v_i 和 v_p 分别为区域内节点和 p 点的速度；V_c 是区域体积；V_{ci} 是节点 i 和 p 点围成的立方体的体积。

10.3.2.2 固粒运动的计算

固粒在流场中的运动方程为式 (10.39)，比较各种力的大小后，忽略压力梯度力和 Magnus 力，考虑黏性阻力、附加质量力、Basset 力、Saffman 力、重力，可得固粒运动方程为：

$$m_p \frac{\mathrm{d}\boldsymbol{v}_p}{\mathrm{d}t} = \boldsymbol{F}_f + \boldsymbol{F}_a + \boldsymbol{F}_B + \boldsymbol{F}_S + \boldsymbol{F}_g \tag{10.46}$$

当固粒碰到壁面时，采用反弹公式：

$$\frac{v_2}{v_1} = 0.997\,27 + 0.306\,2\beta_1 - 4.252\,71\beta_1^2 + 5.381\,8\beta_1^3 - 1.989\,6\beta_1^4 \tag{10.47}$$

$$\frac{\beta_2}{\beta_1} = 0.998\,66 - 2.829\,02\beta_1 + 4.650\,83\beta_1^2 - 2.319\beta_1^3 + 0.274\,04\beta_1^4 \tag{10.48}$$

式中，下标 1 和 2 分别表示入射和反射，v 和 β 分别表示速度和角度。

采用 10.2.4 节的速度修正模型，处理固粒对流体的反作用力，在图 10.4 的控制体中，反作用力对控制体节点上的速度修正为式 (10.34)。

数值模拟时，先将初始涡量场离散成涡丝，得到每根涡丝的涡量，由式 (10.43) 计算流场的速度分布，再由式 (10.39) 计算固粒在流场中的速度和位置，接着由式 (10.34) 给出固粒对流场反作用的速度修正，然后再由式 (10.39) 计算固粒的速度和位置，如此重复，直到前后两次计算的速度差满足一定精度为止。

10.3.2.3　部分结果及讨论

采用离散涡方法可以模拟边界层中 U 形涡的发展，图 10.11 给出了 U 形涡的发展过程，高、低浓度对应于在流场中加入 20 000 和 10 000 数量的固粒。由图可见，固粒浓度越高，U 形涡抬起的高度越低，即随着固粒浓度的增加，U 形涡受固粒的抑制更明显。图 10.12 是对离散涡丝引入不同强度的扰动时，固粒在流场中的分布随时间的变化。初始时刻，固粒在流场中均匀分布，随着扰动的引入和流场的发展，固粒的分布逐渐变得不均匀。由图可见，引入的扰动越大，固粒分布受到的影响也越大。由于流体与固粒之间存在着相互作用，从固粒的分布也可看出流场涡结构的强度和形式。

图 10.13 是不同固粒浓度下固粒分布随时间的变化，可见在相同的时间内，低浓度情况下的固粒更快地由均匀分布发展成非均匀分布。图 10.14 是不同 St 下固粒分布随时间的变化，可见 $St = 0.01$ 时，固粒受流场的作用明显，固粒在流场的作用下聚集在高涡量低剪切区域；而 $St = 0.98$ 时，固粒离开高涡量低剪切区，在涡结构的外缘低涡量高剪切区聚集。

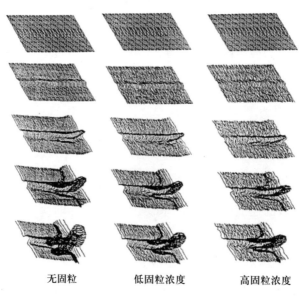

无固粒　　　　　低固粒浓度　　　　　高固粒浓度

图 10.11　不同固粒浓度下涡的发展过程

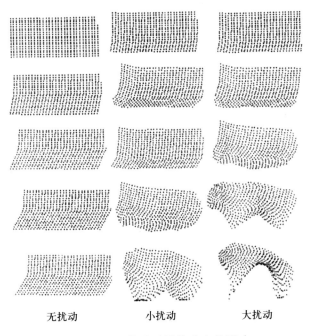

无扰动　　　　小扰动　　　　大扰动

图 10.12 扰动对固粒分布的影响

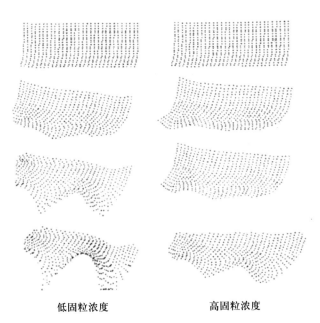

低固粒浓度　　　　　　高固粒浓度

图 10.13 不同固粒浓度下固粒的分布

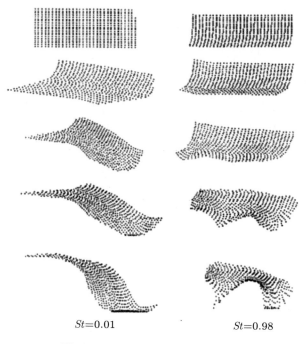

$St=0.01$　　　　　$St=0.98$

图 10.14　不同 St 下固粒的分布

10.3.3　圆射流场

实际应用中, 如喷出煤粉的燃烧、喷雾器、汽车尾气排放等, 都属于流固两相圆射流。

10.3.3.1　流场的数值模拟

采用离散涡环方法对流场进行数值模拟, 关于用离散涡环方法模拟圆射流场的模型可参见 8.6.4 节。如图 8.23 所示, 圆射流中圆管内的剪切层可以离散成一排涡环, 每个涡环沿周向又可离散成涡丝段, 每个涡丝段的诱导速度由 Biot-Savart 公式 (8.94) 给出, 由涡丝段构成的所有涡环的诱导速度由式 (8.114) 给出。

该方法中的流场由圆管内涡环和射流场中涡环所诱导的速度描述, 在图 8.23(a) 中, 管内的剪切流场用 400 个涡环代替, 涡环间轴向距离为 0.05D。400 个涡环已足够多以至可以忽略圆管进口对射流场的影响。一个涡环从圆管的右端射出后，在圆管的左端补充进一个新的涡环 (图 10.15)，射出的涡环在图 8.23 (b) 所示的流场中运动。流场中的速度是管内、外涡环中每个涡段产生的诱导速度叠加，诱导速度为式 (8.114)。$t + \Delta t$ 时刻，涡段所在的位置由式 (8.115) 给出，经过时间 Δt 后，对式 (8.115) 新位置上的涡段再计算诱导速度，如此反复，得到流场速度随时间的变化。

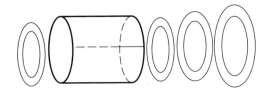

图 **10.15**　涡环的射出与补充

10.3.3.2　固粒运动的计算

固粒的运动方程为式 (10.39)，忽略次要的力后为：

$$m_\text{p} \frac{\mathrm{d}\boldsymbol{v}_\text{p}}{\mathrm{d}t} = -V_\text{p} \cdot \nabla p + 3\pi\mu d_\text{p}(\boldsymbol{v}_\text{f} - \boldsymbol{v}_\text{p}) + \rho_\text{f} \frac{V_\text{p}}{2}\left(\frac{\mathrm{d}\boldsymbol{v}_\text{f}}{\mathrm{d}t} - \frac{\mathrm{d}\boldsymbol{v}_\text{p}}{\mathrm{d}t}\right) +$$

$$\frac{3}{2}d_\text{p}^2\sqrt{\pi\rho_\text{f}\mu} \int_0^t \frac{\left(\dfrac{\mathrm{d}\boldsymbol{v}_\text{f}}{\mathrm{d}\tau} - \dfrac{\mathrm{d}\boldsymbol{v}_\text{p}}{\mathrm{d}\tau}\right)}{\sqrt{t-\tau}}\mathrm{d}\tau + m_\text{p}\boldsymbol{g} \tag{10.49}$$

式中，m_p、$\boldsymbol{v}_\text{p}$、d_p、V_p 分别是固粒的质量、速度、直径和体积；ρ_f 和 μ 是流体的密度和黏性系数；$\boldsymbol{g}$ 是重力加速度；等号后边第一至五项分别为压力梯度力、黏性阻力、附加质量力、Basset 力和重力。将方程 (10.52) 量纲为一化得：

$$\left(1 + \frac{\rho_\text{f}}{2\rho_\text{p}}\right)\frac{\mathrm{d}\boldsymbol{v}_\text{p}}{\mathrm{d}t} = \frac{3\rho_\text{f}}{2\rho_\text{p}}\frac{\mathrm{d}\boldsymbol{v}_\text{f}}{\mathrm{d}t} + \frac{f}{St}(\boldsymbol{v}_\text{f} - \boldsymbol{v}_\text{p}) +$$

$$\frac{3}{\sqrt{2}\pi}\frac{1}{St}\frac{1}{\sqrt{\tau_\text{f}}}\sqrt{\frac{\rho_\text{f}}{\rho_\text{p}}}\int_0^t \frac{\left(\dfrac{\mathrm{d}\boldsymbol{v}_\text{f}}{\mathrm{d}\tau} - \dfrac{\mathrm{d}\boldsymbol{v}_\text{p}}{\mathrm{d}\tau}\right)}{\sqrt{\tau t - \tau}}\mathrm{d}\tau + \frac{1}{Fr^2}\left(1 - \frac{\rho_\text{f}}{\rho_\text{p}}\right)\boldsymbol{g} \tag{10.50}$$

式中，$St = \rho_\text{p}d_\text{p}^2\Delta v_x/(36\mu\theta)$；$Fr = \Delta v_x/\sqrt{2g\theta}$，其中 θ 为动量损失厚度；ρ_p 是固粒密度；Δv_x 是剪切层速度差；f 是阻力系数修正因子：

$$f = 1 + 0.15 Re^{0.67}, \quad Re \leqslant 1\,000 \tag{10.51}$$

求解方程 (10.50) 得到固粒速度后，再由方程 (10.42) 计算固粒的运动轨迹。

10.3.3.3 部分结果及讨论

图 10.16 是不同 St 时固粒的分布，可见，$St = 0.01$ 时，固粒受流场的强影响而集中在涡结构内，混合较充分；$St = 1$ 时，固粒主要分布在涡结构周围，部分固粒因有一定的惯性，在涡的旋转离心作用下被甩得较远；$St = 100$ 时，固粒基本不受流场的影响而按其初始速度直线运动。

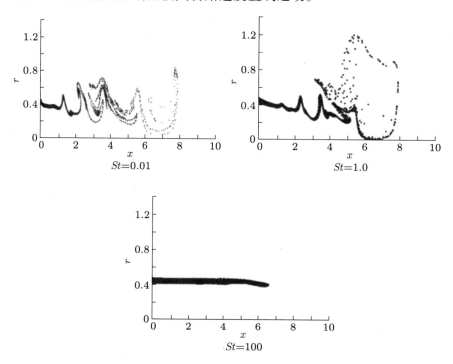

图 10.16 不同 St 下固粒在流场中的分布

对涡环施加不同的扰动，涡环在发展过程中便会诱导出不同的流场速度，从而导致不同的固粒扩散特性。若对涡环引入周向扰动，扰动的幅度为：

$$r = R[1.0 + 0.02 \sin(\alpha\theta)] \tag{10.52}$$

式中，R 是涡环未受扰动时的半径；θ 是周向角；α 是周向波数。

　　图 10.17 是施加不同波数扰动时固粒的分布，可见，$\alpha = 5$ 时，固粒沿径向的扩散范围最大。在单相流中，$\alpha = 5$ 时射流场沿径向有最大扩张率，而固粒扩散主要由流固间作用力控制，固粒扩散与流场扩张有直接关系。这一结论对于特定参数下，采取人为施加扰动来增强固粒的扩散，具有参考价值。

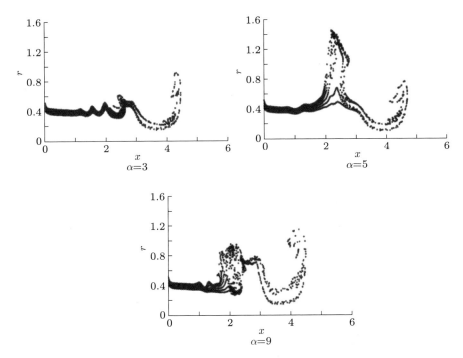

图 10.17　施加不同波数扰动时的固粒分布 ($St = 0.05$，$r = 2\%R$)

　　图 10.18 是施加不同扰动幅度 r 情况下固粒的分布，可见，r 越大，固粒沿径向的扩散范围越宽。

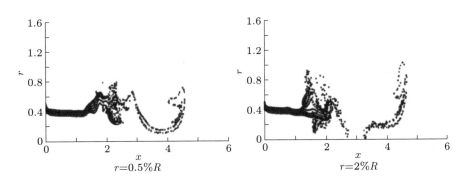

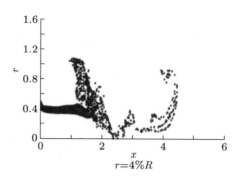

图 10.18 施加不同扰动幅度时的固粒分布 $(St = 0.05，\alpha = 6)$

10.3.4 沟槽壁面附近流固两相流场及壁面磨损

图 10.19 是壁面上开凿浅沟槽的流场，固粒流经壁面时会对壁面会产生磨损。

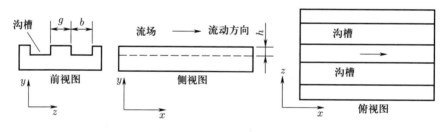

图 10.19 壁面沟槽与流场

10.3.4.1 流场的数值模拟

采用 10.2.3 节中 Euler-Lagrange 模型的双向耦合方法，对图 10.19 流固两相湍流场的连续性方程和雷诺平均运动方程数值求解。由于流场存在局部低 Re 区域，故采用针对低 Re 情形的修正 k-ε 湍流模式，湍动能 k 输运方程为：

$$\frac{\partial}{\partial x}(\rho_f V_{xf} k) + \frac{\partial}{\partial y}(\rho_f V_{yf} k) + \frac{\partial}{\partial z}(\rho_f V_{zf} k)$$

$$= \frac{\partial}{\partial x}\left[\left(\mu + \frac{\mu_t}{\sigma_k}\right)\frac{\partial k}{\partial x}\right] + \frac{\partial}{\partial y}\left[\left(\mu + \frac{\mu_t}{\sigma_k}\right)\frac{\partial k}{\partial y}\right] +$$

$$\frac{\partial}{\partial z}\left[\left(\mu + \frac{\mu_t}{\sigma_k}\right)\frac{\partial k}{\partial z}\right] + [P_k - \varepsilon]\rho_{\mathrm{f}} \tag{10.53}$$

湍流耗散率 ε 输运方程为:

$$\frac{\partial}{\partial x}(\rho_{\mathrm{f}}V_{x\mathrm{f}}\varepsilon) + \frac{\partial}{\partial y}(\rho_{\mathrm{f}}V_{y\mathrm{f}}\varepsilon) + \frac{\partial}{\partial z}(\rho_{\mathrm{f}}V_{z\mathrm{f}}\varepsilon)$$

$$=\frac{\partial}{\partial x}\left[\left(\mu + \frac{\mu_t}{\sigma_\varepsilon}\right)\frac{\partial \varepsilon}{\partial x}\right] +$$

$$\frac{\partial}{\partial y}\left[\left(\mu + \frac{\mu_t}{\sigma_\varepsilon}\right)\frac{\partial \varepsilon}{\partial y}\right] + \frac{\partial}{\partial z}\left[\left(\mu + \frac{\mu_t}{\sigma_\varepsilon}\right)\frac{\partial \varepsilon}{\partial z}\right] + C_{\varepsilon 1}\frac{\varepsilon'}{k}P_k\rho_{\mathrm{f}} + \frac{2}{\rho_{\mathrm{f}}}\mu\mu_t\left[\left(\frac{\partial^2 V_{x\mathrm{f}}}{\partial x^2}\right)^2 +\right.$$

$$\left(\frac{\partial^2 V_{x\mathrm{f}}}{\partial y^2}\right)^2 + \left(\frac{\partial^2 V_{x\mathrm{f}}}{\partial z^2}\right)^2 + 2\left(\frac{\partial^2 V_{x\mathrm{f}}}{\partial x \partial y}\right)^2 + 2\left(\frac{\partial^2 V_{x\mathrm{f}}}{\partial x \partial z}\right)^2 + \left(\frac{\partial^2 V_{y\mathrm{f}}}{\partial x^2}\right)^2 +$$

$$\left(\frac{\partial^2 V_{y\mathrm{f}}}{\partial y^2}\right)^2 + \left(\frac{\partial^2 V_{y\mathrm{f}}}{\partial z^2}\right)^2 + 2\left(\frac{\partial^2 V_{y\mathrm{f}}}{\partial x \partial y}\right)^2 + 2\left(\frac{\partial^2 V_{y\mathrm{f}}}{\partial y \partial z}\right)^2 + \left(\frac{\partial^2 V_{z\mathrm{f}}}{\partial x^2}\right)^2 +$$

$$\left(\frac{\partial^2 V_{z\mathrm{f}}}{\partial y^2}\right)^2 + \left(\frac{\partial^2 V_{z\mathrm{f}}}{\partial z^2}\right)^2 + 2\left(\frac{\partial^2 V_{z\mathrm{f}}}{\partial y \partial z}\right)^2 + 2\left(\frac{\partial^2 V_{z\mathrm{f}}}{\partial x \partial z}\right)^2\right] - C_{\varepsilon 2}\frac{\varepsilon'^2}{k}\rho_{\mathrm{f}} \tag{10.54}$$

式中, $V_{x\mathrm{f}}$、$V_{y\mathrm{f}}$、$V_{z\mathrm{f}}$ 分别是 x、y 和 z 方向上的速度; ρ_{f} 是流体密度; μ 是流体黏性系数; p 是压力; ε 和 P_k 定义为:

$$\varepsilon' = \varepsilon - 2\frac{\mu}{\rho}\left[\left(\frac{\partial \sqrt{k}}{\partial x}\right)^2 + \left(\frac{\partial \sqrt{k}}{\partial y}\right)^2 + \left(\frac{\partial \sqrt{k}}{\partial z}\right)^2\right] \tag{10.55}$$

$$P_k = \left[2\left(\frac{\partial V_{x\mathrm{f}}}{\partial x}\right)^2 + 2\left(\frac{\partial V_{y\mathrm{f}}}{\partial y}\right)^2 + 2\left(\frac{\partial V_{z\mathrm{f}}}{\partial z}\right)^2 + \left(\frac{\partial V_{x\mathrm{f}}}{\partial y}\right)^2 + \left(\frac{\partial V_{x\mathrm{f}}}{\partial z}\right)^2 + \left(\frac{\partial V_{y\mathrm{f}}}{\partial z}\right)^2 +\right.$$

$$\left.\left(\frac{\partial V_{y\mathrm{f}}}{\partial x}\right)^2 + \left(\frac{\partial V_{z\mathrm{f}}}{\partial x}\right)^2 + \left(\frac{\partial V_{z\mathrm{f}}}{\partial y}\right)^2 + 2\frac{\partial V_{x\mathrm{f}}}{\partial y}\frac{\partial V_{y\mathrm{f}}}{\partial x} + 2\frac{\partial V_{x\mathrm{f}}}{\partial z}\frac{\partial V_{z\mathrm{f}}}{\partial x} + 2\frac{\partial V_{y\mathrm{f}}}{\partial z}\frac{\partial V_{z\mathrm{f}}}{\partial y}\right]\frac{\mu_t}{\rho_{\mathrm{f}}}$$

$$\tag{10.56}$$

式 (10.53)~(10.56) 中, 常数 $\mu_t = C_\mu k^2 \rho_{\mathrm{f}}/\varepsilon$, $C_\mu = 0.09$, $\sigma_k = 1.0$, $\sigma_\varepsilon = 1.3$, $C_{\varepsilon 1} = 1.44$, $C_{\varepsilon 2} = 1.92$。

进口处的边界条件为:

$$V_{x\mathrm{fin}} = 30 \text{ m/s}, V_{y\mathrm{fin}} = 0, \quad V_{z\mathrm{fin}} = 0, \quad k_{\mathrm{in}} = 0.004\,46V_{x\mathrm{fin}}^2, \quad \varepsilon_{\mathrm{in}} = 9.081k^2$$

$$(10.57)$$

出口处的边界条件为:

$$\frac{\partial V_{x\mathrm{f}}}{\partial x} = \frac{\partial V_{y\mathrm{f}}}{\partial y} = \frac{\partial V_{z\mathrm{f}}}{\partial z} = \frac{\partial k}{\partial x} = \frac{\partial \varepsilon}{\partial x} = 0 \qquad (10.58)$$

壁面上的条件为:

$$V_{x\mathrm{f}} = V_{y\mathrm{f}} = V_{z\mathrm{f}} = \varepsilon = 0, \quad \frac{\partial k}{\partial n} = 0, \quad \varepsilon_t = \frac{\rho C_\mu^{0.75} k_t^{1.5}}{\mu Y_t} \qquad (10.59)$$

式中, ε_t 是最靠近壁面上网格点的耗散率, 下标 t 表示网格。

10.3.4.2 固粒运动的计算

固粒在流场中的运动方程为式 (10.39), 比较各种力的大小后, 这里只考虑黏性阻力、Basset 力和重力:

$$m_{\mathrm{p}} \frac{\mathrm{d}\boldsymbol{v}_{\mathrm{p}}}{\mathrm{d}t} = \boldsymbol{F}_{\mathrm{f}} + \boldsymbol{F}_{\mathrm{B}} + \boldsymbol{F}_{\mathrm{g}} \qquad (10.60)$$

壁面磨损率采用下式计算:

$$W_a = 1.63 \times 10^{-6} \left(V_1 \cos\beta_1\right)^{2.5} \sin\left(\frac{\pi\beta_1}{45.4}\right) + 4.68 \times 10^{-7} \left(V_1 \sin\beta_1\right)^{2.5}, \quad \beta_1 \leqslant 22.7°$$

$$(10.61)$$

$$W_a = 1.63 \times 10^{-6} \left(V_1 \cos\beta_1\right)^{2.5} + 4.68 \times 10^{-7} \left(V_1 \sin\beta_1\right)^{2.5}, \quad \beta_1 > 22.7° \qquad (10.62)$$

式中, W_a 是磨损率, 单位为 mm^3/g; V_1 和 β_1 分别为固粒撞击壁面时的撞击速度和入射角。

计算时, 将流场划分成 $90 \times 60 \times 60$ 个子区域, 每个子区域上的变量 P_k、k 和 ε 取区域的中间值, $V_{x\mathrm{f}}$、$V_{y\mathrm{f}}$、$V_{z\mathrm{f}}$ 分别定义在子区域的左右、前后、上下两个边界。先求解方程 (10.53)~(10.56), 得到流场速度 $V_{x\mathrm{f}}$、$V_{y\mathrm{f}}$、$V_{z\mathrm{f}}$, 再求解固粒运动方程, 得到固粒的速度和轨迹, 然后考虑固粒对流场的反作用, 由式 (10.34) 对流场速度进行修正。当固粒碰到壁面时, 由式 (10.47) 和式 (10.48) 计算固粒的反弹速度和角度,同时由式 (10.61) 和式 (10.62) 计算壁面的磨损量。固粒碰壁后,根据其反弹速度和反弹角度继续计算。每个算例的固粒数为 80 000,固粒在进口处进入流场,初始时刻,固粒和气流有相同的速度和不同的方向,固粒的初始方向随机选取。

10.3.4.3 部分结果与讨论

图 10.20 给出了在不同固粒直径 $d_{\rm p}$ 下,壁面磨损率 W_a 与沟槽高度 h 及沟槽间距 g 的关系。由图 10.20(a) 可见,h 由 0 mm 增加到 2 mm 时,W_a 减少较多,即只要开较浅的沟槽,就有明显的减少磨损的效果。h 由 2 mm 继续增加时,W_a 的减少不明显。由图 10.20(b) 可见,W_a 的最小值出现在 $g \approx 4$ mm 的位置,该值正是沟槽的宽度,所以为达到最好的减磨效果,开沟槽时可以选择沟槽间距约等于沟槽宽度的方案。

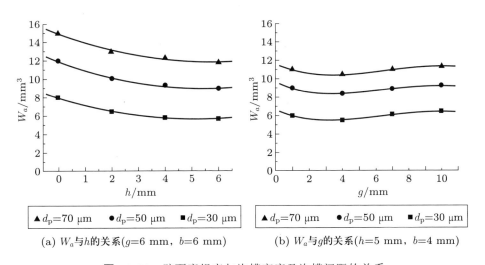

(a) W_a 与 h 的关系(g=6 mm, b=6 mm)   (b) W_a 与 g 的关系(h=5 mm, b=4 mm)

图 10.20 壁面磨损率与沟槽高度及沟槽间距的关系

图 10.21 给出了在不同沟槽尺度下,壁面磨损率 W_a 与固粒直径 $d_{\rm p}$、固粒初始运动方向水平夹角 α 的关系。由图 10.21(a) 可见,当 $d_{\rm p}$ 较小时,稍微增加 $d_{\rm p}$ 就会导致 W_a 很快增加,当 $d_{\rm p}$ 超过某个临界值时,W_a 变化缓慢。在图 10.21(b) 中,当 $\alpha = 50°$ 时,磨损率最大,因为固粒的运动是往前和往下的,对于初始方向角 $\alpha = 50°$ 的固粒而言,经流场后碰到壁面时的角度大约是 25°,

这个角度对韧性金属而言，导致的磨损量最大。此外，当沟槽宽度、高度和间距的取值为 6 mm、5 mm 和 6 mm 时，减轻磨损的效果最好。

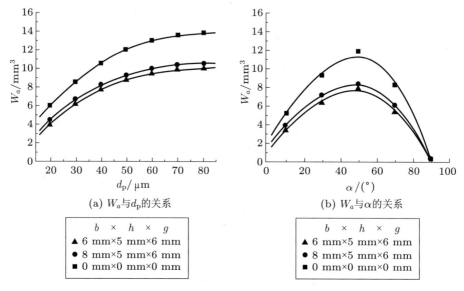

(a) W_a 与 d_p 的关系 (b) W_a 与 α 的关系

b × h × g
▲ 6 mm×5 mm×6 mm
● 8 mm×5 mm×6 mm
■ 0 mm×0 mm×0 mm

b × h × g
▲ 6 mm×5 mm×6 mm
● 8 mm×5 mm×6 mm
■ 0 mm×0 mm×0 mm

图 10.21　壁面磨损率与固粒直径、固粒初始运动方向的关系

10.4　柱状固粒两相流

在两相流研究中，固粒形状通常近似为圆球。但在自然界和工程应用中，偏离圆球形状的固粒极为常见。圆球与非圆球固粒在流体中运动时的阻力系数存在差异，差异的大小与偏离圆球的程度有关，阻力系数的差异将导致固粒运动特征的改变。在非圆球固粒中，大量是存在主轴的固粒，其中柱状固粒最为典型，很多非圆球固粒可以由柱体近似。

与圆球固粒相比，柱状固粒两相流的研究难度更大，其主要原因有三：一是除了确定固粒的位置之外，还要确定固粒的取向，这增加了描述固粒运动的方程数量和求解的难度；二是在相同体积浓度下，柱状固粒比圆球有更大的影响半径，固粒间的相互影响以及固粒与流体的作用更为明显；三是流体与柱状固粒之间的相互作用力、流固两相混合物的应力与应变率的关系更复杂。

10.4.1 细长体理论

有一部分柱状固粒可视为细长体,流场对固粒的作用力可由细长体理论得到。流场对固粒的作用力来自固粒与流体之间的相对运动,由于流固两相流中,固粒尺度以及固粒与流体之间的相对速度较小,所以流体绕固粒运动的 Re 也较小,于是流体的惯性力和黏性力相比可以忽略,如 10.1.3 节所述,N-S 方程可以简化为 Stokes 方程 (10.3)。

10.4.1.1 点力

方程 (10.3) 可以写成:

$$\nabla p = \mu \nabla^2 \boldsymbol{v} \tag{10.63}$$

由 Stokes 流唯一性定理,无界区域中无穷远处速度趋于 0:

$$|\boldsymbol{v}_{\mathrm{f}}(\boldsymbol{r})| = \mathrm{O}\left(\frac{1}{r}\right), \quad r \to \infty \tag{10.64}$$

在不可压缩流场中,对方程 (10.63) 取散度:

$$\nabla \cdot \nabla p = \nabla^2 p = \nabla \cdot \mu \nabla^2 \boldsymbol{v} = \mu \nabla^2 \nabla \cdot \boldsymbol{v} = 0 \quad \Rightarrow \quad \nabla^2 p = 0 \tag{10.65}$$

这是关于流场压力 p 的 Laplace 方程,由 $r \to \infty$ 时有 $p \to 0$,可得到方程的一般解:

$$p = \sum_{n=0}^{\infty} \sum_{m=0}^{n} \frac{1}{r^{n+1}} P_n^m(\cos\theta)[C_{nm}\cos(m\phi) + D_{nm}\sin(m\phi)] \tag{10.66}$$

式中,r、θ、ϕ 是图 10.22 中球坐标系的坐标;C_{nm}、D_{nm} 是任意常数;P_n^m 是第一类连带 Legendre 多项式,若取 $n = 0$,则式 (10.66) 为:

$$p = \frac{1}{r} P_0^0(\cos\theta) C_{00}$$

将其代入式 (10.63) 可知,当 $r \to \infty$ 时有 $|\boldsymbol{v}(\boldsymbol{r})| = \mathrm{O}(\ln r)$,这与式 (10.64) 不符。若取 $n = 1$,可以得到满足唯一性条件 (10.64) 的速度 $\boldsymbol{v}(\boldsymbol{r})$,此时存在 $m = 0$ 和 $m = 1$ 两种情形。当 $n = 1$,$m = 0$ 时,式 (10.66) 成为:

$$p = \frac{1}{r^2} P_1^0(\cos\theta) C_{10} \tag{10.67}$$

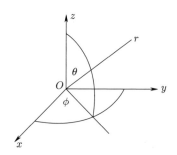

图 10.22 球坐标系

在图 10.22 所示的坐标系中，$P_1^0(\cos\theta) = \cos\theta = z/r$，将 C_{10} 记作 $2\mu c$，则上式为：

$$p = \frac{\cos\theta}{r^2}C_{10} = 2\mu c\frac{z}{r^3} \tag{10.68}$$

将上式代入方程 (10.63) 进行求解，可得一个特解为：

$$v_x = c\frac{xz}{r^3}, \quad v_y = c\frac{yz}{r^3}, \quad v_z = c\frac{z^2}{r^3} \tag{10.69}$$

式中，v_x、v_y、v_z 是沿 x、y、z 方向的速度。式 (10.69) 可写成 $\boldsymbol{v} = (cz/r^2)\boldsymbol{e}_r$，该特解不满足连续性方程 $\nabla\cdot\boldsymbol{v} = 0$。为得到既满足 $\nabla\cdot\boldsymbol{v} = 0$ 又满足方程 (10.63) 的解，令：

$$\boldsymbol{v} = c\frac{z}{r^2}\boldsymbol{e}_r + \boldsymbol{v}' \tag{10.70}$$

只要 $\boldsymbol{v}'$ 满足 $\nabla\cdot\boldsymbol{v}' = -cz/r^3$ 和 $\nabla^2\boldsymbol{v}' = 0$，$\boldsymbol{v}$ 就满足 $\nabla\cdot\boldsymbol{v} = 0$ 和方程 (10.63)，而 $\boldsymbol{v}' = c\boldsymbol{e}_z/r$ 满足 $\nabla\cdot\boldsymbol{v}' = -cz/r^3$ 和 $\nabla^2\boldsymbol{v}' = 0$，将其代入式 (10.70) 得：

$$\boldsymbol{v} = c\left(\frac{z}{r^2}\boldsymbol{e}_r + \frac{1}{r}\boldsymbol{e}_z\right) \tag{10.71}$$

式 (10.68) 和式 (10.71) 就构成了 Stokes 流的一个特解，显然，该解在 $r = 0$ 处为奇点。以 $r = 0$ 为中心做一个球，球内奇点对周围流体的作用力 $\boldsymbol{F}'$ 与球面 S 外侧的流体合力平衡：

$$\boldsymbol{F}' = -\oiint_S \boldsymbol{e}_r\cdot\boldsymbol{p}\mathrm{d}S \tag{10.72}$$

根据球坐标与柱坐标的关系，上式可化为：

$$\boldsymbol{F}' = -\oiint_S \left(-p + 2\mu \frac{\partial v_r}{\partial r} \right) \boldsymbol{e}_r \mathrm{d}S = 8\pi c\mu \boldsymbol{e}_z \tag{10.73}$$

可见，该特解对应一个点力，力指向图 10.22 的 z 轴，又称 z 方向 Stokes 流子。

当 $n = 1$，$m = 1$ 时，采用前述方法，可得 x 和 y 方向的点力。将式 (10.73) 写成 $c = \boldsymbol{F}'/8\pi\mu\boldsymbol{e}_z$，然后代入式 (10.71)，便得到 z 方向的点力产生的速度和压力，同样也可得到 x 和 y 方向点力产生的速度和压力，三个方向的速度和压力的张量形式为：

$$v_i = \frac{F_j'}{8\pi\mu} \left(\frac{\delta_{ij}}{r} + \frac{x_i x_j}{r^3} \right), \quad p = \frac{F_j'}{4\pi} \frac{x_j}{r^3} \tag{10.74}$$

10.4.1.2 点力法

点力法可用于圆球固粒在 Stokes 流场中的受力。当流场中的一个圆球固粒与流场有相对运动时，固粒对流场会产生扰动而引起流场速度和压力的变化，该扰动可由一个位于固粒中心的点力代替，由固粒表面的边界条件可确定点力的大小。

速度为 $\boldsymbol{V}_\infty$ 的均匀来流，沿 z 方向绕过半径为 R 的圆球固粒，设固粒中心点力 $\boldsymbol{F}'$ 产生的扰动速度 $\boldsymbol{v}$ 由式 (10.74) 表示，于是流场的速度为 $\boldsymbol{V} = \boldsymbol{V}_\infty + \boldsymbol{v}$。然而，无论 $\boldsymbol{F}'$ 取什么值，都不能使固粒表面上每一点的速度均为 0。为使点力产生的扰动能更逼近固粒的真实扰动，令固粒表面上的速度平均值满足无滑移条件：

$$\int_{r=a} \boldsymbol{V} \mathrm{d}S = \int_{r=a} (\boldsymbol{V}_\infty + \boldsymbol{v}) \mathrm{d}S = 0 \tag{10.75}$$

由式 (10.75)，可求得式 (10.74) 中的 $F_x' = 0$、$F_y' = 0$、$F_z' = -6\pi\mu R \boldsymbol{V}_\infty$。因 $\boldsymbol{F}'$ 是点力对流体的作用力，其反作用力就是流体对圆球固粒的合力：

$$\boldsymbol{F} = 6\pi\mu R \boldsymbol{V}_\infty \tag{10.76}$$

该式就是 Stokes 阻力式 (2.98)。

10.4.1.3 细长体理论

在柱状固粒两相流中，将固粒视为图 10.23 所示的细长体，细长体与主轴垂直的截面尺度远小于其长度。当流场中的一个柱状固粒与流场有相对运动时，固粒对流场的扰动,可用沿固粒长度适当分布的点力所引起的流体运动来代替。令固粒长度为 $2l$,主轴为 x(定义为 x_1) 方向,坐标原点为固粒的中心点,固粒沿主轴坐标区域为 $-l \leqslant x \leqslant l$,与主轴垂直的截面形状任意,截面上的点为 $(\phi,\ R)$,$R = \sqrt{x_2^2 + x_3^2}$,固粒表面上任意一点可表示为:

$$R = R(\phi, x) \tag{10.77}$$

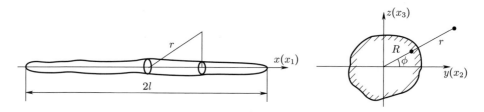

图 10.23 细长体示意图

当一个柱状固粒以相对于流体的速度 $\boldsymbol{v}_{\mathrm{p}} = v_{\mathrm{p}i}\boldsymbol{e}_i$ 平移时,若坐标固定在固粒上,坐标原点为固粒中心点,则来流速度为 $-\boldsymbol{v}_{\mathrm{p}}$,位于原点的点力,在流场中引起的扰动速度为式 (10.74),那么在整个柱状固粒 $-l \leqslant x \leqslant l$ 上,密度分布为 $F_j'(\boldsymbol{x}')$ 的点力,引起的流场扰动速度为:

$$v_i(\boldsymbol{x}) = \frac{1}{8\pi\mu} \int_{-l}^{l} \left\{ \frac{F_i'(\boldsymbol{x}')}{[(x-x')^2 + R^2]^{1/2}} + \frac{(x_i - x_i')(x_j - x_j')F_j'(\boldsymbol{x}')}{[(x-x')^2 + R^2]^{3/2}} \right\} \mathrm{d}x' \tag{10.78}$$

式中,x 的下标 i 和 j 为 1, 2, 3,基于图 10.23 坐标系的 $x_1' = x'$,$x_2' = 0$,$x_3' = 0$。为满足固粒表面上流体速度的无滑移条件,要选择式 (10.78) 中的 $F_j'(\boldsymbol{x}')$,使其在物面上满足 $v_i + (-v_{\mathrm{p}i}) = 0$。$F_j'(\boldsymbol{x}')$ 确定后,就可通过式 (10.78),求解流场的扰动速度。

若式 (10.78) 中的 $F_j'(\boldsymbol{x}')$ 取常数,经推导可以得到:

$$v_i(\boldsymbol{x}) = \frac{1}{4\pi\mu} \left\{ \left[\frac{1}{\varepsilon} + \ln \frac{\left(1 - \dfrac{x^2}{l^2}\right)^{1/2}}{R/R^*} \right] (F_i' + \delta_{i1}F_1') - \delta_{i1}F_1' + \frac{R_iR_j}{R^2}F_j' \right\},$$

$$j = 2, 3 \tag{10.79}$$

式中，R^* 表征固粒截面的当量半径；$\varepsilon = [\ln(2l/R^*)]^{-1}$。

若式 (10.78) 中的 $F_j'(\boldsymbol{x}')$ 为线性函数，经推导可得：

$$
v_i(\boldsymbol{x}) = \frac{1}{4\pi\mu}\left\{\left[\frac{1}{\varepsilon} + \ln\frac{\left(1-\dfrac{x^2}{l^2}\right)^{1/2}}{R/R^*}\right][F_i'(\boldsymbol{x}) + \delta_{i1}F_1'(\boldsymbol{x})] - \delta_{i1}F_1'(\boldsymbol{x}) + \frac{R_iR_j}{R^2}F_j'(\boldsymbol{x})\right\} +
$$

$$
\frac{1}{8\pi\mu}(\delta_{ij} + \delta_{i1}\delta_{j1})\int_{-l}^{l}\frac{F_j'(\boldsymbol{x}') - F_j'(\boldsymbol{x})}{|x - x'|}\mathrm{d}x' \tag{10.80}
$$

由式 (10.79) 或式 (10.80)，结合固粒表面速度条件 $\boldsymbol{v}_i + (-v_{\mathrm{pi}}) = 0$，可以确定 F_j。F_j 代替的是柱状固粒的点力对流体的作用力，其反作用力就是周围流体对固粒的合力。

基于细长体理论，能减少对柱状固粒两相流场数值模拟的计算量。柱状固粒两相流中的固粒尺度，通常小于流场的特征尺度，要直接计算流体作用在固粒上的力，计算网格要划得很细，即便用自适应的无结构网格，计算量通常也难以接受，细长体理论能避开这一难点对固粒运动进行数值模拟。此外，细长体理论为建立柱状固粒两相流的本构方程奠定了基础。

细长体理论的局限性：一是基于固粒为无限长的假设，用于有限长固粒的情形时，对固粒端部附近流场的计算结果有误差；二是基于低 Re 假设而不适用于流场惯性不能忽略的情形。

10.4.2　柱状固粒的受力

10.1.3 节中叙述了圆球固粒的受力，柱状固粒在形状上的非各向同性，导致了比圆球固粒更复杂的受力特性。

10.4.2.1　阻力

10.4.1 节给出了柱状固粒受到的流体作用力。实际应用中为简单起见，通常对圆球的阻力系数进行修正，从而得到柱状固粒的阻力系数。

1. 与固粒长径比无关的阻力系数

流体对柱状固粒作用的阻力系数，一般是 Re 和固粒长径比 $\lambda = l/d$ 的函数，但是当 $0.051\,3 < \lambda < 2$ 时，柱状固粒的阻力系数可近似为 [3]：

$$C_{\mathrm{D}} = \frac{17.5}{Re}(1 + 0.68Re^{0.43}) \tag{10.81}$$

2. 以圆球为参考的阻力系数

柱状固粒的阻力系数，还可用柱状固粒与圆球固粒在相同情况下稳态沉降速度的比值来表征。引进球状系数 Ψ，该系数表示与柱状固粒相同体积的圆球的表面积与柱状固粒的表面积之比：$\Psi = d_{\mathrm{e}}^2/[ld + (d^2/2)]$，其中 d_{e} 是与柱状固粒相同体积的圆球直径，l 和 d 分别是柱状固粒的主轴长度和与主轴垂直的截面的特征尺度。

柱状固粒运动时，其形状在与运动方向垂直面上的投影面积称为迎流面积，用 d_{n} 表示与投影面积相同的圆面积的直径，则柱状固粒与直径为 d_{e} 的圆球固粒的稳态沉降速度之比为：

$$K = a + b\frac{d_{\mathrm{e}}}{d_{\mathrm{n}}}\zeta^{0.5} + c\left(\frac{d_{\mathrm{e}}}{d_{\mathrm{n}}}\right)^2 \zeta \tag{10.82}$$

当 $0.68 \leqslant d_{\mathrm{e}}/d_{\mathrm{n}} \leqslant 1.44$ 时，有 $a = 0.459 \pm 0.031$、$b = 0.468 \pm 0.027$、$c = 0.008\,4 \pm 0.000\,93$。

也可以引进动力形状因子 $K = v_{\mathrm{se}}/v_{\mathrm{sc}}$，其中 v_{se} 是与柱状固粒相同体积的圆球固粒的稳态沉降速度，v_{sc} 是柱状固粒的稳态沉降速度，将 K 乘上圆球的 Stokes 阻力系数，便得到与圆球具有相同体积的柱状固粒的阻力系数。

10.4.2.2　压力梯度力

根据柱状固粒主轴与流动方向的夹角，压力梯度力可以分两种情况考虑。

1. 固粒主轴沿流动方向的情形

假设长度为 $2l$、半径为 r 的固粒，在压力梯度为 $\partial p/\partial x$ 的流场中运动，假设固粒周围的 $\partial p/\partial x$ 为常数。固粒一端所在位置的压力为 p_0，则另一端的压

力为 $p_0 + 2l\partial p/\partial x$，于是流场作用在固粒上的压力为：

$$F_{\mathrm{p}} = \pi r^2 p_0 - \pi r^2 \left(p_\mathrm{o} + 2l\frac{\partial p}{\partial x} \right) = -2\pi r^2 l\frac{\partial p}{\partial x} = -V_{\mathrm{p}}\frac{\partial p}{\partial x} \tag{10.83}$$

式中，V_{p} 是固粒体积，负号表示压力梯度力的方向与压力梯度相反。

2. 固粒主轴垂直于流动方向的情形

假设 $\partial p/\partial x$ 为常数，以固粒中心为原点，固粒主轴为 y 方向，流动为 x 方向，设原点处的压力为 p_0，则作用在固粒上的压力梯度力为：

$$F_{\mathrm{p}} = 2\int_0^\pi \left(p_0 + r\cos\theta\frac{\partial p}{\partial x} \right) 2rl\cos\theta\mathrm{d}\theta = -2\pi r^2 l\frac{\partial p}{\partial x} = -V_{\mathrm{p}}\frac{\partial p}{\partial x} \tag{10.84}$$

该式与式 (10.83) 相同，说明压力梯度力与固粒在流场中的取向无关，仅与固粒所处位置的流场压力梯度以及固粒的运动速度相关，该力的方向为压力梯度的反方向。

10.4.2.3 Magnus 力

柱状固粒在流场中转动时，将产生一个与流动方向垂直的 Magnus 升力。根据 Kutta-Joukowski 定理，Magnus 升力为：

$$F_{\mathrm{M}} = \rho_{\mathrm{f}}(v_{\mathrm{fi}} - v_{\mathrm{pi}})\Gamma \tag{10.85}$$

式中，v_{fi} 和 v_{pi} 分别是流体与固粒的速度；Γ 是沿固粒表面的速度环量。

1. 固粒主轴垂直于流动方向的情形

如图 10.24(a) 所示，设固粒绕其主轴以角速度 ω 旋转，固粒主轴沿 z 方向，固粒与流体的速度差 $(v_{\mathrm{fi}} - v_{\mathrm{pi}})$ 的反方向为 x 方向，固粒表面上任意点的矢径与 x 轴的夹角为 θ，则 Magnus 升力为：

$$F_{\mathrm{M}\perp} = 4\pi r^2 l\rho\omega(v_{\mathrm{fi}} - v_{\mathrm{pi}}) \tag{10.86}$$

2. 固粒主轴位于流场主流平面的情形

如图 10.24(b) 所示，固粒表面的流场速度矢量 $\boldsymbol{v}_{\mathrm{f}}$ 位于 x-y 平面内，固粒主轴与流动方向的夹角为 θ_0，可得 Magnus 升力为：

$$F_{\mathrm{M}\parallel} = \rho(v_{\mathrm{fi}} - v_{\mathrm{pi}})\Gamma = \rho(v_{\mathrm{fi}} - v_{\mathrm{pi}}) \left(\frac{1}{24}\pi\omega r^3 - \frac{1}{12}\omega r^3 \arctan\frac{r}{l} + 8\omega r l^2 \arctan\frac{r}{l} \right) \tag{10.87}$$

对于大长径比固粒的情形 $(\lambda \geqslant 10)$，上式可近似为：

$$F_{M\parallel} = \rho(v_{fi} - v_{pi})\, 8\omega r l^2 \frac{r}{l} = 8r^2 l\omega\rho(v_{fi} - v_{pi}) \tag{10.88}$$

将式 (10.88) 与式 (10.86) 比较，有 $F_{M\parallel}/F_{M\perp} = 2/\pi$，可见固粒平行于流场方向和垂直于流场方向时，受到的 Magnus 力为同一量级，故式 (10.88) 与式 (10.86) 可合并为：

$$F_{M} = c\pi l r^2 \omega\rho(v_{fi} - v_{pi}) = cV_p\omega\rho(v_{fi} - v_{pi}) \tag{10.89}$$

式中，c 为常系数。

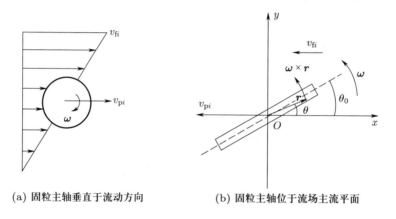

(a) 固粒主轴垂直于流动方向　　　(b) 固粒主轴位于流场主流平面

图 **10.24**　Magnus 力分析

柱状固粒在流场中因旋转而产生的 Magnus 升力，无论是绕主轴旋转还是绕垂直于主轴的某轴线旋转，均与旋转角速度、流体密度、流体与固粒的速度差成正比，而且力的大小相差不大，但力的方向则不同。因此，当固粒绕垂直于主轴的某轴线旋转时，固粒对流场的反作用远远大于绕主轴旋转时的情形。

10.4.2.4　Saffman 力

柱状固粒在有速度梯度的流场中运动时，由于固粒上下部分的流体速度不同，固粒将会受到一个沿垂直方向的作用力，当固粒上部的速度大于固粒下部的速度时，该力为向上的升力。假设流场定常、不可压缩且忽略质量力，固粒静止不动，流场来流速度为 $\boldsymbol{V}_{f\infty} = (ky + v_{f0})\boldsymbol{e}$，$k$ 为速度梯度，v_{f0} 是固粒质心处流场的速度。

1. 流场速度垂直于固粒主轴的情形

如图 10.25(a) 所示，假设流场沿 z 方向不变，且 $v_{\mathrm{fz}} = 0$，壁面上速度为 0，无穷远处 $\boldsymbol{v}_{\mathrm{f}} = \boldsymbol{V}_{\mathrm{f\infty}}$。求解流场方程，可以得到固粒表面各网格点上的压力 p。若记 $p(r, \phi_j) = p_j$，则 Saffman 力为：

$$F_{\mathrm{S}} = \iint_s p \mathrm{d}s = \sum_{j=0}^{J-1} 2 p_j r h_\phi l \sin \phi_j = 2 l r h_\phi \sum_{j=0}^{J-1} p_j \sin \phi_j \tag{10.90}$$

式中，h_ϕ 是沿 ϕ 方向的步长，$\phi_j = j h_\phi$，$j = 0, 1, 2, \cdots, J-1$，$J = 2\pi/h_\phi$。

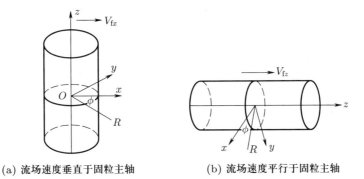

(a) 流场速度垂直于固粒主轴　　　　(b) 流场速度平行于固粒主轴

图 **10.25**　Saffman 力分析

2. 流场速度平行于固粒主轴的情形

如图 10.25(b) 所示，假设流场沿 z 方向不变，固粒长径比 λ 较大时，可以不考虑固粒的端部效应，求解流场方程，可以得到固粒表面各网格点上的压力 p。若记 $p(r, \phi_j) = p_j$，则 Saffman 力为：

$$F_{\mathrm{S}} = \iint_s p \mathrm{d}s = 4 \sum_{j=-J}^{J} p_j r h_\phi l \sin \phi_j = 4 l r h_\phi \sum_{j=-J}^{J} p_j \sin \phi_j \tag{10.91}$$

式中各量的定义与式 (10.90) 相同。

10.4.2.5　Basset 力

对于柱状固粒，Basset 力分为两种情形：

$$F_{\mathrm{B\parallel}} = 4\pi\lambda\mu r Re \left(v_{\mathrm{fi}} - v_{\mathrm{p}i}\right)_\parallel, \quad F_{\mathrm{B\perp}} = 8\pi\lambda\mu r Re \left(v_{\mathrm{fi}} - v_{\mathrm{p}i}\right)_\perp \tag{10.92}$$

式中，$F_{B\parallel}$ 和 $F_{B\perp}$ 分别为 Basset 力平行和垂直于固粒主轴的分量；λ 为固粒长径比；μ 是流体黏性系数；r 是固粒半径；$v_{fi} - v_{pi}$ 是流体与固粒的速度差。

10.4.2.6　附加质量力

对于柱状固粒，附加质量力也分为两种情形：

$$F_{a\parallel} = 4.12\lambda\mu r Re\,(v_{fi} - v_{pi})_{\parallel}, \quad F_{a\perp} = 2\pi\lambda\mu r Re\,(v_{fi} - v_{pi})_{\perp} \tag{10.93}$$

符号的定义与上文相同。

10.4.2.7　阻力、升力与力矩的实验结果

对直径为 2 mm、长径比 $\lambda = 20, 25, 30, 35, 40, 45, 50$ 的柱状固粒，将测得的阻力 F_d、升力 F_l、力矩 F_m 的数据进行最小二乘法拟合得到：

$$F_d = 0.164\,5\theta^2 + (0.001\,8\lambda^2 - 0.088\,1\lambda + 0.028\,6)\theta - 0.004\,8\lambda^2 + 0.527\,4\lambda - 3.7 \tag{10.94}$$

$$F_l = (0.006\,1\lambda + 0.063\,6)\theta^2 + (0.002\,4\lambda^2 - 0.145\,2\lambda + 1.071\,4)\theta -$$
$$0.001\,9\lambda^2 - 0.119\,0\lambda + 5.357\,1 \tag{10.95}$$

$$F_m = 0.139\,1\theta^2 + (-0.005\,7\lambda^2 + 0.428\,6\lambda - 7.428\,6)\theta -$$
$$0.001\,4\lambda^2 + 0.092\,9\lambda + 13.141\,9 \tag{10.96}$$

式中，θ 是固粒主轴与流体运动方向的夹角。

10.4.3　固粒体积分数的影响

对柱状固粒两相流而言，因柱状固粒的影响半径大，固粒之间更容易产生相互作用。当固粒为稀相或半稀相时，固粒之间的相互作用由长程水动力体现，即某固粒对流场产生作用，被作用的流场又对周围其他固粒的运动产生影响。在固粒为稀相的情况下，固粒相互作用的范围是 $2l$，当 $nl^3 \ll 1$ 时 (n 是单位体积内的固粒数目，l 是固粒长度)，固粒之间的相互作用可以忽略。由于 $nl^3 \ll 1$

的条件远比固粒体积分数远小于 1 的条件苛刻，所以即便是稀相，有时也要考虑固粒之间的相互作用。对于浓相情形，固粒之间的相互作用，使得流场黏性随固粒体积分数的增加而很快增加。当固粒的体积分数较大时，固粒之间的相互作用对两相流场的微结构乃至宏观特性都将产生影响。当固粒的体积分数很大时，固粒之间的直接接触，会改变固粒的取向分布、两相流的有效应力以及产生诸如正应力差、屈服应力、剪切变稀之类的流变学特性。

与圆球固粒直接相互作用不同，柱状固粒之间直接相互作用涉及的因素更多，如固粒的初始状态、碰撞点、碰撞角、流体黏性系数、固粒的长径比和比重等。

10.4.4　固粒取向分布

柱状固粒两相流中，固粒取向一方面受流场运动的影响，另一方面也会影响流场的运动。

10.4.4.1　柱状固粒的旋转与取向

简单剪切流中的柱状固粒，会受到流体的作用而转动，转动角速度由 Jeffery 方程描述：

$$\dot{\boldsymbol{p}} = \boldsymbol{\omega} \cdot \boldsymbol{p} + \beta \left(\boldsymbol{D} \cdot \boldsymbol{p} - \boldsymbol{D} : \boldsymbol{ppp} \right) \tag{10.97}$$

式中，$\boldsymbol{p}$ 是固粒主轴矢量；$\boldsymbol{\omega}$ 是流体涡张量；$\boldsymbol{D}$ 是流体应变率张量；$\beta = (\lambda^2 - 1)/(\lambda^2 + 1)$，$\lambda$ 是固粒长径比。求解式 (10.97)，可以得到固粒在简单剪切流场中的转动信息。

对于一般流场，固粒在图 10.26 所示坐标系的二维不可压缩流场中转动，流场速度为 v_x 和 v_y，记 $\partial v_x / \partial x = j\dot{\gamma}$、$\partial v_x / \partial y = \dot{\gamma}$、$\partial v_y / \partial x = k\dot{\gamma}$、$\partial v_y / \partial y = -j\dot{\gamma}$，方程 (10.97) 在图 10.26 的坐标系下有：

$$\dot{\phi} = \frac{1}{2}[\beta(k+1)\cos(2\phi) + k - 1 - 2\beta j \sin(2\phi)]\dot{\gamma} \tag{10.98}$$

$$\dot{\theta} = \frac{1}{4}\beta \sin(2\theta)[2j\cos(2\phi) + (k+1)\sin(2\phi)]\dot{\gamma} \tag{10.99}$$

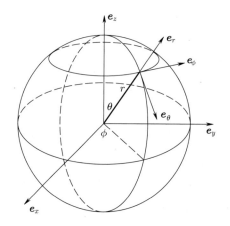

图 10.26 球坐标系中的固粒

求解以上两方程, 可得固粒的取向角表达式:

$$\phi = \arctan\left\{\left\{-2\beta j + \tanh\left[\arctanh\left(\frac{(\beta k + \beta - k + 1)\tan\phi_0 + 2\beta j}{\sqrt{\Delta}}\right) + \right.\right.\right.$$
$$\left.\left.\left.\frac{1}{2}\dot{\gamma}t\sqrt{\Delta}\right]\sqrt{\Delta}\right\}(\beta k + \beta - k + 1)^{-1}\right\} \tag{10.100}$$

$$\Delta = \beta^2[(k+1)^2 + 4j^2] - (k-1)^2 \tag{10.101}$$

$$\theta = \arctan\left(\frac{\sin(\theta_0)\sqrt{2\beta j \sin(2\phi_0) - \beta(k+1)\cos(2\phi_0) - k + 1}}{\cos(\theta_0)\sqrt{2\beta j \sin(2\phi) - \beta(k+1)\cos(2\phi) - k + 1}}\right) \tag{10.102}$$

式中, 下标 0 表示初始值。由式 (10.101) 中的 Δ 值, 可判断固粒取向的变化模式。$\Delta \geqslant 0$ 表示取向渐近变化; $\Delta = \beta^2 - 1$ 表示简单剪切流, 固粒周期性转动, 转动时主轴矢量顶端形成的曲线为 Jeffery 轨道; $\Delta < 0$ 表示固粒取向以下式的周期做周期性变化:

$$T = \frac{4\pi}{\dot{\gamma}\sqrt{|\Delta|}} \tag{10.103}$$

流体的拉伸应力容易使固粒取向在某个方向占优, 但占优的方向未必与拉伸方向相同, 因为还有其他因素影响固粒取向。在纯拉伸流场中, 固粒在流场中转动后其取向逐渐趋于拉伸方向。

10.4.4.2 典型二维流场中固粒的取向分布

1. 单向剪切流场

设单向剪切流场只有速度 $v_x(y)$ 和速度梯度 $\mathrm{d}v_x/\mathrm{d}y$，则方程 (10.98) 简化为：

$$\frac{\mathrm{d}\phi}{\mathrm{d}t} = \frac{1}{2}[\beta\cos(2\phi) - 1]\frac{\mathrm{d}v_x}{\mathrm{d}y} \tag{10.104}$$

求解该方程可得：

$$\phi = -\arctan\left\{\frac{\sqrt{\beta^2 - 1}\tanh\left[\frac{(t + c_i)\sqrt{\beta^2 - 1}}{2}\frac{\mathrm{d}v_x}{\mathrm{d}y}\right]}{\beta + 1}\right\} \tag{10.105}$$

式中，c_i 为常数，取决于 ϕ 的初始值。

2. 双向剪切流场

双向剪切流场中，$\mathrm{d}v_x/\mathrm{d}y$、$\mathrm{d}v_y/\mathrm{d}x$ 不为 0，令 $\mathrm{d}v_{\mathrm{f}y}/\mathrm{d}x = k\mathrm{d}v_{\mathrm{f}x}/\mathrm{d}y$，方程 (10.98) 可简化为：

$$\frac{\mathrm{d}\phi}{\mathrm{d}t} = \frac{1}{2}[\beta(k + 1)\cos(2\phi) + (k - 1)]\frac{\mathrm{d}v_x}{\mathrm{d}y} \tag{10.106}$$

求解该方程可得：

$$\phi = \arctan\left\{\frac{\Delta\tanh\left[\frac{(t + c_i)\Delta}{2}\frac{\mathrm{d}v_x}{\mathrm{d}y}\right]}{k(\beta - 1) + \beta + 1}\right\}, \quad \Delta = \sqrt{\beta^2(k + 1)^2 - (k - 1)^2} \tag{10.107}$$

式中，c_i 为常数，取决于 ϕ 的初始值。

3. 纯拉伸流场

平面不可压缩纯拉伸流中，剪切率为 0，且 $\partial v_y/\partial y = -k\partial v_x/\partial x$，方程 (10.98) 简化为：

$$\frac{\mathrm{d}\phi}{\mathrm{d}t} = -\beta\sin(2\phi)\frac{\mathrm{d}v_x}{\mathrm{d}x} \tag{10.108}$$

在该式中，当固粒的取向趋于稳定，即 $\mathrm{d}\phi/\mathrm{d}t = 0$ 时，有 $\phi = n\pi/2$。求解式 (10.108) 可得：

$$\phi = -\frac{\mathrm{i}}{2}\ln\left(\frac{1-\Delta^2}{1+\Delta^2} + \mathrm{i}\frac{2\Delta}{1+\Delta^2}\right), \quad \Delta = \mathrm{e}^{-2\beta(t+c_i)\frac{\mathrm{d}v_x}{\mathrm{d}x}} \tag{10.109}$$

可见, 固粒做非周期性转动, 稳定取向 $\phi = n\pi/2$, 指向流场拉伸和压缩的方向。

4. 一般平面流场

由不可压缩条件有 $\partial v_y/\partial y = -\partial v_x/\partial x$, 令 $\partial v_x/\partial x = j\partial v_y/\partial y$, 求解方程 (10.98) 可得:

$$\phi = -\arctan\left\{\frac{2\beta j - \Delta\tanh\left[\dfrac{(t+c_i)\Delta}{2}\dfrac{\partial v_x}{\partial y}\right]}{k(\beta-1)+\beta+1}\right\},$$

$$\Delta = \sqrt{\beta^2[(k+1)^2+4j^2]-(k-1)^2} \tag{10.110}$$

式中, c_i 为常数, 取决于 ϕ 的初始值。

10.4.4.3　不同流场中固粒的取向分布

1. 两个同心圆筒间的旋转流场

图 10.27 给出了两个同心圆筒间旋转流场中固粒的取向分布, 图中内圆筒静止、外圆筒旋转, 箭头表示流体速度大小和方向, 箭头根部闭合曲线表示固粒取向分布, 圆圈说明分布各向同性, 短线表示固粒沿同一方向分布, 8 字形表示固粒取向平行或垂直于流向。圆筒旋转前的初始固粒取向为各向同性 (x 轴上一排), 随着旋转发生, 固粒取向分布变得不均匀, 固粒取向以平行或垂直于流向的情况居多。

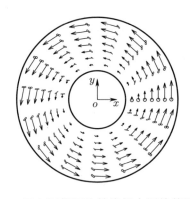

图 10.27　同心圆筒间旋转流场中固粒的取向分布

2. 楔形扩张流场

图 10.28 是楔形扩张流场中固粒的取向分布,图中只给出分布的上半部分,因流动关于 x 轴对称,箭头和根部封闭曲线的含义与图 10.27 相同。在进口处,固粒的取向为各向同性,随着往下游发展,靠近壁面区域中的固粒取向趋于流动方向,因为该区域较大的流场速度梯度,驱使固粒旋转至转矩为 0 的位置。中间区域固粒的取向倾向垂直于流线方向,因为该区域流场沿轴向呈压缩、沿横向呈拉伸状态。

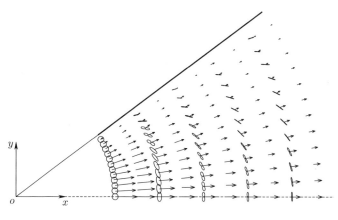

图 10.28 楔形扩张流场中固粒的取向分布

3. 圆射流场

图 10.29 是圆射流场中固粒的取向分布,固粒与流体沿 x 方向一起射入静止流体中,因对称性,图中只给出流场上半部分,oS 线以下为射流区,区内流体速度剖面呈相似性。初始取向均匀分布的固粒在沿下游发展过程中,主轴逐渐垂直于流动方向,因为射流场沿流动方向呈压缩、沿两边呈拉伸状态。射流区外的固粒没有明显的占优取向,射流区边缘的强剪切,使固粒有随流场旋转的趋势。

4. 圆管流场

图 10.30 是圆管流场中固粒的取向分布,ox 为圆管中线,固粒的取向在圆管进口均匀分布。可见,圆管中线上的固粒取向始终保持接近均匀的分布,越靠近壁面,固粒的取向越趋于流动方向。圆管内流场的剪切率,从中线上的 0

增加到壁面的最大值,而固粒受到的流场转矩与流场剪切率成正比。中线附近流场剪切率为 0 或很小,这使固粒无转动或小转动,以致取向始终接近均匀分布。壁面附近流场的大剪切率导致的大转矩使固粒较快转动,以致主轴很快指向流动方向。

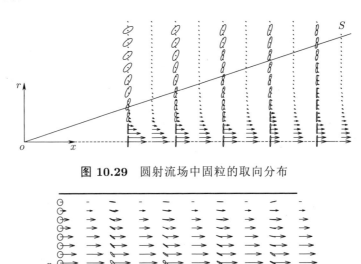

图 10.29　圆射流场中固粒的取向分布

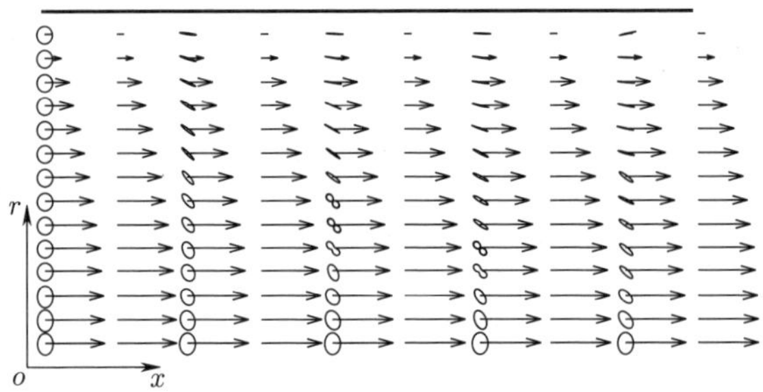

图 10.30　圆管流场中固粒的取向分布

10.5　纳米固粒两相流

纳米固粒两相流是多相流的一个重要组成部分,其普遍存在于自然界中并在工程热物理、材料、化工、轻工、药品、食品、制冷等领域有着广泛应用。

10.5.1　基本特性

纳米固粒两相流具有特殊性和复杂性。

10.5.1.1　特殊性

纳米固粒两相流有着与其他尺度固粒两相流所不同的以下特性。

1. 小尺度效应

在纳米固粒两相流中，固粒的小尺度效应，使固粒在流场中的受力与大尺度固粒有明显不同，要考虑分子布朗运动脉动力、屏蔽静电力、London-van der Waals 力等。纳米固粒两相流系统中的固粒数目巨大，难以模拟单个固粒的运动，关注的是大数目固粒体现出的综合效应，如数密度、质量密度、尺度分散度、平均粒径、粒径均方差等统计平均量的变化。

2. 跨尺度效应

纳米固粒的尺度与气体分子的平均自由程相当，对应的 Knudsen 数位于第 9 章所述的过渡区，介于连续介质模型和分子动力学模型之间。纳米固粒本身具有多尺度的分布特征，就空间尺度和时间尺度而言，流场运动与生成固粒的相变、固粒的碰撞和运动之间存在较大差异。

3. 存在相变及尺度变化

纳米固粒两相流中通常有相变，如气-固、液-固的转换。固粒在运动过程中会出现尺度的变化，如湍流和布朗运动产生的固粒凝并或破碎、由固粒表面化学反应或异质性凝结导致的固粒体积增大等。因此，对纳米固粒两相流的研究，通常还要关注固粒表面积、系统化学组分、固粒聚并体的分形维数等变量的演化。

10.5.1.2　复杂性

纳米固粒两相流的特殊性决定了以下方面的复杂性。

1. 模型的描述

纳米固粒运动的模型介于连续介质和分子动力学模型之间，只用其中的一个模型，会导致较大误差或较大的计算量；同时使用两种模型，在衔接上具有较大难度。纳米固粒两相流动力学过程是多场耦合、多组分、多尺度的包含力学、化学和其他因素作用的复杂过程，建模难度较大。

2. 计算与实验

纳米固粒两相流数密度变化的动力学方程是高阶微分积分方程，数值模拟的难度较大。实验方面，固粒与流场在空间尺度和时间尺度上存在大的差异，基于固粒质量密度，难以给出固粒尺度谱分布信息，这些都增加了实验研究的难度。

3. 固粒数量不守恒

与一般两相流不同，纳米固粒两相流在运动过程中会因相变和固粒的破碎而不断有新固粒产生，固粒在运动过程中也会因频繁的碰撞而聚合与凝并，这导致纳米固粒两相流系统中的固粒数量不守恒，增加了系统复杂的程度。

4. 湍流的耦合效应

在纳米固粒两相湍流中，流场湍动不仅影响固粒扩散，还支配固粒的晶核化、凝并、凝结、破碎等过程，这些过程对湍流场演变也会产生影响。此外，湍流场中，当固粒布朗运动和湍流场的脉动力对固粒的作用相当时，问题变得更复杂。

10.5.2　基本参数与分布

纳米固粒两相流中的固粒来自气体转变、液体与固粒分解、粉状材料再悬浮、团状物分解等。气体形成的微粒通常小于 1 μm，在文献中常见的 "dust" 是指分解形成的固粒；"smoke" 和 "fume" 尺度较小，由气体转变而来；"mists" 由液滴组成；"soot" 指的是燃烧的小碳粒子。

确定纳米固粒特性的参数包括尺度、浓度、化学组分、电荷、晶体结构、光学特性等。实际应用中的过滤器、冲洗器、气管沉积等与尺度密切相关，粒子和光的相互作用是尺度和光特性的敏感函数。浓度是固粒输运的基本要素，化学组分则涉及空气污染、光学纤维制备等。

10.5.2.1　固粒尺度

固粒尺度要素包括直径、体积、表面积。纳米固粒两相流所涉及的固粒尺度范围为 1 nm～100 μm，跨度达 10^5 量级，相应的质量跨度则为 10^{15} 量级。基于固粒直径 d_p，可以将固粒分成三个区域，一是核模式区，又称 Aitken 区，该区内 $d_p < 50$ nm，如光化学烟雾中的硫酸盐和硝酸盐粒子；二是累积模式区，该区内 $d_p = 50$ nm～2 μm，如燃烧生成的含碳固粒物；三是粗模式区，该

区内 $d_p > 2\ \mu m$。不同情况下不同 d_p 的固粒所占比例也不同, 图 10.31 是空气中不同 d_p 的固粒所占的比例, 可见核模式区的固粒数量较多, 累积模式区内的固粒质量则较大。在工业排放标准中, 把 $d_p < 10\ \mu m$ (PM$_{10}$) 的称为粗重固粒 (可吸入颗粒物), $d_p < 2.5\ \mu m$(PM$_{2.5}$) 的称为精细固粒 (细颗粒物), $d_p < 0.1\ \mu m$ 的称为超精细固粒, $d_p < 0.05\ \mu m$ 的称为纳米固粒。

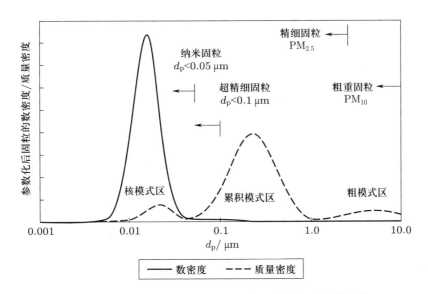

图 10.31 空气中悬浮固粒的数密度和质量密度分布曲线

固粒的特性依赖于固粒尺度与一些特征长度之比, 例如固粒和流体的热、质量和动量交换依赖于 Knudsen 数 $2l/d_p$, 其中 l 和 d_p 分别是分子自由程和固粒直径。当 $l/d_p \gg 1$ 时, 交换率由分子理论确定, 属于自由分子范畴; 当 $l/d_p \ll 1$ 时, 属于连续介质范畴, 由流体力学方程求解作用在固粒上的力。自由分子范畴和连续介质范畴的转换是连续的。

固粒对光的散射依赖于固粒直径和入射光的波长之比 d_p/λ, 当 $d_p/\lambda \gg 1$ 时, 可用几何光学描述, 散射截面积正比于固粒的横截面积; 当 $d_p/\lambda \ll 1$ 时, 散射由振荡电场中偶极子振荡理论计算。可见光的波长 0.5 μm, 两个散射区域间的转掾在 0.05~5 μm 范围发生。转掾区光散射由电磁场理论计算。

对形状不规则的非圆球固粒, 通常用 "等效直径" 描述, 其中有两种描述方式：一种是空气动力学直径，这是最常用的描述方式，若一非圆球固粒沉降时的终了速度与某个直径的圆球固粒沉降时的终了速度相同，则该直径为非圆球固粒的空气动力学直径。这种描述在剪切流中不适用，因为非圆球固粒有比圆球固粒更复杂的旋转和平移运动特征，两者的运动轨迹不同。另一种是迁移率直径，纳米固粒聚团后会有微米量级，团块结构可由分形维数刻画，团块与相同质量的球体在运动、碰撞率和沉积率方面有很大不同，迁移率是固粒速度与产生其运动的力之比，迁移率直径是和团块具有相同迁移率的圆球固粒的直径。

10.5.2.2　固粒浓度

固粒浓度有多种定义，如数密度和质量密度。数密度可用于描述房间的清洁度，等级为 1 的清洁房的标准为 0.1 μm 的固粒数密度小于 10^3 m^{-3}。城市大气污染严重时，其数密度可达 10^5 cm^{-3} 或更高，低污染时的数密度为 $1 \times 10^4 \sim 5 \times 10^4$ cm^{-3}。质量密度通常用于定义空气污染和工业排放标准，其范围从未受污染的 20 μg/m^3 到有污染的 200 μg/m^3。

固粒浓度对纳米固粒两相流的黏性系数有一定影响。当体积浓度小于 0.004 时，黏性系数的增加小于 1%，而体积浓度 0.004 已远大于平时的大气固粒浓度，甚至高于一些实际生产过程的固粒浓度，可见，一般情况下，固粒对黏性系数的影响可以忽略。当固粒浓度较高时，固粒的布朗运动会使固粒相互碰撞并因吸引力黏在一起，即发生固粒凝并。

10.5.2.3　固粒尺度分布函数和矩

设 dN 是单位体积中的固粒数，对直径范围为 $d_{\mathrm{p}} \sim d_{\mathrm{p}} + \mathrm{d}d_{\mathrm{p}}$ 的固粒有：

$$\mathrm{d}N = n_d(d_{\mathrm{p}}, r, t)\mathrm{d}d_{\mathrm{p}} \tag{10.111}$$

式中，n_d 是固粒尺度分布函数，总固粒数为：

$$N(d_{\mathrm{p}}) = \int_0^{d_{\mathrm{p}}} n_d(d_{\mathrm{p}})\mathrm{d}d_{\mathrm{p}} \tag{10.112}$$

固粒尺度分布函数的矩定义为：

$$M_k(r, t) = \int_0^\infty n_d d_{\mathrm{p}}^k \mathrm{d}d_{\mathrm{p}} \tag{10.113}$$

式中，k 是矩的阶数，对零阶矩和一阶矩有：

$$M_0 = \int_0^\infty n_d \mathrm{d}d_\mathrm{p} = N_\infty, \quad M_1 = \int_0^\infty n_d d_\mathrm{p} \mathrm{d}d_\mathrm{p} \tag{10.114}$$

零阶矩表示固粒总数。结合零阶矩和一阶矩可以表示固粒平均直径：

$$d_\mathrm{pa} = \frac{\int_0^\infty n_d d_\mathrm{p} \mathrm{d}d_\mathrm{p}}{\int_0^\infty n_d \mathrm{d}d_\mathrm{p}} = \frac{M_1}{M_0} \tag{10.115}$$

二阶矩和三阶矩分别正比于固粒总表面积 A 和固粒总体积 V_t：

$$\pi M_2 = \pi \int_0^\infty n_d d_\mathrm{p}^2 \mathrm{d}d_\mathrm{p} = A, \quad \frac{\pi M_3}{6} = \frac{\pi}{6} \int_0^\infty n_d d_\mathrm{p}^3 \mathrm{d}d_\mathrm{p} = V_t \tag{10.116}$$

固粒的平均表面积和平均体积为：

$$\frac{\pi M_2}{M_0} = \frac{A}{N_\infty}, \quad \frac{\pi M_3}{6M_0} = \frac{V_t}{N_\infty} \tag{10.117}$$

四阶矩和五阶矩分别正比于固粒沉降的投影面积和质量流量，六阶矩正比于固粒产生的总的光散射。在受污染的大气中，数密度由直径为 0.01~0.1 μm 的固粒占主导，表面积由直径为 0.1~1 μm 的固粒占主导，体积浓度的主要贡献则来自直径为 0.1~1 μm 及 1~10 μm 的固粒。

上述式子中都包含固粒尺度分布函数 n_d。典型的分布函数包括正态分布或称高斯分布，用于描述存在固粒破碎、凝并情形的对数分布，用于描述大气中气溶胶分布和清洁室微污染的幂律分布，还有自相似分布等。

10.5.3　模型与方程

纳米固粒在流场中的运动与大尺度固粒运动的情形不同，有些力对纳米尺度固粒的作用必须考虑，此外，固粒的数密度会因固粒的产生、凝并、破碎等而不断发生变化。

10.5.3.1　力的分析

固粒在两相流场中的受力方程 (10.39)，也可用于纳米固粒，但对纳米固粒而言，有些力需要修正，有些力需要补充。

1. 流体阻力

方程 (2.98) 给出了 Stokes 流体黏性阻力, 该方程只适用于固粒直径远大于分子平均自由程、固粒在远小于 1 的 Re 下以常速度运动、离壁面距离大于几个固粒直径的情况。当固粒直径小到与分子平均自由程相近时, 方程 (2.98) 要修正为:

$$\boldsymbol{F}_{\mathrm{d}z} = \frac{8}{3}R^2\rho_{\mathrm{f}}(\boldsymbol{v}_{\mathrm{f}} - \boldsymbol{v}_{\mathrm{p}})\left(\frac{2\pi k_{\mathrm{B}}T}{m}\right)^{1/2}\left(1 + \frac{\pi\alpha}{8}\right)\boldsymbol{e}_z \tag{10.118}$$

式中, R 为固粒半径; ρ_{f} 为流体密度; $\boldsymbol{v}_{\mathrm{f}}$、$\boldsymbol{v}_{\mathrm{p}}$ 为流体和固粒的速度; m 是气体分子量; k_{B} 是 Boltzmann 常量; T 是温度; α 由实验确定, 对于动量输运一般取 0.9。

下式可用于从连续介质区到自由分子区流体黏性阻力的计算:

$$\boldsymbol{F}_{\mathrm{d}z} = \frac{6\pi\mu(\boldsymbol{v}_{\mathrm{f}} - \boldsymbol{v}_{\mathrm{p}})R\boldsymbol{e}_z}{C_{\mathrm{c}}}, \quad C_{\mathrm{c}} = 1 + \frac{2l_{\mathrm{p}}}{R}\left(A_1 + A_2\exp\frac{-2A_3R}{\lambda}\right) \tag{10.119}$$

式中, C_{c} 是滑移因子; λ 是分子自由程; $A_1 = 1.257$, $A_2 = 0.4$, $A_3 = 0.55$, 由实验测得。

2. 热泳力

该力对纳米固粒的作用明显。当纳米固粒处于具有温差的流场时, 由于固粒较小, 固粒被具有高能量 (高温) 的分子驱使向低温处迁移, 对于固粒直径 d_{p} 远小于流场特征尺度 l_{p} 的情形, 固粒的速度为:

$$v_{\mathrm{p}t} = -\frac{3\nu\nabla T}{4(1 + \pi\alpha/8)T} \tag{10.120}$$

式中, 负号表示朝低温方向运动; ν 是流体黏性系数; T 是温度; ∇T 是温度梯度; α 是系数, 通常取 0.9。

当 $l_{\mathrm{p}}/d_{\mathrm{p}} < 0.1$ 时, 固粒的速度为:

$$v_{\mathrm{p}t} = \frac{2C_s\nu\left(\dfrac{k_{\mathrm{f}}}{k_{\mathrm{p}}} + C_t\dfrac{2l_{\mathrm{p}}}{d_{\mathrm{p}}}\right)\left[1 + \dfrac{2l_{\mathrm{p}}}{d_{\mathrm{p}}}\left(A_1 + A_2\exp\dfrac{-A_3d_{\mathrm{p}}}{l_{\mathrm{p}}}\right)\right]\dfrac{\nabla T}{T_0}}{\left(1 + 3C_m\dfrac{2l_{\mathrm{p}}}{d_{\mathrm{p}}}\right)\left(1 + 2\dfrac{k_{\mathrm{f}}}{k_{\mathrm{p}}} + 2C_t\dfrac{2l_{\mathrm{p}}}{d_{\mathrm{p}}}\right)} \tag{10.121}$$

式中，$C_s = 1.17$，$C_t = 2.18$，$C_m = 1.14$；k_f 和 k_p 是流体和固粒的导热系数；T_0 是固粒周围的平均温度；A_1、A_2、A_3 为常数。当 d_p 小于分子平均自由程时，热泳力产生的速度对固粒尺度的依赖性较小。

3. van der Waals 力

重力、电场力、热泳力都属于长程作用力，作用距离大于固粒尺度。而 van der Waals 力是短程引力，离开表面一点该力为零。当直径为 d_p 的圆球固粒趋近一个物体表面时，固粒与表面的相互作用能为：

$$\Phi = -\frac{Ad_p}{12x} \tag{10.122}$$

式中，A 是 Hamaker(哈马克) 常数。

10.5.3.2 固粒动力学过程

纳米固粒两相流系统中的固粒数量很多，通常用固粒尺度或体积的分布函数来描述固粒的变化。如图 10.32 所示，流场中一个单元体内的固粒数量变化，受控于内部过程和外部过程，内部过程包括气体转化成固粒 (晶核化)、冷凝、凝并、聚集和破碎，外部过程包括穿过单元体边界的对流、扩散、沉淀与沉积。

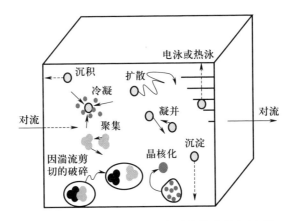

图 **10.32** 纳米固粒两相流系统的内外部过程

固粒的热、质量、动量和电荷的输运过程，在两个不同的尺度上发生。在固粒尺度上，热、质量、动量和电荷交换发生在固粒之间或固粒与周围流体之间。在大尺度上，大量固粒在浓度、温度和电场梯度下运动。因为固粒流正比于大尺度梯度和系数的乘积，系数又依赖于固粒尺度上的输运过程，所以两种尺度间的运动存在强耦合。固粒尺度上的输运，对特别大和特别小 Kn 的情形而言，相对简单，对小 Kn，即大固粒的情形，输运过程可由扩散、热传输和连续介质的流体力学方程描述。

10.5.3.3　固粒扩散方程

固粒受周围流体分子脉动力的作用，从浓度高的区域向浓度低的区域迁移，这就是扩散过程。如图 10.33 所示，取流场中的一个控制体，分析固粒沿 x 方向的扩散。令 J_x 为控制体中心位置上，沿 x 方向通过单位面积的固粒数量 (流率)。固粒沿 x 方向流入 $ABCD$ 面和流出 $A'B'C'D'$ 面的净流率为 $-(\partial J_x/\partial x)\delta x\delta y\delta z$，同样可以得到，沿 y 和 z 方向的净流率为 $-(\partial J_y/\partial y)\delta x\delta y\delta z$ 和 $-(\partial J_z/\partial z)\delta x\delta y\delta z$，控制体内固粒数量 n 随时间的变化，应当等于固粒沿 x、y、z 三个方向的净流率：

$$\frac{\partial n}{\partial t}\delta x\delta y\delta z = -\left(\frac{\partial J_x}{\partial x} + \frac{\partial J_y}{\partial y} + \frac{\partial J_z}{\partial z}\right)\delta x\delta y\delta z \tag{10.123}$$

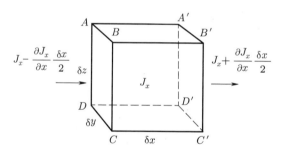

图 10.33　固粒扩散控制体示意图

固粒从高浓度区域向低浓度区域的迁移率，正比于局部浓度梯度和扩散系数，即 $J_x = -D\partial n/\partial x$、$J_y = -D\partial n/\partial y$、$J_z = -D\partial n/\partial z$，将其代入方程 (10.123) 得：

$$\frac{\partial n}{\partial t} = D\left(\frac{\partial^2 n}{\partial x^2} + \frac{\partial^2 n}{\partial y^2} + \frac{\partial^2 n}{\partial z^2}\right) = D\nabla^2 n \tag{10.124}$$

式中，扩散系数 D 与固粒尺度成反比。若有多种尺度的固粒，则每种尺度的固粒数可采用以上方程描述，综合起来就是总的固粒数量变化。

10.5.3.4 固粒扩散系数与扩散

以一维情形为例，相同直径的固粒在 $x = 0$ 位置的狭缝内释放，其余地方无固粒，随着时间推移，固粒在布朗运动作用下的扩散方程可由 (10.124) 简化得到：

$$\frac{\partial n}{\partial t} = D \frac{\partial^2 n}{\partial x^2} \tag{10.125}$$

该方程的解为：

$$n(x,t) = \frac{N_0}{2(\pi D t)^{1/2}} \exp\left(\frac{-x^2}{4Dt}\right) \tag{10.126}$$

式中，N_0 是释放固粒的总数。在时间 t，由 $x = 0$ 处释放的固粒均方位移为：

$$\overline{x^2} = \frac{1}{N_0} \int_{-\infty}^{\infty} x^2 n(x,t) \mathrm{d}x \tag{10.127}$$

将式 (10.126) 代入式 (10.127) 积分，可得 $\overline{x^2} = 2Dt$。通过将固粒扩散与分子扩散进行类比，可以得到 Stokes-Einstein 扩散表达式：$D = k_{\mathrm{B}} T / \boldsymbol{F}_{\mathrm{dz}}$，其中 k_{B} 是 Boltzmann 常量，T 是温度，$\boldsymbol{F}_{\mathrm{dz}}$ 见式 (10.118)。对于直径远大于分子平均自由程的圆球，$\boldsymbol{F}_{\mathrm{dz}}$ 见式 (2.98)。

对于非圆球固粒的扩散，扩散系数要对所有情况进行平均。例如对长短轴比 $\lambda = b/a$ 的椭球，扩散系数为：

$$\begin{cases} \dfrac{D}{D_0} = \dfrac{\lambda^{2/3}}{(1-\lambda^2)^{1/2}} \ln \dfrac{1 + (1-\lambda^2)^{1/2}}{\lambda}, & \lambda < 1 \\[3mm] \dfrac{D}{D_0} = \dfrac{\lambda^{2/3}}{(\lambda^2-1)^{1/2}} \arctan(\lambda^2-1)^{1/2}, & \lambda > 1 \end{cases} \tag{10.128}$$

式中，D_0 是相同体积圆球的扩散系数。

纳米固粒在流场中会聚集成团，对固粒团的扩散系数，要先确定固粒团的数量 $N_{\mathrm{p}} = A(R/a_{\mathrm{p0}})^{D_{\mathrm{f}}}$，其中 a_{p0} 是原始固粒半径，R 是固粒团半径，A 是量纲为一的常数，D_{f} 是分形维数。有了 N_{p} 后，固粒团扩散系数可根据 N_{p} 与固粒团扩散系数的关系曲线得到。当固粒聚集成团后，流体可从固粒团的空隙流过而增大阻力、减小扩散系数。

根据 Taylor 扩散理论的 $D = \sqrt{v_{\mathrm{p}}^2 l_{\mathrm{pa}}}$（$v_{\mathrm{p}}$ 是固粒速度，l_{pa} 是固粒布朗扩散距离）、$D = k_{\mathrm{B}}T/\boldsymbol{F}_{\mathrm{dz}}$ 和 $v_{\mathrm{p}}^2 = k_{\mathrm{B}}T/m$，可得 $l_{\mathrm{pa}} = (mk_{\mathrm{B}}T)^{1/2}/\boldsymbol{F}_{\mathrm{dz}}$，于是对特定密度和尺度的固粒，可以算出布朗扩散距离。

固粒在 van der Waals 力作用下，沿 x 方向布朗扩散到一个平面附近时，可得：

$$J_x = -D \left(\frac{\mathrm{d}n}{\mathrm{d}x} + \frac{\mathrm{d}\varPhi}{\mathrm{d}x} \frac{n}{k_{\mathrm{B}}T} \right) \tag{10.129}$$

假设壁面附近 J_x 为常数，当式 (10.129) 右端两项的大小相当时，经求解后，固粒离壁面的最近距离为 $0.2d_{\mathrm{p}}$，当固粒的直径为 $0.1\ \mu\mathrm{m}$ 时，这个距离为 $20\ \mathrm{nm}$。可见，固粒的直径越小，离壁面的最近距离也越小。

10.5.3.5　固粒在外力场作用下的迁移

在纳米固粒两相流中，固粒会在诸如重力、电场力、热泳力这样的外力作用下运动。当外力和作用在固粒上的黏性阻力平衡时有：

$$v_{\mathrm{p}} = \frac{F_{\mathrm{e}}}{\dfrac{8}{3} R^2 \rho_{\mathrm{f}} \left(\dfrac{2\pi k_{\mathrm{B}}T}{m} \right)^{1/2} \left(1 + \dfrac{\pi\alpha}{8} \right)} \tag{10.130}$$

式中，v_{p} 是固粒迁移速度；F_{e} 是外力，右端分母各项的定义见式 (10.118)。对重力场有 $F_{\mathrm{e}} = \pi d_{\mathrm{p}}^3 (\rho_{\mathrm{p}} - \rho_{\mathrm{f}}) g/6$，则固粒的迁移速度为：

$$v_{\mathrm{p}} = \frac{\rho_{\mathrm{p}} g d_{\mathrm{p}}^2 \left(1 - \dfrac{\rho_{\mathrm{f}}}{\rho_{\mathrm{p}}} \right)}{18\mu} \tag{10.131}$$

固粒在外力作用下的流率 $\boldsymbol{J} = -D\nabla n + \boldsymbol{F}_{\mathrm{e}}n$，其中 $\boldsymbol{F}_{\mathrm{e}}$ 是外力，将其代入式 (10.123)，可得：

$$\frac{\partial n}{\partial t} = \nabla \cdot D\nabla n - \nabla \cdot \boldsymbol{F}_{\mathrm{e}}n \tag{10.132}$$

10.5.3.6　固粒对流扩散方程

固粒除扩散外还有对流，对图 10.34 中的控制体，分析固粒沿 x 方向的对流扩散，图中 n 是单位体积中的固粒数，$v_{\mathrm{f}x}$ 是 x 方向的流体速度，固粒沿 x 方向流入 $ABCD$ 面和流出 $A'B'C'D'$ 面的净流率为 $-[\partial(nv_{\mathrm{f}x})/\partial x]\delta x\delta y\delta z$，同样可

以得到沿 y 和 z 方向的净流率为 $-[\partial(nv_{\mathrm{f}y})/\partial y]\delta x\delta y\delta z$ 和 $-[\partial(nv_{\mathrm{f}z})/\partial z]\delta x\delta y\delta z$，固粒沿 x、y、z 三个方向的净流率：

$$-\delta x\delta y\delta z\left(\frac{\partial nv_{\mathrm{f}x}}{\partial x}+\frac{\partial nv_{\mathrm{f}y}}{\partial y}+\frac{\partial nv_{\mathrm{f}z}}{\partial z}\right)=-\delta x\delta y\delta z\nabla\cdot nv_{\mathrm{f}} \tag{10.133}$$

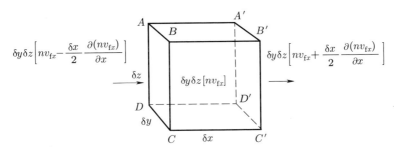

图 10.34 固粒对流扩散控制体示意图

控制体内 n 随时间的变化，应等于固粒沿三个方向的净流率，结合式 (10.132) 有：

$$\frac{\partial n\delta x\delta y\delta z}{\partial t}=-\delta x\delta y\delta z\nabla\cdot nv_{\mathrm{f}}+\delta x\delta y\delta z\nabla\cdot(D\nabla n-\boldsymbol{F}_{\mathrm{e}}n)$$

或

$$\frac{\partial n}{\partial t}+\nabla\cdot nv_{\mathrm{f}}=D\nabla^2 n-\nabla\cdot\boldsymbol{F}_{\mathrm{e}}n \tag{10.134}$$

这就是固粒对流扩散方程，推导时，假设固粒对流场速度没有影响且不考虑固粒凝并等因素。该方程可用于单尺度和多尺度固粒，式中 D 和 $\boldsymbol{F}_{\mathrm{e}}$ 依赖于固粒尺度。

如果没有外力作用，方程 (10.134) 可以简化为量纲为一的方程：

$$v_{\mathrm{f}}^0\cdot\nabla^0 n^0=\frac{1}{Pe}\nabla^{02}n^0 \tag{10.135}$$

式中，$v_{\mathrm{f}}^0=v_{\mathrm{f}}/V_{\mathrm{f}}$，$V_{\mathrm{f}}$ 是流场平均速度；$\nabla^0=L\nabla$，L 是流场特征尺度；$n^0=n/n_\infty$，n_∞ 是参考固粒数；$Pe=LV_{\mathrm{f}}/D$ 是 Peclet(佩克莱) 数，表征固粒输运与扩散之比。

10.5.4 典型实例

这部分给出几个具体的实例。

10.5.4.1 固粒在圆管层流中的扩散

假设固粒尺度远小于圆管直径，流场 Re 小于 2 100，流场在离圆管进口 $0.04d \times Re$ 的下游，速度充分发展，固粒因布朗运动扩散到壁面。由于 $Sc = \nu/D \gg 1$(ν 为流体黏性系数，D 为固粒扩散系数)，浓度边界层厚度远小于速度边界层厚度，故可以假设固粒浓度剖面在进口是直线分布，而速度剖面是抛物线分布。

方程 (10.134) 在柱坐标下的形式为：

$$v_{fx}\frac{\partial n}{\partial x} = D\left[\frac{\partial\left(r\left(\frac{\partial n}{\partial r}\right)\right)}{r\partial r} + \frac{\partial^2 n}{\partial x^2}\right], \quad v_{fx} = 2v_{fa}\left[1 - \left(\frac{r}{a}\right)^2\right], \tag{10.136}$$

式中，v_{fa} 是流体平均速度，进口处粒子浓度沿径向为常数并在壁面为 0。当 $Pe > 100$ 时，固粒在 x 方向上的扩散可以忽略。在离进口很短的距离处，完全发展的固粒浓度分布边界层已形成，其解析解为 [4]：

$$P = \frac{n_2}{n_1} = 1 - 2.56\Pi^{2/3} + 1.2\Pi + 0.176\,7\Pi^{4/3} + \cdots, \quad \Pi = \frac{\pi D l_x}{Q} < 0.02 \tag{10.137}$$

式中，Q 是流体流量；l_x 是与进口的距离；n_2 和 n_1 分别是 l_x 处和进口处固粒的数密度。在远离进口处，可由分离变量法求解方程 (10.136) 得到：

$$P = \frac{n_2}{n_1} = 0.819\mathrm{e}^{-3.66\Pi} + 0.097\,5\mathrm{e}^{22.3\Pi} + 0.032\,5\mathrm{e}^{-57\Pi} + \cdots, \quad \Pi > 0.02 \tag{10.138}$$

由上式可以求得固粒通过圆管时的沉降数量。

10.5.4.2 固粒在圆管湍流中的扩散

假设固粒尺度远小于圆管直径 d，$Re > 2\,011$，流场在离进口 $25d \sim 50d$ 的下游充分发展，固粒在湍流和布朗运动作用下扩散到壁面。壁面瞬时固粒流量为 $J_y = -D(\partial n/\partial y) + nv_{fy}$，其中 v_{fy} 是垂直于壁面的流体法向速度。对湍流场，可将瞬时的 n 和 v_{fy} 分解成平均加脉动，圆管流中平均 v_{fy} 为 0，所以 $n = \bar{n} + n', v_{fy} = v'_{fy}$，将其代入 $J_y = -D(\partial n/\partial y) + nv_{fy}$ 后平均，可得：

$$\bar{J}_y = -D\frac{\partial\bar{n}}{\partial y} + \overline{n'v'_{fy}}, \quad \overline{n'v'_{fy}} = -\varepsilon\frac{\partial\bar{n}}{\partial y} \tag{10.139}$$

式中，ε 是涡扩散系数，如图 10.35 所示，在黏性底层有：

$$\varepsilon = \nu \left(\frac{y^+}{14.5} \right)^3, \quad y^+ = \left[yV_{fxa} \left(\frac{C_c}{2} \right)^{1/2} \right] / \nu \tag{10.140}$$

式中，C_c 是式 (10.119) 的滑移因子；V_{fxa} 是流向平均速度。式 (10.140) 在 $y^+ < 5$ 范围内成立。

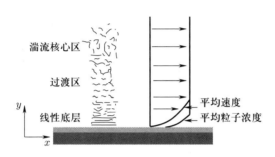

图 10.35 壁面附近边界层流场

固粒在布朗扩散变大前由湍流扩散到近壁处，固粒在壁面上的浓度为 0，在离壁面很近处 (黏性底层内) 达到与主流一样的浓度。

方程 (10.139) 对应的边界条件为：在 $y = 0$ 处有 $\bar{n} = 0$，$y \to \infty$ 有 $\bar{n} = \bar{n}_\infty$，在这个边界条件下求解方程 (10.139)，可得：

$$\frac{kd}{D} = 0.042 Re C_c^{1/2} Sc^{1/3} \tag{10.141}$$

式中，Sc 是 Schmidt(施密特) 数，为黏性系数与扩散系数之比，传质系数 k 定义为：

$$k = -\left(\frac{D}{\bar{n}_\infty} \right) \left(\frac{\partial \bar{n}}{\partial y} \right)_{y=0} \tag{10.142}$$

该式对光滑壁面成立，若为粗糙壁面，则 k 值更大。

10.5.4.3　固粒与表面的相互作用

固粒运动时，有可能沉降到壁面，研究沉降特性有助于固粒的清除和收集。如果既考虑固粒自身布朗运动和湍流作用下的扩散，又考虑固粒的惯性作用，那么，固粒的沉降问题将会变得很复杂。在通常情况下，固粒以低速碰到壁面时将附在壁面上，以高速碰到壁面时将反弹。若考虑圆球固粒通过真空垂直撞击壁面的情形，只有当固粒的动能足以克服壁面的吸引力时，反弹才会发生，由固粒碰撞前后的能量守恒可得：

$$\frac{mv_{\mathrm{p2\infty}}^2}{2} + \Phi_{20} = e^2 \left(\frac{mv_{\mathrm{p1\infty}}^2}{2} + \Phi_{10} \right) \tag{10.143}$$

式中，m 是固粒质量；e 是恢复系数；$v_{\mathrm{p1\infty}}$ 和 $v_{\mathrm{p2\infty}}$ 是固粒碰撞前后远离壁面的速度 (van der Waals 力作用范围之外)；Φ_{10} 和 Φ_{20} 是碰撞前后固粒的势能，上式还可以写成：

$$\frac{v_{\mathrm{p2\infty}}}{v_{\mathrm{p1\infty}}} = \left(e^2 - \frac{\Phi_{20} - e^2\Phi_{10}}{mv_{\mathrm{p1\infty}}^2/2} \right)^{1/2} \tag{10.144}$$

当 $v_{\mathrm{p2\infty}} = 0$，固粒无法克服吸引力而反弹，这时有：

$$v_{\mathrm{p1\infty}}^* = \left[\frac{2}{me^2} (\Phi_{20} - e^2\Phi_{10}) \right]^{1/2} \tag{10.145}$$

当 $\Phi_{10} = \Phi_{20} = \Phi_0$ 时：

$$v_{\mathrm{p1\infty}}^* = \left[\frac{2\Phi_0}{me^2} \left(\frac{1 - e^2}{e^2} \right) \right]^{1/2} \tag{10.146}$$

式中，e 取决于材料特性，完全弹性碰撞 e 为 1。

10.5.4.4 与新型冠状病毒传播相关的多相流问题

新型冠状病毒由携带病毒的液滴传播，液滴形成于患者的肺气道并从口鼻排出，排出后的大液滴触及或沉降于表面，小液滴则蒸发，形成液滴核悬浮扩散。新型冠状病毒的传播途径主要有三种：一是大液滴直接触及受者的嘴、鼻或结膜；二是受者接触到大液滴污染的表面随后转移到呼吸黏膜；三是吸入空气中的液滴核。

人体肺气道中液滴的形成，与气液两相流的稳定性有关。如图 10.36 所示，人体肺气道的内壁有一层液体膜，随着时间推移，液体膜会变形，直至形成阻塞肺气道的阻塞面，阻塞面形成后在肺气道中移动，在这过程中阻塞面逐渐变薄，当薄到一定程度而无法抵抗肺气道压差时，阻塞面将破碎成液滴并随气流排出。这种液体膜破裂形成液滴的过程,正是源于由表面张力驱动的 Rayleigh-Plateau 不稳定性问题 [5]。

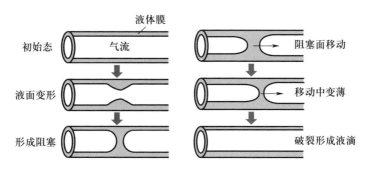

图 10.36 与肺气道中液滴形成相关的气液两相流稳定性

液滴从人的口鼻中排出的现象是气液两相射流问题,排出的途径包括呼吸、交谈、咳嗽、喷嚏等。排出液滴的尺度范围从 0.1 μm 到 1 000 μm 不等。呼吸、交谈时每秒排出约 50 个液滴,液滴速度小于 5 m/s。打喷嚏可排出 10 000 或更多的液滴,且速度可大于 20 m/s。咳嗽时排出的液滴比打喷嚏的情形少 10~100 倍,排出速度约为 10 m/s。液滴被受者吸入后在呼吸道中运动,此时存在液滴在远离表面的对流传输及近表面的扩散吸附。液滴在呼吸道沉积会导致疾病发生,粒径小于 100 nm 的液滴对人体的危害更大。

10.6 自驱动固粒多相流

多相流研究中的固粒通常是被动固粒,被动固粒在流体和其他外力作用下运动。而在自驱动固粒多相流中,固粒在流体和其他外力以及自身驱动力下运动,运动中固粒也给流体注入能量,从而改变流体的运动并进而改变自身的运动。

10.6.1 概述

自驱动固粒多相流存在着普遍性、复杂性,因而了解其运动规律具有重要性。

10.6.1.1　普遍性

自驱动固粒多相流广泛存在于自然界和实际应用中。如图 10.37 所示，自然界中的细胞 (精子、白细胞)、细菌 (球菌、杆菌、螺旋菌、弧菌)、真菌 (子囊菌)、藻类 (甲藻、硅藻、腰鞭毛虫)、原生动物 (阿米巴、草履虫)、运动蛋白等都是自驱动固粒。精子穿过黏液与卵子结合并受精、大肠埃希菌 (也称大肠杆菌) 朝人体内高浓度养分区域移动、白细胞基于检测到的病原体信号而追杀病原体等，都属于自驱动固粒多相流。

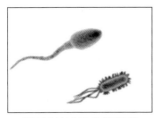 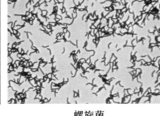 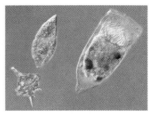

精子(上)与大肠埃希菌(下)　　　　　　螺旋菌　　　　　　　　甲藻

图 10.37　自然界中的生物自驱动固粒

在实际应用中，人工合成的自驱动固粒，包括人工细胞组织、含磷胶体固粒、软场响应凝胶、生物降解催化固粒、生物标志物和造影剂、微型游动器件和机器人等。人工合成固粒在外场作用下产生自驱动，并在流场环境中实施靶向给药与精确手术、自组装、环境修复、水处理、纳米制造，都属于自驱动固粒多相流。

10.6.1.2　复杂性

自驱动固粒多相流有着被动固粒多相流所没有的复杂性。

首先是系统的非平衡性。自驱动固粒的布朗运动，由流体分子随机碰撞与固粒本身驱动相互作用所致，不满足涨落–耗散定理。自驱动固粒在驱动过程中将能量注入流体，使多相流系统处于非平衡状态。

其次是固粒自驱动方式的多样性。自驱动方式包括重力、扭矩、鞭毛驱动、纤毛震颤、表面变形、化学反应、气泡释放、电磁光能以及肌动蛋白的聚合等。不同的自驱动方式导致不同的流场应力和流动模式，这种流动模式反过来又影响固粒的运动。

最后是流场特征的异常性。自驱动固粒多相流会呈现小雷诺数湍流、反常剪切黏性系数、弱剪切水动力扩散、生物对流、簇状结构、无序相和有序相间的非平衡相变、类液晶的取向有序等异常特征,固粒平移和旋转速度会偏离 Maxwell(麦克斯韦) 分布。

10.6.1.3 重要性

研究自驱动固粒多相流对于探索自然规律和实际应用有重要作用。

首先,对自然界生物游动方式、效率及环境对游动影响的研究,可加深理解生物对自然选择的倾向及合理性,如纤毛驱动的推动和拉动方式在改变流态从而影响其自身游动方面有何不同, 生物间水动力相互作用如何影响游动效率,近壁和远离壁面流场特性的不同如何影响生物的分布及游动行为。

其次,探索自驱动固粒在流场中的能量转化机理,有助于人工活性材料,如细胞组织、含磷胶体等的研制;研究固粒形状对流动的影响,有助于微型游动器件的设计、水环境下旋转体自组织技术的改善;了解自驱动与被动固粒的相互作用,有助于开发催化活性固粒,实现水处理和水体保护中污染物的生物降解和环境修复。

最后,掌握流体物性对自驱动固粒游动的影响,有助于了解活性体在人体系统中的传播扩散机理,从而操控药物杀死病菌,控制感染;探明壁面对固粒游动特性的影响,能发挥固粒作为生物标志物和造影剂的功能,有助于对固粒的定位和检识、药物的靶向输运、非侵入性手术精确度的提高、病变细胞筛选和检测器件的研制。

10.6.2 基本方程与数值求解方法

水中有机物与水构成的系统运动,是典型的自驱动固粒多相流。存在上亿年的水中有机物,通过各种方式适应环境以获得生存,其中包括各种选择和进化,如身披保护 "盔甲"、模仿、在运动中很快推进等。由于游动 Re 与游动物的尺度和速度成正比,所以作为自驱动固粒的水中有机物, 游动时的流场 Re

一般很小，例如细菌游动的流场 Re 的量级为 10^{-6}，具有鞭毛的原生物游动的流场 Re 的量级为 10^{-3}，线虫游动的流场 Re 的量级为 1。自驱动固粒游动时的流场 Re 不同，推进机理也不同，大 Re 下，生物靠惯性推进；小 Re 下，生物靠摩擦推进；非常小 Re 下，生物靠纤毛或鞭毛以及身体变形推进，这里重点介绍纤毛推进。

10.6.2.1 Squirmer 模型

纤毛推进是生物利用身体周围纤毛群的摆动来驱使自身游动，特点在于纤毛与流体直接相互作用，生物无需通过身体扭曲变形来获得驱动力。一直以来，人们在寻求能够准确描述纤毛推进的物理模型，早期虽然有一些关于单鞭毛驱动的研究成果，但没有建立起高密度纤毛群的推进模型。Lighthill 率先建立了描述纤毛推进的三维 Squirmer 模型，后来 Blake 进行了完善。图 10.38 给出了 Squirmer 模型和扁纤毛虫的示意图，该模型假设，纤毛群摆动的作用与一层包裹的膜的波动作用一样，纤毛拍动方向与波传播的方向一致，波动的膜面满足无滑移边界条件，虚线表示瞬时膜面，点划线表示 Squirmer 模型，实线是游动生物的真实半径。鉴于对称性，图中只给出模型上半部分。根据扁纤毛虫的纤毛和波动，可见 Squirmer 模型的合理性。

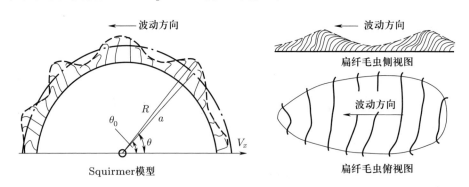

图 10.38 Squirmer 模型和扁纤毛虫示意图

10.6.2.2 三维 Squirmer 模型

假设半径为 a 的 Squirmer 游动，流场 Re 很低，在流动为定常、不可压缩且忽略质量力的前提下，流场可由式 (10.3) 的 Stokes 方程描述。建立球坐标系，r 为径向，θ 如图 10.38 所示，坐标原点在 Squirmer 中心，远场流体速度为 $-V\bm{e}$（$\bm{e}$ 为沿游动方向的单位矢量，V 为 Squirmer 中心的速度），则三维 Squirmer 游动时，应满足如下边界条件：

$$v_r|_{r=a} = \sum_n A_n(t)P_n(\cos\theta), \quad v_\theta|_{r=a} = \sum_n B_n(t)V_n(\cos\theta) \tag{10.147}$$

式中，v_r 和 v_θ 分别为径向 r 和切向 θ 的流体速度；$\theta = 0$ 表示游动方向；P_n 为第 n 次 Legendre 多项式；A_n 与 B_n 为与时间相关的振幅；V_n 定义为：

$$V_n(\cos\theta) = \frac{2}{n(n+1)}\sin\theta P_n'(\cos\theta) \tag{10.148}$$

满足边界条件 (10.147) 的 Stokes 方程 (10.3) 的解为：

$$v_r = -V\cos\theta + A_0\frac{a^2}{r^2}P_0 + \frac{2}{3}(A_1 + B_1)\frac{a^3}{r^3}P_1 +$$
$$\sum_{n=2}^{\infty}\left\{\left[\frac{n}{2}\frac{a^n}{r^n} - \left(\frac{n}{2}-1\right)\frac{a^{n+2}}{r^{n+2}}\right]A_nP_n + \left(\frac{a^{n+2}}{r^{n+2}} - \frac{a^n}{r^n}\right)B_nP_n\right\} \tag{10.149}$$

$$v_\theta = V\sin\theta + \frac{1}{3}(A_1 + B_1)\frac{a^3}{r^3}V_1 +$$
$$\sum_{n=2}^{\infty}\left\{\left[\frac{n}{2}\frac{a^{n+2}}{r^{n+2}} - \left(\frac{n}{2}-1\right)\frac{a^n}{r^n}\right]B_nV_n + \frac{n}{2}\left(\frac{n}{2}-1\right)\left(\frac{a^n}{r^n} - \frac{a^{n+2}}{r^{n+2}}\right)A_nV_n\right\} \tag{10.150}$$

$$p = \mu\sum_{n=2}^{\infty}\frac{2n-1}{n+1}(nA_n - 2B_n)\frac{a^n}{r^{n+1}}P_n \tag{10.151}$$

对于受合外力为 0 的 Squirmer，其质心速度为 $V = (2B_1 - A_1)/3$。Squirmer 作用在流体上的径向和切向应力分别为：

$$\tau_{rr} = p - 2\mu\frac{\partial v_r}{\partial r}, \quad \tau_{r\theta} = -\mu\left[r\frac{\partial}{\partial r}\left(\frac{v_\theta}{r}\right) + \frac{1}{r}\frac{\partial v_r}{\partial\theta}\right] \tag{10.152}$$

将式 (10.148)~(10.151) 代入式 (10.152)，可求得 Squirmer 作用在流体上的径向和切向应力。

Squirmer 表面所做功率由下式求得:

$$P = 2\pi \int_0^\pi (v_r \tau_{rr} + v_\theta \tau_{r\theta})_{r=a} a^2 \sin\theta \mathrm{d}\theta = 2\pi\mu a \left\{ \left(8A_0^2 + \frac{8}{3}A_1^2 + \frac{8}{3}B_1^2 + \frac{16}{3}A_1B_1 \right) + \right.$$

$$\left. \sum_{n=2}^{\infty} \left[\frac{4n^2+6n+8}{(2n+1)(n+1)}A_n^2 + \frac{8}{n(n+1)}B_n^2 + \frac{24}{(n+1)(2n+1)}A_nB_n \right] \right\}$$

$$(10.153)$$

水动力效率可通过拖曳一个球的功率与拖曳 Squirmer 的功率之比 $\eta = 6\pi\mu aV^2 / P$ 求得。

10.6.2.3 二维 Squirmer 模型

不可压缩二维流场的流函数 ψ, 满足 $\nabla^4\psi = 0$, 极坐标原点在 Squirmer 中心, 径向和法向流体速度为 $v_r = (\partial\psi/\partial\theta)/r$ 和 $v_\theta = -(\partial\psi/\partial r)$。半径 $r = a$ 的二维 Squirmer 的边界条件为:

$$v_r|_{r=a} = \sum_n A_n \cos(n\theta), \quad v_\theta|_{r=a} = \sum_n B_n \sin(n\theta) \qquad (10.154)$$

对速度为 V 的二维 Squirmer 而言, 相当于在圆心加上 $\psi = -Vr\sin\theta$ 的边界条件。

在满足边界条件 (10.154) 的情况下, 方程 (10.3) 的解为:

$$\psi = -Vr\sin\theta + a_0\theta + \frac{a_1}{r}\sin\theta + \sum_{n=2}^{\infty} \left(\frac{a_n}{r^n} + \frac{b_n}{r^{n-2}} \right) \sin(n\theta) \qquad (10.155)$$

结合 $v_r = (\partial\psi/\partial\theta)/r$ 和 $v_\theta = -(\partial\psi/\partial r)$ 且满足边界条件 (10.154), 可求得速度分量:

$$v_r = -V\cos\theta + \frac{aA_0}{r} + \frac{1}{2}(A_1 + B_1)\frac{a^2}{r^2}\cos\theta +$$

$$\sum_{n=2}^{\infty} \frac{1}{2} A_n \cos(n\theta) \left[n\frac{a^{n-1}}{r^{n-1}} - (n-2)\frac{a^{n+1}}{r^{n+1}} \right] +$$

$$\sum_{n=2}^{\infty} \frac{n}{2} B_n \cos(n\theta) \left[\frac{a^{n+1}}{r^{n+1}} - \frac{a^{n-1}}{r^{n-1}} \right] \qquad (10.156)$$

$$v_\theta = V \sin\theta + \frac{1}{2}(A_1 + B_1)\frac{a^2}{r^2}\sin\theta + \sum_{n=2}^{\infty}\frac{1}{2}(n-2)A_n\sin(n\theta)\left[\frac{a^{n-1}}{r^{n-1}} - \frac{a^{n+1}}{r^{n+1}}\right] +$$

$$\sum_{n=2}^{\infty}\frac{1}{2}B_n\sin(n\theta)\left[n\frac{a^{n+1}}{r^{n+1}} - (n-2)\frac{a^{n-1}}{r^{n-1}}\right] \tag{10.157}$$

$$p = 2\mu\sum_{n=2}^{\infty}(n-1)\frac{a^{n-1}}{r^n}(A_n - B_n)\cos(n\theta). \tag{10.158}$$

对于受合外力为 0 的二维 Squirmer，其质心速度为 $V = (B_1 - A_1)/2$。二维 Squirmer 作用在流体上的径向和切向应力为：

$$\tau_{rr} = 2\mu\left\{(A_1 + B_1)\frac{a^2}{r^3}\cos\theta + \frac{aA_0}{r^2} + \sum_{n=2}^{\infty}\frac{1}{2}A_n\cos(n\theta)\times\right.$$

$$\left[(n+2)(n-1)\frac{a^{n-1}}{r^n} - (n-2)(n+1)\frac{a^{n+1}}{r^{n+2}}\right] +$$

$$\left.\sum_{n=2}^{\infty}\frac{1}{2}B_n\cos(n\theta)\left[n(n+1)\frac{a^{n+1}}{r^{n+1}} - (n-1)(n+2)\frac{a^{n-1}}{r^n}\right]\right\} \tag{10.159}$$

$$\tau_{r\theta} = \mu\left\{2(A_1 + B_1)\frac{a^2}{r^3}\sin\theta + \sum_{n=2}^{\infty}A_n\sin(n\theta)\left[n(n-1)\frac{a^{n-1}}{r^n} - \right.\right.$$

$$\left.\left.(n-2)(n+1)\frac{a^{n+1}}{r^{n+2}}\right] + \sum_{n=2}^{\infty}nB_n\sin(n\theta)\left[(n+1)\frac{a^{n+1}}{r^{n+2}} - (n-1)\frac{a^{n-1}}{r^n}\right]\right\}$$

$$\tag{10.160}$$

$$P = \frac{1}{2\pi}\int_0^\pi (u_r\tau_{rr} + u_\theta\tau_{r\theta})_{r=a}\mathrm{d}\theta = \frac{\mu}{a}\sum_{n=1}^{\infty}\left[n\left(A_n^2 + B_n^2\right) + 2A_nB_n\right] \tag{10.161}$$

水动力效率为 $\eta = FV/P$，F 为拖曳同样速度的二维圆柱的力，该力与 $\mu V/a$ 成正比。

10.6.2.4　仅有切向波动的二维 Squirmer

若仅考虑 Squirmer 存在切向波动而忽略径向波动，式 (10.154) 取 $n = 1$，2 时有：

$$v_\theta|_{r=a} = B_1\sin\theta + 2B_2\sin\theta\cos\theta \tag{10.162}$$

根据 $V = (B_1 - A_1)/2$ 有 $V = B_1/2$，上式右边第一项决定 Squirmer 游动速度，第二项的作用是在 Squirmer 表面产生涡，这两项对 Squirmer 都没有净外力的贡献。

在式 (10.162) 中，令 $\beta = B_2/B_1(B_1 > 0)$，则 β 决定了 Squirmer 的游动模式，$\beta > 0$、$\beta < 0$ 和 $\beta = 0$ 分别称为拉动型 (Puller)、推动型 (Pusher) 和中性 (Neutral)Squirmer。$|\beta|$ 表示 Squirmer 在其表面附近产生的涡量强度与自身驱动能力的比值，β 的正负决定了在其周围产生的流线的方向。衣藻等属于拉动型 Squirmer，通过在前部做蛙泳似的动作产生拉力；大肠埃希菌和精子等属于推动型 Squirmer，通过摆动后部纤毛产生推力；草履虫等属于中性 Squirmer。

10.6.3 自驱动固粒在牛顿流体中的运动

自驱动固粒在牛顿流体中的运动很普遍，以下介绍三种情况。

10.6.3.1 自驱动固粒与被动固粒的相互作用

自驱动固粒在流场中会频繁撞到被动固粒，如精子、藻类、细菌、运动蛋白撞到细胞内小泡、死细菌，人造活性固粒碰到污染物等，了解其相互作用，有助于掌握相关的生理机制及开发水中污染物降解的活性固粒。当一个自转动固粒作用于被动固粒时，大于 Magnus 力的 Saffman 力使被动固粒一边绕旋子旋转，一边自转。在小 Re 下，被动固粒的速度为大振幅和小振幅脉动的叠加；而在大 Re 下，大振幅脉动消失 [6]。在被动固粒群中添加自驱动固粒，会改变被动固粒的结构和特性，如图 10.39 所示，随着被动固粒数密度的增加，被动固粒会在自驱动固粒作用下聚集 [7]。

10.6.3.2 自驱动固粒与壁面的相互作用

不同的自然和人工合成自驱动固粒，在壁面附近会做不同的运动，如细胞做定向圆周运动，衣藻细胞会散开 (图 10.40)[8]，大肠埃希菌翻滚受到抑制，团藻成双跳动，精子会逆向游动，Squirmer 碰壁后存在远离壁面、沿壁面周期振荡以及平行壁面游动三种状态 (图 10.41)[9] 等。弄清壁面对自驱动固粒运动特性的影响，有助于对自然生物和人工合成固粒的控制，如生物膜的形成、精子通过输卵管的引导、靶向药物输运、环境修复、自扩散电泳固粒速度提高等[10]。近壁处自驱动固粒的运动形态，与流体和壁面相互作用导致的流态有关，这种作用取决于壁面润湿性且可用滑移长度 l_s 描述[11]。亲水壁面 $l_s \approx 0$，疏水壁面 l_s 为几十纳米，对涂覆疏水分子膜或凹处含气泡的表面，l_s 可增至微米量级。增大 l_s，会使固粒运动轨迹发生很大变化。

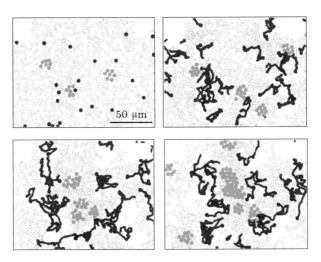

图 10.39　被动固粒 (深灰色) 在自驱动固粒 (黑色) 作用下聚集

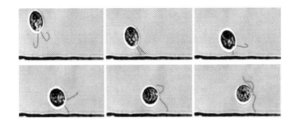

图 10.40　衣藻细胞在壁面的散开图

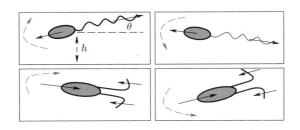

图 10.41　Squirmer 在壁面附近的运动

10.6.3.3 Squirmer 的聚集、相分离与沉降

如图 10.42 所示,自然和人工合成自驱动固粒,如蜂窝状或筏状的大肠埃希菌或枯草芽孢杆菌、人工 Janus 固粒和光活化胶体固粒,经常出现聚集现象。弄清固粒的聚集机理并加以控制,有助于病变细胞筛选和检测器件的研制、固粒定位和检识功能的增强。

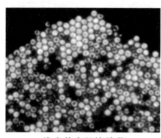 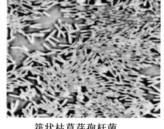

蜂窝状大肠埃希菌 　　　　　　　　筏状枯草芽孢杆菌

图 10.42 自驱动固粒的聚集

导致 Squirmer 聚集的原因包括:布朗运动,高浓度、强驱动性引起的碰撞概率增加,Squirmer 几何尺度、自驱动性和 Squirmer 间碰撞三者的综合影响,Squirmer 与流体间的水动力作用,Squirmer 驱动模式等。

对不同相的 Squirmer,伴随着聚集,还有可能出现相分离。Squirmer 与流体间的水动力作用较弱时,相分离明显,较强时则没有相分离 (图 10.43),水动力抑制相分离。相分离还与驱动模式有关,忽略流场可压缩性时,流体密度大的区域,Squirmer 驱动性较弱,无相分离。若考虑流场可压缩性,推动型 Squirmer 的相分离程度最高、中性 Squirmer 次之、拉动型 Squirmer 的分离程度最弱。

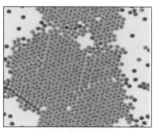 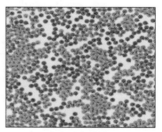

无水动力作用 　　　　　　　　　　有水动力作用

图 10.43 Squirmer 的相分离

此外，近壁 Squirmer 在沉降中会呈现不同的状态，如具有固定位置和取向的稳定态、浮于壁面之上的直立态 [12]，这些状态的出现与重力的影响程度有关。

10.6.4　异常流体介质和异常形状 Squirmer 的运动

这里涉及 Squirmer 在非牛顿流体中的运动以及轴对称 Squirmer 的运动特性。

10.6.4.1　流变特性对 Squirmer 运动的影响

生物所处的环境流体往往具有非牛顿流变特性，如大肠埃希菌在胃液中的游动、细菌穿透保护上皮细胞的黏弹性膜屏障。流体的非牛顿特性表现为黏性对剪切的依赖性、黏弹性及屈服应力等，这导致 Squirmer 的运动与在牛顿流体中不同，例如黏弹性会改变固粒的游动行程，弹性应力可影响固粒的游动速度。非牛顿流体中，高分子量、大分子的存在增加了黏度，这会使被动固粒速度减小，而 Squirmer 的驱动性与流体流变性作用，也可能增大固粒的游动速度 [13]。了解流变特性对自驱动固粒运动的影响，有助于了解自然和人工合成活性固粒在特殊流体环境中的运动机理，从而操控药物杀死病菌，控制感染。

非牛顿流体的特性之一是黏性对剪切的依赖性，Squirmer 在这样的流体中运动，其速度、水动力效率与流体剪切导致的黏性变化及驱动模式有关。在剪切变稀流体中，流场变化引起的非局部效应比局部降黏效应对 Squirmer 游动的影响更大，Squirmer 游动速度的变化取决于起动速率。与在牛顿流体中相比，尽管 Squirmer 游动较慢，但游动效率更高，Squirmer 游动所耗的功率随 Re 增加而降低，拉动型和推动型 Squirmer，在小 Re 下的水动力效率相同 [14]，近壁 Squirmer 周期性地与壁面碰撞且周期不变 [15]，Squirmer 在并行和相向运动碰撞中，会因转动而改变轨迹 [16]。

非牛顿流体另一特性是黏弹性。在黏弹性流体中，自驱动固粒既可利用流体弹性作用划动，也会因流体弹性诱导而运动。黏弹性使近壁 Squirmer 的运动取决于驱动模式，拉动型和推动型 Squirmer 是否向壁面运动取决于初始位置。近壁区域 Squirmer 驻留时间依赖于流体弹性及固粒初始位置。流体弹性使壁面对 Squirmer 的吸引力更强并降低其速度。黏弹性导致 Squirmer 漂移的程度取决于 Deborah 数、驱动速度与流场速度比值、驱动模式。Squirmer 的运动速度随 Brinkman 介质的加入而减小，但水动力效率却会增加。黏弹性会使 Squirmer 的旋转扩散增强 [17]，Squirmer 在三阶黏弹性流体中的运动速度比在 Giesekus 流体中大。黏弹性会分别使拉动型和推动型 Squirmer 速度减小和增大，但对中性 Squirmer 没有影响。Squirmer 在牛顿流体中会耗费更多的能量，在黏弹性流体中的游动有更高的水动力效率。

10.6.4.2 轴对称 Squirmer 悬浮流特性

掌握固粒形状对自驱动固粒多相流的影响，有助于加深生物对自然选择倾向性的理解以及微型人工游动器件的设计。轴对称形状是除圆球之外的典型形状，如自然界中像纤毛虫那样的原生动物，肌球蛋白、运动蛋白等生物聚合物，枯草芽孢杆菌，大肠埃希菌，以及一些人工合成的自驱动固粒 (图 10.44)。

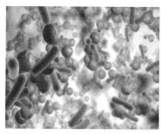

杆菌 　　　　　　　　　人工合成Janus粒子

图 10.44 轴对称自驱动固粒

轴对称 Squirmer 形状上的非各向同性，导致了更复杂的运动模式及丰富的自组织现象。对球形 Squirmer，固粒间相互干扰和阻塞，导致自组织现象出现；而轴对称 Squirmer 的自组织，则由固粒间相互作用形成的阵列所致，如枯草芽孢杆菌形成极性团簇、微管蛋白–动力蛋白形成涡流阵列、树突拟杆菌沿狭长高密度带移动、大肠埃希菌形成长程阵列 (图 10.45)。轴对称比球形 Squirmer 更容易出现自组织现象，而且在更低 Peclet 数时产生形状诱导的相分离。对柱状和丝状 Squirmer 而言，自组织的形成由 Squirmer 间的接触作用主导 [18]，但长程水动力也起到一定的作用。对轴对称 Squirmer 群形成自组织起作用的还有体积分数、形状因子、自驱动方式和流体黏性等因素。

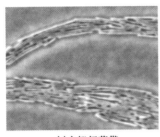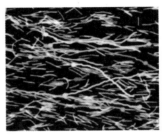

树突拟杆菌带　　　　　　大肠埃希菌阵列

图 10.45 轴对称 Squirmer 自组织行为

轴对称比球形 Squirmer 悬浮流更容易出现湍流。一般认为固粒悬浮湍流的出现与 Peclet 数有关,大 Peclet 数意味着对流强于扩散,容易出现湍流。但对轴对称 Squirmer 悬浮液而言,当 Peclet 数大到 50 也可能不出现湍流。可见还有其他因素在起作用,例如 Squirmer 间的水动力作用、Squirmer 通过旋转鞭毛束和反向旋转的躯体推进所形成的旋转偶极子和在表面上诱导出圆周运动,都会削弱 Squirmer 间取向的相关性,从而使湍流更易出现。此外,轴对称比球形 Squirmer 具有更强的旋转效应[19],转动和平动耦合能促使湍流出现。若轴对称固粒前后不对称,Squirmer 取向的有序性受到削弱,也会促使湍流出现。

思考题与习题

10.1 一个半径 $R = 1$ cm 的圆球固粒在 $\rho = 1.2$ kg/m^3 的流体中以 0.8 m/s 的相对速度运动,求固粒在运动方向上受到的阻力。

10.2 非圆球固粒在流场中所受的阻力与哪些因素有关?

10.3 一个等效体积直径 $d = 1.3$ cm 的八面体,在 $\rho = 1.16$ kg/m^3 的流体中以 1.3 m/s 的相对速度运动,求八面体在运动方向上受到的阻力。

10.4 由 Stokes 数的值能否判断固粒对流体的跟随性? 为什么?

10.5 混合层中,固粒的存在对流场涡结构产生什么影响?

10.6 在圆射流中,施加扰动的波数与扩散效果是否有关系?

10.7 在近沟槽壁面流固两相流场中，沟槽的间距和宽度呈什么关系能达到最好的减轻磨损的效果？

10.8 柱状固粒两相流的复杂性体现在哪些方面？

10.9 细长体理论基于点力模型，如何获得点力的大小？

10.10 直径 $d = 1.5$ mm、长径比 $\lambda = 20$ 的圆柱状固粒在流体中运动，固粒的主轴与来流的夹角为 $30°$，试由经验公式求流体作用在固粒的阻力、升力和力矩。

10.11 柱状固粒两相圆管流场中，圆管截面上固粒的取向分布有什么特征？

10.12 什么是 Jeffery 轨道，其物理意义是什么？

10.13 证明以下固粒尺度分布函数满足一维固粒扩散方程：

$$n(x, t) = \frac{N_0}{2(\pi Dt)^{1/2}} \exp\left(\frac{-x^2}{4Dt}\right)$$

10.14 为什么微纳固粒多相流通常用尺度或体积分布函数来描述？

10.15 病毒会移动吗？若会，怎么描述其在流体中的运动？

10.16 微纳固粒尺度分布函数的矩方程中，各阶矩分别具有哪些物理意义？

10.17 固粒在圆管中运动，假设固粒尺度远小于管径，$Re < 2\,100$，距进口 $0.04d(Re)$ 处流场已充分发展，进口处浓度剖面为直线、速度剖面为抛物线，求解固粒对流扩散方程 (10.134)。

10.18 自驱动固粒多相流的复杂性主要体现在哪些方面？

10.19 Squirmer 模型建立的前提是什么？

10.20 轴对称 Squirmer 悬浮流更容易出现湍流的机理有哪些？

参考文献

[1] HAIDER A M, LEVENSPIEL O. Drag coefficient and terminal velocity of spherical and nonspherical particles[J]. Powder Technology, 1989, 58(1): 63-70.

[2] GRANSER G H. Rational approach to drag prediction of spherical and nonspherical particles[J]. Power Technology, 1993, 77(1): 143-152.

[3] UNNIKRISHNANA A, CHHABRA R P. An experimental study of motion of cylinders in Newtonian fluids, wall effects and drag coefficient[J]. The Canadian Journal of

Chemical Engineering, 1991, 69(5): 729-735.

[4] FRIEDLANDER S K. Smoke, Dust, and Haze: Fundamentals of Aerosol Dynamics[M]. 2nd ed. Oxford: Oxford University Press Inc., 2000.

[5] ROMANÒ F, FUJIOKA H, MURADOGLU M, et al. Liquid plug formation in an airway closure model[J]. Physical Review Fluids, 2019, 4(9): 093103.

[6] OUYANG Z Y, LIN J Z, KU X K. Hydrodynamic interactions between a self-rotation rotator and passive particles[J]. Physics of Fluids, 2017, 29(10): 103301.

[7] KÜMMEL F, SHABESTARI P, LOZANO C, et al. Formation, compression and surface melting of colloidal clusters by active particles[J]. Soft Matter, 2015, 11(31): 6187-6191.

[8] MOLAEI M, BARRY M, STOCKER R, et al. Failed escape: solid surfaces prevent tumbling of Escherichia coli[J]. Physics Review Letter, 2014, 113(6): 68103.

[9] LI G, ARDEKANI A M. Hydrodynamic interaction of microswimmers near a wall[J]. Physics Review E, 2014, 90(1): 013010.

[10] KETZETZI S, DE GRAAF J, DOHERTY R P, et al. Slip length dependent propulsion speed of catalytic colloidal swimmers near walls[J]. Physics Review Letter, 2020, 124(4): 048002.

[11] DEY P, SAHA S K, CHAKRABORTY S. Confluence of channel dimensions and groove width dictates slippery hydrodynamics in grooved hydrophobic confinements[J]. Microfluidics and Nanofluidics, 2020, 24(3): 1-15.

[12] FADDA F, MOLINA J, YAMAMOTO R. Dynamics of a chiral swimmer sedimenting on a flat plate[J]. Physics Review E, 2020, 101(5-1): 052608.

[13] YU Z S, WANG P, LIN J Z, et al. Equilibrium positions of the elasto-inertial particle migration in rectangular channel flow of Oldroyd-B viscoelastic fluids[J]. Journal of Fluid Mechanics, 2019, 868: 316-340.

[14] OUYANG Z Y, LIN J Z, KU X K. The hydrodynamic behavior of a squirmer swimming in power-law fluids[J]. Physics of Fluids, 2018, 30(8): 083301-1-14.

[15] OUYANG Z Y, LIN J Z, KU X K. Hydrodynamic properties of squirmer swimming in the power-law fluid near a wall[J]. Rheologica Acta, 2018, 57: 655-671.

[16] OUYANG Z Y, LIN J Z, KU X K. Hydrodynamic interaction between a pair of swimmers in power-law fluid[J]. International Journal of Non-linear Mechanics, 2019, 108: 72-80.

[17] QI K, WESTPHAL E, GOMPPER G, et al. Enhanced rotational motion of spherical

squirmer in polymer solutions[J]. Physics Review Letter, 2020, 124: 068001.

[18] PRATHYUSHA K, HENKES S, SKNEPNEK R. Dynamically generated patterns in dense suspensions of active filaments[J]. Physics Review E, 2018, 97(2): 022606.

[19] REINKEN H, KLAPP S H L, BAR M, et al. Derivation of a hydrodynamic theory for mesoscale dynamics in microswimmer suspensions [J]. Physics Review E, 2018, 97(2): 022613.

第 11 章　非牛顿流体运动

非牛顿流体普遍存在于自然界，随着科学技术的发展，非牛顿流体已在许多行业尤其是化工、材料、食品、生物等领域得到广泛应用。

11.1　概述

普遍存在的非牛顿流体有着与牛顿流体不同的特性，这些特性既是其复杂性的体现，也使其因此而被人们所利用。

11.1.1　定性描述

关于牛顿流体运动的流体力学理论一般有如下假设：一是流体有与固体完全不同的属性；二是流体至少在局部为均匀介质，因而可用相对简单的方法描述；三是流体运动遵循基本的物理定律。不满足以上假设的流体一般称为复杂流体，而非牛顿流体是最常见的复杂流体。

在牛顿流体中，应力与应变率之间为线性关系，而非牛顿流体中应力与应变率之间的关系是非线性且非唯一的，这是非牛顿流体的复杂性及研究难点所在。在非牛顿流体中，有很大一部分流体不满足以上牛顿流体的第一条基本假设，例如黏弹性流体具有与固体相同的弹性属性，这使得本构关系变得很复杂。

非牛顿流体广泛存在于生活、工程应用和大自然中。绝大多数的生物流体都属于非牛顿流体，例如人体内的血液、淋巴液、囊液等多种体液以及像细胞质那样的"半流体"。工业生产中常见的聚乙烯、聚氯乙烯、涤纶、橡胶液、塑料、化纤熔体、石油、泥浆、水煤浆、陶瓷浆、纸浆、油漆、油墨、磁浆、感光材料的涂液、液晶、高含沙水流、地幔等，生活中常见的牙膏、番茄汁、淀

491

粉液、蛋清、苹果浆、浓糖水、酱油、果酱、炼乳、琼脂、土豆浆、融化的巧克力、面团、米粉团等，都是非牛顿流体。

11.1.2 分类与模型

与牛顿流体不同，非牛顿流体存在不同的类别。不失一般性，以二维流场为例，牛顿流体中的应力与应变率的关系为：

$$\tau = \mu \frac{\mathrm{d}v}{\mathrm{d}y} = \mu \dot{\gamma} \tag{11.1}$$

式中，$\dot{\gamma}$ 是应变率。非牛顿流体不满足以上关系且大致可以分为三类，即无时效流体、有时效流体和黏弹性流体。

11.1.2.1 无时效流体

这类流体的应力–应变率的关系不依赖于时间，应力是应变率的非线性单值函数，其应变率为 $\dot{\gamma} = f(\tau)$，牛顿流体是其中的一种特殊情况。如图 11.1 所示，这类流体通常分为如下三种类型。

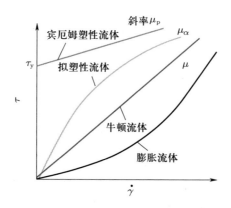

图 11.1 无时效流体的应力–应变率关系

1. Bingham(宾厄姆) 塑性流体

如图 11.1 所示，当应变率为 0 时，这类流体有一定的屈服应力 τ_y，当应变率大于 0 时，应力随应变率的增大而线性增加。Bingham 塑性流体存在两个主要常数，一个是屈服应力 τ_y，即流体开始运动需超过的应力；另一个是塑性

黏性系数 μ_p，由图 11.1 可见它表示直线的斜率，Bingham 塑性流体的应力–应变率关系为：

$$\tau = \tau_\mathrm{y} + \mu_\mathrm{p}\dot\gamma \tag{11.2}$$

实际应用中的很多流体，如浆体、油漆类的乳浊液、固体颗粒在液体中的悬浮液，都可以用上式近似。由于这类流体的应力–应变率为线性关系，所以相对简单。

2. 拟塑性流体

这类流体无屈服应力，应力随应变率的变化先大后小，斜率为表观黏性系数：

$$\mu_\alpha = \frac{\tau}{\dot\gamma} \tag{11.3}$$

实际流体中，当应变率很大时，μ_α 逐渐变成常数且等于 μ_∞，这时应力与应变率又变成线性关系。拟塑性流体最简单的经验公式为 Ostwald 幂律关系：

$$\tau = k\dot\gamma^n, \quad n < 1 \tag{11.4}$$

式中，k 是黏度的度量；n 是偏离牛顿流体的度量，k 和 n 都是常数。牛顿流体 $n=1$、$k = \mu$。

根据表观黏性系数式 (11.3)，从式 (11.4) 可得：

$$\mu_\alpha = k\dot\gamma^{(n-1)} \tag{11.5}$$

该模型存在三个缺陷：一是当 $\dot\gamma$ 等于零时，μ_α 趋向无穷大；二是实际流体在整个流动范围内，n 不是常数；三是 k 与 n 值有关。即便如此，该模型仍能有效地应用于 Couette 流、管流和槽道流中。为消除以上缺陷，人们提出了以下经验公式：

Prandtl 公式 1 $$\tau = A\arcsin\frac{\dot\gamma}{C} \tag{11.6}$$

Eyring 公式 1 $$\tau = \frac{\dot\gamma}{B} + C\sin\left(\frac{\tau}{A}\right) \tag{11.7}$$

Prandtl 公式 2 $$\tau = A\dot\gamma + B\mathrm{arcsinh}(C\dot\gamma) \tag{11.8}$$

Eyring 公式 2 $$\tau = \frac{A\dot\gamma}{B + \dot\gamma} + \mu_\infty\dot\gamma \tag{11.9}$$

式中，A、B、C 是常数，不同公式其值不同。式 (11.6)~(11.9) 比式 (11.4) 复杂，一般都采用式 (11.4) 的幂律模型，当该模型不适用时，可以用实验数据对其进行修正。

3. 膨胀流体

该流体与拟塑性流体一样无屈服应力，但应力随应变率的变化先小后大，表观黏性系数与应变率成正比。在实际应用中，这类流体比拟塑性流体少，应力与应变率的关系可用式 (11.4) 近似，但这里 $n>1$。将式 (11.4) 表示成对数形式更为直观：

$$\log \tau = \log k + n \log \dot{\gamma} \tag{11.10}$$

式中，n 为斜率，在 $\log \dot{\gamma} = 0$ 或 $\dot{\gamma} = 1$ 处的截距为 $\log k$。图 11.2 是式 (11.4) 对应的曲线。

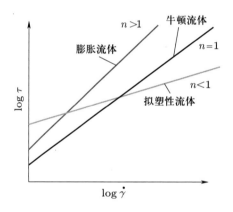

图 11.2　对数坐标下的应力–应变率关系

11.1.2.2　有时效流体

这类流体的表观黏性系数不仅与应变率有关，还与应变的持续时间有关。有时效流体可分为触变流体和触稠流体。

1. 触变流体

当流体发生应变时，随着时间的增加，触变流体的应力减小。当流体从静止开始变形时，流体在分子尺度上破碎，随着时间的推移，不断发生结构重组，最后达到平衡，即破碎率等于结构重组率。若流体返回到静止状态，流体将继续重组而回到初始状态, 因此触变过程是可逆的。一些 Bingham 塑性流体的初始阶段与触变流体的特性类似, 当应变率很大时, 这个特性消失。印刷用的油墨是典型的触变流体, 印刷前滚动滚筒可以减小应力。油漆也是触变流体, 在不断搅拌下流体变稀, 剪应力变小。剪变稀的流体还可用作减速带材料 (图 11.3), 原本刚度较大的材料, 在汽车经过产生碾压时, 材料变稀, 从而减轻汽车经过时产生的振动。

图 11.3　剪切变稀的减速带材料

2. 触稠流体

当流体发生应变时, 随着时间的增加, 触稠流体的应力增加。触稠流体的应变会导致分子结构的形成, 这个特征正好与触变流体相反。搅动蛋清后蛋清变稠是应变生成结构的例子, 尽管蛋清不是真正的触稠流体。当剪应变率很大时, 一些流体的触稠特性会消失, 有时甚至会表现出触变流体的特性。

剪切增稠常见于高浓度的纳米或微米颗粒和牛顿流体组成的悬浮体系中, 此时剪切增稠是由克服颗粒之间的作用力继而形成局部高浓度的颗粒簇所引起的。颗粒和牛顿流体悬浮体系比较复杂, 决定剪切变稀和剪切增稠的主要因素包括颗粒尺度、颗粒之间的作用力、颗粒体积分数等, 其中颗粒尺度影响颗粒布朗运动的显著程度一般以微米量级为分界点, 以此分为胶体悬浮液和非布朗悬浮液。在颗粒之间无作用力且没有颗粒沉降的非布朗悬浮液中, 低剪切率下会出现牛顿流体的现象; 在较高剪切率下, 当颗粒体积分数较小时, 会出现连续性剪切增稠, 而当体积分数较大时, 会出现非连续性剪切增稠。剪切增稠非牛顿流体的应用之一是用作防弹衣材料, 如图 11.4 所示, 防弹衣内材料的颗粒一般处于正常的平衡状态，当子弹射入时，颗粒处于簇聚集的增稠状态，从而阻碍子弹在材料中的运行。

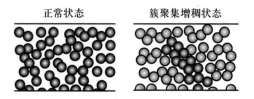

图 11.4 防弹衣内材料的颗粒

11.1.2.3 黏弹性流体

这类流体的一部分像一般的流体，一部分像弹性固体，应力同时依赖于应变和应变率，流体具有记忆效应且记忆的程度与流体的弛豫时间有关，如果应力与应变和应变率的关系已知，其处理方法与一般流体力学方法类似。黏弹性流体的一部分变形能量会得到恢复，而牛顿流体的变形能量都耗散掉。

1. Maxwell 模型

满足以下关系的流体称为 Maxwell 流体：

$$\tau + \frac{\mu_0}{\lambda}\dot{\tau} = \mu_0\dot{\gamma} \tag{11.11}$$

式中，λ 是刚性模量；常数 $(\mu_0/\lambda)^{-1}$ 是流体的弛豫时间，当应变率不变时，它是应力呈指数规律衰减的时间常数，当运动停止时，应力按 $e^{-t\lambda/\mu_0}$ 的规律衰减。

2. Giesekus 模型

在黏弹性流体的运动方程中，超出牛顿流体黏性应力之外的应力 τ 满足以下方程的流体称为 Giesekus 模型流体：

$$\zeta\hat{\tau} + \frac{\alpha\zeta}{\mu_n}\tau \cdot \tau + \tau = 2\mu_n\boldsymbol{D} \tag{11.12}$$

式中，ζ 是流体的弛豫时间；α 是迁移率参数；μ_n 是非牛顿流体对黏性系数的贡献；$\boldsymbol{D}$ 和 $\hat{\tau}$ 分别是流体的变形率张量和 τ 的迎风对流时间导数：

$$\boldsymbol{D} = \frac{[\nabla\boldsymbol{v} + (\nabla\boldsymbol{v})^{\mathrm{T}}]}{2} \tag{11.13}$$

$$\hat{\boldsymbol{\tau}} \equiv \frac{\partial \boldsymbol{\tau}}{\partial t} + \boldsymbol{v} \cdot \nabla \boldsymbol{\tau} - (\nabla \boldsymbol{v})^{\mathrm{T}} \cdot \boldsymbol{\tau} - \boldsymbol{\tau} \cdot \nabla \boldsymbol{v} \qquad (11.14)$$

3. Oldroyd-B 模型

超出牛顿流体黏性应力之外的 $\boldsymbol{\tau}$ 满足以下方程的流体称为 Oldroyd-B 流体:

$$\zeta \hat{\boldsymbol{\tau}} + \boldsymbol{\tau} = 2\mu_{\mathrm{n}} \boldsymbol{D} \qquad (11.15)$$

4. 几个重要参数

在黏弹性流体中,Deborah (德博拉) 数 (De) 表示流体弛豫时间与流场特征时间之比,Weissenberg (魏森贝格) 数 (Wi) 表示第一法向应力与剪应力之比,弹性数表示 Wi 与 Re 之比,黏性系数比表示牛顿流体黏性系数 μ_{s} 与零剪切黏性系数 μ_0 之比,$\mu_0 = \mu_{\mathrm{s}} + \mu_{\mathrm{n}}$。

11.1.3 非牛顿流体的特性

非牛顿流体有着牛顿流体所没有的特性。

11.1.3.1 法向应力差

流场中流体的应力可以表示为:

$$\begin{pmatrix} p_{xx} & p_{xy} & p_{xz} \\ p_{yx} & p_{yy} & p_{yz} \\ p_{zx} & p_{zy} & p_{zz} \end{pmatrix} = \begin{pmatrix} -p & 0 & 0 \\ 0 & -p & 0 \\ 0 & 0 & -p \end{pmatrix} + \begin{pmatrix} \tau_{xx} & \tau_{xy} & \tau_{xz} \\ \tau_{yx} & \tau_{yy} & \tau_{yz} \\ \tau_{zx} & \tau_{zy} & \tau_{zz} \end{pmatrix} \qquad (11.16)$$

非牛顿流体法向应力可能不相等,会存在第一法向应力差 N_1 和第二法向应力差 N_2:

$$N_1 = \tau_{xx} - \tau_{yy}, \quad N_2 = \tau_{yy} - \tau_{zz} \qquad (11.17)$$

11.1.3.2 Weissenberg 效应

流体中存在法向应力差会产生许多现象,最著名的是 Weissenberg 效应。如图 11.5 所示,在烧杯里旋转一根棒时,牛顿流体的液面呈现凹形,但大多数黏弹性流体的液面则呈现凸形,该现象称为 Weissenberg 效应,在设计混合器等装置时要考虑该效应。

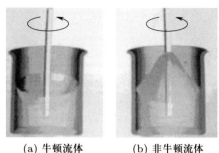

(a) 牛顿流体　　　　(b) 非牛顿流体

图 11.5　Weissenberg 效应

11.1.3.3　射流胀大

法向应力差导致的另一现象是射流胀大。非牛顿流体从一个大容器流进一个小管子，再从小管子射出时，射出的流体直径要比小管子的直径大，射流直径与小管子直径之比是流动速度和小管子长度的函数。导致这一现象的原因是非牛顿流体具有记忆特性，原先在大容器内的流体，流进小管子一个较短时间后再流出时，流体将恢复其在大容器内的状态而出现胀大。小管子越长，胀大程度越弱，因为流体的记忆会衰退，间隔的时间越长，衰退得越严重。这种射流胀大效应称 Barus 效应。

基于这一效应，在模具设计中要留有余量，例如聚合物熔体从一矩形管口射出时，如图 11.6(a) 所示，其形状并非矩形，而是近似于椭圆形。要使射出时的形状为矩形，则射流的出口要缩成如图 11.6(b) 所示的形状。

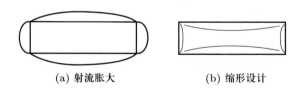

(a) 射流胀大　　　　　　　　(b) 缩形设计

图 11.6　射流胀大与缩形设计

11.1.3.4　产生二次流

第二法向应力差 N_2 可引起二次流和反向流。某些非牛顿流体在常压梯度下通过椭圆管时，有可能出现如图 11.7 所示的二次流，该二次流是否出现取

决于 N_2，N_2 为 0 时不会出现，不为 0 时则不确定。该二次流比较弱，对流量的影响不大，但对热传导的影响比较大。

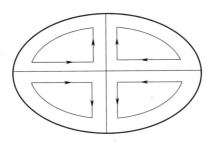

图 11.7 椭圆管中的二次流

对于锥板流变仪，当锥和板的缝隙较大时，也有可能出现二次流。对牛顿流体而言，如图 11.8(a) 所示，二次流在转动锥面处流线向外，在固定平板处流线向内。而非牛顿流体的二次流动更复杂，其流线方向可能与牛顿流体的情形相反。

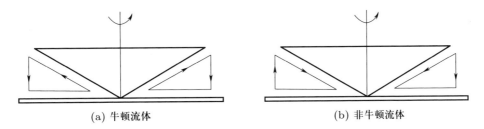

(a) 牛顿流体　　　　　　　　　　(b) 非牛顿流体

图 11.8 锥板流变仪中的二次流

由于非牛顿流体具有记忆特性，所以当流动为非定常时，非牛顿流体的流动特性与牛顿流体的情形有更明显的差异。

11.1.4　非牛顿流体的流动现象

非牛顿流体有着牛顿流体所没有的流动现象。

11.1.4.1　减阻

早在 19 世纪，人们已经知道某些流体的黏性系数在流动过程中不是常数。当牛顿流体在常压梯度 Δp 下沿一圆管以层流状态流动时，其体积流量为：

$$Q = \frac{\pi a^4 \Delta p}{8\mu} \tag{11.18}$$

式中，a 是管道半径。但对某些非牛顿流体，在同样条件下，Q 却正比于 Δp^m，这里的 $m>1$，这意味着在同样的压力梯度 Δp 下，流体流过圆管的流量增大。

在牛顿流体中加入少量聚合物形成的非牛顿流体，在同样的压降下能使流体流过圆管的流量增大，这一减阻现象称为 Toms 效应。这一效应可应用于消防喷水器，一方面在水压一定的情况下，Toms 效应能使喷出的水射程更远，从而提高消防员的安全性；另一方面，Toms 效应可以使水管的管径缩小后仍能维持原有的流量，从而便于携带。现有关于 Toms 效应的研究大多数针对直管，部分弯管的实验研究发现，弯管减阻的效果不如直管，如果弯管的曲率足够大，减阻作用还可能失效。此外，管的粗糙度也会影响减阻的效果。

在油气开采中通常会注入压裂液，利用水压使岩石产生裂纹而采出石油或天然气。压裂液由水、砂和添加剂构成，砂子支撑裂纹，提高油气产量，添加剂则起到减阻作用。实际上，不只是添加聚合物能起到减阻作用，在一些纤维悬浮液流动中也有减阻现象，而添加纤维减阻更实用，因为不存在聚合物降解问题。

11.1.4.2 增阻

当黏弹性流体流过多孔介质即渗流时，其阻力比牛顿流体的情形大。图 11.9 是不同浓度的溶液流经多孔介质时，摩擦系数 f 与 Re 的关系，f 定义为 $\rho \Delta p D \varepsilon^3 / [M^2 L(1-\varepsilon)]$，其中 ρ 是溶液密度，L 是流动路径长度，Δp 是流经 L 的压降，D 是颗粒直径，ε 是孔隙度，M 是单位面积上的质量流率。Re 定义为 $DM/\mu(1-\varepsilon)$，其中 μ 是流体黏性系数。由图 11.9 可见，牛顿流体的摩擦系数即阻力随 Re 的增大而减小，黏弹性流体摩擦系数与溶液的浓度成正比。对溶液浓度为 120 ppm[①]的情形而言，当 $Re<2$ 时，摩擦系数与牛顿流体相同，当 $Re>2$ 时，随着 Re 增加，摩擦系数先增大然后减小。对溶液浓度为 480 ppm 的情形，当 $Re>0.5$ 时，随着 Re 增加，摩擦系数先增大然后减小。可见，对黏弹性流体存在一个临界 Re，流场 Re 小于临界 Re 时，黏弹性流体摩擦系数与牛顿流体相

---

① 1 ppm=10^{-6}。

同；大于临界 Re 时，黏弹性流体的摩擦系数大于牛顿流体的摩擦系数。临界 Re 的值与多孔介质中的孔隙尺度、溶液的浓度和类型有关。

纤维悬浮流通过多孔介质时也有类似的增阻现象。黏弹性流体渗流增阻的机理源于黏弹性流体的拉伸黏度大，在黏弹性流体渗流中，流体经过一系列的收缩和扩展流动而有较大伸长，产生较大的拉伸黏度，导致阻力增加。

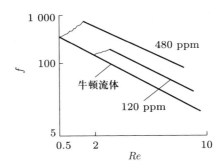

图 11.9 摩擦系数与 Re 关系示意图

11.1.4.3 无管虹吸

黏弹性流体存在的拉伸黏度也可以用无管虹吸来说明。如图 11.10 所示，一根管子浸没在盛有黏弹性流体的容器中，将流体吸入管中，在流体流动过程中将管子拔出离开流体，此时管子虽已不浸没在流体里，但流体仍能流进管中。

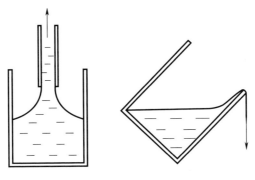

图 11.10 无管虹吸示意图

11.2 管内流动

对于不可压缩流体在圆管内的流动，在图 11.11 所示的柱坐标下，三个方向的运动方程为：

图 11.11 圆管流场及坐标系

$$\frac{\mathrm{D}v_r}{\mathrm{D}t} - \frac{v_\theta^2}{r} = F_r + \frac{1}{\rho r}\left[-\frac{\partial(rp_{rr})}{\partial r} + \frac{\partial \tau_{r\theta}}{\partial \theta} + \frac{\partial(r\tau_{rz})}{\partial z}\right] - \frac{1}{\rho}\frac{\tau_{\theta\theta}}{r} \tag{11.19}$$

$$\frac{\mathrm{D}v_\theta}{\mathrm{D}t} + \frac{v_\theta v_r}{r} = F_\theta + \frac{1}{\rho r}\left[\frac{\partial(r\tau_{\theta r})}{\partial r} - \frac{\partial p_{\theta\theta}}{\partial \theta} + \frac{\partial(r\tau_{\theta z})}{\partial z}\right] + \frac{1}{\rho}\frac{\tau_{r\theta}}{r} \tag{11.20}$$

$$\frac{\mathrm{D}v_z}{\mathrm{D}t} = F_z + \frac{1}{\rho r}\left[\frac{\partial(r\tau_{zr})}{\partial r} + \frac{\partial \tau_{z\theta}}{\partial \theta} - \frac{\partial(rp_{zz})}{\partial z}\right] \tag{11.21}$$

11.2.1 幂律流体的管内流动

假设流场定常、体积力可忽略、流动轴对称，则方程 (11.21) 可化为：

$$\frac{\mathrm{d}(r\tau_{zr})}{\mathrm{d}r} = r\frac{\mathrm{d}p_{zz}}{\mathrm{d}z} \tag{11.22}$$

对上式从中线到 r 积分得：

$$\tau_{zr} = \frac{r}{2}\frac{\mathrm{d}p_{zz}}{\mathrm{d}z} \tag{11.23}$$

对于满足式 (11.4) 的幂律流体，在这里可写成：

$$\tau_{zr} = k\left|\frac{\mathrm{d}v_z}{\mathrm{d}r}\right|^{(n-1)}\frac{\mathrm{d}v_z}{\mathrm{d}r} \tag{11.24}$$

对比牛顿流体的剪应力表达式，可知这里的 $k\left|\mathrm{d}v_z/\mathrm{d}r\right|^{(n-1)}$ 为表观黏性系数。因为在图 11.11 的坐标中，$\mathrm{d}v_z/\mathrm{d}r < 0$ 意味着 $\mathrm{d}p_{zz}/\mathrm{d}z > 0$，所以将式 (11.24) 代

入式 (11.23) 可得:

$$k\left(-\frac{\mathrm{d}v_z}{\mathrm{d}r}\right)^n = -\frac{r}{2}\frac{\mathrm{d}p_{zz}}{\mathrm{d}z} \tag{11.25}$$

令 $-\mathrm{d}p_{zz}/\mathrm{d}z = G$,上式经整理后可得:

$$-\frac{\mathrm{d}v_z}{\mathrm{d}r} = \left(\frac{G}{2k}\right)^{1/n} r^{1/n} \tag{11.26}$$

对上式积分得:

$$v_z = \frac{n}{n+1}\left(\frac{G}{2k}\right)^{1/n}\left(a^{(n+1)/n} - r^{(n+1)/n}\right) \tag{11.27}$$

流过圆管的流体流量为:

$$Q = \int_0^a 2\pi v_z r\mathrm{d}r = \frac{n\pi}{(3n+1)}\left(\frac{G}{2k}\right)^{1/n} a^{(3n+1)/n} \tag{11.28}$$

平均流速为:

$$\bar{v}_z = \frac{Q}{\pi a^2} = \frac{n}{(3n+1)}\left(\frac{G}{2k}\right)^{1/n} a^{(n+1)/n} \tag{11.29}$$

将 G 写成 $G = \Delta p/L$ 的形式,其中 L 是管长,Δp 是在管长 L 内的压降,则式 (11.29) 可以写成:

$$\frac{2(3n+1)}{n}\frac{\bar{v}_z}{D} = k^{-1}\left(\frac{D\Delta p}{4L}\right)^{1/n} \tag{11.30}$$

式中,D 是圆管的直径,对于牛顿流体,上式有 $k=\mu$、$n=1$,则式 (11.30) 退化为 Poiseuille 流的平均流速方程。

从方程 (11.29) 中求出 $(G/2k)^{1/n}$,再代入式 (11.27),可以得到 [1]:

$$\frac{v_z}{\bar{v}_z} = \left(\frac{3n+1}{n+1}\right)\left[1 - \left(\frac{r}{a}\right)^{(n+1)/n}\right] \tag{11.31}$$

上式的部分结果如图 11.12 所示,可见 n 值越小,速度剖面越平坦,在小 n 下,只有圆管壁面附近的流体存在速度变化。

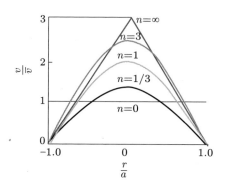

图 **11.12** 幂律流体在圆管中的速度分布

11.2.2 Bingham 塑性流体的管内流动

Bingham 塑性流体的应力–应变率关系为式 (11.2)，在如图 11.13 所示的圆管流动和坐标系下，其形式为：

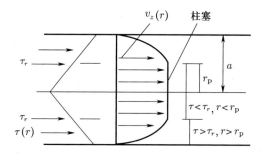

图 **11.13** Bingham 塑性流体在圆管中的速度分布

$$\tau_{zr} = \tau_r + \mu_{\mathrm{p}} \dot{\gamma} \tag{11.32}$$

在这个式子中要求 $\tau_{zr} > \tau_r$，若 $\tau_{zr} < \tau_r$，流体应变率为 0，流体像半径为 r_{p} 的柱塞那样运动 (图 11.13)，在 $r_{\mathrm{p}} < r < a$ 的范围有 [1]：

$$\tau_{zr} = \frac{r}{2} G = \tau_r - \mu_{\mathrm{p}} \frac{\mathrm{d}v_z}{\mathrm{d}r} \tag{11.33}$$

根据 $r = r_{\mathrm{p}}$ 处 $\mathrm{d}v_z/\mathrm{d}r = 0$ 的条件，由上式可得：

$$r_{\mathrm{p}} = \frac{2\tau_r}{G} \tag{11.34}$$

积分方程 (11.33) 可得:

$$\int_0^{v_z} \mathrm{d}v_z = \frac{1}{\mu_\mathrm{p}} \int_a^r \left(\tau_r - \frac{1}{2}rG \right) \mathrm{d}r \tag{11.35}$$

当 $r_\mathrm{p}<r<a$, 有:

$$v_z = \frac{G}{4\mu_\mathrm{p}}(a^2 - r^2) - \frac{\tau_r}{\mu_\mathrm{p}}(a - r) \tag{11.36}$$

上式中, 令 $r = r_\mathrm{p}=2\tau_r/G$, 可得:

$$v_{z\mathrm{p}} = \frac{\tau_r^2}{\mu_\mathrm{p}G} \left(\frac{a}{r_\mathrm{p}} - 1 \right)^2, \quad r_\mathrm{p} > r > 0 \tag{11.37}$$

对管中的速度沿横截面积分可得流量为:

$$Q = \frac{\pi a^4 G}{8\mu_\mathrm{p}} \left[1 - \frac{4}{3} \left(\frac{2\tau_r}{aG} \right) + \frac{1}{3} \left(\frac{2\tau_r}{aG} \right)^4 \right] \tag{11.38}$$

当 τ_r=0 时, 该式退化为 Poiseuille 流的流量公式, 该式称为 Buckingham 方程。

11.2.3 拟塑性流体的广义 Re 和阻力因子

对于无时效流体的流动, 可以利用广义 Re 求阻力因子。定义广义 Re 为:

$$Re_\mathrm{g} = \frac{8\rho V^2}{\tau_\mathrm{wl}} \tag{11.39}$$

式中, V 是平均速度; τ_wl 是层流状态下的壁面剪应力。

定义 Fanning 阻力因子为:

$$f = \frac{2\tau_\mathrm{w}}{\rho V^2} \tag{11.40}$$

结合式 (11.39) 和式 (11.40) 可得:

$$f = \frac{16}{Re_\mathrm{g}} \tag{11.41}$$

用实验数据确定 Re_g 所需的流变参数。测出压降 Δp 和平均速度 V, 再根据壁面剪应变率表达式 [1]:

$$-\left(\frac{\mathrm{d}v_z}{\mathrm{d}r} \right)_\mathrm{w} = \left(\frac{3m + 1}{4m} \right) \left(\frac{8V}{D} \right) \tag{11.42}$$

可以推出：

$$\frac{\Delta p}{4L} = \tau_{\mathrm{w}} = K \left(\frac{8V}{D}\right)^m \tag{11.43}$$

式中，K 是流体稠度指数；$8V/D$ 是牛顿流体 Poiseuille 流的壁面剪应力；m 是流动特性指数，该指数可以由 $\lg\tau_{\mathrm{w}}$ 和 $\lg(8V/D)$ 关系曲线的切线斜率确定：

$$m = \frac{\mathrm{d}(\lg\tau_{\mathrm{w}})}{\mathrm{d}[\lg(8V/D)]} \tag{11.44}$$

式 (11.42)~(11.44) 也适用于除幂律流体以外的流体，只是，应用时，K 和 m 未必是常数。对于幂律流体有 $n = m$，此时

$$K = k \left(\frac{3n+1}{n}\right)^n \tag{11.45}$$

式中，k 是黏度的度量，将式 (11.43) 的 τ_{w} 代入式 (11.39) 可得：

$$Re_{\mathrm{g}} = \frac{D^m V^{(2-m)} \rho}{K 8^{(m-1)}} \tag{11.46}$$

对于牛顿流体，$m=1$、$Re_{\mathrm{g}}=\rho VD/K$，则 K 为黏性系数。

11.2.4 湍流运动

幂律流体在光滑管内流动时的隐式阻力因子 f 可以表示为 [1]：

$$\frac{1}{f} = \frac{4}{m^{0.75}} \lg(Re_{\mathrm{g}} f^{1-(m/2)}) - \frac{4}{m^{1.2}} \tag{11.47}$$

图 11.14 给出了式 (11.47) 中 Re_{g} 与 f 的关系，可见层流变成湍流的临界 Re_{g}，随流动特性指数 m 的减小而增大；层流情况下的阻力因子 f，随 Re_{g} 的增大而减小；湍流情况下的 f 随 Re_{g} 的变化比较复杂，对于部分 m 而言，在一个较小的 Re_{g} 区间，存在 f 随 Re_{g} 的增大而增大的情况，但总体而言，当 Re_{g} 大于一定值后，f 随 Re_{g} 的增大而减小。

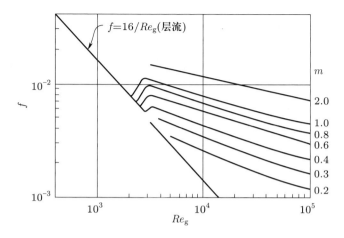

图 11.14 式 (11.47) 所描述的阻力因子与广义 Re 的关系

虽已发现有些非牛顿流体的阻力因子 f 满足式 (11.47)，但一些大分子量有机物溶液在湍流中的 f，比基于式 (11.47) 给出的 f 小很多。当 Re_g 超过某临界值时，f 的变化不是趋于平缓，而是像层流情形那样继续下降，其原因可能是湍流受到了抑制或是层流向湍流的转捩推迟。有些流体的 f 随 Re_g 的增大而下降的趋势会一直持续下去，直到比纯水的 f 还小 1 个量级，例如用作降低排抽流体阻力的 Guar 胶和某些聚合物。

固粒和水组成的浆体管道湍流场的阻力，有时甚至比水的阻力还小，因为近壁的水和固粒会分离而形成黏性层，浆体中固粒较稠的核心部分像柱塞似的运动，近壁区域与管道核心部分间的湍流动量输运减弱，层流边界层增厚，导致阻力因子比纯水流动的情形更小。实际上，高浓度水煤浆的阻力因子往往比纯水低很多，纸浆的湍流运动也存在这种状况。

11.3　黏弹性二阶流体的边界层流动

如图 11.15 所示，黏弹性二阶流体从上方沿 y 轴向下流动，冲击平板后在平板上沿 x 轴的两个方向流动，这一类流场在实际应用中很常见，有时也被称为撞击射流。当流体撞击壁面后，可以将流场划分为两个区域，靠近壁面的区域为边界层，该层内的流体黏性对流动起着重要作用，边界层外的区域可以忽略流体的黏性。以下介绍边界层内流场的求解。

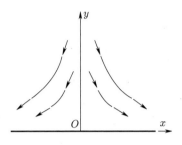

图 11.15 撞击射流示意图

11.3.1 运动方程

不失一般性，假设图 11.15 的流动是定常、不可压缩、忽略体积力的平面流场，流体的应力–应变率关系采用黏弹性二阶流体模型描述，其相应的本构方程为：

$$\tau = \eta_0 \boldsymbol{A}_1 + \beta_1 (\boldsymbol{A}_1)^2 + \beta_2 (\boldsymbol{A}_2) \tag{11.48}$$

式中，η_0、β_1、β_2 是流体物质常量；$\boldsymbol{A}_1$、$\boldsymbol{A}_2$ 分别是一阶、二阶 Rivlin-Ericksen 张量。

流场的连续性方程和运动方程为：

$$\frac{\partial v_x}{\partial x} + \frac{\partial v_y}{\partial y} = 0 \tag{11.49}$$

$$\rho \left(v_x \frac{\partial v_x}{\partial x} + v_y \frac{\partial v_x}{\partial y} \right) = -\frac{\partial p}{\partial x} + \frac{\partial \tau_{xx}}{\partial x} + \frac{\partial \tau_{xy}}{\partial y} \tag{11.50}$$

$$\rho \left(v_x \frac{\partial v_y}{\partial x} + v_y \frac{\partial v_y}{\partial y} \right) = -\frac{\partial p}{\partial y} + \frac{\partial \tau_{xy}}{\partial x} + \frac{\partial \tau_{yy}}{\partial y} \tag{11.51}$$

对于边界层流场，物理量沿 y 方向的变化远大于沿 x 方向的变化，为此，引入一个小参数 $\varepsilon(0 < \varepsilon \ll 1)$，并定义以下量纲为一的坐标：

$$x^0 = \frac{x}{L}, \quad y^0 = \frac{x^2}{\varepsilon L} \tag{11.52}$$

式中，L 是流场的特征长度；x^0 和 y^0 具有相同量级。

将式 (11.52) 代入方程 (11.49) 可得:

$$\frac{\partial v_x}{\partial x^0} + \frac{1}{\varepsilon}\frac{\partial v_y}{\partial y^0} = 0 \tag{11.53}$$

因为 $0 < \varepsilon \ll 1$, 所以从上式可知, 若两项有相同的量级, 则 v_x 的量级比 v_y 大, 于是再进一步定义量纲为一的速度和压力:

$$v_x^0 = \frac{v_x}{V}, \quad v_y^0 = \frac{v_y}{\varepsilon V}, \quad p^0 = \frac{p}{\rho V^2} \tag{11.54}$$

式中, V 是流场特征速度; v_x^0、v_y^0、p^0 有相同量级。

11.3.2 应力张量

式 (11.48) 中一阶 Rivlin-Ericksen 张量为:

$$\boldsymbol{A}_1 = \frac{V}{L}\begin{bmatrix} 2\dfrac{\partial v_x^0}{\partial x^0} & \varepsilon\dfrac{\partial v_y^0}{\partial x^0} + \dfrac{1}{\varepsilon}\dfrac{\partial v_y^0}{\partial y^0} \\ 0 & 2\dfrac{\partial v_y^0}{\partial y^0} \end{bmatrix} \tag{11.55}$$

式 (11.50)~(11.51) 中, 含有应力张量各分量对 x 和 y 的偏导数, 在边界层中, 同一物理量对 y 的偏导数远大于对 x 的偏导数。若要保持方程 (11.50)~(11.51) 中量级比较大的项, 在应力张量各分量对 x 和 y 的偏导数中, 就要保持应力张量各分量中量级比较大的项。对式 (11.55) 而言, 忽略量级比较小的项后可得:

$$\boldsymbol{A}_1 \approx \frac{V}{L}\begin{bmatrix} 2\dfrac{\partial v_x^0}{\partial x^0} & \dfrac{1}{\varepsilon}\dfrac{\partial v_y^0}{\partial y^0} \\ 0 & 2\dfrac{\partial v_y^0}{\partial y^0} \end{bmatrix} \tag{11.56}$$

采用递推公式, 可以推出二阶 Rivlin-Ericksen 张量 $\boldsymbol{A}_2$, 然后将 $\boldsymbol{A}_1$ 和 $\boldsymbol{A}_2$ 代入方程 (11.48), 假设方程中的 β_1 和 β_2 有同样量级, 忽略应力张量各分量中量级比较小的项, 可得到应力分量为 [2]:

$$\tau_{xx} \approx \frac{V}{L}\left[2\eta_0\frac{\partial v_x^0}{\partial x^0} + \beta_1\frac{V}{L\varepsilon^2}\left(\frac{\partial v_x^0}{\partial y^0}\right)^2\right] \tag{11.57}$$

$$\tau_{xy} \approx \frac{V}{L\varepsilon} \left[\eta_0 \frac{\partial v_x^0}{\partial y^0} + \beta_2 \frac{V}{L} \left(v_x^0 \frac{\partial^2 v_x^0}{\partial x^0 \partial y^0} + \nu \frac{\partial^2 v_x^0}{\partial y^{02}} + 2 \frac{\partial v_x^0}{\partial x^0} \frac{\partial v_x^0}{\partial y^0} \right) \right] \tag{11.58}$$

$$\tau_{yy} \approx \frac{V}{L} \left[2\eta_0 \frac{\partial v_x^0}{\partial y^0} + \frac{V}{L\varepsilon^2} \left(\frac{\partial v_x^0}{\partial y^0} \right)^2 (\beta_1 + 2\beta_2) \right] \tag{11.59}$$

将方程 (11.57)~(11.59) 代入方程 (11.50)~(11.51)，省略量纲为一量中的上标 0，则可得：

$$v_x \frac{\partial v_x}{\partial x} + v_y \frac{\partial v_x}{\partial y}$$

$$= -\frac{\partial p}{\partial x} + \frac{1}{Re\varepsilon^2} \frac{\partial^2 v_x}{\partial y^2} + \frac{2\bar{\beta}_1}{\varepsilon^2} \frac{\partial v_x}{\partial y} \frac{\partial^2 v_x}{\partial x \partial y} +$$

$$\frac{\bar{\beta}_2}{\varepsilon^2} \left(v_x \frac{\partial^3 v_x}{\partial x \partial y^2} + \nu \frac{\partial^3 v_x}{\partial y^3} + \frac{\partial v_x}{\partial x} \frac{\partial^2 v_x}{\partial y^2} + 3 \frac{\partial v_x}{\partial y} \frac{\partial^2 v_x}{\partial x \partial y} \right) \tag{11.60}$$

$$v_x \frac{\partial v_y}{\partial x} + v_y \frac{\partial v_y}{\partial y} = -\frac{1}{\varepsilon^2} \frac{\partial p}{\partial y} + \frac{1}{Re\varepsilon^2} \left(\frac{\partial^2 v_x}{\partial x \partial y} + 2 \frac{\partial^2 v_y}{\partial y^2} \right) + \frac{2}{\varepsilon^4} \frac{\partial v_x}{\partial y} \frac{\partial^2 v_x}{\partial y^2} (\bar{\beta}_1 + 2\bar{\beta}_2) \tag{11.61}$$

式中

$$Re = \frac{\rho V L}{\eta_0}, \quad \bar{\beta}_1 = \frac{\beta_1}{L^2 \rho}, \quad \bar{\beta}_2 = \frac{\beta_2}{L^2 \rho} \tag{11.62}$$

11.3.3 方程变换

若方程 (11.60) 中的惯性、黏性和弹性项有相同量级，则 ε 的量级为 $1/\sqrt{Re}$，$\bar{\beta}_i (i = 1, 2)$ 的量级为 ε^2，于是方程 (11.60)~(11.61) 为：

$$v_x \frac{\partial v_x}{\partial x} + v_y \frac{\partial v_x}{\partial y}$$

$$= -\frac{\partial p}{\partial x} + \frac{\partial^2 v_x}{\partial y^2} + 2k_1 \frac{\partial v_x}{\partial y} \frac{\partial^2 v_x}{\partial x \partial y} +$$

$$k_2 \left(v_x \frac{\partial^3 v_x}{\partial x \partial y^2} + \nu \frac{\partial^3 v_x}{\partial y^3} + \frac{\partial v_x}{\partial x} \frac{\partial^2 v_x}{\partial y^2} + 3 \frac{\partial v_x}{\partial y} \frac{\partial^2 v_x}{\partial x \partial y} \right) \tag{11.63}$$

$$0 = \frac{\partial}{\partial y} \left[-p + 2(k_1 + 2k_2) \left(\frac{\partial v_x}{\partial y} \right)^2 \right] \tag{11.64}$$

式中，k_i 是弹性参数：

$$k_i = \frac{\bar{\beta}_i}{\varepsilon^2} = \frac{\beta_i}{\varepsilon^2 L^2 \rho}, \quad i = 1, 2 \tag{11.65}$$

假设第二法向应力差可忽略不计，对 $k_1 = -2k_2$ 的情形，方程 (11.63)~(11.64) 为：

$$v_x \frac{\partial v_x}{\partial x} + v_y \frac{\partial v_x}{\partial y}$$

$$= -\frac{\partial p}{\partial x} + \frac{\partial^2 v_x}{\partial y^2} + k_2 \left(v_x \frac{\partial^3 v_x}{\partial x \partial y^2} + \nu \frac{\partial^3 v_x}{\partial y^3} + \frac{\partial v_x}{\partial x} \frac{\partial^2 v_x}{\partial y^2} - \frac{\partial v_x}{\partial y} \frac{\partial^2 v_x}{\partial x \partial y} \right) \quad (11.66)$$

$$0 = \frac{\partial p}{\partial y} \quad (11.67)$$

式 (11.67) 与牛顿流体情形相同，说明边界层的压力 p 沿 y 方向不变。

对于图 11.15 中 $k_1 = -2k_2$ 的驻点流动，其量纲为一的主流速度为：

$$V_x = cx \quad (11.68)$$

式中，c 是量纲为一的常数。引入流函数 ψ，则有：

$$v_x = \frac{\partial \psi}{\partial y}, \quad v_y = -\frac{\partial \psi}{\partial x} \quad (11.69)$$

为求相似性解，设

$$\psi = \sqrt{c} x f(\eta), \quad \eta = \sqrt{c} y \quad (11.70)$$

因为压力 p 沿 y 方向不变，所以根据 Bernoulli 方程有：

$$V_x \frac{\mathrm{d} V_x}{\mathrm{d} x} = -\frac{\mathrm{d} p}{\mathrm{d} x} \quad (11.71)$$

将式 (11.68) 代入式 (11.71)，再与式 (11.69)~(11.70) 一起代入式 (11.66) 得：

$$f''' + ff'' + 1 - (f')^2 + k[ff^{\mathrm{IV}} - 2f'f'' + (f'')^2] = 0, \quad \text{其中} f' = \frac{\mathrm{d} f}{\mathrm{d} \eta}, k = -ck_2 \quad (11.72)$$

相应的边界条件为：

$$f(0) = f'(0) = 0; \quad f' \to 1, \quad \text{当} \eta \to \infty \quad (11.73)$$

11.3.4 方程的求解方法及讨论

方程 (11.72) 是关于 f 的四阶导数的方程，式 (11.73) 给出的三个边界条件不足以确定 f。对弱黏弹性的二阶流体而言，k 是小量且 $\varepsilon < k < 1$，于是可将

f 展开成 k 的幂级数:

$$f = f_0 + kf_1 \tag{11.74}$$

将其代入式 (11.72) 并比较 k 的各次幂可得:

$$f_0''' + f_0 f_0'' + 1 - (f_0')^2 = 0 \tag{11.75}$$

$$f_1''' + f_0 f_1'' - 2f_0' f_1' + f_0 f_1 = -f_0 f_0^{\mathrm{IV}} + 2f_0' f_0'' + (f_0'')^2 \tag{11.76}$$

相应的边界条件 (11.73) 变为:

$$f_0(0) = f_0'(0) = f_1(0) = f_1'(0) = 0; \quad f_0' \to 1, \quad f_1' \to 0, \quad \text{当} \eta \to \infty \tag{11.77}$$

方程 (11.75) 对应于牛顿流体, 式中的 f_1 满足方程 (11.76), 该方程是关于 f_1 的三阶导数的方程, 可结合式 (11.77) 的三个边界条件进行数值求解。

在 $\eta = 0$ 附近, 把 f 近似地用下式表示来求解方程 (11.72):

$$f = \sum_{n=1}^{10} \frac{A_n \eta^{n-1}}{(n-1)!} \tag{11.78}$$

由于方程 (11.72) 中的 f^{IV} 是以 ff^{IV} 的形式出现, 所以由方程 (11.72) 以及边界条件 (11.73) 可以得到:

$$f'''(0) = -[1 + k(f''(0))^2] \tag{11.79}$$

黏弹性流体在边界层内的速度有可能大于层外流体的速度, 当 k 值较大时, 速度剖面可能出现如图 11.16 所示的振荡现象, 流体弹性会使壁面上的剪应力增大。

以上涉及的边界层近似还可用于其他流场。例如用于管道入口流场的研究时, 发现黏弹性流体比牛顿流体的入口长度短; 入口流场可分为类固体区域、边界层发展区域和充分发展区域, 类固体区域内的流动变化急剧, 弹性能起决定性作用。又如用于绕锥体和绕楔形物体的流动, 发现流体弹性的作用是减小表面的摩擦阻力, 可见弹性对阻力的影响依赖于物体的形状。

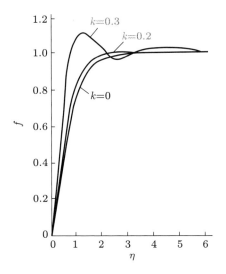

图 11.16 不同 k 下 η 与 f 的关系

11.4 Oldroyd-B 流体混合层流场

如前所述，Oldroyd-B 流体是黏弹性流体，其黏弹性可以是在牛顿流体的溶剂中加入聚合物而产生的，实际应用尤其是化学工程中，存在这类流体的混合过程。

11.4.1 数值模型及求解方法

在如图 3.16 所示的混合层中，速度为 V_1 和 V_2 $(V_2>V_1)$ 的两股流体，在楔形平板尾缘后汇合形成混合层流场。混合层的数值模拟有空间模式和时间模式，后者在流动方向可以采用周期性条件，从而可利用高效的 Fourier 谱方法，且不必处理流入流出边界条件，所以这里采用时间模式。

对于 Oldroyd-B 流体不可压缩流场，其本构方程为 (11.15)，量纲为一的连续性方程、运动方程和本构方程为：

$$\nabla \cdot \boldsymbol{V} = 0 \tag{11.80}$$

$$\frac{\partial \boldsymbol{V}}{\partial t} + \nabla \left(p + \frac{|\boldsymbol{V}|^2}{2} \right) = \boldsymbol{V} \times \boldsymbol{\omega} + \frac{\nabla^2 \boldsymbol{V}}{Re} + \frac{k}{Re} \nabla \cdot \boldsymbol{\tau} \tag{11.81}$$

$$Wi\hat{\boldsymbol{\tau}} + \boldsymbol{\tau} = \boldsymbol{D} \tag{11.82}$$

式中，V 是速度矢量；p 是压力；ω 是涡度；$Re = \rho(V_2-V_1)\delta_0/\eta_s$，其中 ρ 是密度，δ_0 是初始动量厚度，η_s 是溶剂黏性系数；$Wi = \lambda\rho(V_2-V_1)/\delta_0$，是 Weissenberg 数，其中 λ 为聚合物弛豫时间；$k = \eta_p/\eta_s$，是聚合物黏性系数和溶剂黏性系数的比值；τ 是聚合物应力张量；$\hat{\tau}$ 的表达式如式 (11.14) 所示；D 是流体的变形率张量。

初始速度场由基本流场速度 $V=0.5\tanh y$ 和扰动波组成，扰动流函数为：

$$\psi(x,y) = A_1 R[\varphi_1(y)\mathrm{e}^{\mathrm{i}\,\alpha x}] + A_2 R[\varphi_2(y)\mathrm{e}^{\mathrm{i}\,\alpha x/2}] \tag{11.83}$$

式中，A_1、A_2 分别为基波和次谐波的初始强度，这里取 $A_1=0.1$、$A_2=0.06$，次谐波在模拟涡配对时加入；$\varphi_1(y)$、$\varphi_1(y)$ 分别为基波和次谐波归一化的特征模态，由线性稳定性理论给出；α 为基波波数，次谐波波数为其一半，对应于最不稳定扰动波的波数 α 取 0.444 6；R[ ] 表示取实部。初始聚合物应力场由本构方程 (11.82) 给出。

数值模拟时，在离混合层中心 $y=0$ 足够远处做镜像开拓，使之沿 y 方向具有周期性，模拟涡卷起时的流向周期 $L_1=2\pi/\alpha$、横向周期 $L_2=28$，模拟配对时两个方向的周期再增加 1 倍。采用 Fourier 拟谱方法，求解方程 (11.80)～(11.82)，对所有非线性项采用 Adams-Bashforth 格式、线性项采用 Crank-Nicolson 格式进行时间推进。时间步长取 0.05，Fourier 波数取 64×128，黏弹性情况下，配置点数取 128×256。对应力场进行物理空间滤波：

$$F_{ij}^{\mathrm{new}} = F_{ij}^{\mathrm{old}} + b_1(F_{i+1,j} - 2F_{ij} + F_{i-1,j})^{\mathrm{old}} + b_2(F_{i,j+1} - 2F_{ij} + F_{i,j-1})^{\mathrm{old}} \tag{11.84}$$

式中，b_1、b_2 是阻尼系数；i 和 j 表示流向和横向的空间位置。滤波的作用是加上人工黏性项，b_1、b_2 和滤波时间间隔的值，由数值实验确定，原则是在保证解能稳定推进的前提下，尽量减小其偏差。模拟中取 $k=1$，即聚合物黏性系数和溶剂黏性系数相等，$Re=400$。

11.4.2 涡的生成与演变

在有基波和次谐波的情况下，混合层的初始发展将经历涡卷起和涡配对的过程。

11.4.2.1 涡的卷起

图 11.17 给出了牛顿流体和不同 Wi 的 Oldroyd-B 流体的涡卷起过程，比较涡量最小等值线和最大等值线的差值，可见 Oldroyd-B 流体的涡量扩散更快，且随着 Wi 的增大，涡量扩散更为显著。对 $Wi=10$ 而言，在 $t=40$ 时，大涡外缘的涡量梯度明显超过牛顿流体的情形，并在 $t=60$ 时出现反向涡量，它们在内部涡核的诱导下绕其旋转，因而通常的准定常态已不复存在。

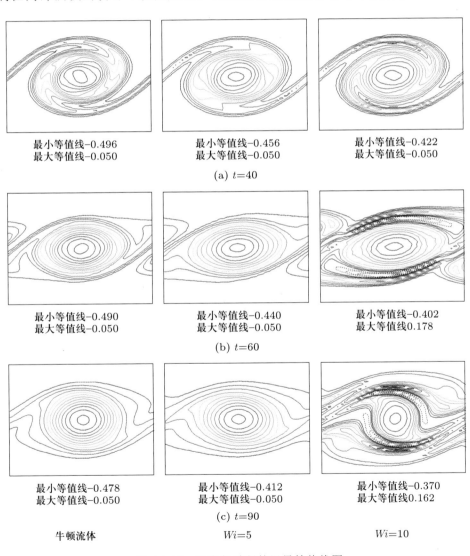

最小等值线-0.496
最大等值线-0.050

最小等值线-0.456
最大等值线-0.050

最小等值线-0.422
最大等值线-0.050

(a) $t=40$

最小等值线-0.490
最大等值线-0.050

最小等值线-0.440
最大等值线-0.050

最小等值线-0.402
最大等值线0.178

(b) $t=60$

最小等值线-0.478
最大等值线-0.050

最小等值线-0.412
最大等值线-0.050

最小等值线-0.370
最大等值线0.162

(c) $t=90$

牛顿流体

$Wi=5$

$Wi=10$

图 11.17 涡卷起过程的涡量等值线图

11.4.2.2 涡的配对

图 11.18 给出了涡配对的过程。对 $Wi=10$ 的 Oldroyd-B 流体而言，在配对过程中，反向涡量消失，由于之前反向涡量存在于两个涡核之间，而且阻碍了涡量的合并，所以涡完全合并的时间比 $Wi=5$ 的情形更长。

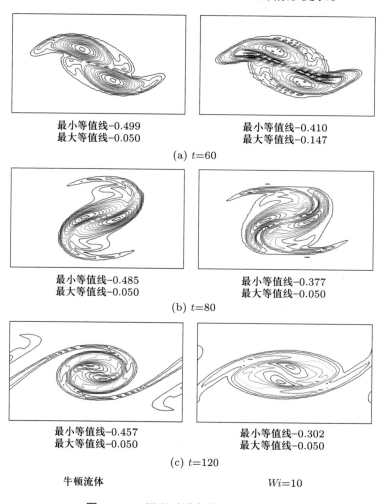

最小等值线-0.499　　　　　　　　最小等值线-0.410
最大等值线-0.050　　　　　　　　最大等值线-0.147

(a) $t=60$

最小等值线-0.485　　　　　　　　最小等值线-0.377
最大等值线-0.050　　　　　　　　最大等值线-0.050

(b) $t=80$

最小等值线-0.457　　　　　　　　最小等值线-0.302
最大等值线-0.050　　　　　　　　最大等值线-0.050

(c) $t=120$

牛顿流体　　　　　　　　　　　　$Wi=10$

图 11.18　涡配对过程的涡量等值线图

11.4.3　第一法向应力差

决定 Oldroyd-B 流体中涡运动特性的有三个因素，即对流、黏性扩散和聚合物的作用。对流是 Oldroyd-B 流体运动的整体特性；黏性扩散也包括由聚合物黏度引起的扩散,该扩散主要通过聚合物的剪应力实现;而聚合物的作用特指第一法向应力差对流场的影响。为说明前面提到的反向涡量的形成和演变机理,图 11.19 和图 11.20 分别给出了涡卷起和涡配对过程中,第一法向应力差的等值线图。

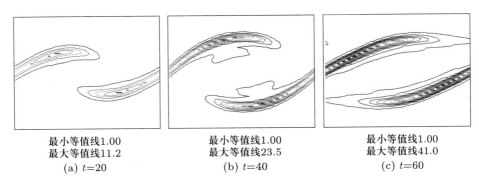

最小等值线1.00 最小等值线1.00 最小等值线1.00
最大等值线11.2 最大等值线23.5 最大等值线41.0
(a) $t=20$　　　　　(b) $t=40$　　　　　(c) $t=60$

图 11.19 涡卷起过程第一法向应力等值线图

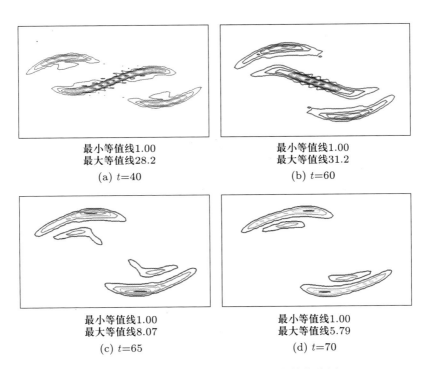

最小等值线1.00 最小等值线1.00
最大等值线28.2 最大等值线31.2
(a) $t=40$　　　　　(b) $t=60$

最小等值线1.00 最小等值线1.00
最大等值线8.07 最大等值线5.79
(c) $t=65$　　　　　(d) $t=70$

图 11.20 涡配对过程第一法向应力等值线图

对比图 11.7 和图 11.19,可以发现涡量梯度的加强区,正是第一法向应力差的集中区。在涡卷起过程中，涡拉伸作用逐渐加强。当 Wi 很小时，第一法向应力差不会增长；当 $Wi=5$ 时，尽管第一法向应力差初期急剧增长，但在涡卷起后下降；而 $Wi=10$ 时，当涡卷起后，第一法向应力差的峰值继续增加 (图 11.19)，导致涡量梯度一直加强，直到出现反向涡量时才实现力的平衡。此时，对流机制尽管还能输运反向涡量，但不能消除反向涡量 (图 11.17)。而在涡配对过程中，反向涡量已消失 (图 11.18)，因为在涡配对过程中，两涡的强诱导使对流作用大为加强，导致出现所谓的应力 "坍缩" 现象。由图 11.20 可知，在涡配对过程中，当 $t=40$ 时，中间的应力已合并成一个整体，而且其应力值比边上两个区域的应力值大很多，对应的涡量等值线图 (图 11.18) 中间辫子区的等值线，比上下两侧更密集，即梯度更大；当 $t=60$ 时，应力进一步合并；到 $t=65$ 时，中间原本量值较大的应力突然消失，剩余的应力场无法维持反向涡量。

11.4.4　基波与次谐波能量

图 11.21(a) 给出了涡配对过程中，基波和次谐波能量随时间发展的变化，其中的能量已用初始平均流的能量进行了归一化。由图可见，在牛顿流体中，基波和次谐波的能量 E_k 最大。对 Oldroyd-B 流体而言，在涡配对的初期，Wi 对基波和次谐波的能量 E_k 影响不大，随着时间发展，Wi 越大，E_k 的值越小，即流体中的黏弹性明显地抑制了基波和次谐波的发展。

图 11.21(b) 给出了 $|\omega_m|$ 随时间的变化，$|\omega_m|$ 表示通过两涡旋转中心竖直线上涡量绝对值的最大值。由图 11.18 可知，两涡的合并由外而内，需较长时间才能完全合并，在合并过程中，两个涡核要旋转若干圈。在图 11.21(b) 中，$|\omega_m|$ 随时间的波动也证实了这一点，波动的每个上峰值点对应两涡核旋转到竖直位置，每个下峰值点对应两涡核旋转到水平位置，曲线变平时表示涡量已完全合并。由图 11.21(b) 还可知，Wi 越大，两个涡核的旋转运动越慢。相对于牛顿流体，在 Oldroyd-B 流体涡配对的过程中，涡量完全合并的时间延迟了。

总而言之，相对于牛顿流体，Oldroyd-B 流体中基波和次谐波的发展受到抑制，涡量扩散加强，涡卷起和配对的强度削弱，配对时两涡的旋转运动减慢。

当 Wi 大到 10 时，应力集中区的涡量梯度加强，涡卷起后出现反向涡量，准定常态没有出现。在涡配对过程中，反向涡量会由于应力"坍缩"而消失。

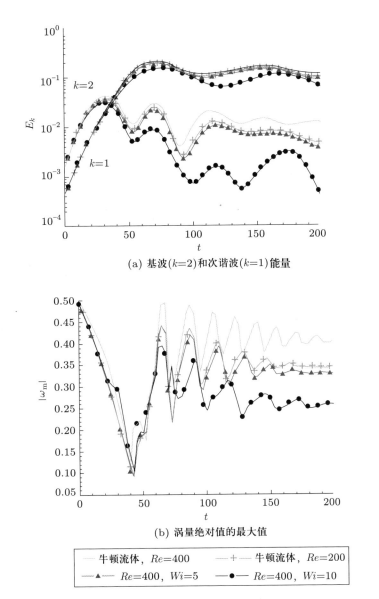

(a) 基波$(k=2)$和次谐波$(k=1)$能量

(b) 涡量绝对值的最大值

| ────── 牛顿流体，$Re=400$ | ──+── 牛顿流体，$Re=200$ |
| ──▲── $Re=400$，$Wi=5$ | ──●── $Re=400$，$Wi=10$ |

图 11.21 涡配对过程中波能量 E_k 和涡量绝对值的最大值 $|\omega_m|$ 随时间的变化

11.5 FENE-P 流体混合层流场

以上的 Oldyoyd-B 流体本构方程，是基于可无限拉伸的线性胡克弹簧模型，用这种模型的本构方程描述流体特性时，在有限拉伸率下，聚合物的法向应力会趋于无穷大。为解决这一问题，一种非线性弹簧模型用来描述聚合物的有限拉伸性，这就是 FENE 模型，而 FENE-P 模型是基于 FENE 模型简化得到的。

11.5.1 数值模型及求解方法

混合层如图 3.16 所示，两股流体的速度分别为 V_1 和 V_2 ($V_2 > V_1$)，数值模拟采用时间模式。对于 FENE-P 流体不可压缩流场，量纲为一的连续性方程、运动方程和本构方程为：

$$\nabla \cdot \boldsymbol{V} = 0 \tag{11.85}$$

$$\frac{\partial \boldsymbol{V}}{\partial t} + \nabla \left(p + \frac{|\boldsymbol{V}|^2}{2} \right) = \boldsymbol{V} \times \boldsymbol{\omega} + \frac{\nabla^2 \boldsymbol{V}}{Re} + \frac{k}{Re} \nabla \cdot \boldsymbol{\tau} \tag{11.86}$$

$$Z\boldsymbol{B} + Wi\hat{\boldsymbol{B}} = \boldsymbol{I} \tag{11.87}$$

方程 (11.85) 和 (11.86) 中，各物理量以及 Wi 的定义，与方程 (11.71)~(11.82) 中的定义相同。式 (11.87) 中，$\boldsymbol{I}$ 为单位张量；$Z = [1 - (\mathrm{tr}\boldsymbol{B}/b)]^{-1}$，其中 $b = HR_0^2/(k_\mathrm{B}T)$ (H 是弹簧常数，R_0 是弹簧的最大伸长量，k_B 是 Boltzmann 常量，T 是绝对温度)，是聚合物分子链长度的度量；$\hat{\boldsymbol{B}}$ 的表达式如式 (11.14) 所示；$\boldsymbol{B}$ 与应力张量 $\boldsymbol{\tau}$ 的关系为：

$$\boldsymbol{\tau} = \frac{Z\boldsymbol{B} - \boldsymbol{I}}{Wi} \tag{11.88}$$

初始速度场由基本流场速度 $V = 0.5\tanh y$ 和扰动波组成，扰动流函数如式 (11.83) 所示，式中基波和次谐波的初始强度分别取 $A_1 = 0.1$、$A_2 = 0.06$，最不稳定扰动波的波数 α 取 0.444 6。

初始应力场由下式给出：

$$\boldsymbol{\tau}(x, y, t) = \boldsymbol{\tau}_0(y) + \varepsilon_1 \psi_1(y) \mathrm{e}^{\mathrm{i}\alpha x} + \varepsilon_2 \psi_2(y) \mathrm{e}^{\mathrm{i}\alpha x/2} \tag{11.89}$$

式中，$\boldsymbol{\tau}_0(y)$ 是相对于平均速度场下的初始聚合物应力场。

数值模拟的方法、离散格式、所取参数与 11.4.1 节所述的相同。对应力场同样采用式 (11.84) 进行物理空间滤波。模拟中取 $k=1$，$Re=400$。

11.5.2 涡的生成与演变

以下给出涡卷起和涡配对的过程。

11.5.2.1 涡的卷起

图 11.22 给出了不同 Wi 和不同聚合物分子链长度 b 情况下，FENE-P 流体的涡卷起过程。可见，在 $t=20$ 时，两股流体因速度差产生的剪切界面，已

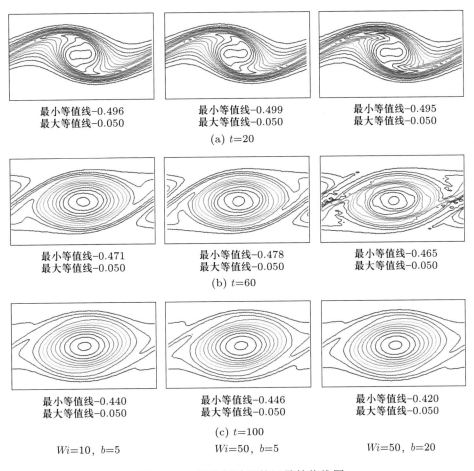

最小等值线-0.496　　　　最小等值线-0.499　　　　最小等值线-0.495
最大等值线-0.050　　　　最大等值线-0.050　　　　最大等值线-0.050

(a) $t=20$

最小等值线-0.471　　　　最小等值线-0.478　　　　最小等值线-0.465
最大等值线-0.050　　　　最大等值线-0.050　　　　最大等值线-0.050

(b) $t=60$

最小等值线-0.440　　　　最小等值线-0.446　　　　最小等值线-0.420
最大等值线-0.050　　　　最大等值线-0.050　　　　最大等值线-0.050

(c) $t=100$

$Wi=10$，$b=5$　　　　$Wi=50$，$b=5$　　　　$Wi=50$，$b=20$

图 11.22　涡卷起过程的涡量等值线图

呈现开始卷起的状态；当 $t=60$ 时，已基本卷起形成一个大涡，只是涡内的涡量尚未充分扩散；当 $t=100$ 时，大涡已形成，而且涡量已充分扩散。比较涡量最小等值线和最大等值线的差值，可以得到如下结果：当 b 保持不变时 $(b=5)$，无论是在 $t=20$ 还是 $t=100$ 时，Wi 越大，这个差值也越大，即涡量扩散越快，这个结论与 Oldroyd-B 流体中得到的结论一样。当 Wi 保持不变时，无论是在 $t=20$ 还是 $t=100$ 时，b 值越小，差值则越大。

11.5.2.2 涡的配对

图 11.23 为 $Wi=50$、b 取 20 和 50 时的涡配对过程。可见，$t=20$ 时，相邻的两个涡已开始逆时针相互绕着旋转；到 $t=70$ 时，两个涡的涡核已靠得很近；在 $t=120$ 时，两个涡的配对已经完成，两个涡合并成一个大涡。随着时间的增长，涡量最小等值线和最大等值线的差值逐渐缩小，说明在涡配对过程中，涡量在不断扩散。比较 $b=20$ 和 $b=50$ 的情形可知，b 值越大，涡量最小等值线和最大等值线的差值越小，这跟涡卷起的情形一样。

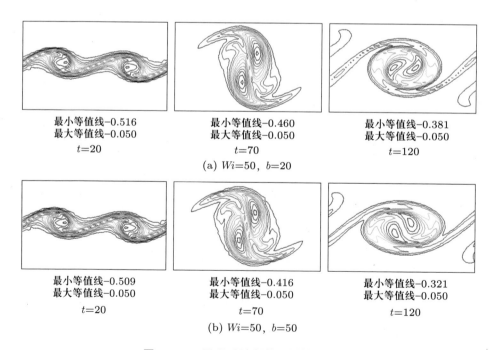

最小等值线-0.516
最大等值线-0.050
$t=20$

最小等值线-0.460
最大等值线-0.050
$t=70$

最小等值线-0.381
最大等值线-0.050
$t=120$

(a) $Wi=50$, $b=20$

最小等值线-0.509
最大等值线-0.050
$t=20$

最小等值线-0.416
最大等值线-0.050
$t=70$

最小等值线-0.321
最大等值线-0.050
$t=120$

(b) $Wi=50$, $b=50$

图 11.23 涡配对过程的涡量等值线图

11.5.3 第一法向应力差

图 11.24 是涡卷起时第一法向应力等值线图。可见，随着时间的推移，第一法向应力最小等值线和最大等值线之差 $\Delta\tau$ 逐渐变小。当 b 保持不变 ($b=5$)，在 $t=20$ 时，$Wi=10$ 则 $\Delta\tau=0.766$，而 $Wi=50$ 则 $\Delta\tau=0.974$；到了 $t=100$ 时，$Wi=10$ 则 $\Delta\tau=0.517$，而 $Wi=50$ 则 $\Delta\tau=0.473$，可见随着 Wi 的增加，$\Delta\tau$ 的值减小得更快。当 Wi 保持不变时，随着 b 值的增加，$\Delta\tau$ 的值也增加。

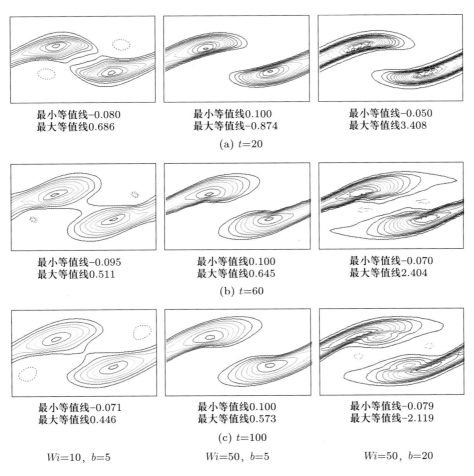

最小等值线-0.080
最大等值线0.686

最小等值线0.100
最大等值线-0.874

最小等值线-0.050
最大等值线3.408

(a) $t=20$

最小等值线-0.095
最大等值线0.511

最小等值线0.100
最大等值线0.645

最小等值线-0.070
最大等值线2.404

(b) $t=60$

最小等值线-0.071
最大等值线0.446

最小等值线0.100
最大等值线0.573

最小等值线-0.079
最大等值线-2.119

(c) $t=100$

$Wi=10,\ b=5$ $Wi=50,\ b=5$ $Wi=50,\ b=20$

图 11.24 涡卷起过程中第一法向应力等值线图

图 11.25 是涡配对过程中第一法向应力等值线图。可见，在 b 较大的情况下，涡配对过程存在着第一法向应力差的"坍缩"现象。在 $t=40$ 时，中间的应

力已合并成一个整体；$t=60$ 时应力进一步合并；随着时间的推移，中间原本较强的应力场突然消失。应力"坍缩"现象大约发生在两涡第一次转到竖直位置的时刻。第一法向应力差在两涡旋转中心区"坍缩"后，在那里出现较大的负值，然后在 $t=80$ 时又很快被正值取代，最后才趋于 0。当 $t=120$ 时，整个应力场近似回到只有单个涡存在时的状态。

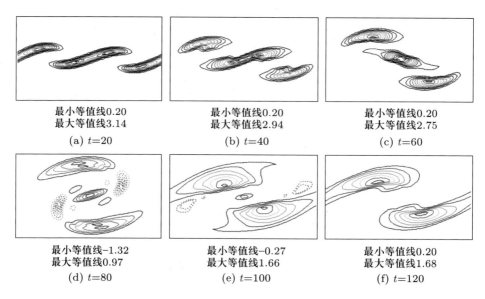

最小等值线0.20
最大等值线3.14

(a) $t=20$

最小等值线0.20
最大等值线2.94

(b) $t=40$

最小等值线0.20
最大等值线2.75

(c) $t=60$

最小等值线-1.32
最大等值线0.97

(d) $t=80$

最小等值线-0.27
最大等值线1.66

(e) $t=100$

最小等值线0.20
最大等值线1.68

(f) $t=120$

图 **11.25** 涡配对过程中第一法向应力等值线图 ($Re=400$，$Wi=50$，$b=20$)

11.5.4 基波能量与涡量最小值

图 11.26 和图 11.27 分别给出了涡卷起和配对过程中，基波能量 E_1 和涡量最小值 (绝对值最大)$|\omega|_{max}$ 随时间的变化，图中的 E_1 与 $|\omega|_{max}$ 完全对应。$|\omega|_{max}$ 初期的急剧下降，对应于初始扰动波集中涡量的快速扩散，其扩散速度主要由溶剂黏度决定，聚合物的影响很小。如前所述，b 值对于涡卷起和配对形态的影响，比 Wi 的影响要大很多，$Wi=10$ 和 $Wi=50$ 情况下的等值线很相似，而 $b=20$ 的等值线明显比 $b=5$ 的等值线更卷曲，与之相关的结果是大涡进入准定常态的时刻延迟了。

图 11.28 是涡配对过程中，通过两涡旋转中心竖直线上涡量绝对值的最大

值 $|\omega|_{\max}$ 随时间的发展。由图 1.23 可知，大涡的合并由外而内，需经过较长的时间两涡核才完全合并，在此过程中，两涡核要旋转很多圈，图 11.28 曲线的波动证实了这一点，波动的每个上峰值点对应于两涡核旋转到竖直位置，每个下峰值点对应于两涡核旋转到水平位置，当曲线变平时，表示涡已完全合并。由图 11.28 还可见，$|\omega|_{\max}$ 越小，两涡核的旋转运动越慢，这与牛顿流体的情形相同，但涡量合并的过程并没有缩短。此外，FENE-P 流体的涡量合并过程，比相同情况下牛顿流体的涡量合并过程长。

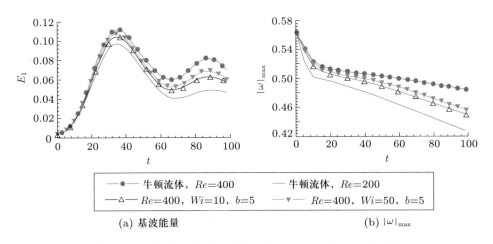

(a) 基波能量   (b) $|\omega|_{\max}$

图 11.26 涡卷起过程中基波能量和 $|\omega|_{\max}$ 随时间的变化

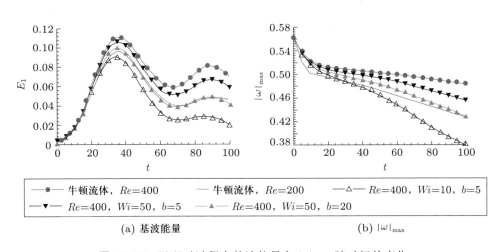

(a) 基波能量   (b) $|\omega|_{\max}$

图 11.27 涡配对过程中基波能量和 $|\omega|_{\max}$ 随时间的变化

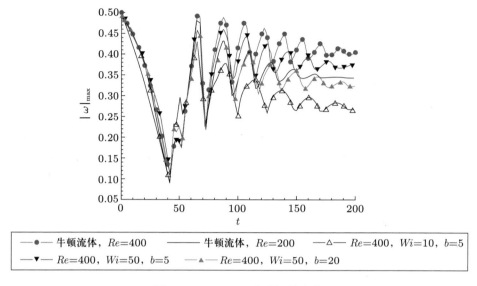

图 **11.28** $|\omega|_{\max}$ 随时间的变化

由图 11.26~11.28 可见, 在牛顿流体中加入聚合物后, 基波和次谐波的发展受到抑制, 涡量扩散加强, 涡配对时两涡核的旋转运动减慢, 这种影响随 Wi 的增大而减弱, 但却随 b 的增大而加强。与相同情况下的牛顿流体相比, 在 FENE-P 流体涡配对过程中, 涡量完全合并的时刻延迟了。

11.6 幂律流体近壁圆柱绕流场

实际应用中存在非牛顿流体近壁圆柱绕流场, 例如海底输送管道周围的含沙流动等。

11.6.1 基本方程及求解方法

在图 11.29 中, 幂律流体以均匀速度 V_x 绕近壁的圆柱流过, 坐标原点位于圆柱中心, 圆柱直径为 D, 圆柱表面到壁面距离为 G。定义间隙比 G/D、幂律指数 n 以及 $Re = \rho V_x^{2-n} D^n / m$, 其中 ρ 为流体密度, m 为幂律流体稠度系数。流场的入口为均匀来流, 出口为充分发展, 上下壁面速度与流体相同, 圆柱表面速度满足无滑移条件。

考虑二维不可压缩流动, 连续性方程和运动方程为:

$$\frac{\partial v_x}{\partial x} + \frac{\partial v_y}{\partial y} = 0 \tag{11.90}$$

$$\frac{\partial v_x}{\partial t} + v_x \frac{\partial v_x}{\partial x} + v_y \frac{\partial v_x}{\partial y} = -\frac{1}{\rho}\frac{\partial p}{\partial x} + \nu \left(\frac{\partial^2 v_x}{\partial x^2} + \frac{\partial^2 v_x}{\partial y^2} \right) \tag{11.91}$$

$$\frac{\partial v_y}{\partial t} + u_x \frac{\partial v_y}{\partial x} + u_y \frac{\partial v_y}{\partial y} = -\frac{1}{\rho}\frac{\partial p}{\partial y} + \nu \left(\frac{\partial^2 v_y}{\partial x^2} + \frac{\partial^2 v_y}{\partial y^2} \right) \tag{11.92}$$

式中，ν 为运动黏性系数，采用幂律流体模型：

$$\nu = \frac{m}{\rho} \left[2\left(\frac{\partial v_x}{\partial x}\right)^2 + 2\left(\frac{\partial v_y}{\partial y}\right)^2 + \left(\frac{\partial v_x}{\partial y} + \frac{\partial v_y}{\partial x}\right) \right]^{(n-1)/2} \tag{11.93}$$

对方程 (11.90)~(11.92) 采用有限体积法和压力隐式分割算法求解，非定常项采用一阶欧拉隐式离散格式，扩散项中的界面法向梯度采用非正交修正的中心差分格式，对流项中的界面物理量采用线性插值获得。

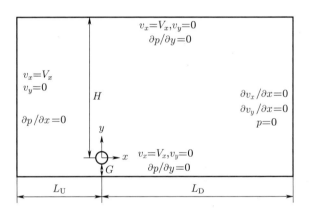

图 11.29 计算域及边界条件示意图

11.6.2 升、阻力系数和间隙流场特征

定义阻力系数 C_D 和升力系数 C_L：

$$C_D = \frac{2F_D}{\rho V_x^2 D}, \quad C_L = \frac{2F_L}{\rho V_x^2 D} \tag{11.94}$$

式中，F_D 和 F_L 分别为圆柱受到的阻力和升力。

11.6.2.1　升、阻力系数

对参数 G/D=0.2~1.0，n=0.5~1.5，Re=1，10，40 的流动工况进行数值模拟，研究流体惯性、流变特性以及单侧壁面约束对流动的影响[3]。不同 Re 下，颗粒升、阻力系数随幂律指数 n 的变化如图 11.30 所示，图中也给出了无壁面约束情形下 ($G/D = \infty$) 的结果。由图可见，在任意 Re 和 n 下，随着 G/D 的减小，即圆柱与壁面的靠近，C_L 和 C_D 均单调增加。对不同的 n，C_L 和 C_D 对 G/D 变化的敏感程度不同，剪切增稠流体 ($n>1$) 中，C_L 和 C_D 随 G/D 变化的幅度比剪切变稀流体 ($n<1$) 和牛顿流体 ($n=1$) 中大。具体而言，当 Re=1 和 Re=10 时，C_D 随 n 的变化，随着 G/D 的减小从最初的单调递减逐渐演变

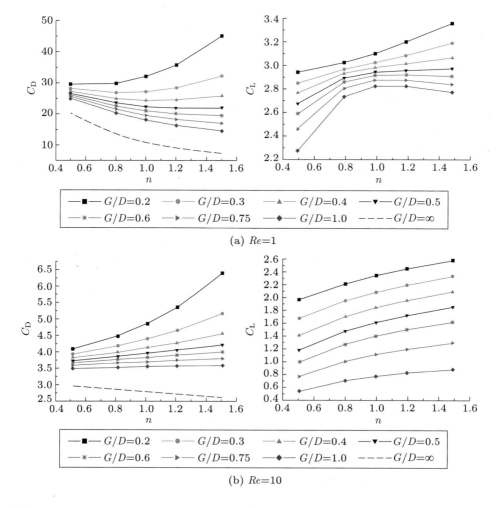

(a) Re=1

(b) Re=10

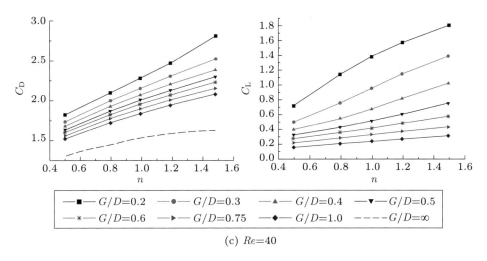

(c) $Re=40$

图 11.30 不同 Re 下阻力系数 (左)、升力系数 (右) 随幂律指数的变化

成单调递增；而 $Re=40$ 时，C_D 随 n 的增大而单调递增，且 G/D 越小，曲线斜率越大。与 C_D 不同，C_L 源于单侧壁面的贴近效应。当 $Re=1$ 时，在较大 G/D 下，C_L 随着 n 的增大，呈现出先增大后减小的趋势，并在 $n=1$ 时达最大值；当 G/D 低于某临界值后，C_L 随 n 的增大而单调递增。当 $Re=10$ 和 40 时，在所有 G/D 下，C_L 均随 n 的增大而单调递增。简而言之，C_L 和 C_D 随 G/D 和 Re 的减小而增大，而 C_L 和 C_D 与 n 的关系在不同 G/D 和 Re 下各不相同。

11.6.2.2 间隙流场特征

壁面对流动的阻碍作用可以从间隙流量比体现，图 11.31(左) 给出了不同 Re 情况下，间隙流量比 Q_r 与间隙比 G/D 的关系，其中间隙流量比 Q_r 定义为通过圆柱与壁面之间的流量与圆柱中心线以下的来流流量之比。无壁面时的 Q_r 为 1，当 $Q_r<1$ 时，说明壁面的存在使部分流体被挤到圆柱上表面。由图 11.31 可见，Q_r 随 n 的增加、G/D 和 Re 的减小而减小。G/D 越小，壁面阻碍作用越大，从而使 Q_r 减小。而 n 和 Re 的作用主要与壁面的剪切有关，Re 越小，剪切层越厚，对流动的阻碍作用越大；而在同等剪切率下，剪切增稠流体的流动阻力比剪切变稀流体的更大，即大的 n 意味着大的流动阻力，进而导致 Q_r 的减小。

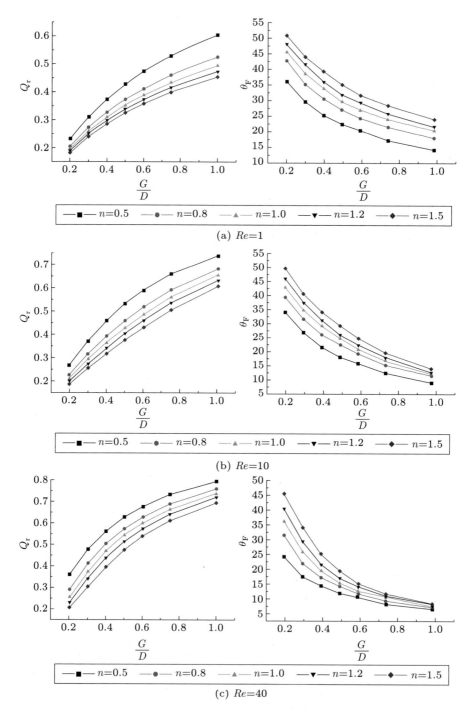

图 11.31　间隙流量比 (左)、前驻点角 (右) 随间隙比的变化

以上分析说明，壁面靠近圆柱会使流场速度在圆柱表面重新分布，导致圆柱表面前驻点改变。定义前驻点和圆柱中心的连线与 x 轴的夹角为前驻点角 θ_F，由于前驻点是将流动分为上下两部分的位置，当 Q_r 降低时，前驻点会相应地由圆柱的前端往后移动，这意味着，随着 Re 和 G/D 的增加以及 n 的减小，θ_F 会变小，这与图 11.31(右) 的数值模拟结果一致。由图 11.31 还可见，当 $Re=10$ 和 40 时，在不同 n 下，C_L 随 G/D 的变化与 θ_F 随 G/D 的变化类似。但 $Re=1$ 时，两者的变化规律却很不一样，这是因为圆柱所受升力源自绕圆柱流动的不对称性，前驻点作为压力值最大的点，其位置与圆柱表面的压力分布紧密相关。当 Re 较小时，黏性力占主导，随着 Re 的增大，惯性力占比逐渐增大，因此，随着 Re 的增大，C_L 的变化规律与 θ_F 的变化规律也逐渐类似。

11.6.3　回流模式

对圆柱附近不存在壁面的圆柱绕流而言，当 Re 超过流动分离的临界 Re 时，圆柱后端会形成两个独立的回流区，回流区长度随 Re 的增加而增大。当圆柱附近有壁面存在时，圆柱周围的流态会发生改变，导致回流区也呈现出不同的形态。图 11.32 给出了不同形态的流线分布。图 11.33 是 $Re=10$ 和 40 时，回流区形态的相图。可见当 G/D 减小时，$Re=10$ 情况下的回流区逐渐从形态

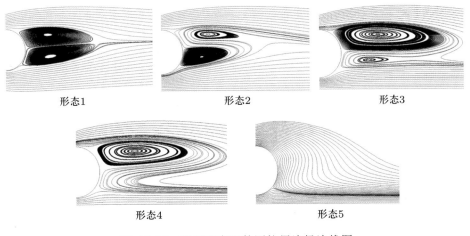

形态1　　　　　形态2　　　　　形态3

形态4　　　　　形态5

图 11.32　不同形态下的圆柱尾流场流线图

2 变为形态 5，$Re=40$ 情况下的回流区逐渐从形态 1 变为形态 4。各形态间的临界 G/D，随着 n 的减小而减小，即剪切增稠流体在壁面靠近时，更容易改变回流形态，同时各形态间的临界 G/D 会随着 Re 的增大而减小。

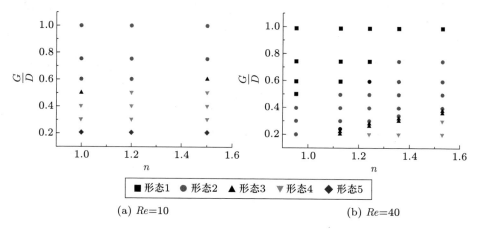

(a) $Re=10$ (b) $Re=40$

图 11.33 回流区形态相图

由图 11.32 可见，形态 1 上半部分回流区的部分流体，被下半部分回流区吸引，使后者不再附于圆柱表面，此时两个回流区大小几乎相等。当 G/D 进一步减小时，下半部分回流区又会逐步靠近圆柱表面直至重新附着，此时即为形态 1 与形态 2 的临界点。随着 G/D 继续减小，上半部分回流区会反过来吸引下半部分回流区位于交界处附近的流体，使上半部分回流区脱离圆柱表面，且从图 11.34 所示的形态 2 情形下回流区的尺度变化可以发现，闭合回流区的尺度随 G/D 的增大先减小后增大，直到上半部分回流区重新附着于圆柱表面，此时即为形态 2 与形态 3 的临界点，对应的上半部分回流区的尺度远大于下半部分回流区。当 G/D 进一步减小时，下半部分回流区会再一次脱离圆柱表面，两个回流区的尺度同时缩小，直至下半部分回流区完全消失，此时回流区进入形态 4。尽管形态 1 和形态 3 都出现了下半部分回流区脱离圆柱表面的情况，但形态 1 中回流区尺度相差不大，而形态 3 中回流区尺度差异明显。此后，上半部分回流区的尺度随着 G/D 的减小而继续减小。

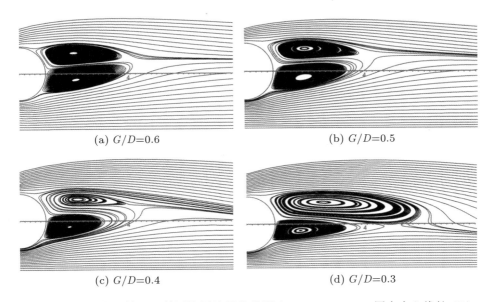

(a) G/D=0.6 　　　　　　　　　　(b) G/D=0.5

(c) G/D=0.4 　　　　　　　　　　(d) G/D=0.3

图 11.34 形态 2 情形下的圆柱尾流场流线图 (Re=40, n=1.0, 图中中心线长 4D)

11.6.4 尾流场特征

　　不同 G/D 和 n 的情况下, 圆柱尾流区的流场特征也不同。由于 Re=10 和 Re=40 时的流场特征基本一致, 以下仅对 Re=40 时的情况进行分析。图 11.35 为回流区中心处量纲为一的涡量 $\omega D/V_x$ 随 G/D 的变化, 其中 ω_U 和 ω_L 分别表示上、下部分涡量。由图可见, 随着 G/D 的减小, $\omega D/V_x$ 起初逐渐增大, 直至形态 1 与形态 2 临界点处达到极大值, 即壁面的靠近促进了圆柱表面剪切层的增长。当 G/D 进一步减小, $\omega D/V_x$ 开始减小, 直至形态 2 与形态 3 临界点处达到极小值, 可见壁面剪切层对圆柱表面的剪切层有削弱作用。当 G/D 较大时, 壁面靠近的作用主要表现为增大圆柱附近流速, 继而增大圆柱表面的流体剪切。当 G/D 较小时, 壁面剪切层逐渐接近圆柱表面剪切层并对其产生削弱作用。当回流进入形态 3 后, 随着 G/D 的进一步减小, $\omega D/V_x$ 反而继续增加, 而由图 11.31(c) 可知, 小 G/D 情况下, 间隙流量比 Q_r 减小得更快, 使更多流体绕过圆柱上表面, 导致对上表面剪切层的增长作用逐步超过壁面剪切层的削弱作用, 继而使上半部分回流区 $\omega D/V_x$ 增加, 由于此时圆柱下表面的剪切层被极大削弱而无法形成回流结构, 所以可认为, 形态 3 中下半部分回流区是由上半部分回流区诱发所产生的, 这也解释了两个回流区尺度差异大的原因。

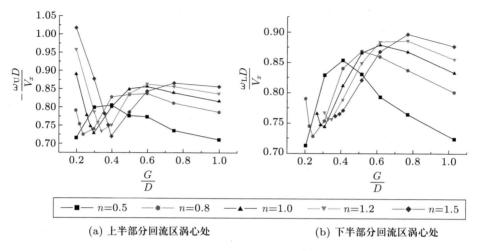

(a) 上半部分回流区涡心处　　　　　　　(b) 下半部分回流区涡心处

图 11.35　涡心处量纲为一的涡量随间隙比的变化 $(Re=40)$

　　如前所述, 回流区交界处的流体, 在不同形态下会被不同的回流区所吸引, 因此可以推断, 两个回流区的涡的相对强度是决定回流形态的重要因素之一。与此同时, 回流区是圆柱表面剪切层卷起的结果, 圆柱上下表面附近流体速度的相对大小, 也会对回流区的形态产生影响。由于不同 n 下的流场特征基本一致, 以下仅给出 $Re=40$、$n=0.8$ 时的流场特征。图 11.36 给出了回流区涡心处涡量之比随间隙比 G/D 的变化情况。图 11.37 给出了圆柱上下表面 $0.5D$ 范围内的流向平均速度之比随间隙比的变化。由图 11.36 可见, 在形态 1 和形态 2 范围内, 各存在一个极值点, 这表明形态 1 和形态 2 内存在两个相反的演化过程, 即如上所提及的回流区先离开圆柱表面随后再附。在形态 1 和形态 2 的临界点附近, 下半部分回流区的涡强度稍大于上半部分的涡强度, 但图 11.37 所示的平均速度之比几乎达到峰值, 这就使部分流体绕过下半部分回流区, 因自身速度较大, 回流区的吸引不足以让其形成闭合回流区, 导致被上半部分回流区吸引而形成形态 2。形态 2 与形态 3 的临界点附近的情形与此类似。

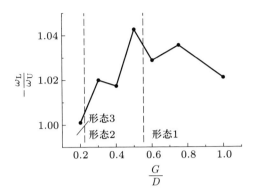

图 11.36 涡心处涡量之比随间隙比的变化

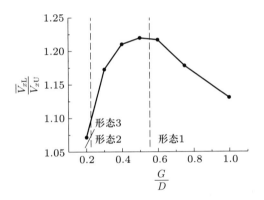

图 11.37 圆柱上下表面平均速度之比随间隙比的变化

思考题与习题

11.1 有时效流体是否一定是非牛顿流体? 无时效流体是否一定不是非牛顿流体?

11.2 Bingham 塑性流体与牛顿流体的异同点是什么?

11.3 在黏弹性流体中为何会有不同的模型?

11.4 第一法向应力差 N_1 与第二法向应力差 N_2 的主要差别体现在哪里?

11.5 Weissenberg 效应源自非牛顿流体的什么特性?

11.6 非牛顿流体为什么既能减阻又能够增加阻力?

11.7 非牛顿流体圆管流动的稳定性问题与相应的牛顿流体问题有何异同点?

11.8 证明当幂律流体流过两平行平板之间时，速度分布为：

$$v_z = \frac{n}{n+1} \left(\frac{G}{2k} \right)^{1/n} \left(h^{(n+1)/n} - y^{(n+1)/n} \right)$$

式中，h 是槽道半宽；y 是起点位于中线的横向坐标。

11.9 Bingham 塑性流体在管道中流动时会出现柱塞状的流动，柱塞的尺度取决于什么因素？

11.10 推导 Bingham 塑性流体在两静止平行平板之间流动时的速度表达式。

11.11 油漆可以用 Bingham 塑性流体近似，把屈服应力为 τ_y、黏性系数 μ_p 的油漆涂在墙壁上，要使油漆附着在墙壁上，油漆的最大厚度 h 是多少？

11.12 泥浆在管道内径为 9.72 cm 的管内流动时，流量为 5.23 m³/min，试求管内的压力损失 [式 (11.46) 的 Re_g=19 900、m=3]。

11.13 测量表明，毛细管流量计的 $\lg \tau$ 和 $\lg(8V/D)$ 之间呈线性关系 (τ、V、D 分别是剪应力、速度和管径)，$8V/D$ 从 88 s^{-1} 变到 5 400 s^{-1} 时，τ 从 1.2 变到 2.5，当流体以 1.82 min^{-1} 流量流过内径为 9.72 的管道时，压降是多少？流动是层流还是湍流？

11.14 黏弹性流体中，弹性对阻力的影响与什么因素有关？

11.15 黏弹性二阶流体边界层流场存在相似性解的前提是什么？

11.16 对方程 (11.79) 进行求解后得到 f，如何求出边界层内的速度分布？

11.17 在 Oldroyd-B 流体和 FENE-P 流体混合层流场中，决定流场涡运动特性的因素有哪些？这些因素中与非牛顿流体特性相关的因素有哪些？

11.18 在 Oldroyd-B 流体和 FENE-P 流体混合层流场中，为何只给出第一法向应力差，而没有给出第二法向应力差？

11.19 在 FENE-P 流体混合层流场中，为什么在涡卷起和配对过程中，基波能量随时间的变化不是单调的？

11.20 在幂律流体近壁圆柱绕流场中，分析不同 Re 下圆柱受到的升力与阻力特性，产生差异的原因是什么？

参考文献

[1] HUGHES W F, BRIGHTON J A. Schaum's Outline of Theory and Problems of Fluid Dynamics[M]. 2nd ed. New York: McGraw-Hill Companies Inc., 1991.

[2] 陈文芳. 非牛顿流体力学 [M]. 北京：科学出版社，1984.

[3] ZHANG P J, LIN J Z, KU X K. Flow of power-law fluid past a circular cylinder in the vicinity of a moving wall[J]. Journal of the Brazilian Society of Mechanical Sciences and Engineering, 2019, 41(1):1-12.

郑重声明

高等教育出版社依法对本书享有专有出版权。任何未经许可的复制、销售行为均违反《中华人民共和国著作权法》，其行为人将承担相应的民事责任和行政责任；构成犯罪的，将被依法追究刑事责任。为了维护市场秩序，保护读者的合法权益，避免读者误用盗版书造成不良后果，我社将配合行政执法部门和司法机关对违法犯罪的单位和个人进行严厉打击。社会各界人士如发现上述侵权行为，希望及时举报，我社将奖励举报有功人员。

反盗版举报电话　(010)58581999　58582371

反盗版举报邮箱　dd@hep.com.cn

通信地址　北京市西城区德外大街 4 号　高等教育出版社知识产权与法律事务部

邮政编码　100120